建设工程BIM技术应用指南丛书

Archicad建筑设计基础教程

王跃强　周　健　编著

中国建材工业出版社

图书在版编目（CIP）数据

Archicad建筑设计基础教程/王跃强，周健编著
．--北京：中国建材工业出版社，2023.9
（建设工程BIM技术应用指南丛书）
ISBN 978-7-5160-3785-0

Ⅰ.①A… Ⅱ.①王… ②周… Ⅲ.①建筑设计—计算机辅助设计—应用软件—教材 Ⅳ.①TU201.4

中国国家版本馆CIP数据核字（2023）第133294号

内 容 简 介

本书是Archicad的基础入门教材，旨在为读者提供精简、实用、速成的Archicad建筑设计基础教程。在详细介绍Archicad 26建模操作的基本原理和方法的同时，本书侧重于建筑施工图设计的实践需求，帮助学习者快速适应BIM（建筑信息模型）设计的职业角色。为满足不同层次读者的学习需求，本书所有教学内容都配备了相关视频和BIM模型。

本书可作为普通本科高校和高职高专院校建筑类相关专业BIM课程的配套教材，也可作为BIM技术人员和自学者的参考用书。

Archicad建筑设计基础教程
ARCHICAD JIANZHU SHEJI JICHU JIAOCHENG
王跃强　周　健　编著

出版发行：中国建材工业出版社
地　　址：北京市海淀区三里河路11号
邮　　编：100831
经　　销：全国各地新华书店
印　　刷：北京印刷集团有限责任公司
开　　本：787mm×1092mm　1/16
印　　张：21.75
字　　数：530千字
版　　次：2023年9月第1版
印　　次：2023年9月第1次
定　　价：76.00元

本社网址：www.jccbs.com，微信公众号：zgjcgycbs

作者简介

王跃强　同济大学工学博士，上海城建职业学院副教授，国家一级注册建筑师，中国建筑学会会员，中国建筑学会建筑防火综合技术分会火灾风险评估专委会委员。

2013年开始从事BIM教学与科研工作，将BIM技术与建筑火灾风险评估相结合，基于BIM对建筑空间的火灾特性进行了基础性研究，搭建了基于BIM的建筑防火信息交互平台，制定了BIM防火平台的体系框架与工作流程，并对BIM防火平台进行了初步开发。已发表论文20余篇，主持完成了多项与BIM相关的研究课题，著有《Revit建筑设计基础教程》《BIM信息与建筑空间火灾特性》等图书。

周　健　同济大学工学博士，国家一级注册建筑师，中国建筑学会会员，中国建筑学会建筑防火设计专业委员会委员。

1988年本科毕业后留在同济大学建筑与城市规划学院任教，从事现代建筑建造技术、建筑环境科学和建筑防灾等方向科学研究。教授的本科课程有建筑设计、建筑构造、房屋建筑学、建筑光学、建筑防灾；研究生课程有建筑安全消防技术、建筑技术科学基础。

发表的主要论文有《中国古建筑的木结构与火灾危险性分析》《地下空间防火性能化评估标准的选择》《上海市历史建筑消防保护技术研究思路》等，参与编写的著作有《顶棚》《房屋建筑构成与构造》《现代金属装饰材料构造技术》《高层建筑安全疏散设计》《建筑安全防火设计》等。

序

当前我国建筑业正处于数字化转型的关键阶段，以BIM为代表的多元数字化设计工具层出不穷，为建筑师拓展设计思路、提高工作效率提供了强有力的支持。同时，新技术的出现也对建筑师提出了更加严峻的要求和挑战，要想真正实现BIM技术的全面应用，需要政府、企业和个人多方共同努力，不断地学习和掌握新的技术和工具，以适应数字化时代快速发展的需求。

Archicad作为一款功能强大且易于使用的BIM软件，满足建筑师快速创建和修改建筑模型、制作详细建筑图纸的使用需求，实现与其他项目团队成员的数据协作与共享。在欧洲和日本，它已经成为建筑设计行业中最常用的数字化工具之一。对于建筑师而言，Archicad更加贴近BIM的核心概念，能够对建筑设计中各种参数进行细致和全面的思考，易于上手使用。相比之下，更加注重多专业平衡与互动的Revit软件，则显得粗放与不拘小节。可以说Archicad与Revit各具优势与特色，是当前主流的两款BIM软件。但由于Autodesk公司强大的技术背景和Autocad等传统软件的影响力，目前Revit是我国BIM市场的主流，而Archicad仍需要做进一步的推广。

周健博士是我的同事，他在同济大学建筑与城市规划学院长期从事建筑技术的教学与科研工作，具有丰富的教学经验和工程实践经验，近年来他一直探索将BIM融合进传统的建筑技术教学和工程实践过程中，取得了较明显的成绩。王跃强博士从事BIM教学与研究工作已有10多年，其专著《BIM信息与建筑空间火灾特性》从建筑师的角度出发，使用BIM软件对建筑空间的火灾特性进行了基础性的研究。

两位作者凭借多年积累的BIM教学经验和工程实践经验，共同完成了《Archicad建筑设计基础教程》。该教程采用简单易懂的语言和清晰的示意图，由浅入深地讲解了Archicad的基本思路和操作方法。这是一本非常实用的Archicad入门教程，可帮助建筑师创建高质量的建筑设计和施工文档，提高建筑项目的效率和质量。此教程的出版为我国BIM人才的培养做出了重要贡献，相信未来他们还将有更多的BIM研究成果。希望此教程能够为Archicad学习者提供坚实的BIM进阶之路！

（袁烽，同济大学建筑与城市规划学院副院长）

前　言

经过二十多年的实践探索，BIM技术在我国已进入快速发展阶段，得到了政府、行业和市场的广泛认可与支持。作为建筑行业数字化转型的重要工具之一，BIM与云计算、智能建筑、数字城市、物联网等新技术的结合给建筑业带来的变化也已初见端倪。与此同时，当下最热门的GPT技术（Generative Pre-training Transformer）又为BIM的应用开拓了新的领域，使用GPT技术来分析和处理BIM模型中的大量数据，可进一步提高建筑设计和运营效率。同时，还可以使用BIM技术来处理GPT根据用户需求所生成的数据，从而为建筑行业带来更多的智能化和创新化应用。

Archicad是BIM主流软件之一，由匈牙利的Graphisoft公司开发，它为建筑师提供了强大的建模和文档工具，可以实现高效的建筑设计和项目管理。Archicad在全球范围内已得到广泛使用，特别是在欧洲、澳大利亚和日本的建筑行业中非常流行。但Archicad在我国建筑行业的影响力和使用率远远不及Revit，这是多种因素造成的。作为一款与Revit同样优秀的BIM软件，Archicad应该得到更多建筑设计人员的关注与使用，它在我国也应该有更大的发展空间与市场潜力。

本书是Archicad的基础入门教材，根据实际项目的需求，从Archicad基本原理入手，由浅入深、循序渐进地讲解了Archicad建模的各个知识点与操作步骤。读者可以通过学习本书，在掌握使用Archicad绘制建筑施工图方法的同时，了解BIM建筑设计基本流程。这将有助于满足当前企业对BIM人才的需求，推动BIM技术在我国的发展。

本书是《Revit建筑设计基础教程》的姊妹篇，两本教材使用同一别墅项目作为BIM建模与施工图设计案例。该别墅方案简洁明了，即使非专业人员也能轻松理解图纸内容，“麻雀虽小，五脏俱全”，它非常典型且综合性强。在BIM建模的各个阶段，该别墅的所有部件几乎涵盖了Archicad各种建模工具的使用。如果读者具有一定的Revit软件学习基础，可以通过对照学习这两本书，比较两个主流BIM软件的设计思路和操作异同，从而融会贯通、事半功倍。

本教材使用Archicad 26版本作为操作软件，着重讲述Archicad软件的设计思想与操作精要，能够帮助读者快速领会与掌握Archicad软件在建筑设计及施工图设计中的应用。全书共分为16章，主要内容如下。

第1章主要介绍BIM与Archicad软件概况，详细讲解Archicad 26的基本术语、操作界面和新增功能，为深入学习Archicad软件打下基础。

第2章从Archicad 26软件的基本操作入手，主要介绍项目文件、元素操作、视图控制、二维绘制与编辑、元素属性等内容。

第3章主要讲解楼层和轴网的创建与编辑方法，介绍Archicad参数化设计的基本思路，讲解针对2D元素的属性设置与修改的基本操作方法，使学习者初步形成Archicad软件的使用习惯。

第4章主要讲解Archicad墙体的概念及参数，分别讲解墙、幕墙与复杂截面墙的创建与编辑方法，并介绍了别墅墙体的绘制。

第 5 章主要讲解柱与梁的参数设置与创建方法，使读者在熟悉建筑结构知识的同时，了解 BIM 协同设计的意义。

第 6 章主要讲解门窗的参数设置与创建方法，使读者了解 Revit 族与 Archicad 对象的异同。

第 7 章主要讲解楼板材质与构造的设置方法，讲解楼板的创建与编辑方法，以及使用“复杂截面梁”创建装饰带的方法等。

第 8 章在熟悉别墅屋顶构造知识的基础上，主要讲解 Archicad 屋顶的参数设置，讲解“单平面屋顶”“多平面屋顶”和“壳体”的创建方法，以及使用“复杂截面”创建屋顶附属构件的方法等。

第 9 章首先讲解针对不同元素的开洞方法，其次讲解“连接”操作中的“实体元素操作”与“从选集中创建洞口”的使用方法与参数设置，最后通过别墅老虎窗的创建讲解元素定位、墙体与屋顶关系、老虎窗开洞等内容。

第 10 章主要讲解各种楼梯的创建与编辑方法，分别创建别墅的弧形楼梯与两跑楼梯，使读者在熟悉楼梯构造知识的同时，掌握 Archicad 楼梯与其他构件协调的方法。

第 11 章主要讲解各种栏杆的参数设置与创建方法，使用 Archicad 创建别墅栏杆造型，使读者在熟悉栏杆构造知识的同时，理解栏杆与其他构件的协调关系。

第 12 章通过完善别墅模型的细节问题，讲解“变形体”工具的使用方法和建模技巧，介绍场地设计中使用“网面”工具创建和编辑地形的方法以及创建“建筑地坪”的方法等。

第 13 章主要讲解相机的参数设置与创建方法，讲解日光参数设置、渲染设置、漫游创建与动画保存等。

第 14 章主要讲解房间的创建与布置，讲解建筑平面、立面和剖面的各种标注方法，讲解门窗清单的创建与编辑等。

第 15 章通过创建别墅项目的楼梯详图、门廊详图与老虎窗详图，讲解 Archicad 详图设计的基本流程与详图工具的使用方法。

第 16 章主要讲解创建视图映射与样板布图的方法，介绍“图册”中子集、布图与图形的参数设置，讲解详图布图中详图标记索引的调整方法，讲解图纸发布和打印 PDF 文件等内容。

本书由上海城建职业学院的王跃强与同济大学建筑与城市规划学院的周健合著，周健负责编写教材第 3～9 章，王跃强负责编写其余各章与统稿工作。值此教材付诸出版之际，特别感谢同济大学建筑与城市规划学院副院长袁烽教授在百忙之中为本书作序，感谢上海城建职业学院“双一流数字建造专业群建设项目”对本书的支持，感谢浙江大学建筑设计研究院有限公司的蒋思成工程师和中国建材工业出版社的时苏虹老师给予的帮助。本教材是作者近几年 BIM 教学实践的工作总结，在编写过程中虽经反复斟酌，但由于作者水平所限，书中难免存在疏漏与不妥，在此恳请广大读者不吝批评指正（电子邮箱地址：lhqfly@163. com）。

王跃强　周　健

2023 年 5 月

目　　录

1　BIM 与 Archicad 概述

Archicad 是由 Graphisoft 公司开发的一款主要用于建筑设计的三维 BIM 软件，可以在三维环境中创建、编辑、分析和文档化 BIM 模型。Archicad 可以帮助建筑师在设计过程中尽可能地减少烦琐的绘图工作，而能够将主要精力和时间致力于建筑设计本身。建筑师借助 Archicad 可以大大简化建筑的建模和文档制作过程，以及根据需要由 BIM 模型生成任何表现形式（平/立/剖面图、详图、渲染图和清单等）。Archicad 还提供了各种性能化工具帮助用户进行方案优化。

Archicad 具有开放性、互操作性、跨平台性等特点，它支持多种文件格式（如 DXF、DWG、IFC、PDF、3DS 等），还支持 API 和插件，可以与多种 BIM 软件进行无缝集成（如 Revit、Tekla、Rhino 等），便于各专业设计人员进行数据交换和协作。Archicad 可以在 Windows 和 Mac 操作系统上运行，还支持多种移动设备，能够帮助用户随时随地进行建筑设计和团队协作。

本章主要介绍 BIM 与 Archicad 软件概况，详细讲解 Archicad 26 的基本术语、操作界面和新增功能，为深入学习 Archicad 软件打下基础。

本章学习目的：

（1）熟悉 BIM 的内涵与设计理念；

（2）了解相关的 BIM 软件及其应用范围；

（3）熟悉 Archicad 26 的基本概念和操作特点；

（4）了解 Archicad 26 的新增功能。

手机扫码
观看教程

1.1　BIM 概述

建筑信息模型（Building Information Modeling，BIM）是当前建筑行业中最为主流的数字化技术之一，它在设计、施工和运营阶段中集成了建筑模型、材料、设备、造价、工期等多种信息，使得建筑设计从传统的二维平面图向三维模型和建筑信息化的方向发展。在设计初期，BIM 可以通过不断地优化来实现建筑的最佳设计。在施工阶段，BIM 可以协调各工种，优化施工过程，提高施工效率和准确性。在运营和维护阶段，BIM 可以帮助管理者进行维修和保养，并优化建筑的能源利用。同时，BIM 技术还能够为建筑行业带来巨大的经济效益，提高建筑的质量和安全性，减少建筑项目的风险和事故等。

众所周知，20 世纪 90 年代初，CAD 技术给建筑行业带来了一场“甩图板”革命，大大提高了绘图效率。然而，从本质上讲，CAD 与传统的手工绘图模式并没有太大区别，因为它主要通过彼此独立的二维平/立/剖面图来表达建筑设计，其三维模型是独立于二维图纸的几何模型。另外，CAD 技术主要采用非结构化信息形式，无法直接表达除几何信息外的其他建筑特性信息，这些信息仍需要进行人工输入和转换，增加了额外成本。

BIM 技术采用了计算机可读的结构化信息形式，可以完整地描述建筑物的各项信息。

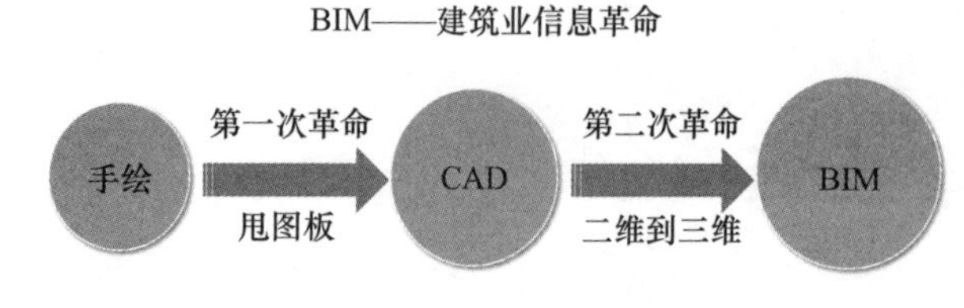

图 1-1　BIM 带来建筑业的二次革命

BIM 模型可以视为建筑物的真实表达，而其二维图形是 BIM 模型的一种“映像”或“副产品”。在 BIM 模型中进行的任何修改都会自动更新其相应的二维图形并可自动生成各种统计数据。BIM 还可以反映建筑物的全生命周期信息，给建筑行业带来了从二维（2D）到三维（3D）再到“4D”或“5D”的全面变革（图 1-1）。

1.1.1　BIM 概念

1. 定义

BIM 是将建筑物的设计、施工和运营的全生命周期信息整合为一体的数字化过程（图 1-2）。

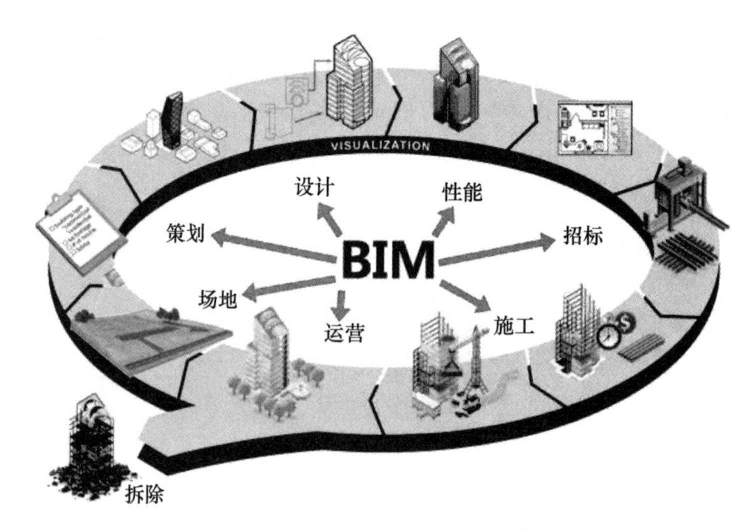

图 1-2　BIM 与建筑物全生命周期的信息交互

2. 内涵

① BIM 可以为开发商、业主、设计师、承包商、施工方和管理部门等所有相关方提供一个交互平台。在建设项目的不同阶段，各方根据自己的责任和权利，可以方便地获取和提供相关信息，以促进项目的协作共赢。

② BIM 是一个协同过程，其记录一个建设项目从规划、设计到施工建设，再到使用、运营，直至拆除的全生命周期的所有信息。随着建筑物的变化和发展，BIM 不断更新和改进，使得所有相关方可以随时获取并共享最新的建筑信息。

③ BIM 可以作为建筑信息数据库，其能够与云计算、智能建筑、数字城市和物联网等形成良好的技术互动，为建筑领域提供全新的信息处理和管理方式。

④ BIM 代表着一种新的设计思想和技术革命，已对建筑领域产生了重大而深刻的影响，将推动建筑领域朝着更加智能化、高效化、协同化和可持续化的方向发展。

3. 特点

① 可视化：非专业人员很难读懂建筑施工图所表达的各种建筑信息，而 BIM 提供了

“所见即所得”的建筑可视化信息沟通方式，使建筑设计变得更加直观、生动，使各相关方更容易协作与沟通。

② 协调性：建筑各专业间时常会出现信息“不兼容”或矛盾之处，如管道间的碰撞冲突。BIM可以在建筑物的设计阶段对各专业的“不兼容”问题进行协调，将建筑各专业的信息进行整合，以避免后期的错误和改动，从而节省时间和成本。

③ 模拟性：在设计阶段，可以对BIM模型进行各种性能模拟，如节能模拟、日照模拟、疏散模拟等，以确保建筑物的各项性能指标符合要求。在施工阶段，可以对BIM模型进行4D模拟，以确保施工的效率和安全。

④ 优化性：BIM为建筑物全生命周期中设计、施工、运营的不断优化提供了可能。BIM不但提供了当前建筑物的实际信息，还可以提供建筑物变化的实时信息，可以为超大规模建筑物的复杂管理提供信息优化。

⑤ 图模合一：BIM通过对建筑物进行可视化展示、协调、模拟和优化后，可以根据要求输出各种二维“映射”和“图纸”（图1-3）。同时，BIM模型信息可以导出为各种文件格式，方便各阶段相关方的信息交互。

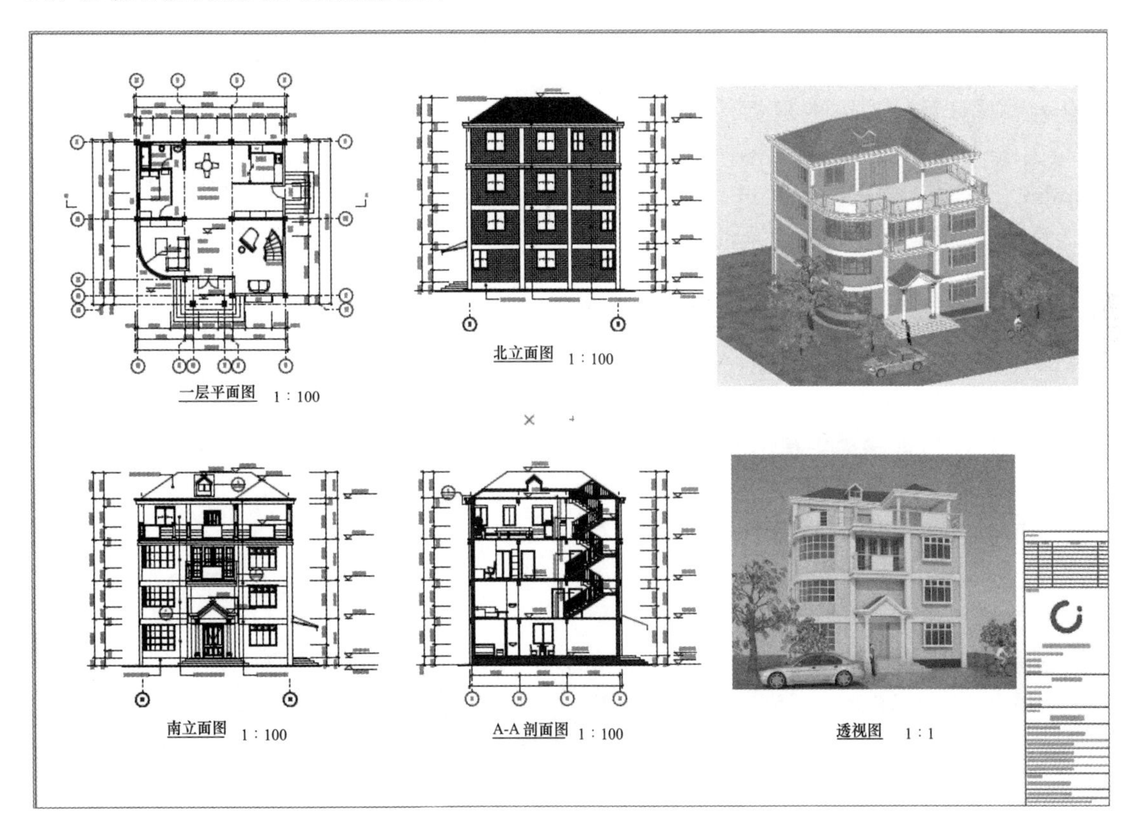

图1-3 模型与图纸

1.1.2 BIM软件

BIM软件可以按照其应用领域、使用方式、软件特点等进行分类。

1. 应用领域

根据BIM软件应用的领域不同，可以分为建筑BIM、土木BIM、机电BIM等。建筑

BIM 软件包括 Revit、Archicad、Vectorworks Architect 和 Bentley Building Designer 等；土木 BIM 软件包括 Autodesk Civil 3D、Bentley OpenRoads Designer 和 Trimble Tekla Structures 等；机电 BIM 软件包括 Trimble SysQue、Bentley OpenPlant、Revizto 和 MagiCAD MEP 等。

2. **使用方式**

根据 BIM 软件的使用方式不同，可以分为本地安装型和基于云端的在线型。本地安装型 BIM 软件需要在本地计算机上安装，用户可以离线使用。在线型 BIM 软件则将应用程序和数据存储在云端，用户可以通过连接网络进行使用。

本地安装型 BIM 软件包括：Revit、Bentley MicroStation、Vectorworks、SketchUp、Archicad、Trimble Tekla Structures、Rhinoceros 等。

在线型 BIM 软件包括：Autodesk BIM 360、Trimble Connect、Bentley ProjectWise、Aconex、PlanGrid、Procore、Bluebeam Revu、Assemble Systems 等。

3. **软件特点**

根据 BIM 软件的特点不同，可以分为全面型、专业型和免费型。

全面型 BIM 拥有全方位的 BIM 设计和管理功能，支持多种设计领域的应用，适合大型设计团队或专业机构使用，如 Revit、Archicad、Bentley MicroStation、Trimble Tekla 等（图 1-4）。

图 1-4　BIM 软件

专业型 BIM 针对特定领域的设计需求而定制，功能较为专一，价格相对较低，适合个人或小型设计团队使用，如 CSI ETABS、CYPE、Allplan Architecture 等。

免费型 BIM 能够提供基本的 BIM 设计和管理功能，适合对 BIM 需求较少的用户使用，如 Autodesk Fusion 360、BIM Vision 等。

4. **发展历程**

根据 BIM 软件的发展历程，可以分为传统型 BIM 软件和新型 BIM 软件。传统型 BIM 软件通常是单一厂商独立开发的软件，如 Revit、Archicad、Tekla 等，这些软件的功能全面、成熟稳定，但可能存在数据兼容性问题。新型 BIM 软件采用开放标准，支持多种格式的数据交换和集成，如 Autodesk Forge、Trimble Connect、BIM 360 等。

1.2　Archicad 概述

1.2.1　Archicad 简介与建筑设计流程

1. **概述**

Archicad 是由匈牙利 Graphisoft 公司开发的 BIM 设计软件，自 1984 年首次推出以来，其已成为全球建筑师、设计师和相关专业人员的常用工具之一。

1984 年，Graphisoft 公司推出了 Archicad 1.0 版本，它是全球第一款支持三维建筑设计的计算机软件，开创了建筑领域三维建模的时代。

1992 年，Archicad 4.1 版本推出了虚拟建模技术（Virtual Building），可以模拟建筑设计和施工过程，形成了 BIM 技术的前身。

2004 年，Archicad 9.0 版本增加了多项新功能，如智能对象、快速渲染、与其他 BIM 软件的协同设计和数据交换等。

2006 年，Archicad10 版本增加了与 Google Earth 的集成，帮助设计师将 BIM 模型与 Google Earth 进行整合设计，可以实现全球范围内的建筑设计与展示。

2009 年，Archicad 13 版本推出了全新的 EcoDesigner 功能，可以帮助设计师进行建筑节能评估，在设计阶段优化建筑的节能方案。

2014 年，Archicad 18 版本引入了 BIMcloud 功能，可以将 BIM 模型存储在云端，帮助设计团队实现了任何时间、任何地点的工作协同。

2017 年，Archicad 21 版本推出了 Stair Tool 功能，可以帮助设计师创建符合当地规范的各种高质量楼梯。

2020 年，Archicad 24 版本增强了与 BIMcloud 的集成，提供了更快的云端性能和可扩展性，可以帮助设计师进行更高效的数据共享与工作协同，能够满足各种大型项目的设计需求。

2022 年，Graphisoft 公司推出的最新版本 Archicad 26，进一步加强了与 BIMcloud 的集成，支持实时的多人协作、更快的同步速度和更好的数据安全性。另外，对现有工具的性能和易用性进行了改进，支持更加逼真的光照效果、增加了新的渲染引擎和更多的渲染设置等。

2. Archicad 特点

① 综合性能强：Archicad 集成了建筑设计、施工图设计、项目协调和管理等多种功能。

② 协作性高：Archicad 可以支持多人在线协作，可以实现多人在同一模型上的协作编辑，大大提高了数据的互操作性和交换效率。

③ 可视性好：Archicad 提供了丰富的可视化功能，支持实时渲染、虚拟现实和增强现实等技术。

④ 全面的数据管理：Archicad 可以高效管理建筑模型中的大量数据，并在整个项目周期中跟踪和更新这些数据。

⑤ 第三方应用程序：Archicad 支持第三方应用程序和插件，可以扩展其各种功能以满足特定的设计需求。

⑥ 支持多平台：Archicad 支持 Windows 和 Mac 等多种操作系统，可以满足不同用户的需求。

⑦ 建造管理：建筑师和设计团队可以使用 BIMcloud 与 BIMx 应用程序为施工单位提供实时的 3D 模型和设计文档，以协调施工流程，确保实际建造过程与设计相一致。

⑧ 运维管理：竣工后，建筑团队和运维团队仍可以使用 Archicad 中的数据管理和维护工具来更新建筑的使用信息。

3. 建筑设计流程

① 建立项目：在 Archicad 中创建一个新项目并设置工作环境和项目信息。

② 项目协作：通过 BIMcloud 协作平台，多个用户可以在同一建筑信息模型上进行协作设计。

③ 定义标高和轴网：标高用于定位建筑物的高度和楼层，轴网用于定位建筑的开间和进深，基于两者可以准确放置各类元素。

④ 建立模型：使用设计工具创建各种构件和元素，如墙、柱、梁、门窗、楼板、屋顶、楼梯和场地等，组合为 BIM 模型。

⑤ 添加详细信息：使用文档工具在模型中添加详细信息及其他相关信息，完成细节设计，还可以使用清单和建筑元素列表等工具来管理模型数据。

⑥ 创建文档：通过 Archicad 的自动文档生成功能，可以创建平/立/剖面图、构造详图等施工文档。

⑦ 可视化表现：对建筑模型进行渲染和创建动画。

⑧ 分析和优化：对建筑模型进行性能分析，以优化建筑的性能和效率。

⑨ 数据输出与共享：将建筑模型输出为不同格式的文件，如 IFC、DWG、PDF、BIMx 等，与其他相关方共享数据。

4. Archicad 与 Revit 的比较

（1）功能与特点方面

Revit 整合了建筑、结构、机电三个专业的设计功能，在三维建模、分析、协调、模拟、文档输出等方面为用户提供了一体化的设计、施工和运营解决方案，能够全面覆盖建筑项目的各个阶段。

Archicad 在建筑设计和建模方面功能更加强大，尤其是拥有完善的建筑构件库，支持真实的建筑元素建模和设计，能够更好地应对复杂建筑设计和建模任务。另外，Archicad 还拥有非常出色的可视化和数据管理功能。

（2）使用体验方面

Revit 的操作界面及操作方式与 Autodesk 的其他产品一脉相承，其参数设置相对简单，AutoCAD 的老用户可以快速上手。

与 Revit 相比，Archicad 在界面设计上更直观，用户可以方便地进行建模操作，但初学者需要一定的时间来适应 Archicad 的参数设置与特有的操作方式。

（3）设计协同方面

Revit 用户可以通过 BIM 360 或其他协作平台实现团队协作、数据交流和信息共享。Archicad 用户可以使用 BIMcloud 进行协同和数据交流，其导入和导出功能更加完善，能够更好地与其他软件进行数据交流和共享。

1.2.2 Archicad 基本概念与操作

1. 项目

Archicad 的“项目”可以是某专业的单一文件也可以指一个完整的团队项目文件，其本质是建筑工程项目的 BIM 信息数据库，包含了建筑项目的所有设计信息（空间、材料、构造、物理等信息）、三维模型、所有设计视图（平立剖面图、详图和明细表等）和施工图图纸等。Archicad“项目”贯彻了 BIM 设计中“三维工作流程”“各专业协同”“图模合一”与“建筑信息整合”的基本理念。

2. 元素与类别

元素是Archicad项目的基本组成单位，也是BIM模型的基本组成单位，Archicad采用“类别”对各类元素进行管理。用户可以分别使用“设计”工具创建“三维元素”，使用“视窗”工具创建“视图元素”，使用“文档”工具创建“二维元素”（图1-5）。

图1-5 创建工具

Archicad三维元素是建立BIM可视化模型的基本单位，按照它们创建方式的不同，可以分为：①基于点的元素，如柱、门、窗、对象、灯与设备等；②基于线的元素，如墙、梁、楼梯、栏杆、管道等；③基于面的元素，如板、屋顶、壳体、网面等；④基于体的元素，如区域、变形体等。

视图元素可以将BIM三维模型进行二维表达，创建立面图、剖面图、详图、透视图等，它是Archicad实现BIM“图模合一”的工具。

Archicad二维元素类似于AutoCAD的基本绘图工具，包括热点、线、填充、图形、标注、文本和标签等，使用“文档”工具还可以插入图片和图形等。

Archicad类别与Revit的族类别基本相同，主要用于对元素进行分类管理。Archicad“树枝”类别主要分为场地、空间、元素、组件和材料等，其下一级可继续分为“树枝”和“树叶”类别，便于层级化的信息管理。

Archicad可选择性地将一个或多个分类分配给任何项目元素，同时将参数和功能分配给对应元素，实现项目数据组织化、列表化和协同化。同时，Archicad提供了灵活开放的元素分类方法，不同国家或公司可制定各自的标准分类系统，通过元素的设置对话框或交互式清单，为每个类别系统分配相应的类别值。

3. 元素的控制要素

Archicad 元素的控制要素包括：参考线、边缘、节点等（图 1-6）。

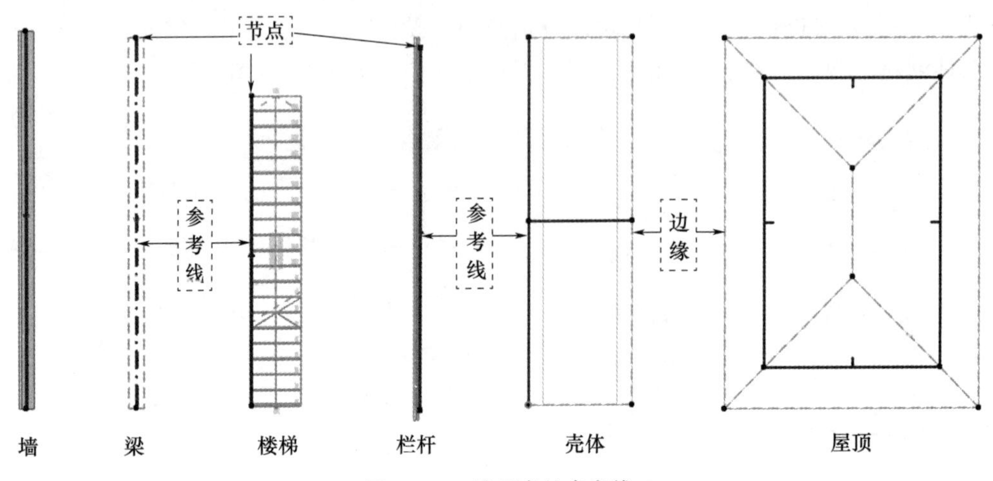

图 1-6 三维元素的参考线

① 参考线：可以将基于线的元素（墙、梁、楼梯、栏杆、管道等）抽象为若干条“参考线”的组合，通过绘制参考线来创建它们。同时针对不同的元素特性，分别设置轮廓、材质、组成构件等参数。以墙体为例，在参考线相交的情况下可实现墙体的准确连接。当编辑墙体饰层或墙体厚度时，关联到核心的参考线保持不变。每面墙的参考线都有方向，参考线的位置决定了墙的“外”和“内”表面等。

提示：参考线创建了用于选择、移动和转换墙的热点和边缘。一些弹出式小面板编辑命令只有通过点击所选墙的参考线才能使用。

② 边缘：对板、楼梯、壳体、屋顶、变形体等起围合作用，构成这些元素的平面或三维形状，通过修改边缘，可以创建灵活的元素造型。

③ 节点：一般为参考线或边缘的端点，可以通过添加节点、移动节点等操作，修改元素的平面或三维形状。

④ 热点：热点是由小交叉符号指示的简单点，其主要作用是在 2D 视图中帮助定位元素。GDL 对象（门、窗、家具等）一般有可编辑热点，通过在弹出式小面板中的拉伸或移动工具，修改 GDL 对象的大小和形状。

4. 智能光标

根据用户选择的工具以及操作状态，Archicad 的光标可呈现各种形状，以提示用户特定的节点或边缘，以提高编辑效率（表 1-1、表 1-2）。

表 1-1 光标形状含义

	空白空间	参考线	其他边缘	其他边缘——垂直	交集	参考线的节点	其他节点
输入前（箭头工具）							
输入前（其他工具）	+				×	✓	✓

续表

	空白空间	参考线	其他边缘	其他边缘——垂直	交集	参考线的节点	其他节点
输入中/编辑							
魔术棒							
修剪元素							
拾取参数							
转换参数							

表 1-2 光标编辑状态

光标	描述
	空白空间：该区域中无可选对象
	快速选择选项（用箭头工具做表面选择）
	拖移/旋转/镜像元素拷贝
	拖移/旋转/镜像元素多个拷贝
	在元素输入/编辑中选择选项： • 设置屋顶倾斜度方向 • 分割元素时，选择保持选中的部分 • 设置一个剖面的有限深度
	填充把手
	放置标注/区域标记/填充区域，或闭合多边形
	粘贴后，移动选取框/剪贴板的内容
	在 3D 文档中放置标注时选择平面
	放置线性标注（任何方向）时选择直线/边缘

5. 弹出式小面板

弹出式小面板是针对所选元素及其控制要素的快捷工具图标集合。当将光标放在一个可编辑的参考线、边缘、节点或表面材质上并单击（按一下鼠标左键）时，弹出式小面板出现。弹出式小面板的快捷工具根据所选元素、控制要素（边缘、节点或表面材质）以及活动窗口（平面、立面、三维等）的不同而有所区别。用户可以使用快捷键〈F〉和〈Shift+F〉

来移动选择当前弹出式小面板的快捷工具图标（图 1-7）。

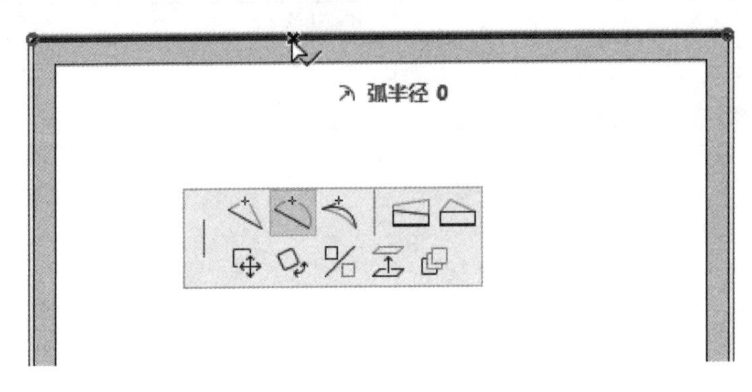

图 1-7　弹出式小面板

提示：用户可以设置弹出式小面板在屏幕上的位置，选择“选项＞工作环境＞对话框和面板”，当选择“跟随光标”选项时，弹出式小面板将跟随工作光标在屏幕上移动，或选择“跳到您喜欢的位置”选项，将其放置在一个理想的点位（图 1-8）。

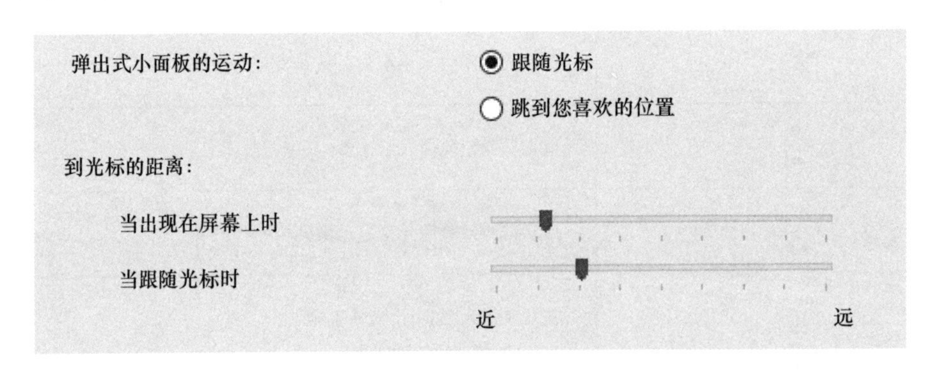

图 1-8　弹出式小面板位置

6. 原点

与 AutoCAD 的坐标系一样，Archicad 所有测量均参考原点进行，其原点的位置始终为（0，0）。Archicad 定义了三种坐标原点：项目原点、编辑原点与用户原点。

① 项目原点在 Archicad 项目文件中始终处于固定不变的位置，以加粗的“X”标记置于平面视图窗口的左下角。在 3D 视图中，项目原点及其 x、y 和 z 轴用加粗黑线显示（图 1-9）。

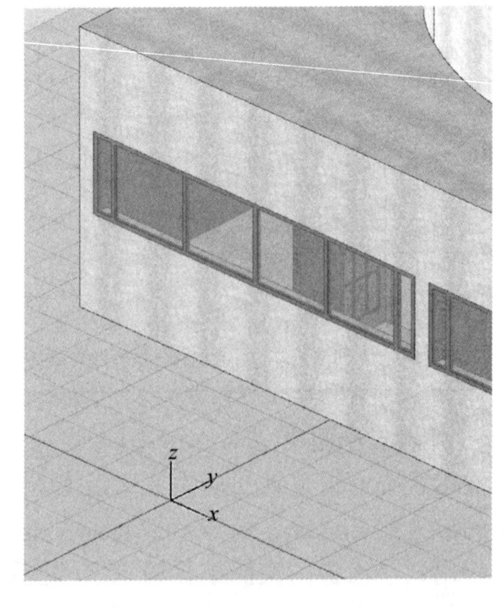

图 1-9　3D 视图的项目原点

② 编辑原点是在用户创建元素，单击开始输入时自动出现的相对坐标原点。一般情况下，需要打开“追踪器的相对坐标”，此时坐标输入均基于编辑原点。编辑原点是一个暂时

的原点，仅在绘图和编辑操作期间出现（图1-10）。

图1-10　追踪器的相对坐标

③ 用户原点在默认状态下，与项目原点重合，但用户原点可移动到任何位置（类似于AutoCAD的UCS）。单击工具条中的“设置用户原点”，可以将用户原点移动到目标位置而“重置零点”。或者先将光标移动到任意元素节点后按〈Alt＋Shift〉键，而将用户原点置于该位置。

提示：相对坐标取决于“编辑原点”（默认激活“追踪器的相对坐标”），绝对坐标取决于“用户原点”（当原点和光标之间出现一条临时虚线，表示正在使用绝对坐标）。在输入状态下，可以通过设置X－Y坐标进行定位，也可以设置起始点和光标之间的距离和角度进行定位。

7. 图层与图层组合

Archicad图层与AutoCAD图层的作用类似，可以对各类元素进行逻辑管理，将同类元素或相关联的元素置于同一图层上，便于建模和数据管理。

Archicad为每个工具（如外墙、柱、对象、标注等）都分配默认的图层，使用该工具创建的新元素自动放置在相应的图层上。如果删除图层，则将会删除图层上的所有元素。在Archicad中，还有一个特殊类型“Archicad图层”，用户不能对其进行删除、隐藏或锁定等操作。在某些情况下，丢失图层定义的元素将被放置在“Archicad图层”中。

提示：一个元素只能够属于一个图层。门、窗、洞口、角窗等元素没有单独的图层，它们与所附着的墙体图层产生关联。相机也没有单独图层。

选择“文档＞图层＞图层（模型视图）”或选择“选项＞元素属性＞图层（模型视图）”或使用快捷键〈Ctrl＋L〉，可以打开“图层（模型视图）”对话框（图1-11）。对话框左侧为所有的图层组合，右侧为所有的文件夹及其图层。可以对图层或图层组合进行新建、删除、重命名和状态编辑等操作。图层或图层组合是按字母顺序进行排列，用户可以使用前缀对其进行分组排列。

① 显示/隐藏：选择一个图层，单击该图层左侧的“显示/隐藏”图标，以决定该图层上的元素是否显示。如果要显示所有图层，可以选择“文档＞图层＞显示所有图层”命令。

② 解锁/锁定：选择一个图层，单击该图层右侧的“锁定/解锁”图标，以决定该图层是否可以被编辑。当图层被锁定时，无法编辑或删除其上面的元素，并且不能在该图层放置新元素。

③ 3D视图显示：实体模型图标表示放在该图层上的元素完全可视，线框图图标表示放在该图层上的元素只显示轮廓，其与“视图＞3D视图选项＞线框”命令设置无关。

④ 相交组编号：具有同一个图层相交组编号的相交元素会自动相互连接，而不同图层相交组编号上的元素将无法连接。Archicad的图层相交组编号默认为“1”，相交元素将按

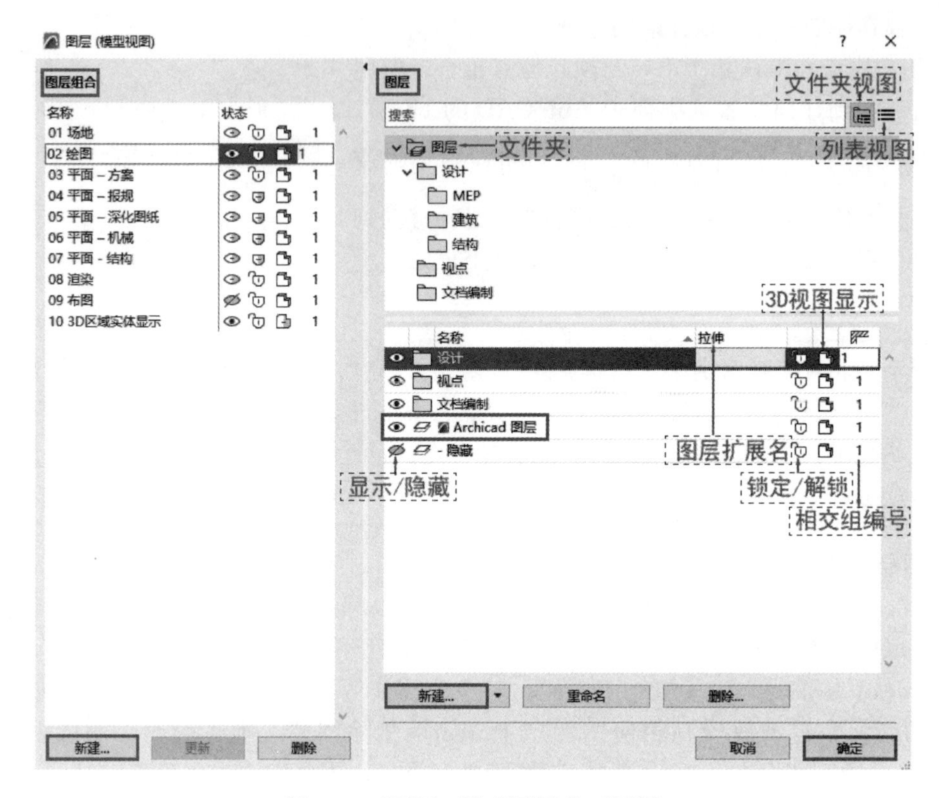

图 1-11 “图层（模型视图）”对话框

照常规连接规则相交。当图层相交组编号为“0”时（无论在相同或不同图层），该图层的元素都不会相交。

⑤ 图层扩展名：可以给图层的名称添加扩展名，以控制图层的附加排序。

⑥ 图层组合：用于保存不同图层设置状态的集合，有助于在不同的图层间设置快速切换。单击左侧新建“图层组合”并命名后，可以根据需要设置右侧各图层的状态。对于一个图层，可以直接更改左侧图层组合中的状态按钮进行修改，而如果通过右侧的状态按钮修改一个或多个图层，则要单击左侧“更新”按钮以保存到图层组合中。

8. GDL

GDL 是 Geometric Description Language（几何描述语言）的缩写，它是 Archicad 内置的参数化编程语言，语句格式类似于 Basic 语言。GDL 主要用于描述 Archicad 中的 3D 元素，如门、窗、家具、楼梯等以及这些构件在平面图中的 2D 符号表达，其核心是实现 GDL 对象的参数化设计。GDL 对象类似于 AutoCAD 的“块”和 Revit 的“族”。选择“文件>图库和对象>新建对象”，或选择已放置的对象，然后选择“文件>图库和对象>打开对象”，可以打开 GDL 对象编辑器，进行设置参数与编辑脚本等操作（图 1-12）。

9. 管理器

管理器是 Archicad 对各种元素及其属性、BIM 模型信息及其视图表达的各类工具的统称，包括图库管理器、项目浏览器、视图编辑器、属性管理器、图形管理器、信息管理器、类别管理器等。选择“选项>元素属性>属性管理器”，可以打开属性管理器对话框（图 1-13）。

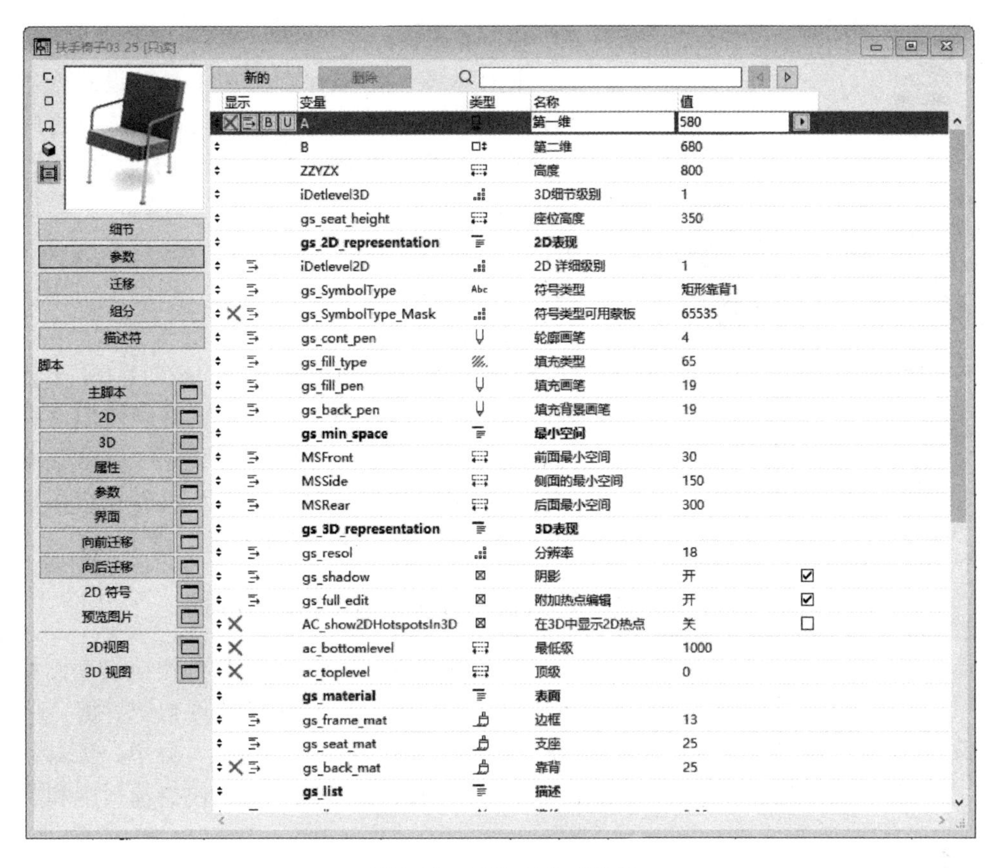

图 1-12　GDL 对象编辑器

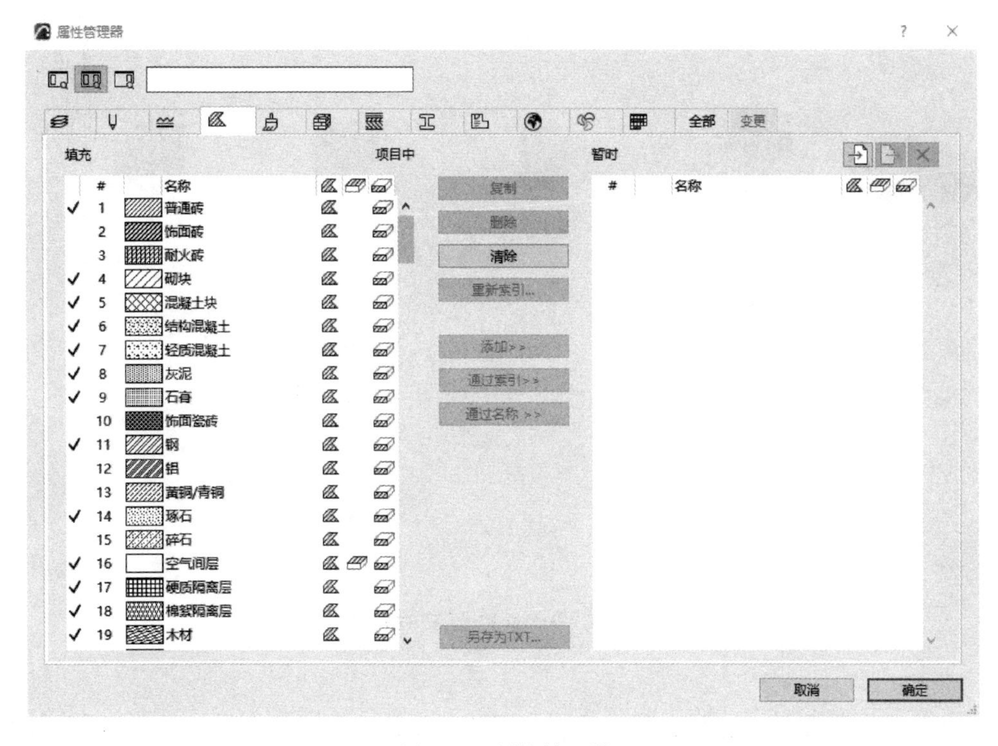

图 1-13　属性管理器

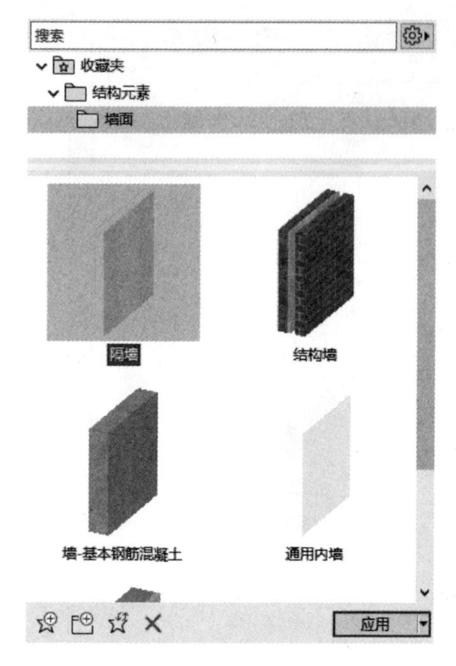

图 1-14　收藏夹面板

10. 收藏夹

使用收藏夹可以保存常用工具的设置配置，其可以与项目文件一起保存，并可以在项目之间导入和导出。用户可以通过“信息框中的收藏夹选择器”或选择“视窗＞面板＞收藏夹”或在“工具设置对话框”中打开“收藏夹面板”，双击需要的收藏夹或选择一个收藏夹并单击“应用”，则可以使用该收藏夹的设置。使用“新建收藏夹”按钮添加新的“收藏夹”；使用“新建文件夹”按钮用于分类整理收藏夹；修改收藏夹参数后，可以使用“重新定义收藏夹”按钮进行更新；使用“删除收藏夹或文件”按钮进行删除；“应用”按钮可以根据“元素转换设置”来传递收藏夹参数（图 1-14）。

1.2.3　Archicad 26 操作界面

双击桌面 Archicad 26 的软件快捷启动图标，系统将打开如图 1-15 所示的软件初始界面。单击界面中的项目文件，可以进入 Archicad 26 操作界面，操作界面主要包括：菜单、工具条、信息框、工具箱、选择工具、标签栏、工作空间（绘图窗口）、浏览器、快捷选项栏和状态条等（图 1-16）。

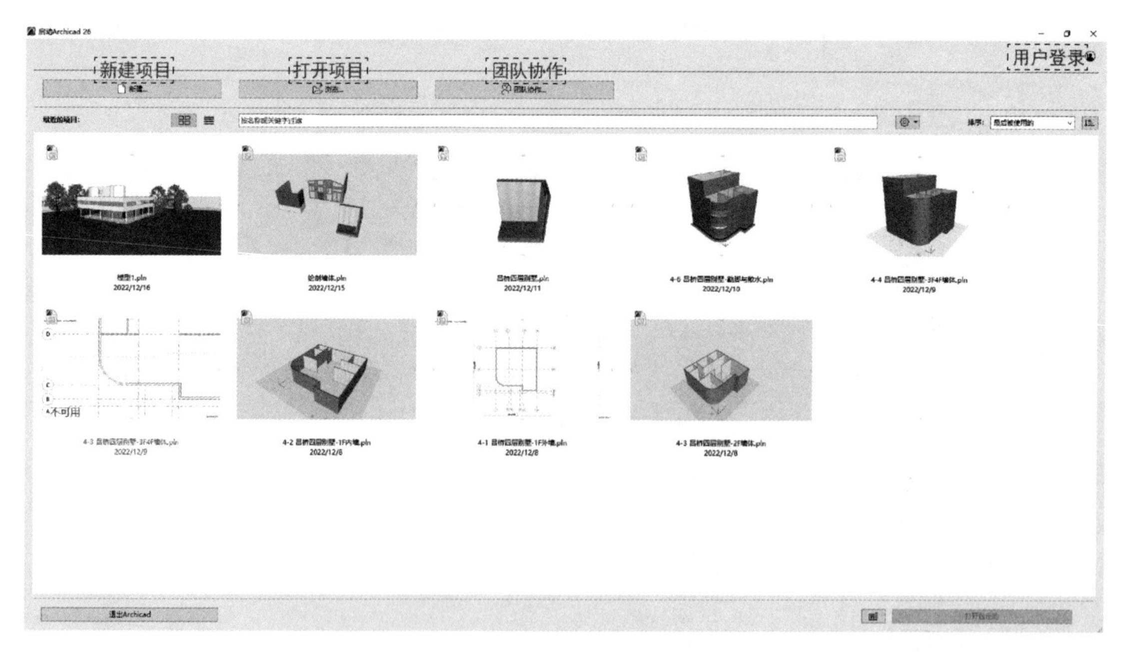

图 1-15　Archicad 26 初始界面

1. 菜单

Archicad 26 菜单默认包括文件、编辑、视图、设计、文档、选项、团队工作、视窗和帮助等几大类操作。选择“选项＞工作环境＞菜单”，可以打开“菜单”对话框来添加/删除或自定义新的菜单项（图 1-17）。

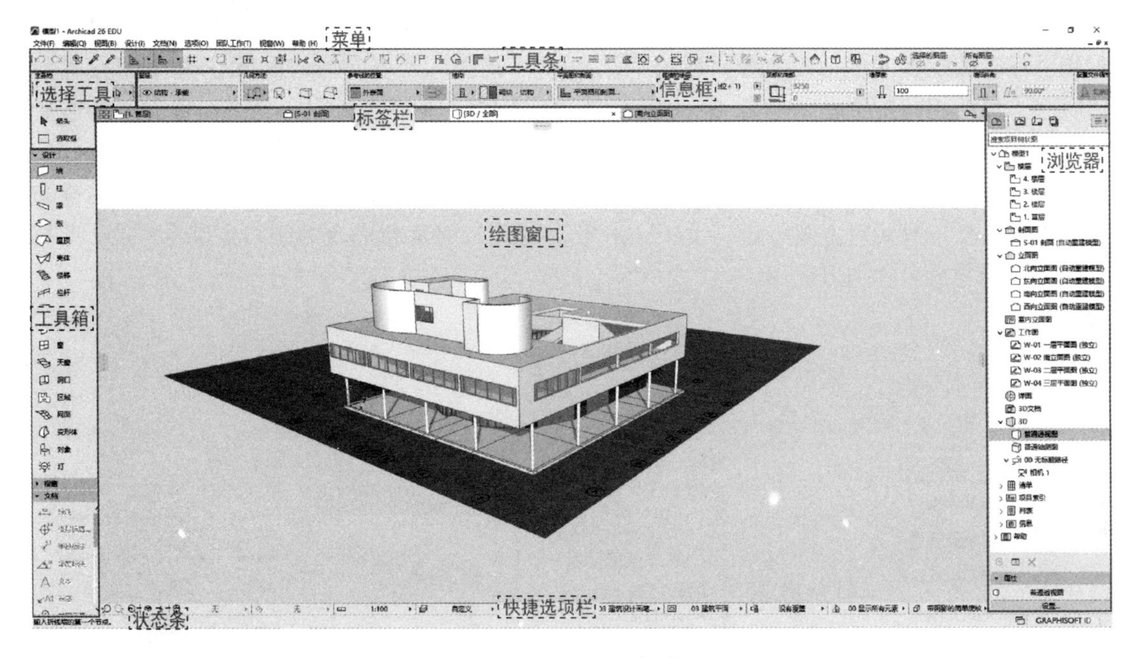

图 1-16　Archicad 26 操作界面

图 1-17　“菜单”对话框

2. 工作环境

选择“选项>工作环境>工作环境”，可以打开“工作环境”对话框（图1-18），可以在右侧已保存的配置文件列表中选择系统默认的配置文件（其下方窗口显示了使用的方案），然后双击以应用此配置，或单击“应用配置方案”按钮。配置文件是一个方案集合，其本身不包含设置。用户需通过左侧窗口中的6个方案项进行设置，包括：用户个性设置方案、公司标准方案、快捷键方案、工具方案、工作空间方案和命令布置方案。每个方案也是设置的一个主题集合，只要对方案中任一设置作出修改，其名称就会更改为“自定义”，可以将其另存为新的方案名称加以应用。

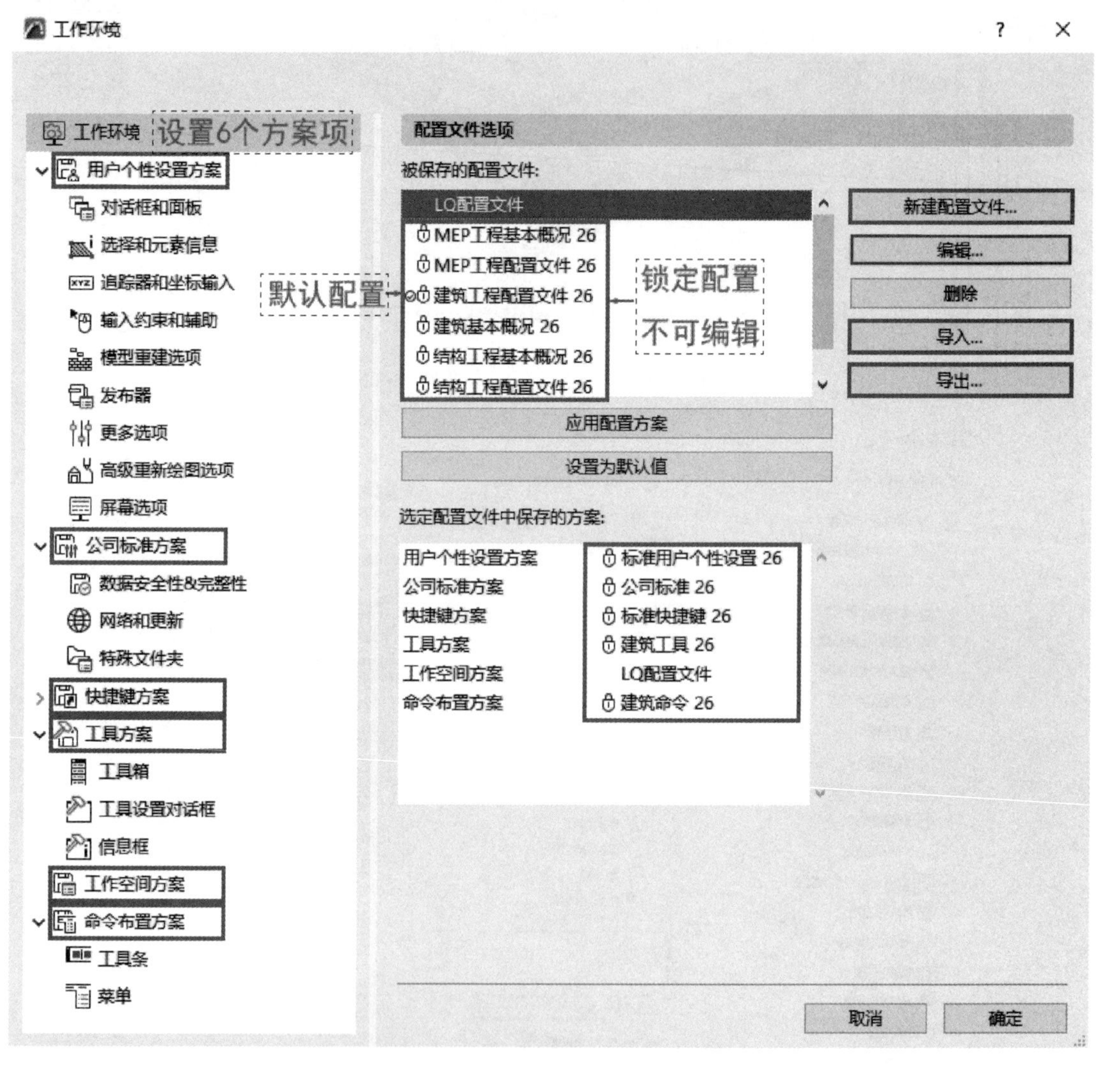

图1-18 “工作环境”对话框

单击“新建配置文件”可以打开“编辑配置文件”对话框，为配置文件命名，选择方案项呈高亮显示，然后从右侧的下拉列表中选择设置好的方案（图1-19）。如果不希望一个特定的方案定义为此配置文件的一部分，则选择该方案为“未定义”，应用新配置文件时，“未定义”方案的设置将保持原样或默认值。新配置文件内设置为“自定义”的任一配置文件将被作为一个方案保存，并得到与配置文件相同的名称。

被锁定的配置文件不能被编辑或删除。如果将所选配置文件设置为默认配置文件，那么在启动 Archicad 时，从工作环境配置文件下拉框中选择“默认配置文件”，则将应用此配置文件。可以将配置文件或某一方案进行导出/导入操作，以在各用户间进行转移，格式为“*.xml”文件。

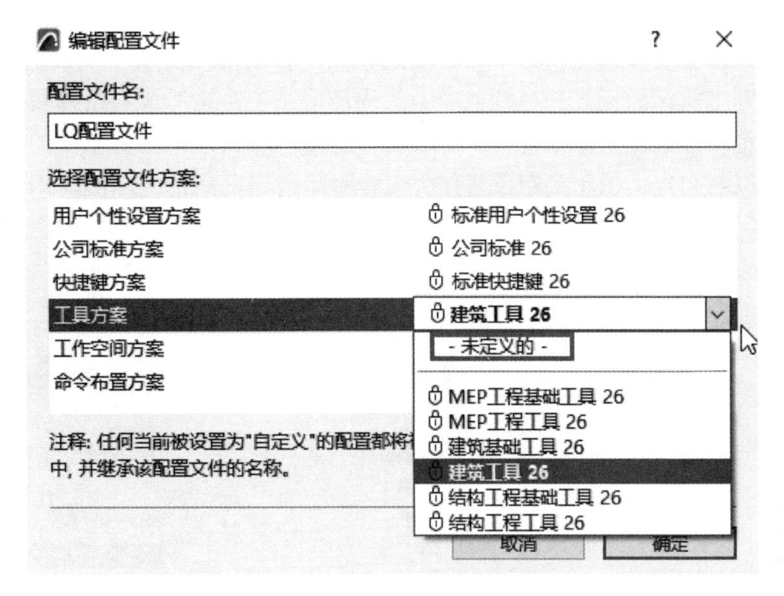

图 1-19 “编辑配置文件”对话框

3. 工具条与工具箱

工具条是以主题组合起来的命令/菜单的集合，以图标或文本形式显示。选择“视窗>工具条”或右击任意显示工具条，从快捷菜单中打开各类“工具条”。选择“选项>工作环境>工具条”可以对工具条中的内容和排列进行自定义，用户可以将自定义工具条保存为工作环境方案的一部分（图 1-20）。

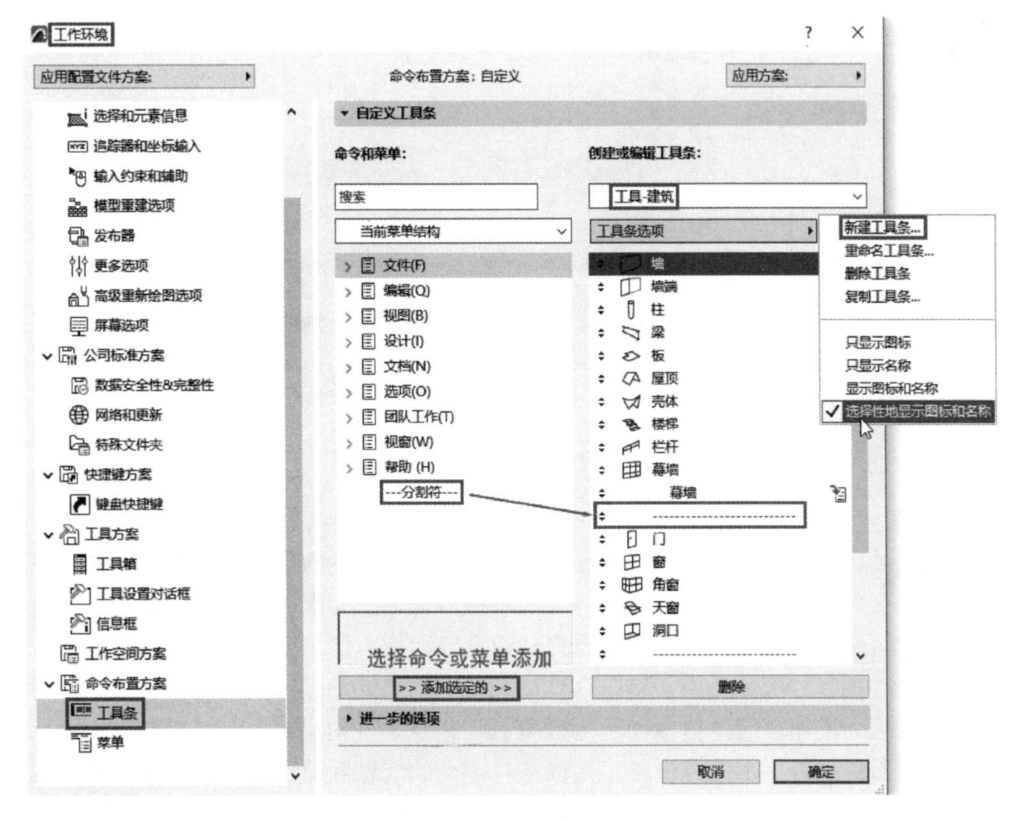

图 1-20 “工具条”对话框

工具箱分为不同的工具组，主要包括选择工具、设计工具、视窗工具和文档工具。工具箱的内容会根据当前的工作环境配置文件和插件而有所不同。选择“视窗>面板>工具箱”打开工具箱面板。选择“选项>工作环境>工具箱”或右击（按一下鼠标右键）任意显示工具箱，从快捷菜单中打开“工具箱”对话框，可以对工具箱中的内容和排列进行自定义，并可以将自定义的工具箱设置作为工作环境方案的一部分（图 1-21）。

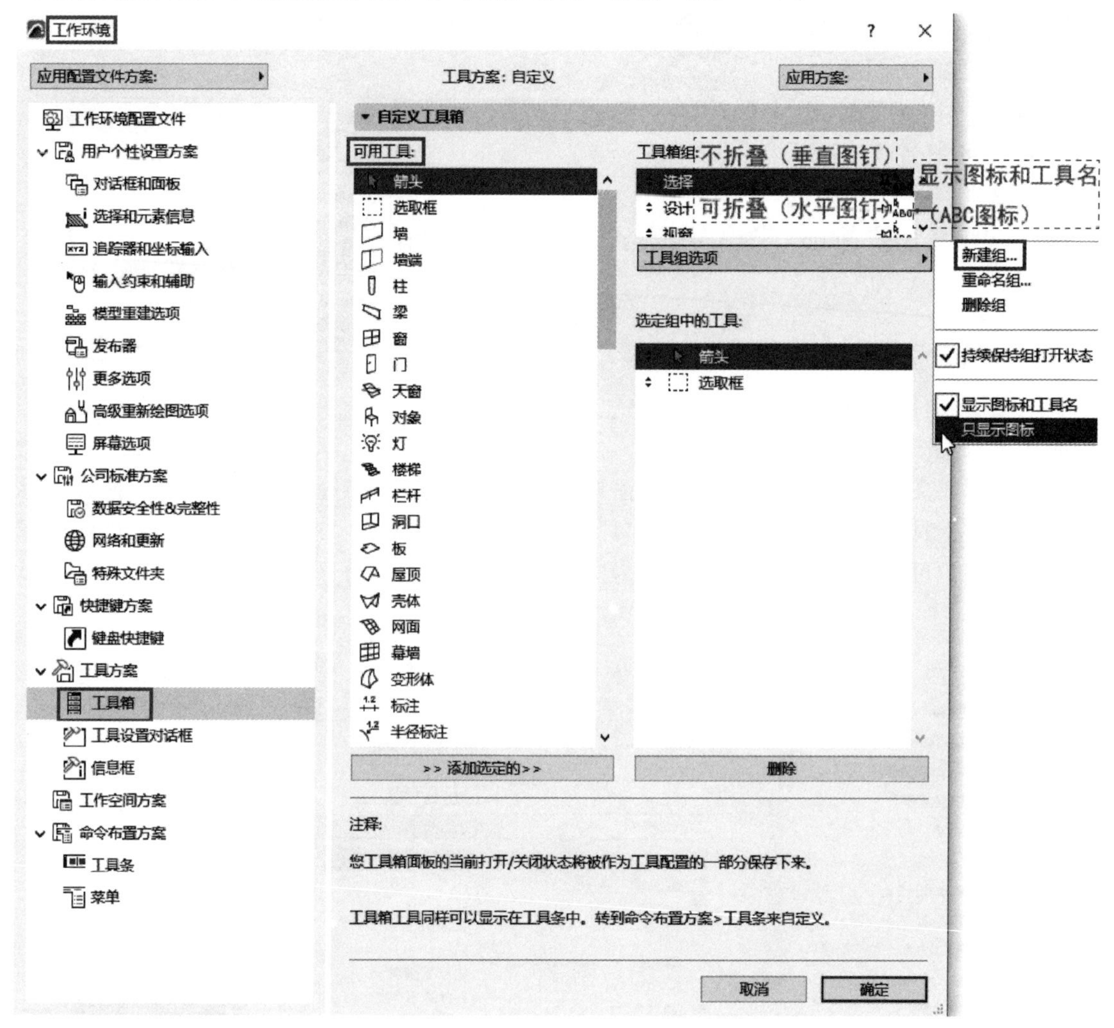

图 1-21 “工具箱”对话框

4. 信息框

信息框是关于当前活动工具或选定元素输入及参数控制项的集合，只有在工作时它才会显示在屏幕上。如果选择了几个元素，将会显示最后选定的元素的信息框。在信息框设置中的修改，将对可编辑的元素产生影响。选择“视窗>面板>信息框”可以显示信息框，右击信息框任意处并选择“隐藏页眉文字”，可以不显示页眉文字。

选择“选项>工作环境>信息框”可以打开“信息框”对话框（图 1-22），对信息框中各工具的属性面板是否显示进行设置，可以将自定义的信息框设置保存为工作环境方案的一部分。左边的窗口为 Archicad 工具列表，右侧的窗口列示了选定工具信息框上出现的面板。单击面板预览按钮或双击属性名称，可以看到选定面板的外观。拖动箭头图标，可以修改信息框面板的顺序。单击打开或关闭“眼睛”图标，可以显示或隐藏信息框面板。

> **提示**：与“信息框”对话框类似，用户可以在“工具设置对话框”中自定义所选工具的属性面板。

图 1-22 “信息框”对话框

5. 标签栏

工作空间顶部的标签栏显示所有打开的视图/视点，单击任何标签可以激活对应窗口，将鼠标悬停在任何标签上，即可预览其上次打开的视图。选择“视窗>显示/隐藏标签栏”可以将其打开或关闭。单击工作空间左上角的“显示窗口概述”图标，可以总览方式显示/隐藏所有标签栏预览，然后可以选择所需的视图（图 1-23）。

6. 浏览器

浏览器面板包括项目树状图（视点）、视图映射、图册和发布器集四部分（图 1-24）。项目树状图是项目视点的树状结构，以文件夹的方式组织。视图映射是项目保存的视图列表，可调整视图设置来定义特定的视点进行保存。图册是将项目的视点、视图及图形以格式化方式按照样板布图组织到子集和布图中。发布器就可以对视图和布图以特定格式（DWG/PDF/IFC/BIMx）进行输出。

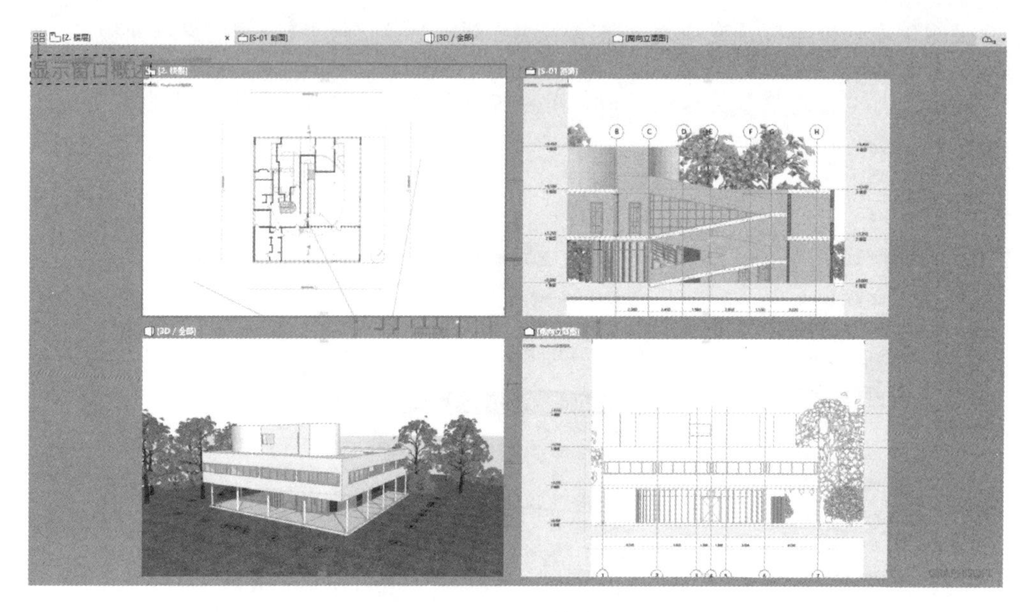

图 1-23　标签栏

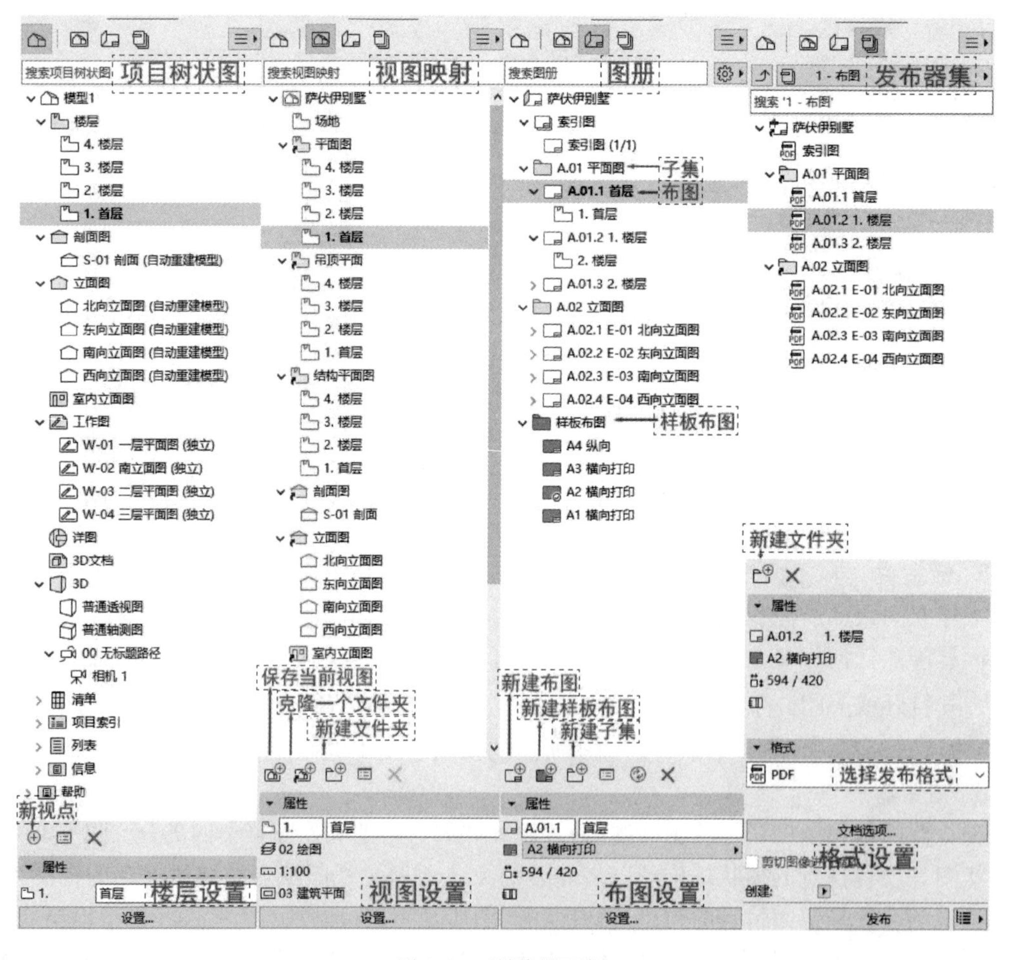

图 1-24　浏览器面板

在项目树状图中，可以使用搜索栏按名称查找视图，选择视图后双击可将其打开，打开后该项的显示会加粗。打开一个新视图/布图后，可以替换已经打开的相同视图/布图，也可以在“选项＞工作环境＞更多选项”中勾选，“当打开另一个相似类型的视图或布图时，在新建标签中打开视图/布图”，则可以在单独新建的标签中打开视图/布图。但是在同一时间内，只能打开一个平面图和一个 3D 窗口。单击标签栏可以在各视图/布图间切换。

选择“视窗＞面板＞管理器”，可以打开管理器面板，它收藏了与浏览器基本相同的控制项，但有两个树结构，可以使视图和布局更容易地从一个映射移动和拷贝到另一个映射（图 1-25）。

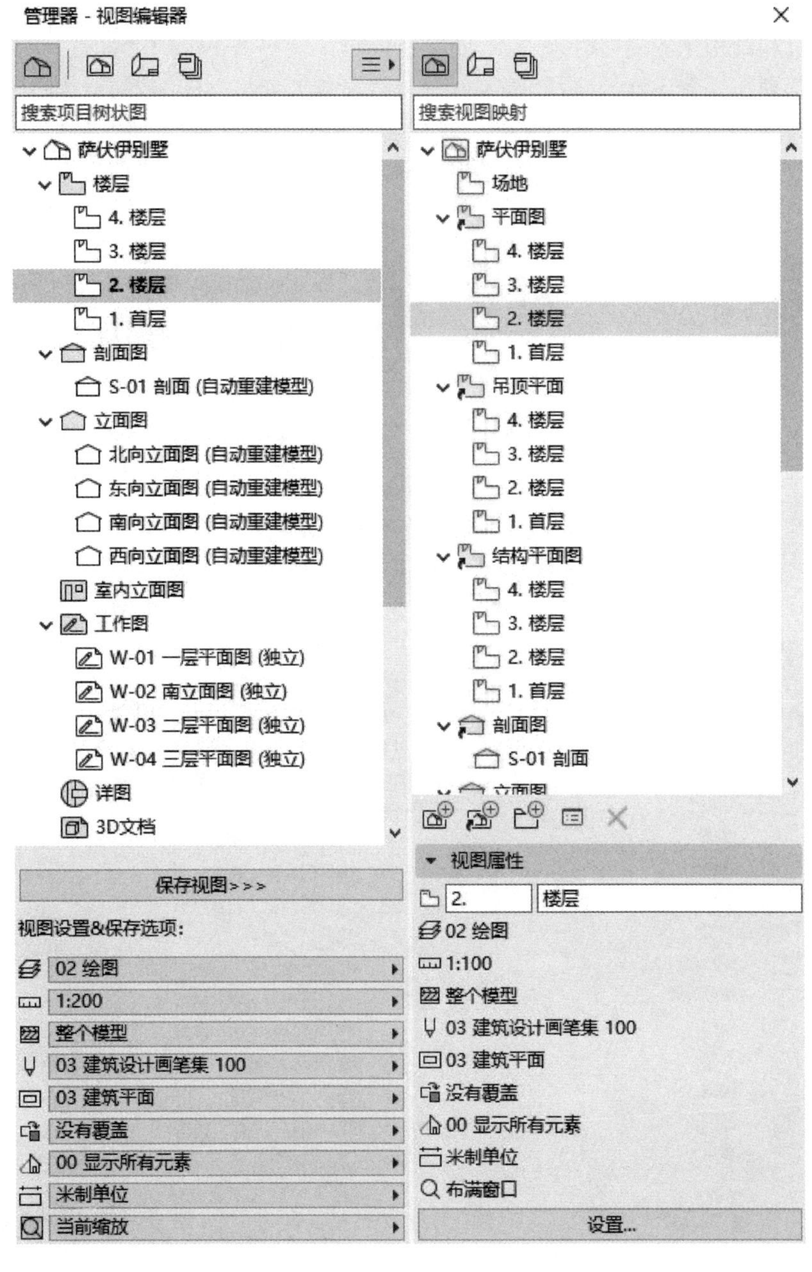

图 1-25　管理器面板

7. **快捷选项栏与状态条**

快捷选项栏位于绘图窗口底部，选择“视窗>显示/隐藏快捷选项列”可以对其显示或隐藏。快捷选项栏中的控制项包括：缩放、方向、比例、图层组合、结构显示、画笔集、模型视图选项、图形覆盖、翻新过滤器等。用户可以将快捷方式中的设置直接应用到当前活动标签，并可以访问相关选项设置的对话框。

状态条位于绘图窗口左下角，其对工具命令的操作进行提示。

1.2.4 Archicad 26 新增功能

1. **设计方面**

（1）层级和结构化的属性管理

选择“选项>元素属性>属性”，可以打开“属性”面板（图1-26），用户可以按“文件夹”或“平面列表”视图显示项目属性。在列表视图中，可以通过“搜索列表”来快速找到所需的属性信息，双击任何属性可以打开其设置对话框并进行编辑。

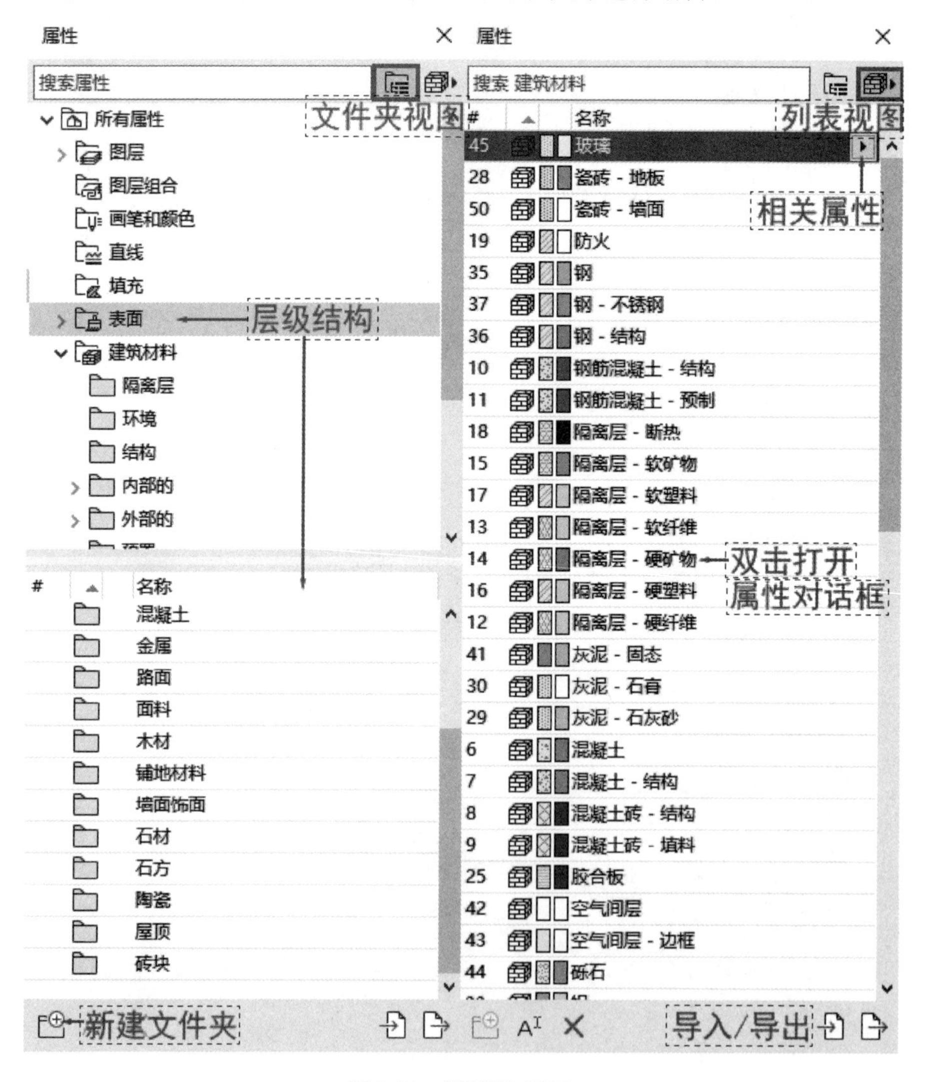

图1-26 “属性”面板

（2）浏览器搜索

浏览器的搜索工具可以帮助用户在项目树状图、视图映射、图册和发布器中，更快速地查找特定的项目元素（图 1-27）。用户只需在搜索栏中输入关键字，即可快速查找相关元素。在项目树状图、视图映射、图册和发布器之间切换时，搜索词仍将被保留。

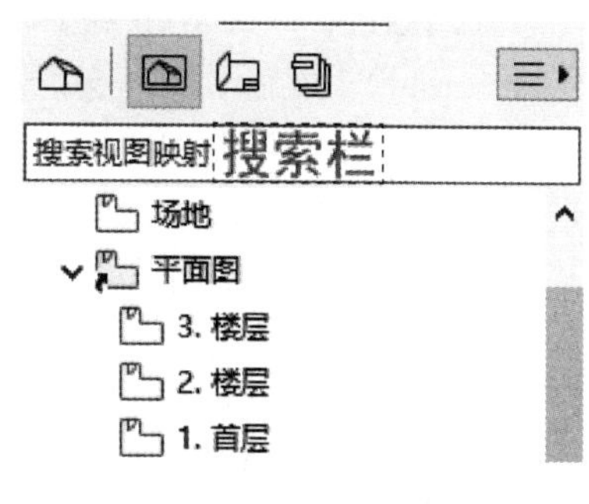

图 1-27　浏览器搜索

（3）图库部件创建器

图库部件创建器（Library Part Maker）是 Archicad 的插件，它可以简化 GDL 对象的创建过程（图 1-28）。通过该插件用户无须脚本即可创建常规对象、门、窗、天窗、灯和 MEP 部件等，并可以添加参数来控制对象的尺寸、颜色、材料和文本等。

（4）定制厨房橱柜

用户可以使用具有自定义参数的设置来创建橱柜，并可以根据需要添加附件和配件。

（5）圆的径向拉伸

使用“弹出式小面板”可以对圆形和椭圆进行径向拉伸（图 1-29）。

图 1-28　图库部件创建器

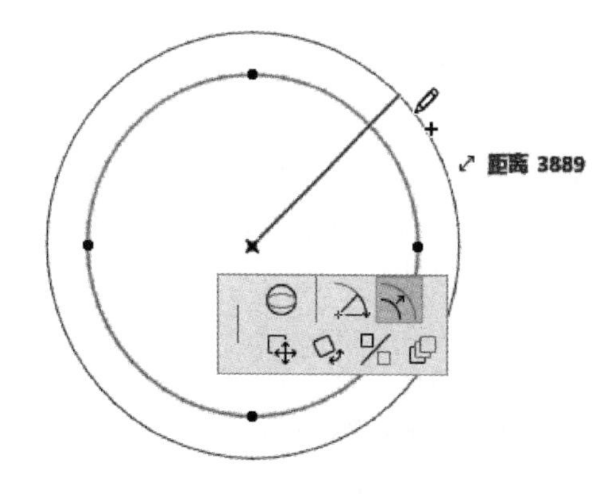

图 1-29　圆的径向拉伸

2. 可视化方面

（1）新的表面材质

Archicad 26 更新了表面材质目录，以方便用户创建逼真的材质效果。新的表面材质与 Cineware 引擎兼容，具有可调节的细节级别，可满足不同场景和渲染需求，可以提供更真实的外观，提高渲染效果。

（2）增强的 BIMx Web 和 BIMx Desktop Viewer

Archicad 26 增强了 3D 模型导出功能，具有更简单、信息更丰富的 Publisher 工作流程。新的 BIMx 可以在 Web 浏览器中以全屏幕模式查看，并且有更多的自定义选项和功能。同时，新的 BIMx Desktop Viewer 也支持新的虚拟现实（VR）头戴式设备，可以帮助用户进行“沉浸式”BIM 模型浏览。

3. 协作方面

（1）自动生成荷载

Archicad 26 新增了自动生成荷载功能，设计师可以在设计过程中更准确地模拟结构的荷载情况，还可以使用活载生成器工具来指定荷载参数，根据需要手动或自动生成荷载图形，通过多个区域和楼层的荷载分析来优化结构设计（图 1-30）。

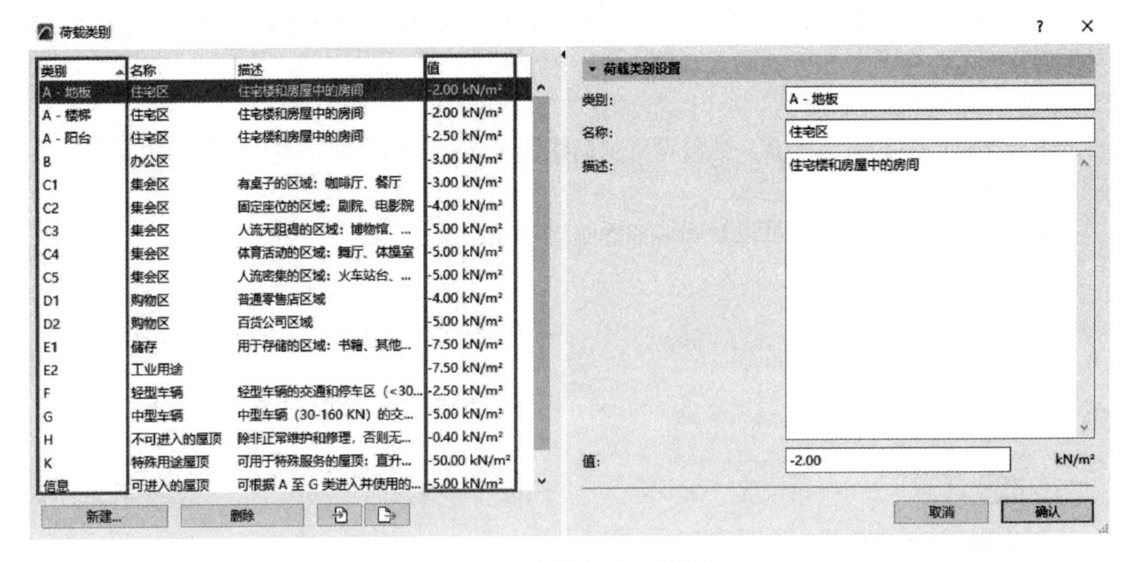

图 1-30 “荷载类别”对话框

（2）更快地导出到 FRILO

Archicad 26 增强了与结构分析软件 FRILO 的集成，可以更快地生成必要的结构模型与荷载数据，将结构模型以 SAF（Structure Analysis Format）格式或 IFC 格式导出到 FRILO 进行分析计算，提高了模型和数据的准确性。

（3）支持多段柱和梁

Archicad 26 可以创建由多个段组成的柱或梁。设计师可以在属性设置中定义不同的段，包括长度、断面和材料等，可以在不同的段之间添加连接件，还可以在不同的段之间添加“偏移量”，以更好地控制结构的构建和装配过程（图 1-31）。

（4）BIMcloud 功能增强

Archicad 26 增强了多用户工作流程，支持多个团队在同一项目中的协作，提供了更快速、更直观的操作界面。增强了模型比较功能，可以比较两个不同时间所创建模型的变化情况。与 BIMx Web 和 BIMx Desktop Viewer 进行深度集成，可以提供实时的数据同步和项目协作，能更好地满足现代远程团队的协作需求。

（5）准确的建筑能耗评估

Archicad 26 可以根据建筑模型和材料信息进行能耗分析，帮助建筑师更好地了解建筑

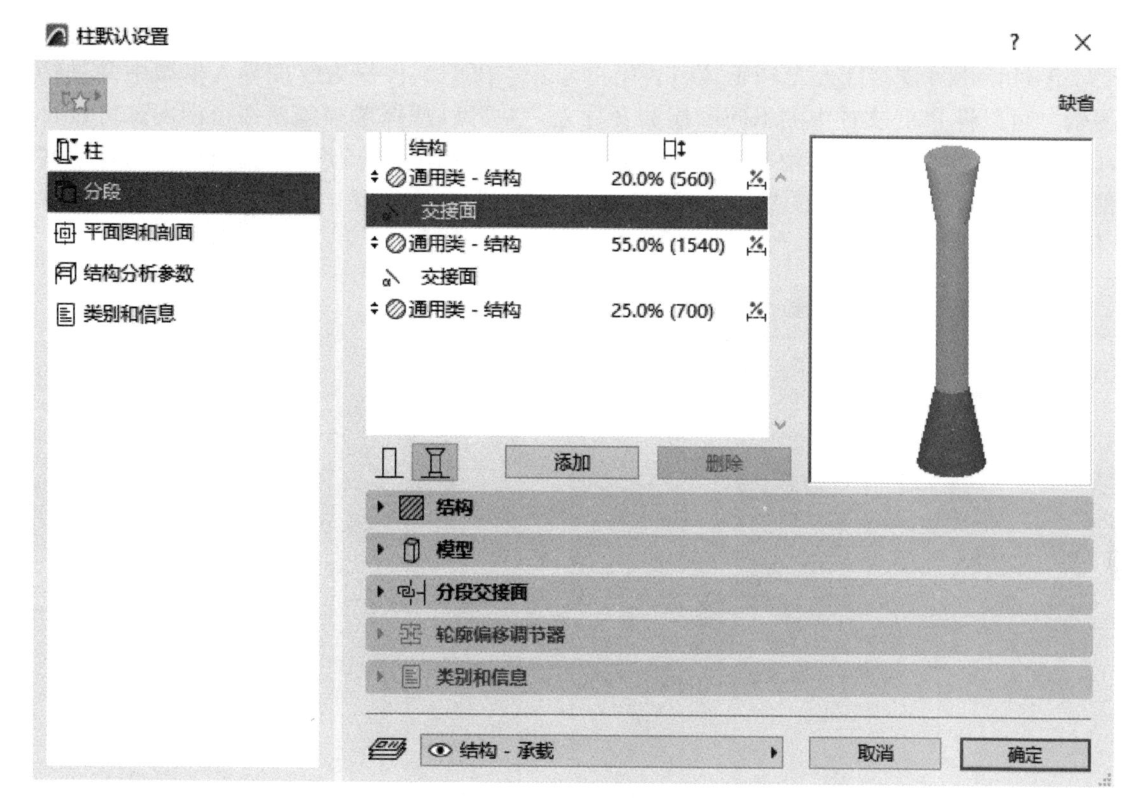

图 1-31　多段柱

的总能耗和每个区域的能耗，比较不同设计方案的能源效率，根据不同的节能方案来预测能源成本和节能效益（图 1-32）。

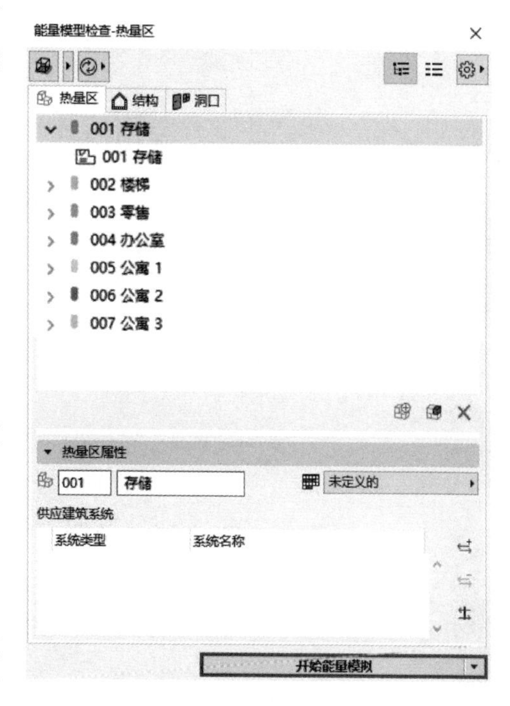

图 1-32　建筑能耗评估

4. 文档方面

（1）样板布图的新自动文本

Archicad 26 新增了样板布图的新自动文本功能，用户可以在样板布图中定义的文本块中插入自动文本占位符来快速生成和更新文本，大大提高了信息提取的效率和准确性。

（2）增强的图形覆盖

Archicad 26 增强了图形覆盖功能，用户使用透明度和色调能够更好地控制图形的外观，更精准的图形覆盖可以满足高精度建模的需求。

（3）改进标高标注

在“楼层标高标注”工具中设置了默认的标注原点和多行自定义文本。当标注与“板或屋顶”相关联时，多行自定义文本可以将尺寸标注到顶部、核心顶部、核心底部或底部。另外，使用“全局高度”选项，用户可以在多个标高标注之间共享相同的高度值。

（4）增强 PDF 导入功能

Archicad 26 支持嵌入式 PDF 文件，用户可以将 PDF 文件作为纹理导入模型中并进行编辑。可以将 PDF 文件中的不同图层分开导入，并可以选择单独编辑每个图层。可以自动将 PDF 文件中的矢量图像转换为可编辑的线条、面和填充。使用“拖放”或通过“文件>外部内容>放置外部图形”，可以选择所需的 PDF 页面并一键放置在视图或布图中（图 1-33）。

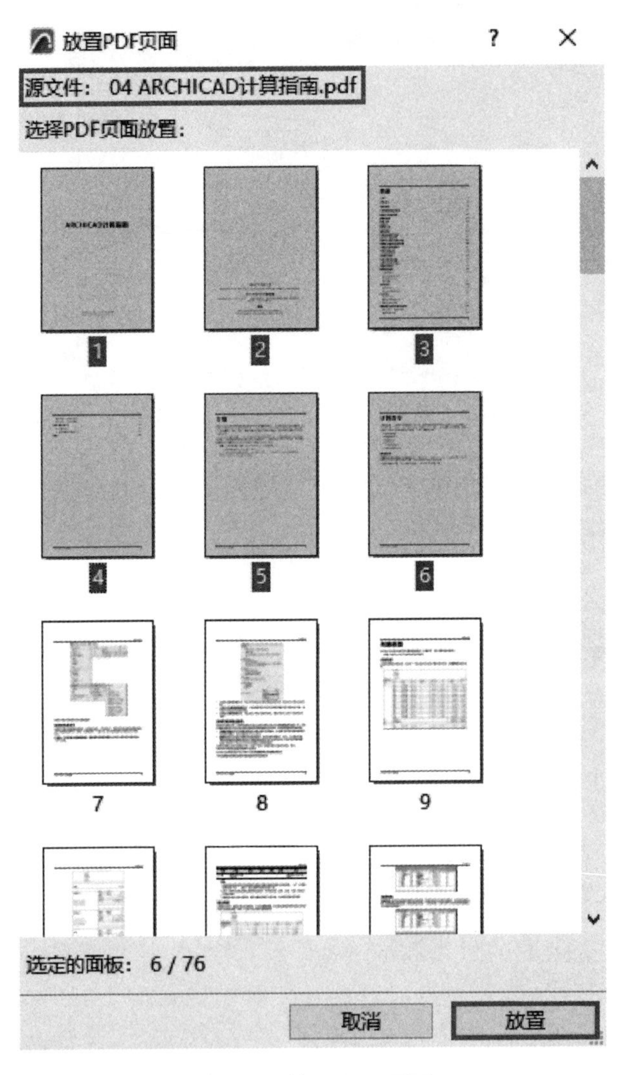

图 1-33　放置 PDF 页面

2　Archicad 基本操作

Archicad 软件的基本操作与 AutoCAD 有相似之处，同时 Archicad 的核心目标类似于 Revit，即它们都是建立三维 BIM 模型，而二维视图是三维模型的“映射”与“副产品”。在具体的操作细节上，Archicad 有一些独有的概念和操作方式，如 Archicad 中“弹出式小面板”和“捕捉辅助”的灵活运用可以极大的提高建模效率，初学者在由 AutoCAD/Revit 向 Archicad 过渡时，需要改变一些固有的建模思路和习惯。

本章从 Archicad 软件的基本操作入手，主要介绍项目设置、元素操作、视图控制、二维绘制与编辑、元素属性等内容。

本章学习目的：

（1）掌握项目设置方法；

（2）理解元素操作方式；

（3）理解视图控制方法；

（4）掌握二维绘制与编辑；

（5）理解元素属性的层级与逻辑关系。

手机扫码
观看教程

2.1　项目文件

2.1.1　创建新的项目

1. 新建项目

双击 Archicad 程序图标，打开“启动 Archicad 26”对话框（图 2-1），该对话框包括三个主要选项：①“新建”，创建一个新项目；②“浏览”，打开一个项目；③“团队协作”，登录一个团队项目。

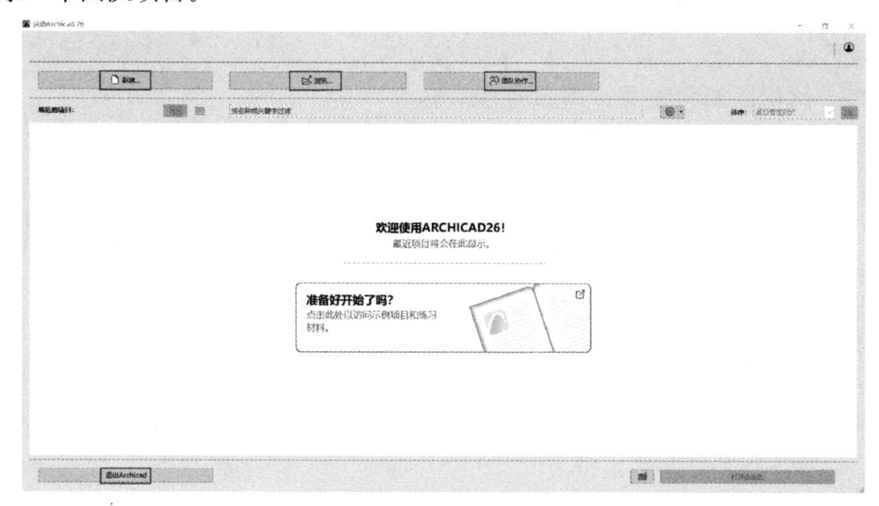

图 2-1　启动界面

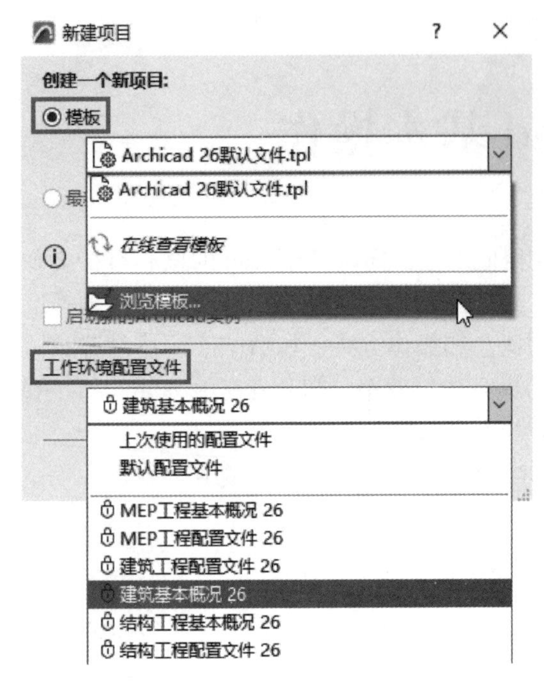

图 2-2 “新建项目”对话框

单击“新建”，打开“新建项目”对话框（图 2-2），用户可以在模板下拉列表中选择一个模板，或浏览其他模板文件。点击“工作环境配置文件”下拉菜单，可以选择：①当前配置文件，即应用上次关闭 Archicad 时生效的配置文件，包括任何未命名的自定义方案或未定义的方案；②默认配置文件，用户可以在“选项>工作环境>配置文件选项”中更改此默认值；③Archicad 根据不同专业所设置的工作环境配置文件。

> **提示：**当已经新建或打开文件后，用户再通过选择“文件>新建>新建”，可为新项目选择最新的项目设置。当勾选“启动新的 Archicad 实例”，可以启动新建另外一个 Archicad 项目。

2. 模板文件

Archicad 模板是一个扩展名为“. tpl”的只读项目文件，它包含所有的项目个性设置、项目中放置的元素和工具的默认设置等。默认模板位于 Archicad 安装盘 \ Program Files \ GRAPHISOFT \ Archicad 26 \ 默认值 \ Archicad 中。

用户可以打开一个新的空项目文件，编辑项目个性设置，选择“文件>另存为”，并选择“Archicad 项目模板（ *. tpl）”作为文件类型，将此项目文件存为自定义模板。

2. 1. 2 项目个性设置

选择“选项>项目个性设置”菜单，可以设定当前项目的专用标准和工作方法，如单位、标注、区域、楼梯规则、位置、测量点等，这些设置将与该项目一起保存（图 2-3）。当其他用户在自己的计算机上打开该项目时，也将应用相同的设置。但在团队工作中，用户必须获得存取权限，而且必须保存项目个性设置对话框才可以改变项目个性设置。

> **提示：**可以单击“项目个性设置”对话框顶部的下拉菜单，或者单击 << >> 进行浏览，以选择设置项（图 2-4）。

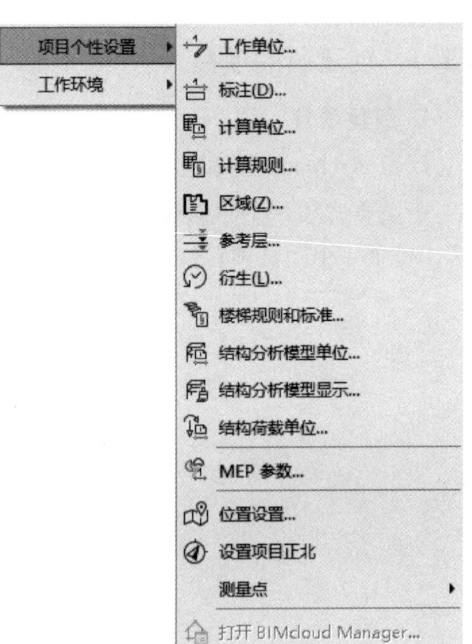

图 2-3 “项目个性设置”菜单

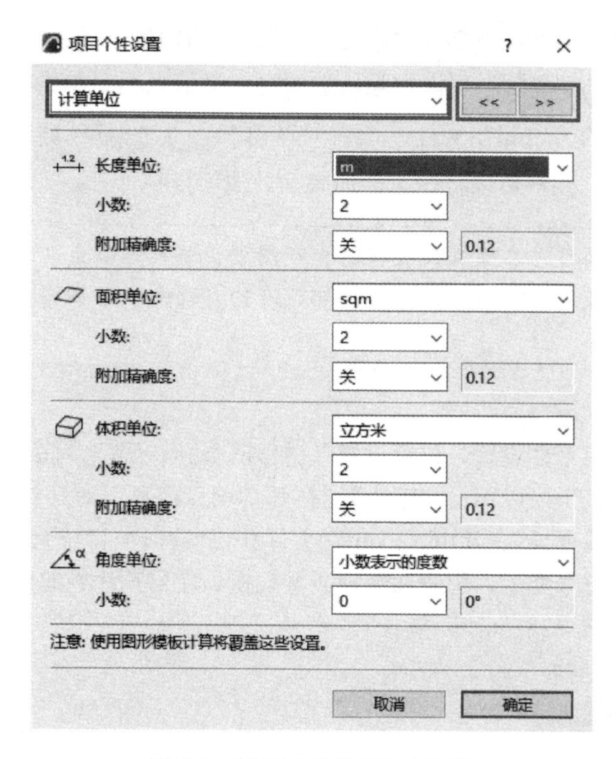

图 2-4 “项目个性设置”对话框

1. 项目信息

选择“文件>信息>项目信息”，打开“项目信息”对话框。可以在各条目区域中输入所需的信息，也可以单击区域右端的浏览按钮 ... ，来获得更大的描述区域或者更完整的输入字段（例如“场地完整地址”），如图 2-5 所示。

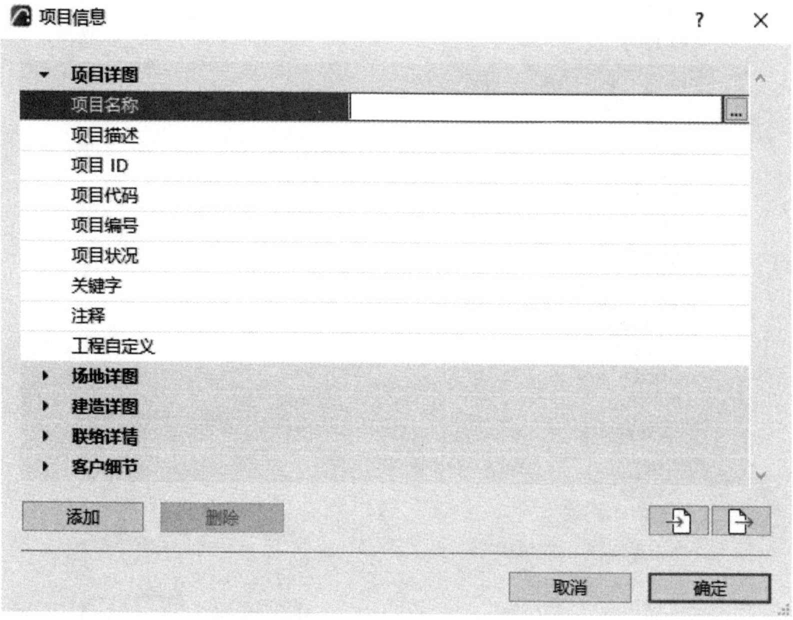

图 2-5 “项目信息”对话框

单击“项目信息”对话框下部的“添加”，可以为当前所选的组增加新的自定义项目信息。单击对话框下部的“删除”可以删除所选的自定义信息项。单击“导入”，可以加载另一个项目信息的“. xml”文件。单击“导出”，可以将当前的项目信息数据另存为“. xml”文件，用户可以将该文件加载到其他项目中。

> **提示：** 设置的项目信息项在模型视图和布图中，都可作为自动文本条目。如果将其他项目信息文件加载到当前项目，那么全部已有的自动文本条目将被导入的项目信息文件中的数据覆盖。

2. 项目位置

选择“选项＞项目个性设置＞位置设置”，打开“地点设置”对话框（图 2-6），“项目名称”和“场地完整地址”可以单击“编辑”，打开“项目信息”对话框进行修改。可以设置项目准确的经纬度，或者导入/导出“. xml”文件获得/输出项目位置。另外可以设置时区，海拔高度，测绘点的符号类型、位置和地理参考数据，项目正北方向等。这些信息可用于太阳位置和综合能源评估。

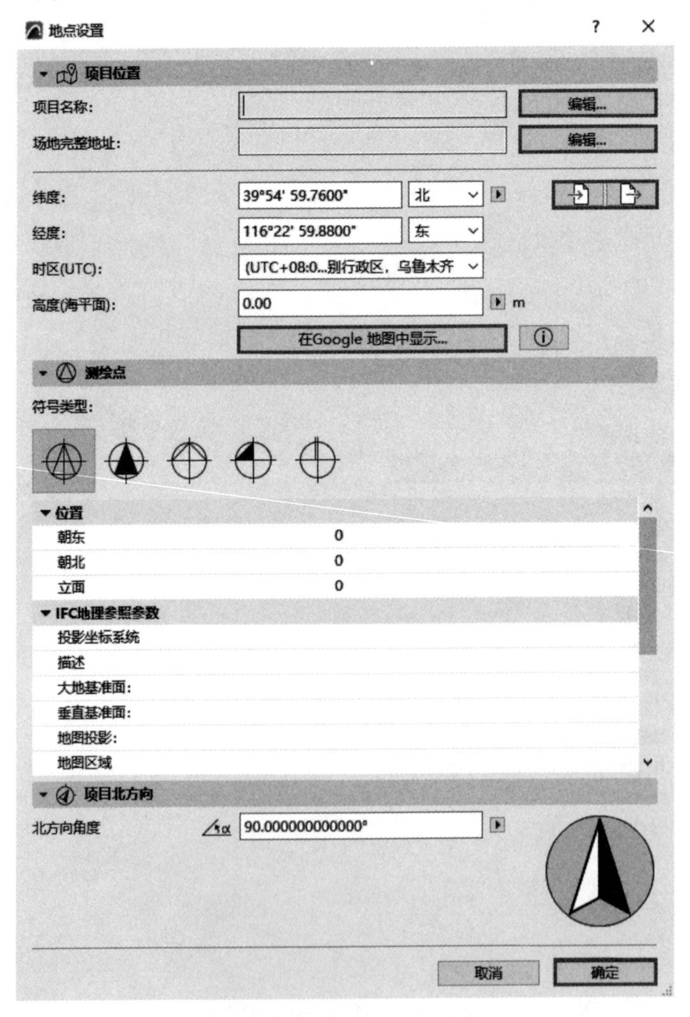

图 2-6 “地点设置”对话框

提示：使用谷歌地图可以查询项目的精确数据。选择“选项>项目个性设置>设置项目正北”可以通过图形方式进行方向设置。

3. 项目单位

选择“选项>项目个性设置>工作单位”，打开“工作单位”对话框，可以设置项目的长度、角度、面积的单位样式，其适用于坐标输入以及所有标注（图 2-7）。

提示：如果将模型保存在 BIMx 中，当进行查看时，默认使用此工作单位。在“工作单位”对话框输入的长度单位不能应用于标注功能，如果要设置标注单位，需选择“选项>项目个性设置>标注”，分别对线性、角度、半径、层高、标高、门/窗/天窗、门槛/窗台高度、面积计算进行设置，可以单击“另存为”保存用户的标注设置（图 2-8）。

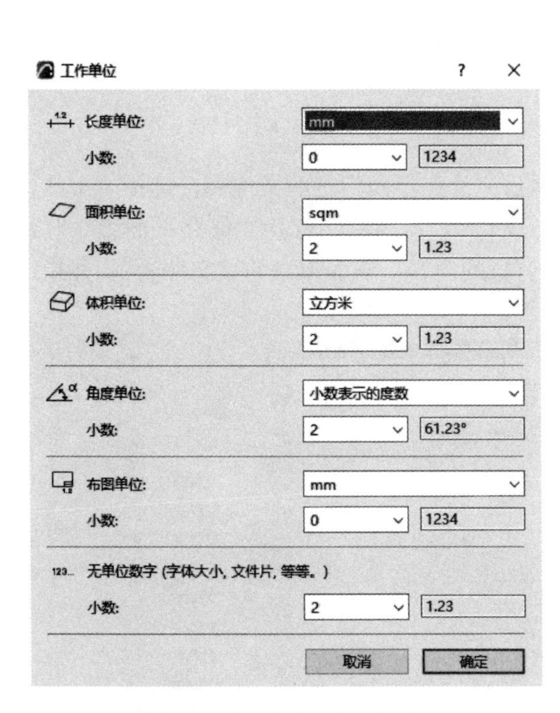

图 2-7 “工作单位”对话框

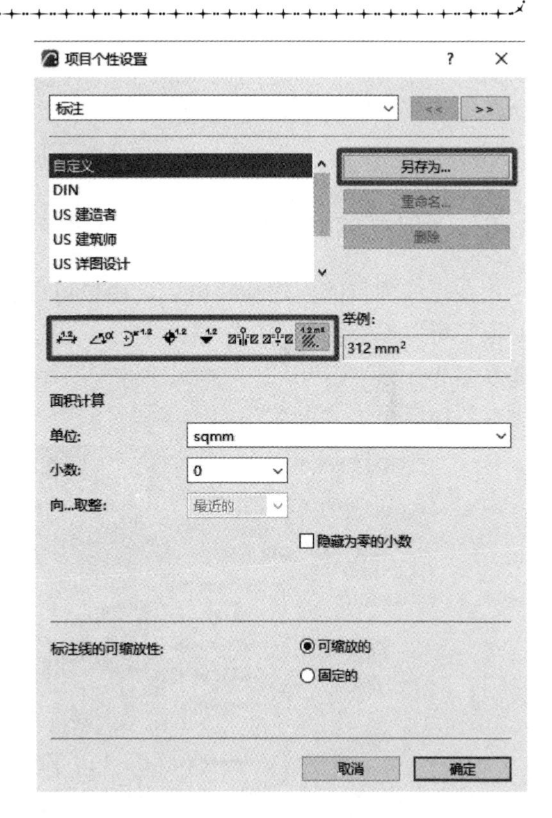

图 2-8 “标注”对话框

4. 设置栅格

选择“视图>栅格 & 编辑平面选项>栅格 & 背景”，打开“栅格 & 背景”对话框（图 2-9），勾选“显示结构栅格”，可以在“主栅格”下输入间隔值以定义栅格线之间的水平与垂直距离，还可以设置“辅栅格”的间隔值和格数，或者“旋转栅格”以增加绘制的灵活性。用户可以选择不捕捉或“捕捉栅格”或“捕捉结构栅格”（〈Shift+S〉进行切换），“捕捉栅格”间距可以单独设置。单击“背景”下的色块，可以设置绘图背景。

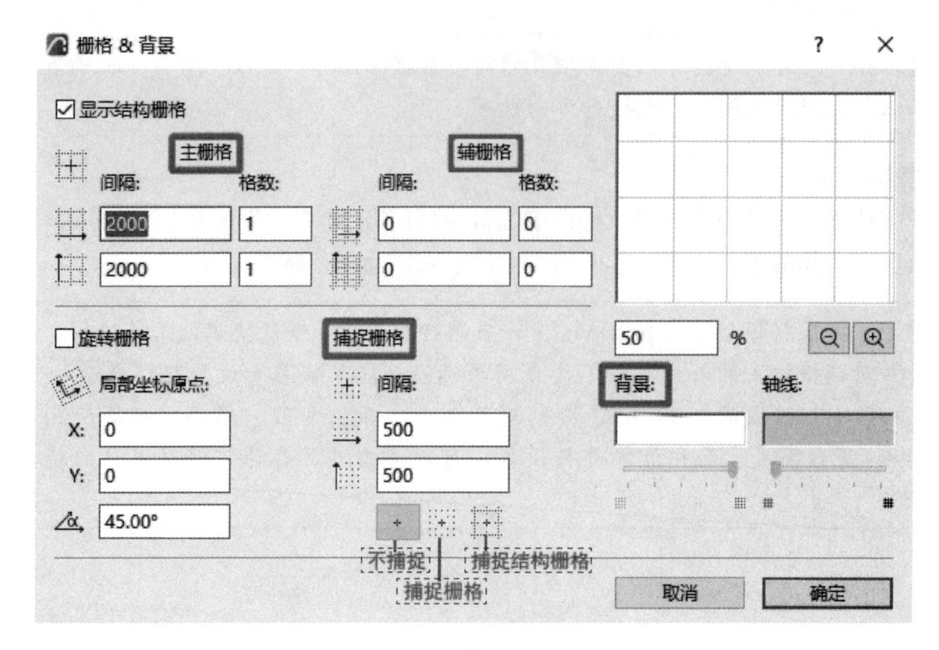

图 2-9 “栅格 & 背景”对话框

2.1.3 保存项目文件

在完成项目的创建和编辑后，用户可以将项目文件保存到指定的文件夹，选择“文件>保存”可以保存为“.pln”格式文件，或选择“文件>另存为”，打开“保存平面图”对话框（图 2-10），用户可以各种文件格式保存当前窗口的内容，输入项目的“文件名”，并指定保存路径后单击“保存”。

图 2-10 项目“另存为”对话框

2.2　元素操作

2.2.1　选择工具

选择 Archicad 元素可以使用箭头工具 或选取框工具 。箭头工具与 AutoCAD/Revit 的选择方式类似，包括：单击选择、窗选和交叉窗选等。选取框工具是用于元素选择、编辑和可视化的定义区域。

1. 单击选择

将箭头悬停在一个元素上，当光标变成带有“对钩”或“人字形”的箭头时，该元素呈现蓝色，此时会出现一个信息对话框，其中包含了该元素的详细信息。然后单击，选中蓝色元素，选中的元素变为绿色。按下〈Shift〉键，可以通过单击来增加或减除选择元素。此时如果单击空白处或按〈Esc〉键，则可以全部取消所选元素。

2. 窗选和交叉窗选

用户可以通过拖动鼠标的方式，生成一个选择区域来一次性选择多个元素，相较于 AutoCAD/Revit，Archicad 提供了更加精细的选择模式。例如单击箭头工具上方的“选择方法” ，会出现“部分元素、整个元素和依据方向”三种方法。“部分元素”是指选择区域接触到的元素都被选中；“整个元素”是指被选择区域完全包裹进的元素才被选中；而“依据方向”与 AutoCAD 的选择方式类似，当窗口选取是通过从左向右拖动鼠标，以对角线的方式形成矩形选择框，此时矩形框呈长点画线状态，被矩形框完全包含的元素会被选取，而只有部分进入矩形框的元素将不会被选取（图 2-11）。

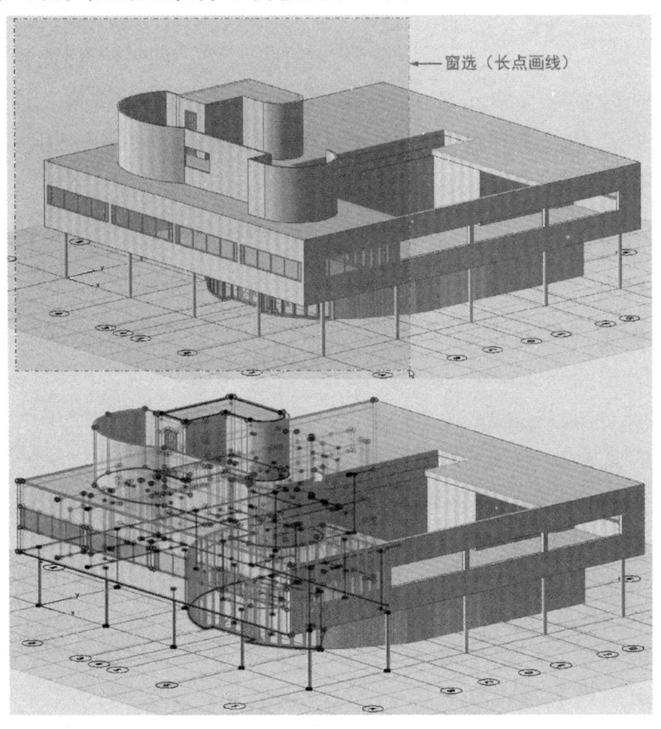

图 2-11　窗选元素

与窗选的方法类似，交叉窗选是通过从右向左拖动鼠标，以对角线的方式形成矩形选择框，此时矩形框呈小圆点线状态，只要是被矩形框触碰到的元素都会被选取。

> **提示：**“部分元素、整个元素”选择方法与窗口的拖动方向无关。〈Shift〉键可以与窗选或交叉窗选的方式配合使用，增加图元选择的效率。选择图元后，单击视图空白处或按〈Esc〉键即可取消选择。

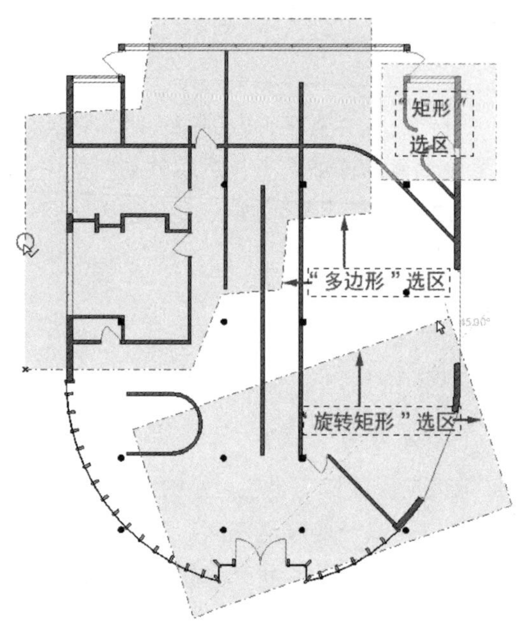

图 2-12　三种选择区域

Archicad 还提供了矩形之外的其他两种选择区域，点击“几何方法”，其包括“多边形”“矩形”与“旋转矩形”三种选择区域（图 2-12）。

3. 快速选择

当在 3D 视图中点选元素时，一般要准确选择到其控制要素（参考线、边缘、节点）才能将该元素选中，这增加了选择难度，为此 Archicad 提供了“快速选择”方式，或者在普通模式下按住“空格”键进行临时切换，该方式（光标变为磁铁符号）可以在不精确单击控制要素的情况下，仅单击元素表面即可选定元素。

4. 选取框工具

Archicad 选取框是进行元素选择之前的预选区域，可只针对该预选区域进行选择操作，或者基于该预选区域对选取元素在 2D 视图和 3D 视图进行切换。通过选取框工具可以同时移动或调整几个元素，还可以保存 PDF 或 DWG 格式文件视图的一部分。

单击选取框工具，可以通过选择方法与几何方法设置选取框的作用范围。薄边框的选取框只影响“单一楼层”，而厚边框的选取框可以影响“所有楼层”。其几何方法与窗选的用法相同（图 2-13）。

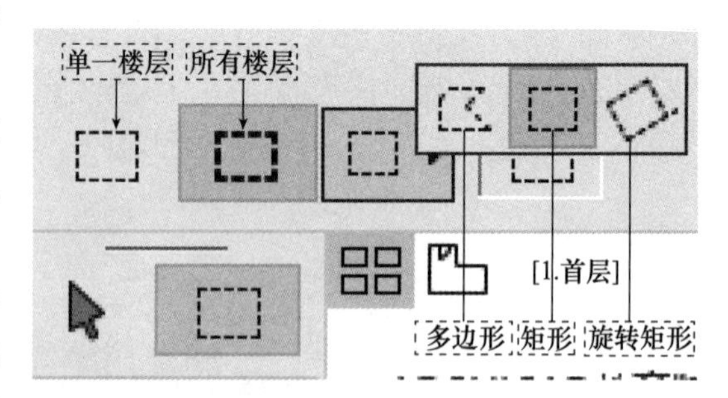

图 2-13　选取框工具

在平面视图定义选取框区域后，选择“视图＞3D 视图中的元素＞在 3D 中显示选取框”（快捷键〈F5〉），则选取框区域内的任何元素都将显示在 3D 视图中，实现对 3D 视图的“剖切”（图 2-14）。

> **提示：**删除选取框可以通过按下〈Esc〉键，或者在右键菜单中“删除选取框”，或者开始绘制一个新的选取框，或者双击选取框区域外的空白处。

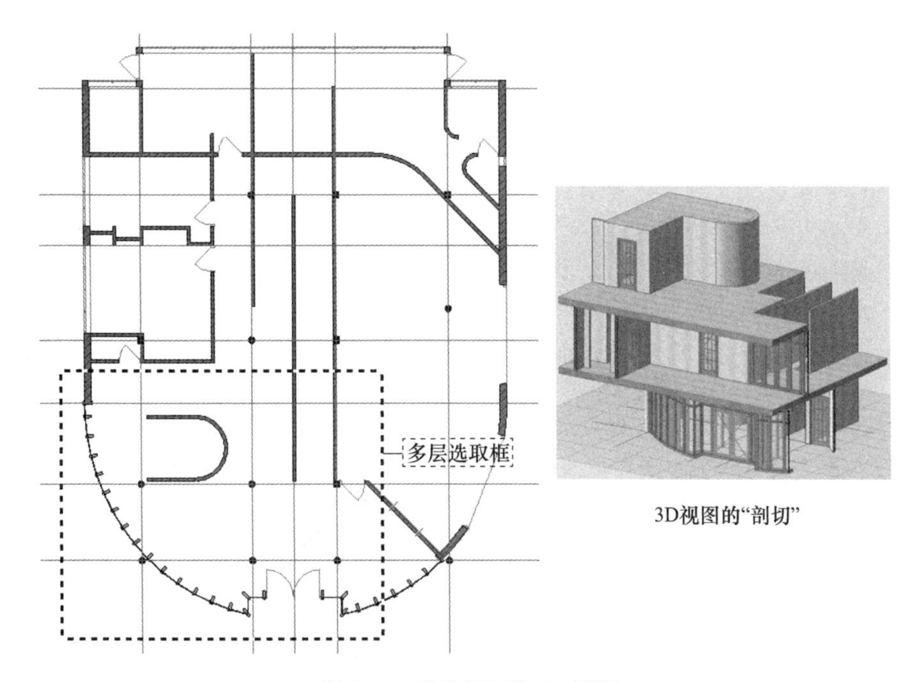

图 2-14 选取框切换 3D 视图

5. **其他选择方法**

在整个窗口或在定义的选取框区域内，选择“编辑>全选”（快捷键〈Ctrl+A〉）可以选择全部元素。当激活某一工具时（如墙工具），按〈Ctrl+A〉键则可以选择该工具对应的所有元素（选择所有墙）。当激活某一工具时，按住〈Shfit〉键可以临时切换到箭头工具选择状态。

当视图中出现重叠的元素需要切换选择时，用户可以结合〈Tab〉键进行选择，选中的元素呈蓝色显示以供单击选择。在剖面图或 3D 视图上选择元素后，单击右键，在上下文菜单中单击“在平面图选择”，则可以切换到平面图楼层并选中该元素。针对“变形体”元素，可以使用空心箭头工具，或者按住〈Ctrl+Shift〉键进行点选，可以选择变形体的子元素。

2.2.2 查找与选择

单击“编辑>查找 & 选择”（快捷键〈Ctrl+F〉）或者单击工具栏“查找 & 选择”按钮，打开“查找 & 选择”对话框，用户可以基于定义的标准来选择或取消选择元素（图 2-15）。

要设置“查找 & 选择”条件，可以使用“内置标准设置”“定义元素条件”和“依据选定的元素定义标准”三种方式。

① 单击“标注设置名”右侧的下拉菜单，选择“内置标准设置”作为选择条件。

查找& 选择
标准设置名: 自定义
标准 值
元素类型 是 门
宽 = 800
添加... 删除
已选择的: 6
可编辑的: 6
− 选择 +

图 2-15 “查找 & 选择”对话框

② 使用“添加”和“删除”，可以具体设置标准参数“定义元素条件”，如图 2-15 所示“元素类型”是“门”“宽”等于“800”。

③ 可以通过“依据选定的元素定义标准”，单击“拾取设置”按钮，在活动窗口中，按住〈Alt〉键，选择一个要拾取其特性的元素，则该元素对应的标准和值就被载入。也可以先选择一个要拾取其特性的元素，则“拷贝设置”被激活，单击按钮，将所选择元素的标准和值载入。

设置好查找条件后，单击“+”按钮，所有符合定义条件的元素都会被选中。如果目前已选择多个元素，单击“−”按钮，则所有符合定义条件的元素都会被取消选择。

提示：默认选择范围是当前活动窗口的可见图层上的所有元素，如果用户放置了选取框，则选择范围自动包括选取框的标准，可以设置在选取框内或外进行搜索。对话框左侧底部的“已选择的”和“可编辑的”值显示了当前所选元素的数量。

2.2.3 选项集

对于选定的元素，可以将其保存为选项集，方便下次的调用。选择“视窗>面板>选择”，可以打开“选择”面板，用户可以在平面、立面、剖面、详图、工作图以及3D窗口中保存任何元素的选项集，选项及设置储存于项目中。

选定元素后，可以单击“新建选项集”按钮，并进行命名。当重新选择元素后，可以单击“重新定义选项集”按钮，对已有的选项集进行更新。如图 2-16 所示，对于所选的若干元素，如果用户选择“梁”选项集，再单击面板下方的“+”，可以添加“梁”选项集到已选的若干元素；单击“−”可以减去“梁”选项集；单击“×”，可以仅保留“梁”选项集，而取消其他已选元素。

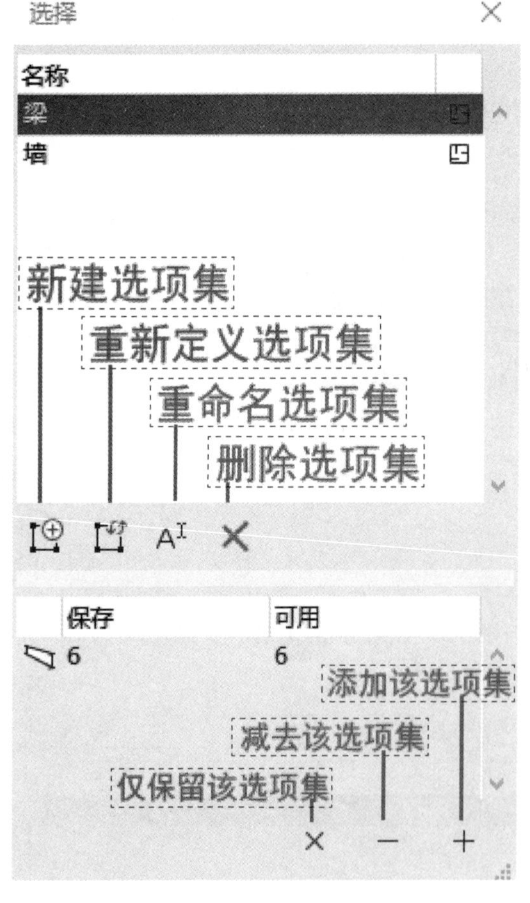

图 2-16 “选择”面板

2.2.4 元素工具设置

1. 工具设置

Archicad 元素由各种工具创建，用户可以通过以下四种方法打开工具设置对话框来定义元素的外观及参数：①双击工具箱中的工具图标；②单击信息框中的工具图标；③选择元素后，选择“编辑>元素设置>工具选择设置”（快捷键〈Ctrl+T〉）；④右击一个元素，在弹出的上下文菜单中单击“工具选择设置”。

如图 2-17 所示，对话框的标题栏显示了“墙选择设置”，右侧的信息提示“选定 4 个墙元素，可编辑 4 个墙元素”。此时如果调整参数值，则会改变选择的墙元素。如果创建新的墙元素，则此设置将作为默认设置。

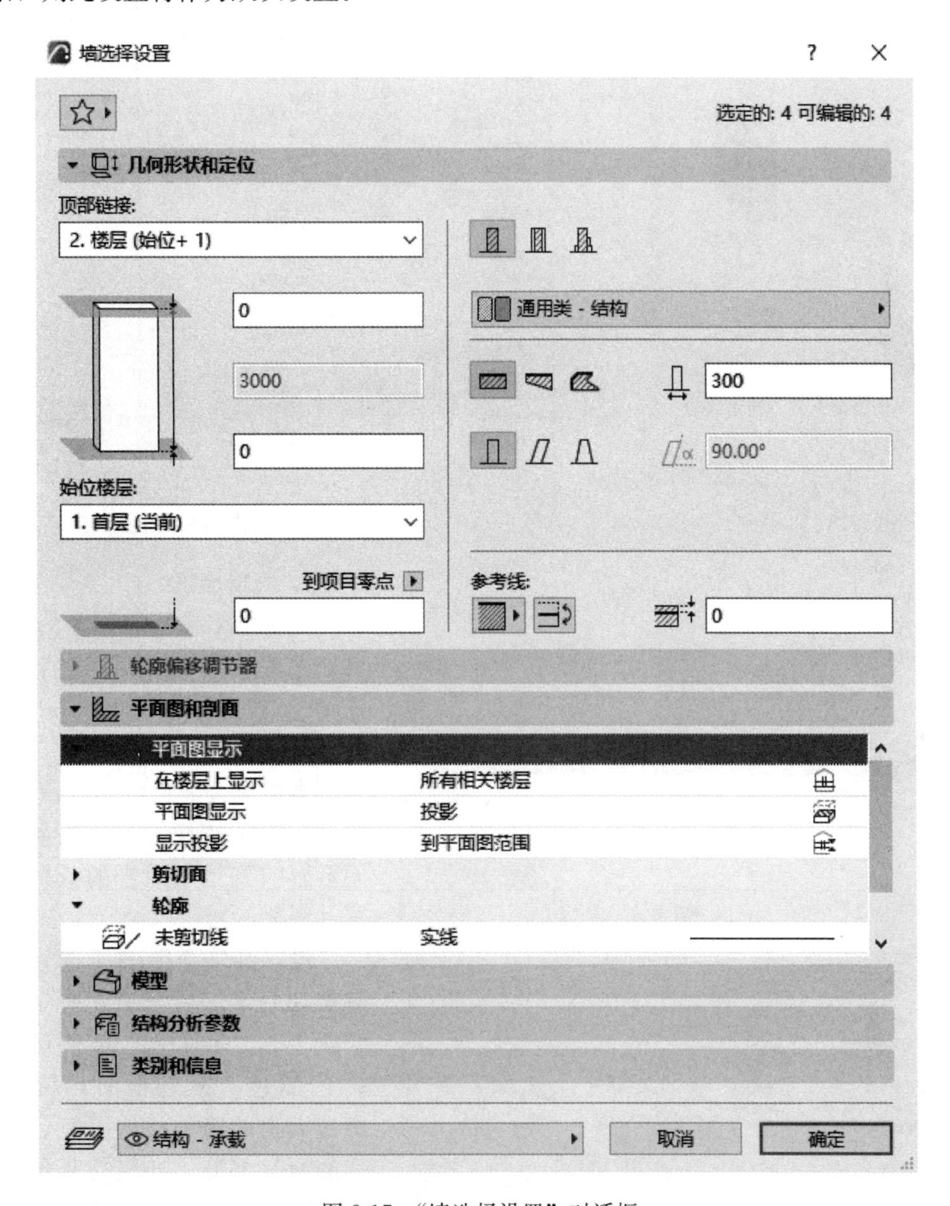

图 2-17 “墙选择设置”对话框

单击对话框左上角收藏夹按钮，可打开墙工具所保存的收藏夹列表，用户可以使用 Archicad 预定义的收藏设置，也可以定义自己的收藏设置（图 2-18）。

对话框包括若干相关参数面板，单击面板的标题左侧的箭头可以将其展开或收起。用户可以通过“选项＞工作环境＞工具设置对话框”，单击“眼睛”按钮，选择显示或隐藏任何一个面板（图 2-19）。另外，对话框底部有图层选择下拉列表，可以修改当前元素的图层。

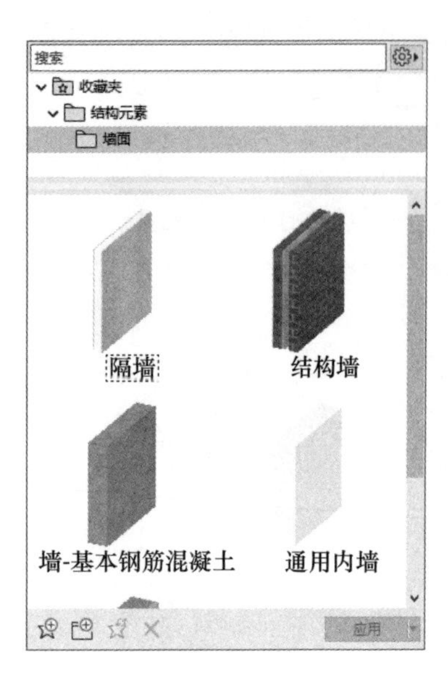

图 2-18　收藏夹

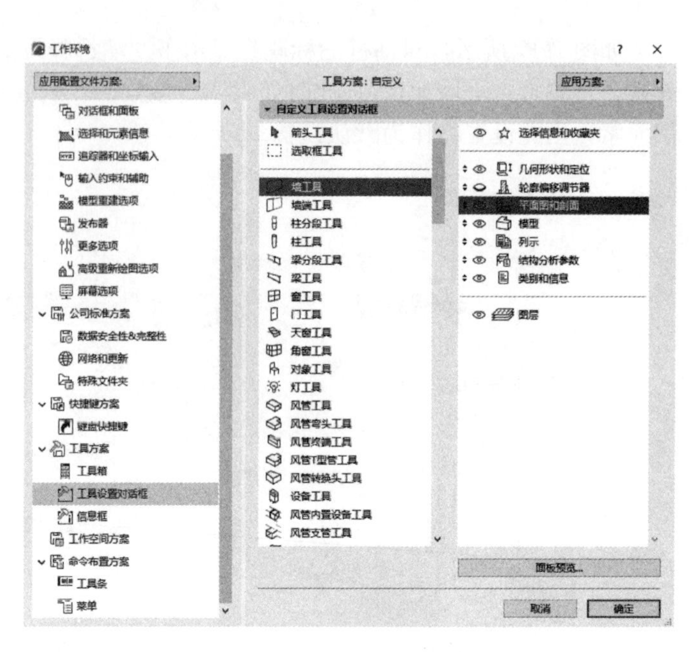

图 2-19　工具设置对话框

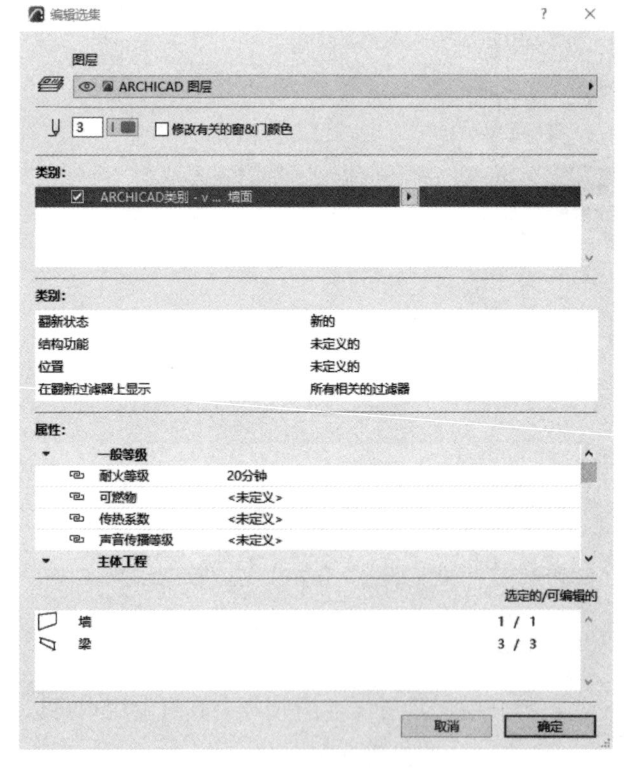

图 2-20　“编辑选集”对话框

2. 编辑选集

当选中多个不同类型的元素时，可以选择“编辑>元素设置>编辑选集”（快捷键〈Ctrl+Shift+T〉），打开“编辑选集”对话框，对不同元素类型集合的特定属性（如图层、画笔、类别和属性）进行编辑，而不会影响到这些元素的其他属性设置（图 2-20）。

设置画笔会影响所选元素的所有剪切画笔（剪切填充画笔、剪切线画笔）。当勾选“修改有关的窗&门颜色”复选框时，可以修改所选墙上的窗和门的画笔。复合元素的所有部分，如墙与其尺寸标注（由线，箭头和文本组成）会被一同修改。“选定的/可编辑的”面板显示当前选定的每种元素类型与数量。

2.2.5　元素转换设置

1. 参数传递

与 AutoCAD/Revit 的“特性匹配”工具类似，Archicad 也可以提取一个元素的参数并将其传递至另一个相同类型的元素。选择“编辑>元素设置>拾取参数”（快捷键〈Alt+C〉），或者按住〈Alt〉键，此时将光标悬停在一个元素上，就会出现“吸管”图标，同时出现一个信息框，显示该元素的特性，单击可以拾取元素参数作为默认设置并激活该元素对应的工具（此时可以使用激活的元素工具创建新元素）。选择“编辑>元素设置>传递参数”（按快捷键〈Ctrl+Alt+C〉），或者按住〈Ctrl+Alt〉键，此时将光标悬停在另一同类元素上，就会出现“注射器”图标，单击目标元素，参数就会被传递过去。

提示： Archicad的直线，弧线，多段线及样条曲线属于相同类型，可以互相传递参数。

2. **元素转换设置**

选择“编辑>元素设置>元素转换设置”，打开“元素转换设置”对话框，可以自定义元素传递时所包含的参数项（图2-21）。对话框左边的列表称为“传输集”，它是各种元素参数传递设置的组合，在右边的列表中可以勾选所需传递的元素参数。不在列表里的元素参数将默认为始终被传递。当使用注射器光标传递参数时，会出现一个弹出窗口（图2-22），可以选择不同的“传输集”。另外，用户可以使用对话框底部的“导入/导出”按钮将一个或多个选定的“传输集”以“.xml”格式在项目之间互相传递。

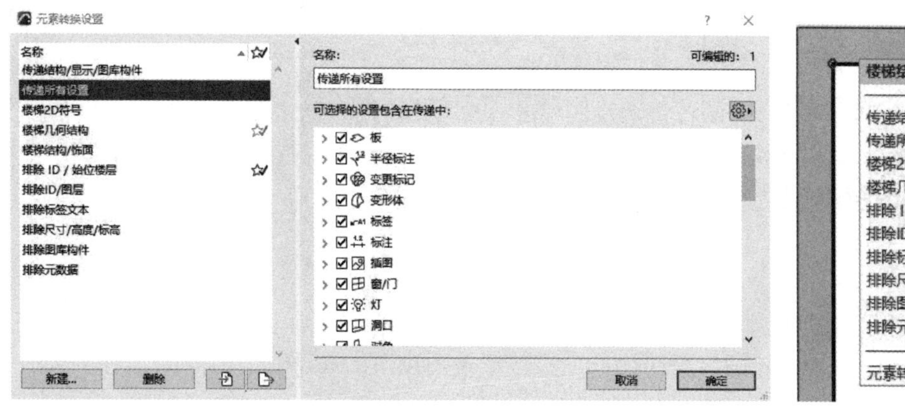

图2-21 “元素转换设置”对话框

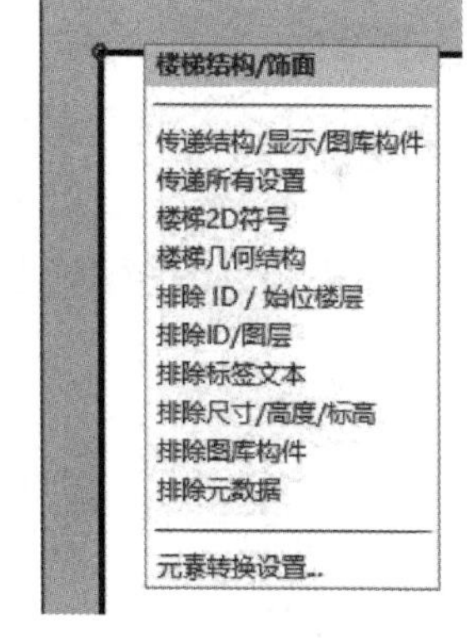

图2-22 选择“传输集”

2.2.6 元素组合

1. **组合**

将选择的元素创建一个组合，可以选择“编辑>组合>组合”（按下快捷键〈Ctrl+G〉）或单击工具条中的组合图标。用户可依次把几个组合共同组成一个更高级的组合。如果同时选择了几个组合，每个组合的空心选择点将有不同的颜色。

提示： 任何标注类型、区域、标签、剖面图/立面图/室内立面图的线、相机等元素类型无法组合。门和窗仅可与放置它们的墙一起组合。

2. **取消组合**

将选定组合中的所有元素再独立，可以选择“编辑>组合>取消组合”命令（按下快捷键〈Ctrl+Shift+G〉）或单击工具条中的取消组合图标 。

3. 暂停组合

如果只需对组合中的一个元素进行操作，使用取消组合就不方便，因为在完成操作后，必须重新选择所有元素，才能重新创建组。此时如果选择“编辑>组合>暂停组合”（按下快捷键〈Alt+G〉）或单击工具条中的暂停组合图标 ，就可以单独选择和编辑单个元素。完成编辑后，要重新激活“组合”功能，只需将“暂停组合”再次切换到关闭状态即可。

> **提示：**暂停组合切换为开状态时，选择元素并单击取消组合，则可以将所选元素从组合中分离（不管嵌套的复杂程度），并将选择元素都分拆为单一的独立元素。要改变组合中的一个元素设置，可以使用参数传递，此时仅对所单击的目标元素产生影响，而组合中其余的元素不受影响。

4. 自动组合

选择“编辑>组合>自动组合”命令或工具条中的自动组合图标 ，打开“自动组合”状态，则链接的多边形和矩形元素将自动创建为组合。默认情况下，“自动组合”为激活状态。

2.3 视图控制

与 Revit 类似，Archicad 的各视图及图纸也是其 BIM 模型的“衍生物”和“副产品”。视图控制是 Archicad 的基础操作，用户可根据设计要求和制图规范来设置 Archicad 视图参数对视图和图纸进行表达。

2.3.1 视图设置

视图设置包括：缩放、方向、比例、图层组合、结构显示、画笔集、模型视图选项、图形覆盖、更新过滤器等。视图设置快捷选项栏位于绘图窗口的底部。

1. 设置方向

在快捷选项栏中的“设置方向”弹出式列表中选择角度或设置定向图形，可以将屏幕上的整个视图进行旋转。它不等同于旋转项目，此时项目坐标保持不变，只是转换窗口的内容以便于观察（图 2-23）。

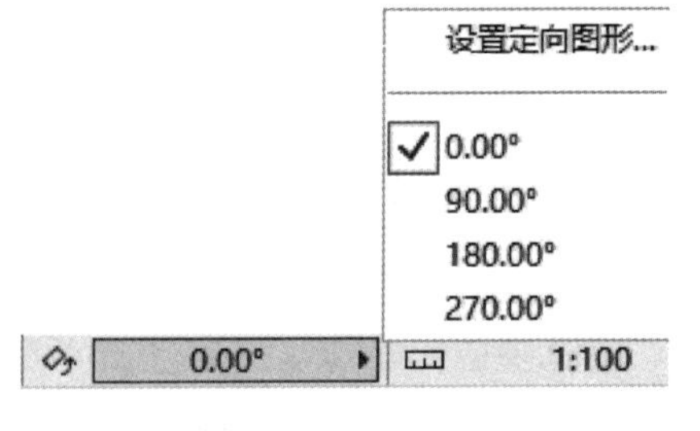

图 2-23　设置方向

2. 比例

在快捷选项栏中的“比例”弹出式列表中选择一个标准比例或自定义比例，可以设置当前活动窗口的比例（图 2-24）。比例将被另存为视图设置的一部分。“模型大小元素”如墙、板、对象等，修改项目比例后，其与模型一起重新缩放；“纸张大小元素”如标注和箭头等，可以指定固定大小，对其打印或在屏幕上显示与项目比例无关。

3. 结构显示

使用快捷选项栏中的“复合层部分结构显示”弹出式列表或选择“文档>复合层部分结构显示”，可以设置复合层的显示部分，包括：①整个模型：显示模型的所有部分。②无饰层：不显示被定义为“饰层”的复合层/组分，以及被定义为“饰层”的柱表面饰材。③仅核心层：仅显示定义为“核心”的结构。④仅承重元素的核心：显示分类为“承重”元素的核心层（图2-25、图2-26）。

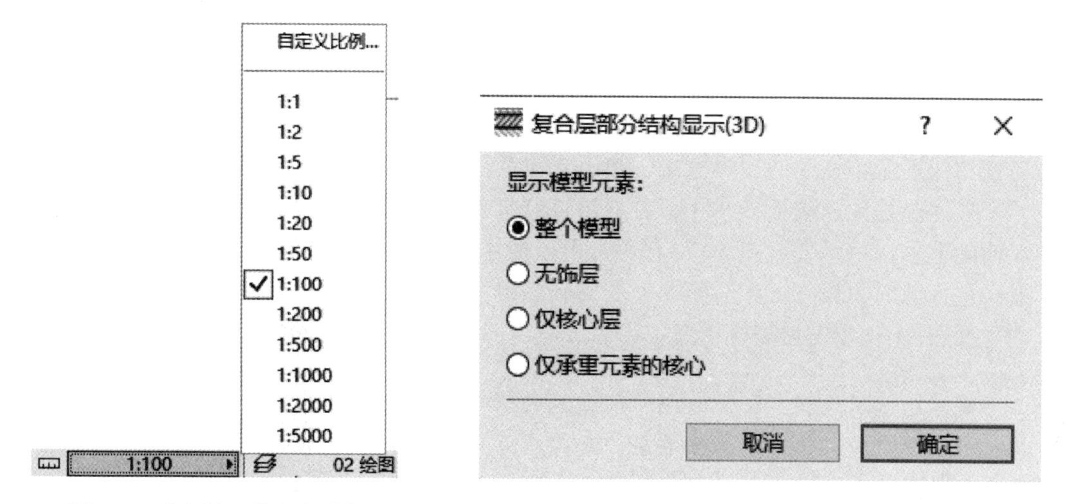

图2-24 “比例”弹出式列表

图2-25 “复合层部分结构显示”设置

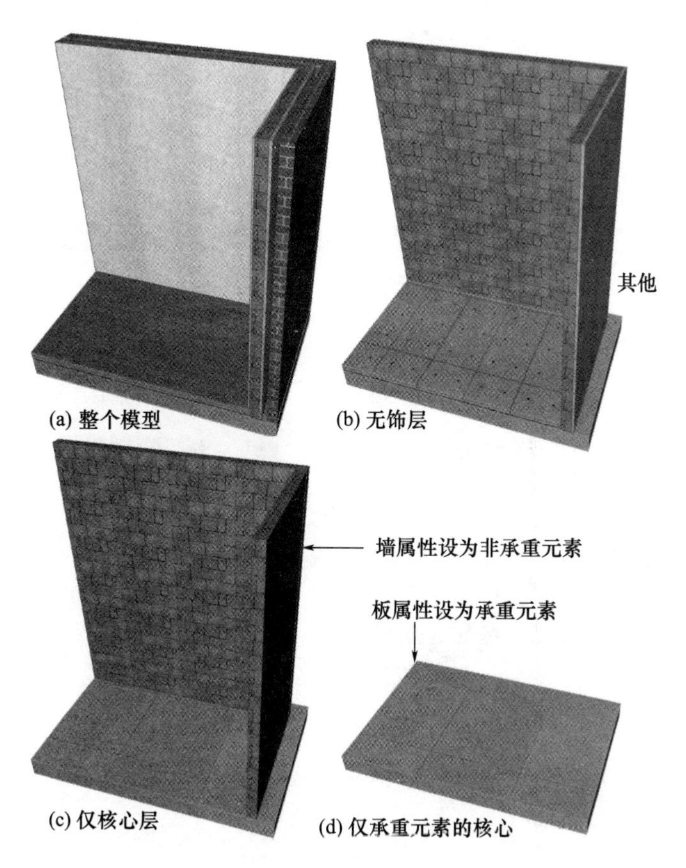

图2-26 “复合层部分结构显示”实例

4. 画笔集

用户可以在元素设置对话框或在所选元素的信息框中打开画笔颜色弹出菜单，为元素或其中一个组件选择画笔。根据项目的输出目的，可以将各个画笔集用于模型视图和图册，进行统一调整。当在布图上放置一个视图时，它就成为一个图形，此时图形使用项目的模型视图定义画笔集。用户可以针对此图形在“图形选择设置”对话框中点击画笔集下拉菜单并选择不同的画笔集，以得到最佳的打印效果。

使用快捷选项栏中的“画笔集”弹出式对话框或选择“选项＞元素属性＞画笔 & 颜色”或“文档＞画笔集＞画笔 & 颜色”，可以打开“画笔 & 颜色”对话框，从列表中选择画笔集，而画笔号保持不变（图 2-27）。用户可以使用编辑颜色控制项重新定义任何画笔线条宽度或颜色，此时元素立即在平面图上变为新的颜色，而 3D 窗口、3D 文档和剖面图/立面图/室内立面图/工作图窗口需要重建视图后才改变颜色。

提示：如果编辑了任何一个所选画笔的线宽或颜色，画笔集的名称则改为自定义，此时可以单击另存为并命名画笔集，或覆盖已存在的画笔集。选择“视图＞屏幕视图选项＞真实线宽”或单击工具条中的“真实线宽”图标，可以显示画笔宽度。

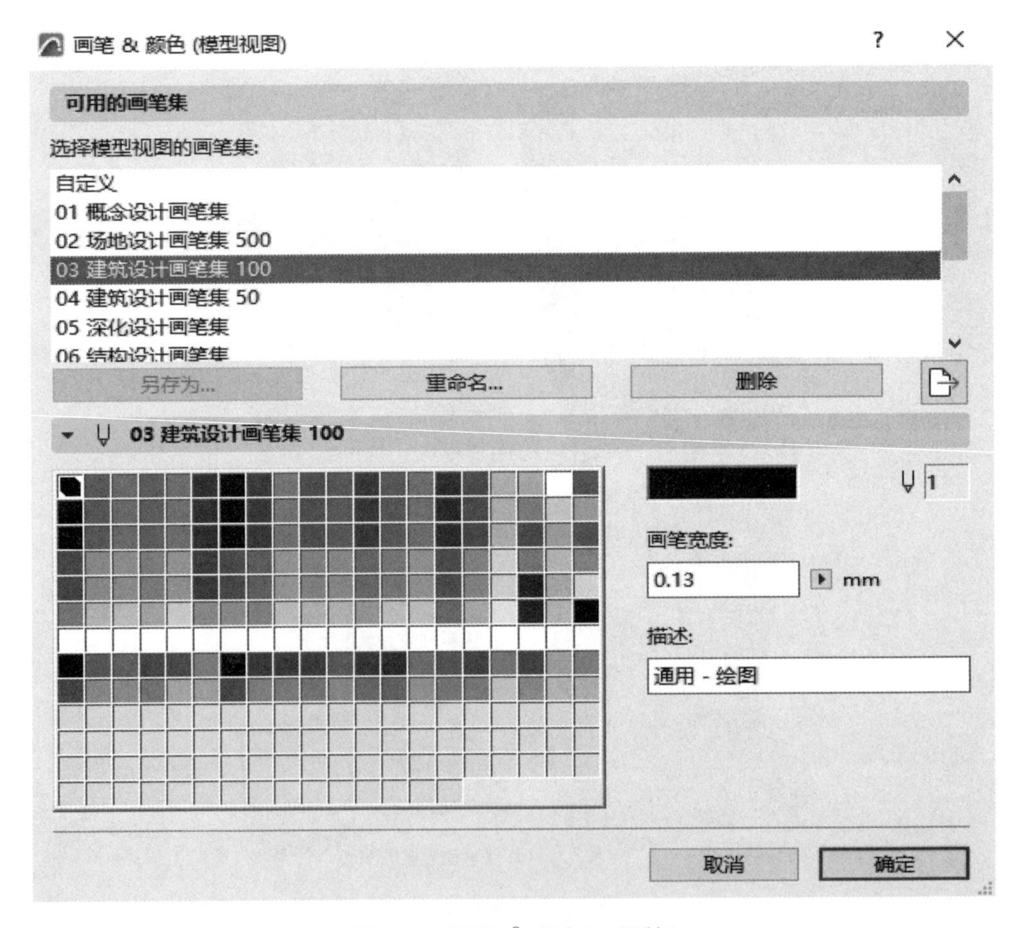

图 2-27 “画笔 & 颜色”对话框

5. 模型视图选项

选择“文档＞模型视图＞模型视图选项”，可以打开“模型视图选项”对话框（图 2-28），对项目中的结构元素以及某些 GDL 对象在屏幕上的显示和输出进行设置。模型视图选项包括：建筑元素选项、幕墙选项、楼梯选项、栏杆选项、楼梯及栏杆符号细节等级，门、窗和天窗符号细节等级，图库部件其他设置等，可以将它们应用到每个视图。使用快捷选项栏中的“模型视图选项”弹出式对话框可以将模型视图选项组合应用到当前视图，并可以保存为视图设置的一部分。

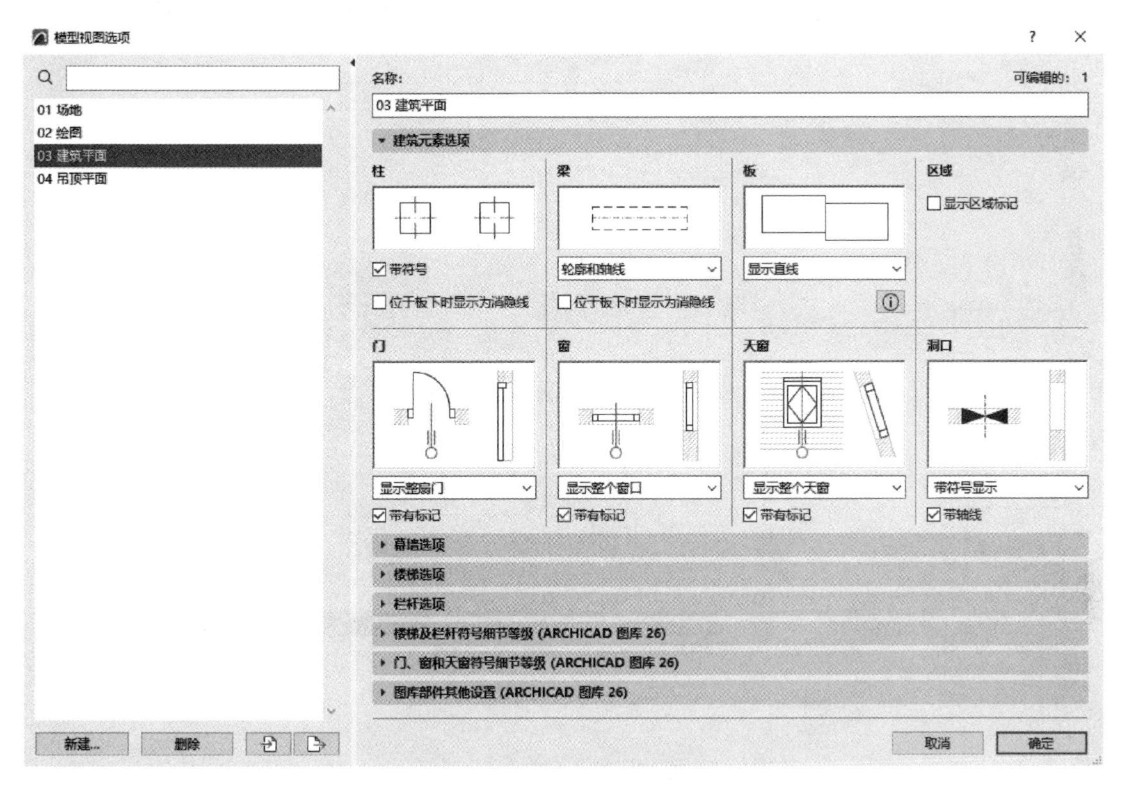

图 2-28 “模型视图选项”对话框

6. 图形覆盖

“图形覆盖”可将一个预定义的外观（颜色，填充）通过视图应用到模型元素。图形覆盖组合是一批覆盖规则的组合，应用于模型视图的元素，以调整元素的显示。使用快捷选项栏中的“图形覆盖”弹出式列表可以将组合应用到活动视图中。

选择“文档＞图形覆盖＞图形覆盖组合”或从快捷选项栏中可以打开“图形覆盖组合”对话框（图 2-29），根据图形覆盖规则来创建组合。左边列出了预定义的图形覆盖组合，顶部的“没有覆盖”组合不可编辑。单击“新建”可以新建或复制一个组合。单击“添加现有规则”，可以从出现的列表中，查找和选择需要的规则，然后单击“添加”。

单击对话框底部的“管理规则”，打开“图形覆盖规则”对话框（图 2-30），对话框左侧列出规则名称，右侧列出规则的线型、填充类型、前景与背景画笔以及表面。选择任意规则可以查看其右侧的“标准”和“覆盖样式”面板中的定义。单击“新建”，在出现的对话框中可以选择新建或复制来添加新规则。定义“标准”可以决定哪些元素获得覆盖，单击元素类型末端的黑箭头可以选择应用该规则的元素类型，单击“添加”可以调出“参数 & 属性”

的列表，选择一个或多个参数双击后添加到列表中。“覆盖样式”定义了元素被覆盖后的样式，如线型、填充类型、填充画笔、表面等。

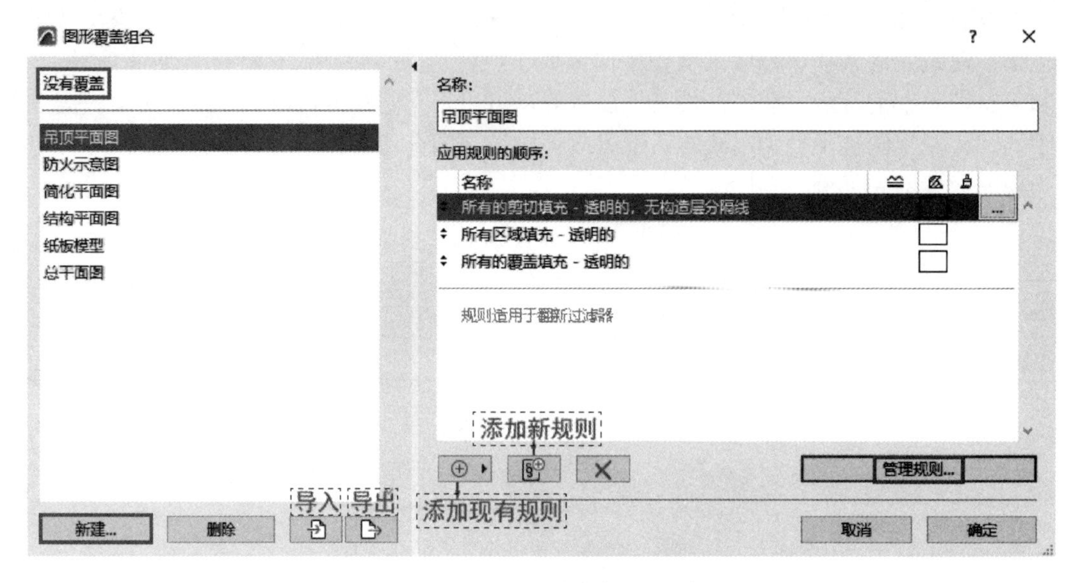

图 2-29　“图形覆盖组合”对话框

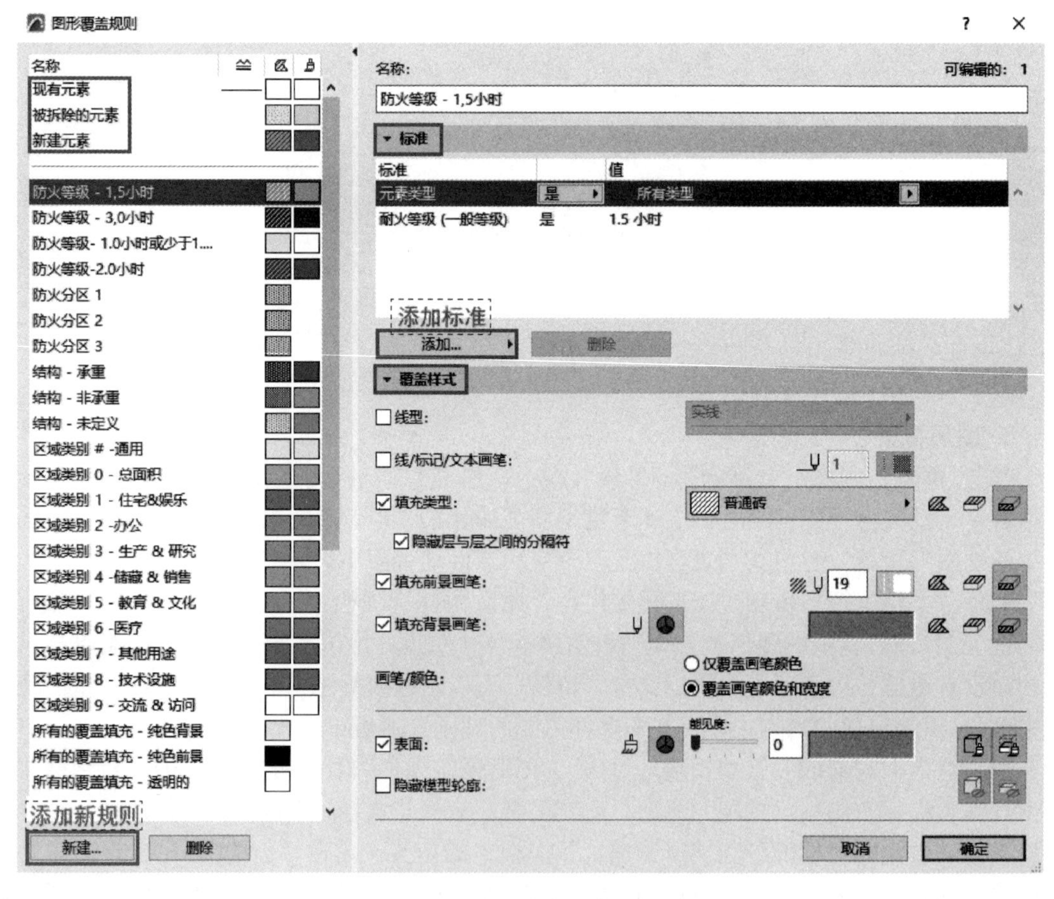

图 2-30　“图形覆盖规则”对话框

提示： 前三个规则对应现有的、要拆除的、新建的三个更新状态，它们不能被复制，也不能对其“标准”进行编辑。

7. 翻新过滤器

“翻新过滤器”可以反映项目翻新的不同状态，其定义元素是否以及如何在项目中显示，它也影响文档中的图形外观。使用快捷选项栏中的“翻新过滤器”弹出式列表可以将翻新过滤器应用到活动视图中。

选择“文档>翻新>翻新过滤器选项”或从快捷选项栏中可以打开“翻新过滤器选项”对话框（图 2-31），选定翻新过滤器定义每个翻新状态下的元素应该显示、隐藏或覆盖。“显示”状态的元素按照其设置对话框中的设置进行显示；“隐藏”状态的元素完全不显示；“覆盖”状态的元素用图形覆盖规则对话框中定义的覆盖样式显示。

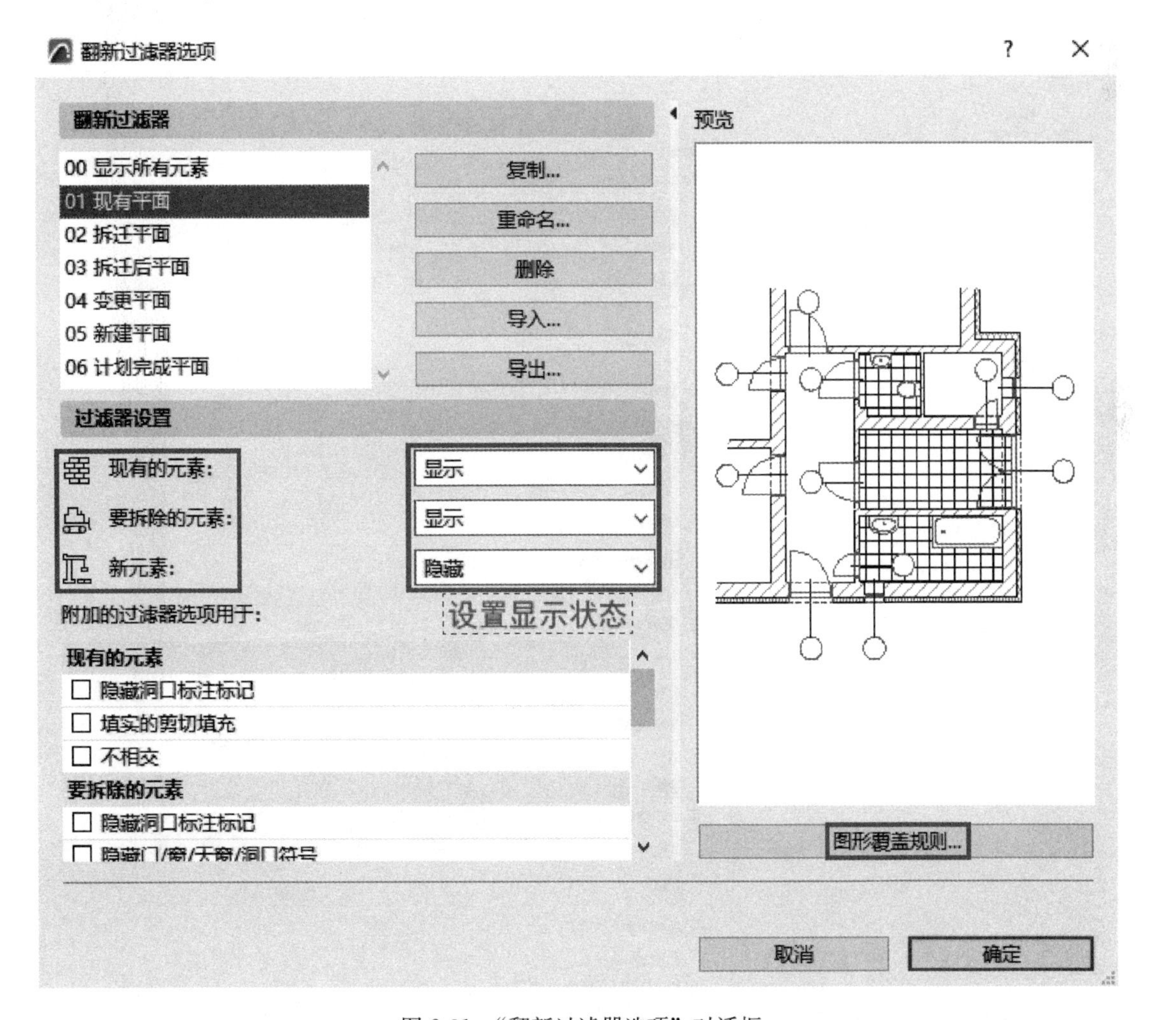

图 2-31 “翻新过滤器选项”对话框

8. 3D 样式

“3D 样式”是设置 3D 引擎、阴影、背景等的集合，决定 3D 窗口中模型的显示样式，可以使用视图设置进行保存。在 3D 窗口中，使用快捷选项栏中的“3D 样式”弹出式列表

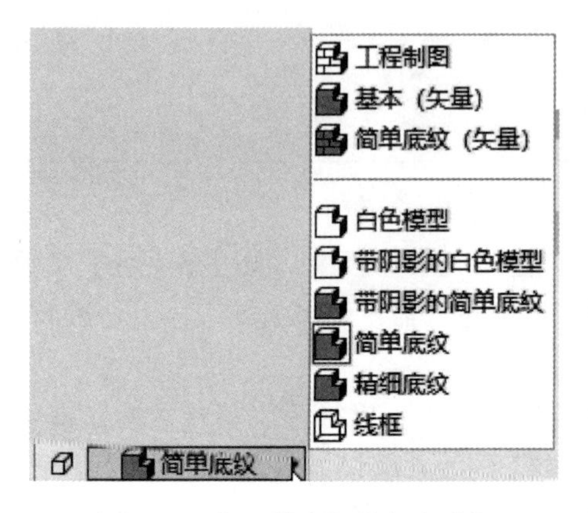

图 2-32 “3D 样式”弹出式列表

（图 2-32）或右击在上下文菜单中可以将“3D 样式”应用到活动视图中。

选择“视图＞3D 视图选项＞3D 样式”可以打开“3D 样式”对话框（图 2-33），左侧为项目的 3D 样式列表，可以单击“新建”，创建并命名新的 3D 样式。在“常规”面板中，3D 引擎包括“硬件加速”和“矢量引擎”，“硬件加速”可显示纹理图像并可以利用高性能硬件加速显卡；“矢量引擎”的 3D 视图使用不带纹理图像而且不够逼真。3D 样式还可以选择线框、消隐线或着色模式（图 2-34）。在生成着色视图时，勾选“透明”复选框，当元素有对应的表面设置时将变得透明。勾选“单色模型”，则所有表面和轮廓可以设置统一的颜色。

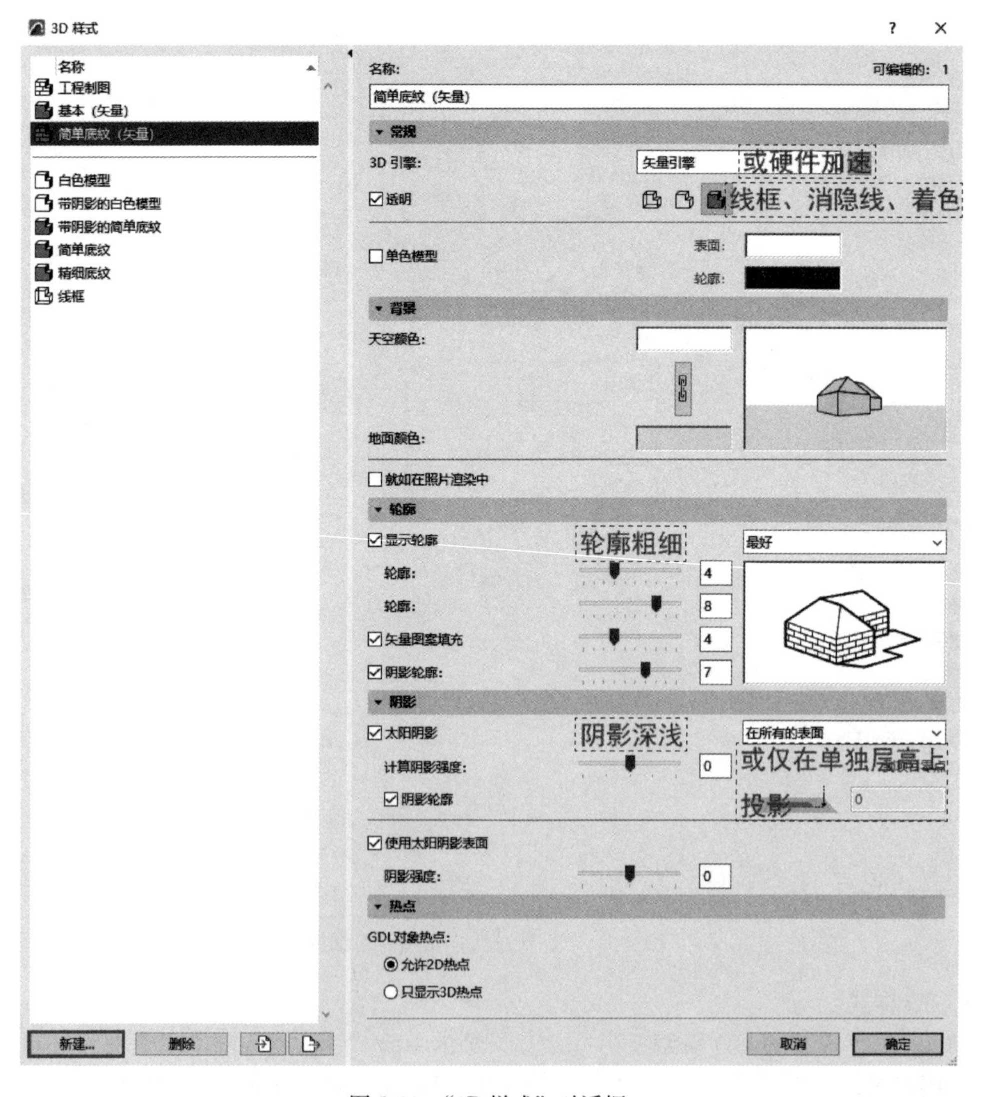

图 2-33 “3D 样式”对话框

在“背景”面板中，单击“天空颜色”和“地面颜色”可以设置 3D 窗口的背景颜色。勾选“就如在照片渲染中”可以使用照片渲染设置中所指定的背景。在“轮廓”面板中，勾选“显示轮廓”可以使模型元素的轮廓在光影图像中可见。“矢量图案填充”仅适用于矢量引擎，可在消隐线和阴影图像中显示矢量图案填充式样。“阴影轮廓”也仅适用于矢量引擎，在“太阳阴影”被打开时可用。

在“阴影”面板中，勾选“太阳阴影”复选框可以启用阴影投射。在使用矢量引擎时可以控制“投影强度”和“阴影轮廓”。另外还可以定义“在所有的表面”或“仅在单独层高上”生成矢量阴影。如果不勾选“使用太阳阴影表面”则所有相同的表面将以同样的颜色绘制。在“GDL 对象热点”选项中，可以选择“允许 2D 热点”或“只显示 3D 热点”。

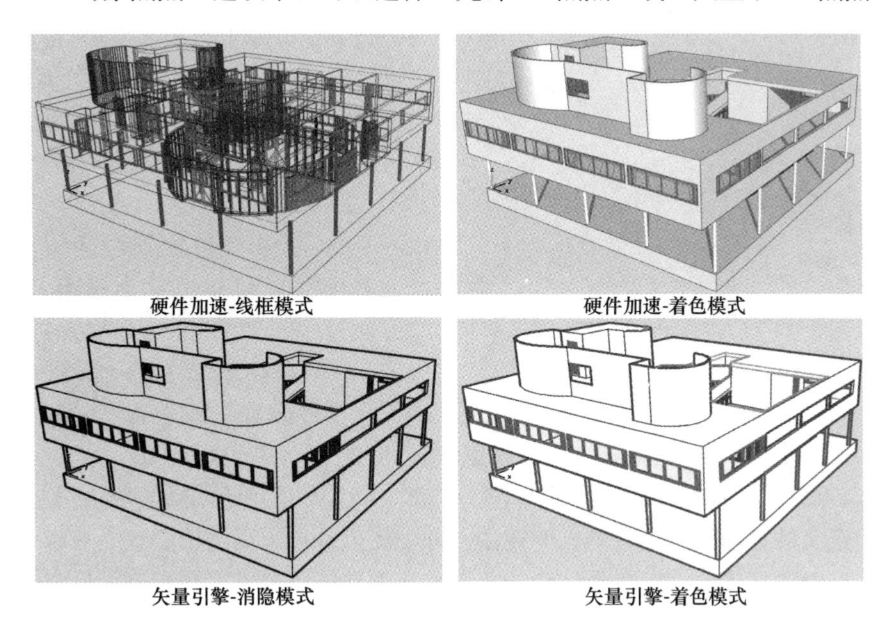

图 2-34 “3D 样式”实例对比

2.3.2 观察项目

1. 观察工具

① 缩放：可以使用带有滚轮的鼠标来放大或缩小当前屏幕，光标的位置即缩放的中心。按两下滚轮可以优化屏幕内容以显示所有元素。也可以使用数字键盘〈+〉键进行放大，〈—〉键进行缩小。使用快捷选项栏中的缩放工具，可以进行“前一次/下一次缩放”，“增加缩放”（定义一个矩形区域将其放大），“布满窗口”，“预定义缩放”（点击缩放弹出式对话框来选择一个预定义的缩放值）等（图 2-35）。

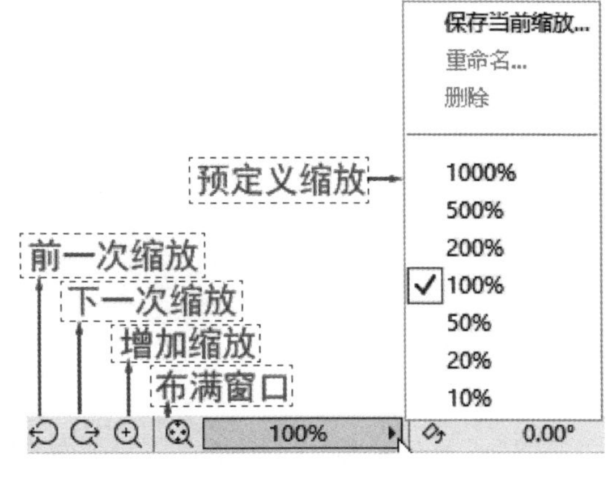

图 2-35 缩放工具

② 平移：按一下滚轮并按住，光标会变成一个“手”的符号，此时可以对屏幕内容进行平移。

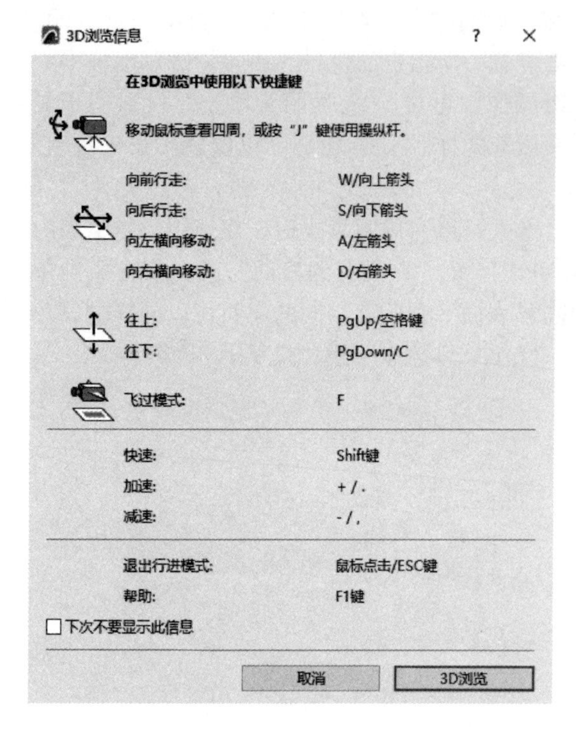

图 2-36 “行进”信息提示

③ 3D 观察：在 3D 窗口中，快捷选项栏除缩放外还包括“环绕”与“行进”两种观察方式。“环绕”模式下按住鼠标左键并拖移鼠标，可在中点（轴测）或目标点（透视图）周围旋转模型。另外在编辑模式下，同时按住〈Shift〉键与鼠标滚轮按钮，可以临时进入“环绕”模式，释放这些键可停止环绕。“行进”模式仅适用于透视图，可使用鼠标和键盘的箭头键进行浏览，单击或按〈Esc〉键可退出“行进”模式。在选择“行进”模式命令时，会弹出信息对话框，提示使用鼠标和键盘可以进行的各种操作(图 2-36)。

2. 3D 投影

“3D 投影”包括轴测投影及透视图，轴测投影自动显示整个模型，而透视图可通过一个视点和一个特定的目标点来定义。在 3D 窗口右击使用快捷菜单中“3D 投影设置”或选择“视图＞3D 视图选项＞3D 投影设置”，可以打开“平行投影/透视图设置”对话框。

如图 2-37 所示，单击“选择投影类型”按钮，可以从 12 种预设置的投影类型中进行选择，包括预定义的等轴侧、正轴侧、俯视图和仰视图以及自定义的轴测等。对于每一投影类型，可以在编辑框直接输入三个坐标轴的角度及比例数值，也可以在预览窗口点击或拖动定位轴，在拖动时按住〈Shift〉键，可以锁定角度。在“刻度盘”中可以单击或拖动太阳和相机图标以改变方位角。在“太阳位置”选项中可以基于定义“地点”的“日期和时间”来自动定义高度角和方位角，也可以手动输入自定义值。

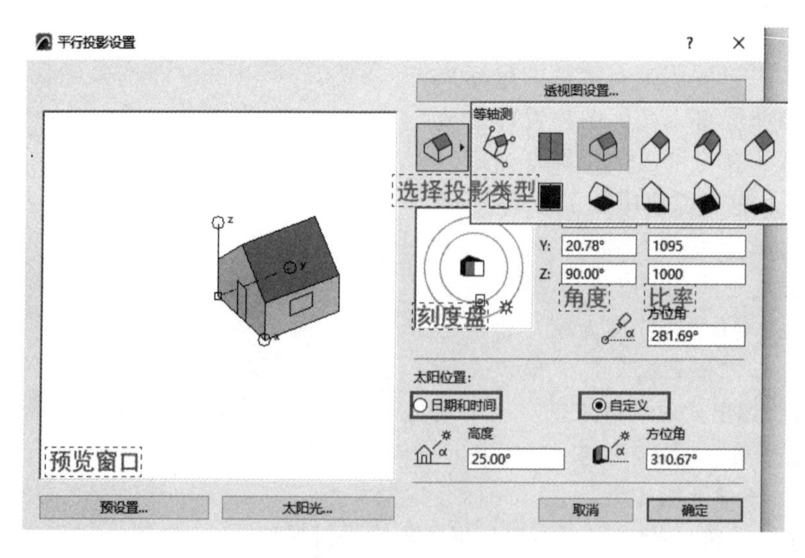

图 2-37 平行投影设置

如图 2-38 所示，此对话框可以设置透视图的参数包括：视点位置和标高、目标位置和标高、视锥角以及太阳位置等。“相机高度”指相机距项目零点的高度值；“目标高度”指目标距项目零点的高度值；“距离”指相机和目标之间的水平距离值；“方位角”指相机到目标方位的角度值；“视锥角”指相机视锥角的打开角度；“倾角”指相机的倾斜角度。可以在预览窗口中直接单击或拖动太阳和相机图标以改变方位角，在拖动机时按住〈Shift〉键，可以改变距离。

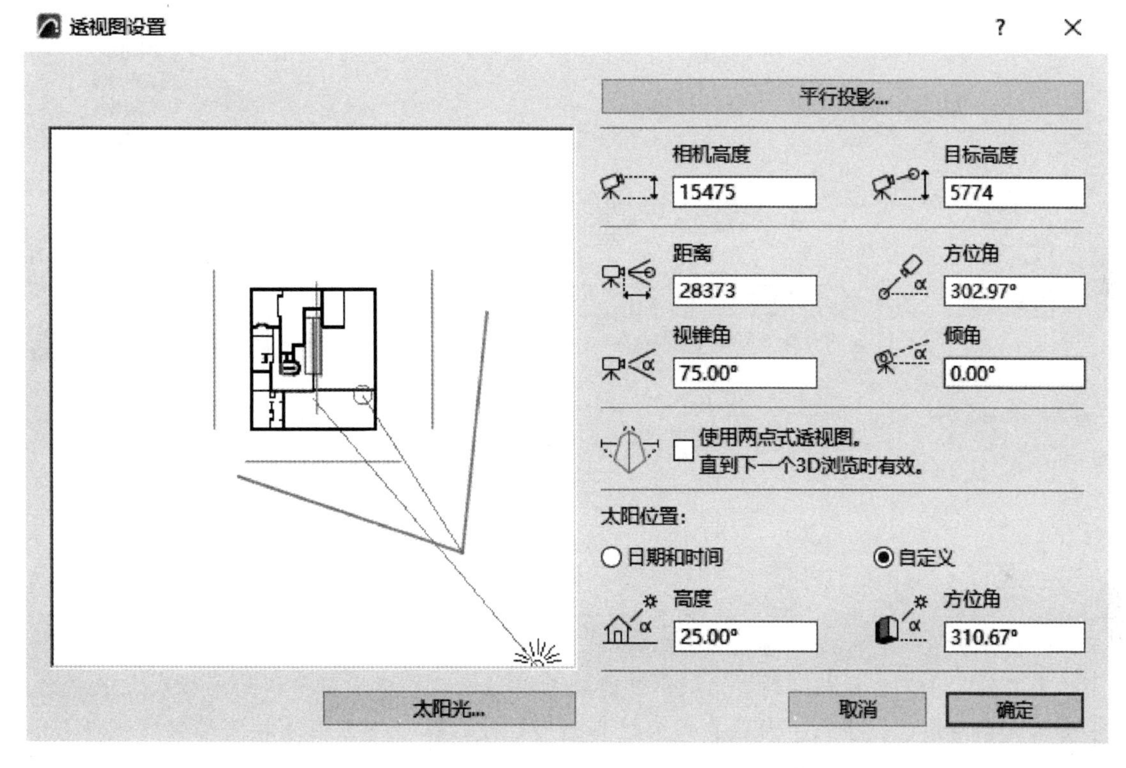

图 2-38　透视图设置

2.4　二维绘制与编辑

Archicad 中的二维直线、弧线、多段线及样条曲线的绘制方法基本类似于 AutoCAD/Revit，但 Archicad 在一些创建与编辑细节上有较多优势。

2.4.1　线对话框

选择“选项>元素属性>线型”，打开“直线”对话框（图 2-39）。对话框顶部下拉列表中预定义了若干线型，其中“实线”样式不可编辑，“虚线”与“符号线”样式可编辑。

单击“新建”按钮，用户可以创建新的线型，在弹出的对话框中，可以分别选择：①“虚线”用于创建基于虚线的线型，用户可以通过设定“片段”与“间隙”值来控制“虚线”的样式；②“符号线”用于创建自定义样式的线型，用户可以在窗口绘制 2D 元素后进行复制，再粘贴到对话框中；③“拷贝”基于所选线型进行编辑来创建新的样式。

对话框中每个黑色“旗子”标记代表虚线末端，其长度可以通过沿水平方向拖动标记或输入“片段”值来编辑。白色“旗子”标记代表虚线之间的间隙，可以用相同方法进行编辑。

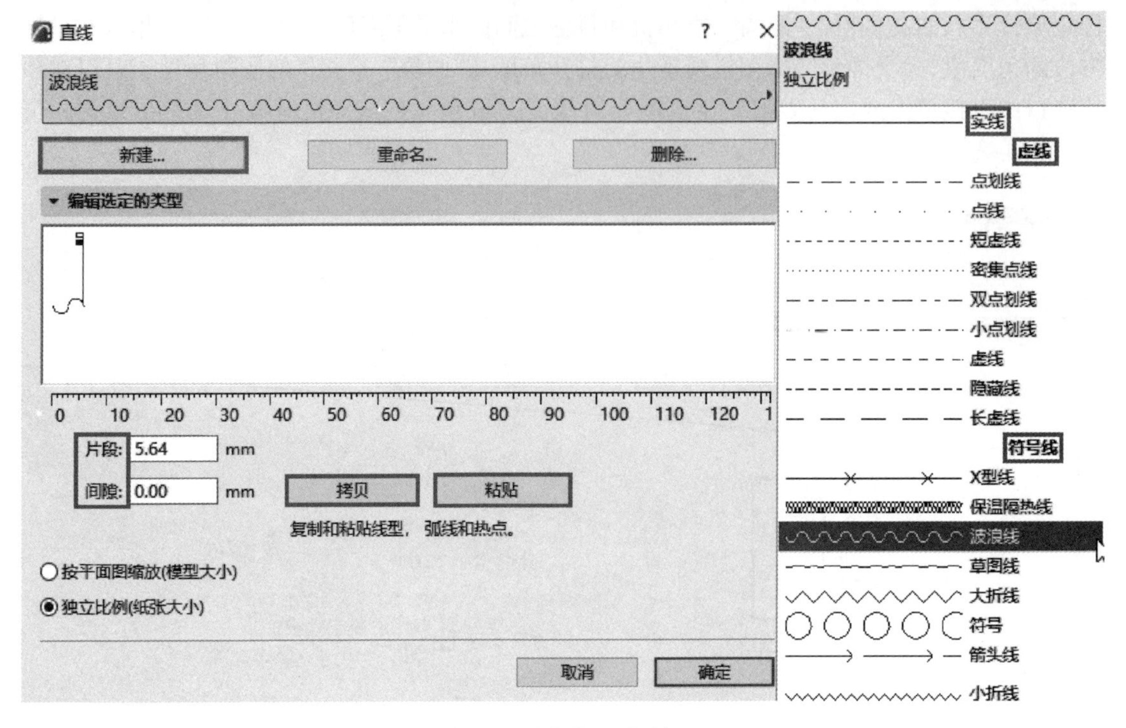

图 2-39 “直线”对话框

> **提示：**在“符号线”的定义中只有线、弧和热点可以使用，而样条曲线、填充、文本或其他元素不会被粘贴到对话框中。所粘贴图形的边界框在符号线的中心线上居中，如果边界框内包含原点，则原点用来对齐。用户可以在对话框内选择要编辑的线单击“拷贝”，然后可以粘贴至平面窗口进行编辑。

2.4.2 二维绘制

1. 直线/矩形

直线是 Archicad 中最简单的制图元素，用户可以通过双击工具箱中的“直线”工具图标或者单击“直线”工具后按〈Ctrl+T〉键，打开“线默认设置”对话框（图 2-40）。

> **提示：**“线工具统一设置”复选框允许将此对话框所做的设置应用到所有的线型工具（直线、弧/圆、样条曲线、多义线）。另外线型工具（直线、弧线、多义线，样条曲线）的收藏夹可以应用到其他任意的线型元素中。对话框右上角有三种设置状态：①缺省，将作为默认设置应用于新的元素；②选定的，将设置应用于当前选定的元素（显示所选元素数）；③可编辑的，显示可编辑的所选元素数。

用户在“线默认设置”对话框中可以选择线型，设置画笔号与颜色。勾选“区域边框”可以允许线条来限定自动放置的区域范围。可以选择不带箭头的直线或选择在开头、末尾、两端有箭头的线条。单击 → 可以选择箭头标记类型。设置箭头标记的高度值、画笔号与颜色。

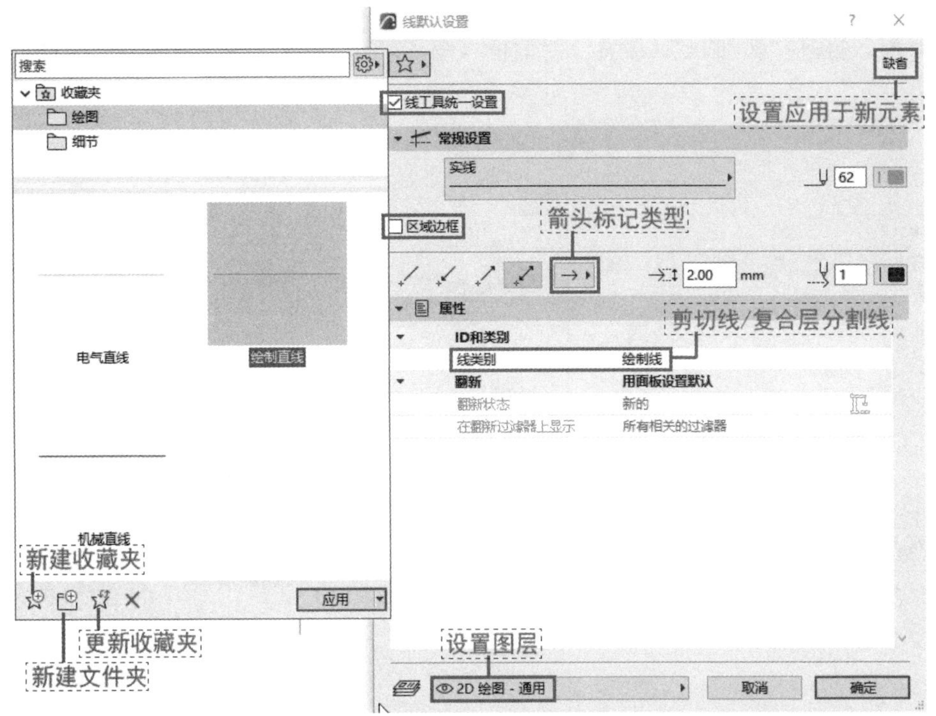

图 2-40 “线默认设置”对话框

Archicad 有三种线类别：①绘制线，是线工具默认的类别，用于绘制简单 2D 线；②剪切线，是剪切平面上 3D 元素的轮廓线，用户可以通过“视图＞屏幕视图＞加粗剪切线”，以粗体显示剪切线；③复合层分割线，是墙、柱、板、屋顶等复合结构的复合层之间的分割线。

用户单击“线”工具后，在信息框中可以设置绘制线的几何方法，⁄ 是单一直线，⌐ 是连续直线（链接线），□ 是矩形，◇ 是旋转矩形（图 2-41）。Archicad 绘制线的默认方法类似 AutoCAD（通过“选项＞工作环境＞输入约束和辅助”进行修改），绘制直线或矩形可以通过“相对长度和角度”或“相对坐标”（〈Tab〉键切换）来完成。绘制连续直线时，要取消最后绘制的线段可以使用“退格”键（〈Backspace〉），要完成绘制则需在终点处双击，或者右击“确定”，或者出现 ✎ 时单击。在绘制链接线之前，用户可以激活“编辑＞组合＞自动建组”命令，则连续直线建组为链接线，或选中已绘制的连续直线再激活“编辑＞组合＞组合”命令建组为链接线。

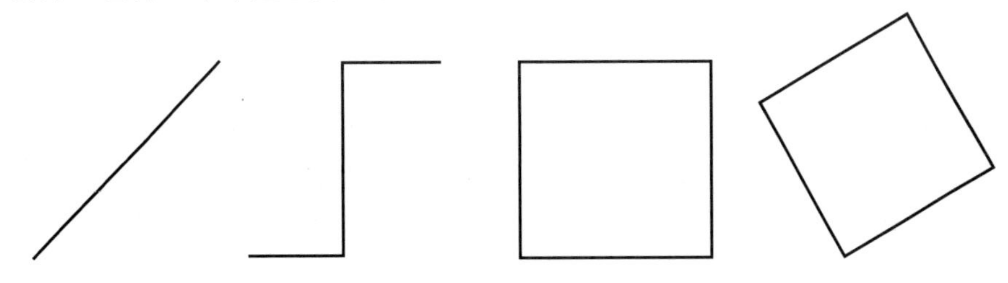

图 2-41 绘制“线和矩形”

2. 圆/圆弧

“弧/圆”工具用于绘制设计中所需的圆或椭圆元素。双击工具箱中的“弧/圆”工具图标 弧/圆，打开“弧/圆默认设置”对话框（图2-42），其与“线默认设置”对话框的内容一致。

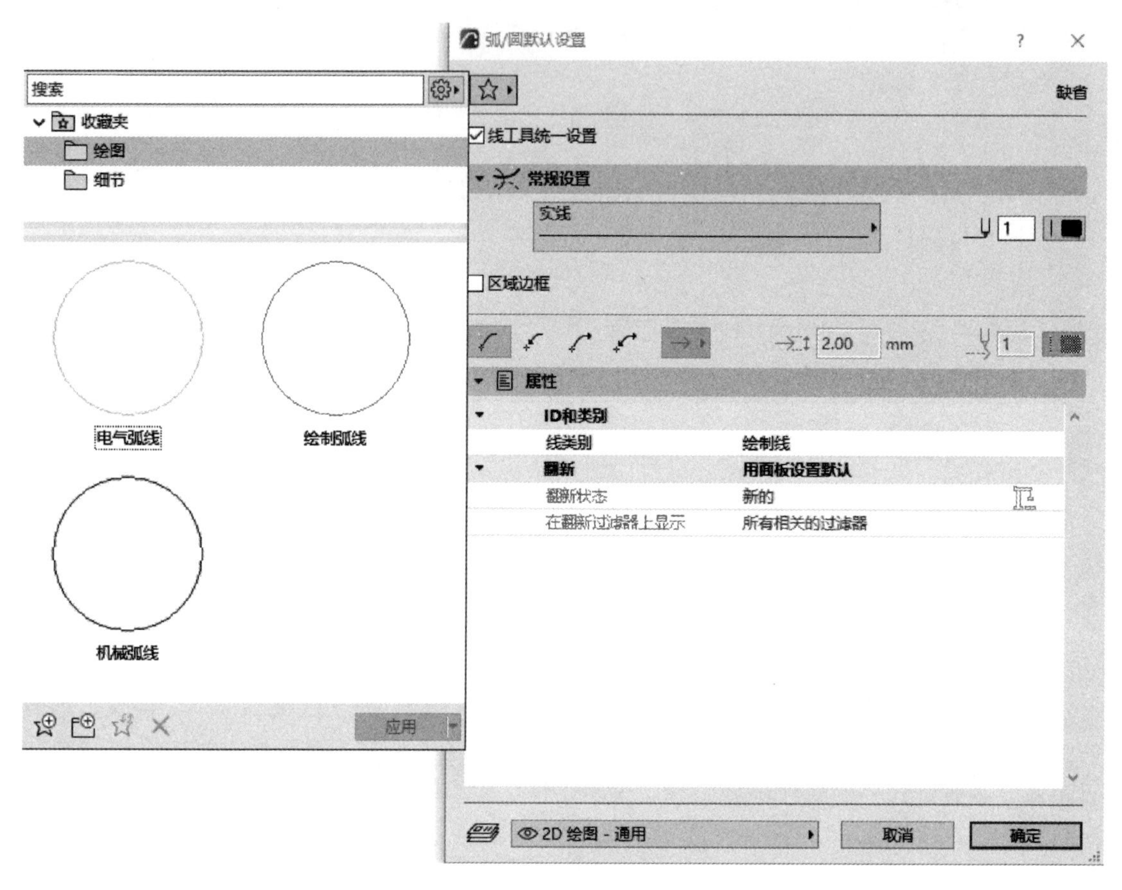

图2-42 “弧/圆默认设置”对话框

① 单击“弧/圆”工具后，在信息框中可以设置绘制的几何方法，绘制“圆”有三种方式：中点、三点和切线。

中点方式：首先单击光标确定圆心位置，移动光标定义半径（可键盘输入）后再次单击光标，最后移动光标来绘制弧线的长度（可使用〈Tab〉键切换为角度）后单击完成。另外，当定义半径时双击光标可以绘制一个完整的圆。

三点方式：通过点击弧线周长上的三个点确定圆形，再单击第四次来定义弧线的长度（角度）。

切线方式：依据三个切线边缘或点来定义一个完整的圆。

② 绘制“椭圆”也有三种方式：对角线、半对角线和半径。

对角线方式：通过受对角线两点限制的不可见矩形拉伸椭圆。首先单击想象中矩形的起点，通过拉伸虚构的对角线，将得到绘制在不可见矩形内的各种尺寸的椭圆，最后通过第二次单击完成适当尺寸的椭圆。

半对角线方式：与对角线方式相同，只是通过中点和半对角线的端点来定义虚构矩形。

半径方式：通过椭圆的主轴半径和次轴半径以及弧的角度来定义椭圆弧线。首先单击椭圆的中点，再次单击选择主轴半径，可得到次轴半径的生成线，将该线拉伸至不同的尺寸和角度，最后定义弧的角度，此时将保持椭圆的状态，单击光标后会出现一条生成线作为角度开始的一侧，然后可沿椭圆弧移动光标，定义弧的角度，最终完成椭圆弧后，角度的两条生成线自动隐藏。

3. 多义线

多义线是使用“多义线”工具绘制的一个单独的元素（即 AutoCAD 的多段线），而直线工具绘制的链接线是一组连接的线段，其每条线段都是一个单独的元素。如图 2-43 所示，选中链接线后其节点处为空心，选中多义线后，其节点处为实心。“多义线”工具的几何方法包括：多边形、矩形、旋转矩形。

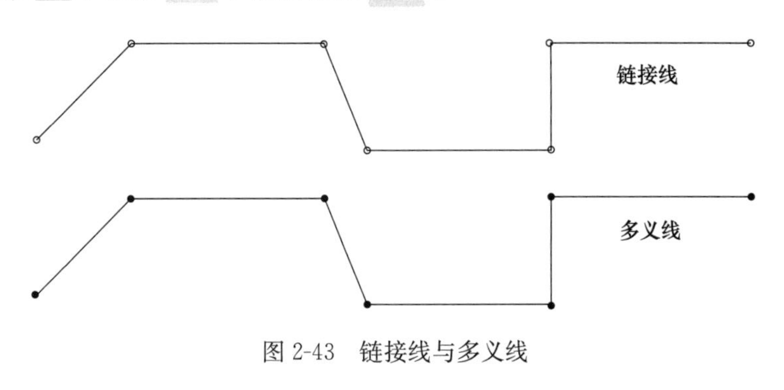

图 2-43　链接线与多义线

4. 样条曲线

“样条曲线”工具的几何方法包括：自然样条曲线、贝塞尔样条曲线、手画样条曲线（图 2-44）。

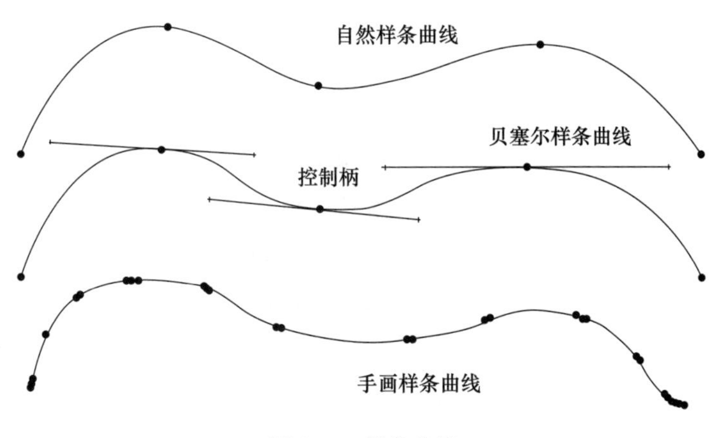

图 2-44　样条曲线

自然样条曲线：可以通过放置节点进行定义，Archicad 自动连接这些节点，从而生成一个平滑的自定义曲线。样条曲线的形状和切线的角度受下一个节点的影响。双击最后一个节点，或者单击右键“确定”可以完成操作。

贝塞尔样条曲线：也是通过节点定义曲线形状，但这些节点具有可编辑的控制柄，通过调整控制柄的切线方向和长度来改变曲线形状。绘制贝塞尔样条曲线时，单击放置节点后，应按住鼠标左键，调节光标的角度与长度以定义该节点控制柄的初始切线和曲率。双击最后一个节点，或者右击“确定”可以完成操作。

手画线样条曲线：通过光标的移动实现快速手绘曲线。单击起始点位置后，可以自由移动光标进行绘制，再次单击光标完成操作。

提示：贝塞尔样条曲线控制柄的可见性取决于“视图＞屏幕视图选项＞样条曲线柄”的切换状态。在信息框中，“样条曲线选项”默认为“打开状态”，如果用户选中“关闭状态”，则 Archicad 可以将样条曲线自动闭合。

2.4.3　编辑操作

Revit 的编辑操作可以先选中对象再使用命令或先使用命令再选择对象，而 Archicad 需先选中元素，再通过“编辑”菜单，或者单击右键出现上下文菜单，或者单击工具条编辑工具，或者再次单击元素使用“弹出式小面板”的编辑工具，对元素进行编辑操作。

1. 移动

如图 2-45 所示，“编辑＞移动”菜单中包括：拖移命令（快捷键〈Ctrl＋D〉）、旋转命令（快捷键〈Ctrl＋E〉）、镜像命令（快捷键〈Ctrl＋M〉）、提升命令（快捷键〈Ctrl＋9〉）、多重复制命令（快捷键〈Ctrl＋U〉）以及相应的拷贝操作等。

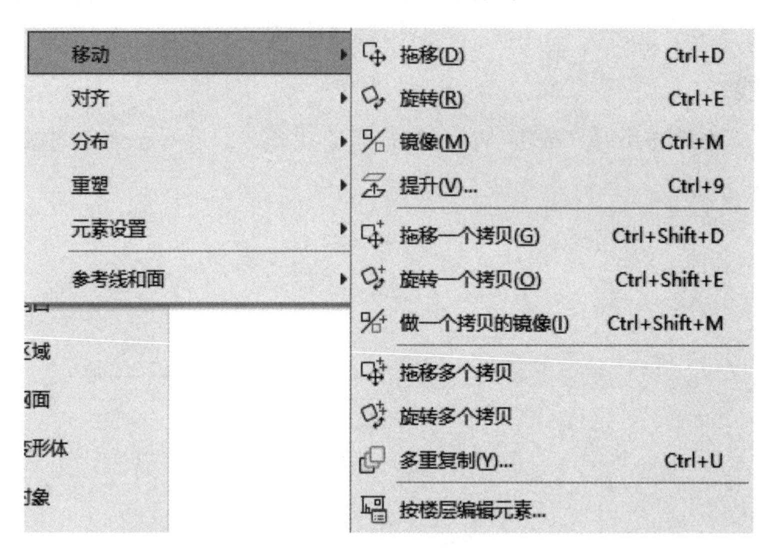

图 2-45　移动命令

（1）拖移

选择一个或多个元素，然后执行下列操作之一：①选择“编辑＞移动＞拖移”；②右击，从上下文菜单中选择“移动＞拖移”；③使用拖移命令快捷键〈Ctrl＋D〉；④从弹出式小面板中选择拖移图标。单击定义拖移的起始点，然后移动光标拖移选中的元素，此时会出现追踪器，可以输入值按〈Enter〉键或再次单击完成拖移。

选择一个或多个元素，然后继续拖移一个（光标旁边出现“＋”）或多个拷贝（光标旁边出现“＋＋”），可以执行下列操作之一：①当执行常规拖移命令时，按下〈Ctrl〉键或

〈Ctrl＋Alt〉键；②选择“编辑＞移动＞拖移一个拷贝”或“编辑＞移动＞拖移多个拷贝”；③右击，从上下文菜单中选择“移动＞拖移一个拷贝”或“移动＞拖移多个拷贝”。拖移并单击来放置拷贝，初始元素仍然原地保留。当拖移多个拷贝时，可以双击确认最后一个元素，或按下〈Esc〉键完成（图 2-46）。

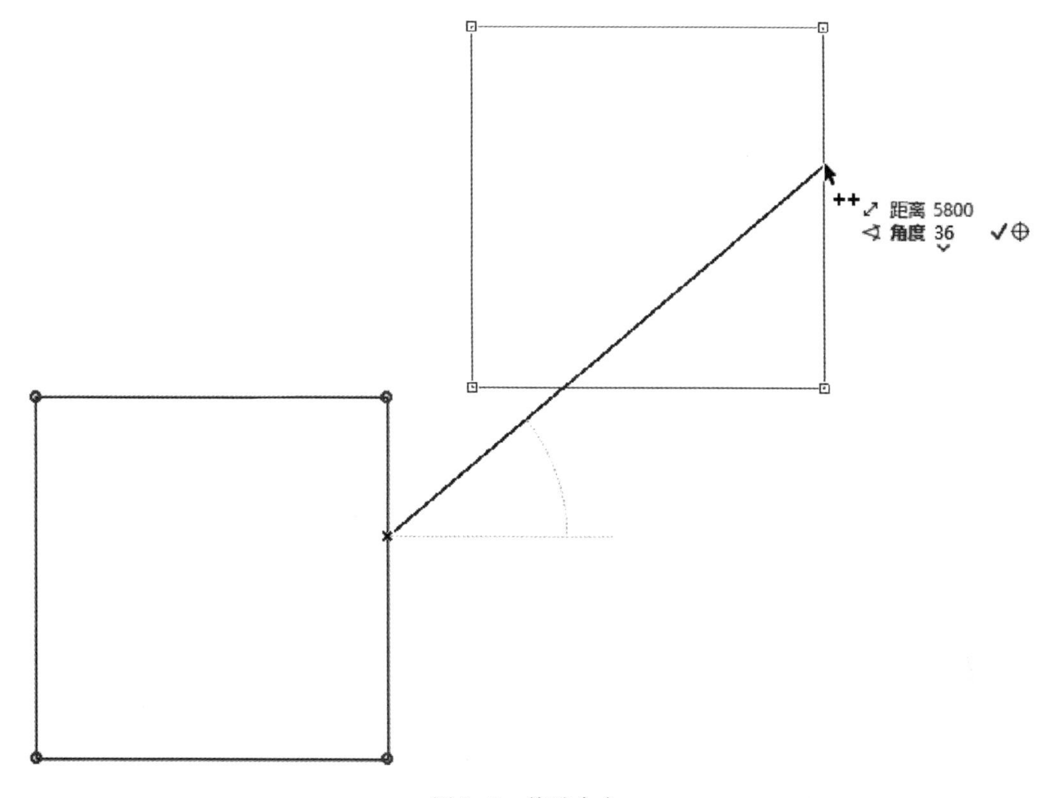

图 2-46　拖移命令

（2）旋转

选择一个或多个元素，然后执行下列操作之一：①选择“编辑＞移动＞旋转”；②右击，从上下文菜单中选择“移动＞旋转”；③使用拖移命令快捷键〈Ctrl＋E〉；④从弹出式小面板中选择旋转图标 。首先单击定义旋转中心，旋转中心可以在元素上或者元素外，然后单击定义起始角度，通常是单击一个元素边缘或元素点，移动光标或者在追踪器输入值，定义终点旋转角度，最后再次单击（或按〈Enter〉键）完成旋转。

选择一个或多个元素，然后继续旋转一个（光标旁边出现“＋”）或多个拷贝（光标旁边出现“＋＋”），可以执行下列操作之一：①当执行常规旋转命令时，按下〈Ctrl〉或〈Ctrl＋ Alt〉键；②选择“编辑＞移动＞旋转一个拷贝”或“编辑＞移动＞旋转多个拷贝”；③右击，从上下文菜单中选择“移动＞旋转一个拷贝”或“移动＞旋转多个拷贝”。旋转并单击来放置拷贝，初始元素仍然原地保留。当旋转多个拷贝时，可以双击确认最后一个元素，或按下〈Esc〉键完成（图 2-47）。

（3）镜像

选择一个或多个元素，然后执行下列操作之一：①选择“编辑＞移动＞镜像”；②右击，从上下文菜单中选择“移动＞镜像”；③使用镜像命令快捷键〈Ctrl＋M〉键；④从弹出式小面板中选择镜像图标 。与绘制线类似，可以通过两次单击（或在追踪器输入值）定义镜像轴。当执行镜像命令时按〈Ctrl〉键可以做一个拷贝的镜像。如图 2-48 所示，在适当位置定义第一个轴点之后，移动光标可以马上看到镜像轴以及所选元素的轮廓，再次单击，完成镜像命令。

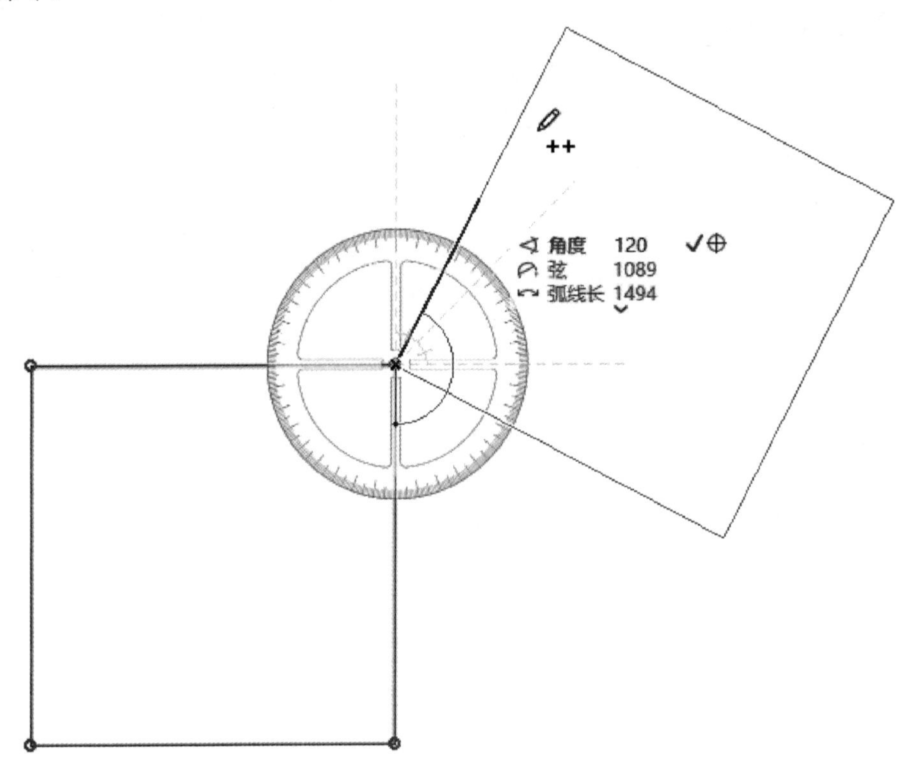

图 2-47　旋转命令

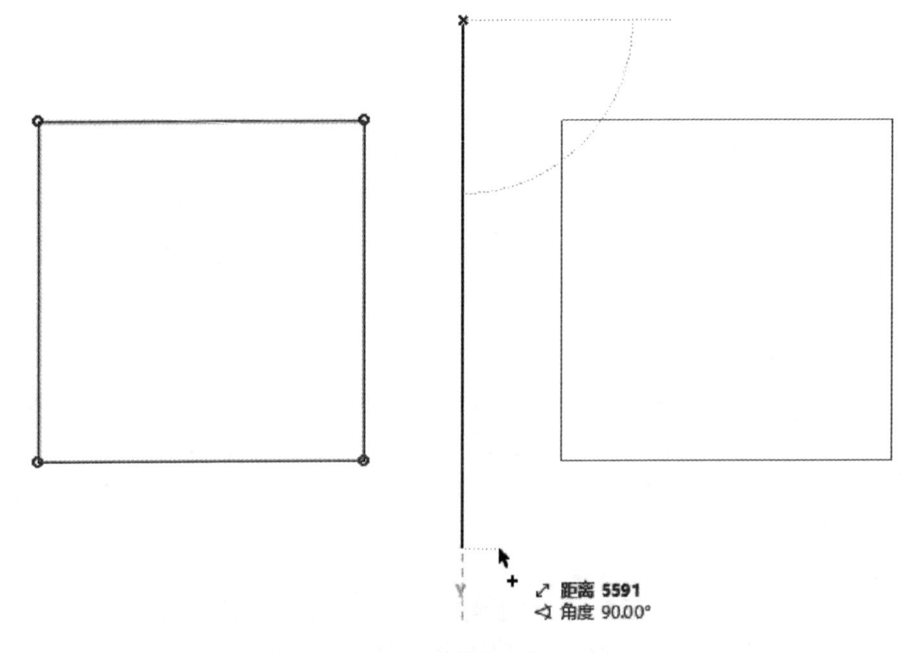

图 2-48　镜像命令

（4）提升

提升命令可以将选定的元素沿 Z 轴垂直移动。选择元素后，选择“编辑＞移动＞提升”命令（或按〈Ctrl＋9〉键或弹出式小面板或右击上下文菜单），打开“提升”对话框。输入要提升或降低所选元素的数值，如果勾选“以标高设置始位楼层”，则可以自动重置元素的始位楼层以反映其新标高，单击确定完成提升（图 2-49）。

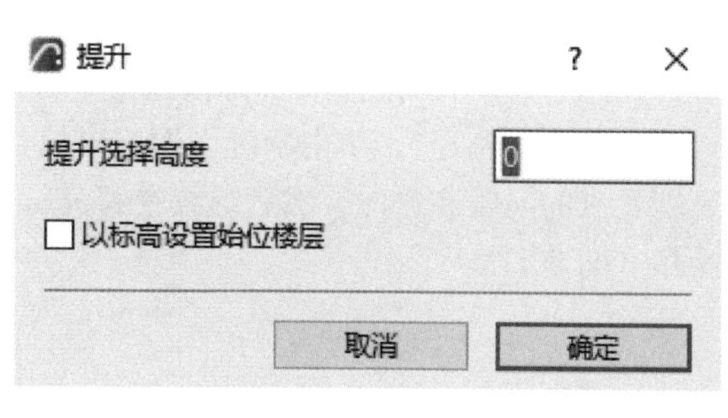

图 2-49　提升命令

提示：提升命令对于 3D 元素沿 Z 轴垂直移动较方便，对于 2D 元素不起作用。

（5）多重复制

选择元素后，选择“编辑＞移动＞多重复制”命令（或按〈Ctrl＋U〉键或弹出式小面板或右击上下文菜单），打开“多重复制”对话框（图 2-50）。对话框顶部包括 4 种多重复制操作：拖移、旋转、提升、矩阵。“拖移”可以沿直线路径或选中的多段线进行多重复制。“旋转”可以沿弧线路径进行多重复制。“提升”主要对 3D 元素在平面图和 3D 窗口中，沿 Z 轴方向进行多重复制。“矩阵”可在两个自定义的垂直方向上进行多重复制。

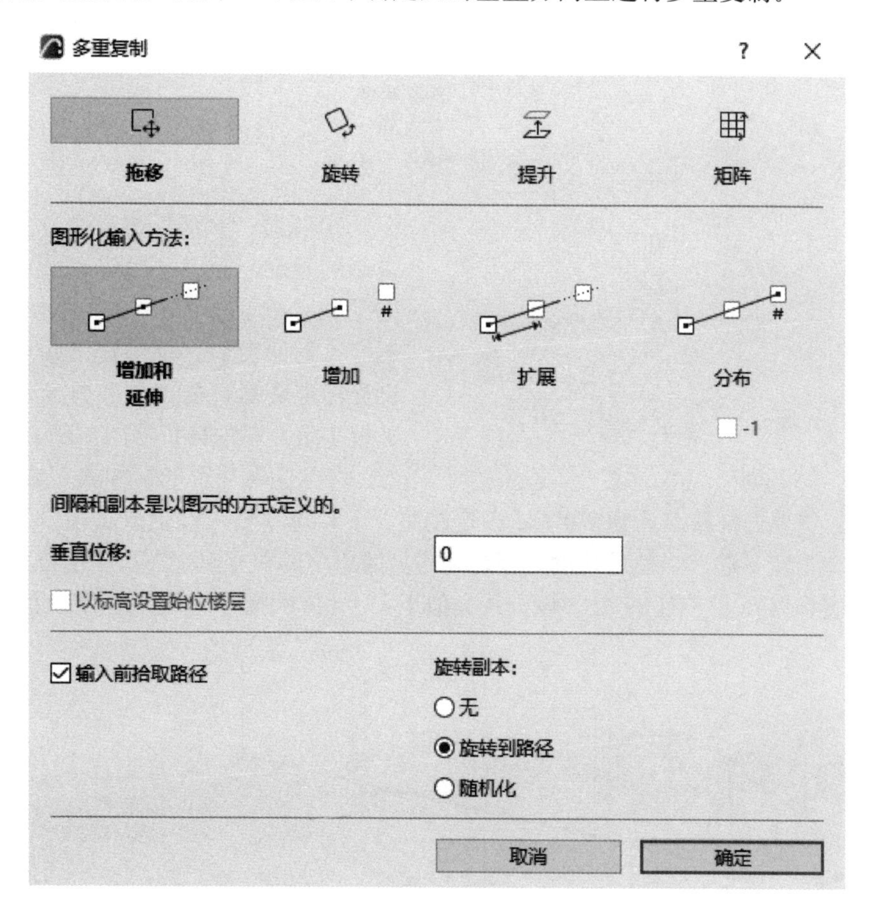

图 2-50　多重复制命令

图形化输入方法决定了复制的数量以及复制元素间的距离，其分为四种：增加和延伸、增加、扩展、分布。

“拖移”操作：①选择“增加和延伸”方式，“垂直位移”设为“0”或固定距离，不勾选“输入前拾取路径”，单击确定，返回窗口。首先单击定义起点，再次单击第二点定义多重复制元素的间距和方向，然后继续拖移光标，沿路径逐个增加复制元素，单击鼠标左键完成操作（图 2-51）。

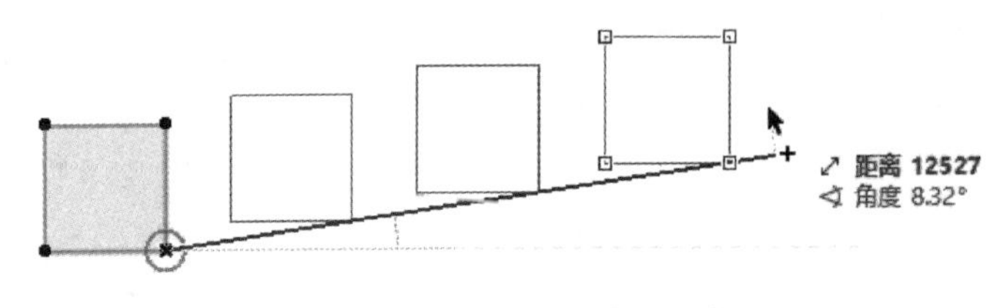

图 2-51 “增加和延伸”方式

② 选择“增加”方式，首先预定义“拷贝”个数，“垂直位移”设为“0”或固定距离，不勾选“输入前拾取路径”，单击确定，返回窗口。单击定义起点，然后移动光标定义拷贝的间距和方向，再次单击放置多重复制的拷贝（图 2-52）。该方式类似于 Revit 阵列操作中的“第二个”方式。

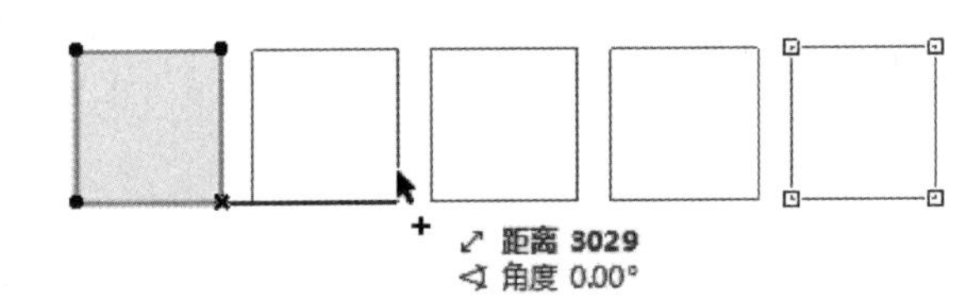

图 2-52 “增加”方式

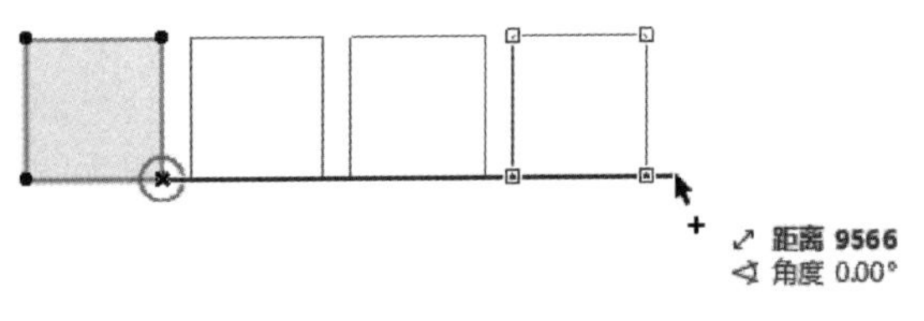

图 2-53 “扩展”方式

③ 选择“扩展”方式，首先输入多重复制的间距，“垂直位移”设为“0”或固定距离，不勾选“输入前拾取路径”，单击确定，返回窗口。单击定义起点，然后移动光标定义拷贝的个数和方向，再次单击放置多重复制的拷贝（图 2-53）。

④ 选择“分布”方式，首先预定义“拷贝”个数，“垂直位移”设为“0”或固定距离，不勾选“输入前拾取路径”，单击确定，返回窗口。单击定义起点，然后移动光标定义拷贝的总距离和方向，再次单击将多重复制的拷贝均匀放置在路径上（图 2-54）。该方式类似于 Revit 阵列操作中的“最后一个”方式。

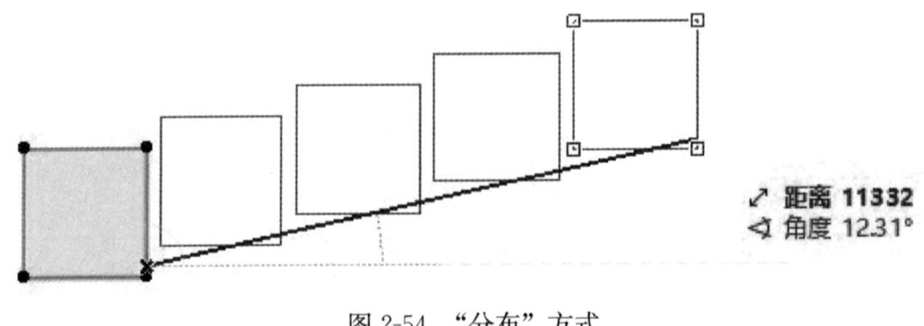

图 2-54 “分布”方式

提示： 如果勾选“输入前拾取路径”，则返回窗口后用户可以选择路径（开放或闭合都可以），将对象按路径样式进行多重复制，另外可以选择拷贝是否沿路径进行旋转（“无”“旋转到路径”“随机化”）。如果“垂直位移”设为固定距离，则多重复制的拷贝同时沿 Z 轴进行垂直分布。选中此项并根据新建元素各自的楼层位置，为其分配“始位楼层”。如果不勾选“以标高设置始位楼层”复选框，则新拷贝的元素将与初始元素具有相同的“始位楼层”。

另外 3 种操作“旋转、提升、矩阵”与“拖移”的参数设置和操作方法基本类似。“旋转”操作首先需确定旋转中心，再确定起始角度与终止角度。“提升”操作主要是针对 3D 元素，在 3D 窗口中沿 Z 轴方向进行多重复制。“矩阵”操作需要在两个互相垂直方向上设置拷贝的个数或者间距，再按照与“拖移”相同的操作沿两个方向分别进行多重复制。

2. 对齐

选择“编辑>对齐”命令，使选定的元素相互对齐或与自定义绘制的目标线对齐。对齐方式包括：右、左或中心水平对齐元素；顶部、底部或中心竖直对齐元素；“特殊对齐”，在已有元素的任何一点对齐元素或通过目标线对齐元素（图 2-55）。

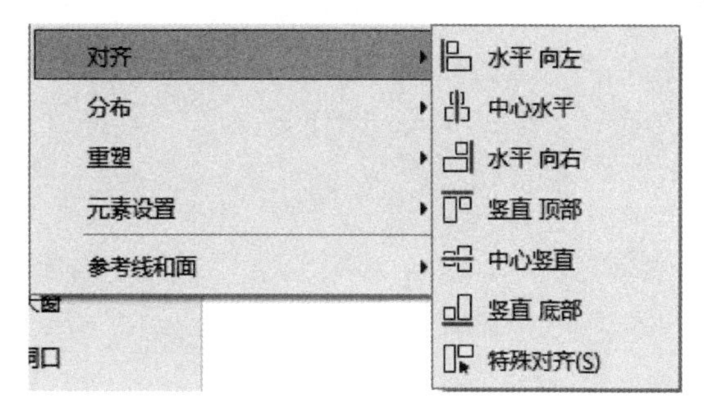

图 2-55　对齐命令

选择要对齐的元素，选择“编辑>对齐>竖直底部”，所有选定的元素将与最下部元素的底部边界框点对齐（图 2-56、图 2-57）。

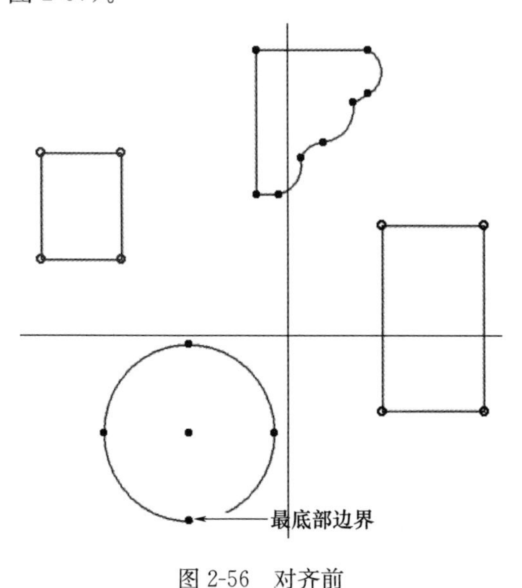

图 2-56　对齐前

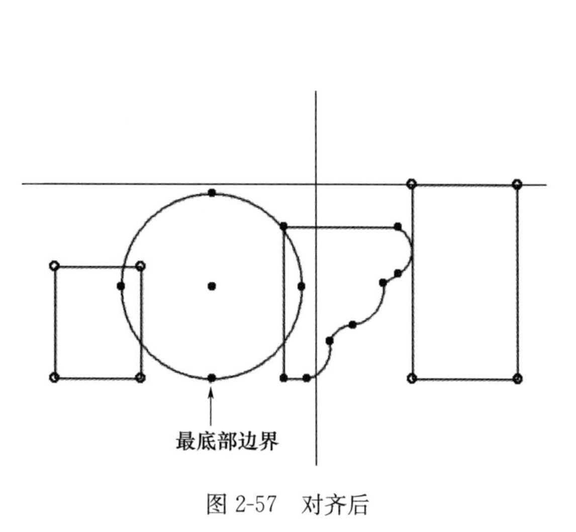

图 2-57　对齐后

提示： 当选择了两个及以上元素时，对齐命令才被激活。在使用对齐命令时，“水平向左”指的是工作窗口（平面图、剖面图、3D窗口）中 X 轴上最左的元素。“中心水平”是指所选元素在 X 轴上最左部与最右部坐标差值的一半所确定垂直线的位置，所有元素的中心点在 X 轴上对齐到该位置。其余位置以此类推。“特殊对齐”可选择元素的对齐点，将元素对齐到目标线（绘制或选择已有的线）。

3. 分布

选择“编辑＞分布”命令，可以将所选元素进行均匀分布。Archicad 自动识别所选元素的右/左/顶部/底部/居中点。沿着（X）分布：位于 X 轴两端的两个所选元素保留在原位，中间的元素将在它们之间均匀分布。沿着（Y）分布：位于 Y 轴两端的两个所选元素保留在原位，中间的元素将在它们之间均匀分布。沿 XY：位于左上与右下（左下与右上）的两个所选元素保持原位不动，其余的元素将沿 XY 对角线进行均匀分布（图 2-58 与图 2-59）。选择“编辑＞分布＞特殊分布”命令，可以设置所选元素的特定点沿目标线进行分布。

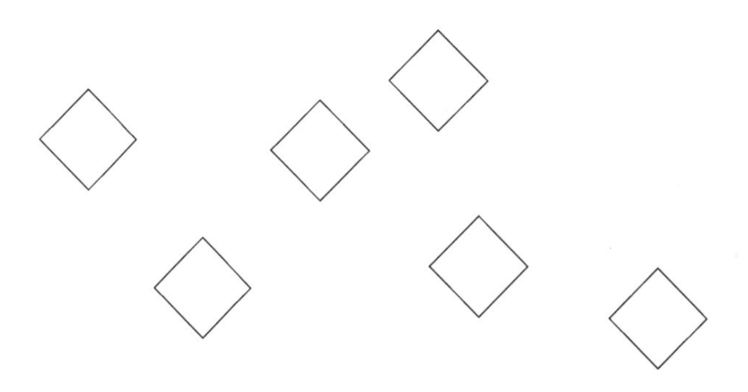

图 2-58　分布前

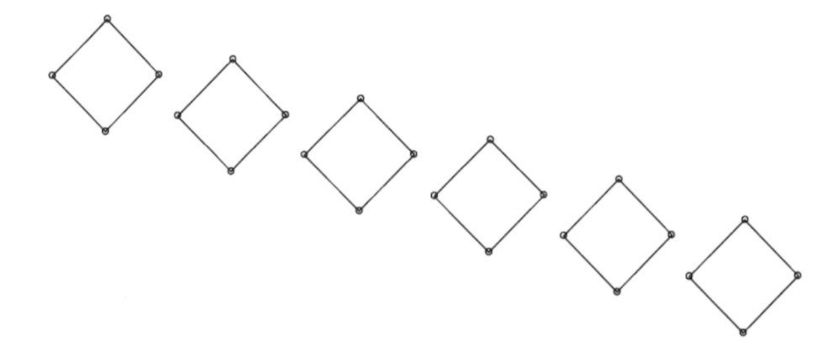

图 2-59　分布后

提示： 当选择了两个及以上元素时，分布命令才被激活。

4. 重塑

“重塑”操作包含了与 AutoCAD 类似的常用编辑命令：修剪、拉伸（快捷键〈Ctrl＋H〉）、调整大小（快捷键〈Ctrl+K〉）、分割、倒圆角/倒角、相交、调整（快捷键〈Ctrl+－〉）、偏移等（图 2-60）。

（1）修剪

“修剪”命令可以删除某个元素与另一元素交点外的多余部分，或删除两个交点间的元素部分。可修剪的元素包括：墙、梁、线、圆、弧、多义线和样条曲线。与其他命令不同，“修剪”命令不用提前选择元素。用户选择“编辑>重塑>修剪”命令或按住〈Ctrl〉键或工具条中的“修剪”图标，将出现剪刀光标，将其悬停在可修剪的元素上，单击要修剪的部分即可。

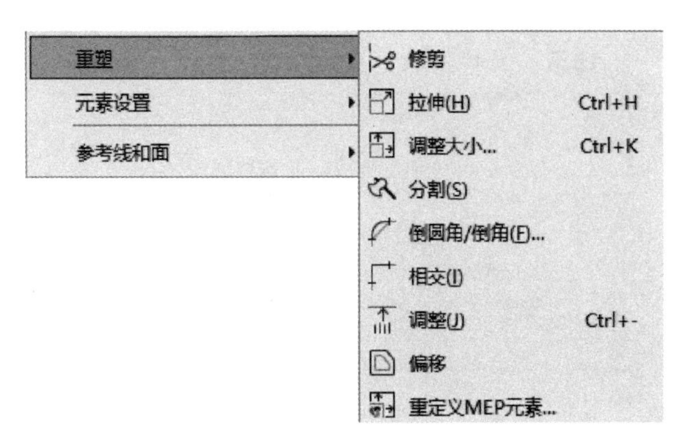

图 2-60　重塑操作

> **提示：**在 3D 窗口中，可以单击一个墙或梁的表面对其进行修剪。

（2）拉伸

选择“编辑>重塑>拉伸”命令或工具条中的“拉伸”图标，或使用弹出式小面板的“拉伸”图标、“移动节点”图标和“偏移边”图标等操作（图 2-61），可以对元素进行拉伸或压缩。拉伸命令也可以配合选取框工具沿特定方向对多个多边形或线性元素进行拉伸或压缩。

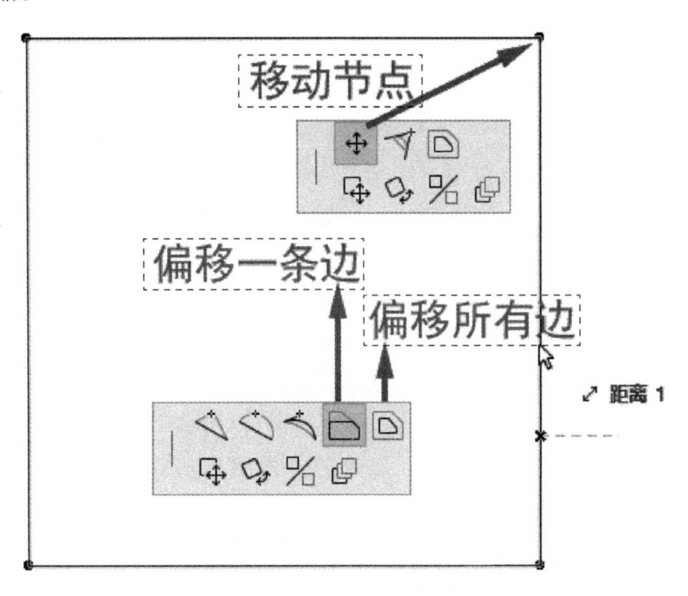

图 2-61　拉伸多义线矩形

绘制一个选取框，使拉伸的节点或端点落在选取区域内，使用“拉伸”命令（快捷键〈Ctrl+H〉），通过单击任何两个不同点来定义拉伸矢量，所有有一个端点在选取框区域内的线性元素形状，以及有节点在选取框区域内的多边形元素将沿着这个矢量进行拉伸。如果所有多边形节点都在选取框区域内，多边形将被拖移而非拉伸（图 2-62、图 2-63）。

提示：拉伸选取框区域在 3D 窗口中无效。

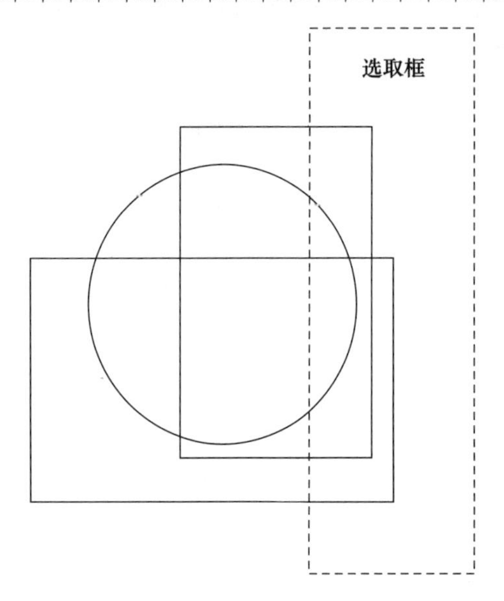

图 2-62　拉伸前

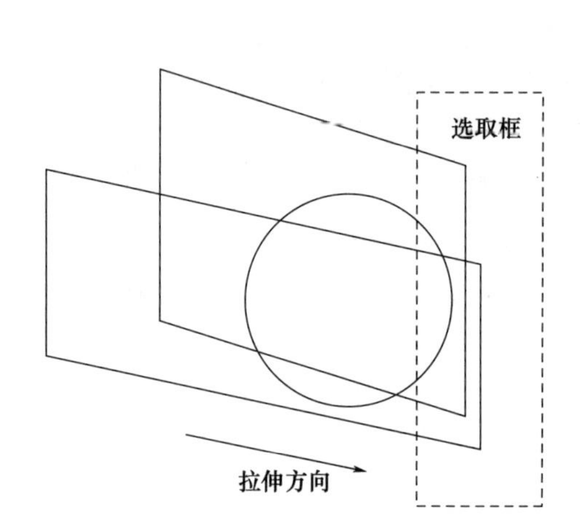

图 2-63　拉伸后

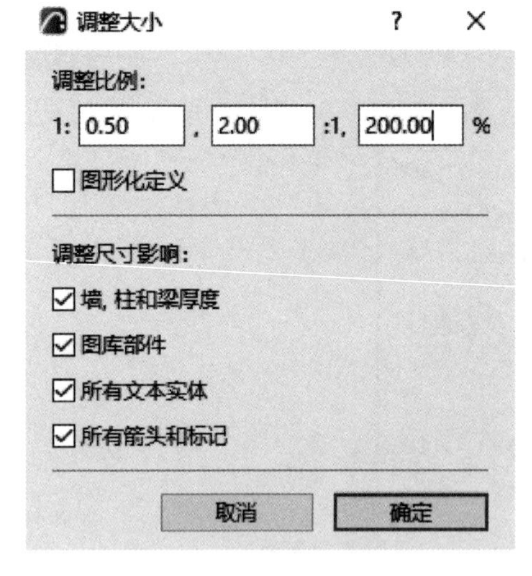

图 2-64　“调整大小”对话框

（3）调整大小

“调整大小”命令可以数字或图形输入方式对所选元素进行放大或缩小。选择元素后，选择“编辑>重塑>调整大小”命令（快捷键〈Ctrl＋K〉）或工具条中的“调整大小”图标 ，弹出“调整大小”对话框（图 2-64），不勾选“图形化定义”复选框，在“调整比例”下面，可以使用三种数值输入方法中的任意一种，其他两个将自动填入，单击“确定”后返回工作窗口，再单击调整的中心点，元素将以该点为基准进行缩放。

如果勾选“图形化定义”复选框，则单击确认后返回工作窗口，再单击调整的中心点，然后绘制一个调整矢量作为基准，移动光标对元素进行缩放，再次点击后确认。

如果勾选“调整尺寸影响”下面的选项，则可以调整所选的“墙，柱和梁的大小”“图库部件的大小”“文本及标签大小”和“箭头/标记大小”。

提示：调整大小命令在平面图和 3D 窗口中对 3D 元素生效，而在剖面图/立面图、3D 文档和详图/工作图窗口中只对 2D 图形元素生效。调整大小命令对“墙的高度和复合结构墙的厚度”不产生影响。

（4）分割

分割命令可沿线段、弧或元素的边缘对所选的元素（如线、弧、多义线、样条曲线、墙、梁、板、屋顶、网面、填充和区域多边形等）进行分割。

选择元素后，选择“编辑＞重塑＞分割”命令或单击工具条中的斧头图标，然后选择已有的分割线或绘制分割线，光标会变成眼球的形状，使用眼球光标选择分割线一侧的元素仍保持选中（图 2-65）。

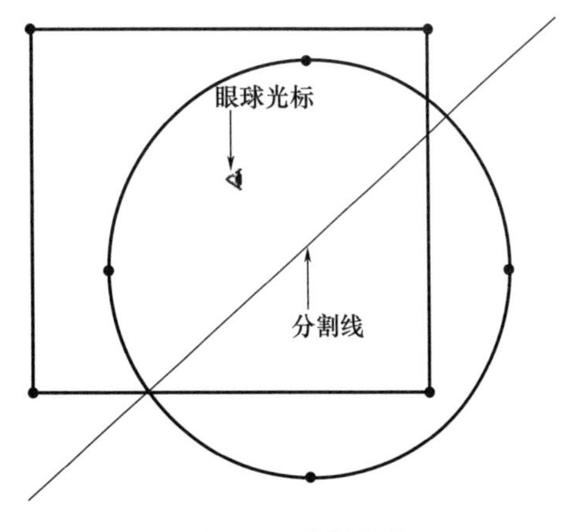

图 2-65 分割命令

提示： 分割命令在平面图和 3D 窗口中对 3D 元素生效，在剖面、立面图、3D 文档窗口、详图和工作图中仅对 2D 元素生效。不能分割带弧度的多边形（如屋顶元素）。对于墙元素可以不需要提前选中，而直接使用分割命令，单击需要将墙分割成两部分的点。

（5）倒圆角/倒角

“倒角”命令可对两条线、弧、多义线、多边形元素的两条邻边和墙的两条邻边进行倒圆角或倒角。“倒圆角”使用一个指定半径的弧连接两条直线段的端点。“倒角”使用一条直线连接两条直线段的端点，按指定半径的弧线弦把角切掉。

选择元素后，选择“编辑＞重塑＞倒圆角/倒角”命令或工具条中的“倒角”图标，弹出“倒圆角/倒角”对话框（图 2-66），选择“倒圆角”或“倒角”，输入“半径”值，单击“确定”完成命令（图 2-67）。

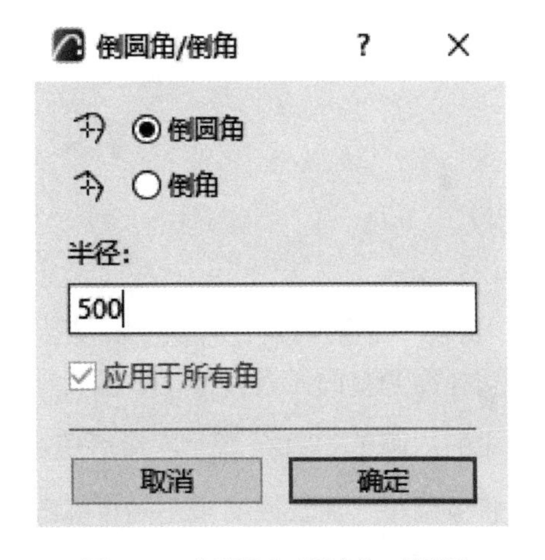

图 2-66 “倒圆角/倒角”对话框

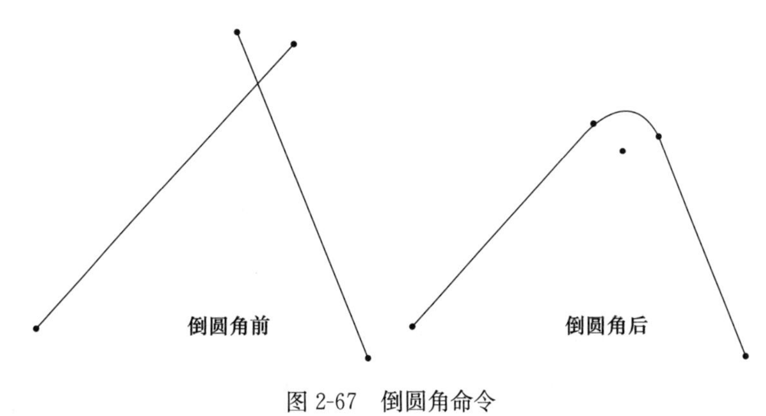

图 2-67 倒圆角命令

提示：倒角命令对于组合元素无效，只有打开暂停组合状态，才能够进行倒角操作。如果倒角对象是多边形元素，则对话框中默认勾选“应用于所有角”复选框，并且是不可编辑的（呈灰显状态），“倒圆角/倒角”将应用于所有节点。如果要将“倒圆角/倒角”仅应用于多边形的一个节点，则需单击该节点，并使用弹出式小面板的倒角命令 ，然后打开“倒圆角/倒角”对话框，不勾选“应用于所有角”复选框。另外，“倒圆角/倒角”的半径值最小为“1”。

（6）相交

“相交”命令将两个选定的元素在它们的端点最近的点处进行相交。该命令适用于线、弧、多义线、墙和梁。选择两个元素，选择“编辑＞重塑＞相交”命令或工具条中的“相交”图标 （图 2-68）。

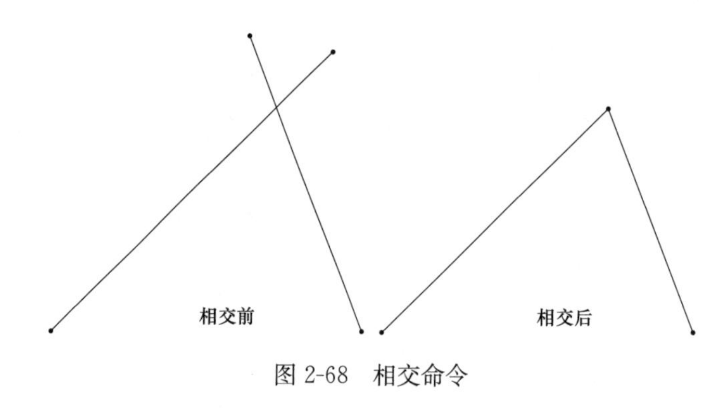

图 2-68　相交命令

（7）调整

“调整”命令可以将所选的线、弧、墙和梁的端点延伸或修剪到目标线、弧或元素的边缘。

选择要调整的元素，选择“编辑＞重塑＞调整”命令（快捷键〈Ctrl＋－〉）或单击工具条中的“调整”图标 ，然后单击一条已有的目标线或绘制一条直线，则选定元素的端点将被调整（加长或缩短）到目标线位置（图 2-69）。

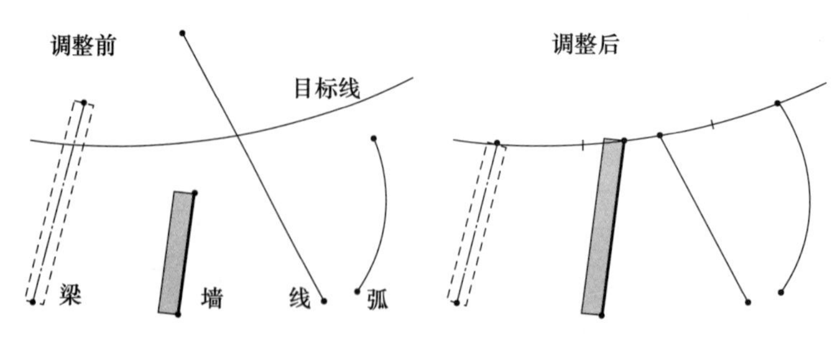

图 2-69　调整命令

提示：“调整”命令只有对那些与目标线应该会相交的元素才起作用。该命令在平面图和 3D 窗口中对 3D 元素生效，而在剖面图/立面图、3D 文档和详图/工作图窗口中只对 2D 图形元素生效。

（8）偏移

“偏移”命令适用于所有多边形元素（包括样条曲线）以及单一类型的多个连接的元素（例如交于一点的两条线段），但一段直线无法使用该命令。

选择要偏移的元素，选择“编辑>重塑>偏移”命令或单击工具条中的偏移图标，或使用弹出式小面板的“偏移所有边”图标，移动光标出现成比例扩大或缩小的元素的叠影轮廓，在目标位置进行点击完成命令。如果要偏移创建一个或多个元素的拷贝，则需按〈Ctrl〉键或〈Ctrl＋Alt〉键，然后将光标拖到偏移的位置，单击放置（图 2-70）。

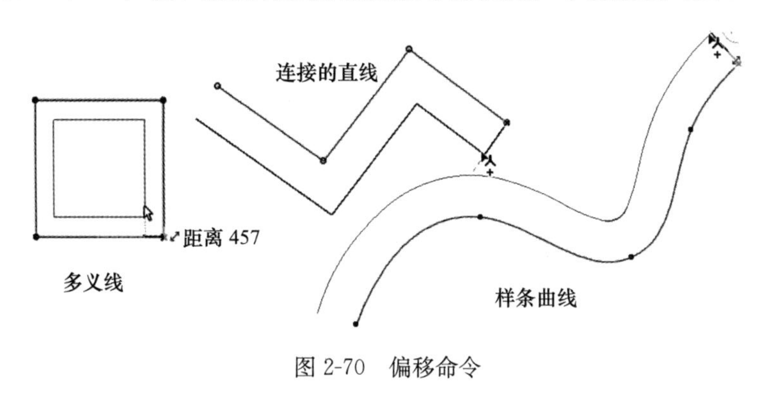

图 2-70　偏移命令

2.4.4　辅助操作

1. 辅助线

辅助线（和辅助圆）是一种绘图辅助工具，其可以帮助定位特殊点和投影，以确保在 2D 和 3D 窗口中的精确输入。用户放置辅助线后，其可以始终保持不动。辅助线不可打印，光标可以捕捉到辅助线并在其上放置捕捉点。

① 创建辅助线：选择“视图>辅助线”命令（〈L〉键）或工具栏中的辅助线图标，可以激活“辅助线”，此时窗口会在屏幕的四边显示“辅助线”标签。单击任意标签后，将出现的辅助线拖动到任意位置，放开鼠标即可快速创建垂直线和水平线。如果将其放置在任何现有的边缘上，辅助线就会与该边缘贴齐。如果将其放置在弯曲元素上，则会出现一个相应的“辅助圆”并可以进行偏移。在拖动“辅助线”的同时，按〈Ctrl〉键，光标旁边会出现一个“＋”，可以进行拖动复制（图 2-71）。

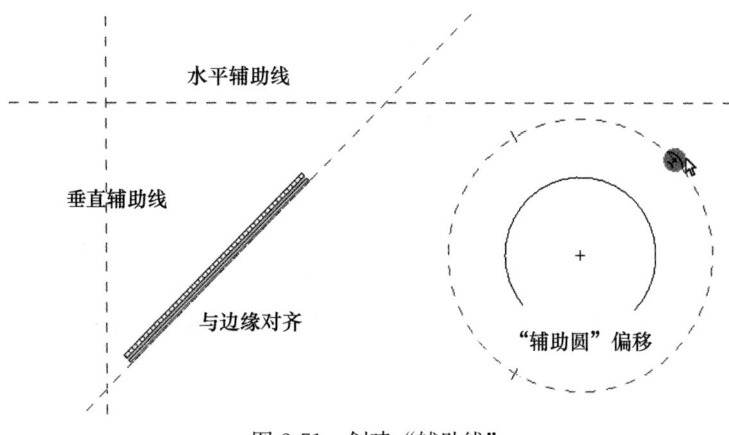

图 2-71　创建“辅助线”

② 创建辅助线段："辅助线"是无限长的，如果只需其中的一段，则可以右击任何一条辅助线标签，或者选择"视图>辅助线选项>创建辅助线段"，或者单击工具栏中的"辅助线"弹出菜单，选择"创建辅助线段"（快捷键〈Alt+L〉），然后绘制一段辅助线。

③ 删除辅助线：a. 将光标置于一条辅助线上，单击橙色圆点将辅助线拖到最近的垃圾桶；b. 当光标位于橙色点上时按〈Esc〉键；c. 右击一条辅助线，选择"删除辅助线"；d. 选择"视图>辅助线选项>删除辅助线"命令，或者单击工具栏中的"辅助线"弹出菜单，选择"删除辅助线"，光标变成橡皮擦形状，单击并拖动光标来擦除辅助线；e. 右击一条辅助线，选择"删除所有辅助线"或者单击工具栏中的"辅助线"弹出菜单，选择"删除所有辅助线"，则可以同时删除所有的辅助线。

提示：在"选项>工作环境>输入约束和辅助"中可以设置辅助线颜色。

2. 捕捉

（1）捕捉辅助

"捕捉辅助"是绘制元素时出现的临时直线和弧线，以帮助精确放置元素，类似于AutoCAD的追踪功能。单击工具栏"捕捉辅助"图标或选择"视图>捕捉辅助"，可以打开/关闭"捕捉辅助"功能。

可以通过标记特殊点或边缘作为捕捉参考，使捕捉辅助出现。与辅助线不同，当鼠标不在捕捉辅助附近时，其自动消失。但可以在出现捕捉辅助时，按下〈Shift〉键或者右击，在上下文菜单中的"锁定到辅助线/捕捉辅助"，通过锁定使"捕捉辅助"继续保留。

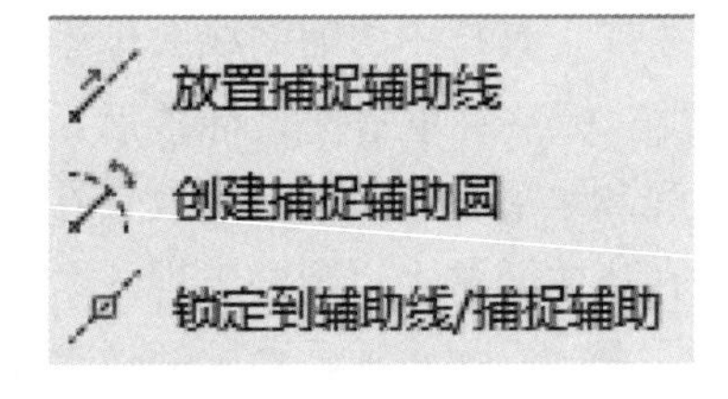

图2-72　右键上下文菜单

在绘制元素时，可以右击，在上下文菜单中的"放置捕捉辅助线"或"创建捕捉辅助圆"，锁定特定的"捕捉辅助"（图2-72）。在追踪器输入过程中，可以按〈Tab〉键进行切换，单击坐标字段中的十字准星图标 X坐标 3258 Y坐标 -437，被编辑的元素将跳转到该坐标值处并出现相应的"捕捉辅助"。锁定的"捕捉辅助"是无限长并一直可见，直到命令完成后才会消失。

提示：在任意边缘或节点上，按〈Q〉键可以"强制捕捉参考"，使边缘或节点立刻高亮作为一个捕捉参考。与鼠标位置有关的捕捉辅助（如水平/垂直，平行于栅格，固定的增量角），可以在"选项>工作环境>输入约束和辅助"中进行设置。

（2）坐标限制

通过按〈Alt+"X、Y、A或R/D"〉键，可以锁定光标坐标并限制光标的移动。在"捕捉辅助"激活状态下，按〈Alt+X〉键可以创建一条垂直的捕捉辅助，按〈Alt+Y〉键可以创建一条水平的捕捉辅助，按〈Alt+A〉键可以沿现有方向创建一条相应角度的捕捉辅助，按〈Alt+R〉键可以创建一个捕捉辅助圆，其半径由当前数值或图形来确定。再次按住相同的组合键可以解锁限制。如果"捕捉辅助"不处于激活状态，锁定的方法是一样的，但辅助线不可见。

（3）捕捉点

“捕捉点”是在元素特定的位置出现的临时热点，可以精确放置新元素。单击工具栏“捕捉点”命令 或选择“视图＞捕捉点”，可以打开/关闭“捕捉点”功能。将光标悬停在元素上，则会出现捕捉点。单击工具栏中“捕捉点”的下拉菜单或“视图＞捕捉点选项”菜单，可以定义捕捉点间距和位置（图 2-73）。

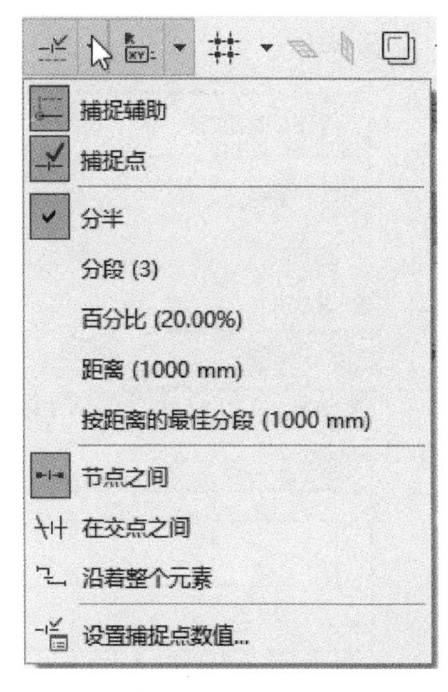

图 2-73　“捕捉点”菜单

“分半”将一条边分成两等份；“分段”将一条边等分成设定数量的段，其范围是“3～100”；“百分比”根据设定的百分比将一条边分成两部分；“距离”将一条边按设定距离分成若干段，可能有剩余部分；“按距离的最佳分段”将一条边分为长度尽可能接近的相等的部分，无剩余部分。单击“设置捕捉点数值”，可以在弹出的对话框中，定义分段、百分比和距离的值。

当使用“百分比”或“距离”方式时，有两个选项：a.“从终点开始”，捕捉点被放置在靠近光标的元素端点一侧；b.“从中点开始”，捕捉点被放置在从元素中点测量的位置。

捕捉点选项：a.“节点之间”，捕捉点被放置在选择的线段上；b.“在交点之间”，捕捉点被放置在选择的线段上的交点之间；c.“沿着整个元素”，捕捉点被放置在整个元素上（例如多边形元素）。

提示：可以在“选项＞工作环境＞输入约束和辅助”中设置捕捉点的颜色，如果勾选“自动隐藏捕捉点”复选框，那么所有捕捉点将一直可见，直到完成命令。

2.5　元素属性

2.5.1　填充

选择“选项＞元素属性＞填充”，打开“填充”对话框（图 2-74），可以定义和编辑填充图形，设置填充的应用方式（绘制填充、剪切填充、覆盖填充）。“绘制填充”作为“填充”工具 填充 时手工绘制填充所使用。“覆盖填充”的应用范围包括：①可以使用覆盖填充的元素的“工具设置”对话框；②“表面”对话框中的“覆盖前景填充”面板；③“图形覆盖规则”中的“覆盖表面/未剪切填充”。“剪切填充”的应用范围包括：①“建筑材料”对话框中的“结构和外观”面板；②GDL 元素（使用剪切填充）的设置对话框；③“图形覆盖规则”中的“覆盖剪切填充”。

填充类型包括实心、矢量、符号和图片。

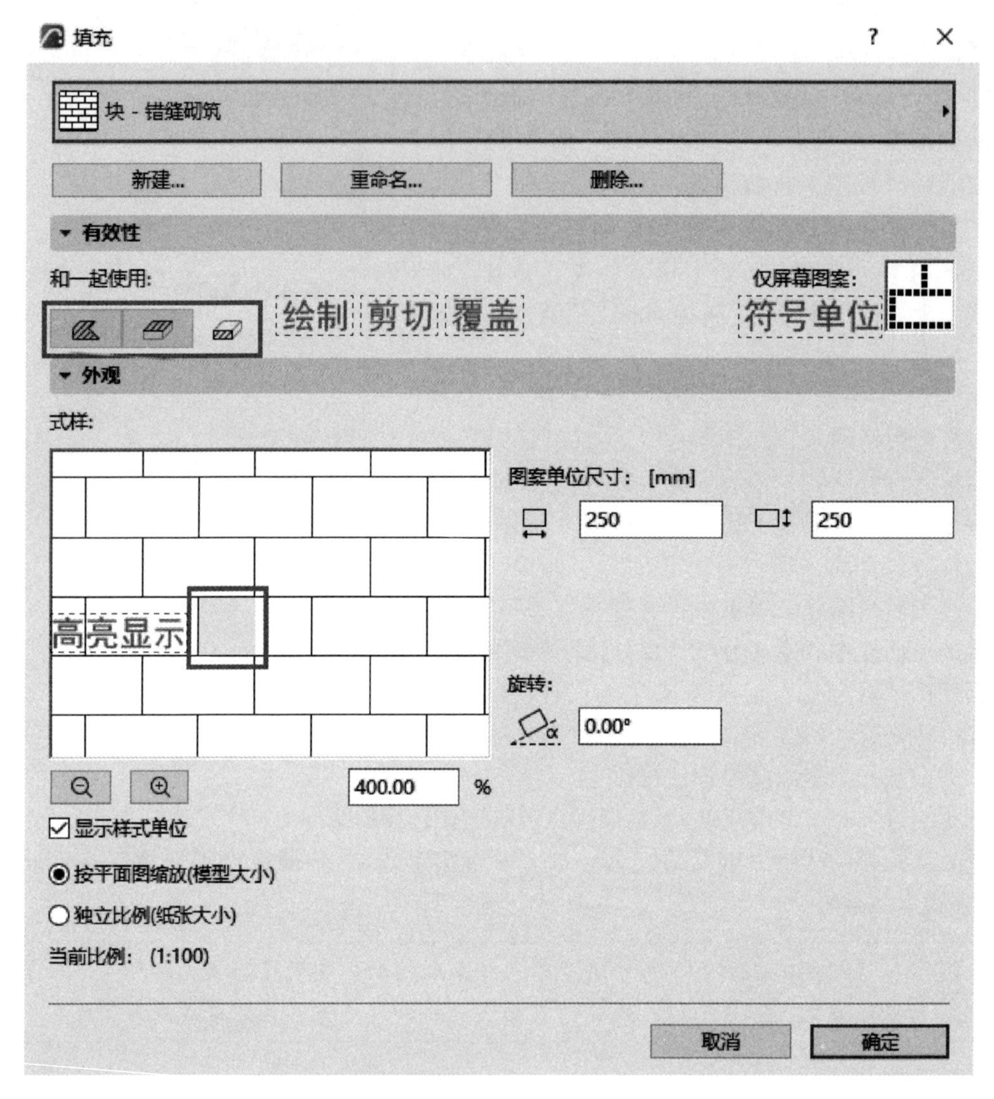

图 2-74 “填充”对话框

1. 实心填充

“实心填充”包括：①前景填充，仅可看到前景；②背景填充，仅可看到背景；③空气间层，仅可看到背景；④前景不透明度为 25%、50%、75%的三种填充；另外，可以通过“新建”，设置前景不透明度为其他值的填充。

2. 矢量填充

“矢量填充”设置：①勾选“显示样式单位”复选框，则在预览窗口中可以将符号单位变为高亮；②使用放大按钮 可以近距离查看图案；③“按平面图缩放（模型大小）”可以保证当前填充类型与每个输出模型具有相同显示比例；④“独立比例（纸张大小）”可以使当前填充类型在任何输出比例下都以一个固定大小显示、绘制和打印；⑤“图案单位尺寸”可以设置图案水平和垂直方向的大小；⑥“旋转”可以设置图案的旋转角度。

3. 符号填充

“符号填充”可以使用用户自绘图案进行创建。在 2D 窗口中绘制半径为 1000mm 的圆，选中后选择“编辑>拷贝”（快捷键〈Ctrl+C〉），选择“选项>元素属性>填充”，打开“填充”对话框，单击“新建”按钮，为新填充项输入名称“圆形图案”，选择“符号填充”，然后单击“确定”（图 2-75）。返回“填充”对话框，单击“粘贴”按钮，绘制的圆出现在预览窗中。使用编辑项可以设置符号填充的大小、图案和旋转角度。“图案单位尺寸”是符号单位的绝对尺寸。“比例”可以在水平方向和垂直方向拉伸/压缩符号单位。“旋转”可以设置符号单位的角度。“笔划”可以设置符号单位之间的水平和垂直距离以及错列距离。勾选“原始安排”复选框，可以恢复到最初的符号单位（图 2-76）。

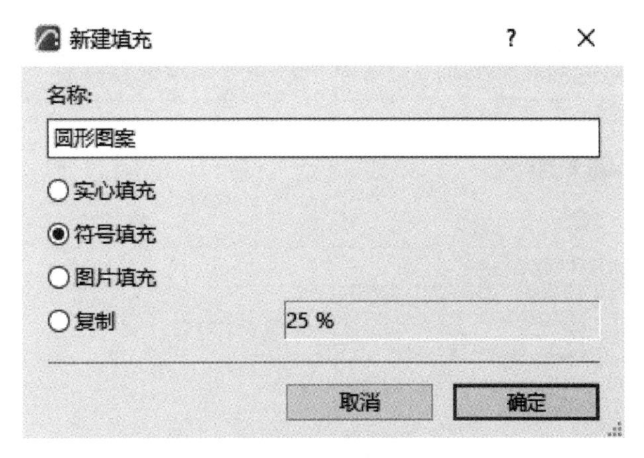

图 2-75 新建“符号填充”

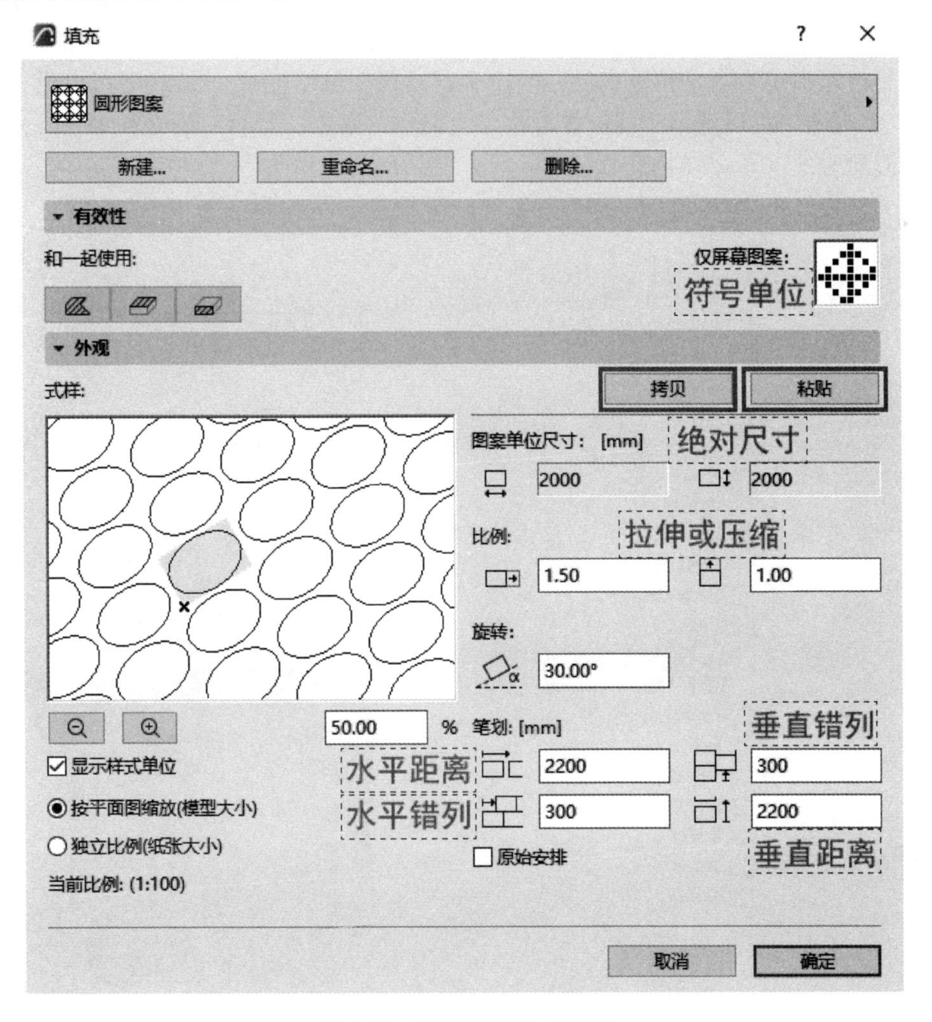

图 2-76 “符号填充”对话框

> **提示**：在“填充”对话框中，选择要编辑的符号填充，单击“拷贝”按钮，可以将符号填充粘贴回2D窗口中，并可继续进行编辑。

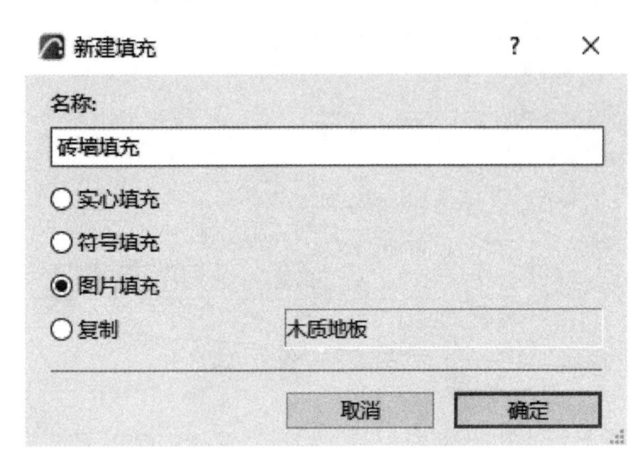

图2-77　新建“图片填充”

4. 图片填充

“图片填充”可作为绘图填充或覆盖填充的前景部分。选择“选项＞元素属性＞填充”，打开“填充”对话框，单击“新建”按钮，为新填充项输入名称“砖墙填充”，选择“图片填充”，然后单击“确定”（图2-77），返回“填充”对话框。在外观面板中单击“浏览”按钮，打开“从图库中加载图像”对话框，选中需要的图片并单击“确定”，载入图片（图2-78）。“图案单位尺寸”可以调整图片填充的大小。勾选“原始比例”复选框，可以锁定水平和垂直尺寸的比例以确保图像不变形。“旋转”可以设置图案单位的角度。“分布”可以选择一种镜像方法（无镜像、水平、竖直、竖直和水平）来设置图片填充的复制方式（图2-79）。

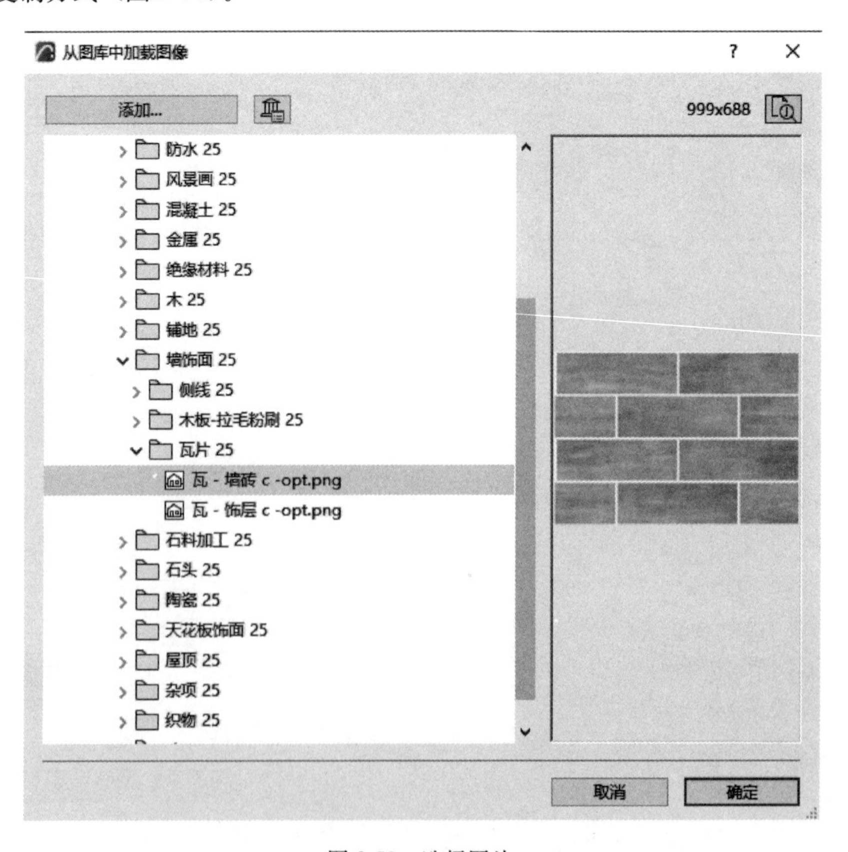

图2-78　选择图片

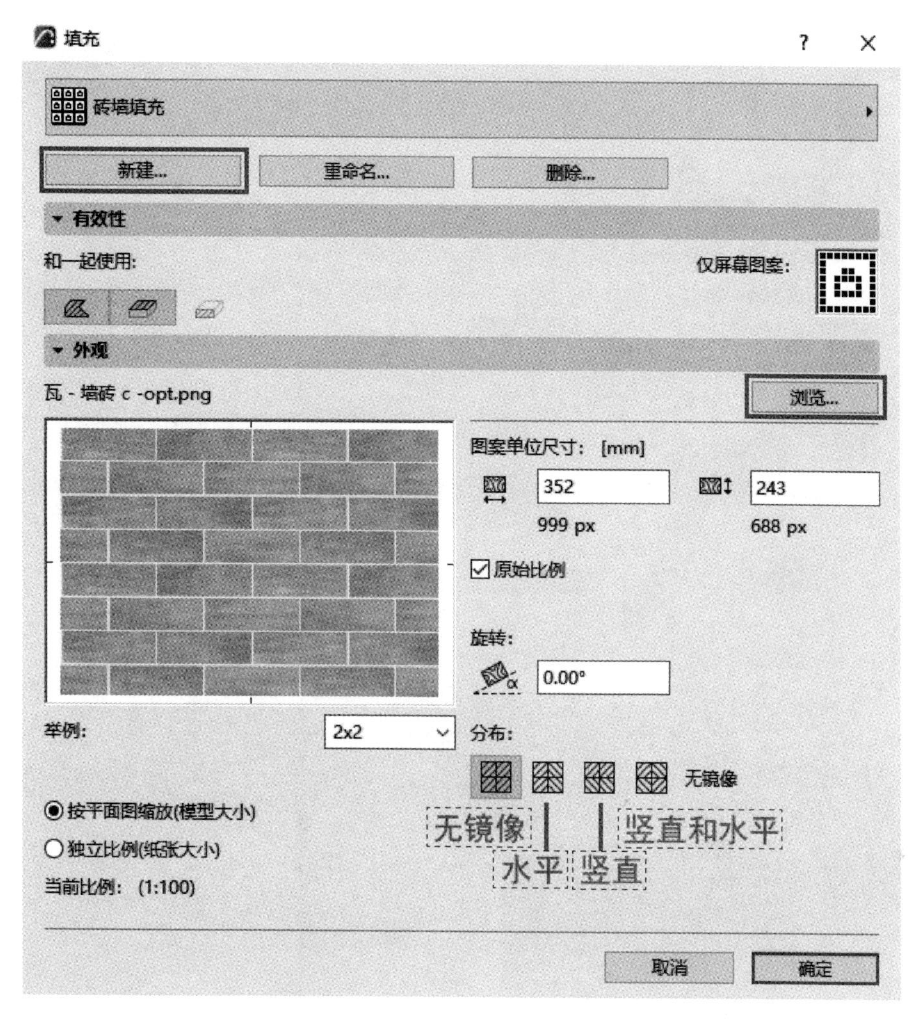

图 2-79 “图片填充”对话框

2.5.2 表面材质

将表面材质用于元素可以显示较真实的效果，表面材质包括颜色、材质和光效。表面材质可以在 3D 窗口、剖面图、立面图、3D 文档窗口及照片渲染中显示，也可以在 2D 填充中使用它们的颜色和纹理属性。表面材质通过建筑材料分配给结构元素。可以使用表面材质涂色器或在元素设置中覆盖表面材质。常规表面材质只能用于建筑材料、元素表面材质和 GDL。

选择“选项>元素属性>表面材质”命令，打开“表面”对话框（图 2-80）。“引擎设置”包括：基础引擎、Cineware 引擎和硬件加速，所有表面材质都针对它们所建立的引擎。如果修改了一个引擎的表面材质参数，当切换到另一个引擎时，这些变更不会在相同的表面材质参数上起作用。

“表面颜色”：单击颜色块，打开“编辑颜色”对话框，可以通过混合 HSL（色调-饱和度-发光度）和 RGB（红-绿-蓝）组分从图像或数字上选择颜色。

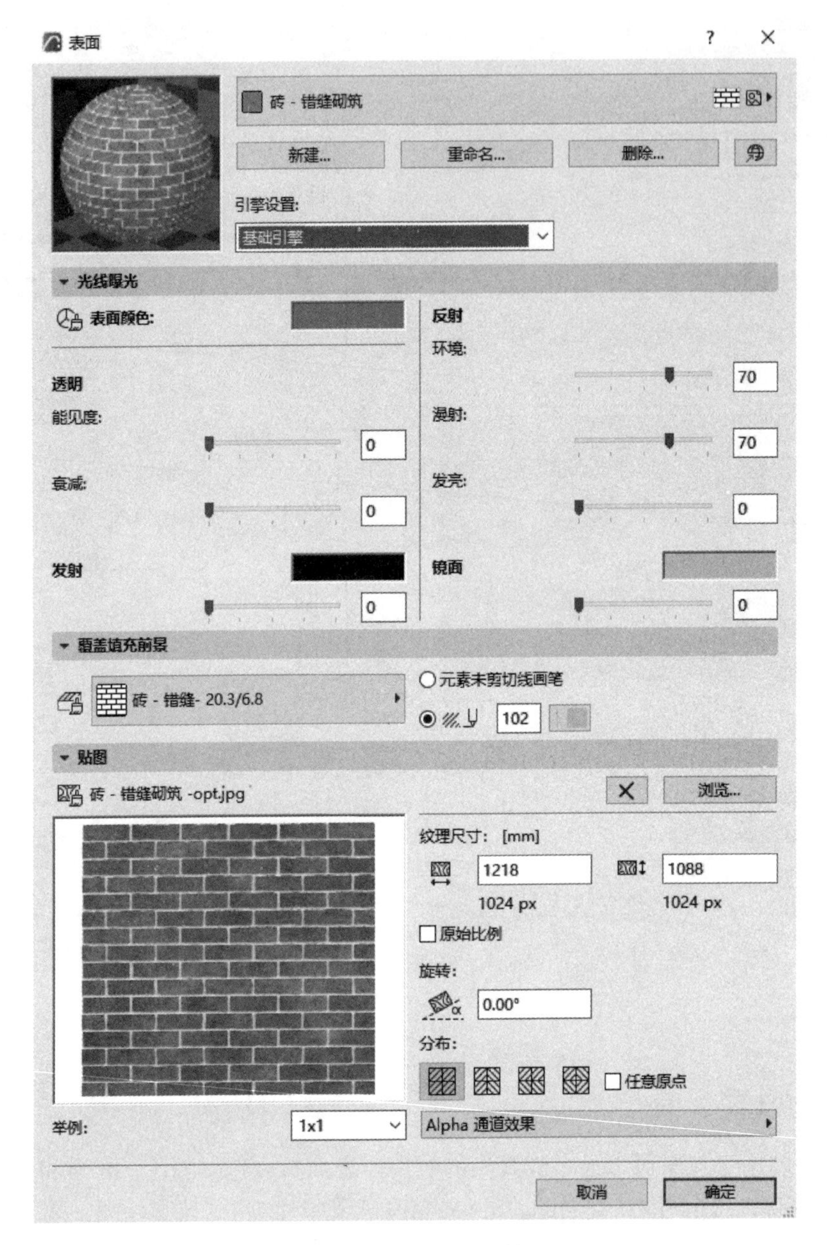

图 2-80 “表面”对话框

“透明”属性控制光线如何穿透所选的表面，“能见度”值越高，通过表面传输的光线百分比就越大，玻璃比例最高，而不透明表面比例最低；“衰减”控制当对象的表面不垂直视图方向时，能见度变小的程度。

“发射”用来测量表面的荧光性（如表面发射的光），衰减增加时发光强度减小，单击“发射”颜色块可以选择颜色。

“反射”有三个属性：①“环境”控制表面能够反射的环境光的百分比，它决定了表面多大程度上受制于增亮效果；②“漫射”控制表面质量，不平坦或粗糙表面主要以非方向性漫射方式反射光线；③“发亮”以聚光方式从点光源（太阳、手电筒等）反射定向光线的曲面能力。

“镜面”设置与漫射相反，它以入射光的颜色而非表面的颜色进行方向反射，平滑而坚硬的深颜色表面将产生强烈的高光反射。单击“镜面”颜色块可以选择颜色，则此颜色与表面颜色和光的颜色相混合，将决定方向光反射的表面颜色。

“覆盖填充前景”：仅被定义为“覆盖填充”方式的填充为可用，此覆盖填充不会影响照片渲染。

在“贴图”面板中，单击“浏览”按钮，打开图库加载贴图文件。如果单击“删除图像”按钮 ✕ ，则可以将图片与表面断开链接。“纹理尺寸”可以调整图片的大小。勾选“原始比例”复选框，可以锁定水平和垂直尺寸的比例以确保纹理不变形。“旋转”可以设置纹理应用于元素时的旋转角度。“分布”可以选择一种镜像方法（无镜像、水平、竖直、竖直和水平）来排列纹理序列。勾选“任意原点”复选框，可以使用任意起点来应用纹理。Alpha 通道内的信息可以用于屏蔽照片渲染中的元素，或者用于透明或凹凸贴图，或者模拟纹理的某一表面属性。

2.5.3 建筑材料

Archicad 建筑材料是一个“超级属性”，是多重属性的结合。所有模型元素都使用建筑材料，如结构元素、复合结构和复杂截面的组件等。建筑材料的定义是全局性的，进行的任何修改将影响所有使用建筑材料的项目元素。

选择“选项＞元素属性＞建筑材料”，打开“建筑材料”对话框（图 2-81）。对话框的左侧有预定义的建筑材料，用户可以通过单击“ID”“名称”或“优先级”对建筑材料进行排序。可以同时选择一个或多个建筑材料进行编辑。单击对话框底部的“新建”按钮，在出现的对话框中，可以选择创建一个新建筑材料，或复制一个当前的建筑材料。

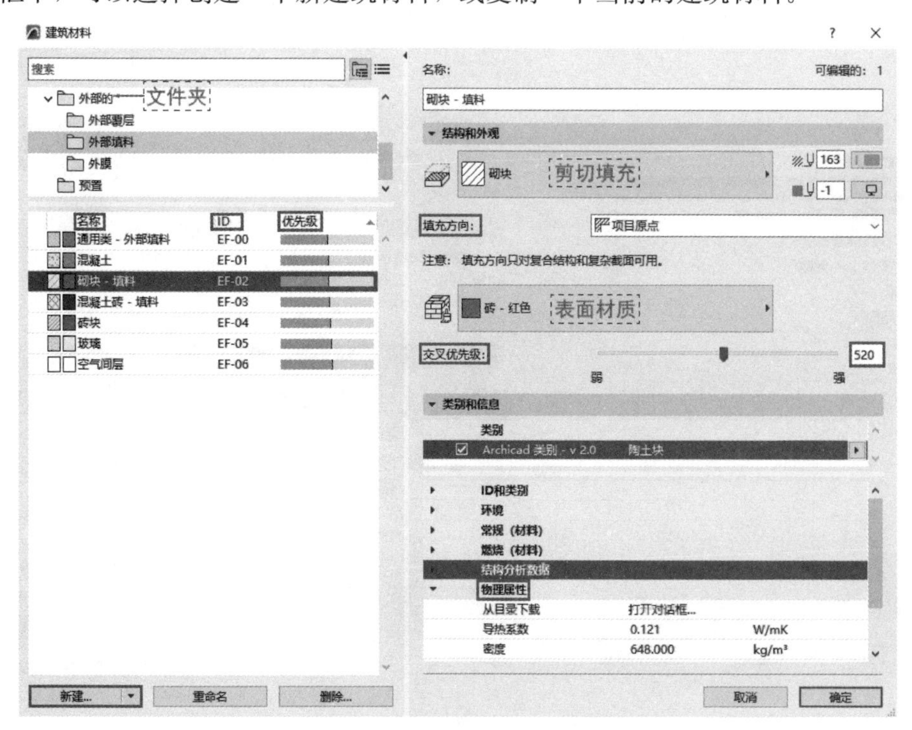

图 2-81 “建筑材料”对话框

“剪切填充”：定义弹出式对话框中建筑材料的剪切填充（只有在“填充”对话框中定义为“剪切填充”的填充才可用）。“剪切填充前景画笔/背景画笔”：定义用于该建筑材料剪切填充的前景和背景画笔。

“填充方向”仅应用于复合元素和复杂截面的建筑材料的剪切填充式样的外观。“项目原点”：填充图案显示源自项目原点的图案。“元素原点”：使填充图案与元素的方向对齐。“符合到复合层”：被绘制以满足复合层厚度限制的要求（仅对“符号填充”可用）。

“表面材质”：定义3D中该材料显示的表面。“交叉优先级”：可以调整右侧的滑块或输入数值改变建筑材料的相对优先级（0～999，值越大优先级越高）。另外，在建筑材料对话框的左侧，单击“优先级”排列后，可以通过在列表中上下拖动建筑材料来改变优先级，还可以设置建筑材料的物理属性等。

2.5.4 复合结构

复合结构可用于特定的元素类型（墙、板、屋顶、壳体）。复合元素的各层被称为“复合层”，复合结构最多可包括48个复合层。复合层用“分割线”隔开，最外层复合材料的轮廓为“轮廓线”。可以定义一个或多个“核心”或“饰层”复合层。

选择“选项＞元素属性＞复合结构”，打开“复合结构”对话框（图2-82）。单击“新建”按钮可创建新的复合结构，或复制并重命名当前的复合结构。“编辑复合层和线结构”面板列出了复合结构的元素（复合层和轮廓/分割线），右上方的预览中显示了剪切和表面外观。通过拖动上下箭头 ⇕ 可以修改复合层的顺序。选中现有的复合层后点击下方的“插入

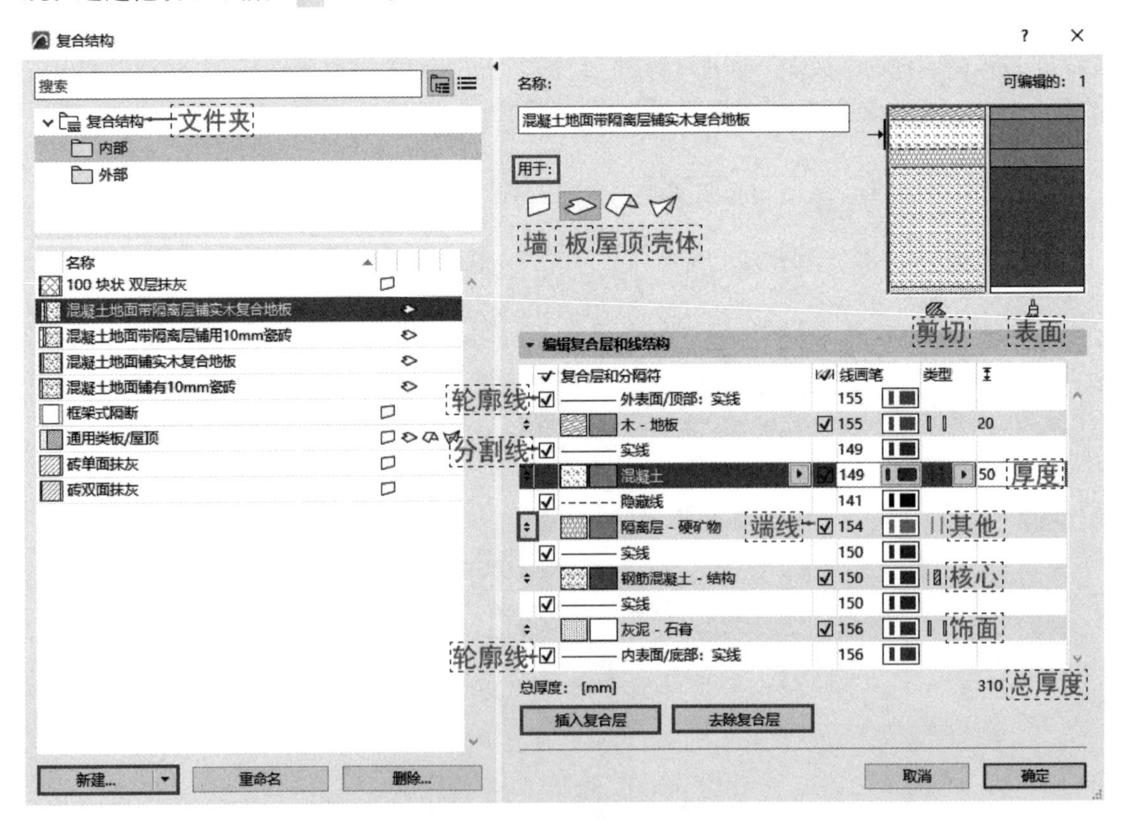

图2-82 “复合结构”对话框

复合层”按钮，则可以在所选复合层之上插入一个相同类型的新复合层。单击“去除复合层”按钮可以删除所选的复合层，同时复合层之上的分割线也将被删除。

每个复合层包括建筑材料构成的表面和表面端线，单击弹出式菜单可以选择不同的建筑材料。勾选建筑材料右侧复选框，可以显示复合层的端线，使用“线画笔”弹出式对话框可以选择表面端线的画笔，如果该复选框没有被勾选，表面端线将被隐藏。

单击弹出框可以定义所选复合层为核心、饰层或其他，这将影响复合元素的复合层部分结构显示。可定义多个相邻的复合层为“核心”，也可以定义多个相邻的复合层为“饰层”，但必需包括一个或两个最外的复合层。

复合层厚度：输入所选复合层的厚度值。总厚度：为各复合层的厚度之和。

轮廓或分割线：勾选“显示线”复选框可以显示复合元素的轮廓或分割线。使用弹出式对话框可以选择用于所选线的线型与画笔。如果该复选框未被勾选，则轮廓或分割线将被隐藏，并且相关的控制项被禁用。

用于：单击一个或多个图标（墙、板、屋顶和壳体），选择的元素在其结构中可以列出当前的复合结构。

3 楼层与轴网

楼层和轴网是 Archicad 建立 BIM 模型的定位工具，主要通过楼层和轴网对话框的参数设置来进行创建与显示。轴线是独立元素，可以单独选择编辑。与 Revit 不同，Archicad 的楼层标高线不能单独选择，需要在“楼层设置”和“立/剖面图设置”中进行编辑。Archicad 中的楼层和轴网属于二维元素，主要由线、标记与文字等组成。而 Revit 的楼层和轴网本质上是一个平面，所以两个软件在建构思想上有一定的区别，这也造成了两者在操作与编辑方法上的差异。Archicad 建模过程一般为先创建楼层，再创建轴网，然后基于楼层和轴网“放置”元素，通过 BIM 模型生成所需的文档（平立剖面图、详图等）。

本章主要讲解楼层和轴网的创建与编辑方法，介绍 Archicad 参数化设计的基本思路，讲解针对 2D 元素的属性设置与修改的基本操作方法，使学习者初步形成 Archicad 软件的使用习惯。

本章学习目的：

（1）理解 Archicad 楼层与轴网的概念；

（2）掌握楼层的创建与编辑方法；

（3）掌握轴网与轴网系统的创建与编辑方法；

（4）理解参数化方法修改元素属性的编辑思路。

手机扫码

观看教程

3.1 楼　层

3.1.1 楼层概述

Archicad 中的楼层可以等同于真实建筑物的楼层，其垂直分隔建筑空间并真实反映楼层关系，可以实时生成各层平面与立/剖面图。

1. 始位楼层

在 2D 窗口中放置新建元素时，默认将当前楼层设为“始位楼层”，元素可以与始位楼层一起移动，当元素的始位楼层被删除时，该元素也将被删除。修改元素的始位楼层后，该元素将移动到其新的始位楼层处。如果使用“编辑＞元素设置＞重新链接始位楼层”命令，可以将元素重新链接到不同的始位楼层，但元素将保持在原地（通过调整顶部和底部的偏移距离来实现）。

在 3D 窗口中放置新建元素时，始位楼层将由元素的底部标高之下最近的楼层来决定。如果将元素移动到不同的楼层，则该元素的始位楼层将与元素的新标高相匹配。当提升元素时，追踪器中“通过标高”文本可以显示始位楼层的变更情况，也可以直接选择元素的始位楼层（图 3-1）。在使用“提升”或“多重复制”命令时，如果勾选“以标高设置始位楼层”复选框，则元素的始位楼层将与元素的新标高自动匹配（图 3-2）；如果不勾选该复选框，则元素的始位楼层不随标高的改变而改变。

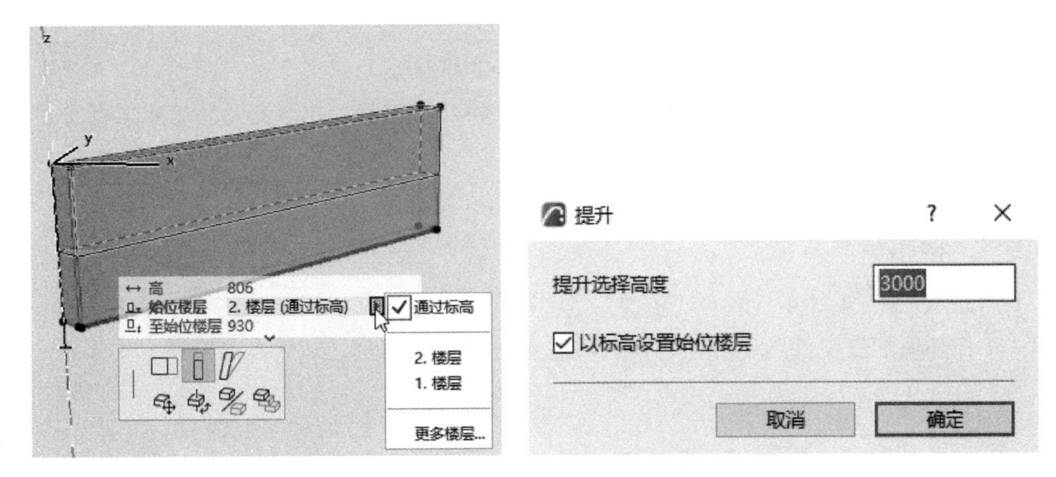

图 3-1 “提升”元素的始位楼层　　图 3-2 “提升”对话框

> **提示：** 元素（如墙、柱、区域、楼梯）顶部链接到楼层的设置与始位楼层的设置类似。默认情况下，元素顶部将被链接到其始位楼层之上的一个楼层（“始位＋1”）。如果改变楼层的位置和高度，与该楼层有顶部链接的元素高度将随之自动改变。如果删除顶部链接的楼层，那么其上面邻居的楼层将取代该楼层并与元素进行链接。

2. 楼层设置

选择“设计＞楼层设置”命令（快捷键〈Ctrl＋7〉），打开“楼层设置”对话框（图 3-3）。单击“在上面插入/在下面插入”按钮，可以在列表中当前选定的楼层之上或之下创建新的楼层。选择了楼层后可以编辑其名称、标高（到项目零点的高度）、层高（到上面楼层的高度），以及是否在立/剖面图上显示楼层标高线。当选择多个楼层后可以同时一次性为多个楼层编辑这些参数。单击“删除楼层”可以删除所选楼层。

楼层设置

序号	名称	标高	层高	
3		6000	3000	☑
2	二层	3000	3000	☑
1	首层	0	3000	☑
-1	室外地坪	-450	450	☑

在上面插入　在下面插入　删除楼层

取消　确定

图 3-3 “楼层设置”对话框

> **提示：** 修改楼层的“标高”将影响其上和其下楼层的层高。修改楼层的“层高”将影响其上部所有层楼的标高。如果删除了一个楼层，则楼层中含有的所有以其作为“始位楼层”的元素也将被删除。

3.1.2　创建楼层

启动 Archicad 软件，单击“新建”，弹出“新建项目”对话框（图 3-4），选择“模板”和“工作环境配置文件”，单击“新建”，进入项目创建界面。

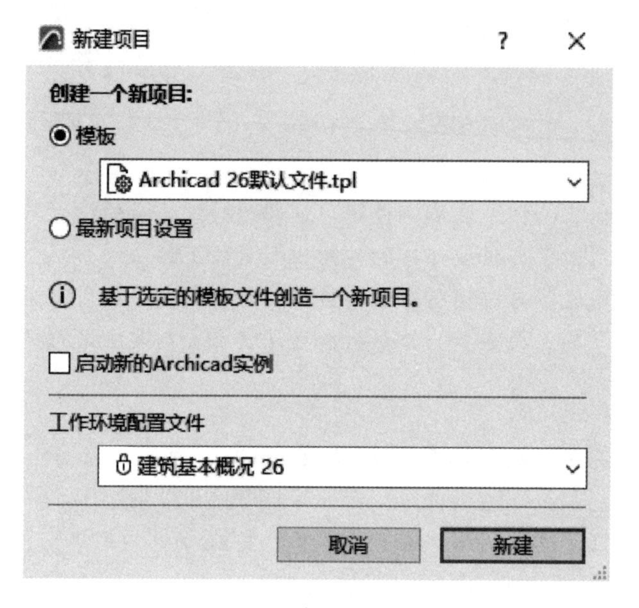

图 3-4　“新建项目”对话框

首先保存项目，选择“文件>保存”命令，打开“保存平面图”对话框，在“文件名”文本框中输入“吕桥四层别墅”，“保存类型”为“*.pln”格式，单击“保存”（图 3-5）。

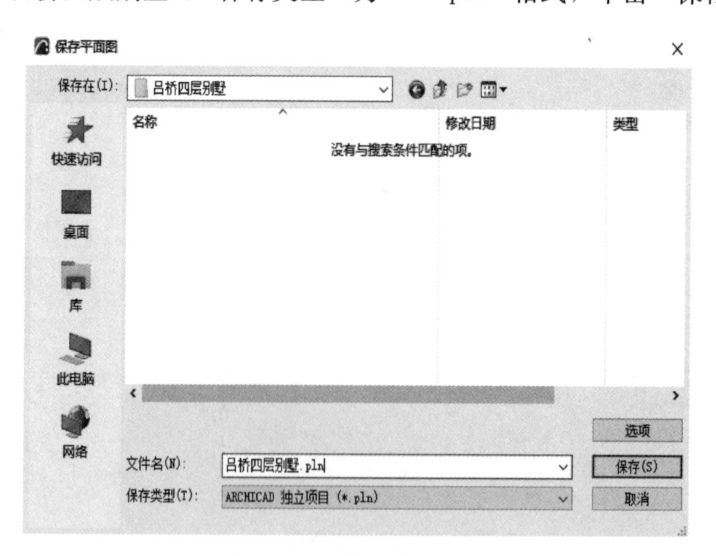

图 3-5　保存项目

提示：在第一次使用 Archicad 前，需修改 Windows 系统的数字样式，以符合我国的制图习惯。以 Windows 10 为例，通过“设置>区域>其他日期、时间和区域设置>更改日期、时间或数字格式>其他设置”，打开“自定义格式”对话框，选择“数字分组”样式为“123456789”（图 3-6）。

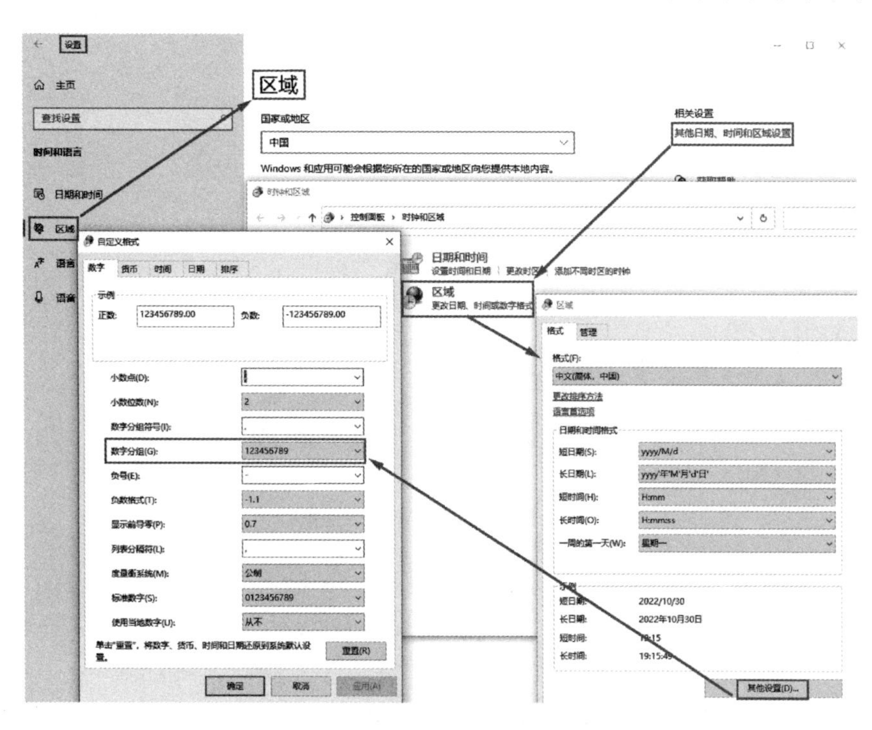

图 3-6 设置操作系统的“数字格式”

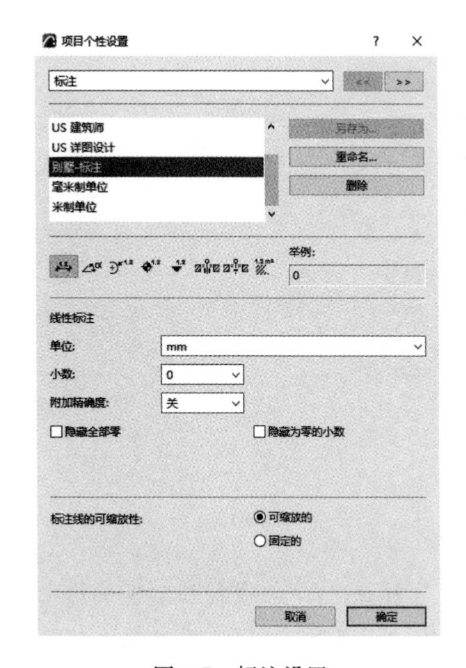

图 3-7 标注设置

然后，选择“选项>项目个性设置”，打开“项目个性设置”对话框，在“标注”项中以“米制单位”为基础，将“线性标注”和“半径标注”的“单位”设为“mm”，并另存为“别墅-标注”，单击“确定”（图 3-7）。然后在快捷选项栏中将标注样式由“米制单位”替换为“别墅-标注”（图 3-8）。

选择“设计>楼层设置”命令（快捷键〈Ctrl+7〉），打开“楼层设置”对话框并新建“室外地坪”

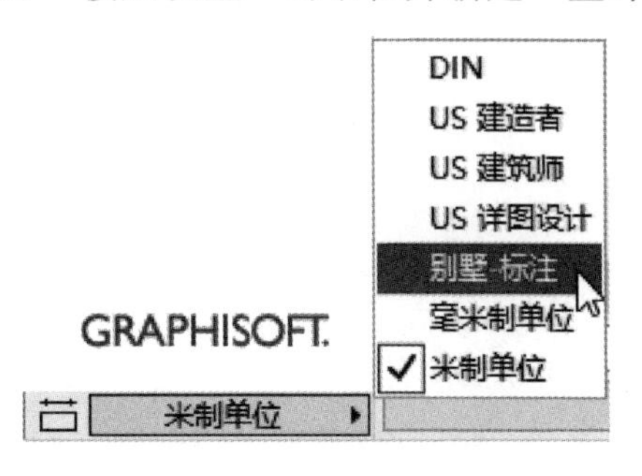

图 3-8 选择“标注样式”

“4F”和“屋顶层”(图 3-9)。Archicad 在浏览器的项目树状图中可以自动添加相对应的平面图(图 3-10)。双击“南向立面图”标签 [南向立面图],可以切换到南向立面图(图 3-11)。

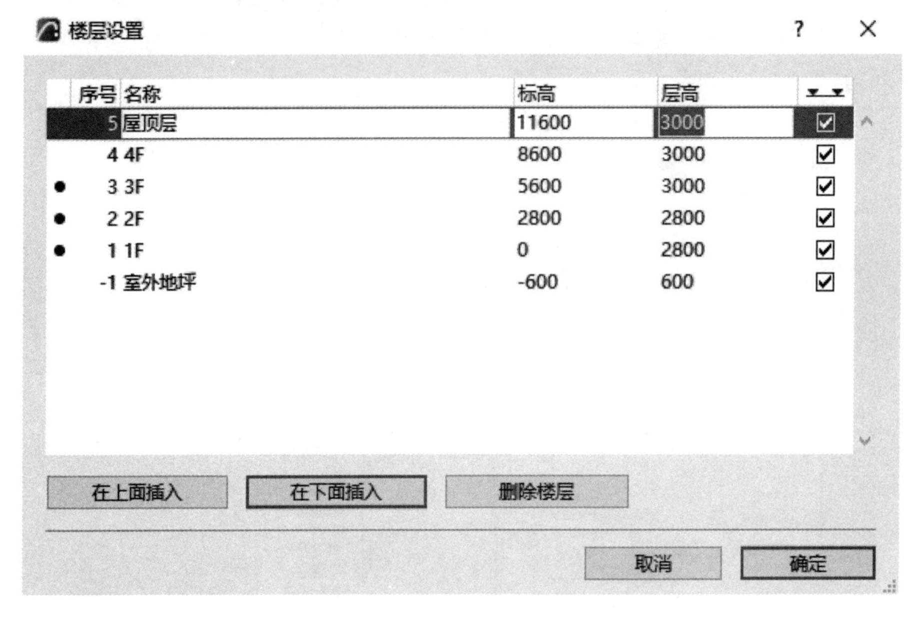

图 3-9 “楼层设置”对话框

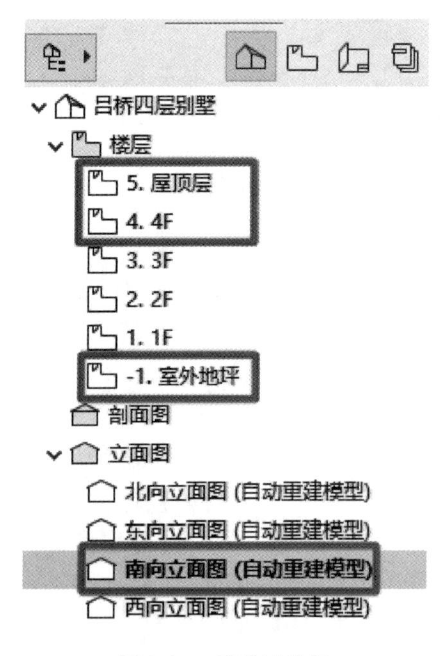

图 3-10 项目树状图

3.1.3 编辑楼层

在“南向立面图”中右击,在上下文菜单中选择“立面图设置”,或者双击工具箱中的“立面图”按钮,或者右击“南向立面图”标签选择“立面图设置”,或者单击浏览器下方“属性”中的“设置”按钮，可以打开“立面图选择设置”对话框。

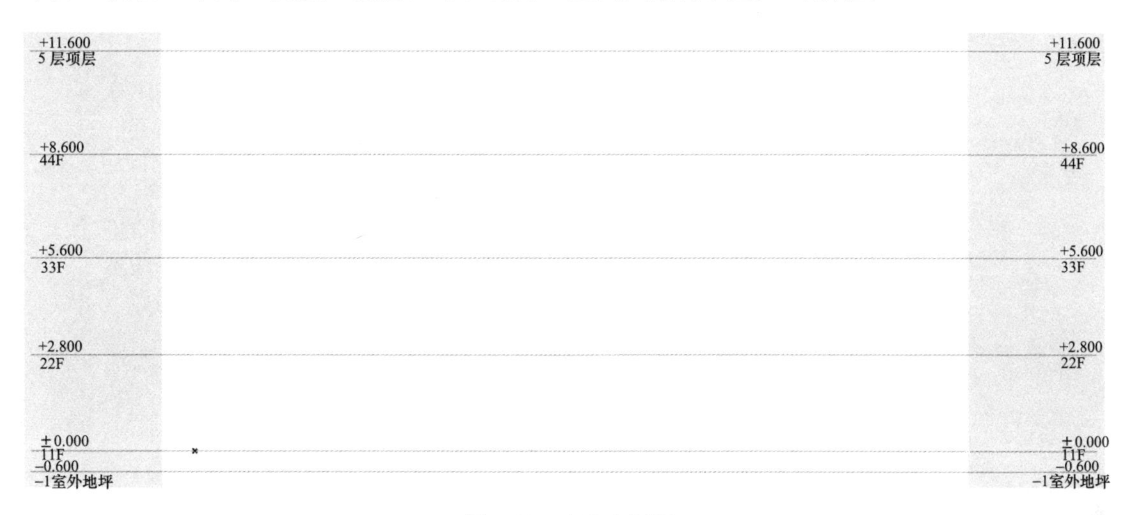

图 3-11　南向立面图

在“楼层标高”面板中可以设置标高的样式。“显示楼层标高”中：“无”表示不显示楼层线；“只显示”表示楼层线仅显示在屏幕上而不输出；“显示和输出”表示楼层线既可显示在屏幕上又可以打印输出。线型选择“点划线”，画笔为“6 号”。Archicad 26 模板自带的“内置楼层标记”不符合我国建筑制图规范，所以需要使用“加载其他楼层标记”，选择“向日葵楼层标记.gsm”文件（图 3-12）。

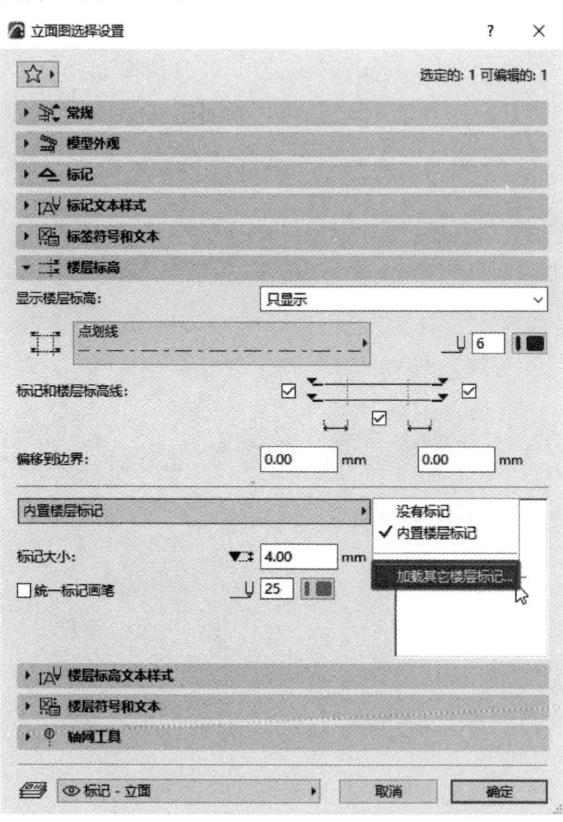

图 3-12　设置“楼层标高”面板

在“楼层标高文本样式”面板中，设置画笔为“1 号”，字高为“3mm”，其余按默认值设置（图 3-13）。调整后的南向立面图“楼层标高”样式如图 3-14 所示。

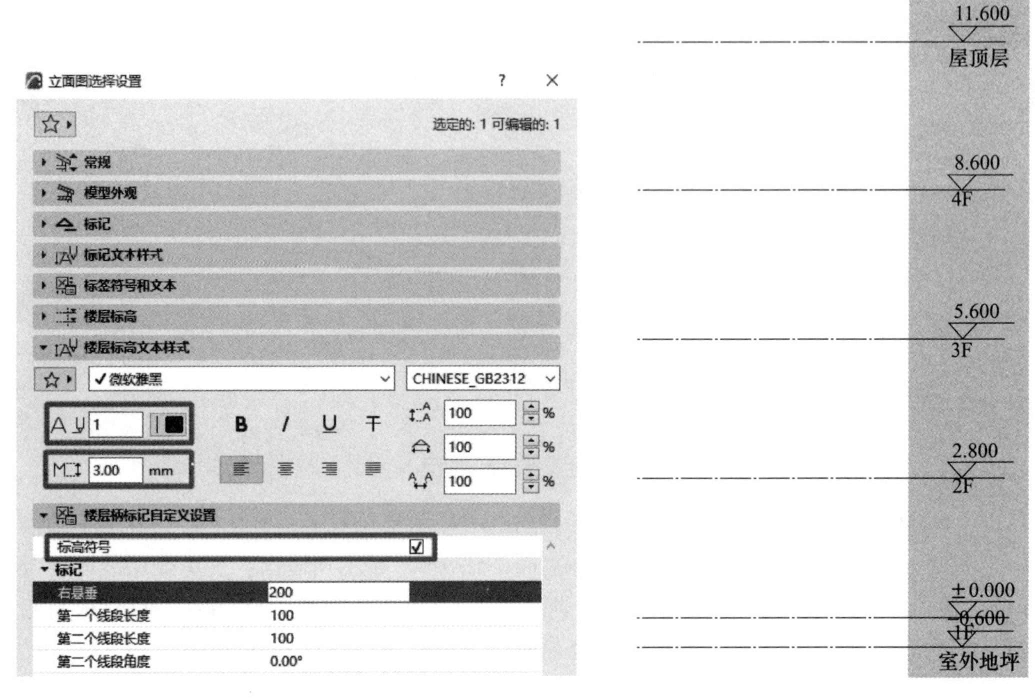

图 3-13　设置“文本样式”面板　　　　图 3-14　南向立面图“楼层标高”

在项目树状图中，双击“北向立面图”标签，可以切换到北向立面图，此时其楼层标高仍为默认样式。重新切换到南向立面图，打开“立面图选择设置”对话框，单击左上角“收藏夹”图标☆▸，打开“收藏夹”面板，新建收藏夹并命名为“别墅-立面图”（图 3-15），

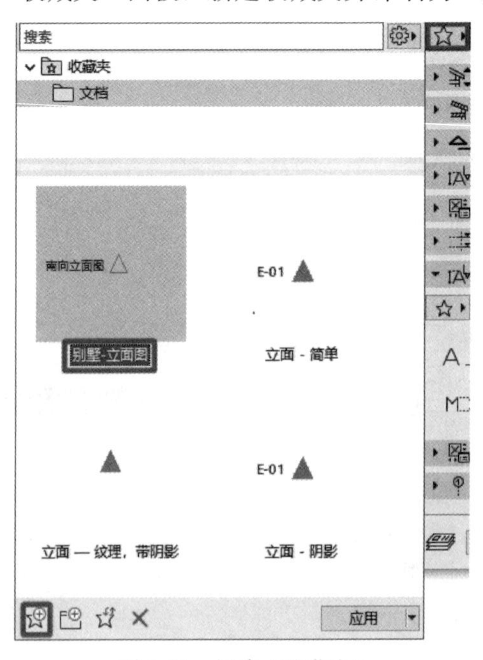

图 3-15　新建“收藏夹”

单击“确定”返回南向立面图。再切换到北向立面图，打开“立面图选择设置”对话框，打开“收藏夹”面板，双击“别墅-立面图”收藏夹，则可以修改北向立面图“楼层标高”样式。使用相同的操作，可以分别修改东向立面图和西向立面图的“楼层标高”样式。

3.2 轴　　网

3.2.1 轴网概述

1. 轴网设置

双击工具箱中的“轴网元素”图标 轴网元素 或单击图标后使用快捷键〈Ctrl＋T〉，可以打开“轴网设置”对话框（图 3-16）。

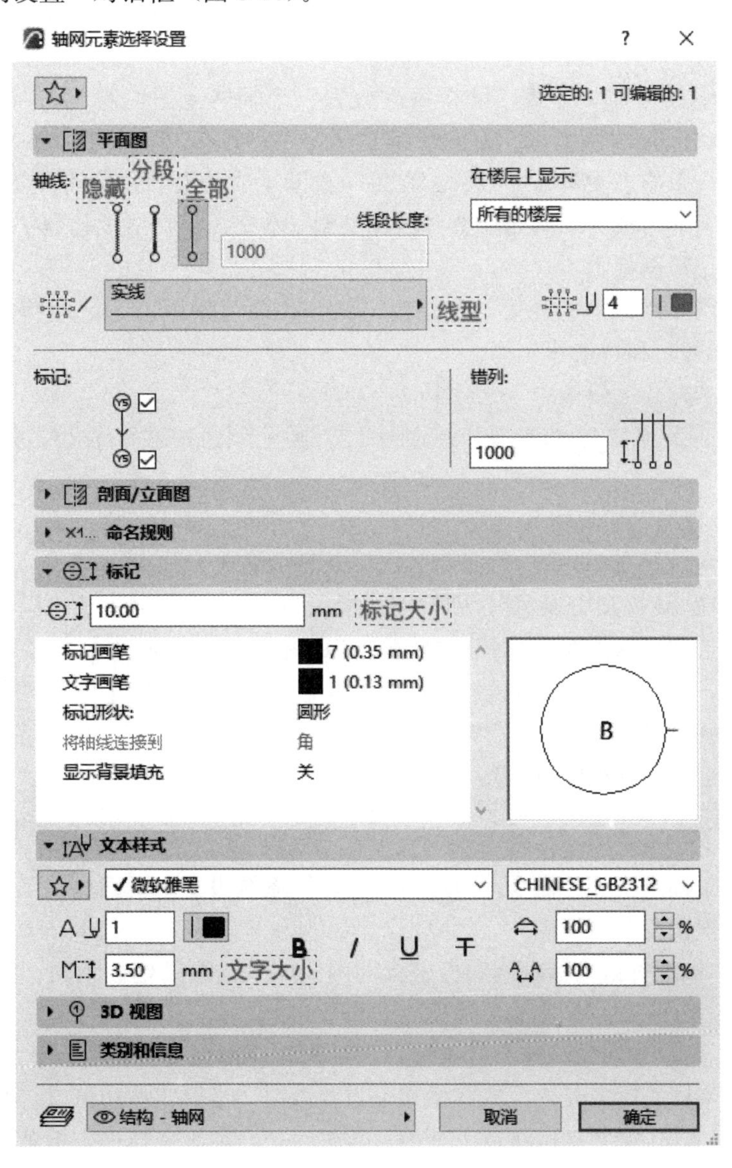

图 3-16 “轴网设置”对话框

（1）在“平面图”面板中

“轴线”可以选择3种轴网元素线的线型：“隐藏”“分段”或“全部”“分段”可以输入线段长度，“全部”可以设置轴网元素线型。轴网元素的画笔可以设置颜色和线宽。

“在楼层上显示”下拉列表可以设置轴网元素出现的楼层：“仅始位楼层”仅在当前楼层中显示轴网元素；“向上/及/向下一层”将在当前楼层、向上一层和/或向下一层中显示轴网元素；“所有的楼层”将在项目的每个楼层中显示轴网元素；“自定义/编辑自定义”可以在楼层任意组合中显示轴网元素。

“标记”复选框决定是否显示轴线两个端点的标记。“错列”可以设置随标记一起错列的线段长度，此值可以设为“0”。

“剖图/立面图”面板中的设置基本与“平面图”设置类似。

（2）在“命名规则”面板中

可以设置轴网元素的命名规则。选择“自定义”方式，可以为一个或多个轴网元素指定任意名称。

选择“自动生成名称”方式，可在每次放置一个轴网元素时自动增加其名称。“开始于”：此字段显示分配给下一个放置轴网元素的下一个名称值。“前缀”：在每个自动生成的命名之前将显示一个静态文本。“后缀”：在每个自动生成的命名之后将显示一个静态文本。“样式”：为每个自动生成的轴网元素选择名称类型（数字、字母或罗马数字）。

（3）在“标记”面板中

可以定义轴网元素标记的外观，包括标记大小、画笔颜色、标记形状、将轴线连接到（对于圆形标记无效）和背景填充等。

（4）在“文本样式”面板中

可以定义轴网元素文字的外观，包括字体、画笔颜色、文字大小、样式、比例和间距等。

（5）在“3D视图”面板中

可以控制轴网元素在3D窗口中是否显示以及显示形式。

如果勾选“在3D视图中显示”，则轴网元素在3D窗口中可见，还可以设置轴网到项目零点的距离。勾选“显示为线”，则轴网元素在3D窗口中仅显示为线并且在渲染中不可见；不勾选此复选框，则轴线可以设置表面材质与厚度，并且可以进行三维渲染。还可以设置“标记文本”的表面材质。勾选“文本跟随视图”复选框，则可以旋转标记文本，以使其总朝向视点（仅在透视图视点中有效）。

2. 轴网系统设置

选择“设计>轴网系统”命令，可以打开“轴网系统设置”对话框（图3-17）。

（1）在“常规设置”面板中

“几何形状”包括直角坐标轴网和极坐标轴网。如果选取极坐标轴网，则需要输入最远端轴网半径数值。

“放置”中，可以分别勾选四个复选框，在轴网相应部位放置附加元素。①“在轴线相交的元素”可以将柱或对象元素放置在轴线交点，单击“设置”按钮可以打开元素设置对话框；②“轴线上的默认梁”可以将梁元素放置在轴线上，如果选择极坐标轴网，则可以放置弯曲梁，单击“设置”按钮可以打开梁设置对话框；③“标注线”在每条轴线之间放置标注

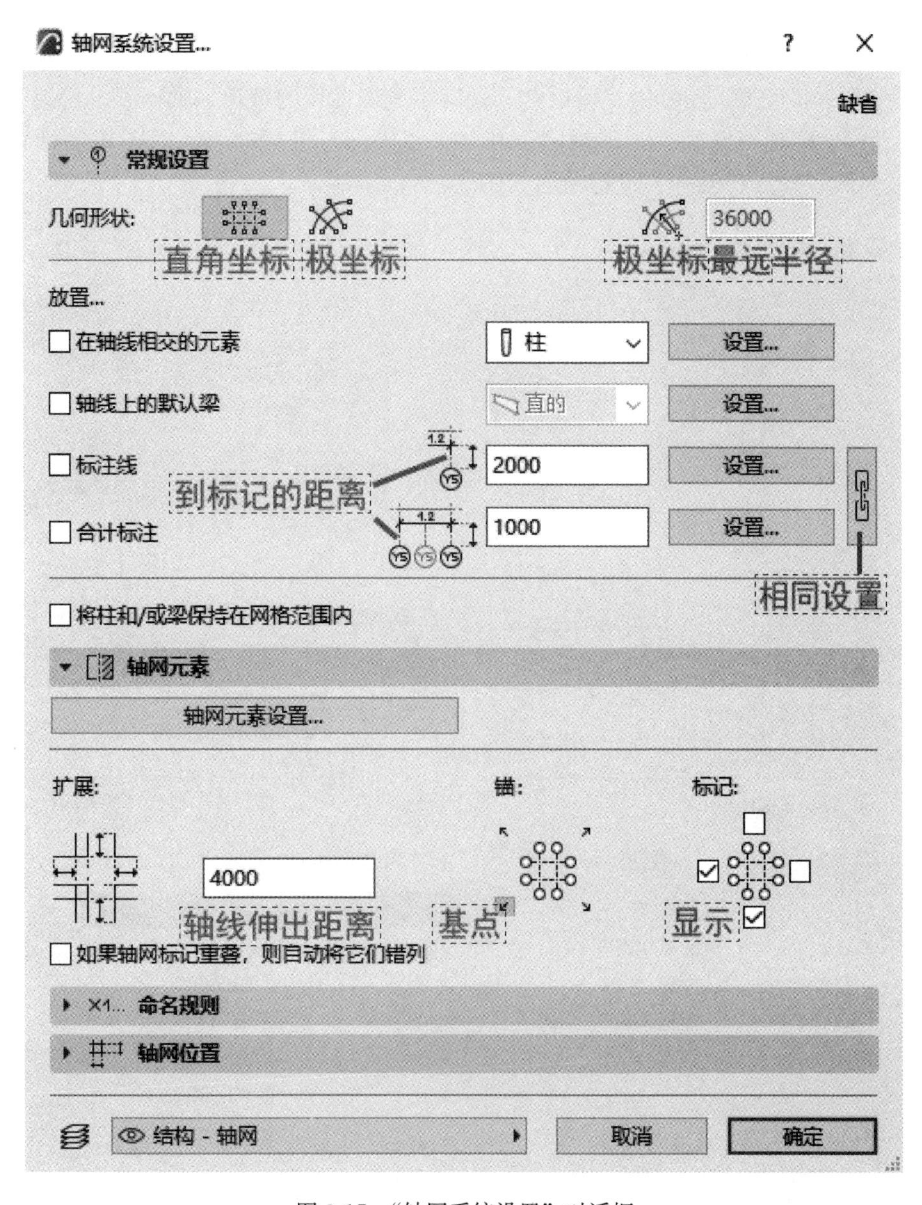

图 3-17 “轴网系统设置”对话框

线，偏移数值表示标注线与轴线标记之间的距离，单击“设置”按钮可以打开标注设置对话框；④“合计标注”可以标注轴线的总尺寸，偏移数值表示合计标注线与轴线标记之间的距离，单击“设置”按钮可以打开标注设置对话框。“链图标”表示标注线与合计标注线有相同属性设置。⑤“将柱和/或梁保持在网格范围内”可以将周边的柱和梁自动偏移到轴线之内。

（2）在“轴网元素”面板中

单击“轴网元素设置”按钮，可以打开“轴网元素默认设置”对话框，设置轴网元素属性。

“扩展”数值表示轴线超出与其最后一条相交轴线之外的距离。

“锚”可以选择四个定位按钮之一作为放置轴网系统的基点。

“标记”可以选择轴网系统的任意一侧或全部四侧放置标记。

勾选“如果轴网标记重叠，则自动将它们错列”复选框，可以避免轴网标记重叠显示。

（3）在“命名规则”面板中，可以定义轴网系统中轴线的逻辑名称

对于直角坐标轴网使用“水平轴网”和“垂直轴网”进行命名，对于极坐标轴网使用“环状轴线”和“辐射状轴线”进行命名（图 3-18）。

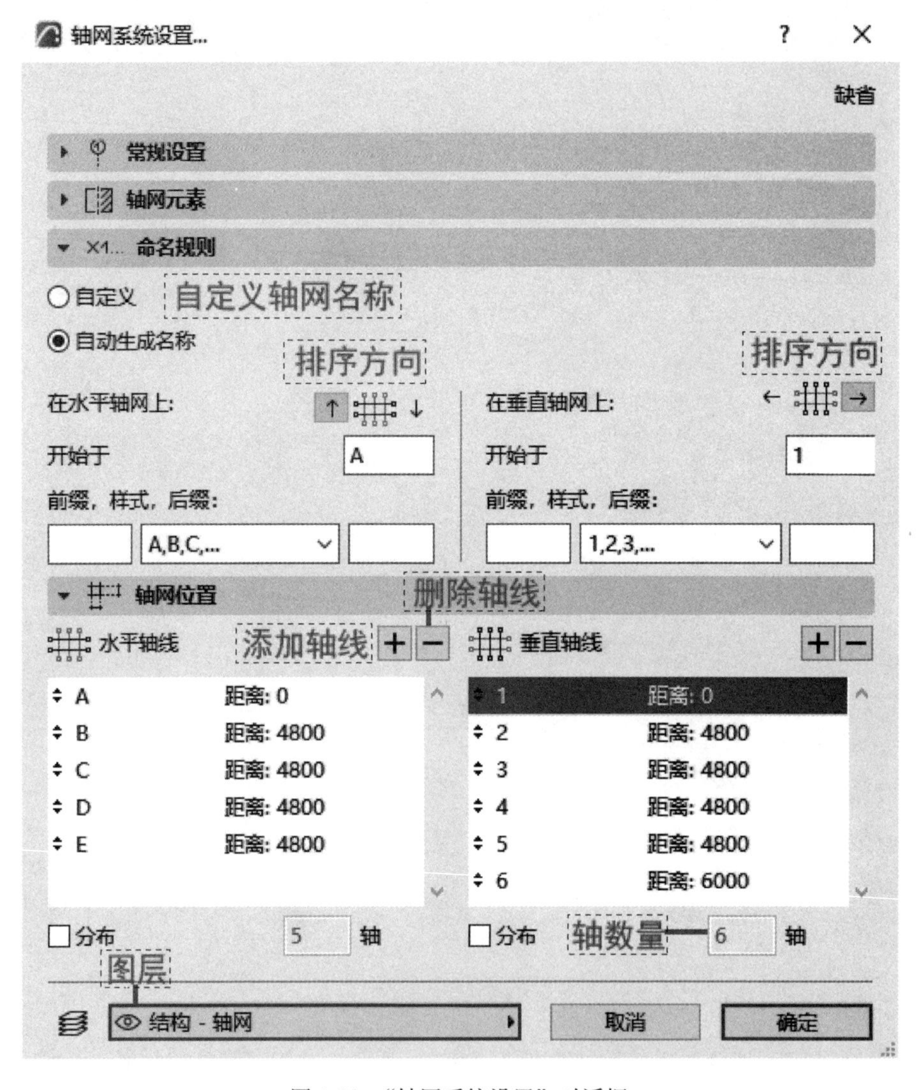

图 3-18 “轴网系统设置”对话框

“自定义”可以为每个轴网元素手动输入名称。

“自动生成名称”可为轴线自动生成名称。

“排序方向”可以选择开间和进深轴线的排序方向，一般情况下为开间由左到右，进深由下到上。

“开始于”可以设置轴网元素命名的起始值；“前缀”可以在每个自动生成的命名前显示一个静态文本；“后缀”可以在每个自动生成的命名后显示一个静态文本；“样式”为每个自动生成的轴网元素选择名称类型（数字、字母或罗马数字）。

（4）在“轴网位置”面板中

单击 + 可以添加一条轴线；单击 − 可以删除一条轴线。单击轴线的距离字段，可以定义其与上一个轴线的距离，第一条轴线的距离总为零。如果勾选单向或双方向轴线的“分布”复选框，则可以在窗口中绘制总开间或总进深后，按设定的轴线个数进行平分后创建轴网。样板文件默认图层为“结构-轴网”。

3.2.2 创建轴网

在项目树状图中，双击“1F”标签，切换到“1F”楼层平面视图（图3-19）。双击工具箱中的“轴网元素”图标 轴网元素，打开“轴网设置”对话框。在“平面图”面板中，将“轴线”设为“全部的”“点划线”线型，“在楼层上显示”设为“仅始位楼层”，画笔为“6号”，勾选轴线两端标记。在“剖面/立面图”面板中，将“轴线”设为“隐藏的”“点划线”线型，画笔为“6号”，勾选轴线下端标记，并分别设置两端标记到项目零点的距离值为“12000”和“−2000”。在“标记”面板中，将“标记大小”设为“10mm”，“标记画笔”设为“4号”。另外，将“文本大小”设为“3.5mm”。不勾选“在3D视图中显示”。再单击“收藏夹”按钮 ☆▸，将该轴网样式保存为“别墅-轴网”，单击“确定”完成轴网设置（图3-20）。

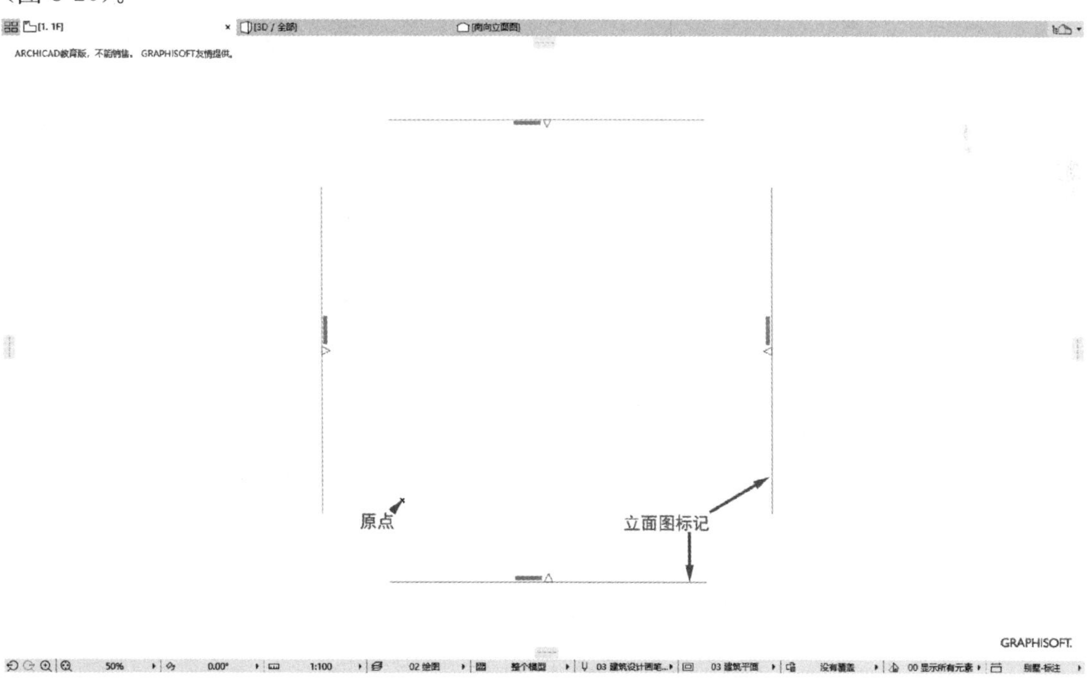

图3-19 “1F”楼层平面视图

1. 创建“1F”轴网系统

选择“设计>轴网系统”命令，打开“轴网系统设置”对话框。不放置“元素”和“标注线”。选择“轴网元素设置”，打开“轴网元素默认设置”对话框，单击“收藏夹”图标，双击选择“别墅-轴网”收藏夹，单击“确定”返回“轴网系统设置”对话框。勾选全部四侧放置标记，锚点为左下角，勾选“如果轴网标记重叠，则自动将它们错列”复选框，然后输入轴网的开间与进深尺寸，如图 3-21 所示，单击“确定”。将锚点置于原点放置轴网（图 3-22）。

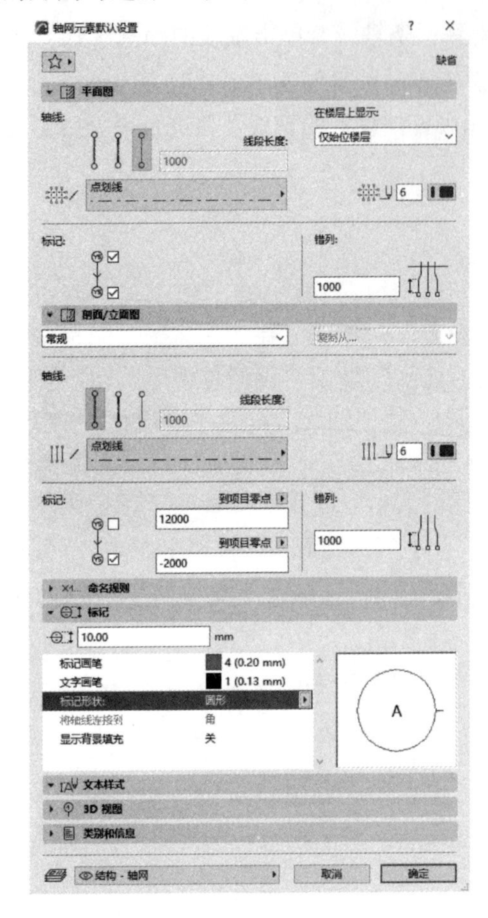

图 3-20　设置轴网

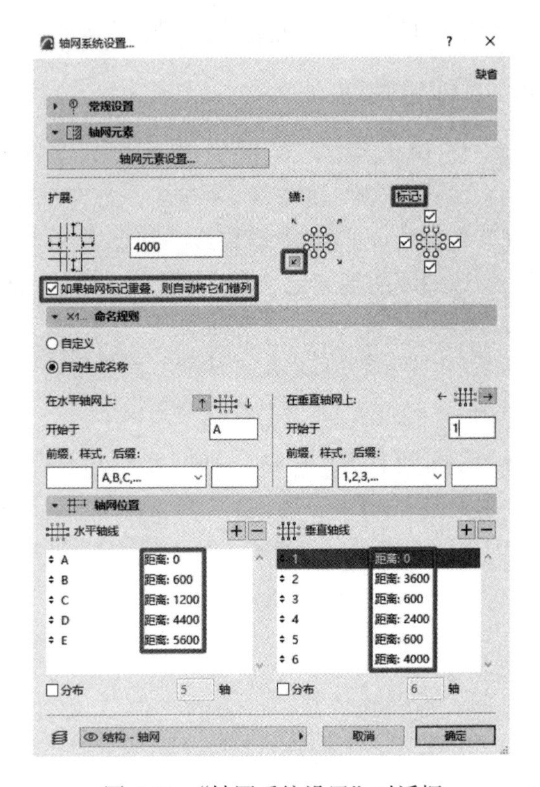

图 3-21　“轴网系统设置”对话框

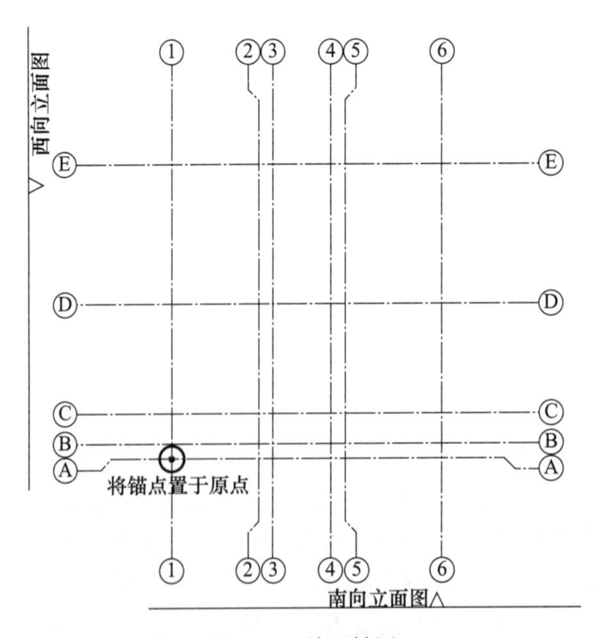

图 3-22　放置轴网

此时轴网是组合状态，单击工具条中的“暂停组合”图标 （快捷键〈Alt＋G〉）后，可以对单根轴线进行编辑。选择 3 号轴与 4 号轴，按快捷键〈Ctrl＋T〉，打开“轴网元素选择设置”对话框，将上侧“标记”复选框取消勾选，再单击“确定”返回。然后单击 3 号轴线上端，在“弹出式小面板”中使用“移动节点”工具，向下拖动可以将“3 号轴”与“4 号轴”的端点进行移动（图 3-23）。使用相同的操作可以修改 C 号轴，如图 3-24所示。

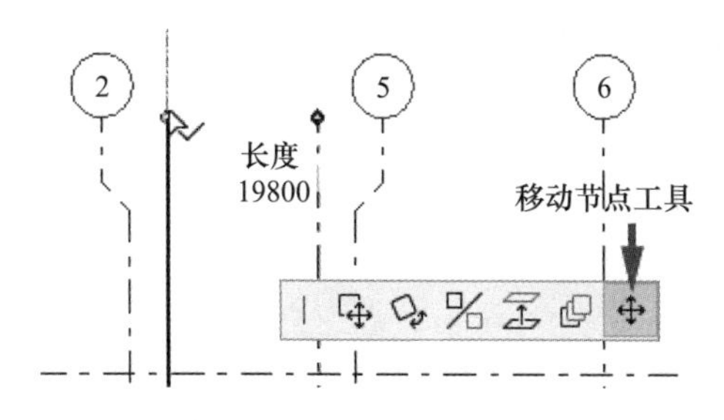

图 3-23 移动“3 号轴”与“4 号轴”的端点

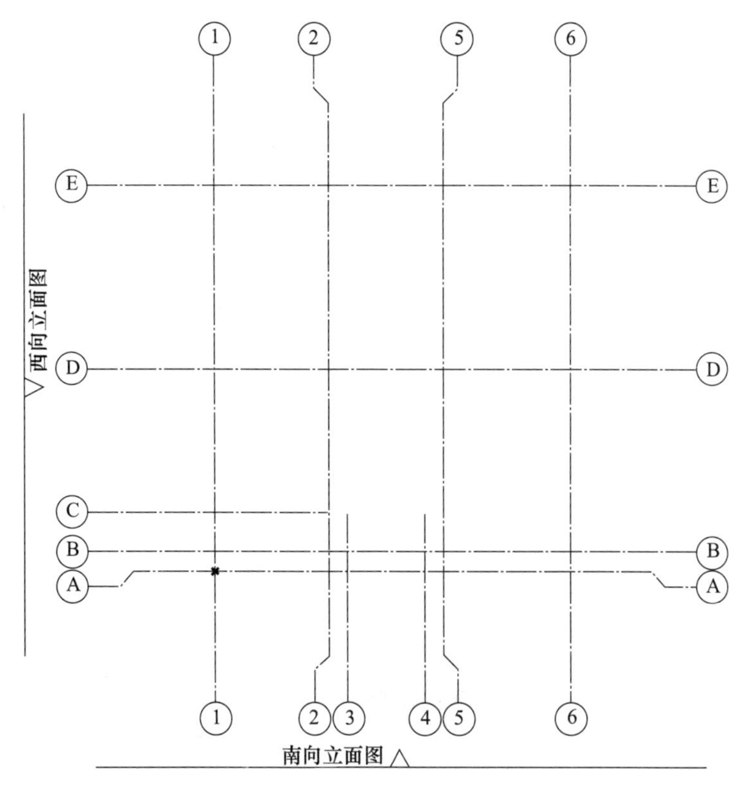

图 3-24 完成“1F”轴网创建

2. 创建其他楼层轴网

在“1F”楼层平面中，选择轴网后，按快捷键〈Ctrl＋C〉进行复制，然后在项目树状图中双击“2F”标签，切换到“2F”楼层平面视图，按快捷键〈Ctrl＋V〉，轴网会基于原点进行粘贴，单击虚线框外部后可以放置轴网（图 3-25）。此时轴网是组合状态，单击工具条中的“暂停组合”图标 （快捷键〈Alt＋G〉）后，可以对单根轴线进行编辑。分别选择 3 号轴、4 号轴和 A 号轴，并将它们删除。然后单击工具条中的“暂停组合”图标 ，恢复组合状态。再选择轴网，按快捷键〈Ctrl＋T〉，打开“轴网元素选择设置”对话框

(图 3-26)，单击“在楼层上显示”下拉菜单，选择“编辑自定义”，选择“2F”“3F”和“4F”作为轴网显示的楼层（图 3-27)，单击“确定”，完成轴网在各楼层的创建（图 3-28)。

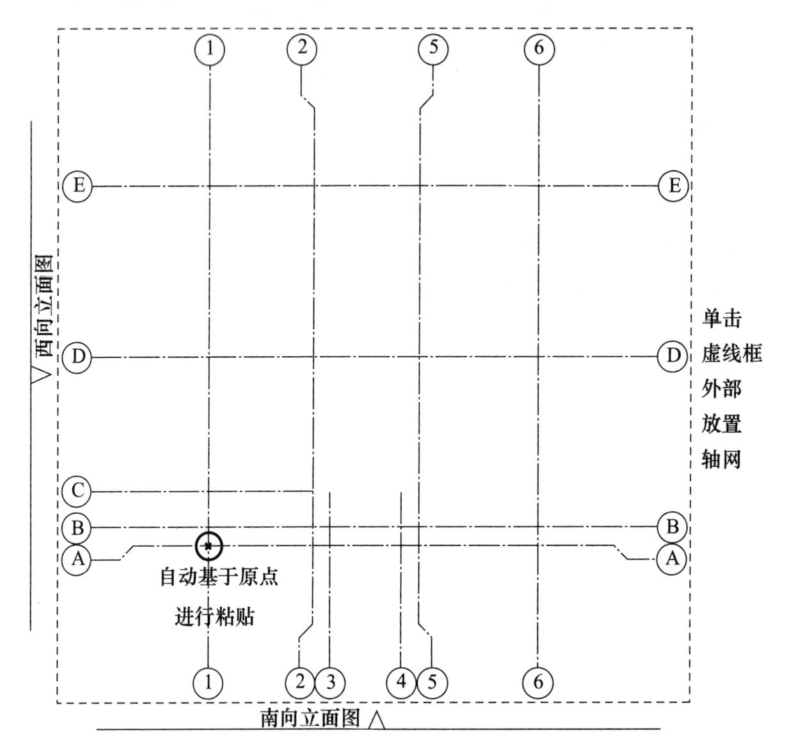

图 3-25　复制粘贴“轴网”

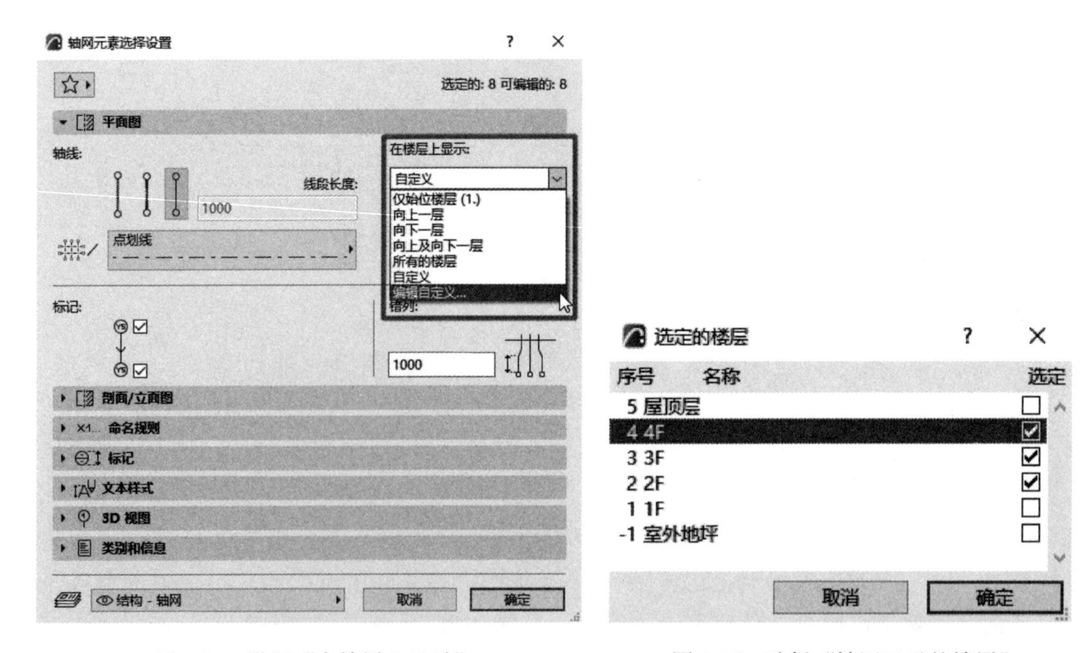

图 3-26　设置“在楼层上显示”　　　图 3-27　选择“轴网显示的楼层”

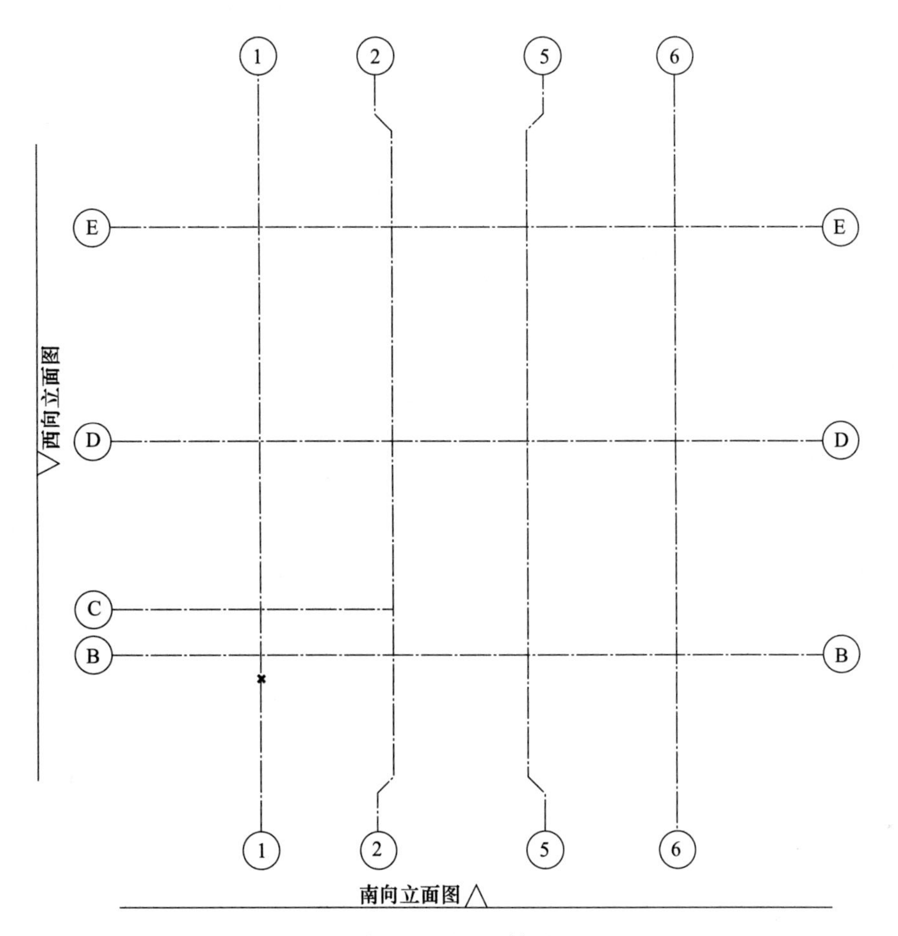

图 3-28 “2F”轴网

4 墙　　体

墙体的基本功能是承重与围合空间，同时还具有保温、隔热、隔声、防火与装饰等性能。AutoCAD绘制的墙体一般仅能描述几何信息（三维尺寸、面积、体积等），Archicad既可以描述墙体的几何信息，还能够描述墙体的材质、构造、力学、保温、隔热、防火与防水等性能信息。从某种意义上可以将Archicad创建的墙体理解为真实墙体的“映射”，Archicad可把墙体的所有信息都集成到BIM数据库中，并可以通过清单工具进行数据统计与管理。

Archicad可以创建直墙、弯曲墙、梯形墙和多边形墙，还可以创建自定义形状的复杂截面墙等各种形式。墙体构造是通过“填充-表面材质-建筑材料-复合结构”这个“递进”逻辑进行设置的。“表面材质”直接影响BIM模型的外观显示，“复合结构”决定了墙体详图的准确性与精细程度。Archicad幕墙是由框架、面板、附件和连接点等组件所组成的元素，这些组件根据预定义的分格方案进行排列。

本章学习目的：

（1）了解Archicad墙体的概念及参数；

（2）掌握墙的绘制与编辑方法；

（3）掌握幕墙的绘制与编辑方法；

（4）掌握复杂截面墙的绘制与编辑方法。

手机扫码
观看教程

4.1 墙体概述

4.1.1 墙的绘制

Archicad的“墙工具”参数主要包括：竖向定位、结构、厚度、平面/剖面显示、3D显示等。墙体可以看成线性元素，其主要基于“参考线”进行绘制与编辑，与“线工具”的用法基本类似。

1. 设置墙参数

双击工具箱中的“墙工具”图标 墙 或单击图标后使用快捷键〈Ctrl＋T〉，可以打开“墙默认设置”对话框（图4-1）。

（1）在“几何形状和定位”面板中，可以设置墙体的竖向高度、几何图形和复杂性

在默认情况下，始位楼层是当前楼层，墙底部一般链接到始位楼层，而墙顶部则被链接到向上一层（始位＋1，始位＋2等），还可以在墙的竖向设置偏移值（正负皆可）。如果墙顶部选择“未链接”则可以给墙一个固定高度值。如果修改项目中楼层的位置和高度，则其上所链接墙体的高度将随之自动调整。

墙包括基本墙、复合墙与复杂截面墙三种类型。“基本墙”可以使用弹出式对话框来选择其建筑材料。“复合墙”可以使用弹出式对话框来选择复合结构。“复杂截面墙”可以使用

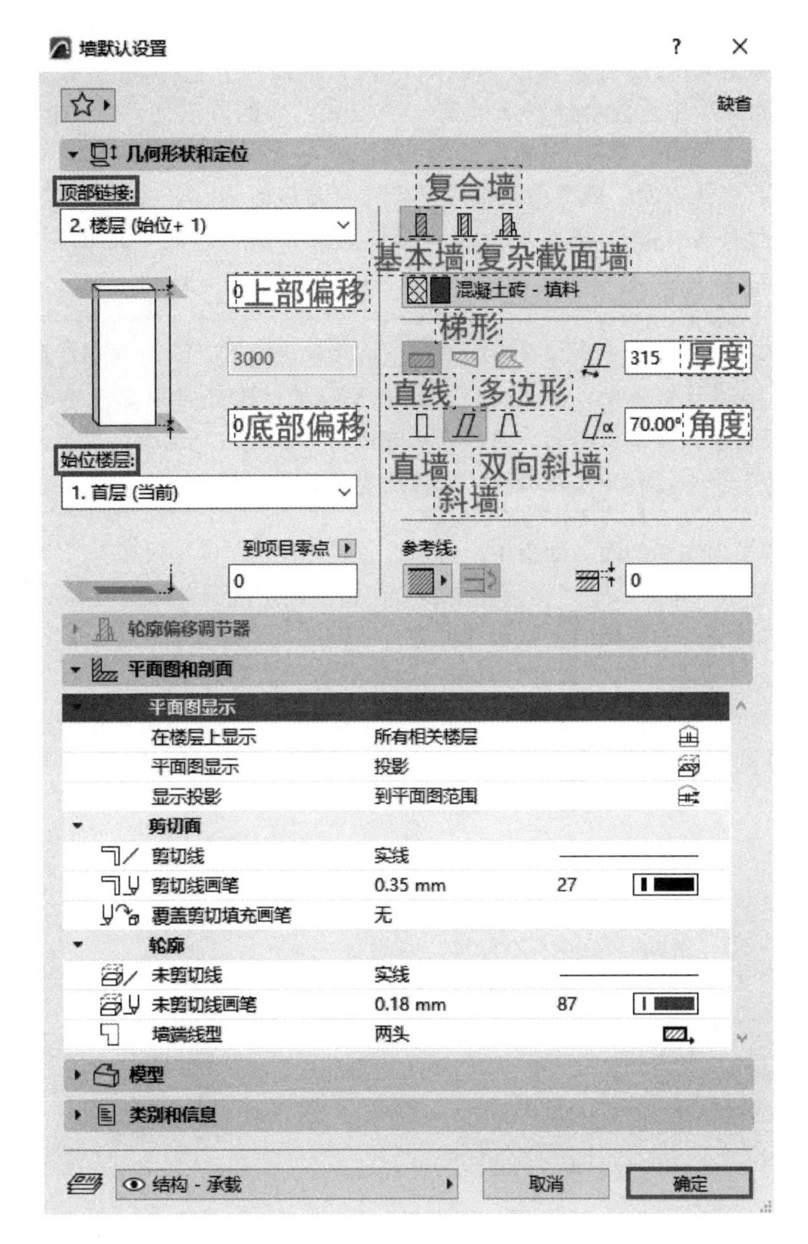

图 4-1　“墙默认设置”对话框

弹出式对话框选择控制项包含墙的截面。

绘制几何方法包括直线、梯形和多边形，复合墙不可用“多边形”选项，而复杂截面墙不可用“梯形”和“多边形”选项。“直线”墙可以直接输入墙的厚度值；“梯形”墙需要输入两个墙端的厚度值；“多边形”墙的厚度无法编辑。“直线”复合墙的厚度就是其各复合层的合计值；“梯形”复合墙两端的厚度可以分别设置，但要高于各复合层的合计值，超出值可以增加到核心部分。

墙复杂性包括直墙、斜墙、双向斜墙，墙复杂性不能应用于梯形墙及多边形墙。斜墙或双向斜墙可以输入以度为单位的倾斜值，斜墙的厚度是垂直于其倾斜矢量的厚度，双向斜墙的厚度等于其墙基的宽度。

墙具有一条参考线和一个方向，选择“视图>屏幕视图选项>墙 & 梁的参照线”或单击工具条中的▰，墙的参考线可以显示在平面图中。基本墙参考线有 3 个位置：外表面、内表面和居中。复合墙参考线有 6 个位置：墙的外表面/中心/内表面，墙核心的外表面/中心/内表面。复杂截面墙的参考线取决于截面管理器中定义的用户原点。如果参考线处于“外表面”或“内表面”，当输入偏移值为“正数”时，墙的中心（或核心中心）将向参考线靠近移动，当输入偏移值为“负数”时，墙的中心（或核心中心）将远离参考线。

提示：选择墙体后，单击图标 外表面 或按快捷键〈C〉，可以修改墙相对于参考线的位置，而参考线不动；单击图标 或快捷键〈P〉，可以基于参考线将墙体内外翻转。如果需要保持墙体不动，而移动参考线，可以使用“编辑>参考线和平面>修改墙的参考线”命令，打开修改面板，在不改变墙位置的情况下移动参考线。

（2）在“墙平面图和剖面”面板中，可以设置墙体的 2D 显示状态

“在楼层上显示”包括：①“仅始位楼层”在始位楼层上显示墙体轮廓；②“所有相关楼层”在与墙体相交的所有楼层上显示并可进行编辑。

“平面图显示”包括：①“投影”可显示墙体的剪切部分和未剪切的向下部分；②“带顶部投影”可显示墙体“投影”和顶部部分；③“仅剪切”只显示剪切部分；④“只显示轮廓”使用未剪切的属性显示整个墙体轮廓；⑤“全部顶部”使用顶部属性显示整个墙体轮廓（图 4-2）。

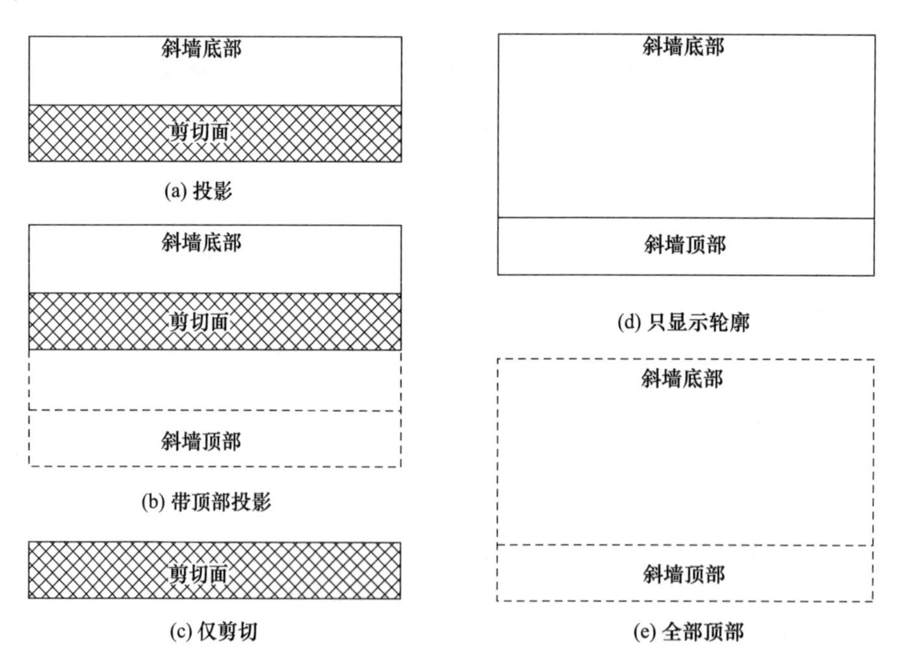

图 4-2　斜墙“平面图显示”

当墙体“平面图显示”设置为“投影”或“带顶部投影”时，“显示投影”控件才可用。其包含三个选项：①“到平面图范围”选择在一定范围内显示墙（当前楼层及其上方和下方的给定楼层数，可以设置偏移值），可以在“文档>水平剪切平面”中定义相对平面图范围

(图 4-3)；②“到绝对显示界限”设置一个固定的下限（默认为项目零点），然后显示此界限以上元素的所有部分，可以在“文档>水平剪切平面”中设置绝对显示界限；③“整个元素”，整个投影都将显示在所有相关的楼层上。

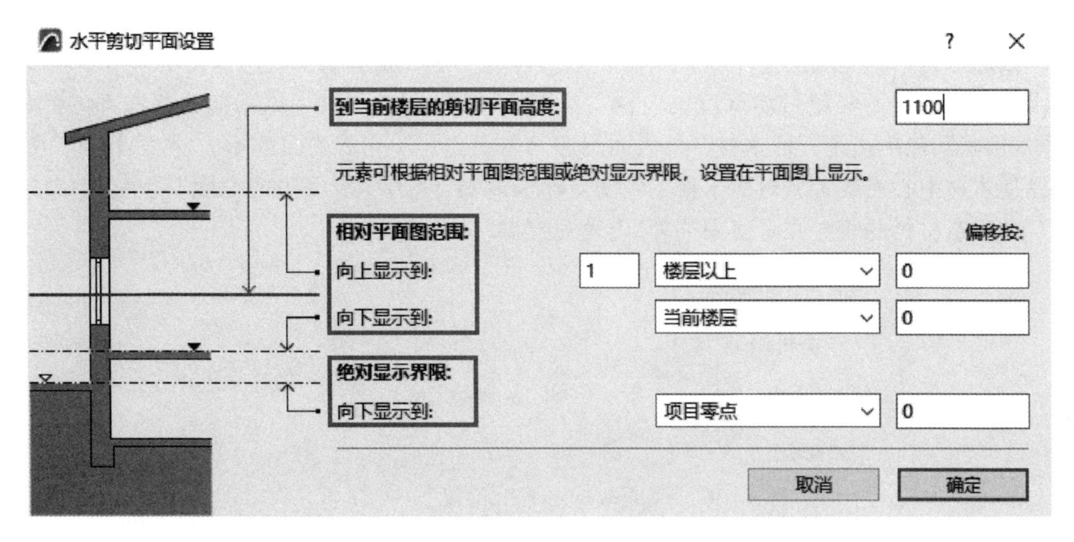

图 4-3　水平剪切平面设置

> **提示：** 当“剪切平面高度”在“相对平面图”范围之外时，剪切平面将会自动重新定位到平面图范围的上限或下限。当墙体“平面图显示”设置为“符号剪切”时，唯一可用的投影选项是“整个元素”。

“剪切面”选项可以定义剪切线线型和画笔颜色，可以覆盖剪切填充画笔，对前景、背景或两者分别进行修改。

“轮廓线”设置水平剪切平面之上（顶部）或之下（未剪切）元素轮廓的线型和画笔颜色。“墙端线型”可以设置墙端的边线显示（两头、起点、终点和无）。

(3) 在“模型”面板中，可以设置墙的 3D 显示

默认情况下，模型元素表面设置取决于其建筑材料，并且在三维窗口以及立面中都可见（图 4-4）。

“覆盖表面”：分别单击 3 个弹出式对话框的开关按钮，可以设置覆盖墙的表面（外表面、内表面、边缘表面）。单击“链”图标，可以对所有表面分配最后选择的表面，取消选择链图标将恢复每个表面的初始设置。勾选“端部表面”复选框，可以使墙的端面使用相邻墙的表面。勾选

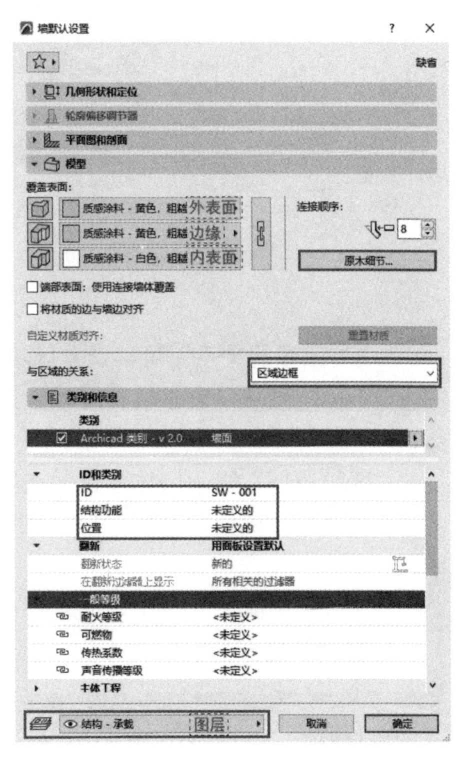

图 4-4　“墙默认设置”对话框

“将材质的边与墙边对齐”复选框，可以将材质原点放置在墙底部的角上。

“连接顺序”：当3个及以上的墙体相交于同一点时，连接顺序值高的墙体优先于连接顺序值低的墙体。

单击“原木细节”按钮，可以打开“墙-原木细节”对话框（仅适用于“直墙”），可以设置以原木材料构建墙的显示样式（图4-5）。勾选“使用原木墙”复选框使用原木墙。设置原木高度值一般不应超过墙厚度。勾选“从半原木开始”，可以半原木作为墙底部的起始。“原木形状”包括：正方形木材、外表面圆形、内表面圆形和双侧面圆形。“木材半径”可以选择从木材中心点或者从对面木材的中间点作为木材半径。“水平边的表面”包括“按墙设置”的建筑材料的表面或者使用“外/内表面覆盖”。

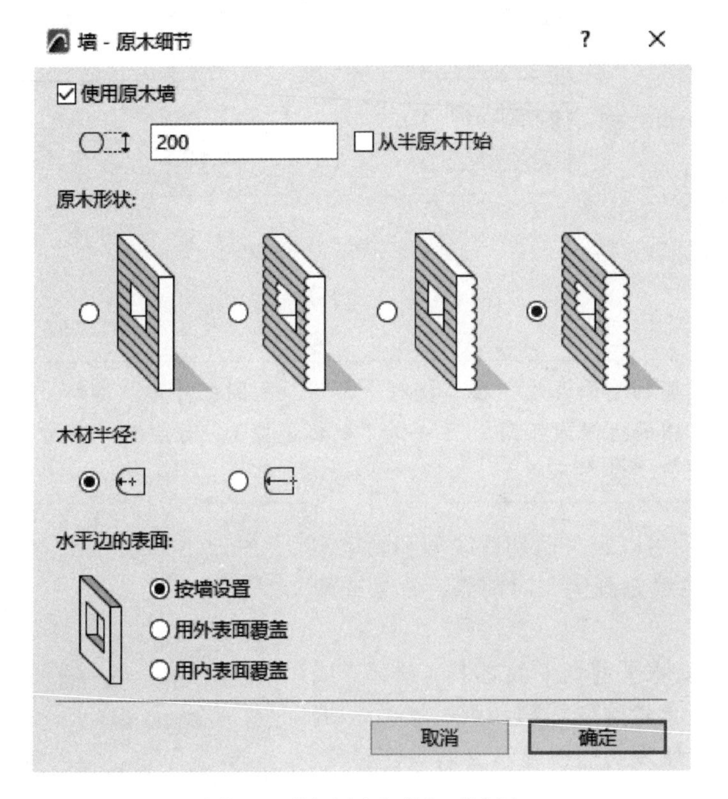

图4-5 “墙-原木细节”对话框

（4）“与区域的关系”可以设置区域面积中包括或不包括墙体的面积

①“不影响区域”表示墙体对区域计算无影响，区域面积和体积将包括墙体所占的面积和体积；

②“区域边框”表示墙体不包括在测量面积和体积中；

③“只减除区域面积”表示墙体面积不包括在测量面积中，而墙体体积包括在区域体积中；

④“从区域中减去”表示墙体面积与体积都从测量值中被减去。

（5）在“类别和信息”面板中，默认情况下归类为“墙面”；“ID和类别”可以为每面墙输入一个ID号，一般情况下ID号数字会自动递增

“结构功能”可以将墙体定义为“承重元素”或“非承重元素”，“位置”可以将墙

体定义为“外部”或“内部”，“翻新”可以将墙体定义为“现有的”“要拆除的”或“新建”。还可以为墙体设定其他“属性”以及“IFC 属性”，作为可搜索信息或进行数据交换。

2. 绘制墙体

（1）创建直墙

单击“墙工具”后，可以在“信息框”中设定创建直墙的几何方法（单个、连续、矩形、旋转矩形），如图 4-6 所示。与 AutoCAD 绘制方法类似，可以在平面图和 3D 中，通过单击其端点定义墙段的长度进行绘制。

选择“连续”的几何方法，单击绘图区中心位置，按照顺时针方向，垂直向下绘制一段“4000mm”墙体，水平绘制一段“8000mm”墙体，再垂直向上绘制一段“6000mm”墙体，双击墙端点完成墙体绘制，切换到三维视图，如图 4-7 所示。

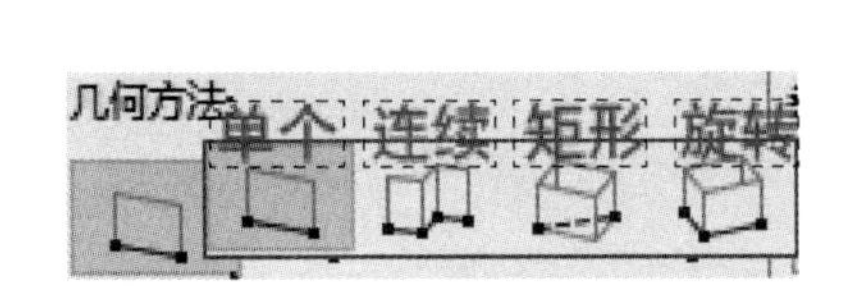

图 4-6　创建直墙的“几何方法”

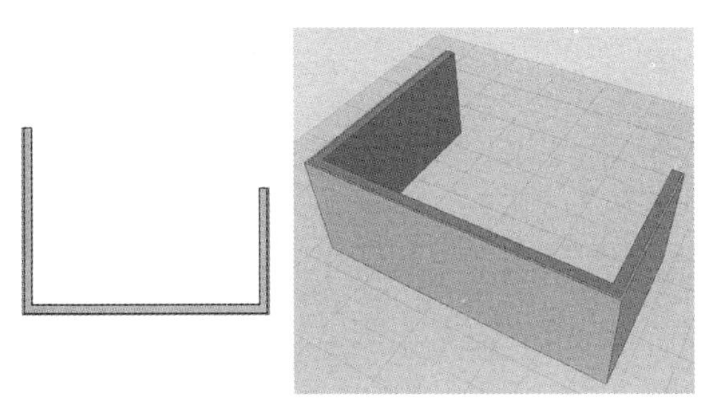

图 4-7　绘制“连续”直墙

> **提示：**绘制连续墙时，可以使用〈Backspace〉键删除最后输入的墙段。选中墙体后，按〈P〉键可以翻转墙体的内外方向。在创建墙的过程中，如果在“信息框”中修改了墙的属性，那么所有被创建的墙段都将带有修改后的属性。

在三维视图中选中墙体，在“信息框”中设置“始位偏移”为“－500mm”，“上部”偏移为“500mm”，按〈Enter〉键，可以观察墙体高度的变化（图 4-8）。

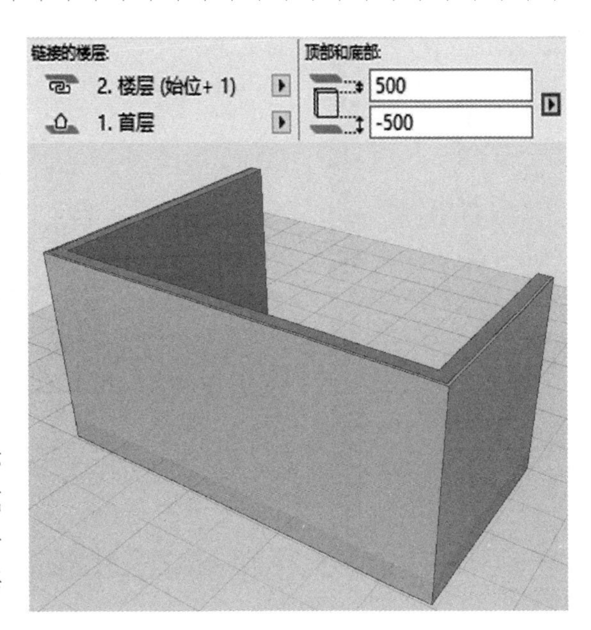

图 4-8　修改墙体的高度

（2）创建曲面墙

单击“墙工具”后，可以在“信息框”中设定创建曲面墙的几何方法（中点和半径、周长、切线），如图 4-9 所示。“中心和半径”方式首先单击定义中心，移动光标定义半径后再次单击，移动光标绘制墙的弧长，单击完成。“周长”方式首先单击墙周长上的三个点，第四次单击来定义墙的弧长。“切线”方式可以根据三个相切边或点来定义一个闭合的弧墙。

提示：因为墙要有两个端点，所以完全闭合的弧墙实际上是由两个半圆组成的。完全椭圆、椭圆弧线或样条曲线形式的墙无法直接创建，但可以使用“魔术棒”描绘椭圆、椭圆弧线或样条曲线的形状（图 4-10）。

（3）“梯形墙”可以绘制厚度不同的直墙，在信息框或墙设置中的“墙厚度”字段中定义墙体厚度。“多边形墙”可以定义一个自由形状的多边形墙（图 4-10）

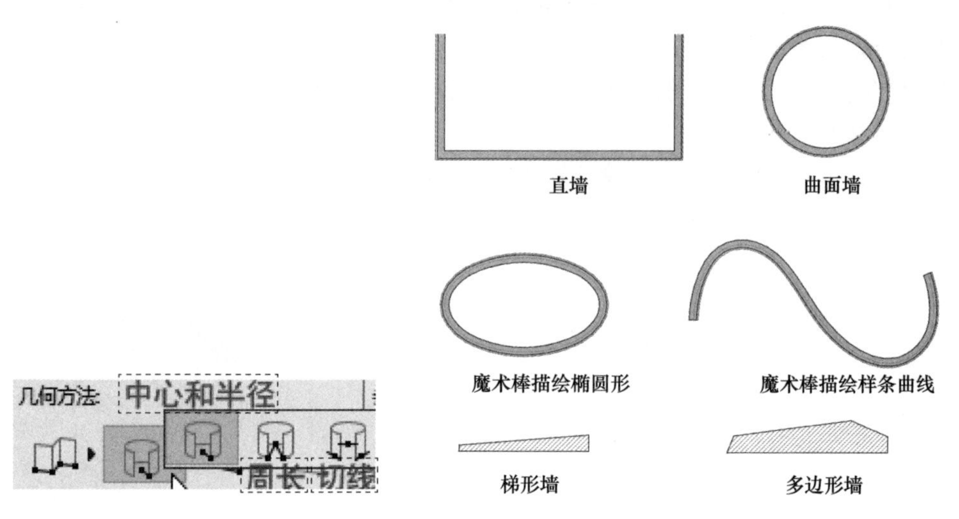

图 4-9　创建曲面墙的“几何方法”　　图 4-10　绘制各种墙体

（4）编辑墙

首先单击“暂停组合”按钮，再单击一段直墙的参考线，可以在“弹出式小面板”中使用相应的编辑命令（图 4-11），包括：“插入新的节点”可以在墙的边缘添加新的节点；

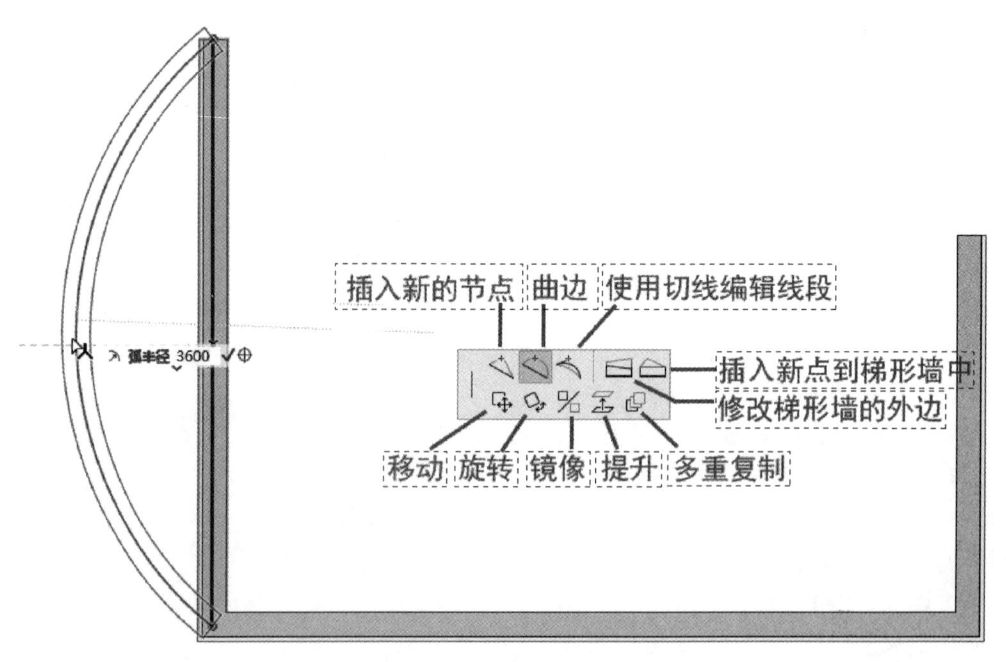

图 4-11　墙编辑工具

“曲边”可以通过拖动直墙的参考线，弯曲直墙的分段；“使用切线编辑线段”通过端点切线角度控制弧形墙形状；“修改梯形墙的外边”可以图形化的方式定义梯形墙的厚度，在要创建的“梯形墙”的轮廓上分别单击两次，可以设置墙的起始点和终点有不同的厚度；“插入新点到梯形墙中”可以将一个直墙分割成两个梯形墙，在相交点处有相同的厚度。还可以使用其他的工具如移动、旋转、镜像、提升与多重复制等进行编辑。

4.1.2 幕墙的绘制

Archicad 幕墙是由框架、面板、附件和连接点所组成的“层级元素”“层级元素”类似于 Revit 的嵌套族。各幕墙“组件”根据预定义及可编辑方案的底部表面进行配置。“底部表面”通过幕墙系统设置进行定义，可以是平面或球形。与绘制墙体相同，通过图形输入（线/弧线/多义线或者使用边界）来定义幕墙的几何形状。

1. 幕墙组件

（1）参考线

参考线是在窗口中绘制的线、多义线或弧线，如果使用边界方法创建幕墙，第一次绘制的边界线段则是参考线。可以使用信息框中的翻转命令，根据参考线翻转幕墙的方向。

（2）参考表面

参考表面是通过突出绘制的输入线（多义线、弧线），自动创建的一个虚平面或弧形表面。

（3）底部表面

底部表面定义幕墙的形状和方向，它是幕墙实际组件（框架、面板）所在的表面。底部表面可与参考表面重合，也可能有偏移。幕墙的底部表面是一个无限平面，为幕墙连接到其他元素提供了很大的灵活性。

（4）边界

边界位于底部表面上，是幕墙的物理边界，也是幕墙方案的组成部分。所用的几何方法决定了边界的绘制方式。还可以在已有的幕墙上绘制附加的边界。

（5）分格方案

分格方案是幕墙内的几何图形定义，可以设置“行”和“列”两个方向的分格样式。

（6）清单栅格

清单栅格是“行”与“列”的分格线，用来划分底部表面，以定义幕墙框架和面板的位置和排列。可以通过编辑清单栅格（删除、添加、移动或旋转分格线），修改划分样式，以影响框架和面板的几何形状。

（7）框架

框架包括边界、竖框、横梁，可以单独设置各类框架的属性。框架依附于清单栅格，修改栅格线就可以修改对应框架的位置。在幕墙编辑模式中，可以替换独立于清单栅格的附加框架。

（8）面板

面板是放置在框架之间的封闭平面，包括主面板和次面板两个预设类别，用户可以自定义面板属性。

（9）连接点

幕墙连接点是用来将面板连接到框架的可选构造，它是一个 GDL 对象，可以手动逐个放置或在每个交点自动放置。

(10) 附件

附件是放在幕墙框架上的GDL对象，如支撑、遮阳板等。

2. 幕墙系统设置

双击工具箱中的“幕墙工具”图标 或单击图标后使用快捷键〈Ctrl+T〉，可以打开“幕墙默认设置”对话框（图4-12）。

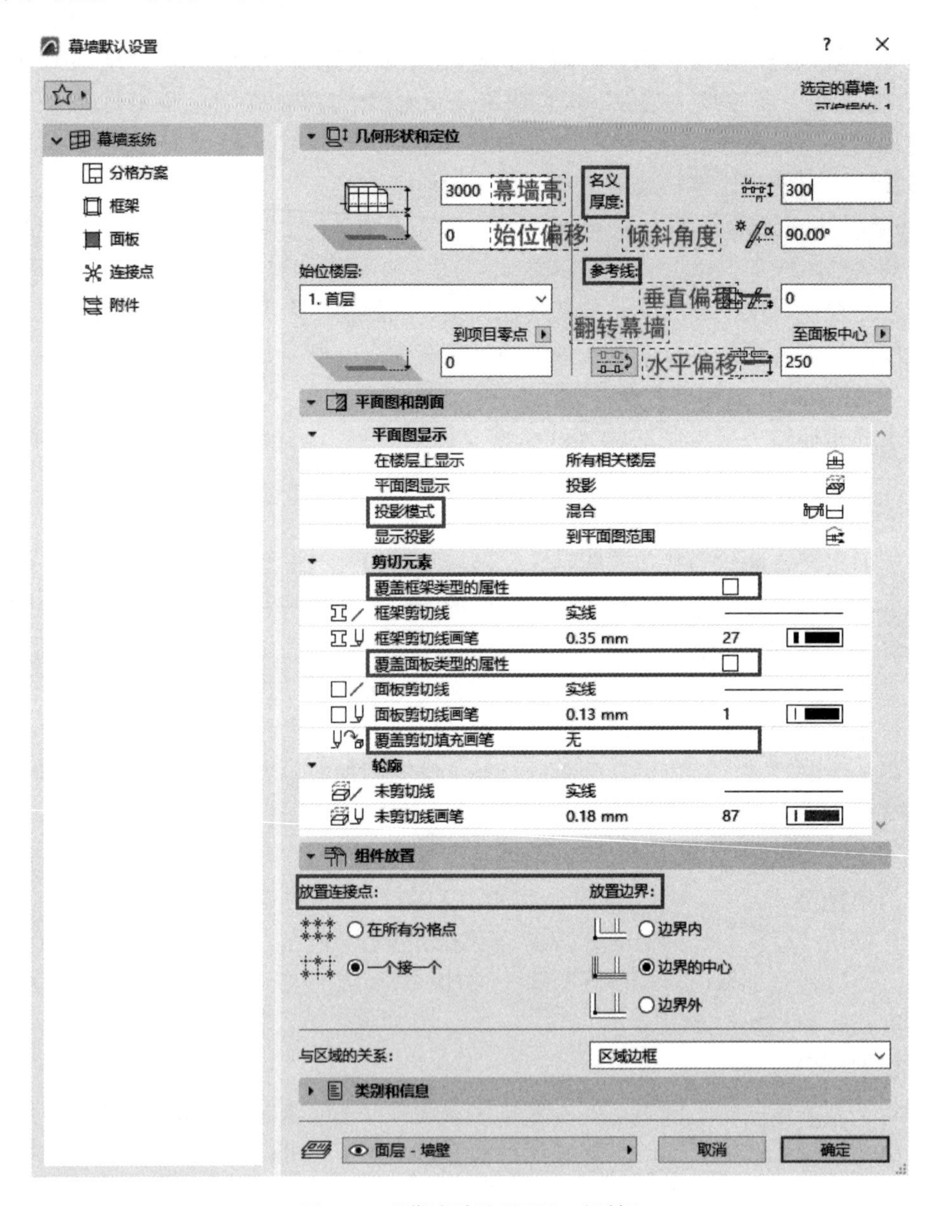

图4-12 “幕墙默认设置”对话框

① 在“几何形状和定位”面板中，可以设置幕墙高、始位楼层以及偏移距离。“名义厚度”是从参考表面到幕墙相对边的距离，即内表面和外表面的偏移值的总和，相邻区域和连接墙可延伸至名义厚度。“倾斜角度”设置幕墙的倾斜值，不可用于多单元幕墙。“参考线”可以设置其垂直和水平偏移值，以及翻转幕墙。

② 在“平面图和剖面”面板中，可以设置幕墙的平面图显示、剪切元素（剪切框架及面板）、轮廓。“投影模式”可以微调幕墙的显示组件。勾选“覆盖框架类型的属性”复选框，可以覆盖在 GDL 对象中定义的属性（框架剪切线与画笔）；勾选“覆盖面板类型的属性”复选框，可以覆盖在 GDL 对象中定义的属性（面板剪切线与画笔）；“覆盖剪切填充画笔”可以覆盖建筑材料中所定义的该元素的剪切前景/背景画笔。“轮廓”可以设置幕墙的未剪切线和未剪切线的线型和画笔。

③ 在“组件放置”面板中，可以设置幕墙上连接点的放置与边界框相对于栅格的位置。“在所有分格点”表示将连接点自动放置在所有栅格点上；“一个接一个”表示使用连接工具手动放置连接点。“边界内”表示将边界框偏移至栅格线的内部；“边界的中心”表示边界框中心线与栅格线相符合；“边界外”表示将边界框偏移至栅格线的外部。

3. 创建幕墙

双击工具箱中的“幕墙工具”图标 或单击图标后使用快捷键〈Ctrl+T〉，可以打开“幕墙默认设置”对话框。

在“框架”页面中，幕墙框架类型包括：角边框、边界、竖框和横梁。首先单击“添加”按钮，在弹出的对话框中，选择“复制”横梁框架类型并重命名为“单一框架”，框架尺寸设置如图 4-13 所示。然后将其保存到收藏夹。分别选择“角边框”和“边界”，并应用收藏的“单一框架”样式。其他按照默认值。

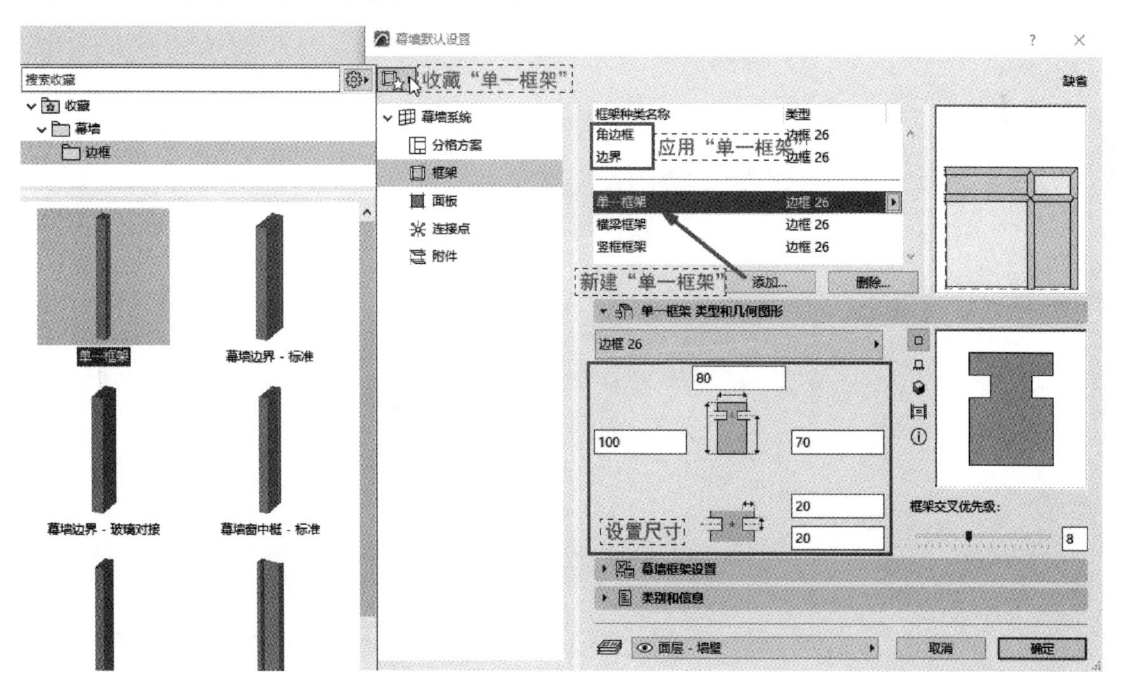

图 4-13　设置幕墙框架

在“面板”页面中，设置幕墙面板参数后，可以在框架之间及底部表面上自动放置。幕墙有“主面板”和“不同类面板”两个预定义面板类别。单击“添加”按钮，在弹出的对话框中，选择“复制”主面板类型并重命名为“玻璃面板”，将厚度设为“20mm”，选择“玻璃”材质。继续单击“添加”按钮，在弹出的对话框中，选择“复制”主面板类型并重命名为“金属面板”，将厚度设为“20mm”，选择“铝”材质。其他按照默认值，如图 4-14 所示。

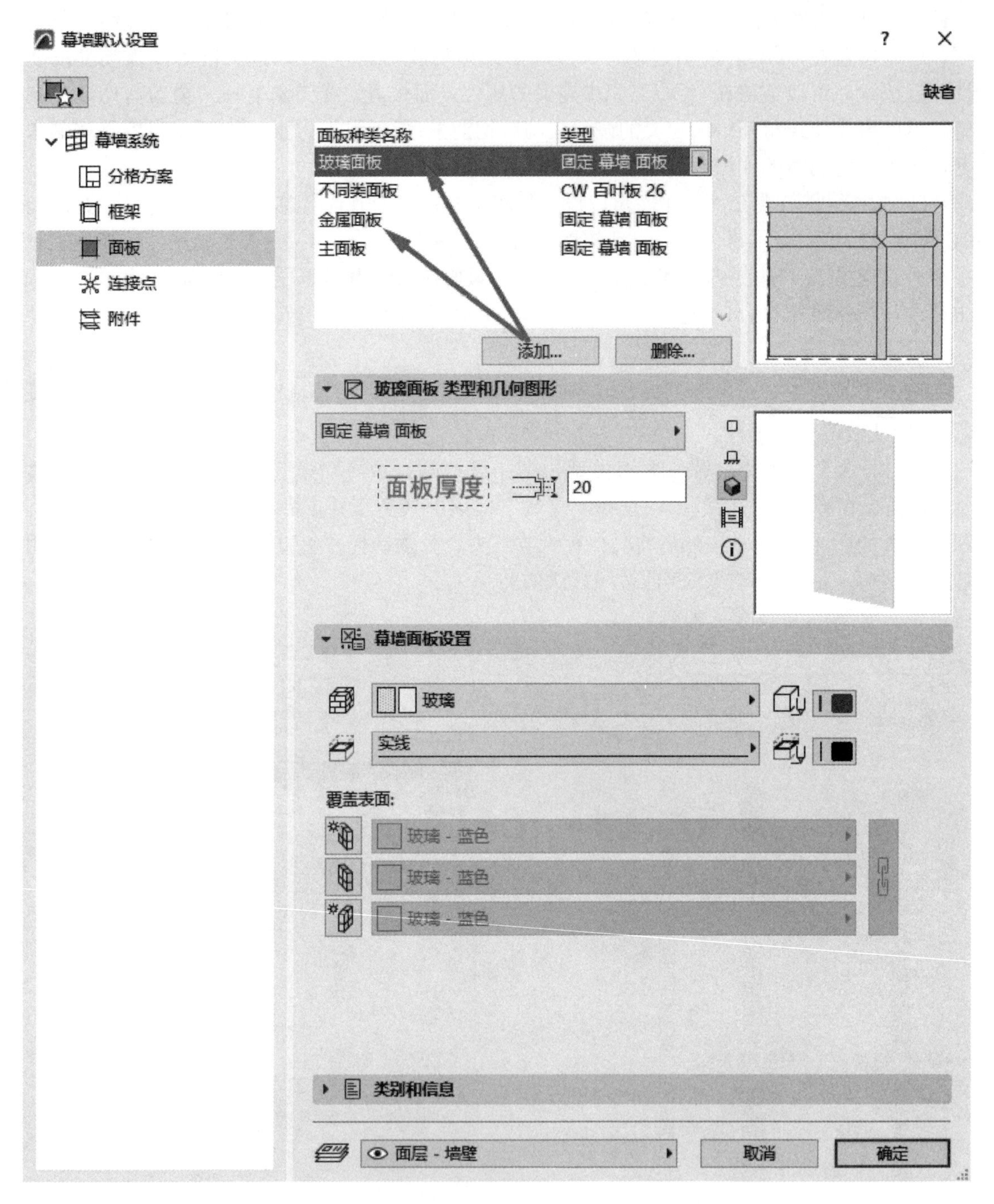

图 4-14　设置幕墙面板

在“分格方案”页面中，将栅格的“列”与“行”都设为“固定大小”，使用“+/—”号可以增加或删除面板个数，栅格尺寸设置如图 4-15 所示。在预览图中可以分别选择面板和边框并在下拉列表中分别设置为“金属面板”“玻璃面板”和“单一框架”类型。“剩余部分”使用“部分式样”，其余按默认值设置，单击“确定”。在 3D 窗口中，使用“连续直线”的几何方法绘制幕墙（图 4-16）。

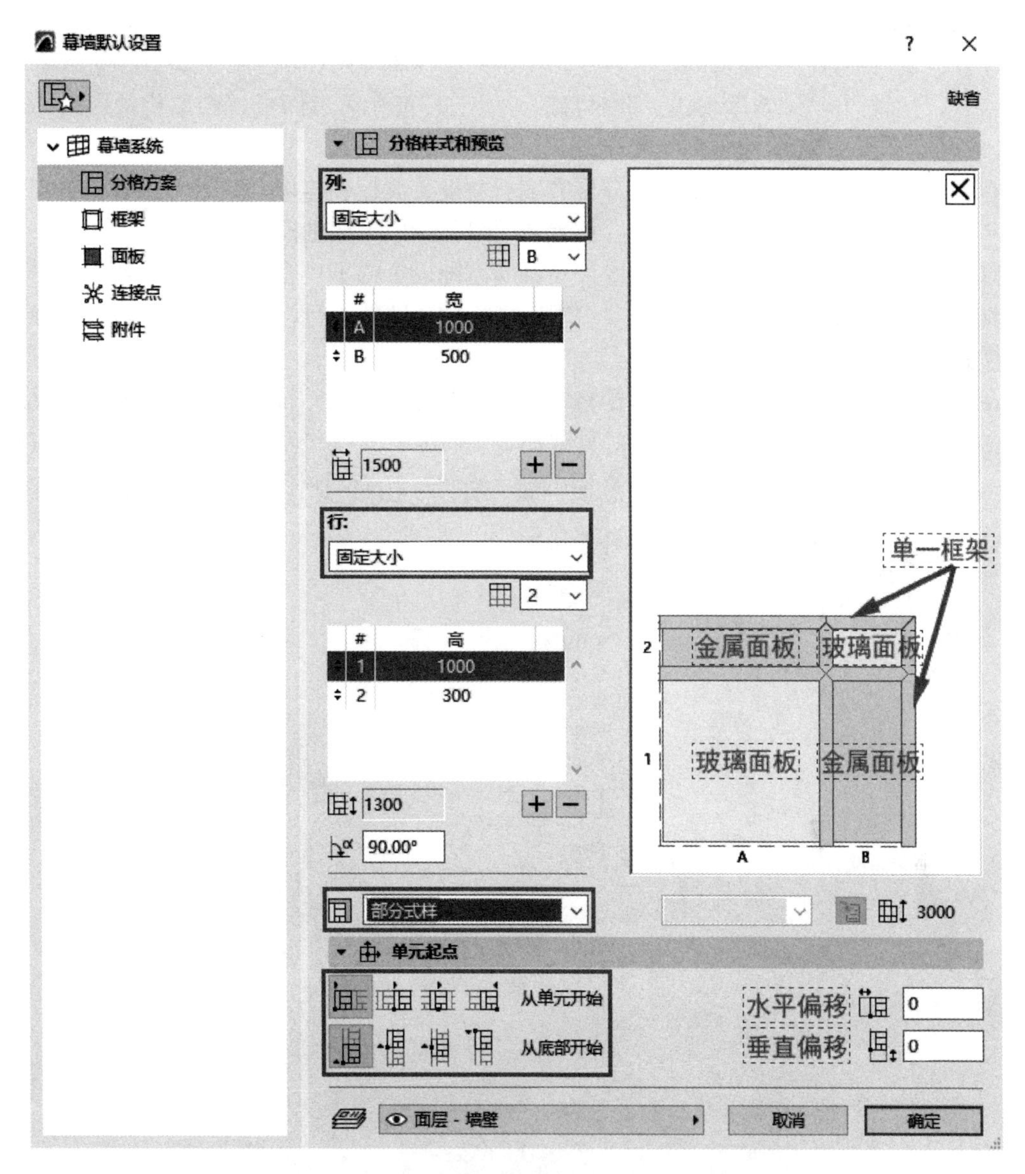

图 4-15　设置幕墙分格方案

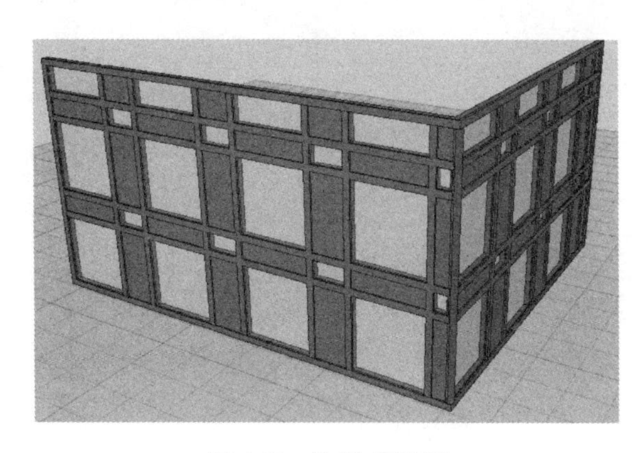

图 4-16　绘制“幕墙”

4. 编辑幕墙

在任何窗口中选择一面幕墙，然后单击出现的“编辑”按钮或选择“设计>进入幕墙编辑模式”，可以打开“编辑”模式。此时特殊幕墙工具箱和显示面板就会取代常规的Archicad 工具箱，如图 4-17 所示。

在“编辑”模式中，每个组件（分格方案、边框、面板、连接点和附件）都有各自的对话框和编辑工具，用户可以修改设置并放置新的组件，但无法创建新的幕墙。在“编辑”模式中修改任何所选幕墙的参数后，该组件与幕墙系统设置将不再有任何关系，其参数在独立的工具对话框中进行局部定义。进入“编辑”模式后，即使进行视图切换，仍可以保持“编辑”模式。

在“编辑”菜单中，打开“清单栅格”并关闭“边框”与“面板”。选择任意一根栅格后单击，可以使用“弹出式小面板”进行移动、旋转或者整体移动，也可以整根删除该栅格（图 4-18）。使用“分格方案”工具信息框中的“边界”按钮 可以修改栅格边界，使用“分格”按钮 可以添加分格线（图 4-19）。

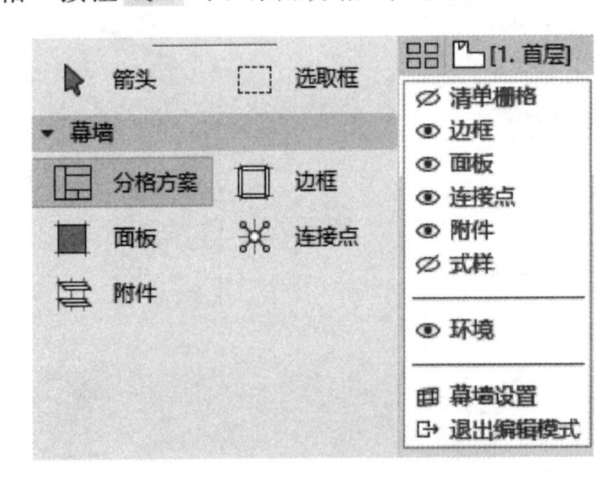

图 4-17 幕墙“编辑”模式

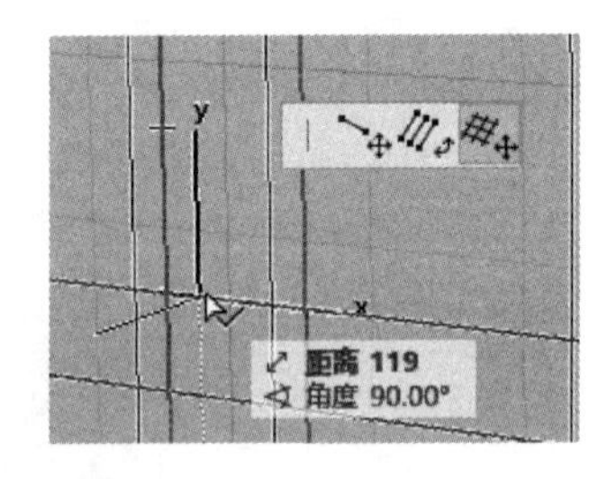

图 4-18 编辑幕墙“栅格”

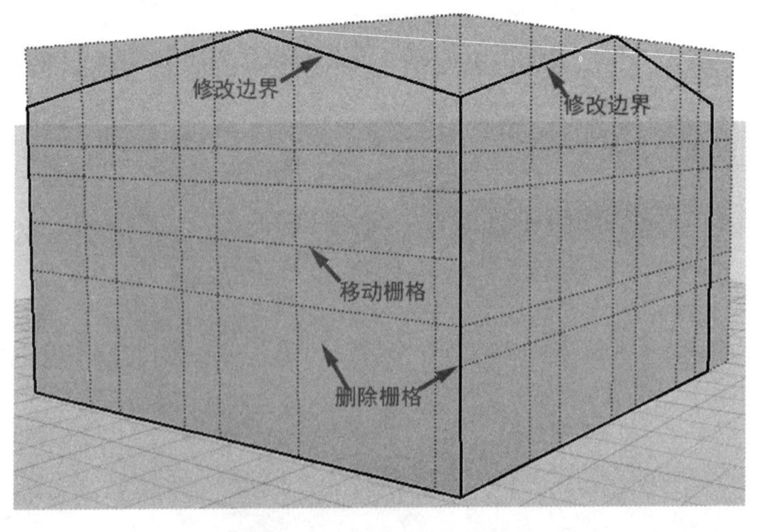

图 4-19 编辑幕墙“边界”

提示：当在平面图内启用“编辑”模式时，幕墙会使用默认设置中的“平面图符号”视图选项。

在“编辑”菜单中，关闭“清单栅格”并打开“边框”与“面板”。选择边框后可以进行删除操作，按住〈空格〉键可以选择面板，在信息框中可以修改其“组件类型”，单击“固定幕墙面板”右侧箭头，在弹出列表中可以双击“幕墙双层窗 26”将玻璃面板替换为“百叶窗”“门”或“窗”等（图 4-20），并且按快捷键〈Ctrl＋T〉可以设置门窗的开启角度等其他属性。选择一块面板后，按快捷键〈Ctrl＋T〉，可以修改面板属性，将面板厚度设为“200mm”，材质设为“砖块-填料”或“混凝土”等（图 4-21、图 4-22）。

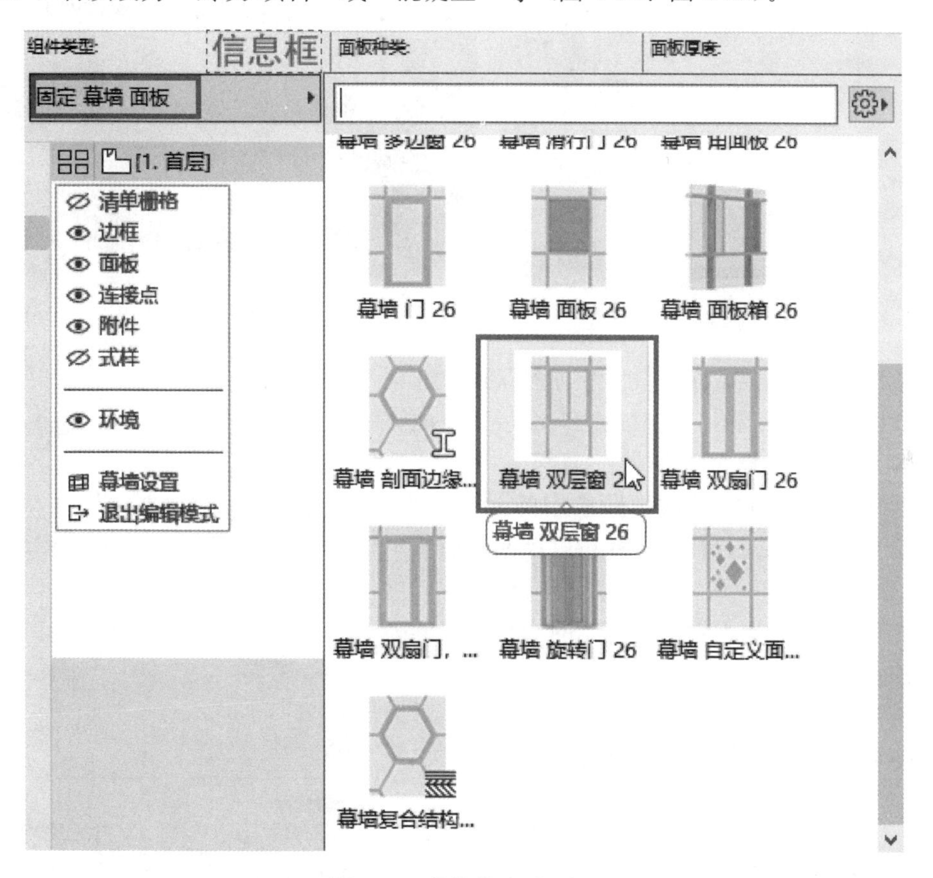

图 4-20 替换幕墙“面板”

提示：用户可以绘制一个模型元素（幕墙门、窗），选择“文件＞图库和对象＞将选择另存为＞幕墙面板”，将其存储为一个 GDL 图库部件（幕墙面板），可以作为自定义组件进行放置。

4.1.3 复杂截面墙的绘制

使用“截面管理器”可以在截面编辑窗口中编辑或创建复杂截面，然后可以应用该截面元素创建复杂截面墙。

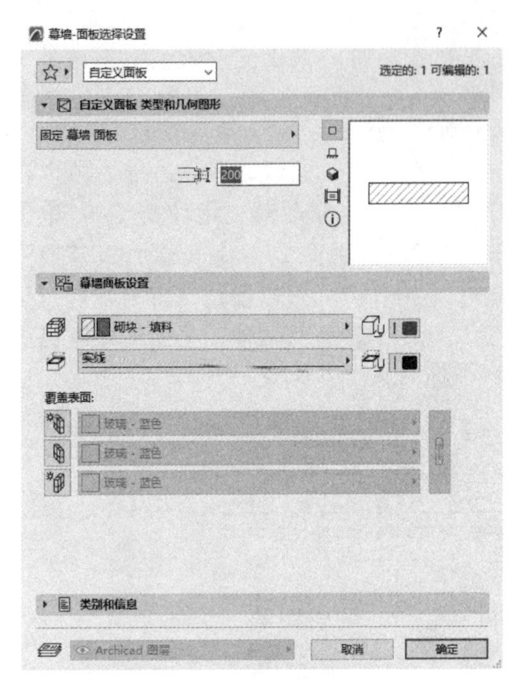

图 4-21　编辑幕墙面板属性

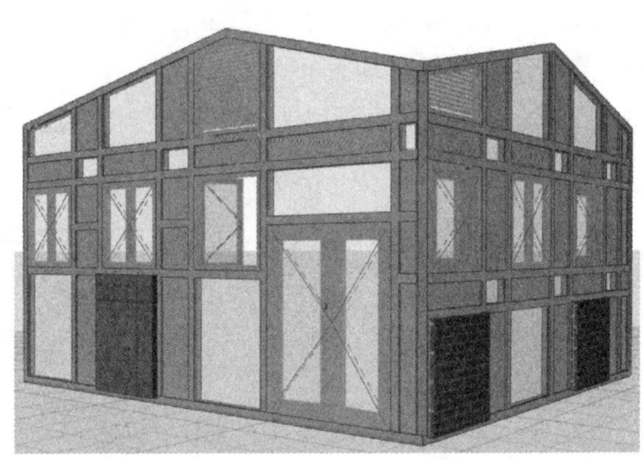

图 4-22　编辑幕墙

选择“选项>复杂截面>截面管理器”或“选项>元素属性>截面管理器”或“视窗>面板>截面管理器”，可以打开“截面管理器”面板（图 4-23）。“和…一起使用”可以定义截面所应用的元素类型。“设计图层”面板中的眼睛图标👁可以控制截面编辑窗口中元素的显示或隐藏。打开“拉伸调节器”，可以重新调节已放置截面元素交叉部分的大小（墙的高度或厚度）。

单击“新建”按钮⊕，弹出“新建截面”对话框（图 4-24），在“结构/砖块”文件夹中，新建“叠

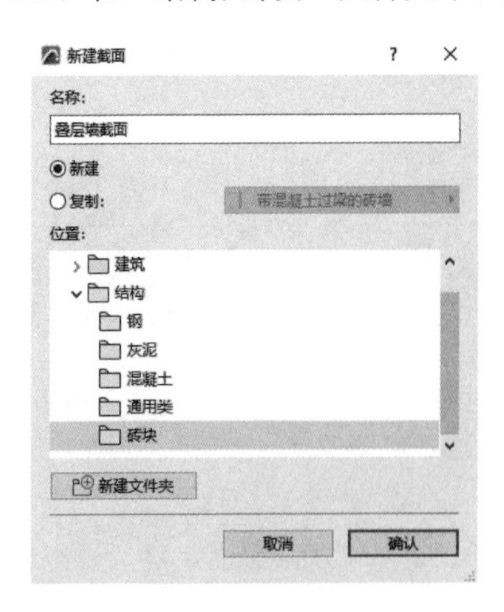

图 4-24　新建截面

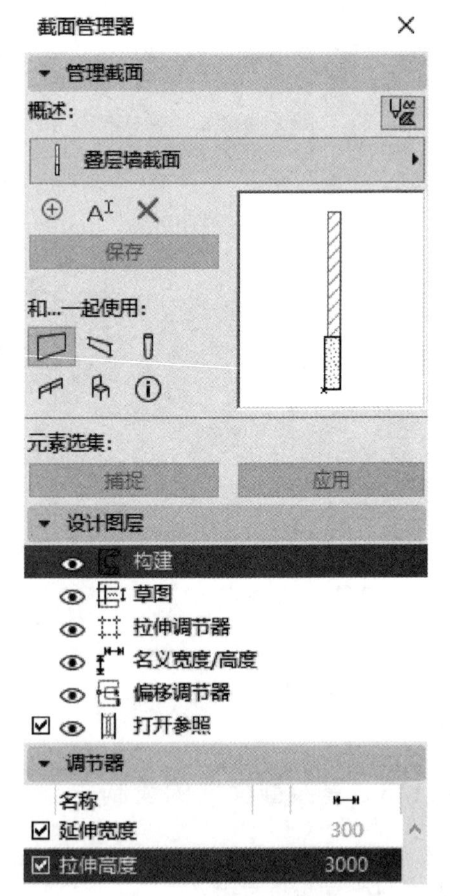

图 4-23　截面管理器

层墙截面”，单击“确认”，出现图 4-25 左边所示默认轮廓，使用“填充”工具，可以创建图右所示的叠层墙截面轮廓，单击图 4-23 中的“保存”按钮。

在 3D 窗口中，使用“墙”工具，将其结构设置为“复杂截面＞叠层墙截面”，绘制叠层墙，如图 4-26 所示。

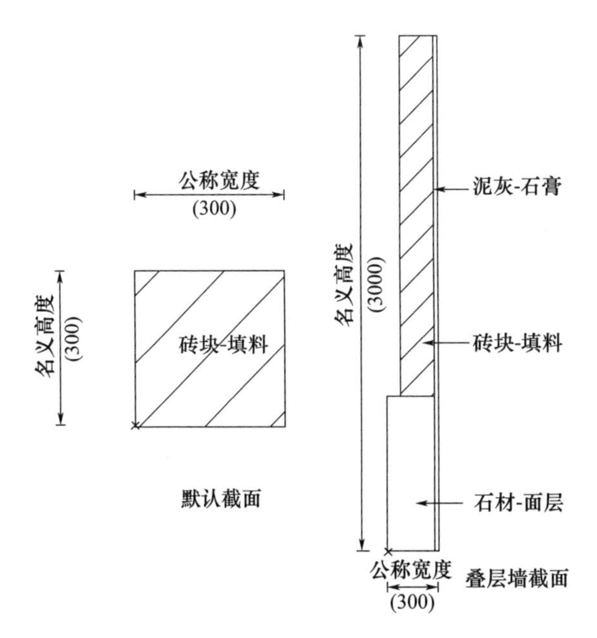

图 4-25 创建“叠层墙”截面轮廓

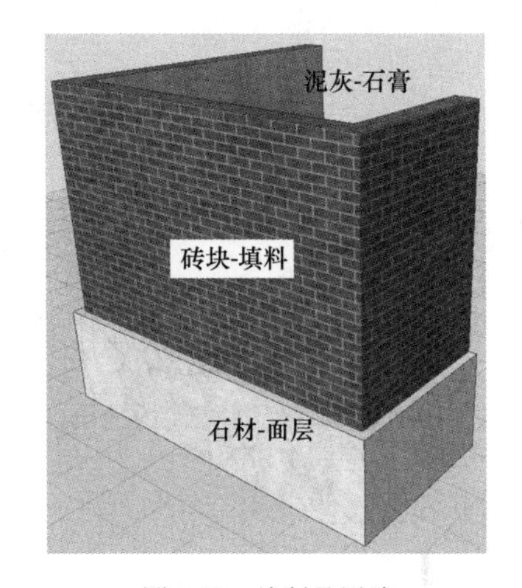

图 4-26 绘制叠层墙

4.2 绘制别墅墙体

4.2.1 绘制一层墙体

1. 绘制一层外墙

打开“3-2 吕桥四层别墅-轴网 . pln”项目文件，切换到 1F 楼层平面视图。选择“选项＞元素属性＞表面材质”命令，打开“表面”对话框，单击“新建”按钮，在出现的对话框中，复制“瓷砖-白色磨砂 15×15”，并命名为“瓷砖-米色磨砂 15×15”。在三个“引擎设置”中（基础引擎、Cineware 引擎和硬件加速）分别将图片替换为“瓦片-浅米色-opt”，单击“确定”（图 4-27）。

选择“选项＞元素属性＞建筑材料”，打开“建筑材料”对话框，单击“新建”按钮，在出现的对话框中，复制“瓷砖-墙面”，并命名为“瓷砖-别墅外墙”。表面材质选择“瓷砖-米色磨砂 15×15”，交叉优先级设为“700”，单击“确定”（图 4-28）。

选择“选项＞元素属性＞复合结构”，打开“复合结构”对话框，单击“新建”按钮，在出现的对话框中，复制“砖双面抹灰”，并命名为“别墅-外墙”。外表面建筑材料设为“瓷砖-别墅外墙”，厚度为“20mm”；中间“砖-结构”厚度为“160mm”；内表面“灰泥-石膏”厚度为“20mm”，单击“确定”（图 4-29）。

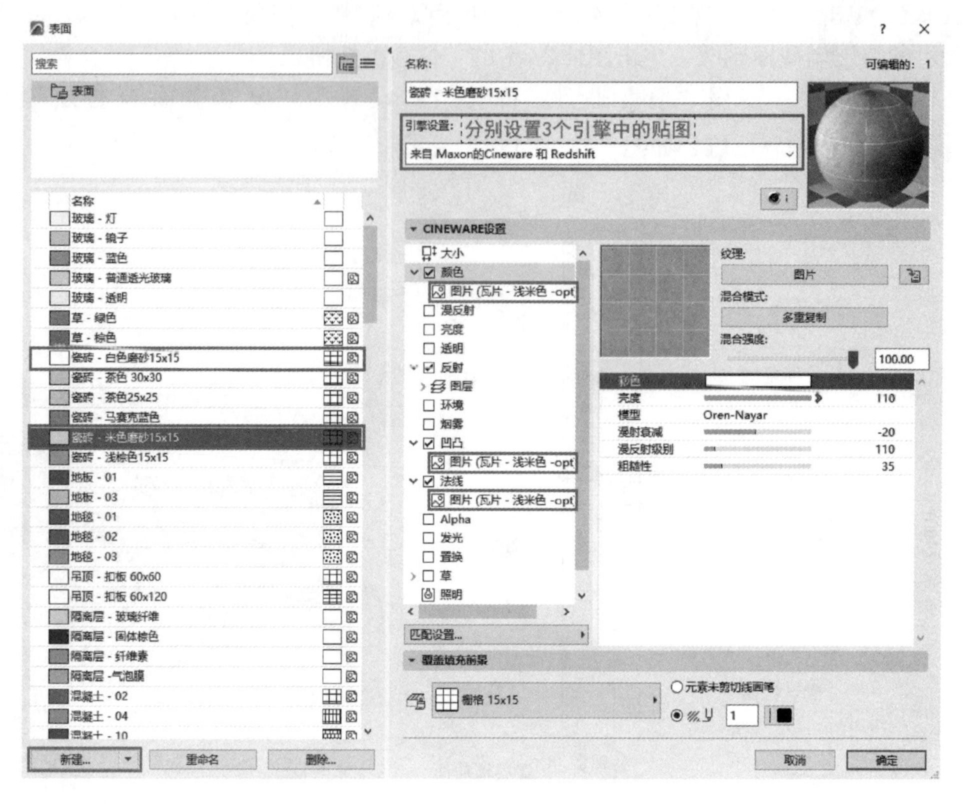

图 4-27　设置“表面”

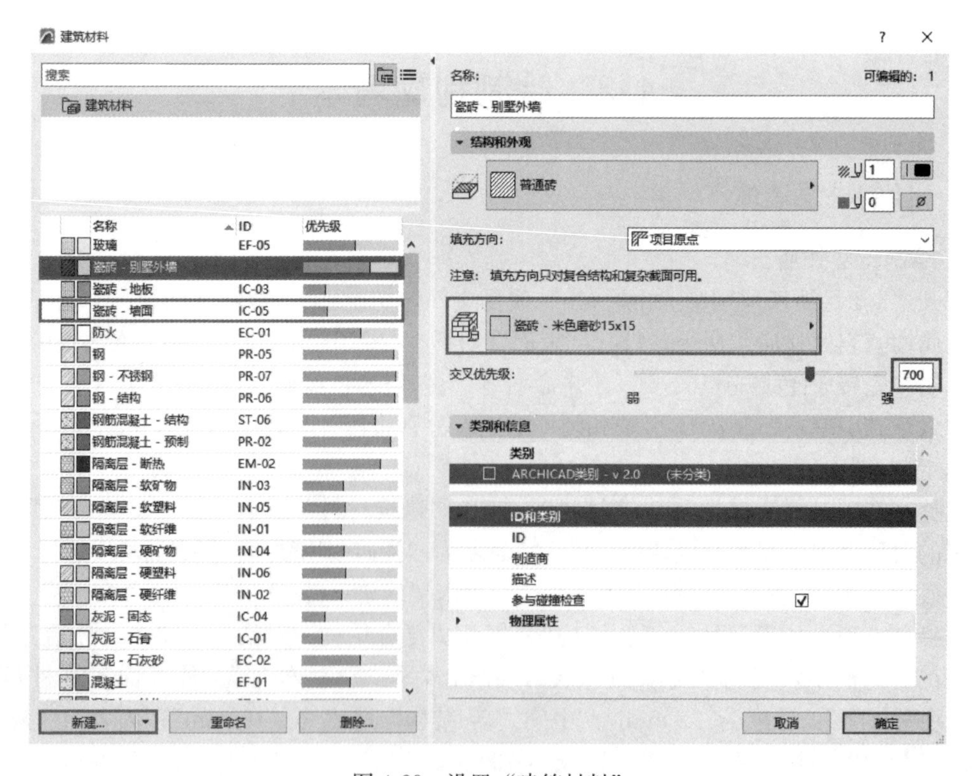

图 4-28　设置“建筑材料”

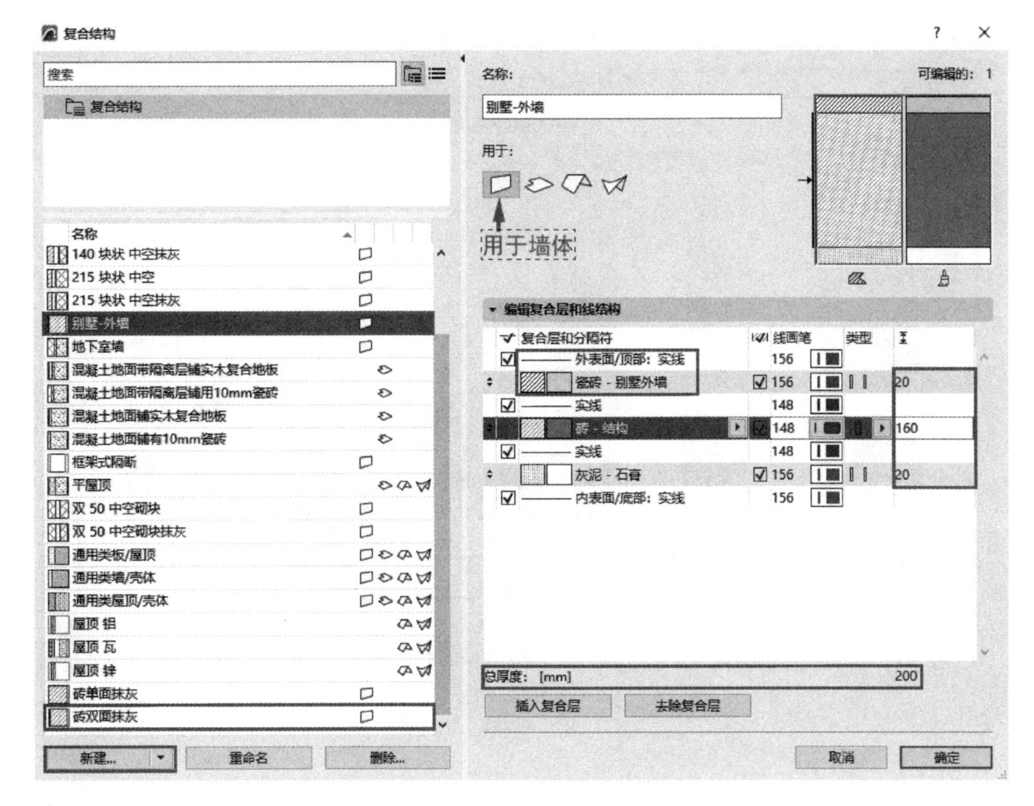

图 4-29 设置外墙“复合结构”

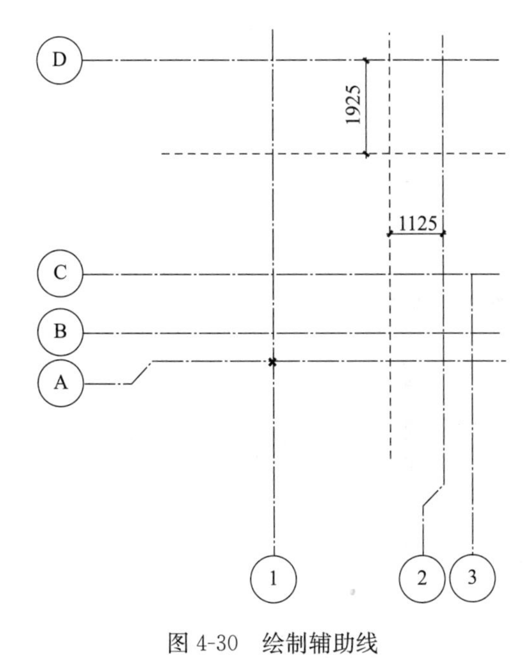

图 4-30 绘制辅助线

首先绘制两条辅助线，对弧形外墙的圆心进行定位，单击工具条中的辅助线弹出式菜单 ，单击“创建辅助线段”按钮 (快捷键〈Alt+L〉)，绘制垂直方向的辅助线，其距离 2 号轴尺寸为“1125mm”，再绘制水平方向的辅助线，其距离 D 号轴尺寸为“1925mm”(图 4-30)。

双击工具箱中的“墙工具”图标 墙 ，打开“墙默认设置”对话框，设置始位楼层为“1F”，顶部链接为“2F”，复合结构为“别墅-外墙”，参考线为“外表面”，在楼层上显示为“仅始位楼层”平面图显示为“仅剪切”，其余按照默认设置。然后“新建收藏夹”，将设置保存为“别墅外墙”(图 4-31)。单击“确定”，返回 1F 平面窗口。几何方式使用“连续绘制” ，捕捉 1 号轴与 E 号轴的交点，沿顺时针方向绘制外墙(可以使用〈P〉键切换墙体的外表面位置)，到 2 轴与 C 轴的交点继续绘制一段水平墙体到垂直辅助线位置，再绘制斜墙段到水平辅助线与 1 号轴的交点，完成剩余垂直方向的外墙，如图 4-32 所示。

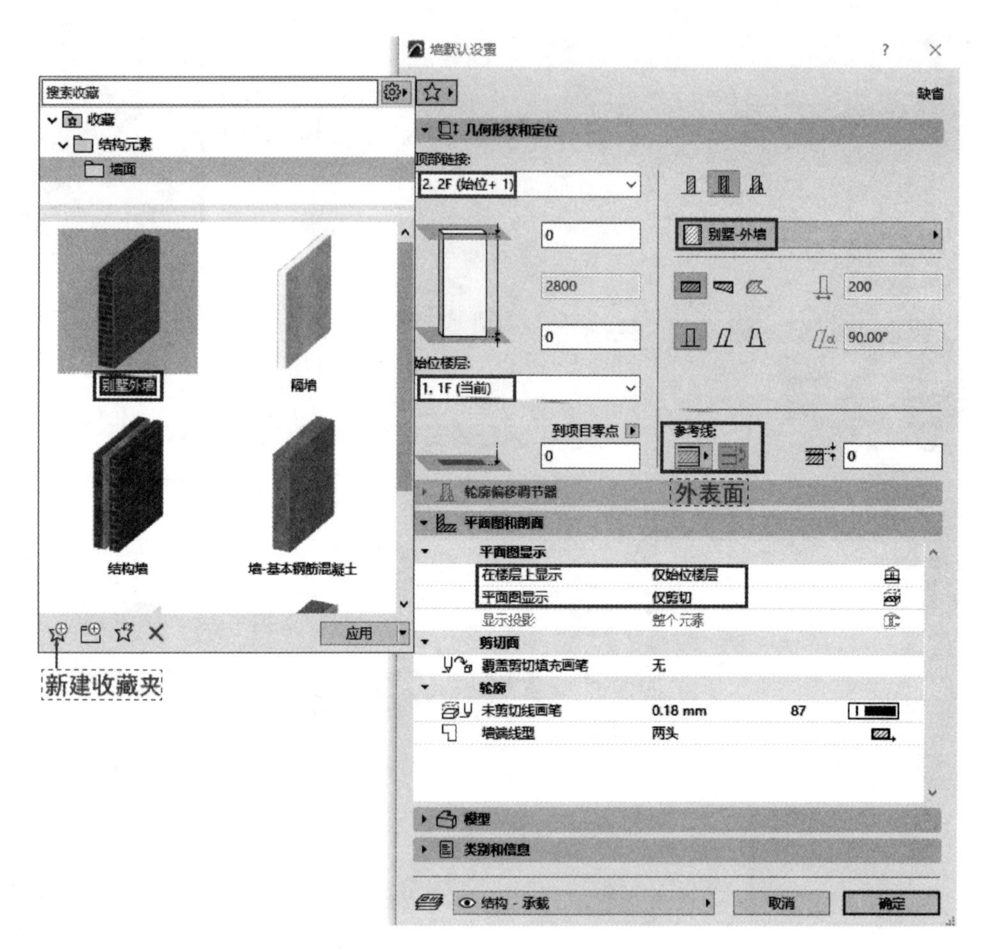

图 4-31　设置“外墙”参数

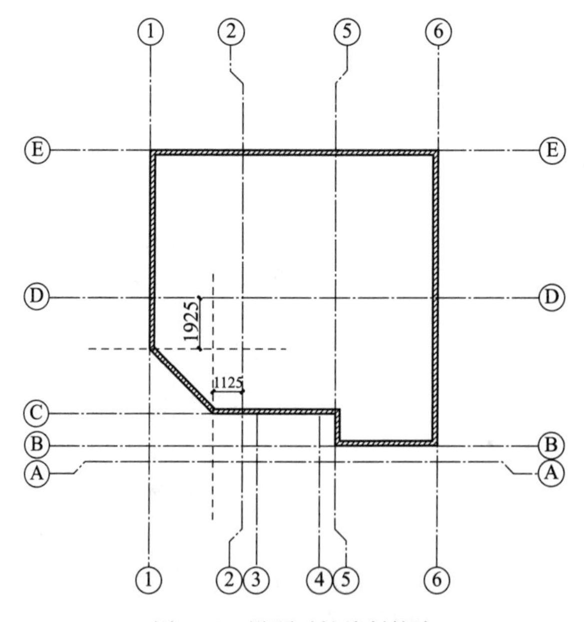

图 4-32　沿顺时针绘制外墙

单击工具条中的“暂停组合”按钮，然后单击斜墙的参考线，在弹出式小面板中，“使用切线编辑线段”将斜墙段修改为四分之一圆弧（图 4-33），完成一层外墙的绘制（图 4-34、图 4-35）。

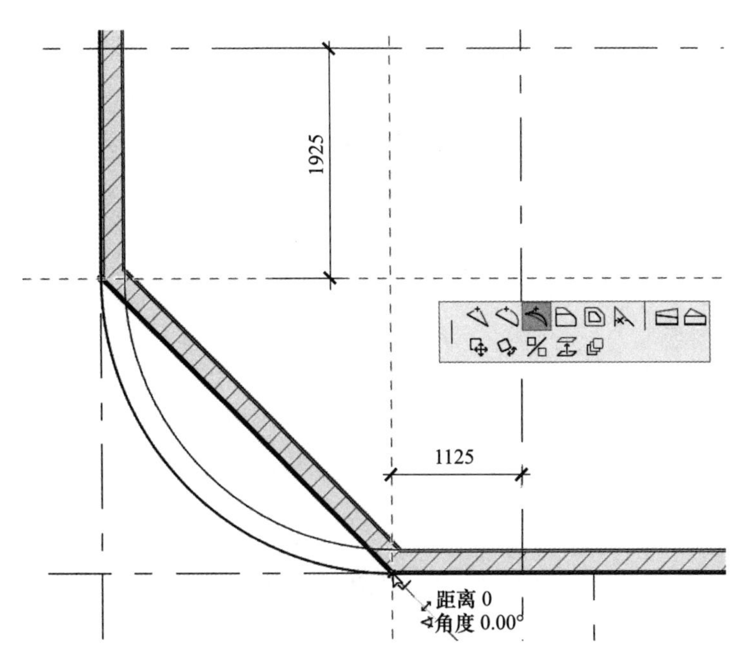

图 4-33　编辑弧形外墙

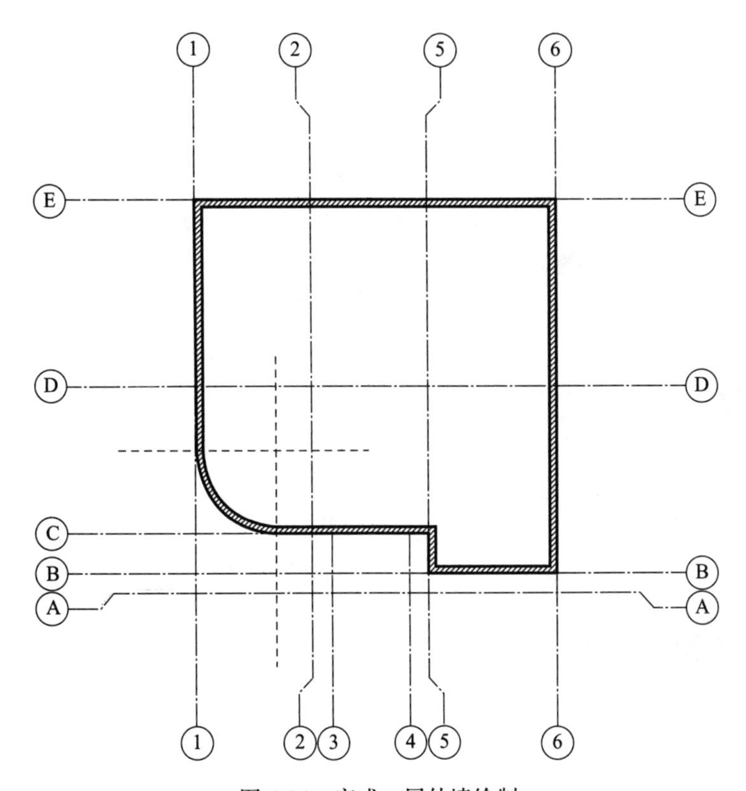

图 4-34　完成一层外墙绘制

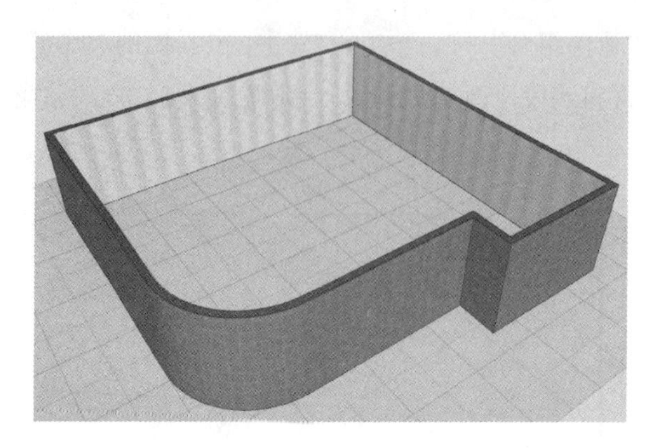

图 4-35 一层外墙

2. 绘制一层内墙

选择“选项>元素属性>复合结构”，打开“复合结构”对话框，单击“新建”按钮，在出现的对话框中，复制“别墅-外墙”，并命名为“别墅-内墙”。将外表面建筑材料设为“灰泥-石膏”，厚度为“10mm”；中间“砖-结构”厚度为“100mm”；内表面“灰泥-石膏”厚度为“10mm”（图 4-36），单击“确定”。

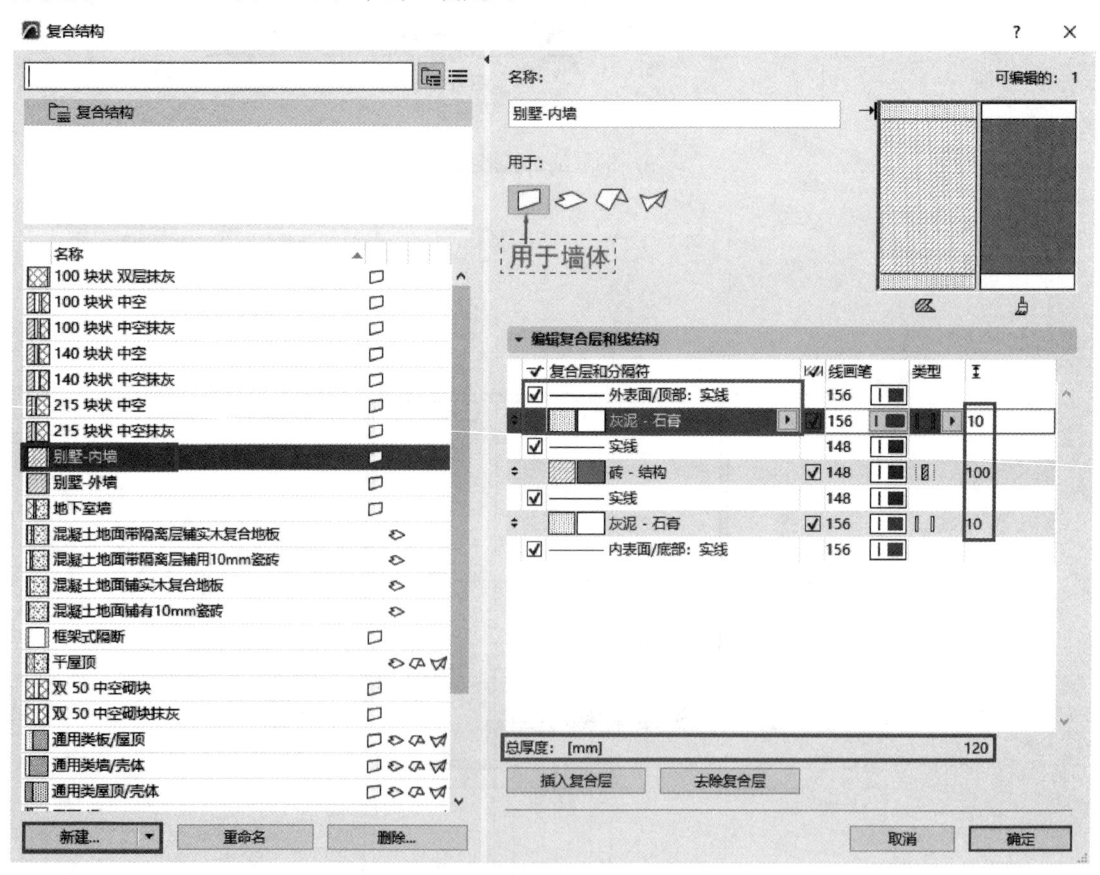

图 4-36 设置内墙“复合结构”

单击工具栏中的“创建辅助线段”按钮 （快捷键〈Alt+L〉），绘制辅助线对内墙进行定位，如图 4-37 所示。

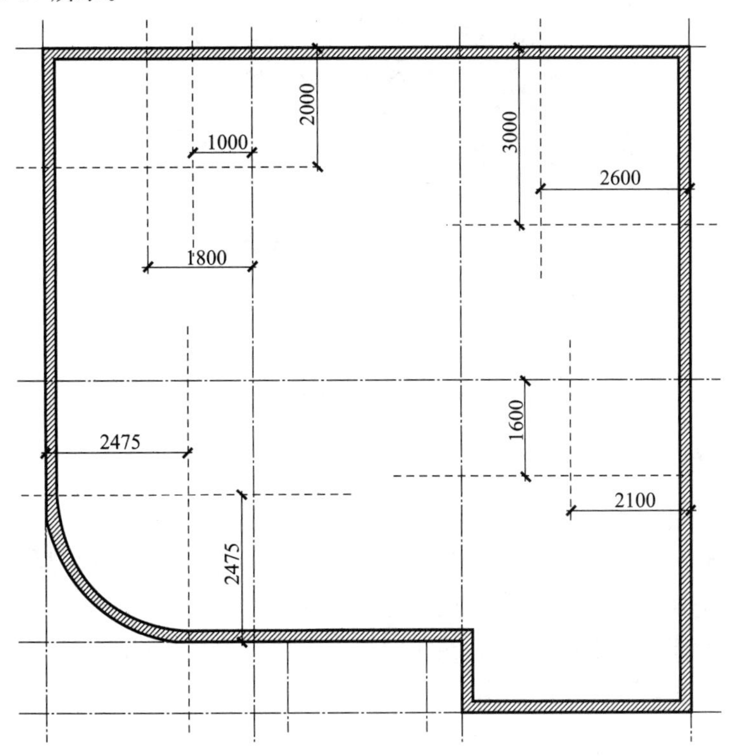

图 4-37　绘制辅助线作为内墙的定位线

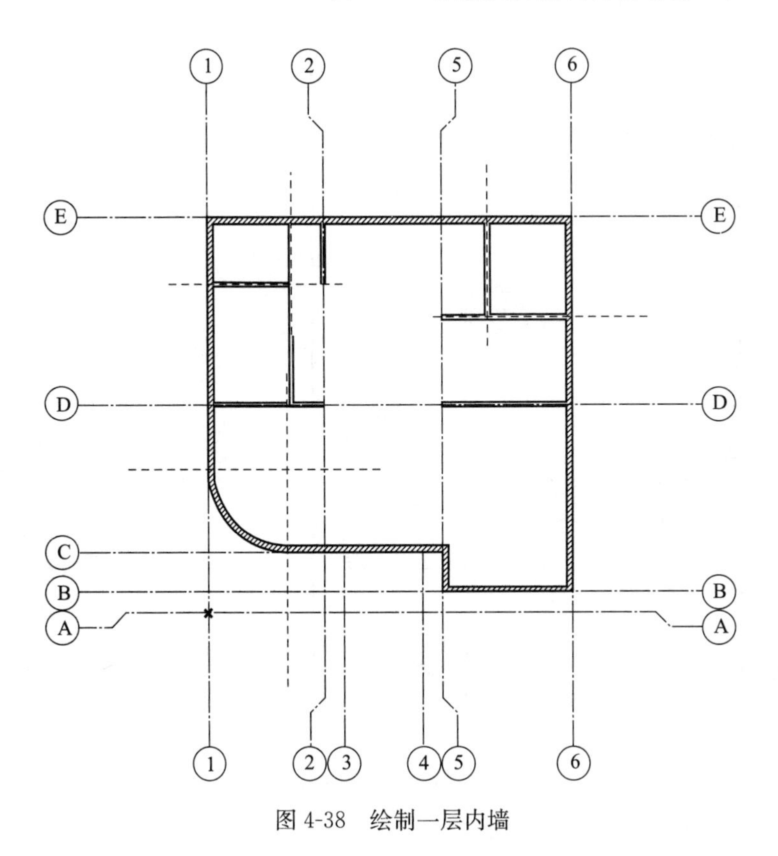

图 4-38　绘制一层内墙

双击工具箱中的“墙工具”图标 墙 ，打开“墙默认设置”对话框，设置始位楼层为“1F”，顶部链接为“2F”，复合结构为“别墅-内墙”，参考线为“居中”，在楼层上显示为“仅始位楼层”，平面图显示为“仅剪切”，其余按照默认设置。然后“新建收藏夹”，将设置保存为“别墅内墙”。单击“确定”，返回 1F 平面窗口。沿辅助线绘制各内墙，如图 4-38 所示。切换到三维视图，进行观察（图 4-39）。

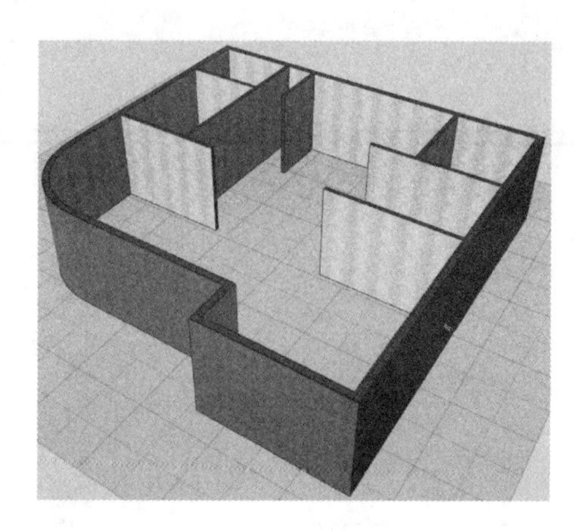

图 4-39 一层墙体

4.2.2 绘制其他层墙体

1. 绘制二层墙体

由于二层外墙与一层外墙相同，可以将一层外墙在垂直方向进行复制。在 1F 平面窗口中，选中外墙后选择“编辑>拷贝”（快捷键〈Ctrl+C〉），然后切换到 2F 平面窗口，选择“编辑>粘贴”（快捷键〈Ctrl+V〉），在相同的平面位置出现带虚线框的外墙，点击虚线框外的空白处进行放置，如图 4-40 所示。

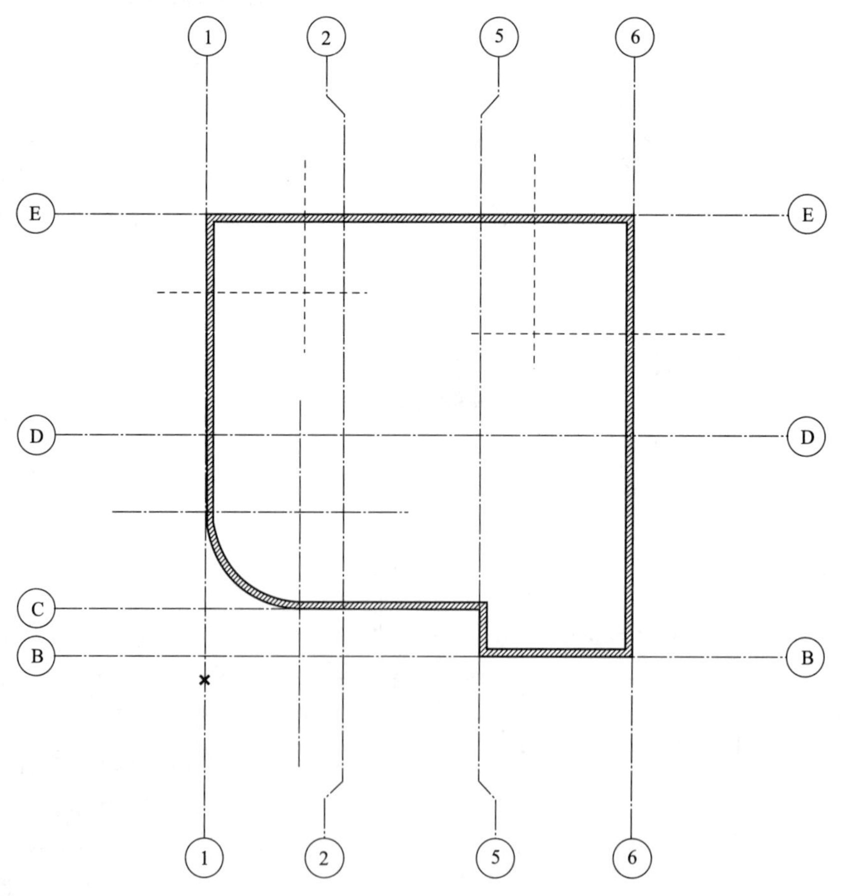

图 4-40 “复制”一层外墙并“粘贴”到二层

单击“墙工具”，使用收藏夹中的“别墅内墙”，绘制 2F 内墙（图 4-41）。

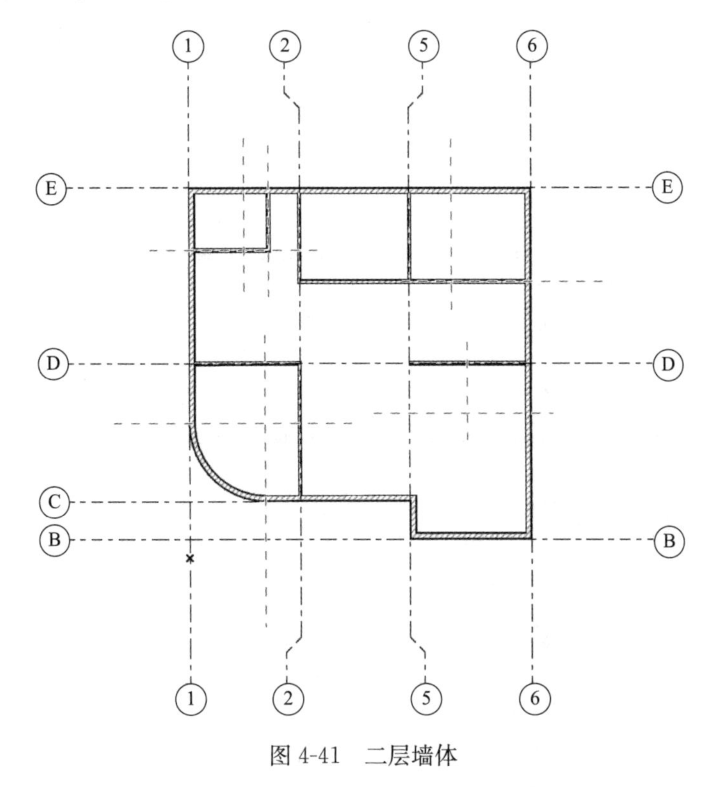

图 4-41 二层墙体

2. 绘制三、四层墙体

使用相同的方法，可以绘制 3F 墙体，如图 4-42 所示。

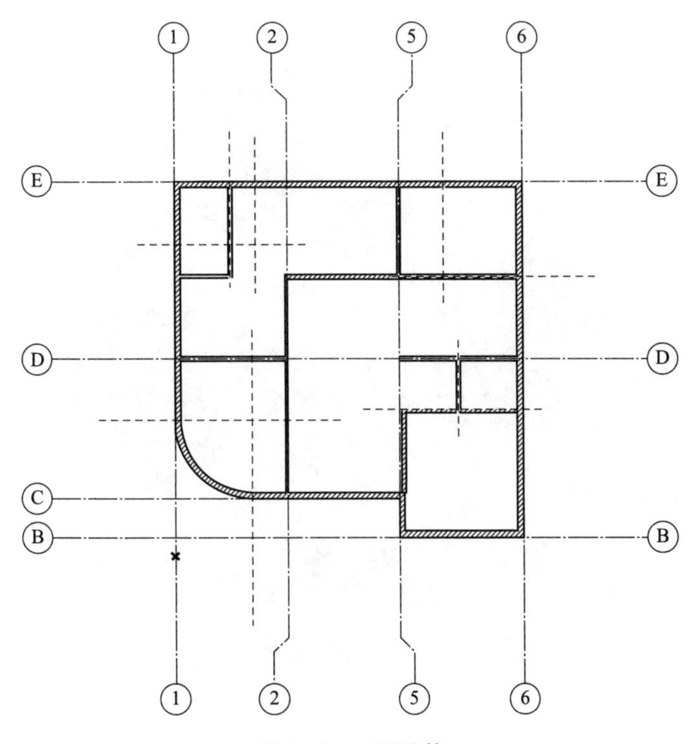

图 4-42 三层墙体

由于四层有室外平台，需要对复制后的4F外墙进行调整，在D号轴以“居中”的方式添加一段外墙，单击“暂停组合”按钮 后，再修剪多余外墙（图4-43、图4-44）。

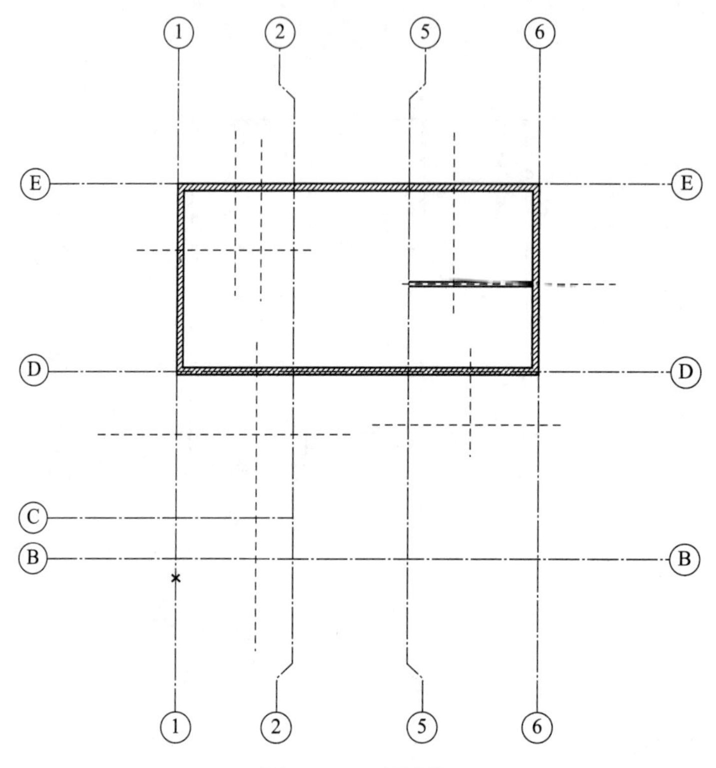

图4-43 四层墙体

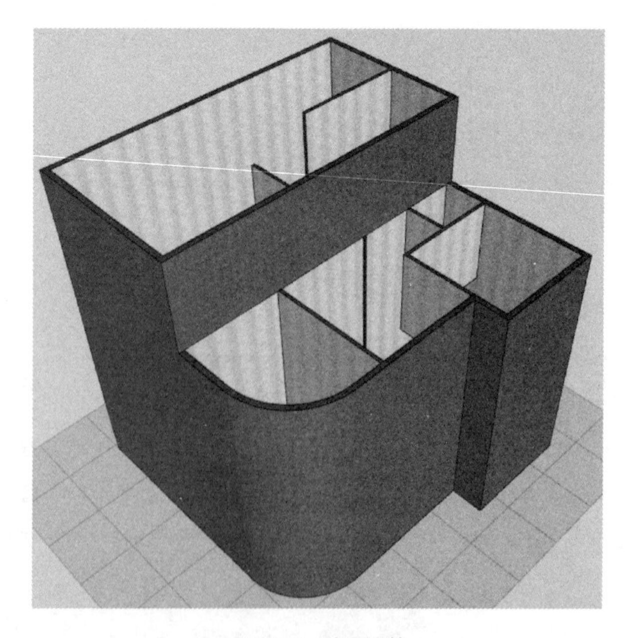

图4-44 别墅墙体

4.2.3 绘制弧形幕墙窗

1. 设置幕墙

双击工具箱中的“幕墙工具”图标 ，打开“幕墙默认设置”对话框。将始位楼层设为“1F”，底部偏移距离为“500mm”，幕墙高为“1900mm”，名义厚度为“200mm”，参考线至面板中心距离为“0”。“在楼层上显示”设为“仅始位楼层”，“平面图显示”设为“只显示轮廓”，其他按照默认设置。然后“新建收藏夹”，将设置保存为“别墅幕墙”（图 4-45）。

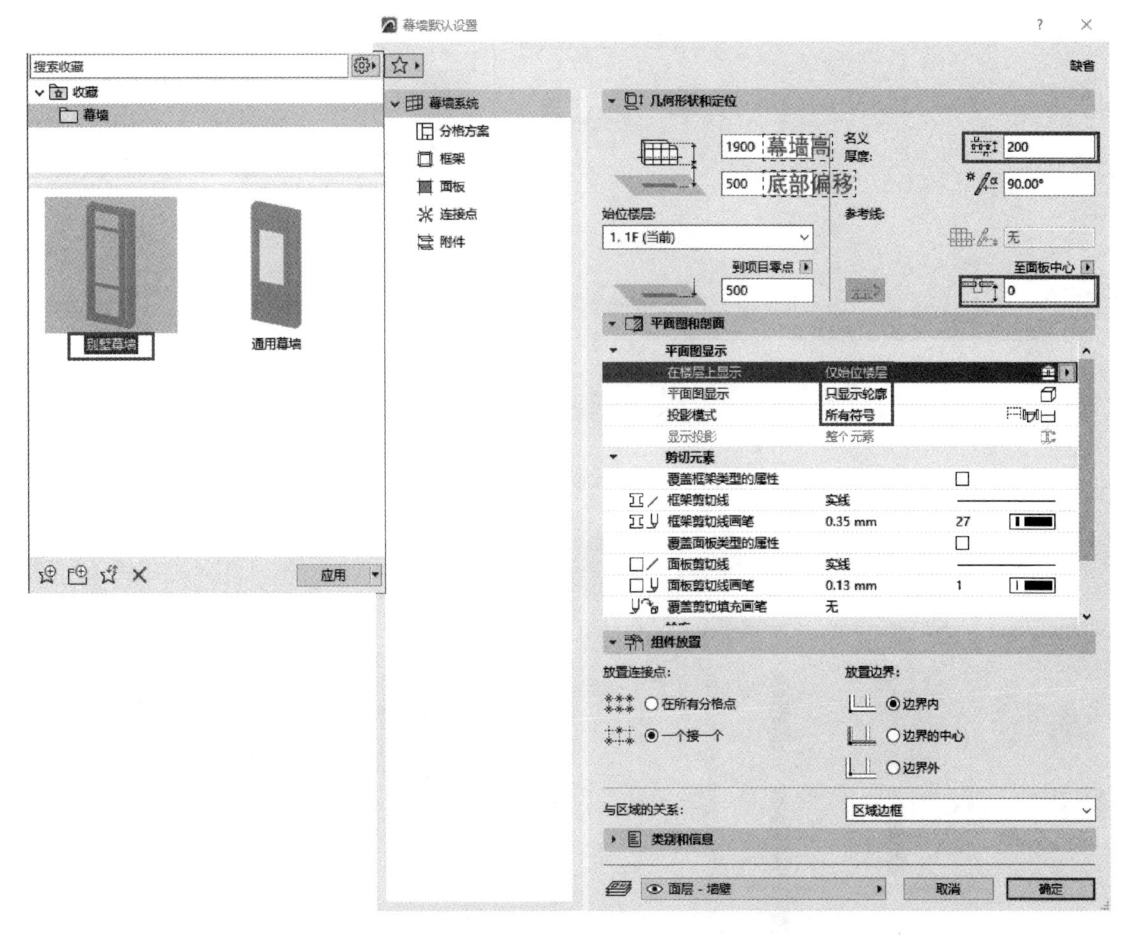

图 4-45 设置“幕墙”参数

单击“分格方案”页面，“列”与“行”都选择“最佳分隔”，只保留一块 500×500 的“主面板”（图 4-46）。

单击“框架”页面，将“横梁框架”尺寸设为如图 4-47 所示，同时将覆盖表面设为“涂料-光面白”，然后“新建收藏夹”，将设置保存为“别墅-边框”。分别选择角边框、边界和竖框框架，并应用收藏的“别墅-边框”样式。

单击“面板”页面，将主面板外表面的覆盖表面设为“玻璃-蓝色”，其他按照默认值（图 4-48）。

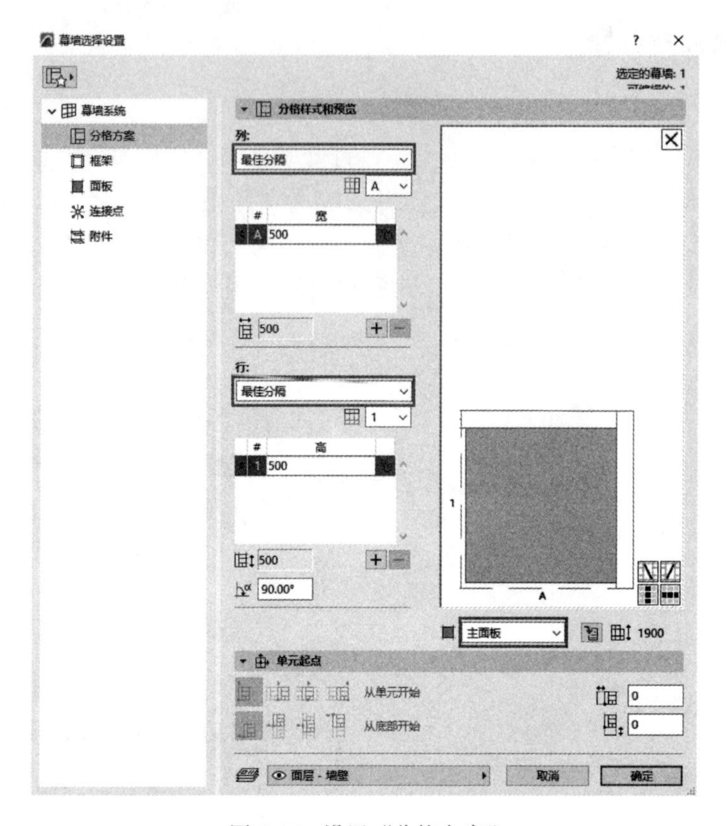

图 4-46　设置“分格方案”

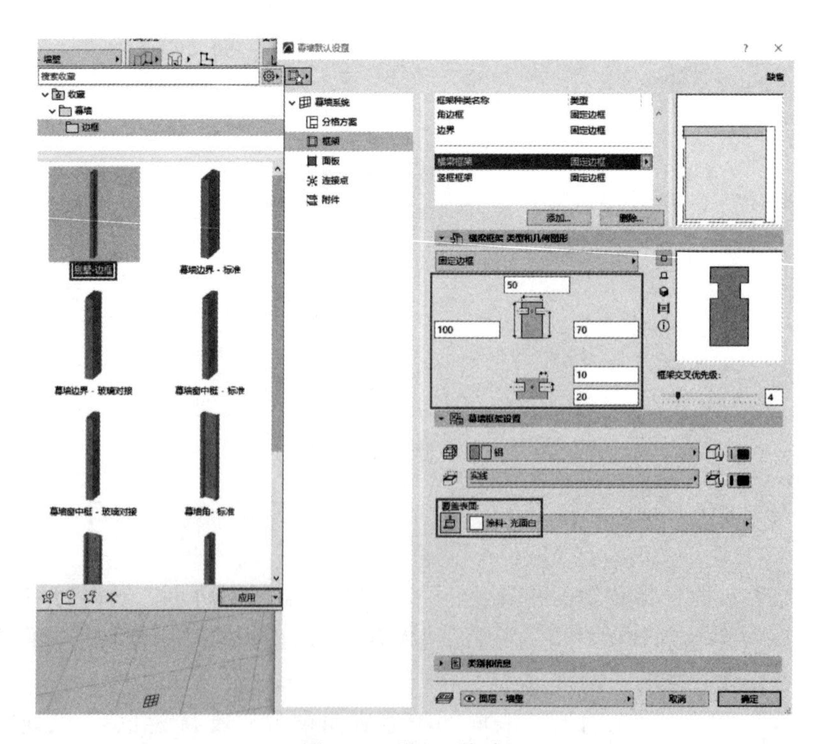

图 4-47　设置“框架”

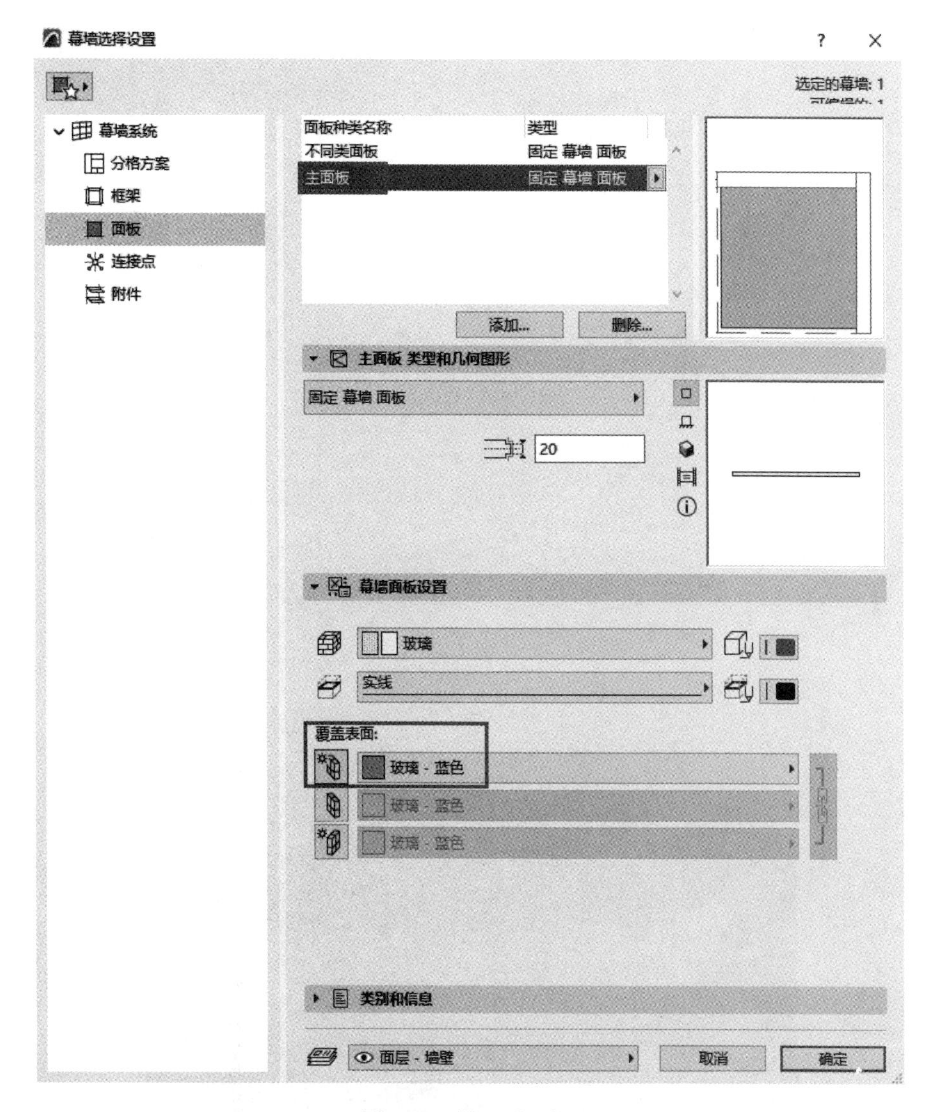

图 4-48　设置“面板”

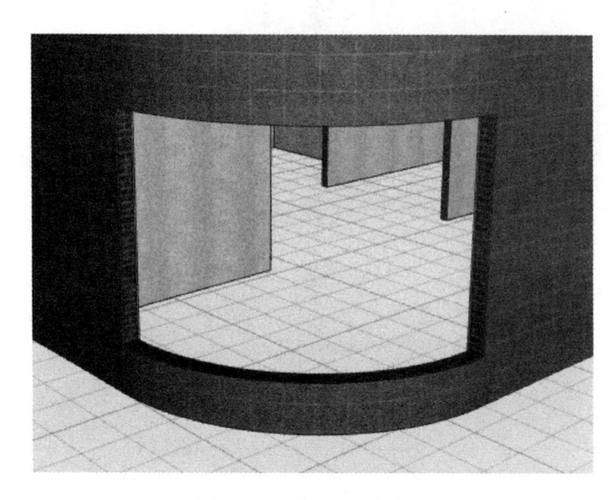

图 4-49　修改弧墙高度

2. 绘制幕墙

切换到 3D 窗口，选择弧墙段，按快捷键〈Ctrl+T〉，打开“墙选择设置”对话框，将顶部链接设为“未链接”，墙高度设为“500mm”，“平面图显示”设为“投影”，“显示投影”设为“整个元素”（图 4-49）。

切换到 1F 平面窗口，单击工具箱中的“幕墙工具”图标 ，在信息框中将“几何方法”设为“中点和半径” ，捕捉到弧形墙处两个辅助线的交点作为圆心，水平移动光标，输入半径值“2375mm”

后按〈Enter〉键，沿逆时针绘制1/4圆弧幕墙（图4-50、图4-51）。

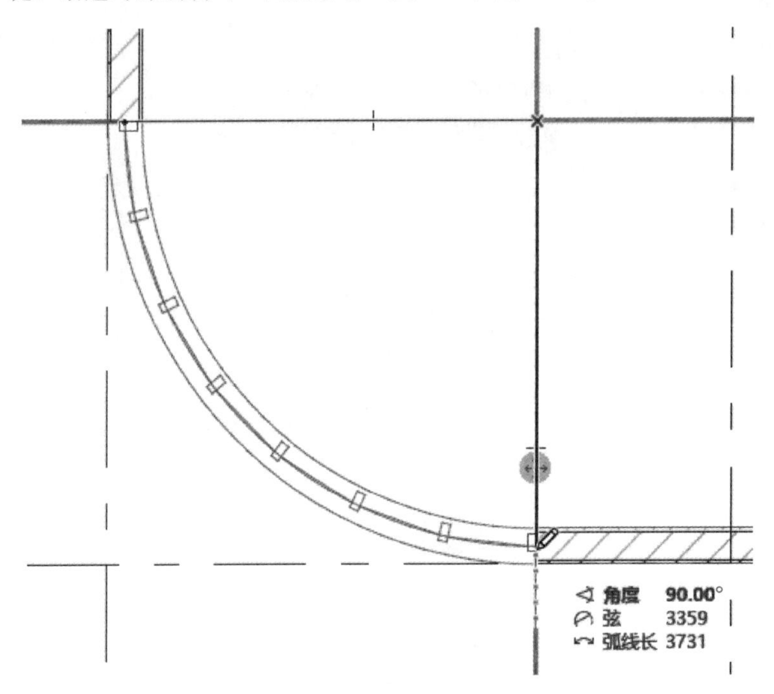

图4-50　绘制弧形幕墙

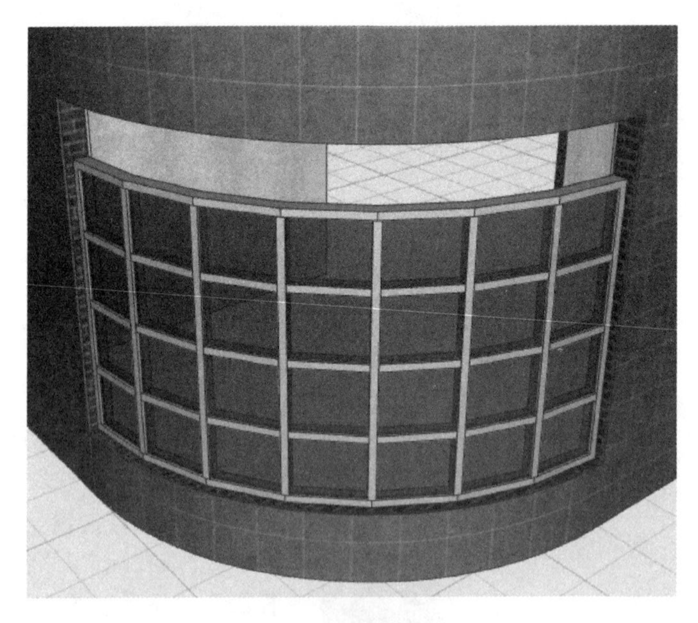

图4-51　弧形幕墙窗

提示：如果弧形墙对弧形幕墙有遮挡，可以右击弧形墙，在上下文菜单中选择“显示顺序>置于底层”，可以将弧形墙后置。

切换到2F平面窗口，选择弧墙段，按快捷键〈Ctrl+T〉，打开“墙选择设置”对话框，将顶部链接设为“未链接”，墙高度设为“900mm”，“平面图显示”设为“投影”，“显示投影”设为“整个元素”。单击工具箱中的“幕墙工具”图标，在信息框中将偏移距离改为“900mm”，幕墙高改为“1500mm”。“几何方法”为“中点和半径”，捕捉到弧形墙处两个辅助线的交点作为圆心，水平移动光标，输入半径值“2375mm”后按〈Enter〉键，沿逆时针绘制 1/4 圆弧幕墙。

切换到 3F 平面窗口，使用相同的操作绘制幕墙，幕墙高改为“1700mm”。

提示：目前模型中外墙和内墙的端部显示为剖切材质，可以使用快捷键〈Ctrl+F〉，打开“查找 & 选择”对话框，将“元素类型”设为“墙”，添加条件“复合材料”是“别墅-外墙”，单击“+”号选中项目中所有的外墙（图 4-52），然后按快捷键〈Ctrl+T〉，打开“墙选择设置”对话框，在“模型>覆盖表面”选项中将“边缘表面”设置为“质感涂料-白色，细腻”，然后重新定义“别墅外墙”收藏夹。使用相同的操作也可以将别墅内墙的“边缘表面”设置为“质感涂料-白色，细腻”，并重新定义“别墅内墙”收藏夹。修改后墙边缘表面如图 4-53 所示。

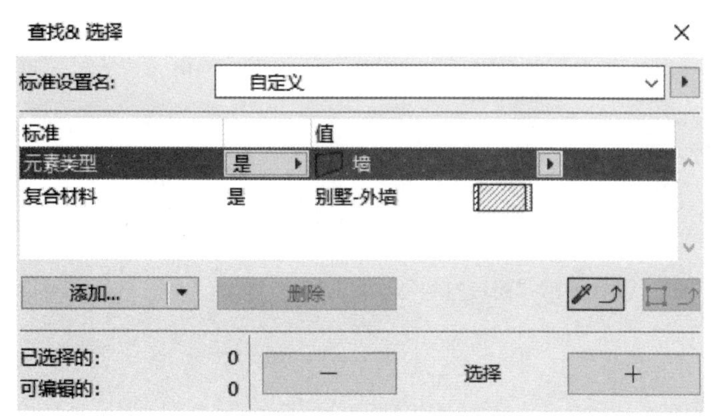

图 4-52　查找“别墅外墙”

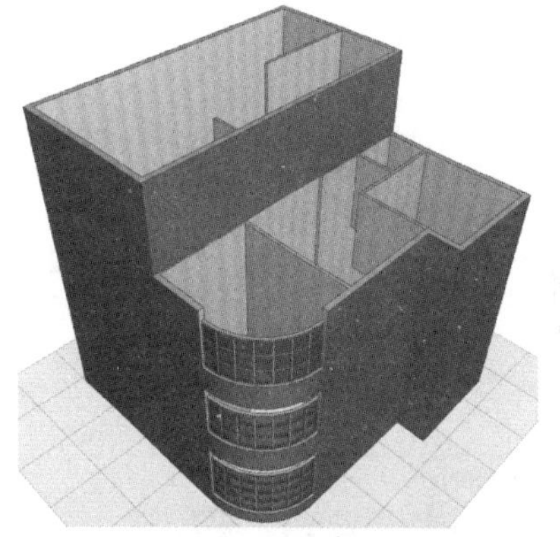
图 4-53　修改墙边缘材质

4.2.4　创建勒脚与散水

1. 绘制勒脚与散水截面

选择“选项>复杂截面>截面管理器”，打开截面管理器面板。选择“新建”按钮，弹出“新建截面”对话框，在“截面>建筑”文件夹中，新建“勒脚与散水”，单击“确认”，出现默认轮廓，在“截面管理器”面板中选择和“墙”一起使用。

首先设置勒脚的建筑材料，选择“选项>元素属性>建筑材料”，打开“建筑材料”对话框，单击“新建”按钮，在出现的对话框中，复制“石材-结构”，并命名为“石材-别墅勒脚”。剪切填充设为“加工石材 12”，表面材质选择“石材-红色花岗岩”，交叉优先级设为“710”，单击“确定”（图 4-54）。

修改默认轮廓的尺寸为高“600mm”，宽“200mm”，设置填充类型为“石材-别墅勒脚”。单击工具箱的“填充工具”，绘制散水轮廓如图 4-55 所示，设置填充类型为“钢筋混凝土-预制”，单击“保存”按钮。

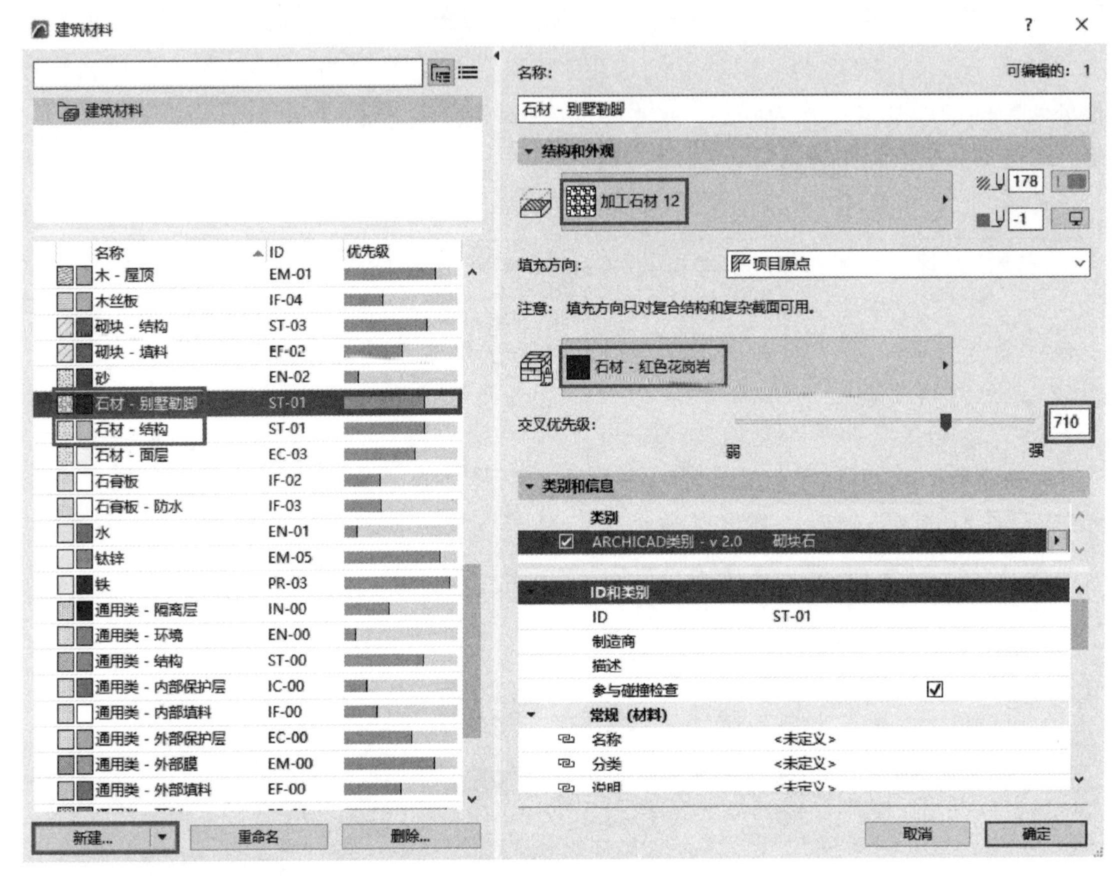

图 4-54 设置勒脚“建筑材料”

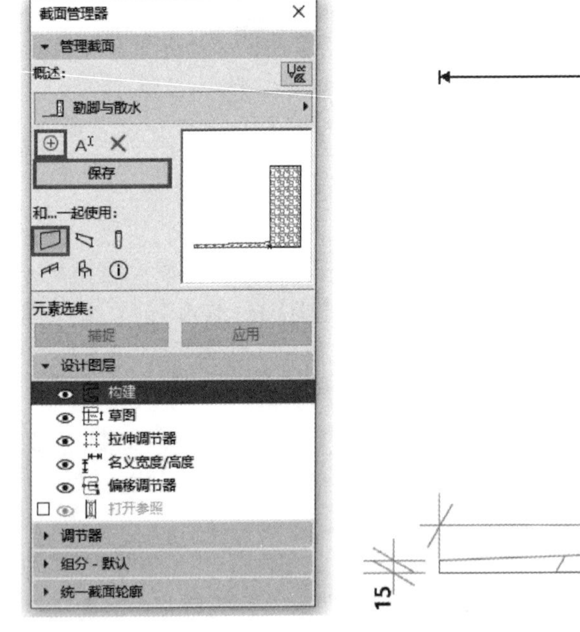

图 4-55 绘制勒脚与散水“轮廓”

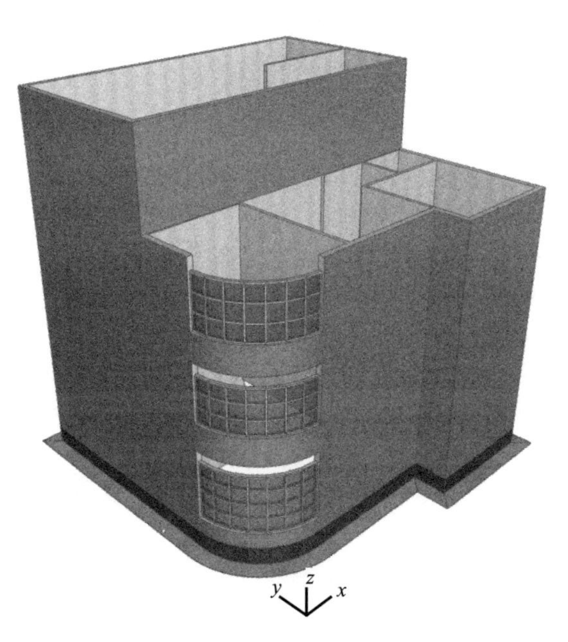

图 4-56　创建“勒脚与散水”

2. 创建勒脚与散水

切换到 1F 平面窗口，单击工具箱中的“墙工具”图标 墙，在信息框中设置结构为“复杂截面”并选择“勒脚与散水”类型，几何方法为“直线连续”，设置始位楼层为“室外地坪”，顶部链接为“未链接”，“平面图显示”设为“投影”，“覆盖表面”不使用“端部表面”。将光标置于弧形墙上，按〈空格键〉，可以沿外墙生成连续的勒脚，单击鼠标左键完成绘制（图 4-56）。

提示：当生成勒脚后，会弹出信息提示“勒脚在 1F 平面不可见（仅在始位楼层显示）”，用户可以单击“继续”。切换到“室外地坪”平面窗口时可以看到勒脚及散水（图 4-57）。

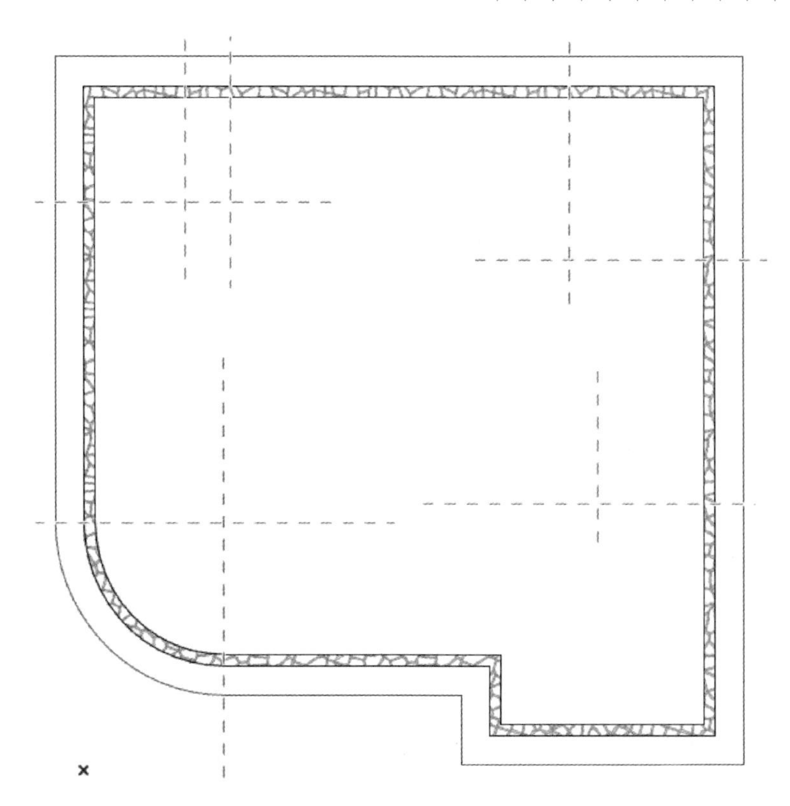

图 4-57　“室外地坪”视图

5 柱与梁

建筑物的一般传力路径为：屋顶或楼板将荷载传递给梁，梁将荷载传递给柱，柱将荷载依次传递给基础和地基，将这些受力构件进行合理连接，就形成了建筑物的竖向承重体系。

自 Archicad 24 开始，可以基于建筑模型生成结构分析模型，当建筑模型变更后，与之相关联的结构分析模型也会自动更新。Archicad 结构分析模型不是一个单独存在的模型，而更像是建筑模型的简化表达。可以将模型导出为 SAF（Structural Analysis Format）结构分析文件，结构工程师使用结构分析软件（如 FRILO、SCIA Engineer 等）可以进行分析模拟和设计优化，对结构模型做必要的变更后，还可以重新导回 Archicad 中以更新对应的建筑模型，从而实现了建筑与结构专业的协同设计。

本章学习目的：

（1）熟悉建筑结构知识；

（2）掌握柱与梁的参数设置；

（3）掌握柱与梁的创建方法；

（4）理解 BIM 协同设计。

手机扫码
观看教程

5.1 柱

5.1.1 柱参数

双击工具箱中的“柱工具”图标柱或单击图标后使用快捷键〈Ctrl＋T〉，可以打开“柱默认设置”对话框。对话框包括 5 个页面：柱、分段、平面图和剖面、结构分析参数、类别和信息。

1. “柱”页面

可以设置矩形柱和圆形柱的尺寸，柱高取决于“始位楼层”与“顶部链接”的设置（图 5-1）。

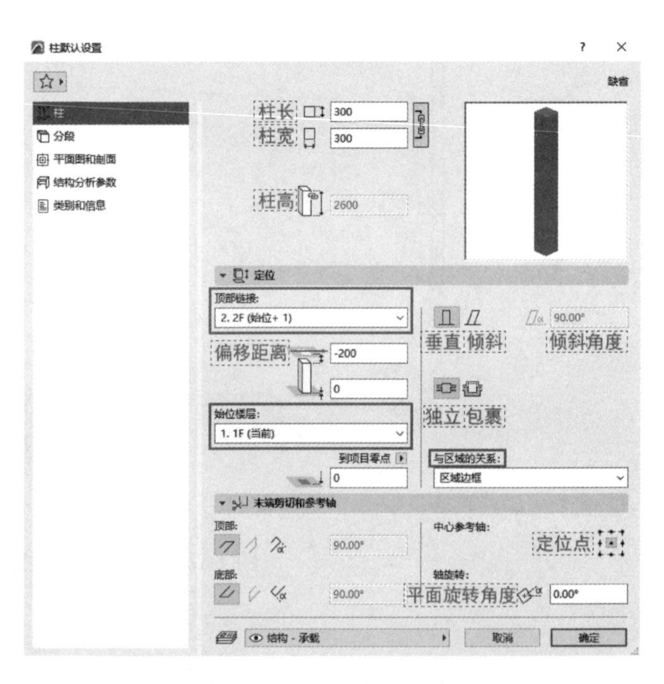

图 5-1　设置“柱”页面

（1）在“定位”面板中

默认情况下，始位楼层是当前楼层，顶部链接相对于其始位楼层往上“始位＋1、始位＋2”等。如果修改了楼层的位置和高度，与其链接的柱高也将跟随修改。如果选择“不链接”，则可以在“柱高度”字段中设置固定高度。另外，可将柱顶部或柱底部从链接楼层偏移一定距离，该偏移值可以是“正数、负数或 0”。

选择“倾斜”图标，可以输入倾斜角度，创建斜柱。选择“独立的/包裹的”图标来确定柱与复合墙相交的方式，“独立柱”可切割墙体，独立于所有墙面并不改变墙的形状，如果墙复合层和柱的建筑材料相互匹配时，它们之间的分割线将被删除。“包裹柱”独立于复合墙的核心层，但会被其他非核心层所包裹（图 5-2）。当柱为倾斜、变截面或多重分段的柱时，或当墙体为曲面、倾斜或多边形墙时，“包裹”状态不适用。“与区域的关系”可以设置区域面积中是否包括柱的面积。

（2）在“末端剪切和参考轴”面板中，可以设置柱的顶部和底部的偏移角度，还可以设置柱的放置定位点和旋转角度

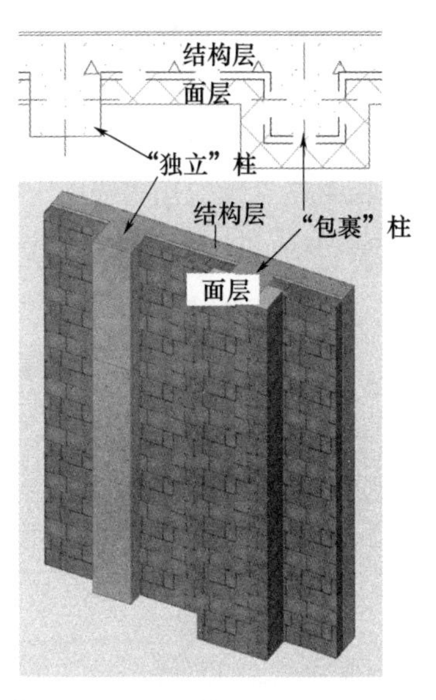

图 5-2 “独立柱”与“包裹柱”

2. “分段”页面

单击“多重分段”按钮，再单击“添加”可以设置多个柱段，针对每个柱段可以分别设置截面轮廓、材质、表面饰材、柱顶和柱底尺寸、柱段高度或占比等（图 5-3）。

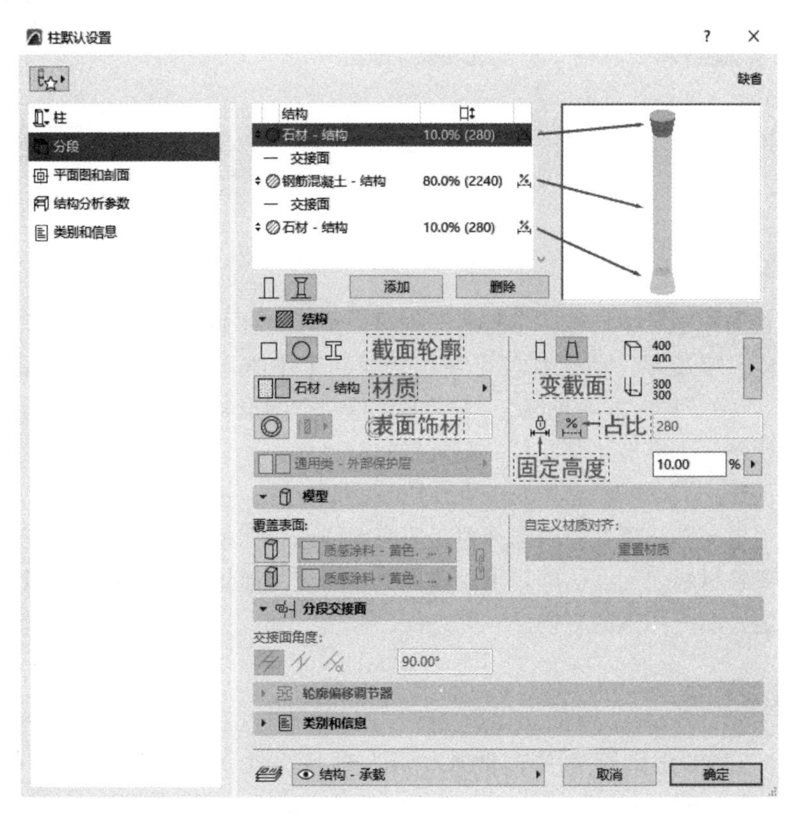

图 5-3 设置“分段”页面

3. “平面图和剖面”页面

(1) 轮廓

柱的“平面图显示”“剪切面”和“轮廓”设置与墙体的设置相同。

如果在“模型视图选项”中勾选“位于板下时显示为消隐线”，则板下方的“柱”可以按“消隐线”设置显示（图 5-4）。

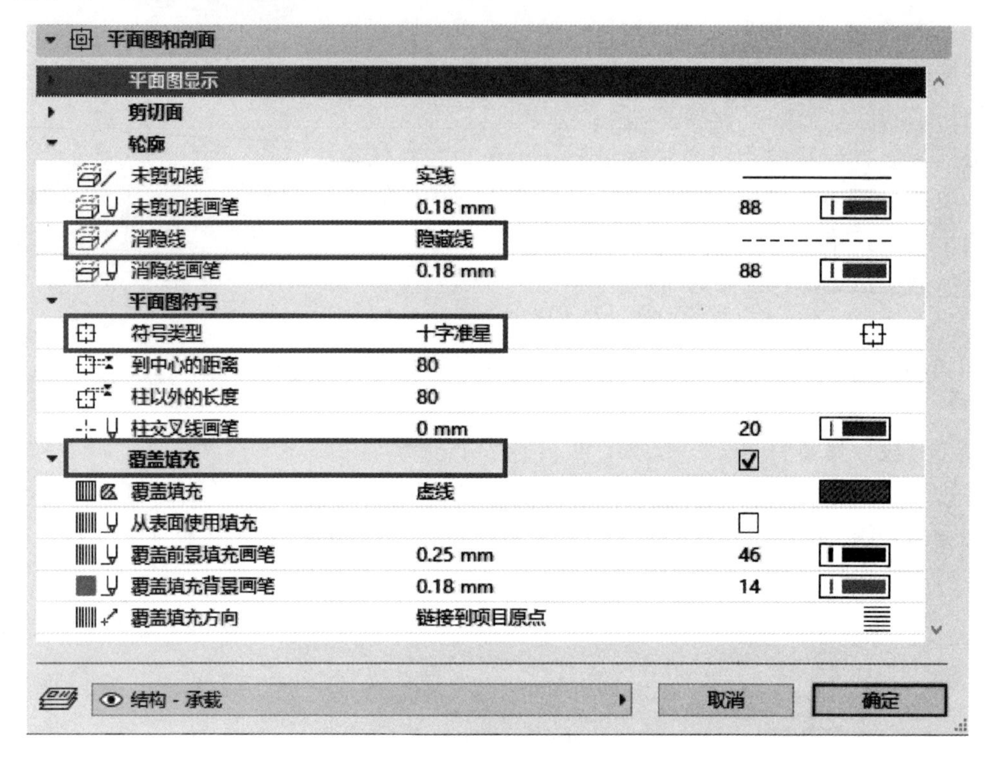

图 5-4　设置柱“轮廓”

(2) 平面图符号

在“模型视图选项”中勾选“带符号”则可以显示“平面图符号”。符号类型包括：普通、斜杠、X 或十字准星。截面柱仅可使用普通和十字准星符号。十字准星另外可设置：“到中心的距离”和“柱以外的长度”。十字准星是一个图形符号，不是模型的一部分，但如果修改图形的比例，十字准星将与柱一起重新调整尺寸。

(3) 覆盖填充

勾选“覆盖填充”选项，可以选择覆盖填充的样式，如果勾选“从表面使用填充”则可以使用元素的建筑材料表面。另外，可以选择覆盖填充的前景和背景画笔，以及使用“覆盖填充方向”来定义填充图案的方向。

5.1.2　创建别墅柱

打开“4-6 吕桥四层别墅-勒脚与散水 . pln”项目文件，并切换到 1F 平面视图。选择“选项>元素属性>建筑材料”，打开“建筑材料”对话框，单击“新建”按钮，在出现的对话框中，复制“钢筋混凝土-结构”，并命名为“钢筋混凝土-别墅结构”。剪切填充设为“前景”，前景画笔为“1”号。表面材质选择“质感涂料-白色，粗糙”，交叉优先级设为

"900"，单击"确定"（图 5-5）。

图 5-5　设置"结构材料"

双击工具箱中的"柱工具"图标 柱 打开"柱默认设置"对话框。设置柱的长度和宽度都为"350mm"，始位楼层为"1F"，顶部链接为"2F"，柱设为"独立的"，材质设为"钢筋混凝土-别墅结构"，"在楼层上显示"设为"仅始位楼层"，"平面图显示"设为"仅剪切"，其余按照默认设置。然后"新建收藏夹"，将设置保存为"别墅柱"，单击"确定"（图 5-6）。根据图纸在轴网的交点处依次单击放置柱（图 5-7、图 5-8）。

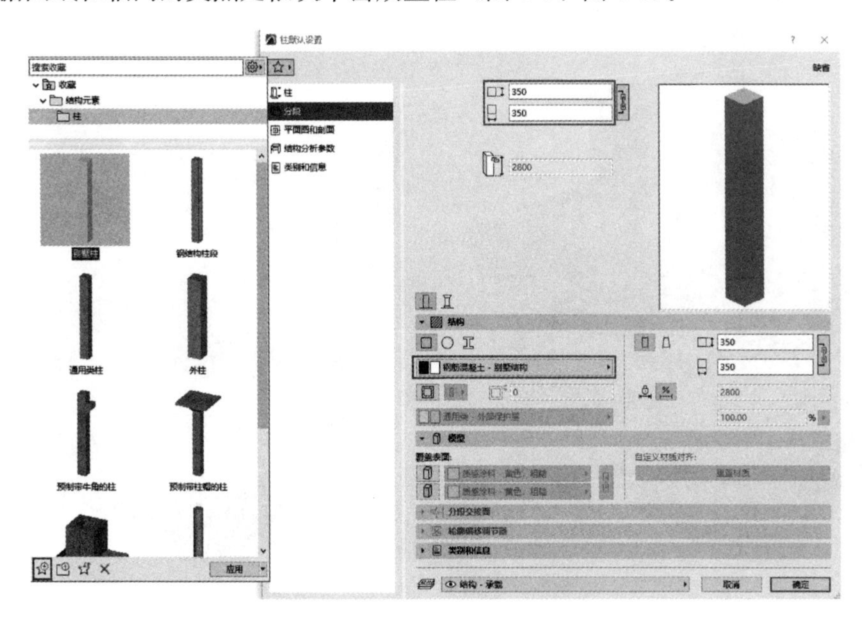

图 5-6　设置"别墅柱"参数

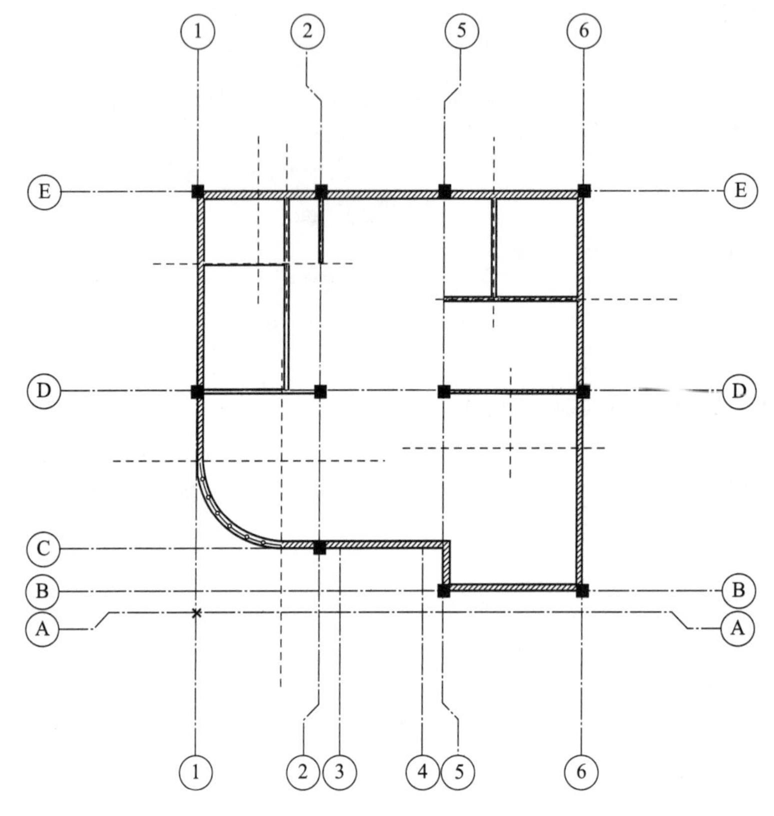

图 5-7　放置一层柱

在 1F 平面视图中，单击工具箱中的“柱工具”，按快捷键〈Ctrl＋A〉选中所有的柱，按快捷键〈Ctrl+C〉键进行复制。然后切换到“室外地坪”平面视图，按快捷键〈Ctrl＋V〉进行粘贴，单击虚线框之外确认。使用相同的操作将柱依次复制至 2F、3F 和 4F。切换到 3D 窗口，将 4F 平台处的 3 根柱子删除，如图 5-9 所示。

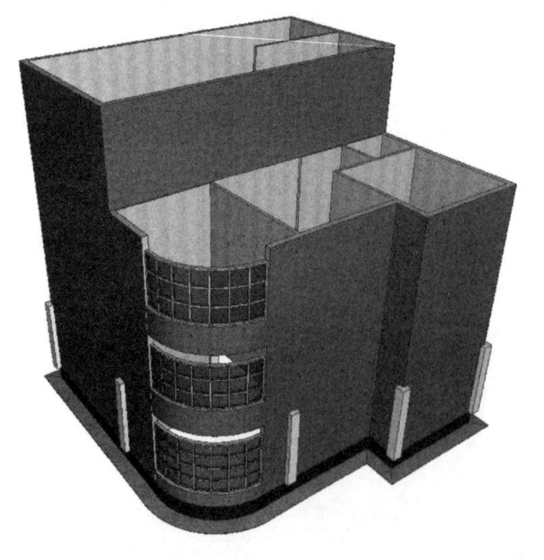

图 5-8　一层柱

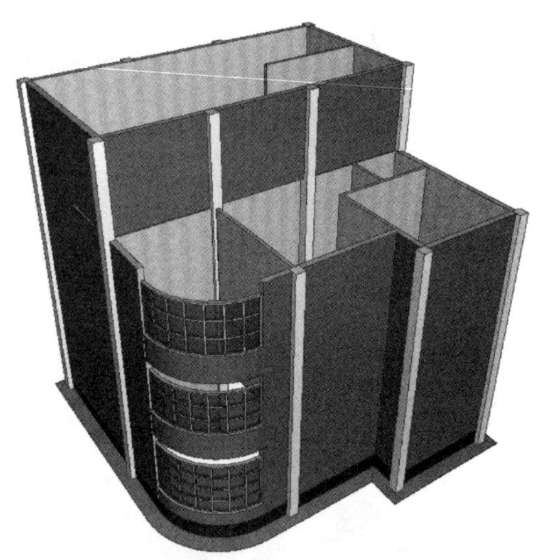

图 5-9　各层柱

5.2 梁

5.2.1 梁参数

双击工具箱中的“梁工具”图标 梁 或单击图标后使用快捷键〈Ctrl+T〉，可以打开“梁默认设置”对话框。对话框包括 6 个页面：梁、分段、洞口、平面图和剖面、结构分析参数、类别和信息。

1. **“梁”页面**

可以设置矩形梁与圆形梁的尺寸，梁长度取决于默认分段长度（图 5-10）。

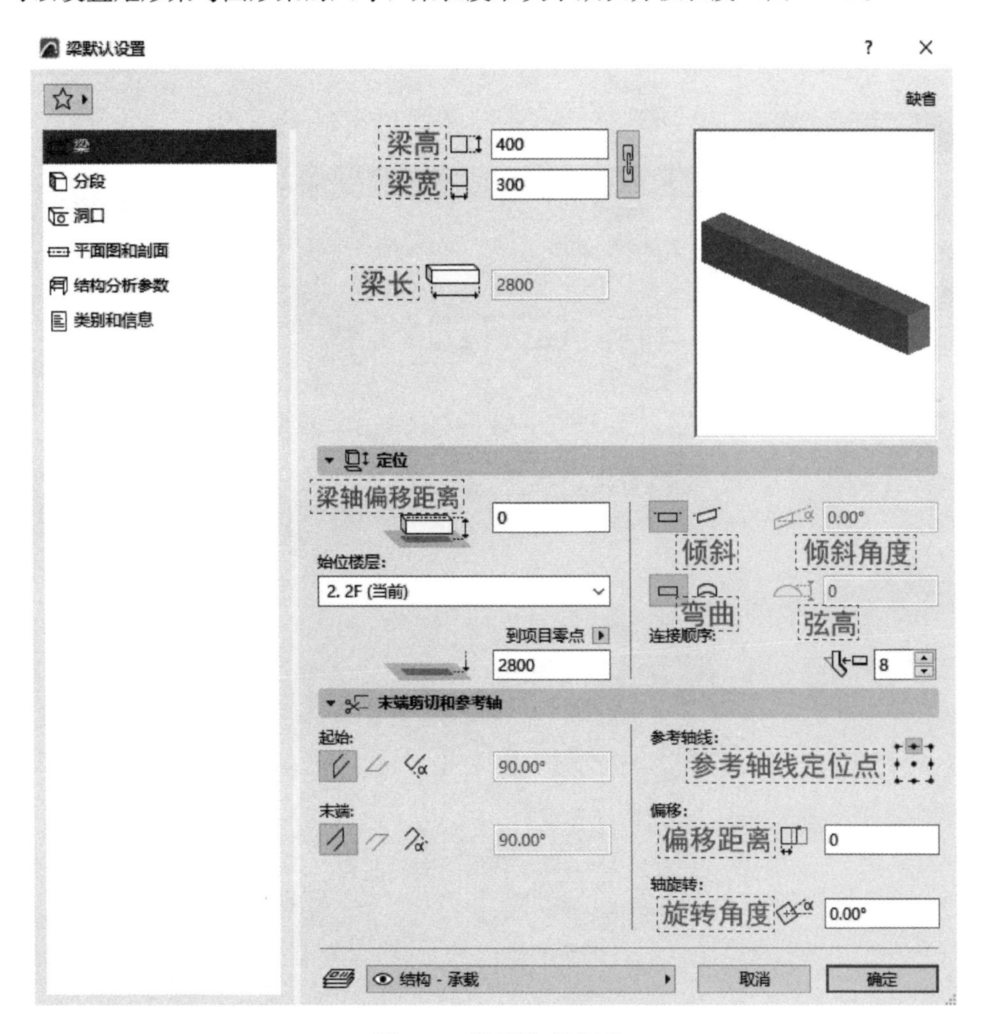

图 5-10 设置梁“页面”

（1）在“定位”面板中

默认情况下，始位楼层是当前楼层。“偏移到始位楼层”可以设置梁的参考轴到始位楼层的偏移距离。点选倾斜图标，可以输入倾斜角度，从梁的起始点开始计算，角度值可以在 −89°～89°之间。点选弯曲图标，可以在 Z 方向上输入弦高，创建垂直曲梁。连接顺序：当

3个及以上的相同优先级建筑材料的梁在一个连接点相遇时，连接顺序决定了首先连接的两根梁，较高顺序数优先于较低顺序数。

（2）在“末端剪切和参考轴”面板中

可以设置梁的起始和末端的偏移角度，设置梁的“参考轴线”的定位点和偏移距离，还可以设置绕参考轴的旋转角度。

2.“分段”页面

单击“多重分段”按钮，再单击“添加”可以设置多个梁段，针对每个梁段可以分别设置截面轮廓、材质、覆盖表面、梁段起始和末端的尺寸、梁段长度或占比等（图5-11）。

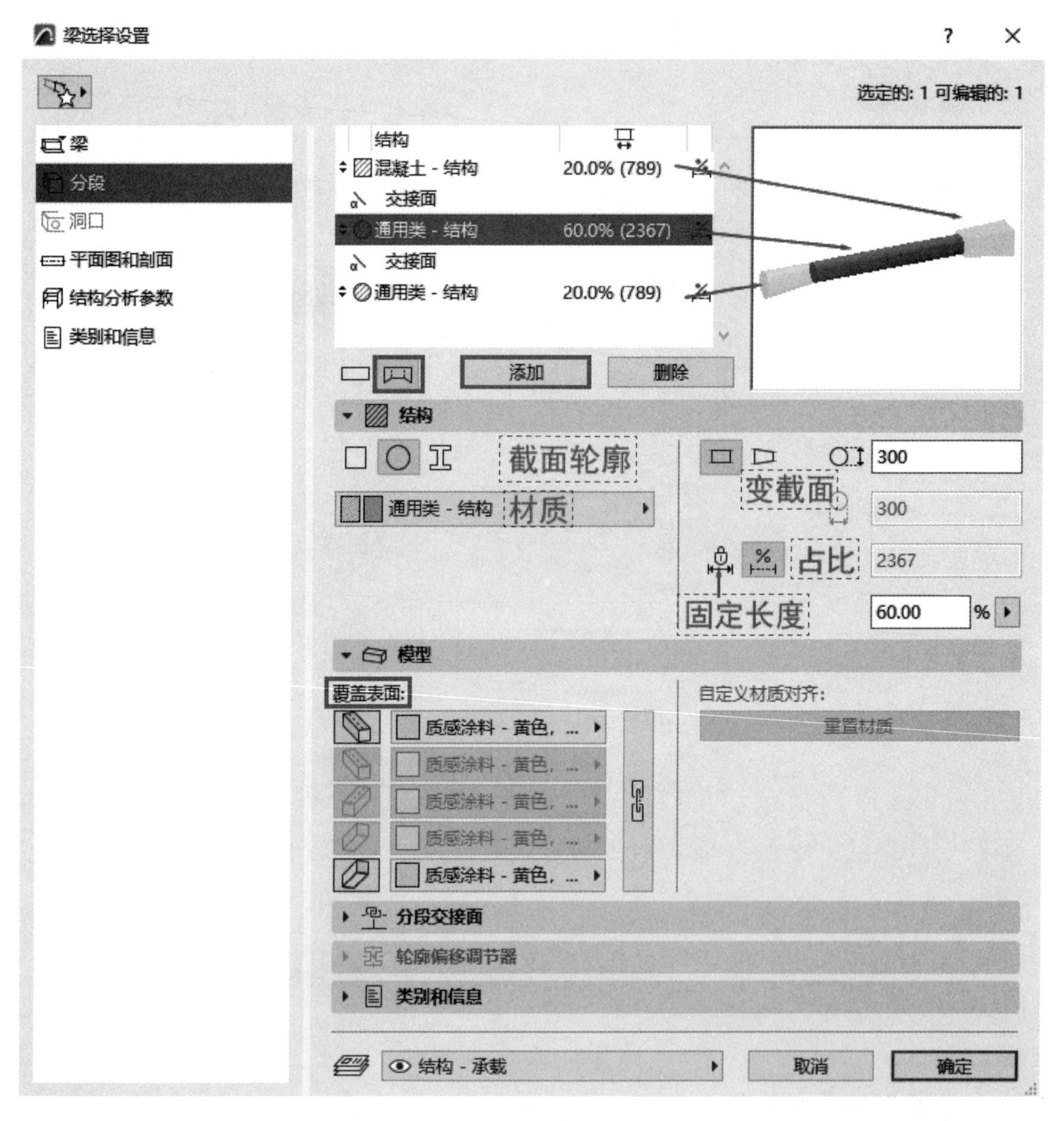

图5-11 设置“分段”页面

3.“洞口”页面

可以定义在梁上创建“洞口”的默认值。选择已创建的梁，单击其参考轴，在弹出式小面板中单击“洞口”图标，弹出梁洞口设置对话框（图 5-12），设置参数后单击“确定”，则“洞口”出现在所单击的梁上。

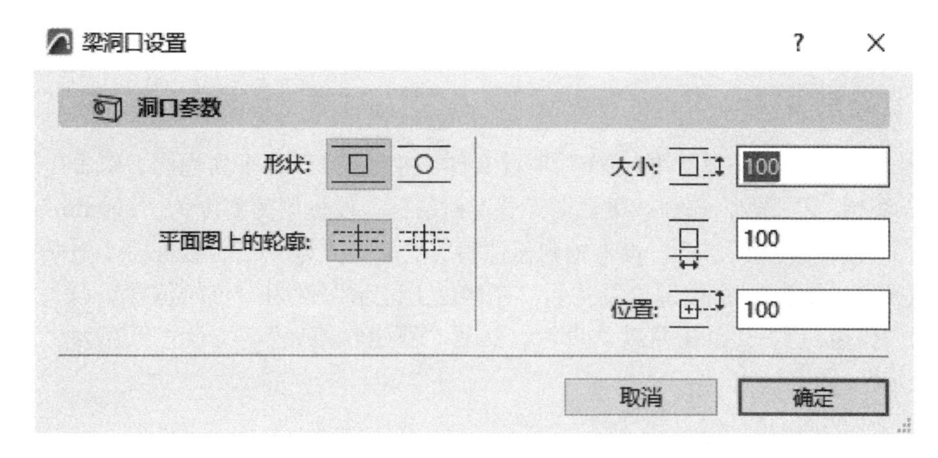

图 5-12　设置梁“洞口”参数

4. “平面图和剖面”页面

（1）轮廓

梁的“平面图显示”“剪切面”和“轮廓”设置与柱的设置基本相同。如果在“模型视图选项”中勾选“位于板下时显示为消隐线”，则板下方的“梁”可以按“消隐线”设置显示（图 5-13）。

平面图和剖面			
平面图显示			
剪切面			
轮廓			
总是显示轮廓		☐	
未剪切线	实线		
未剪切线画笔	0.18 mm	90	
顶部线	隐藏线		
顶部画笔	0.18 mm	90	
消隐线	隐藏线		
消隐线画笔	0.18 mm	90	
符号			
梁端面线	两头		
总是隐藏参考轴线		☐	
参考轴类型	小点划线		
参考轴画笔	0.20 mm	69	
覆盖填充		☑	

图 5-13　设置梁“轮廓”

（2）符号

“梁端面线”可显示或隐藏梁一端或两端的线。勾选“总是隐藏参考轴线”可以隐藏梁的参考轴线，不勾选时可以设置参考轴线的线型和画笔。

（3）覆盖填充

勾选“覆盖填充”选项，可以选择覆盖填充的样式，如果勾选“从表面使用填充”则可以使用元素的建筑材料表面。另外，可以选择覆盖填充的前景和背景画笔，以及使用“覆盖填充方向”来定义填充图案的方向。

5.2.2 创建别墅梁

打开“5-1 吕桥四层别墅-柱 . pln”项目文件，并切换到2F平面视图。双击工具箱中的“梁工具”图标 梁 ，打开“梁默认设置”对话框。设置梁的宽度为“200mm”，高度为“400mm”，始位楼层为“2F”，参考轴到始位楼层的偏移值为“0”，参考轴设为梁的上部正中，材质设为“钢筋混凝土-别墅结构”，“在楼层上显示”设为“仅始位楼层”，“平面图显示”设为“仅剪切”，其余按照默认设置。然后“新建收藏夹”，将设置保存为“别墅梁”，单击“确定”（图5-14）。

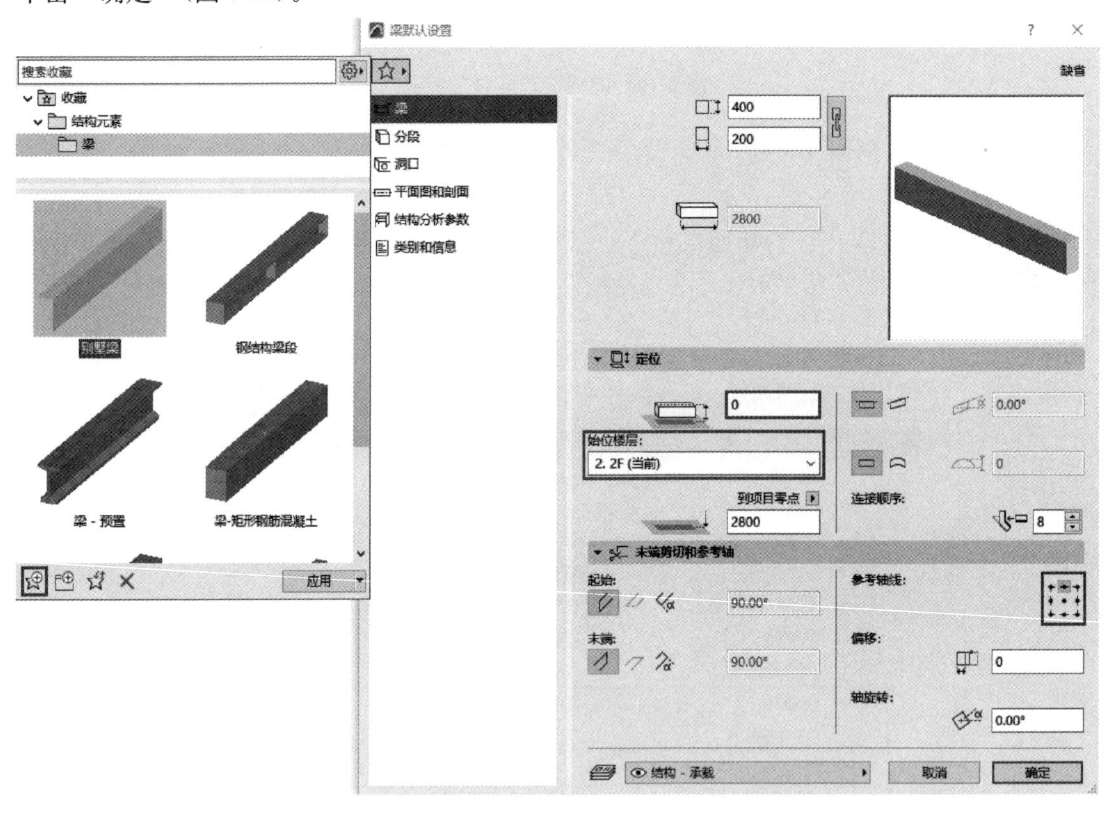

图5-14 设置“别墅梁”参数

在信息框中，将几何方式设为“链式” ，单击1号轴与E号轴的交点，沿E号轴水平绘制，在6号轴与E号轴的交点处单击，然后沿6号轴垂直绘制到与B号轴的交点处，沿B号轴水平向左绘制到5号轴，再垂直向上到C号轴，继续向左绘制到弧形窗的位置，双击，然后切换到3D窗口（图5-15）。

返回2F平面视图，继续使用“梁工具”，在信息框中，将几何方式设为“中心点和半径” ，绘制1/4弧形梁，然后选择“单平面”方式 ，完成垂直段绘制，切换到3D窗口，如图5-16所示。

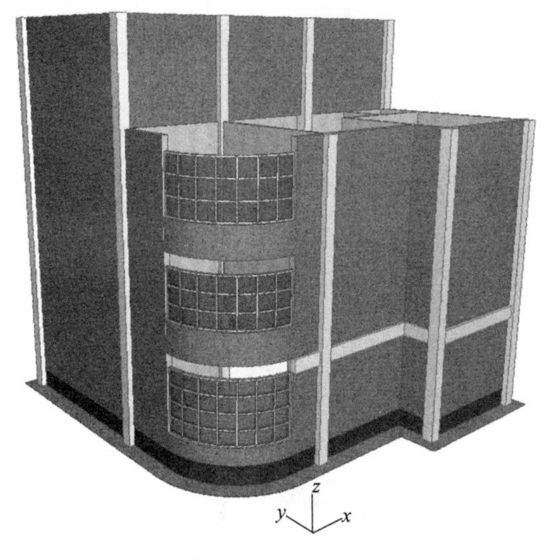

图 5-15　绘制梁

图 5-16　绘制“弧形”梁

返回 2F 平面视图，继续使用“梁工具”，选择“单平面”方式，完成内部梁的绘制。再切换到 3D 窗口，按快捷键〈Ctrl＋F〉，打开“查找 & 选择”对话框，“元素类型”设为“柱”或“梁”，单击“＋”，选择所有柱和梁（图 5-17），然后按〈F5〉，仅显示柱和梁，如图 5-18 所示。

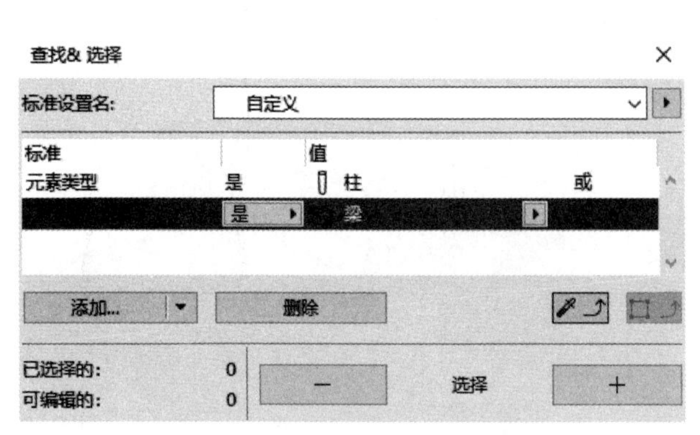

图 5-17　“查找 & 选择”对话框

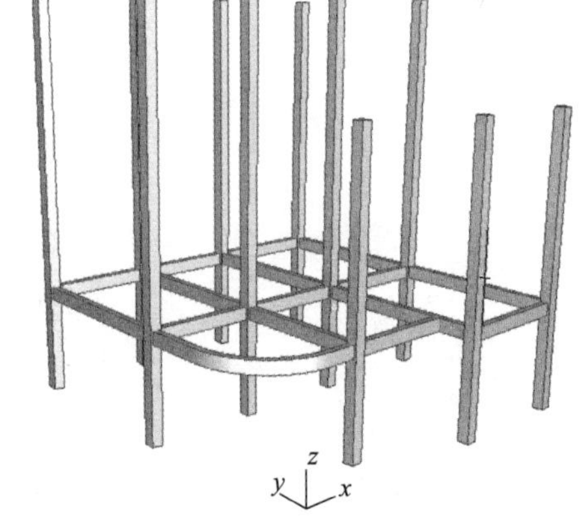

图 5-18　仅显示“柱和梁”

在“项目树状图”中，右击“2F”，在上下文菜单中选择“按楼层编辑元素”，打开“按楼层编辑元素”对话框，复制“2F”的梁到“3F”“4F”和“屋顶层”（图 5-19）。然后使用“编辑”工具将屋顶层的在平台之上的梁进行删除，如图 5-20 所示。按快捷键〈Ctrl＋F5〉，再显示墙体（图 5-21）。

按楼层编辑元素 ? ×

选择元素类型:

所有类型 ☐

墙 ☐
柱 ☐
梁 ☑
板 ☐
屋顶 ☐
壳体 ☐

楼梯 ☐
栏杆 ☐
幕墙 ☐

选择操作:

拷贝

从楼层:

2. 2F

到楼层:

	序号	名称
☑	5	屋顶层
☑	4	4F
☑	3	3F
☐	2	2F
☐	1	1F
☐	-1	室外地坪

注意：影响所有图层（包括被隐藏和被锁定的图层）。
在团队工作中，删除操作仅删除您拥有的元素。

取消 确定

图 5-19 “按楼层编辑元素”对话框

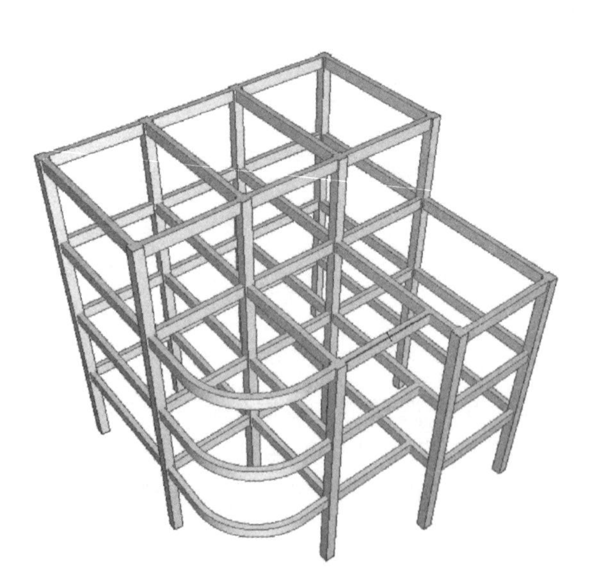

图 5-20 “3～屋顶层”梁

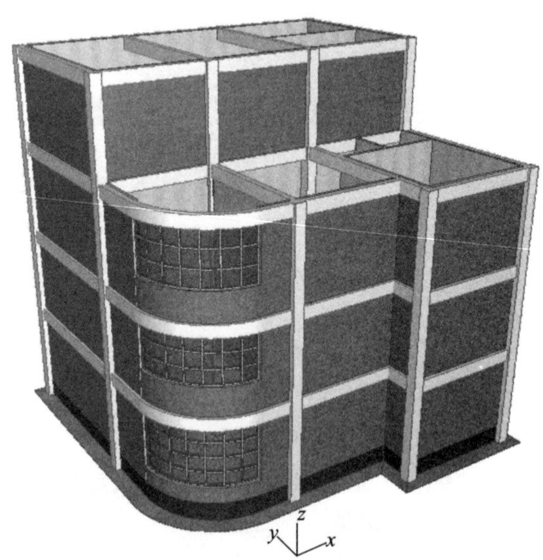

图 5-21 别墅“柱与梁”

6 门　　窗

门和窗是建筑物重要的围护构件，门的主要功能为交通联系，窗的主要功能为通风采光，另外它们对于建筑物的节能与艺术效果也起到至关重要的影响。Archicad 的门窗是通过将图库对象设置合理参数后以整体的方式插入到墙等主体元素上，其与 Revit 门窗以族的方式进行创建与管理比较类似，Archicad 可以使用 LPM 插件（Library Part Maker）创建门窗对象，也可以使用 GDL（几何描述语言）编辑器创建门窗对象。Archicad 的门窗必须依附于墙，门窗也没有单独的图层，当隐藏墙所在图层时，墙上的所有门窗也将被隐藏，当删除墙元素时，其上的门窗也会被同时删除。但在进行数据交换时，可以为 Archicad 门窗分配一个图层，再导出为其他文件。另外，使用天窗工具可以在屋顶及壳体上放置天窗。

本章学习目的：

（1）熟悉门窗参数的设置；

（2）掌握门的创建与编辑方法；

（3）掌握窗的创建与编辑方法；

（4）了解 Revit 族与 Archicad 对象的异同。

手机扫码
观看教程

6.1 创建 1F 层的门

6.1.1 创建主入口门 M1

打开“5-2 吕桥四层别墅-梁 . pln”项目文件，切换到 1F 平面视图，首先创建主入口大门。双击工具箱中的“门工具”图标 门，打开“门默认设置”对话框，选择“铰链门 26”文件夹中的“双扇门 26”，单击“确定”。在 3 号轴与 4 号轴的中间放置主入口门（图 6-1）。

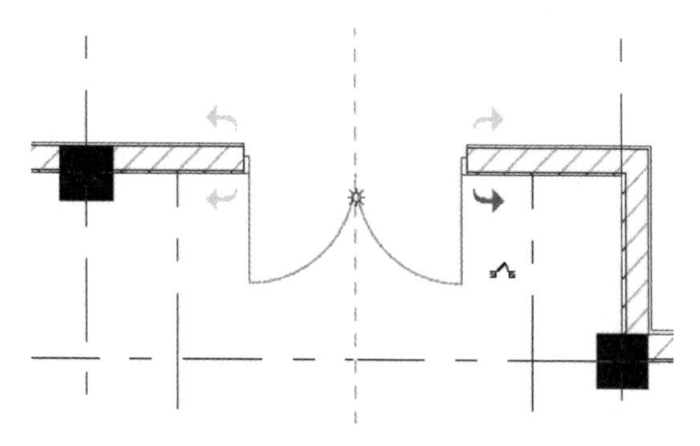

图 6-1　放置主入口门

> **提示：**阳光图标和粗线表示门的“外面”。放置门时，按〈G〉键可以切换定位点通过“中心”或“侧边”。确定位置后，可以在四个位置移动光标，选择门的开向，此时仍然可以按〈Tab〉键来切换门的内外。

再选中该门，按快捷键〈Ctrl＋T〉，打开“门选择设置”对话框，将“宽度”设为“1500mm”，“高度”设为“2400mm”，“槽框到墙面”设为“50mm”，“门扇”选择“类型6”，“把手”选择“把手 6”，将门扇和封套的模型属性设置为“一致的表面”“金属-铜，新”，如图 6-2 所示。

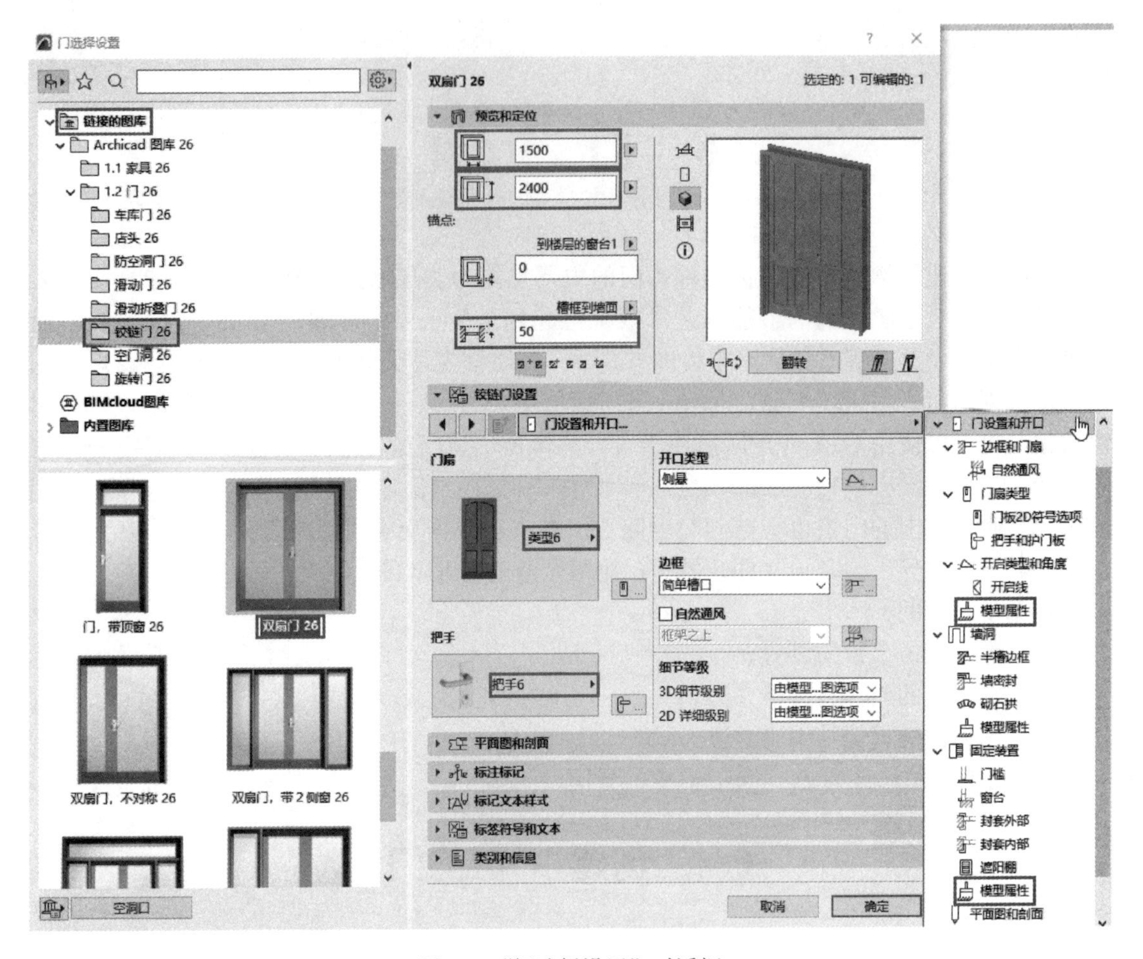

图 6-2 “门选择设置”对话框

“平面图显示”设为“符号”，“标注标记”设为“门标记 26”，“标记文本”大小设为“3.5mm”。在“标记几何形状”中，不勾选“引出标记”和“扩展线”。在“内容-标注”中，不勾选“显示标注”。在“类别和信息”中将“ID”设为“M1”，“位置”设为“外部”，其余按默认设置，单击“确定”（图 6-3）。调整参数后的门 M1 如图 6-4 所示。

6.1.2 创建次入口门 M2

双击工具箱中的“门工具”图标 门，打开“门默认设置”对话框，选择“铰链门 26”文件夹中的“门 26”，单击“确定”。根据图纸，在距离上部内墙轴线 200mm 处放置次入口门（图 6-5）。

再选中该门，按快捷键〈Ctrl＋T〉，打开“门选择设置”对话框，将“宽度”设为“900mm”，“高度”设为“2100mm”，“槽框到墙面”设为“50mm”，单击“翻转”改变门的开启方向，“门扇”选择“类型 6”，“把手”选择“把手 6”，将门扇和封套的模型属性设置为“一致的表面”“金属-铜，新”。“平面图显示”设为“符号”，“标注标记”设为“门标记 26”，“标记文本”大小设为“3.5mm”。在“标记几何形状”中，不勾选“引出标记”和“扩展线”。在“内容-标注”中，不勾选“显示标注”。在“类别和信息”中将“ID”设为“M2”，“位置”设为“外部”，其余按默认设置，单击“确定”，如图 6-6 所示。

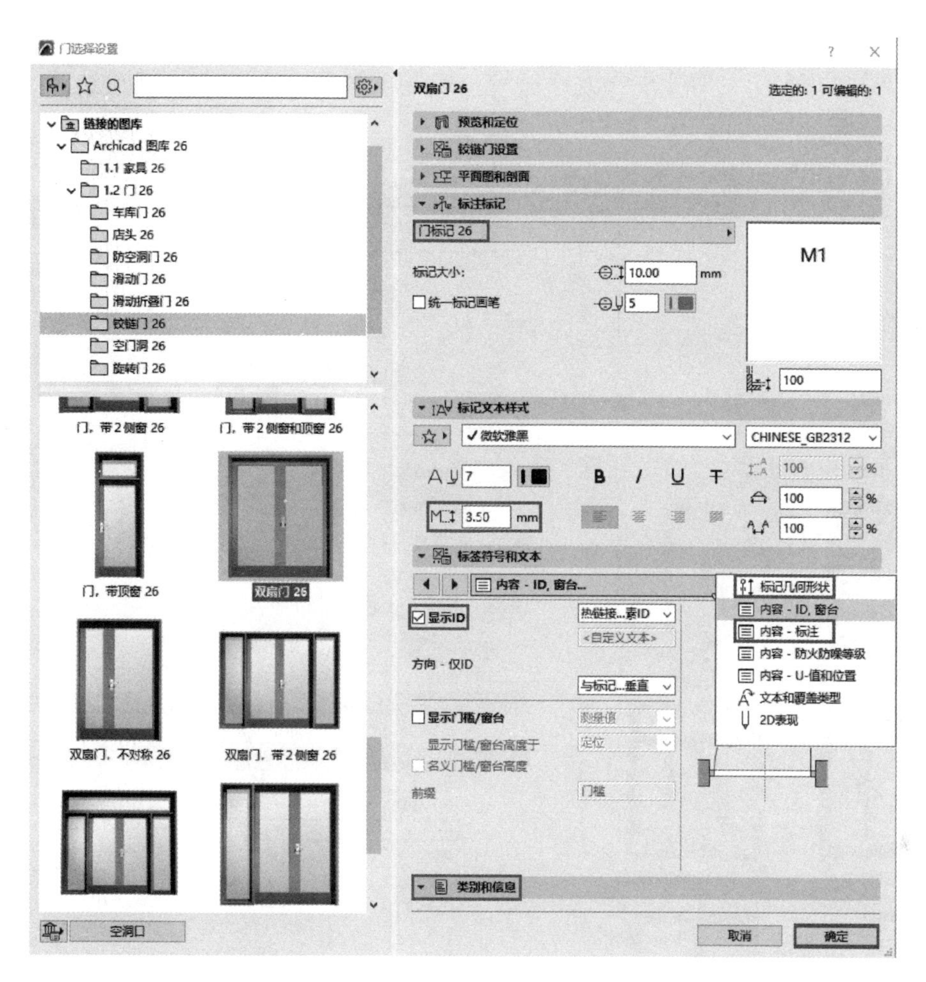

图 6-3 “门选择设置”对话框

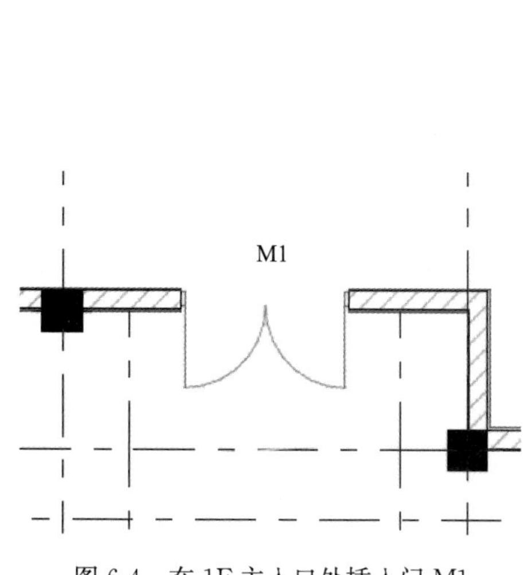

图 6-4 在 1F 主入口处插入门 M1

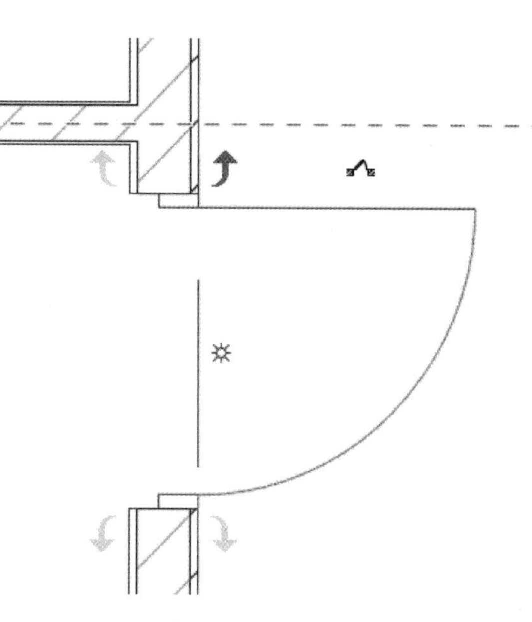

图 6-5 放置次入口门

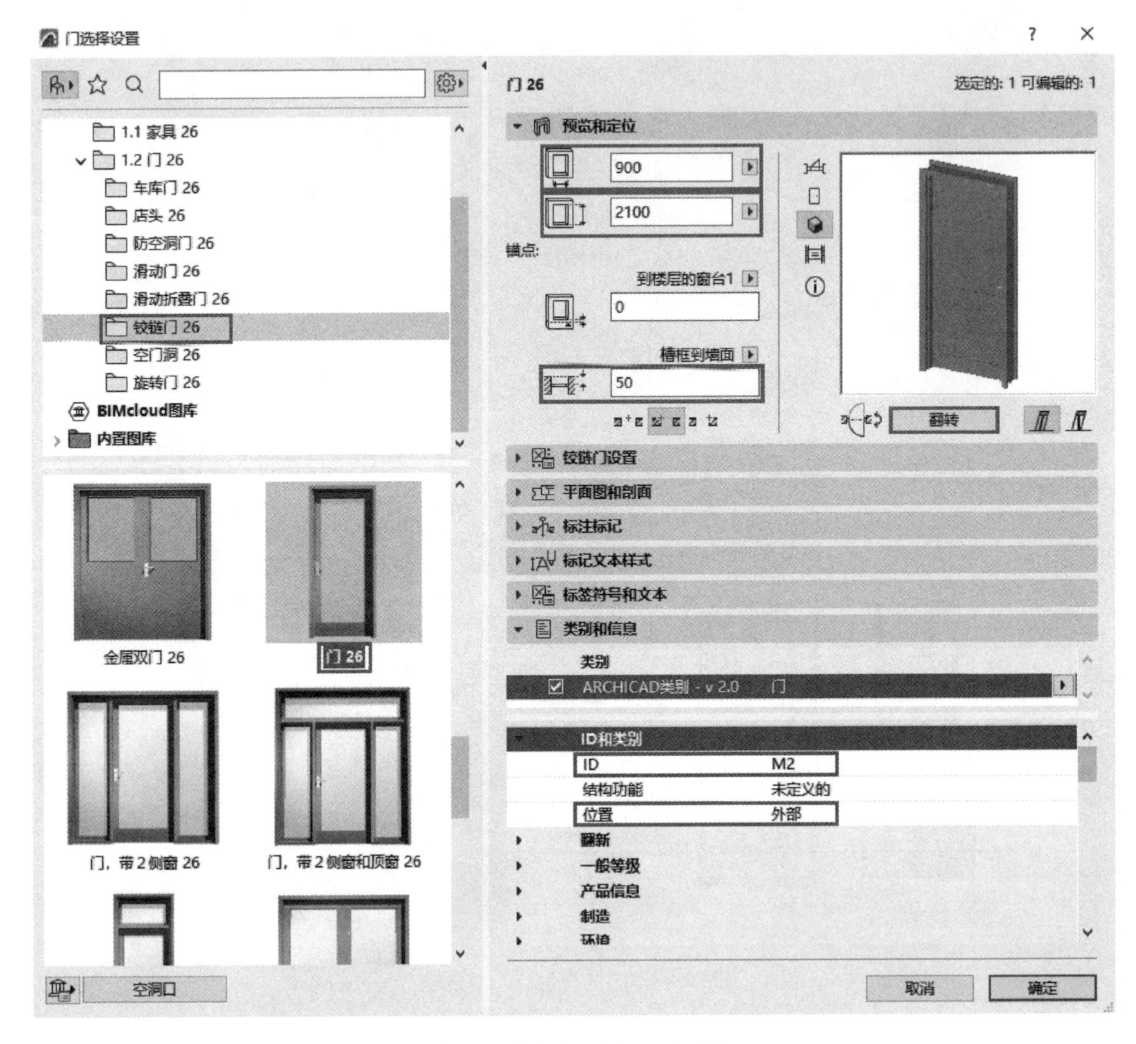

图 6-6 “门选择设置”对话框

6.1.3 创建室内门 M3 与 M4

使用“门工具”，将“门 26”放置在距离内墙轴线 200mm 处（图 6-7）。

再选中 M3，按快捷键〈Ctrl＋T〉，打开“门选择设置”对话框，将“宽度”设为“900mm”，“高度”设为“2100mm”，“槽框到墙面”设为“0mm”，“门扇”选择“类型 12”，“把手”选择“手柄 3”，将门扇和封套的模型属性设置为“一致的表面”“木材-水平胡桃木”。“平面图显示”设为“符号”，“标注标记”设为“门标记 26”，“标记文本”大小设为“3.5mm”。在“标记几何形状”中，不勾选“引出标记”和“扩展线”。在“内容-标注”中，不勾选“显示标注”。在“类别和信息”中将“ID”设为“M3”，“位置”设为“内部”，其余按默认设置，单击“确定”。

按住〈Alt〉键，出现吸管工具，吸取门 M3 的参数，按住快捷键〈Ctrl＋Alt〉，出现针管工具，将参数传递给门 M4。再选中 M4，按快捷键〈Ctrl＋T〉，打开“门选择设置”对话框，将“宽度”设为“700mm”，将“ID”设为“M4”，其余按默认设置，单击“确定”（图 6-8）。

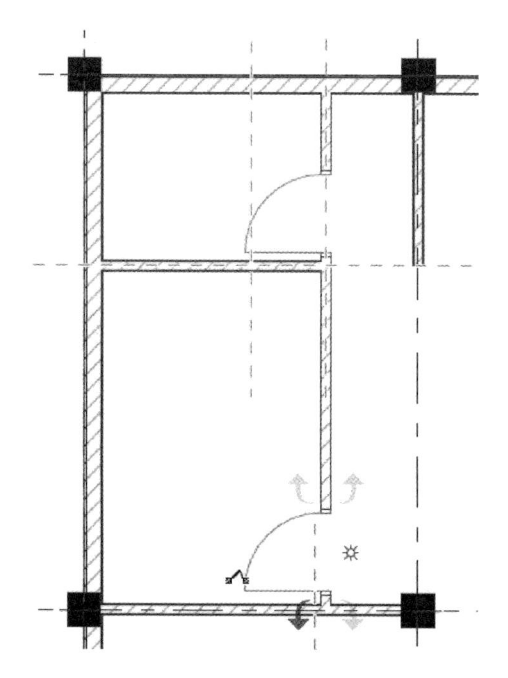
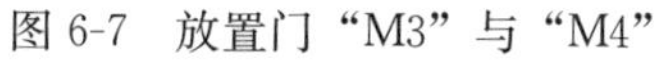

图 6-7 放置门“M3”与“M4”

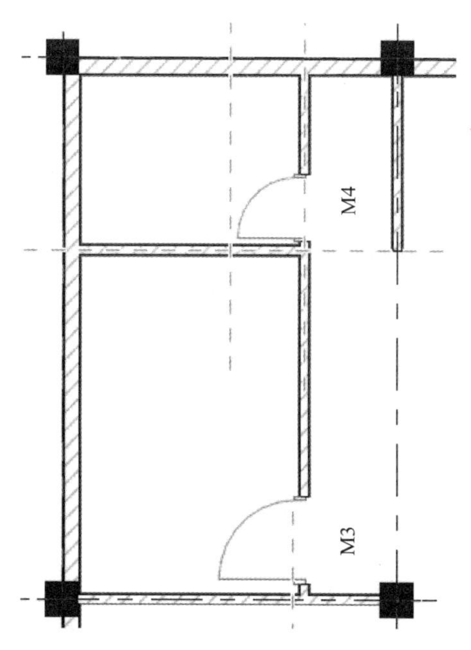

图 6-8 调整门“M3”与“M4”

6.1.4 创建推拉门

双击工具箱中的“门工具”图标，打开“门默认设置”对话框，选择“滑动门 26”文件夹中的“滑动门 26”，单击“确定”，在距离厨房内墙轴线 200mm 处放置推拉门（图 6-9）。

再选中该门，按快捷键〈Ctrl＋T〉，打开“门选择设置”对话框，将“宽度”设为“1600mm”，“高度”设为“2400mm”，“槽框到墙面”设为“0mm”，“门扇”选择“草原类型”，“把手”选择“固定把手 2”，将门扇和封套的模型属性设置为“一致的表面”“金属-铝”。“平面图显示”设为“符号”，“标注标记”设为“门标记 26”，“标记文本”大小设为“3.5mm”。在“标记几何形状”中，不勾选“引出标记”和“扩展线”。在“内容-标注”中，不勾选“显示标注”。在“类别和信息”中将“ID”设为“TM-1”，“位置”设为“内部的”，其余按默认设置，单击“确定”，如图 6-10 所示。

图 6-9 推拉门

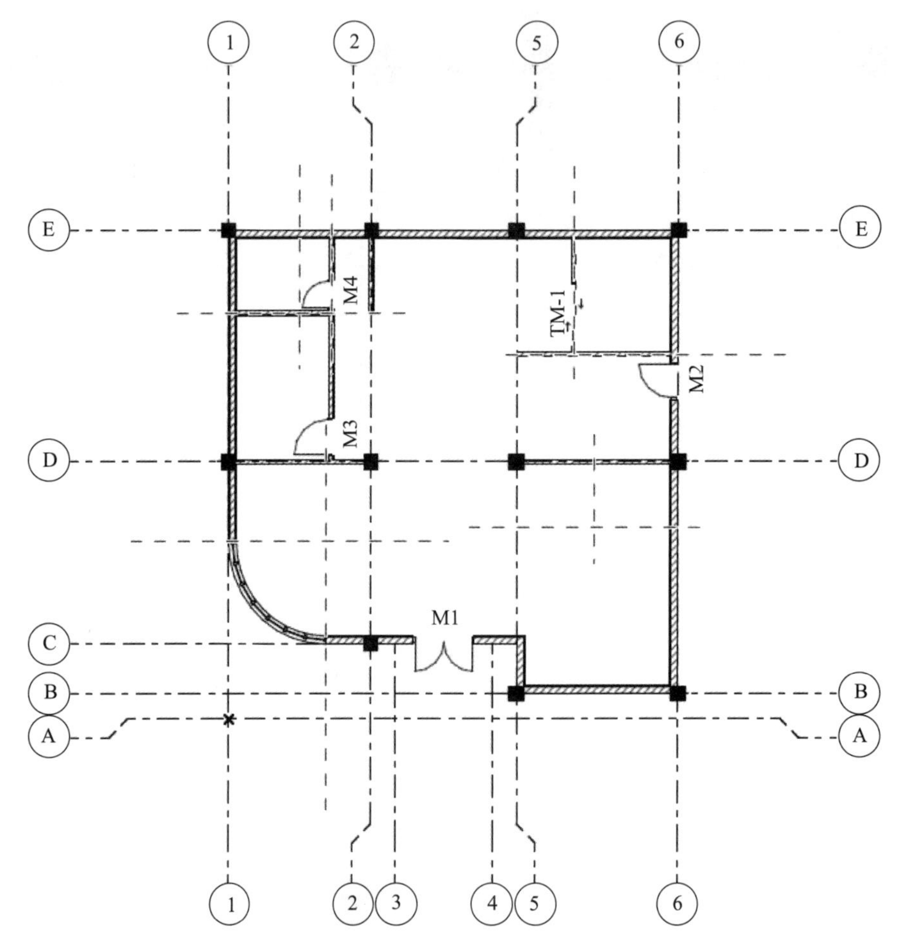

图 6-10　完成 1F“门”的创建

6.2　创建 1F 层的窗

6.2.1　创建凸窗 C1

打开“6-1 吕桥四层别墅-1F-门 . pln”项目文件，切换到 1F 平面视图。双击工具箱中的“窗工具”图标 田 窗 ，打开“窗默认设置”对话框，选择“凸窗和弓形窗 26”文件夹中的“方形凸窗 26”，单击“确定”。在 5 号轴与 6 号轴的中间放置“凸窗 C1”（图 6-11）。

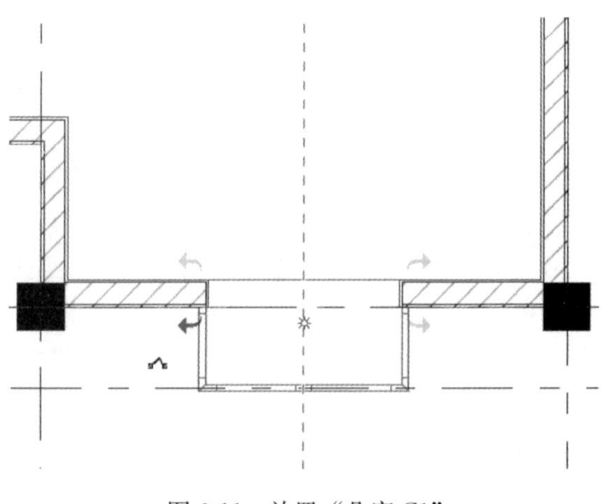

图 6-11　放置“凸窗 C1”

再选中该窗，按快捷键〈Ctrl＋T〉，打开“窗选择设置”对话框，将“宽度”设为“2000mm”，“高度”设为“1500mm”，“到楼层的窗台 1”设为

“900mm”，“屋顶”和“粘土砖层”设为“平面”，“正面窗扇的数目”设为“4”，窗形状尺寸和材质设置见图 6-12 和图 6-13。

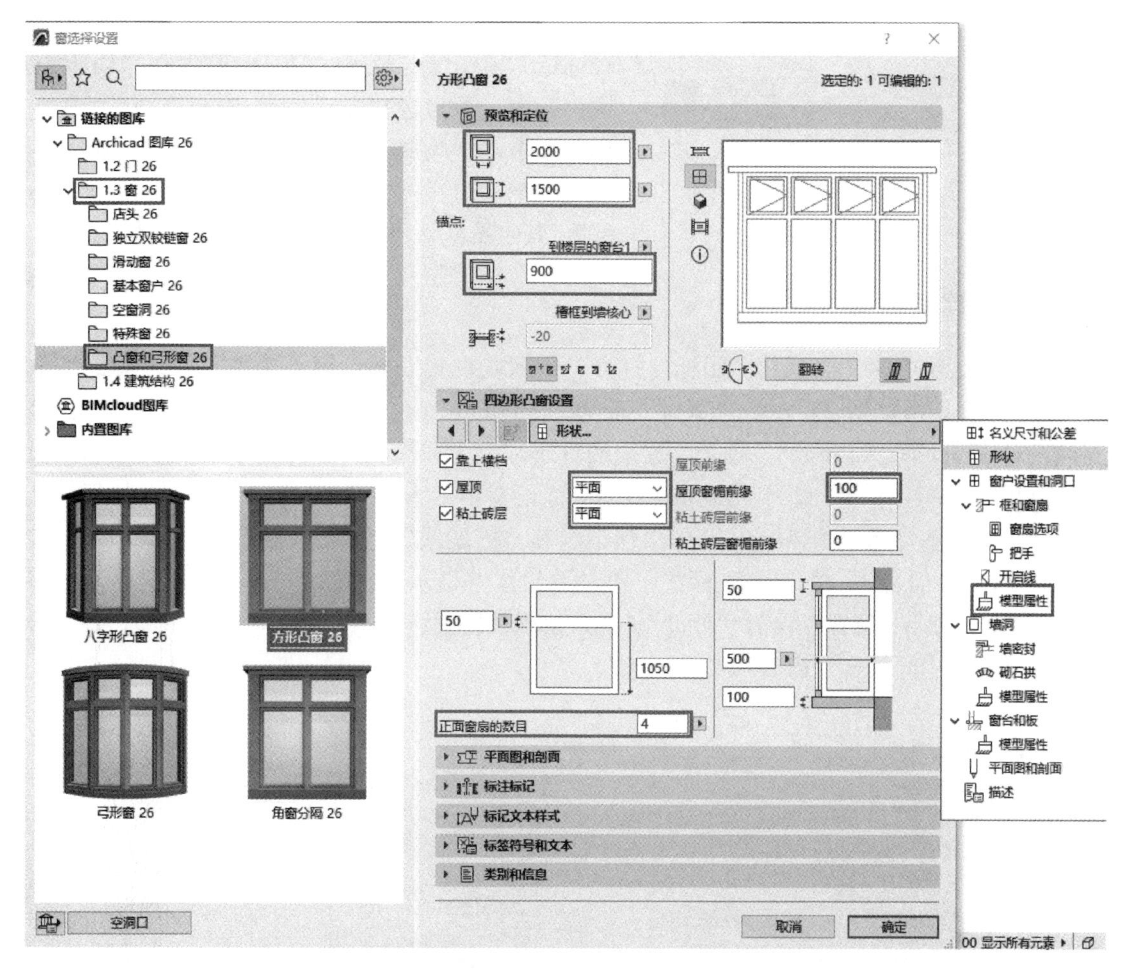

图 6-12 “窗选择设置”对话框

四边形凸窗设置		
模型属性...		
3D细节级别	由模型视图选项	
阴影		☑
3D投影优于模型视图选项		☐
框架和窗扇表面		
一致的窗表面		☐
外侧框架	涂料- 光面白	
内侧框架外	涂料- 光面白	
屋顶	质感涂料 - 白色，粗糙	
粘土砖层	质感涂料 - 白色，粗糙	
外侧窗扇	涂料- 光面白	
内侧窗扇	涂料- 光面白	
玻璃	玻璃 - 蓝色	

图 6-13 设置“窗材质”

“平面图显示”设为“符号”，“标注标记”设为“窗标记 26”，“标记文本”大小设为“3.5mm”。在“标记几何形状”中，不勾选“翻转标记”“引出标记”和“扩展线”。在“内容-ID窗台”中，不勾选“显示门槛/窗台”，在“内容-标注”中，不勾选“显示标注”。在“类别和信息”中将“ID”设为“C1”，“位置”设为“外部”，其余按默认设置，单击“确定”（图 6-14）。

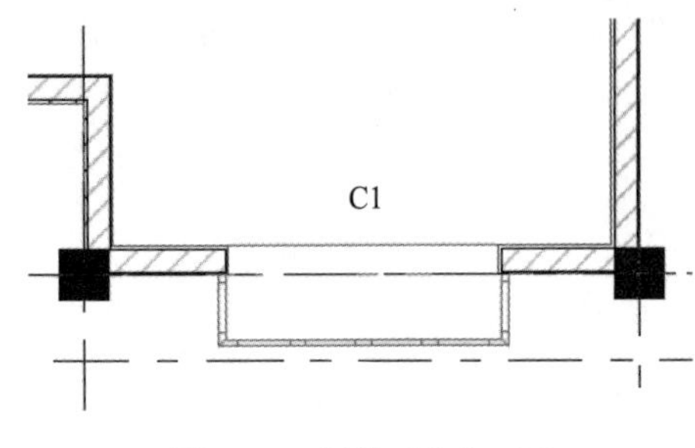

图 6-14　调整“凸窗 C1”

6.2.2　创建其他窗

双击工具箱中的“窗工具”图标，打开“窗默认设置”对话框，选择“滑动窗 26”文件夹中的“2 扇滑动窗 26”，将“宽度”设为“1500mm”，“高度”设为“1500mm”，“到楼层的窗台 1”设为“900mm”，框架与窗扇的材质都设为“涂料-光面白”，“平面图显示”设为“符号”，“标注标记”设为“窗标记 26”，“标记文本”大小设为“3.5mm”。在“标记几何形状”中，不勾选“翻转标记”“引出标记”和“扩展线”。在“内容-ID 窗台”中，不勾选“显示门槛/窗台”，在“内容-标注”中，不勾选“显示标注”。在“类别和信息”中将“ID”设为“C2”，“位置”设为“外部”，其余按默认设置，单击“确定”（图 6-15）。在 2 号轴与 5 号轴的中间放置“窗 C2”（图 6-16）。

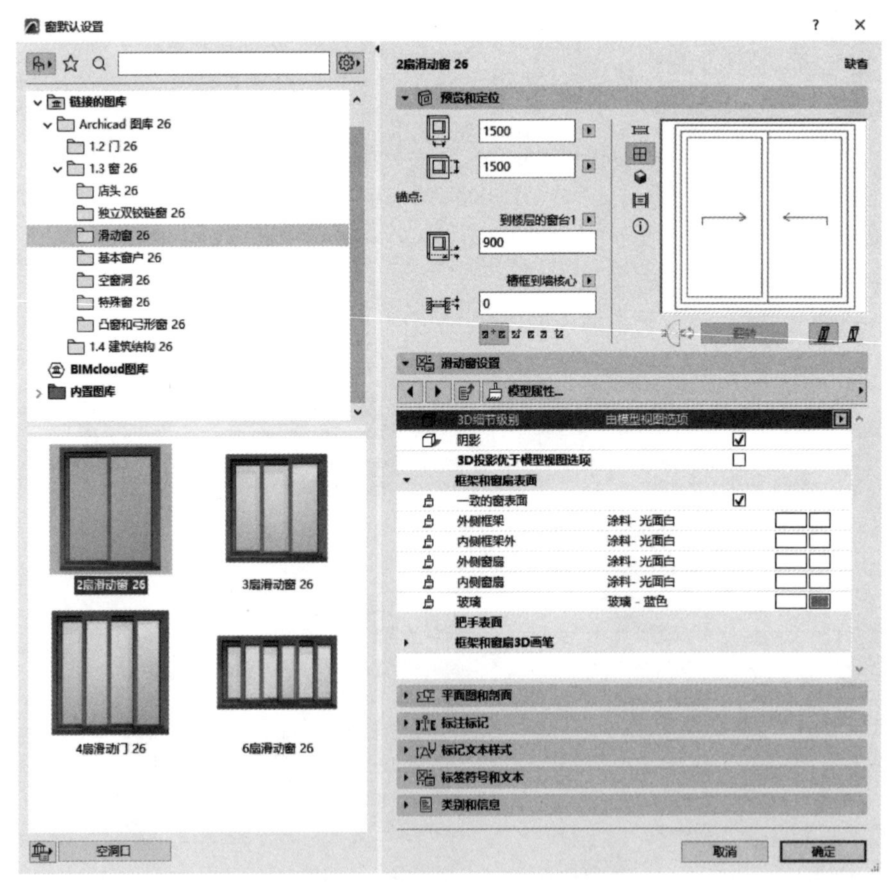

图 6-15　“窗默认设置”对话框

根据图纸，按〈G〉键调整定位点，依次放置“窗C3”～“窗C6”，“窗C3”边距6号轴250mm，“窗C4”边距D号轴250mm，“窗C5”边距D号轴750mm，“窗C6”边距1号轴250mm。

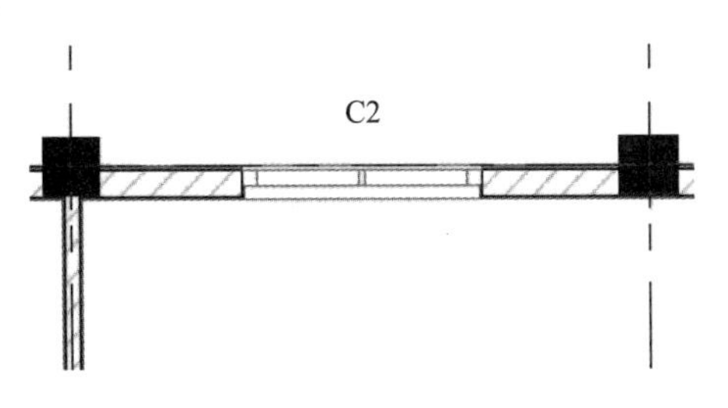

图6-16　放置“窗C2”

选中“窗C3”，在信息框中将“宽度”设为“1200mm”，“高度”设为“1500mm”，单击“确定”，使用相同的操作，将“窗C4”的“宽度”设为“1000mm”，“高度”设为“1400mm”，将“窗C5”的“宽度”设为“1200mm”，“高度”设为“1400mm”，将“窗C6”的“宽度”设为“1000mm”，“高度”设为“1500mm”，完成窗的创建，如图6-17所示。

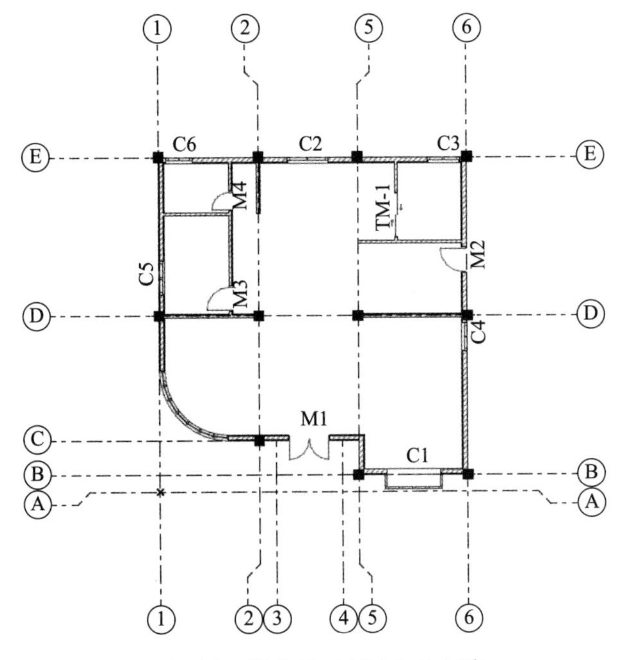

图6-17　完成1F“门窗”的创建

6.3　创建2F层门窗

打开“6-2吕桥四层别墅-1F-窗.pln”项目文件，切换到1F平面视图。按住〈Alt〉键，出现吸管工具，吸取门M3的参数，切换到2F平面视图，根据图纸放置门M3。如果标记发生变化，可以在信息框中修改ID。使用相同的操作放置门M4，如图6-18所示。

切换到3D窗口，按住〈Shift〉键，依次选中“窗C1”“窗C5”“窗C6”“窗C2”“窗C4”，然后单击任一窗的节点，在弹出式小面板中，选择“多重复制”工具，打开“多重复制”对话框，使用“提升”“增加和延伸”方式，勾选“以标高设置始位楼层”，单击“确定”（图6-19），将窗向上复制“2800mm”（图6-20）。在2F平面继续绘制“窗C2”与“窗C7”（1200mm×1200mm），如图6-21所示。

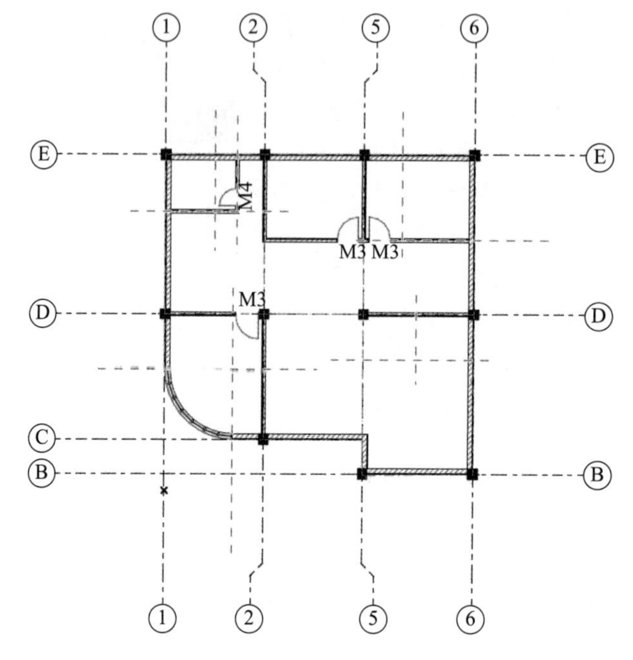

图 6-18　放置 2F“门”

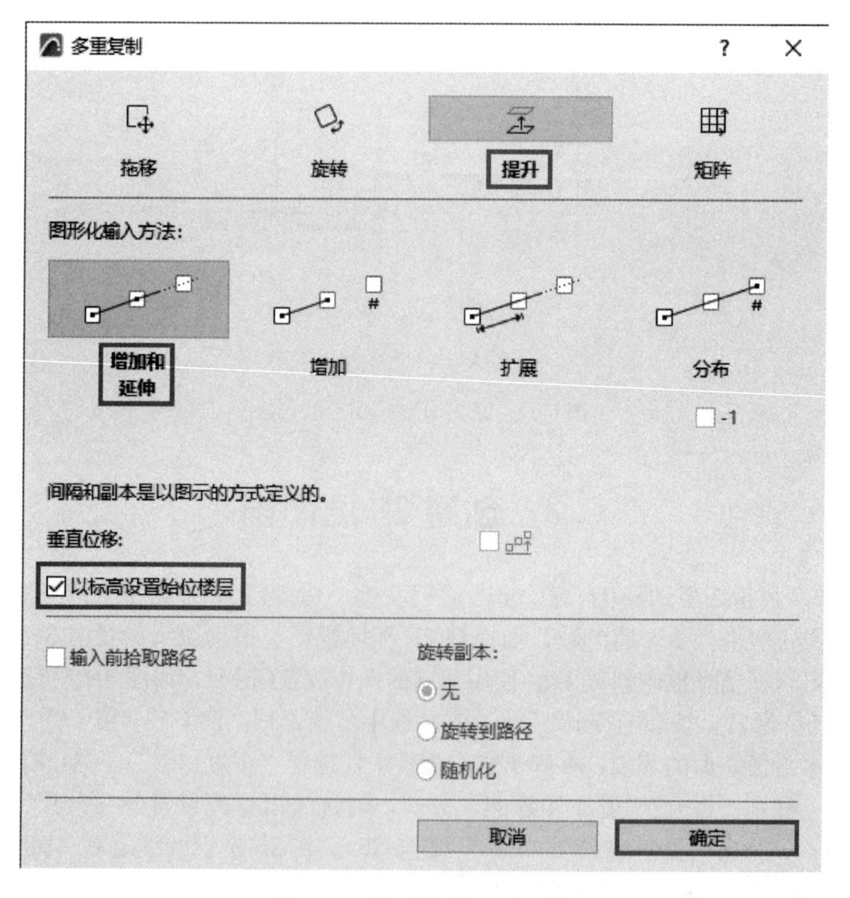

图 6-19　“多重复制”对话框

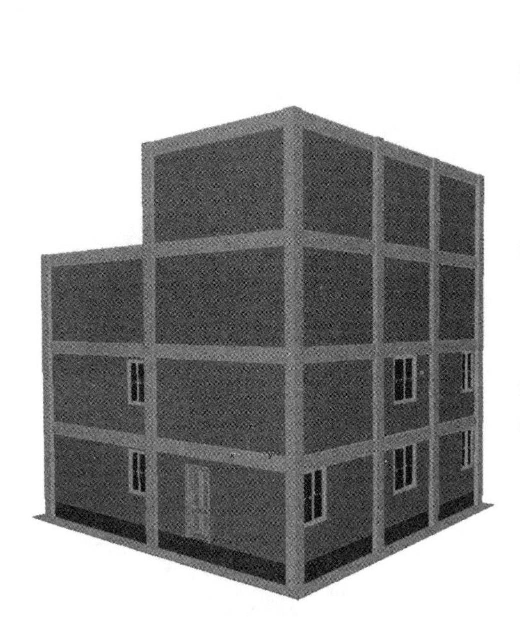

图 6-20　将 1F“窗”复制到 2F

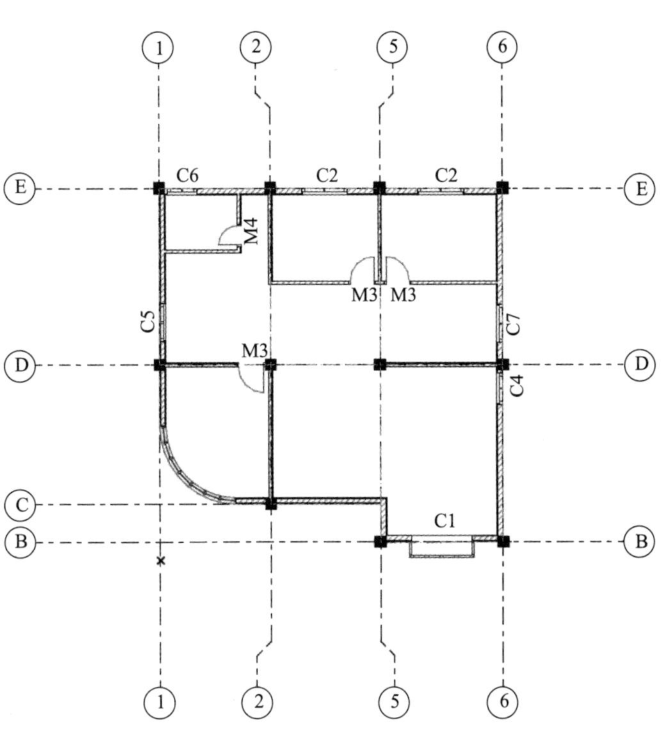

图 6-21　完成 2F“门窗”的创建

6.4　创建 3F 层门窗

在 2F 平面视图，按住〈Alt〉键，出现吸管工具，吸取门 M3 的参数，切换到 3F 平面视图，根据图纸放置门 M3。如果标记发生变化，可以在信息框中修改 ID。使用相同的操作放置门 M4，如图 6-22 所示。

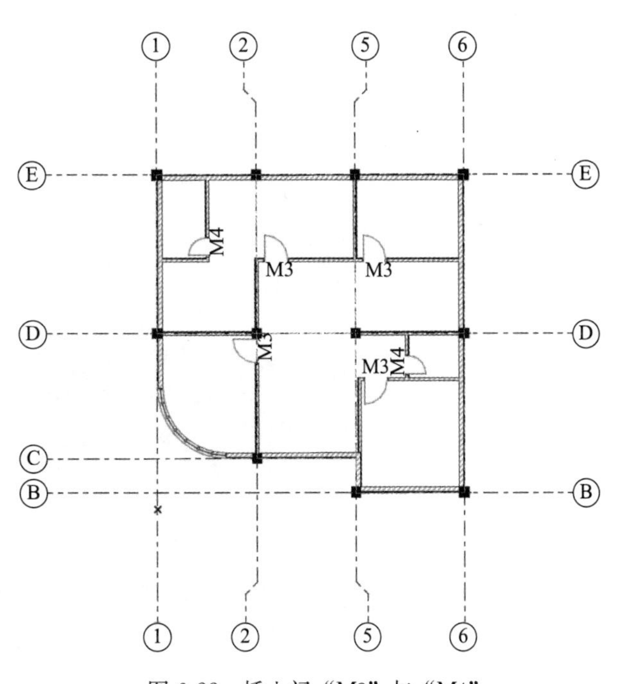

图 6-22　插入门“M3”与“M4”

在 1F 平面视图，按住〈Alt〉键，出现吸管工具，吸取“推拉门 TM-1”的参数，切换到 3F 平面视图，放置在如图 6-23 所示的位置，再选中该门，按快捷键〈Ctrl＋T〉，打开“门选择设置”对话框，将“宽度”设为“3400mm”，“高度”设为“2600mm”，“槽框到墙面”设为“50mm”，“开口类型”设为“4 滑动门扇”，将“ID”设为“TM-2”，其他参数按默认值设置，单击“确定”(图 6-24)。

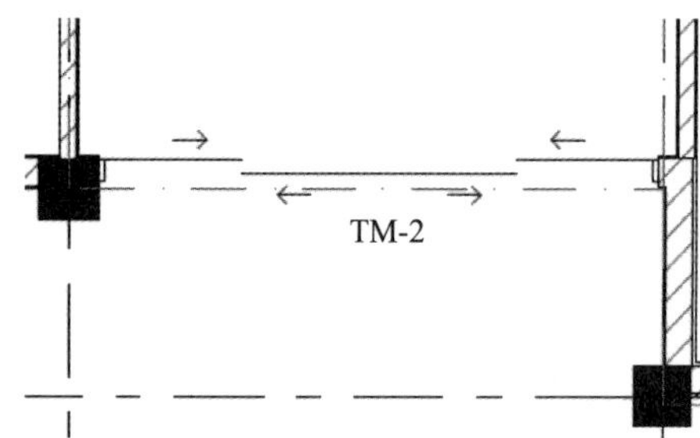

图 6-23　插入“推拉门 TM-2”

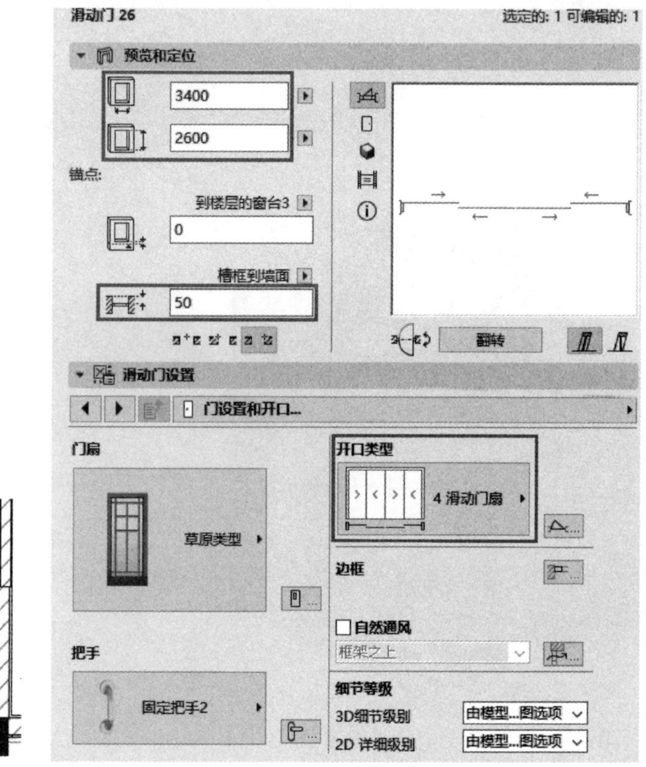

图 6-24　设置“四扇推拉门”

3F 与 2F 的窗完全相同，切换到 3D 窗口，按住〈Shift〉键，依次选中 2F 的窗，然后单击任一窗的节点，在弹出式小面板中，选择“多重复制”工具，打开“多重复制”对话框，使用“提升”“增加和延伸”方式，勾选“以标高设置始位楼层”，单击“确定”，将窗向上复制“2800mm”，如图 6-25 和图 6-26 所示。

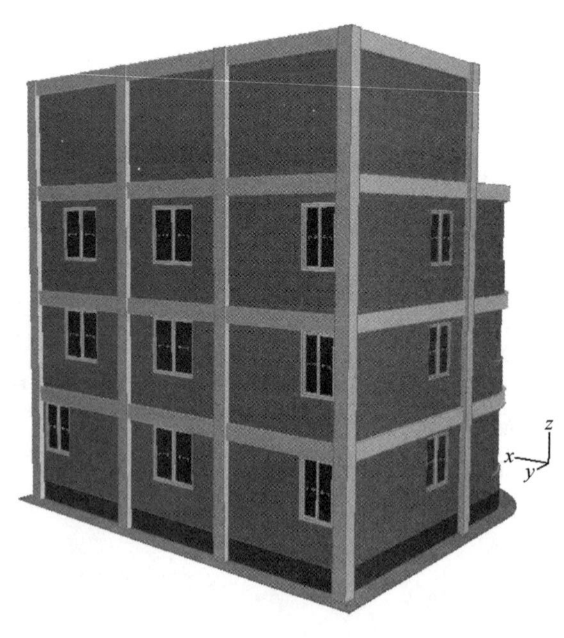

图 6-25　将 2F“窗”复制到 3F

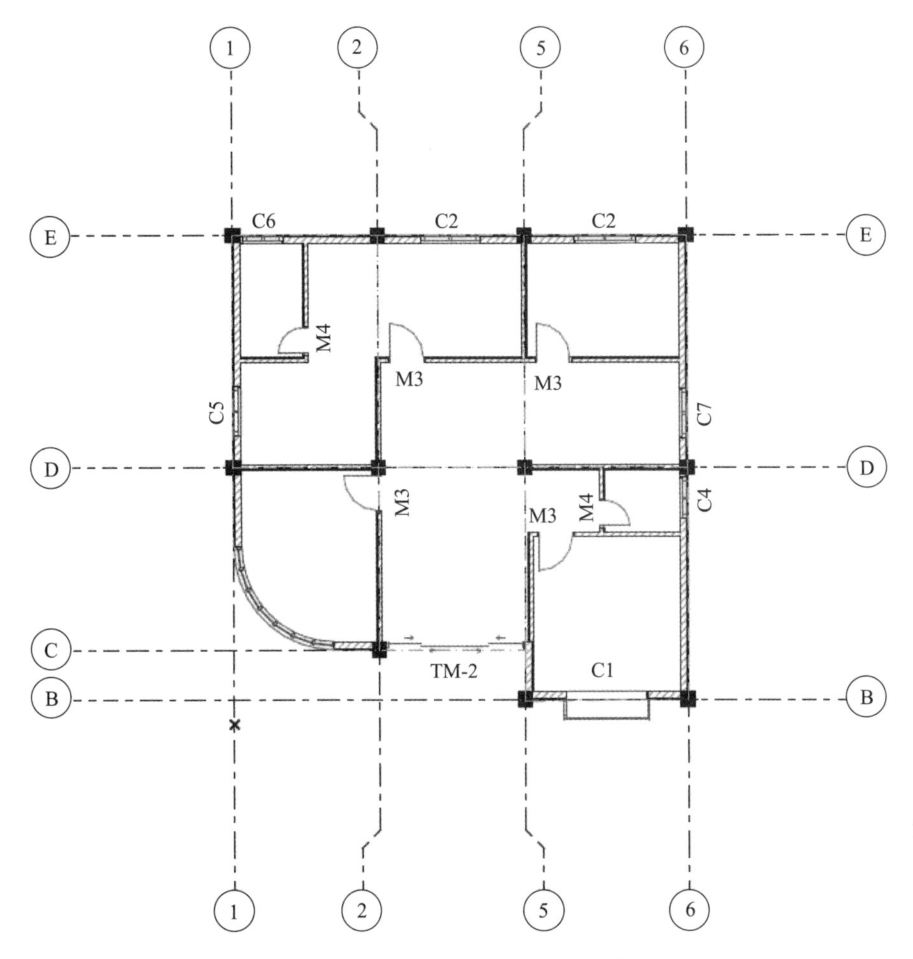

图 6-26 完成 3F“门窗”的创建

6.5 创建 4F 层门窗

在 1F 平面视图，按住〈Alt〉键，出现吸管工具，吸取门 M1 的参数，切换到 4F 平面视图，根据图纸放置门 M5。再选中该门，按快捷键〈Ctrl+T〉，打开“门选择设置”对话框，将“宽度”设为“1200mm”，“高度”设为“2100mm”，将“ID”设为“M5”，其他参数按默认值设置，单击“确定”。切换到 3D 窗口，按住〈Shift〉键，依次选中 3F 楼层中的“窗 C5”“窗 C6”“窗 C2”“窗 C7”并复制到 4F，如图 6-27 所示。

根据图纸，再添加“窗 C2”和“窗 C6”，如图 6-28 所示。切换到三维视图进行观察（图 6-29）。

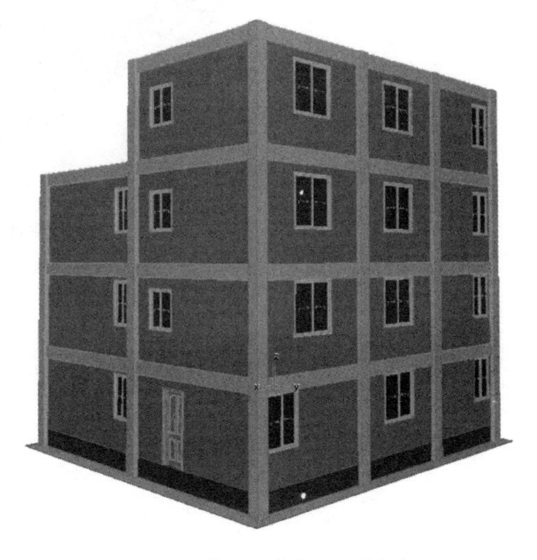

图 6-27 将 3F“窗”复制到 4F

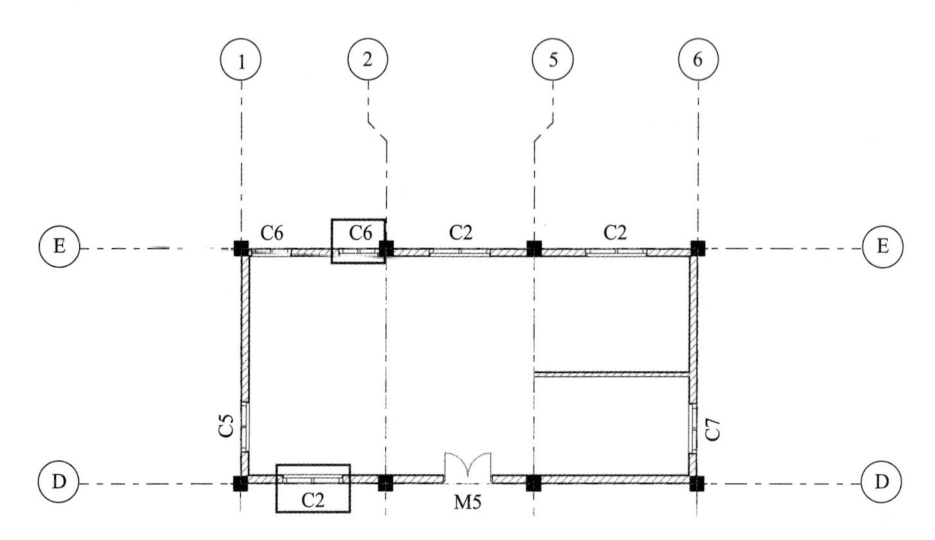

图 6-28 添加“窗 C2”和“窗 C6”

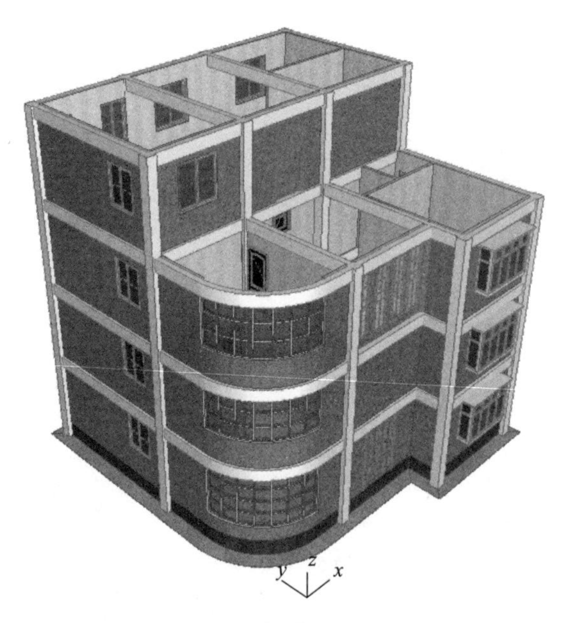

图 6-29 完成“别墅门窗”的创建

7 楼　板

楼板是水平方向分隔建筑空间的承重构件，由于人们的日常活动均在楼板上进行，因而楼板在满足结构安全要求的同时，还应满足室内空间的装饰作用和功能要求（保温、隔声等）。

Archicad 楼板工具可以创建各种形式的平面楼板，其构造层次及参数设置与墙体基本类似。楼板通过参考平面来控制与其他元素的连接。Archicad 设有几个与楼板相关的特殊命令，如当打开“重力向板倾斜”命令时，墙底部会自动调整到板顶部，使用“调整元素到板”命令，可以将元素调整到一个或多个板的特定位置。

本章学习目的：

（1）熟悉楼板的构造知识；

（2）掌握楼板材质与构造的设置；

（3）楼板的创建与编辑方法；

（4）“复杂截面梁”创建装饰带。

手机扫码
观看教程

7.1 创建 1F 层楼板

打开“6-5 吕桥四层别墅-4F-门窗 . pln”项目文件，切换到 1F 平面视图。选择“选项＞元素属性＞复合结构”，打开“复合结构”对话框，单击“新建”按钮，在出现的对话框中，复制“混凝土地面铺有 10mm 瓷砖”，并命名为“别墅-楼板”。外表面建筑材料设为“石材-面层”，厚度为“10mm”；中间“钢筋混凝土-别墅结构”厚度为“100mm”；内表面“灰泥-石膏”厚度为“10mm”，单击“确定”，如图 7-1 所示。

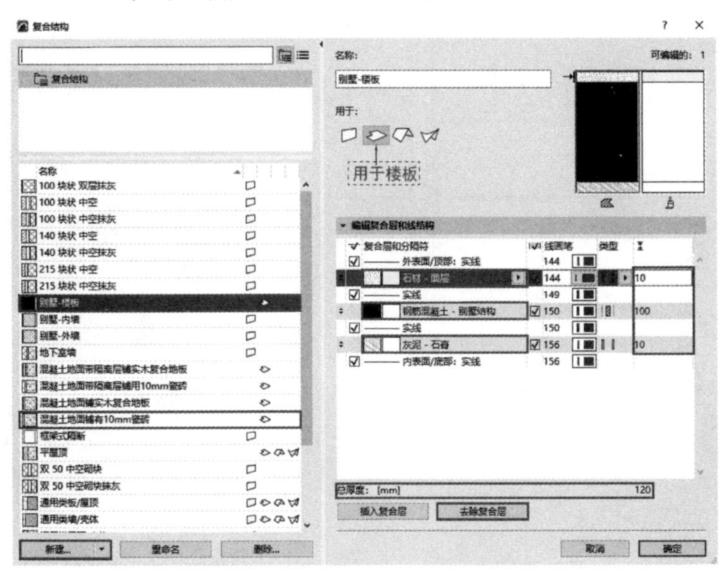

图 7-1　设置楼板的“构造层次”

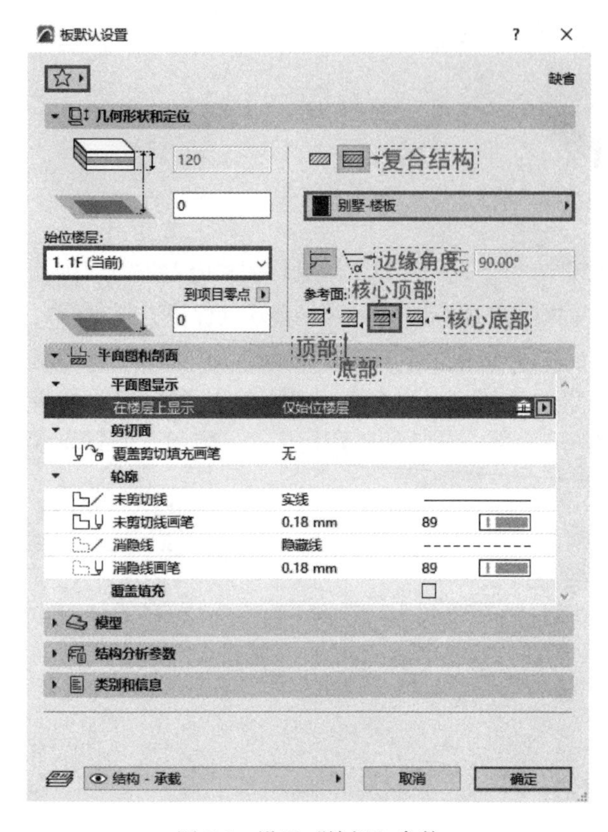

图 7-2　设置“楼板”参数

双击工具箱中的“板工具”图标 板，打开“板默认设置”对话框，设置始位楼层为“1F”，复合结构为“别墅-楼板”，参考面为“核心顶部”，在楼层上显示为“仅始位楼层”，其余按照默认设置。然后“新建收藏夹”，将设置保存为“别墅楼板”（图 7-2）。单击“确定”，返回 1F 平面窗口。几何方式使用“多边形”，按住〈空格〉键，将出现的“魔术棒”置于 1/4 弧形墙的内侧，单击可以将外墙的内轮廓作为板的轮廓，完成 1F 楼板的创建。使用多层选取框工具，选取一定范围后（图 7-3），按〈F5〉键，可以对模型进行剖切观察，如图 7-4 所示。

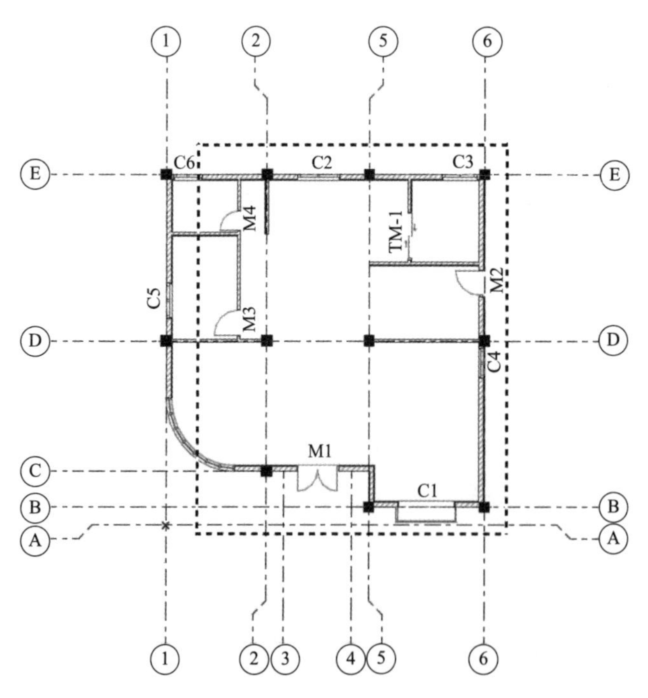

图 7-3　多层选取框

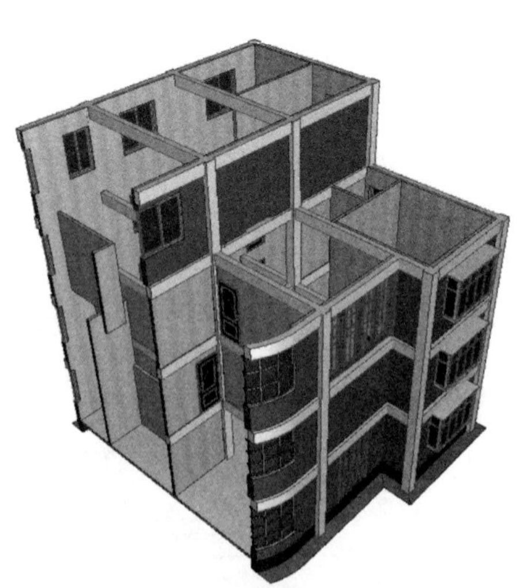

图 7-4　对三维模型进行“剖切”观察

7.2　创建其他层楼板

2F-4F 的楼板与 1F 基本一致，可以先进行“拷贝”操作，再分别进行局部调整。在“项目树状图”中，右击“1F”，在上下文菜单中选择“按楼层编辑元素”，打开“按楼层编辑元素”对话框，复制“1F”的板到“2F-4F”（图 7-5、图 7-6）。

按楼层编辑元素

选择元素类型：

所有类型

墙

柱

梁

板 ☑

屋顶

壳体

楼梯

栏杆

幕墙

选择操作：

拷贝

从楼层：

1. 1F

到楼层：

	序号	名称
☐	5	屋顶层
☑	4	4F
☑	3	3F
☑	2	2F
☐	1	1F
☐	-1	室外地坪

注意：影响所有图层（包括被隐藏和被锁定的图层）。
在团队工作中，删除操作仅删除您拥有的元素。

取消　确定

图 7-5　“按楼层编辑元素”对话框

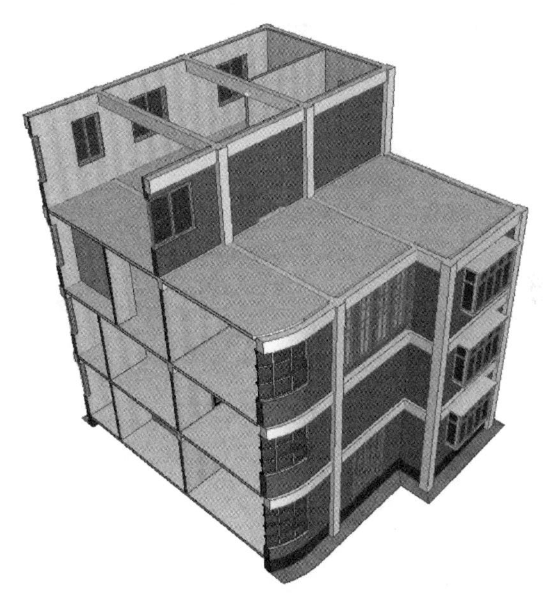

图 7-6　将 1F 楼板复制到“2F-4F”标高位置

切换到 2F 平面视图，选中楼板后，单击任一节点，在弹出式小面板中选择“偏移所有边”工具，将板边偏移到墙的外轮廓（图 7-7）。

切换到 3F 平面视图，选中楼板后，单击任一节点，在弹出式小面板中选择“偏移所有边”工具，将板边偏移到墙的外轮廓。由于 3F 阳台板比楼板低 50mm，可以新建阳台板。单击工具箱中的“板工具”图标，在信息框中使用“矩形”几何方式，将“参考面偏移到始位楼层”设为“50mm”，分别单击 2 号轴与 C 号轴交点、5 号轴与 B 号轴交点，绘制阳台板的矩形轮廓，如图 7-8 所示。

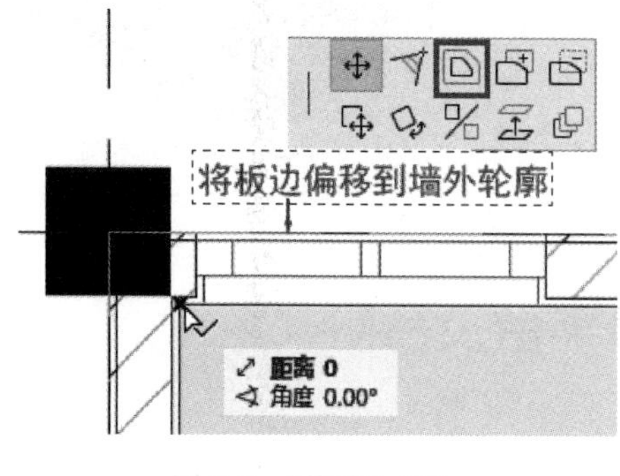

图 7-7　“偏移”板边

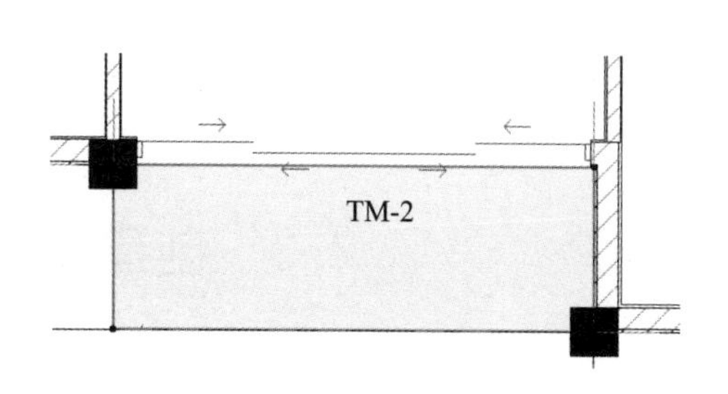

图 7-8　创建“3F 阳台板”

4F 挑出的阳台板没有高差，可以通过编辑 4F 楼板的方法进行创建。切换到 4F 平面视图，选中楼板后，单击任一节点，首先在弹出式小面板中选择“偏移所有边”工具，将板边偏移到墙的外轮廓。然后再单击任一节点，在弹出式小面板中选择“添加到多边形”工具，绘制阳台板的矩形轮廓，如图 7-9 和图 7-10 所示。切换到三维视图并按快捷键〈Ctrl＋F5〉关闭剖切状态后进行观察（图 7-11）。

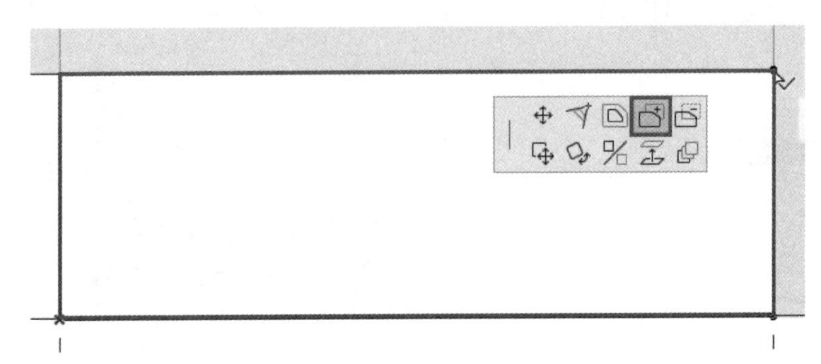

图 7-9　创建“4F 阳台板”

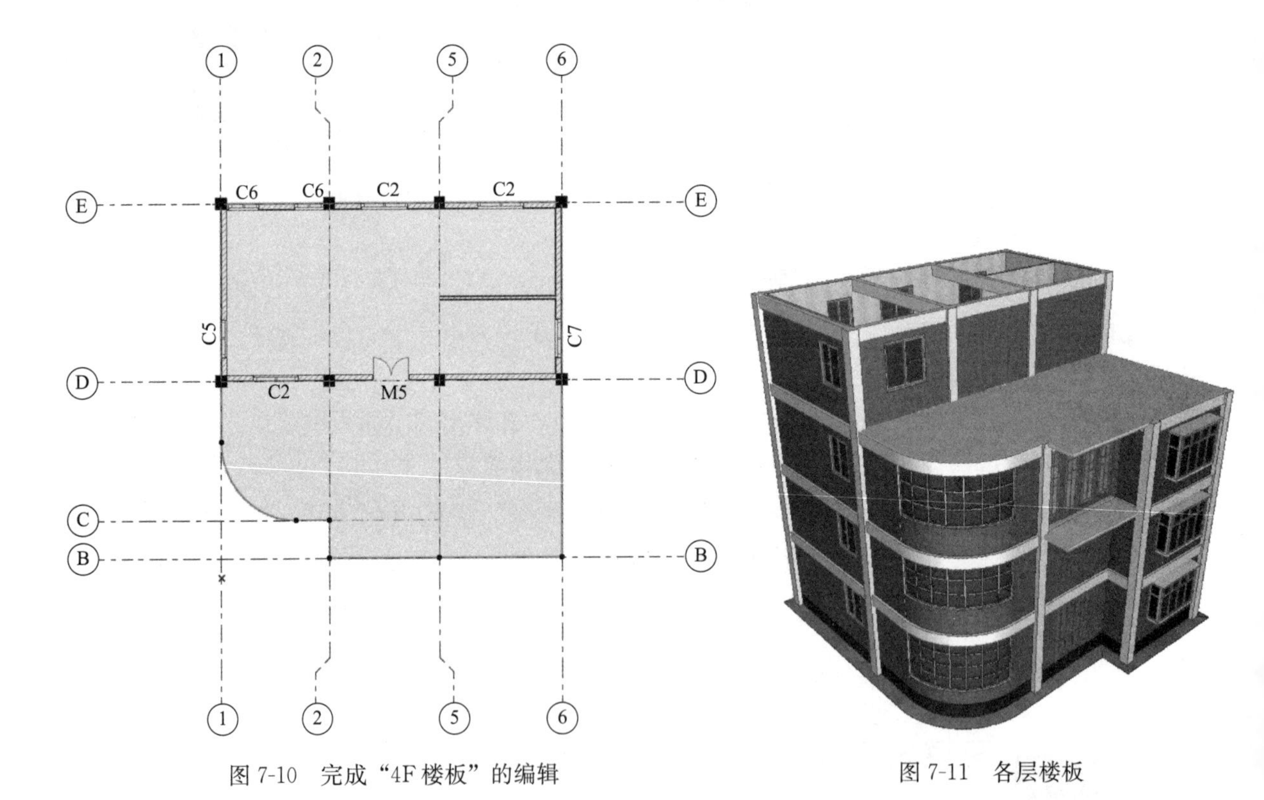

图 7-10　完成“4F 楼板”的编辑

图 7-11　各层楼板

7.3　创建主入口平台及台阶

7.3.1　创建主入口平台

打开“7-1 吕桥四层别墅-楼板 . pln”项目文件，切换到 1F 平面视图。双击工具箱中的

“板工具”图标 ![板] ，打开“板默认设置”对话框，设置始位楼层为“1F”，板厚设为“600mm”，偏移值设为“0mm”，基本结构为“混凝土-结构”，参考面为“顶部”，在楼层上显示为“仅始位楼层”，“覆盖表面”的顶面和边缘使用“石材-大理石　白色”，其余按照默认设置（图 7-12）。单击“确定”，返回 1F 平面窗口。

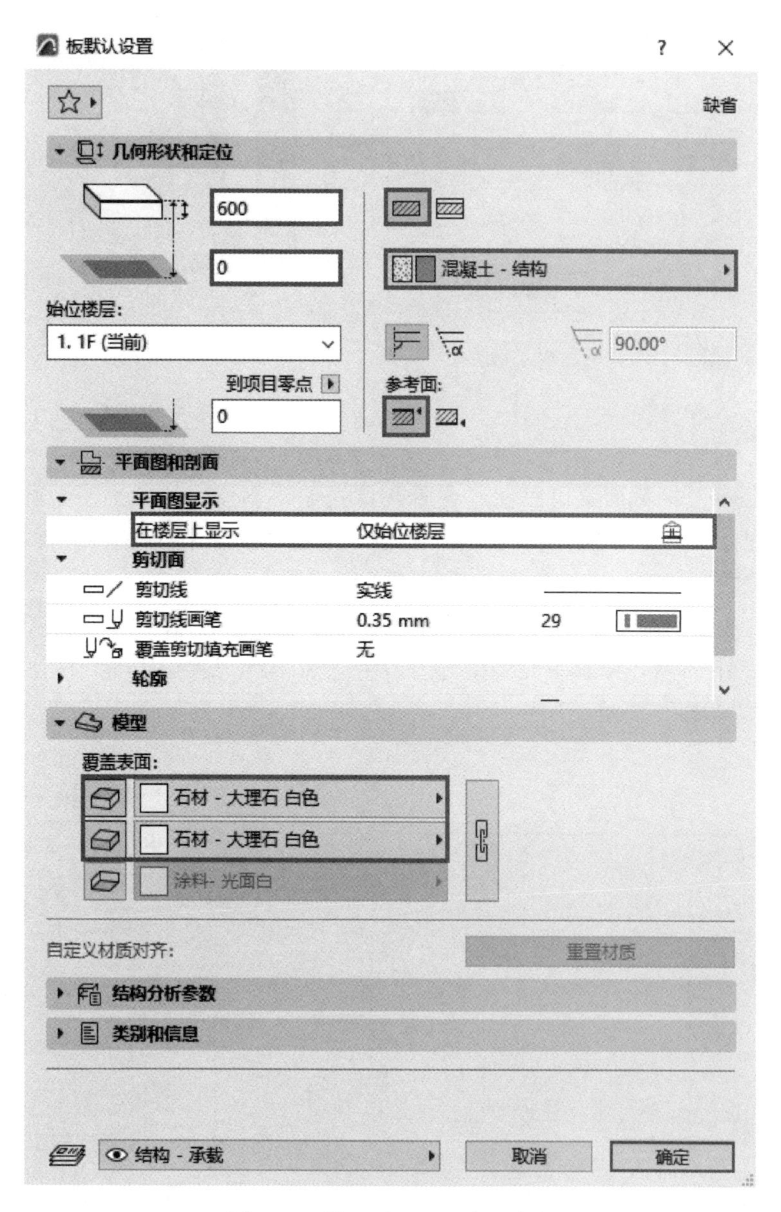

图 7-12　设置“入口平台”参数

几何方式使用“矩形” ，单击 5 号轴与 C 号轴交点，拖拽矩形的另一个角点到 2 号轴与 A 号轴的交点，完成楼板创建后再选中楼板，单击下部边，在弹出式小面板中选择“偏移边”工具，将板边偏移“400mm”，如图 7-13 所示，单击创建主入口平台板，如图 7-14 所示。

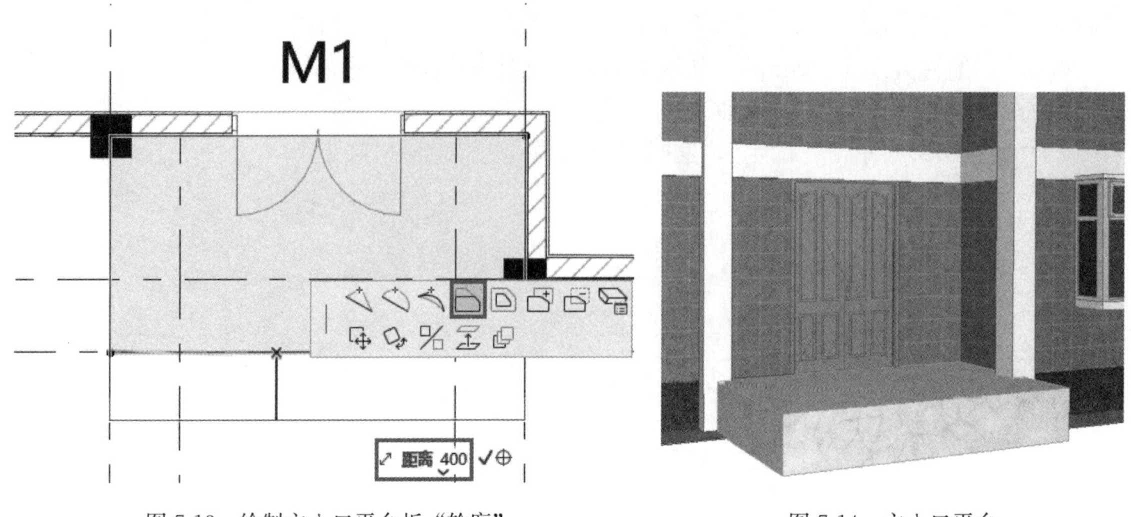

图 7-13　绘制主入口平台板“轮廓”　　　　图 7-14　主入口平台

7.3.2　创建台阶

使用 Archicad 复杂截面梁可以创建台阶，首先需要创建台阶截面。选择“选项>复杂截面>截面管理器”，打开“截面管理器”面板。单击“新建”按钮⊕，弹出“新建截面”对话框，在“截面>建筑”文件夹中，新建“入口台阶”，单击“确认”，将默认轮廓删除。选择和“梁”一起使用，单击工具箱的“填充工具”，绘制台阶截面（踏步 300mm×150mm）如图 7-15 所示，设置填充类型为“混凝土-结构”，“覆盖表面”使用“石材-大理石白色”。单击“保存”按钮。

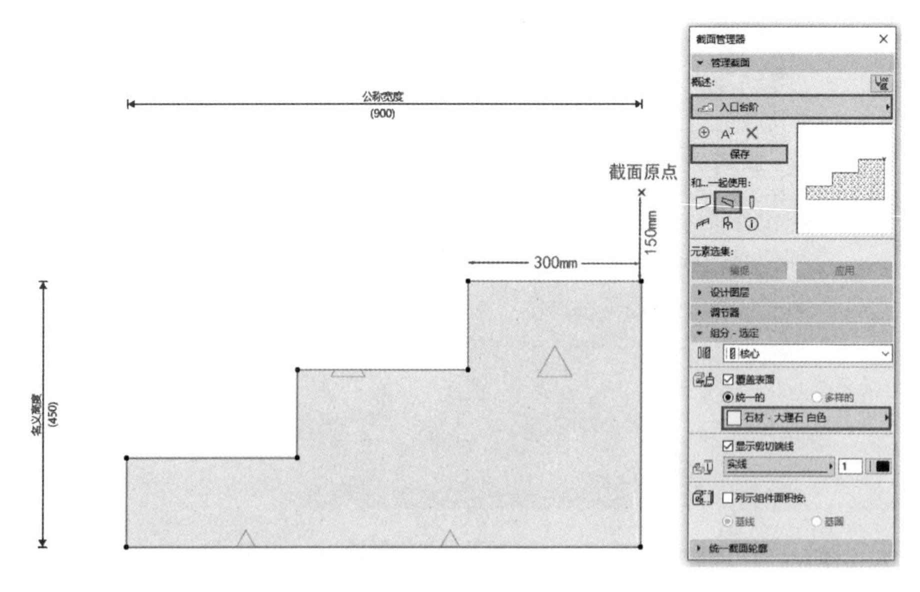

图 7-15　台阶截面

切换到 1F 平面视图，单击工具箱中的“梁工具”图标，在信息框中，将“几何方式”设为“链式”，使用“复杂截面”并选择“入口台阶”，平面图显示如图 7-16 所示。

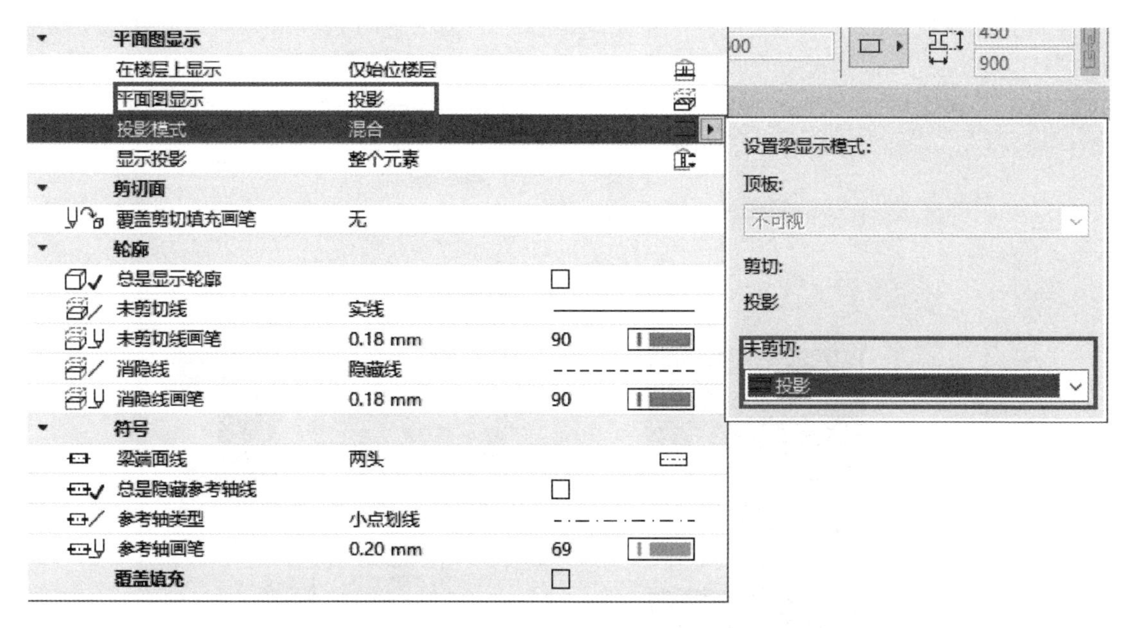

图 7-16　台阶“平面图显示”

由 B 号轴与 5 号轴的交点开始，沿平台顺时针绘制到 C 号轴与 2 号轴的交点，如图 7-17 所示。切换到 3D 窗口进行观察（图 7-18）。

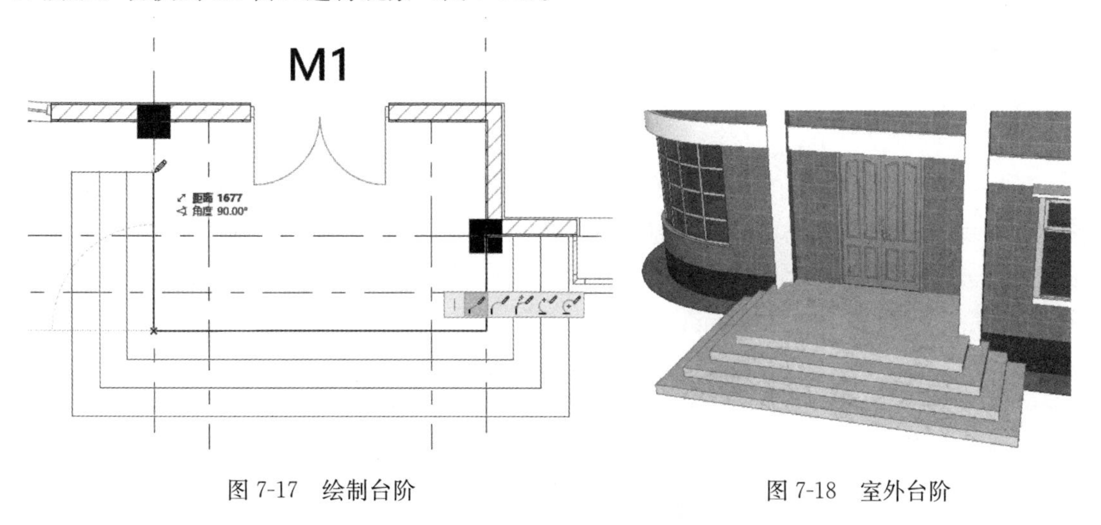

图 7-17　绘制台阶

图 7-18　室外台阶

7.4　创建装饰带

7.4.1　创建装饰带截面

打开“7-2 吕桥四层别墅-台阶 . pln”项目文件，选择“选项>元素属性>截面管理器”，打开“截面管理器”面板。单击“新建”按钮⊕，弹出“新建截面”对话框，在“截面>建筑”文件夹中，新建“装饰带”，单击“确认”，将默认轮廓删除。选择和“梁”一起使用，单击工具箱的“填充工具”，在截面原点处单击，水平向右绘制 260mm 的直线，垂直向下绘制 120mm 直线，再向左水平绘制 100mm，向下绘制 160mm，向右绘制 100mm，向下绘制 120mm，向左绘制 260mm，向上绘制 400mm，形成闭合轮廓，如图 7-19 所示。设置填充类型为“钢筋混凝土-别墅结构”，不使用“覆盖表面”，单击“保存”按钮。

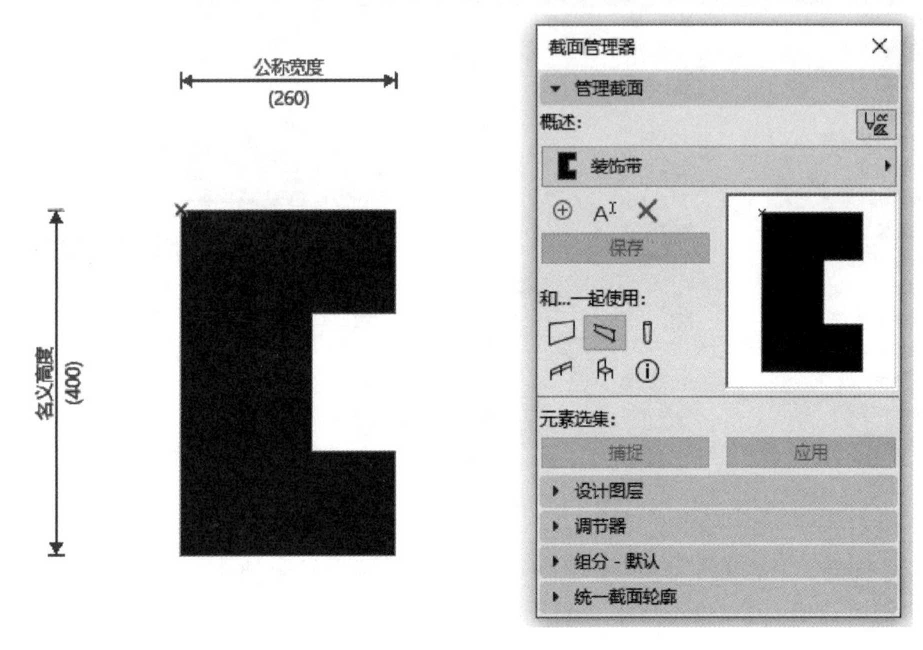

图 7-19　绘制“装饰带截面”

7.4.2　创建装饰带

切换到 3F 平面视图，单击工具箱中的“梁工具”图标，在信息框中，将“几何方式”设为“链式”，使用“复杂截面”并选择“装饰带截面”，平面图显示如图 7-16 所示。由 C 号轴与 2 号轴的交点开始，沿 3F 阳台板逆时针绘制到 B 号轴与 5 号轴的交点，切换到 3D 窗口进行观察，如图 7-20 所示。

图 7-20　创建“3F 阳台板”的装饰带

切换到 4F 平面视图，单击工具箱中的“梁工具”图标，在信息框中，将“几何方式”设为“链式”，使用“复杂截面”并选择“装饰带截面”，平面图显示按图 7-21 所示。沿 4F 楼板外缘逆时针绘制装饰带，如图 7-22 所示。切换到 3D 窗口进行观察（图 7-23）。

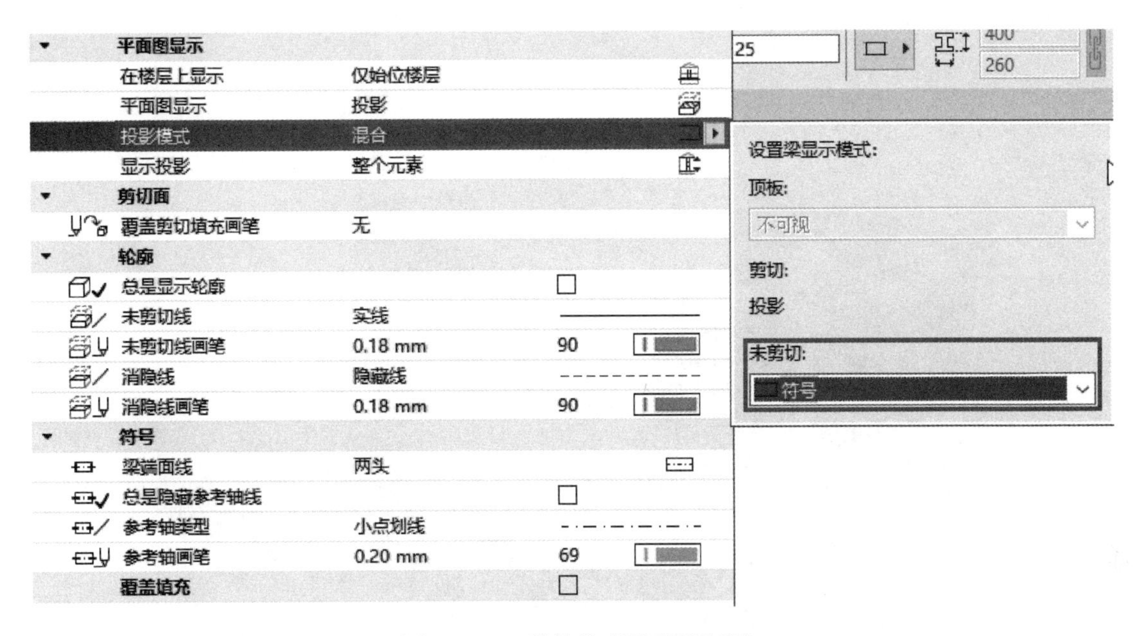

图 7-21　4F 装饰带“平面图显示”

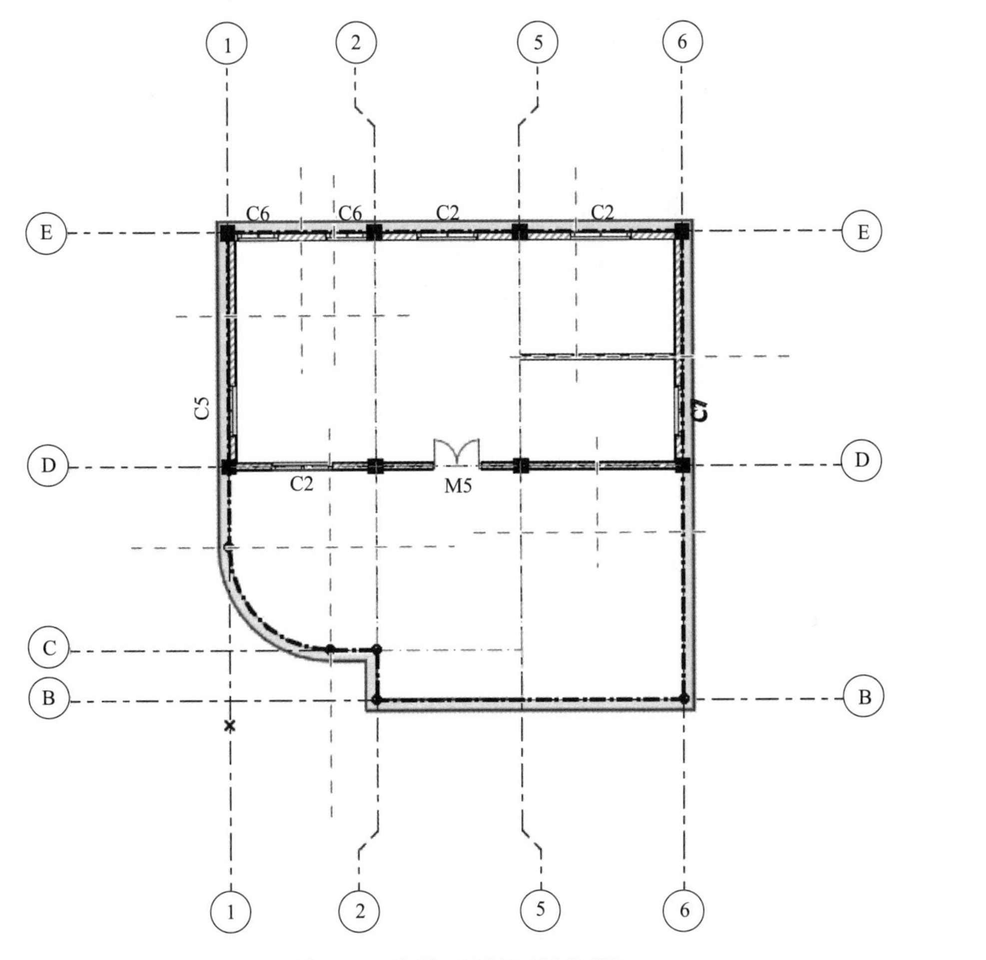

图 7-22　绘制 4F 楼板“装饰带”

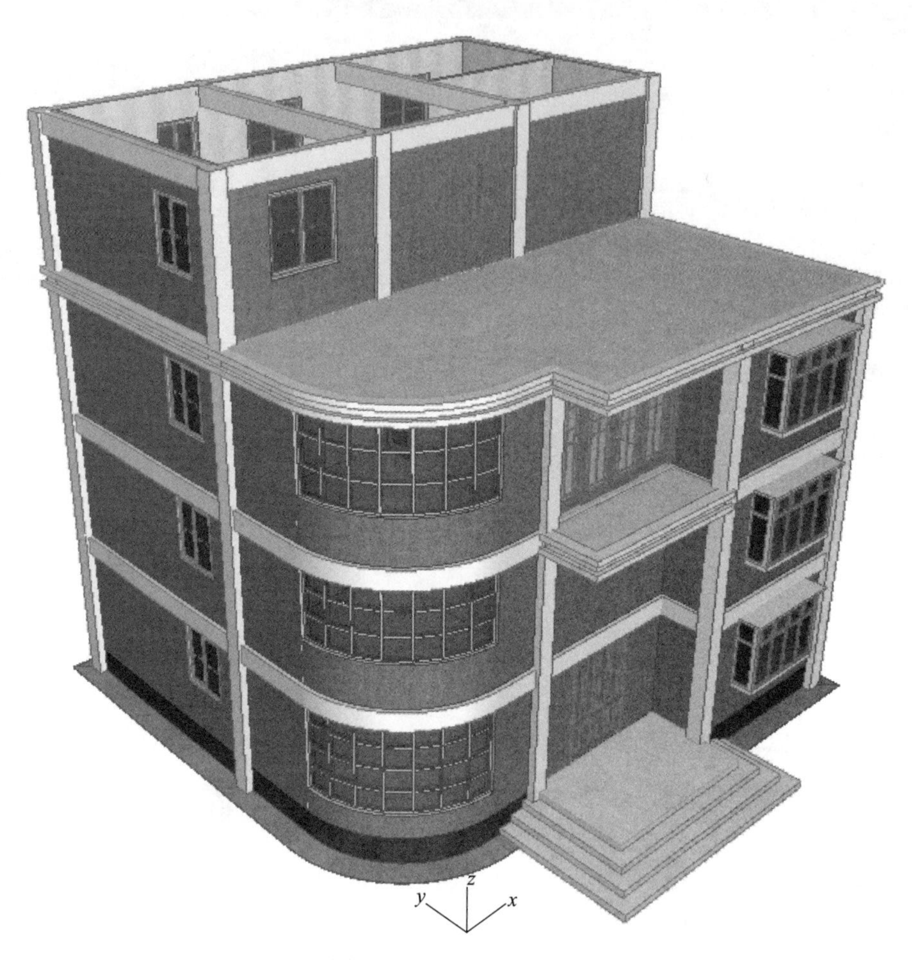

图 7-23　楼板与装饰带

8 屋　　顶

Archicad 提供了较灵活的屋顶创建与编辑工具，可以在项目中生成各种形式的屋顶，基本能够满足建筑师对于方案设计的要求。Archicad 屋顶工具主要包括“单平面屋顶”“多平面屋顶”和“壳体”3 种类型。Archicad“单平面屋顶”和“多平面屋顶”类似于 Revit 的“迹线屋顶”，“单平面屋顶”也可以作为倾斜楼板或坡道。Archicad“壳体”类似于 Revit 的“拉伸屋顶”，但“壳体”的作用更全面，其部分功能相当于 Revit 的体量（面屋顶）。Archicad 屋顶工具的参数设置类似于板工具。“单平面屋顶”通过“轴线”进行定位，“多平面屋顶”通过“枢轴多边形”进行定位与造型，而“壳体”则通过“轴线”“截面（轮廓线）”与“突出矢量”进行定位与造型。

本章在熟悉别墅屋顶构造知识的基础上，主要学习 Archicad 屋顶的参数设置，掌握“单平面屋顶”“多平面屋顶”和“壳体”的创建方法，掌握使用“复杂截面”创建屋顶附属构件的方法。

本章学习目的：

（1）熟悉屋顶的构造知识；

（2）掌握单平面屋顶的创建与编辑方法；

（3）掌握多平面屋顶的创建与编辑方法；

（4）掌握“壳体”屋顶的创建与编辑方法；

（5）掌握“复杂截面梁”创建屋顶附件的方法。

手机扫码
观看教程

8.1 屋顶概述

8.1.1 单平面屋顶

Archicad“单平面屋顶”可以创建单坡屋顶，也可以互相连接组成多坡屋顶。屋顶的“标高”可以通过“轴线”的标高进行测量。一般情况下屋顶的轴线与墙参考线或板的边缘重合。通过编辑“枢轴多边形”或“轮廓线”，可以图形方式修改屋顶的几何形状。调整“脊线”与屋顶“倾斜度”可以对屋面坡度进行控制。

启动 Archicad，新建一个项目。首先使用“墙工具”，绘制一个 6m×10m 的矩形墙。然后双击工具箱中的“屋顶工具”图标 屋顶 或单击图标后按快捷键〈Ctrl+T〉，可以打开“屋顶默认设置”对话框。将“枢轴偏移”（屋顶轴线到始位楼层的偏移量）设为“3000mm”。“屋顶结构”分为“基本”与“复合”，可使用弹出式对话框选择建筑材料或复合结构，将其设为“基本”“瓦-屋面”。“屋顶厚度”指“基本”屋顶的厚度值，分为“与屋顶面垂直”或“竖直测量”两种方式，可以单击弹出的箭头进行选择，而“复合”屋顶厚度不在此编辑，将其设为“垂直”“300mm”。“屋顶几何方法”分为“单平面”和“多平面”，将其设为“单平面”。“屋顶倾斜度”可以设置“多平面”屋面坡度，单击弹出箭头 可以选择“度”或“百分比”。“边缘角度”可以控制屋顶边缘角度，分为“竖直”“垂直”与“自定义角度”3种类型，将其设为“垂直”。如果对任何单一边缘设置不同的自定义边缘角度，则一个黄色的“自定义”图标⚠将会出现在设置控制项旁边。“平面图和剖面”设置按默认值，单击“确定”，如图8-1所示。

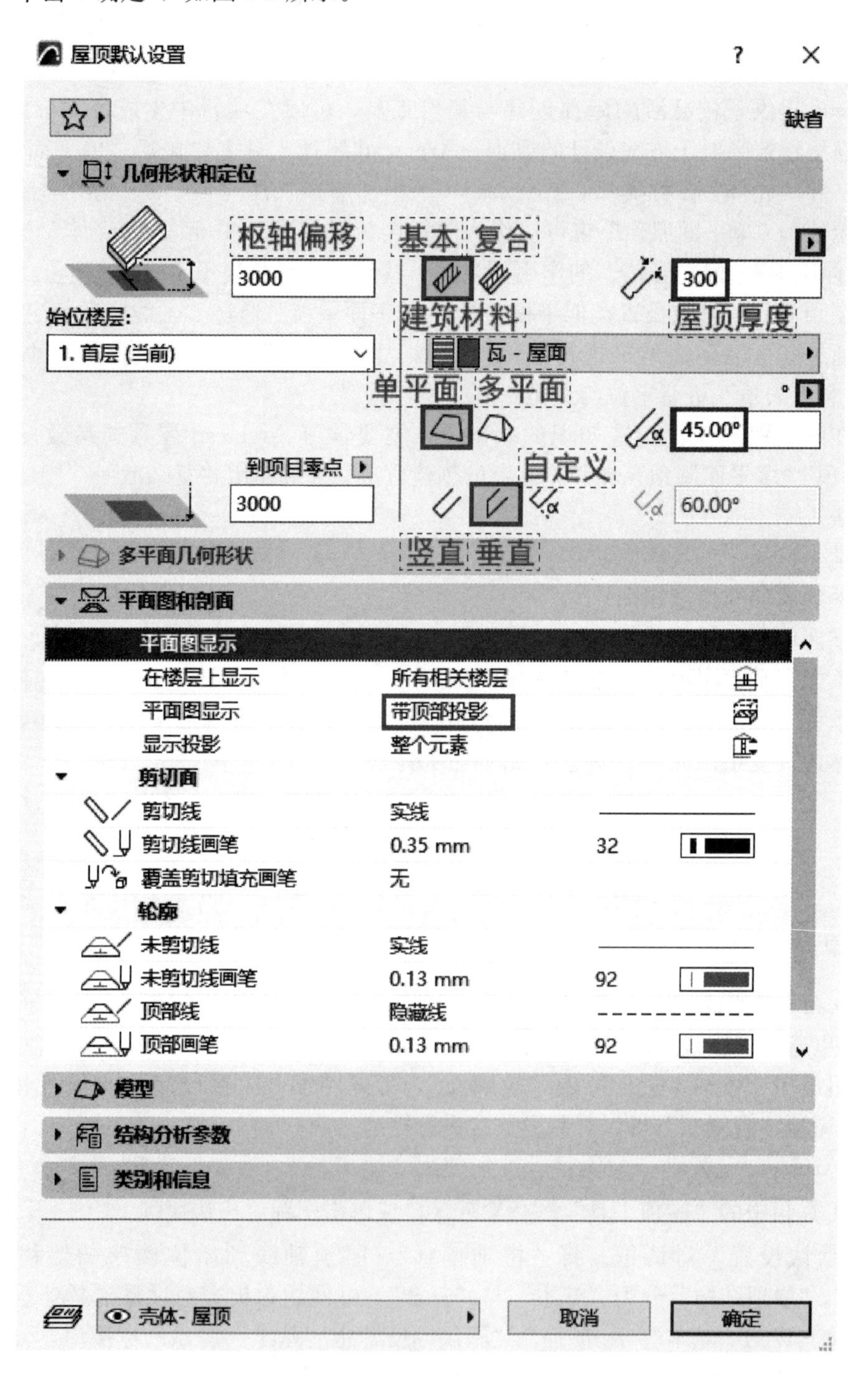

图8-1 “屋顶默认设置”对话框

在首层平面视图中，沿墙的上边缘绘制水平轴线，出现“眼睛”图标◀后单击轴线下方，使用“矩形”结构方式绘制 4m×10m 的屋顶，如图 8-2 所示。

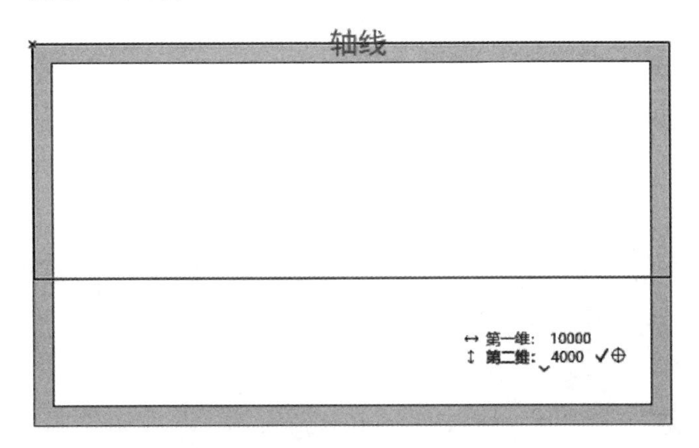

图 8-2　单平面屋顶

切换到 3D 窗口，右击，在上下文菜单中将“3D 样式”设为“基本（矢量）”。单击“屋顶工具”图标，沿另一侧墙上缘绘制轴线，然后捕捉对面屋顶边中点以确定屋顶的平面，然后绘制矩形屋面，如图 8-3 所示。

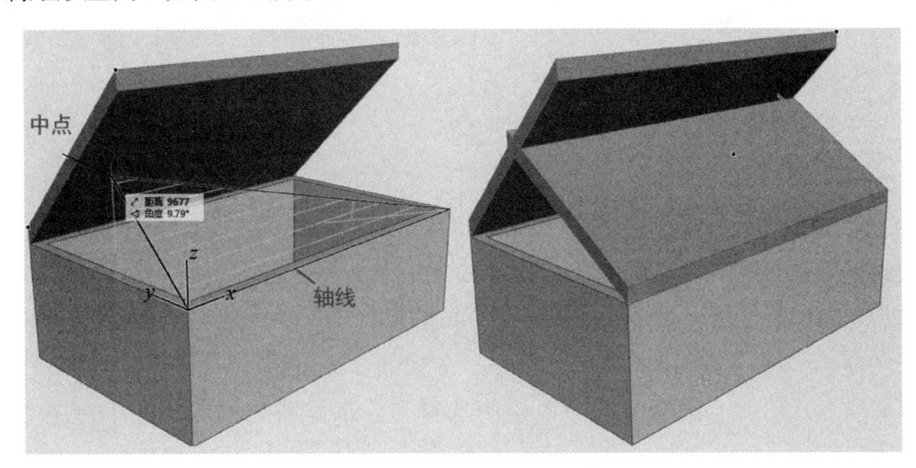

图 8-3　“3D 窗口”中创建单平面屋顶

选择其中一个屋顶，按住〈Ctrl〉键，再点击另外一个屋顶的脊线，可以对后一个屋顶进行修剪。使用相同的操作，再进行互换剪切，如图 8-4 所示。

选择墙体，将其“顶部链接”设为“3. 楼层”，右击，在上下文菜单中选择“修剪到单平面屋顶”（图 8-5），打开对话框，选择“修剪元素顶部”如图 8-6 所示，单击“修剪”（图 8-7）。

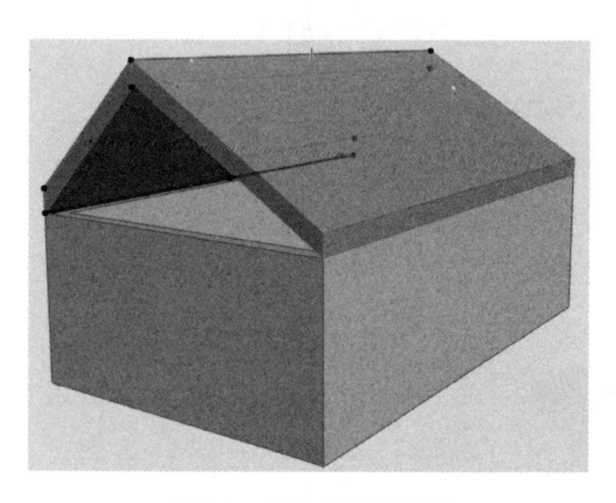

图 8-4 修剪单平面屋顶

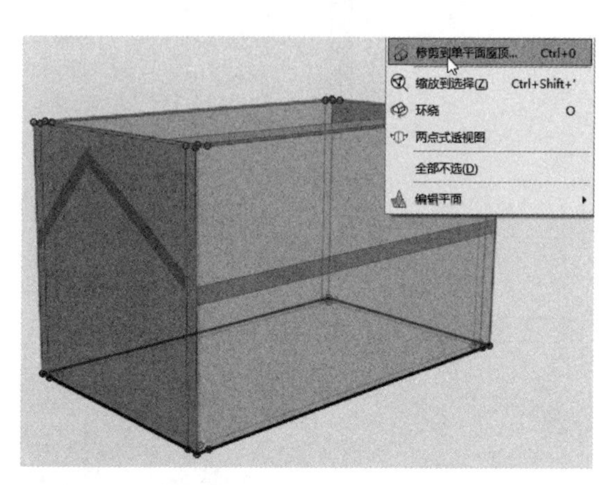

图 8-5 调整墙高

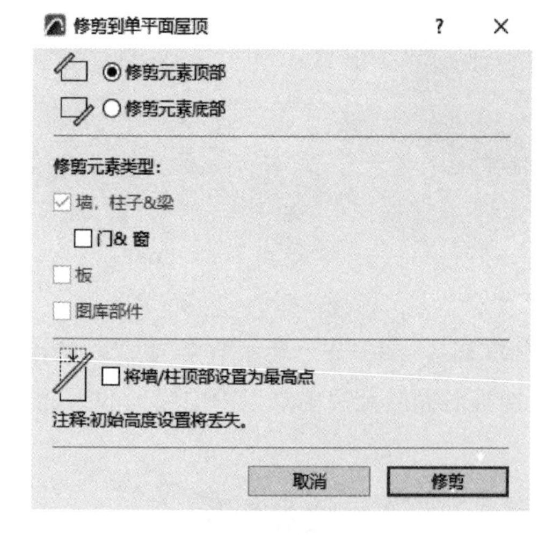

图 8-6 “修剪到单平面屋顶”对话框

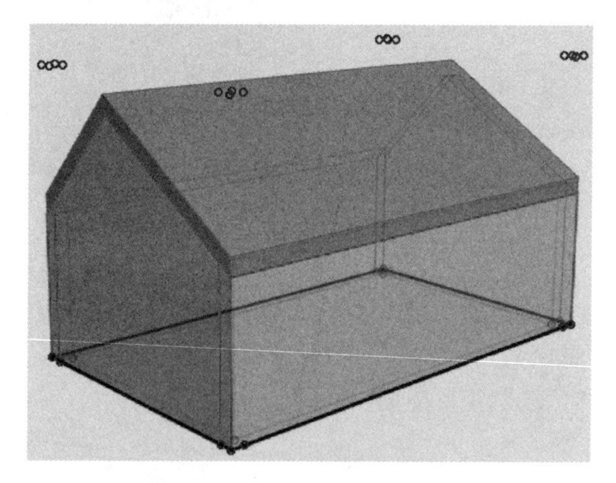

图 8-7 修剪墙体

8.1.2 多平面屋顶

1. 创建歇山屋顶

切换到首层平面视图，使用“墙工具”，绘制一个如图 8-8 所示的“L”形墙体。

单击工具箱中的“屋顶工具”图标，在信息框中将“几何方法”设为“多平面”，“屋顶倾斜度”设为“30°”，“屋檐悬挑偏移”设为“600mm”，绘制矩形屋顶，如图 8-9 所示。

单击屋顶上方轴线，在弹出式小面板中选择“添加到多边形”工具，继续绘制“L”形屋顶，如图 8-10 所示。

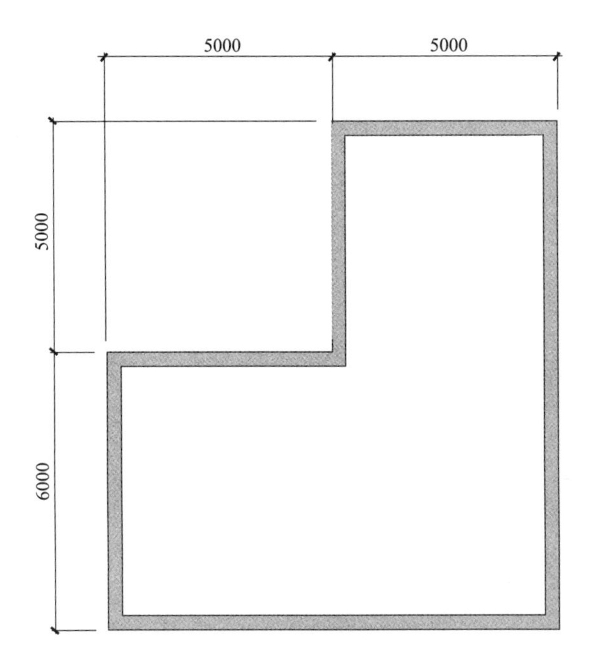

图 8-8　“L”形墙体

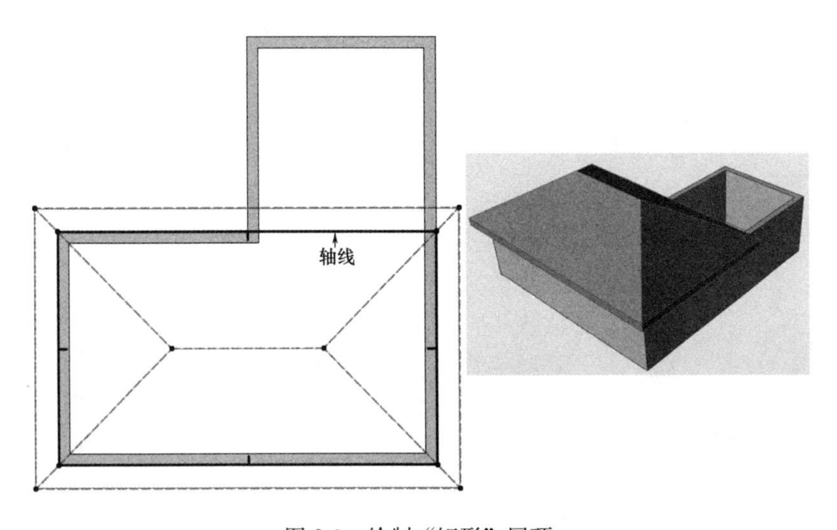

图 8-9　绘制“矩形”屋顶

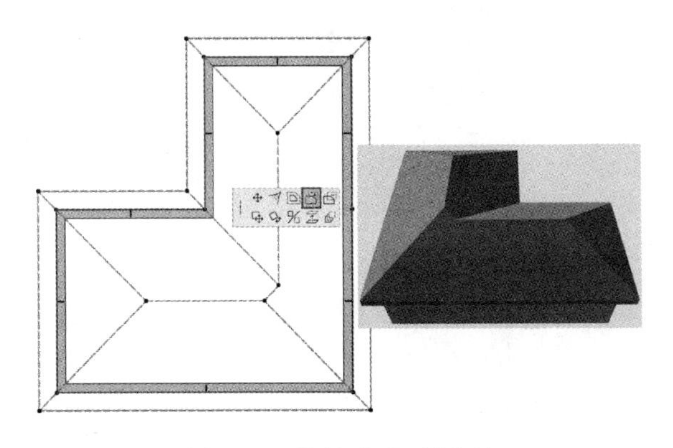

图 8-10　绘制“L”形屋顶

选中屋顶，按快捷键〈Ctrl＋T〉，打开“屋顶选择设置”对话框，在“多平面几何形状”面板中，“添加”倾斜度为“45°”的“2＃”段，并将“1＃”段的高度改为“1200mm”(图 8-11)，添加屋顶“举折”的效果如图 8-12 所示。

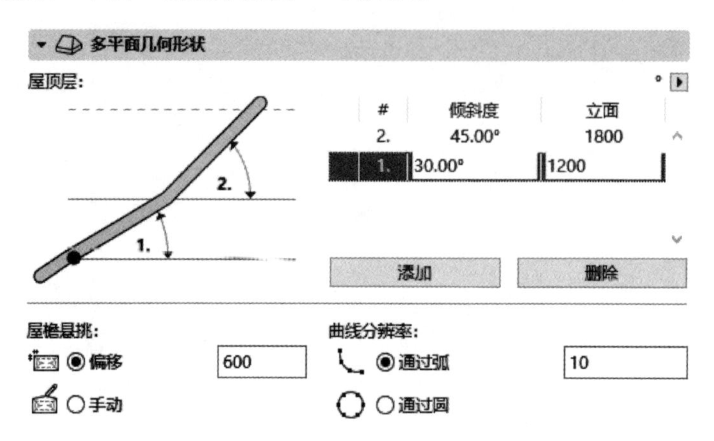

图 8-11　添加屋顶“2＃”段

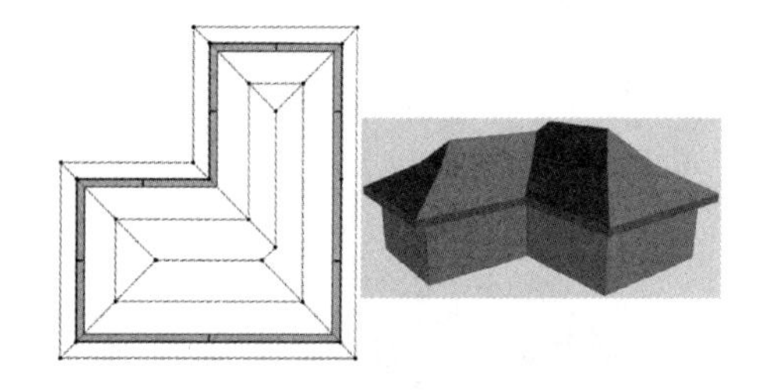

图 8-12　添加屋顶“举折”

单击屋面端头上边线，在弹出式小面板中选择“自定义平面设置”工具，打开对话框，将“平面类型”设为“山墙”“90°”（图 8-13)，单击“确定”，如图 8-14 所示。

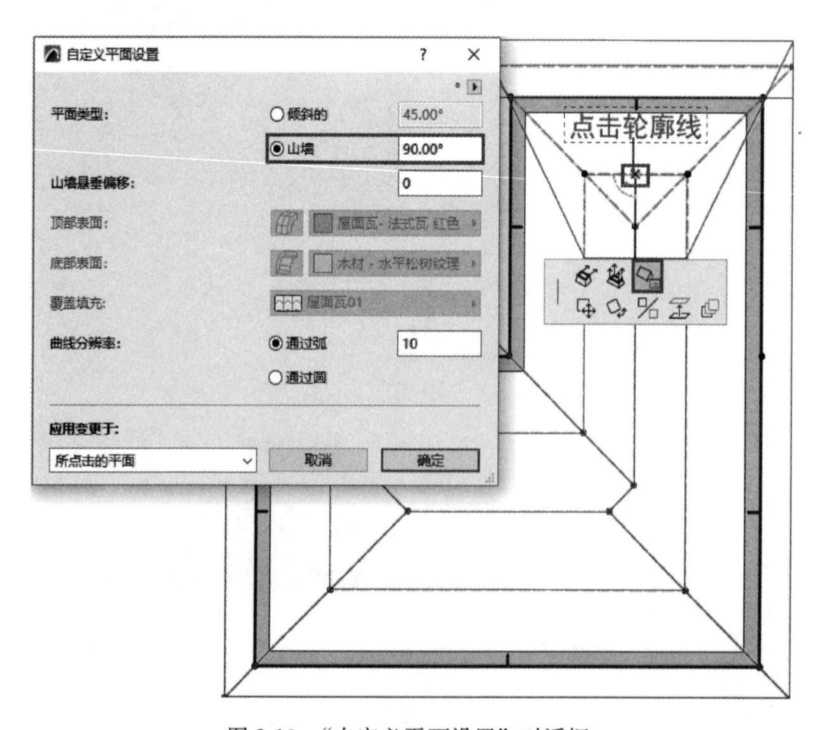

图 8-13　“自定义平面设置”对话框

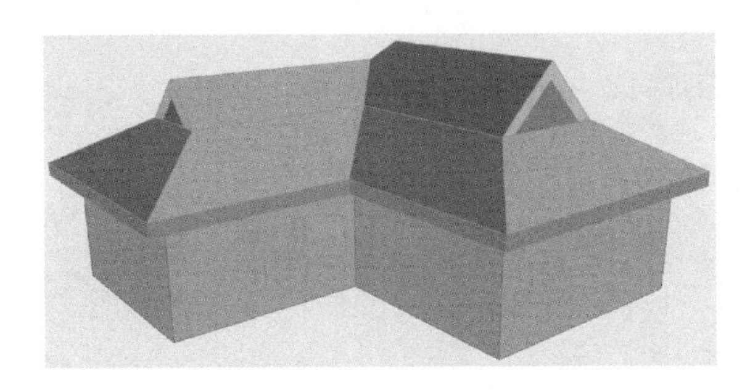

图 8-14 “歇山”屋顶

2. **创建抱厦**

切换到首层平面视图，添加辅助线，如图 8-15 所示。

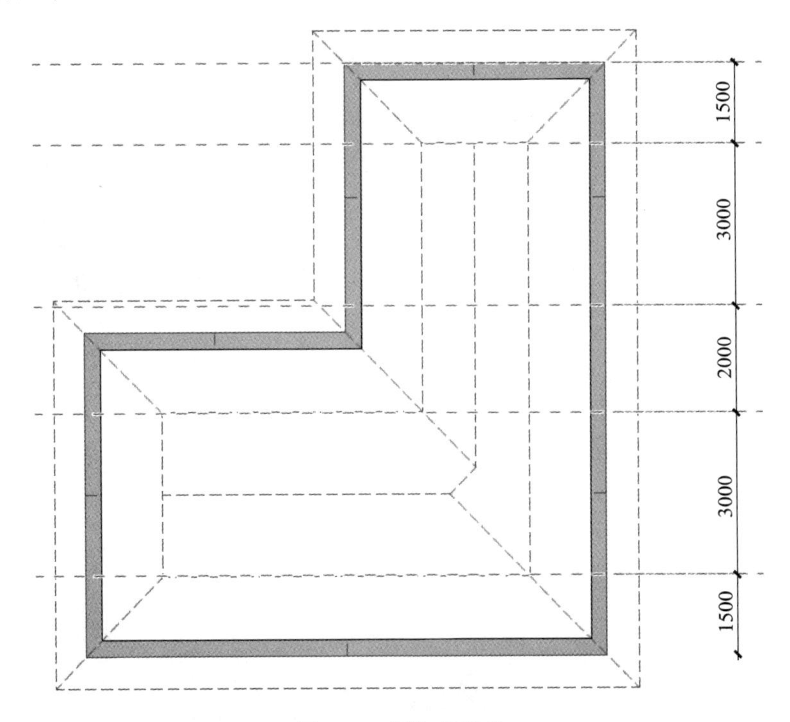

图 8-15 添加辅助线

分别单击屋顶右侧“轴线”的“3000mm”段，在弹出式小面板中选择“添加到多边形”工具，绘制矩形区域，创建两个“抱厦”，如图 8-16 所示。

切换到 3D 窗口，点击左侧抱厦端头“轴线”，在弹出式小面板中选择“自定义平面设置”工具，打开对话框，将“平面类型”设为“山墙”“90°”，单击“确定”，如图 8-17 所示。

分别单击抱厦左右两侧的“轴线”，在弹出式小面板中选择“自定义平面设置”工具，打开对话框，将“倾斜角度”设为“20°”，单击“确定”，如图 8-18 所示。

切换到首层平面视图，单击抱厦“轮廓线”，在弹出式小面板中选择“偏移边”工具，将轮廓线移动到轴线位置，如图 8-19 所示。

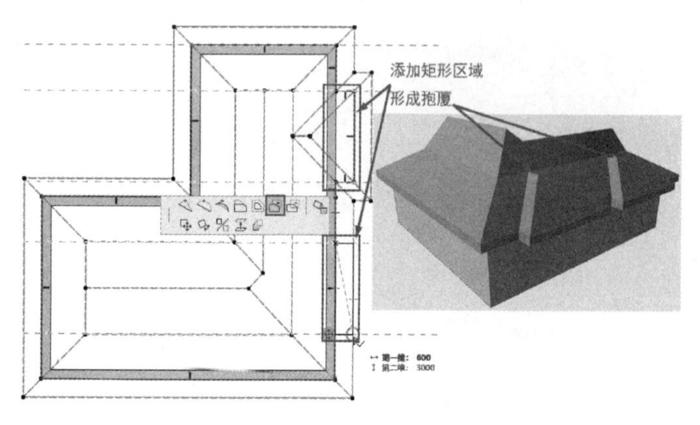

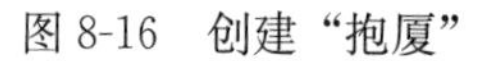
图 8-16　创建“抱厦”

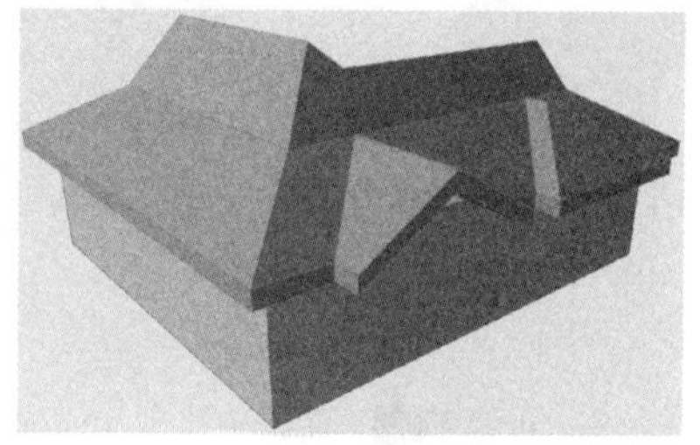
图 8-17　修改抱厦造型

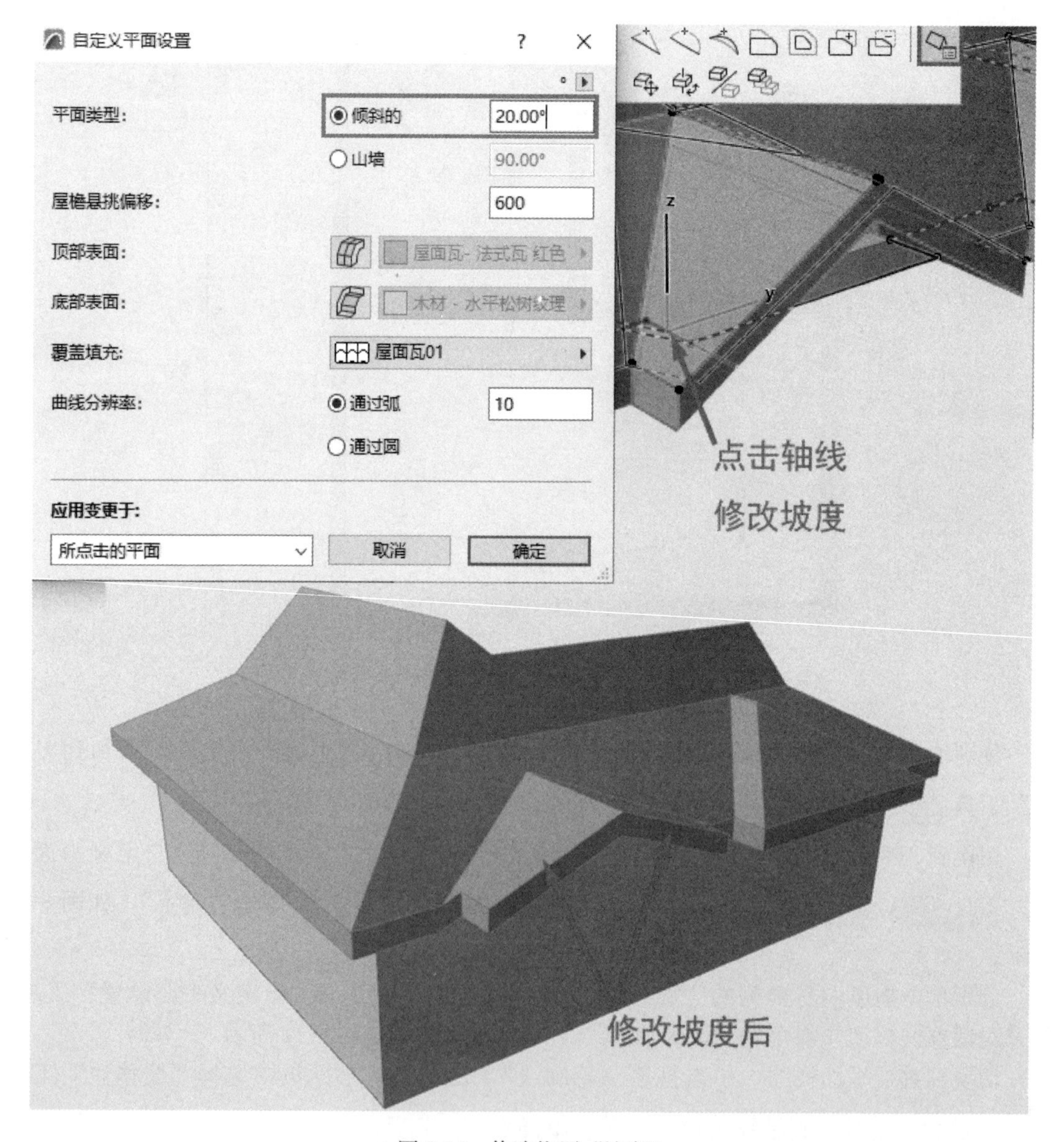

图 8-18　修改抱厦“坡度”

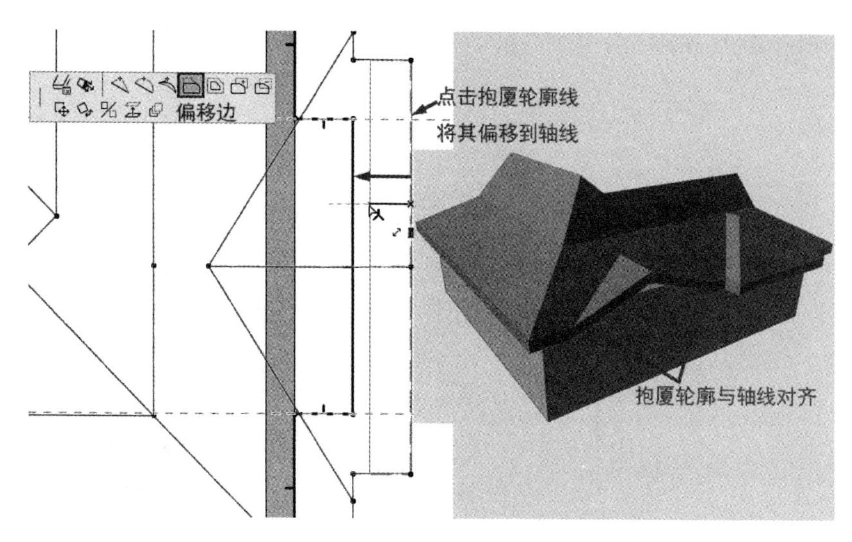

图 8-19 偏移抱厦“轮廓”

8.1.3 老虎窗屋顶

切换到“2. 楼层”平面视图，单击工具箱中的“屋顶工具”图标，在信息框中将“轴线偏移距离”设为“900mm”，“板厚”设为“150mm”，“屋檐悬挑偏移”设为“0”，使用追踪功能捕捉到墙外表面与屋顶转折的交点，然后绘制 2m×1.5m 的矩形屋顶，如图 8-20 所示。

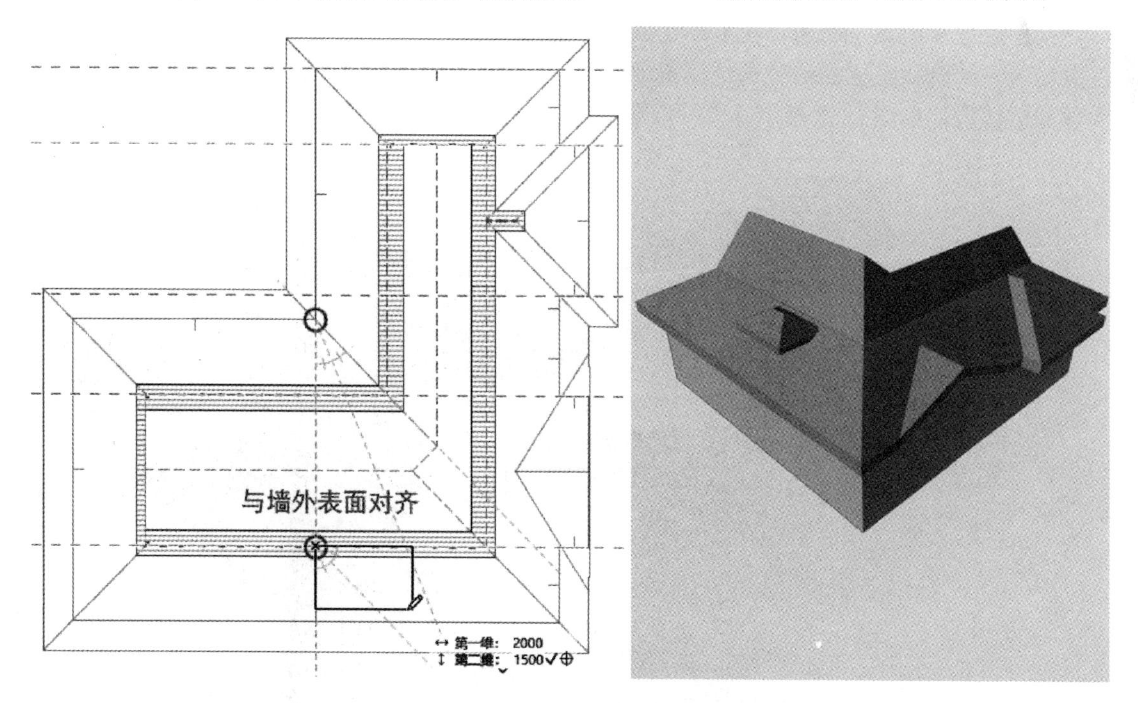

图 8-20 绘制“老虎窗”屋顶

选中“老虎窗”屋顶，单击屋面上边线，在弹出式小面板中选择“自定义平面设置”工具 ，打开对话框，将“平面类型”设为“山墙”“90°”，单击“确定”。继续单击屋面上边线，在弹出式小面板中选择“偏移边”工具，将轮廓线向上移动“1000mm”，如图 8-21所示。

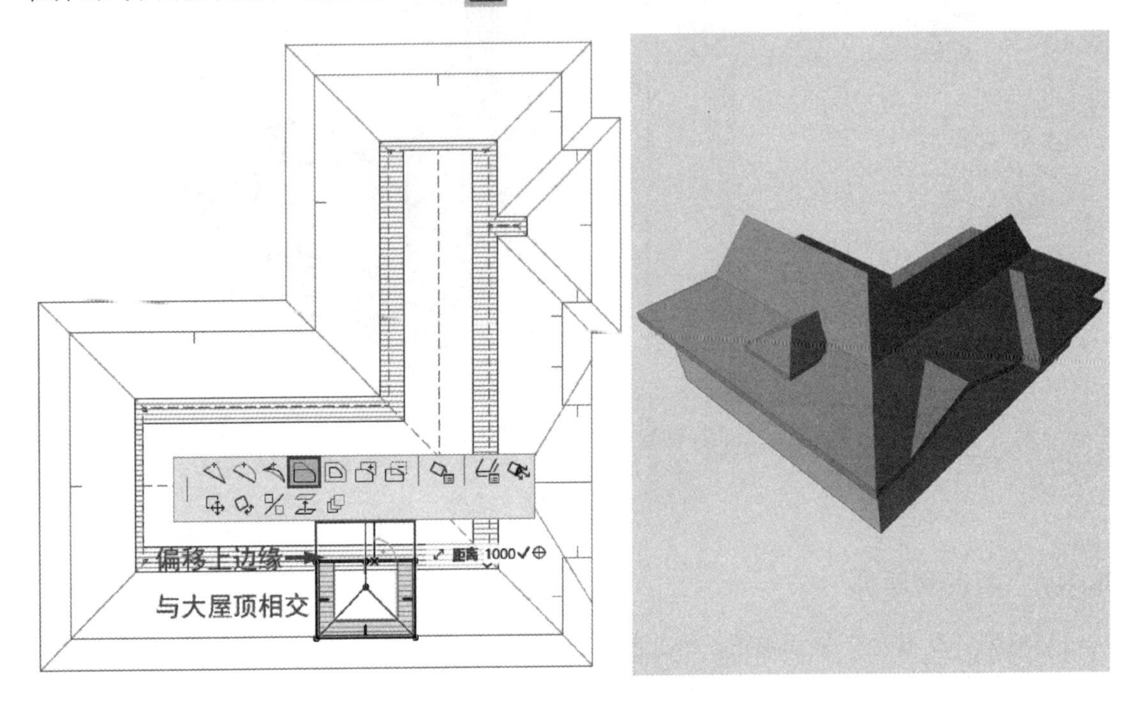

图 8-21　调整“老虎窗”屋顶

选中老虎窗屋顶，右击，在上下文菜单中选择“连接>将元素剪切到屋顶/壳体”，再单击大屋顶，此时状态栏提示“选择保留部分”，然后单击老虎窗屋顶的外侧，其深入大屋顶的部分被修剪，如图 8-22 所示。

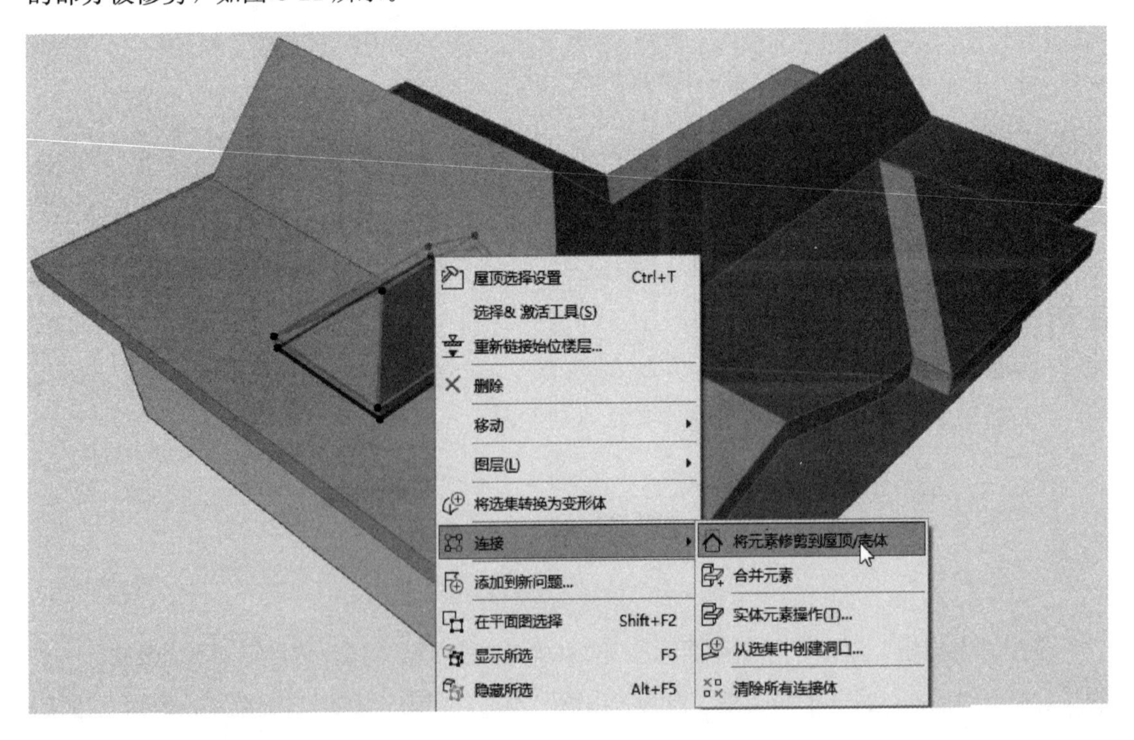

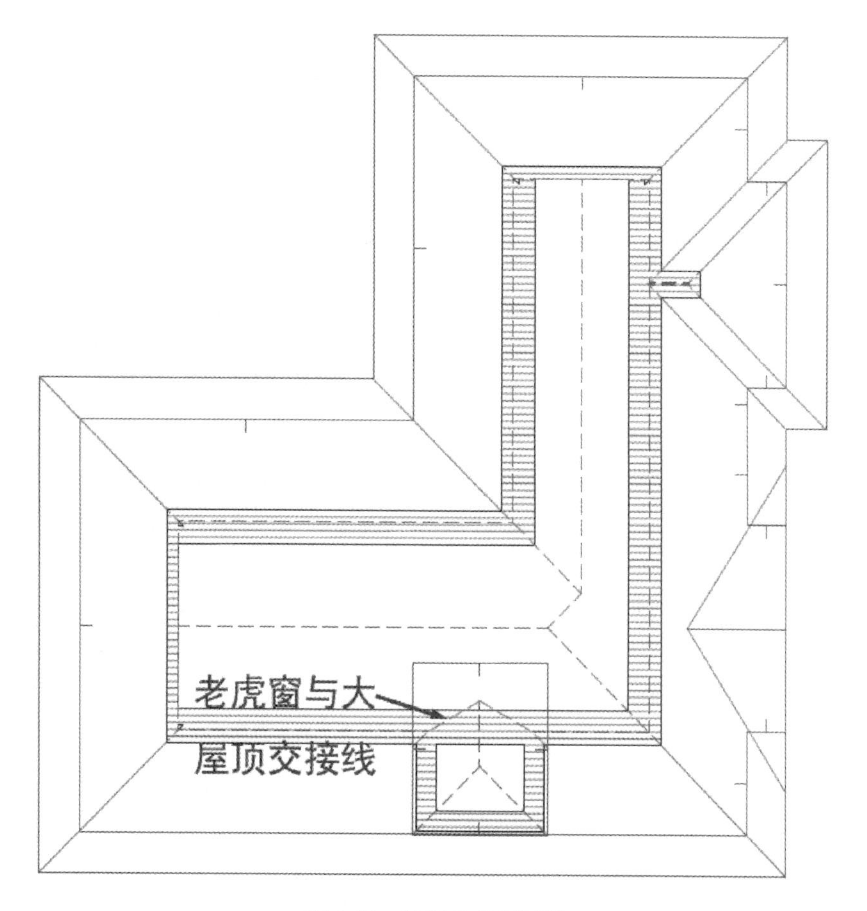

图 8-22　剪切老虎窗屋顶

8.1.4　壳体屋顶

使用“壳体工具”可以创建异形屋顶，壳体分为三种基本形状：“拉伸”“旋转”和“直纹”。“拉伸”壳体可以将弧形等特殊形状的屋顶“形状线”进行拉伸放样，对“形状线”进行定位是“拉伸”壳体的使用关键。

切换到“2. 楼层”平面视图，单击工具箱中的“壳体工具”图标，在信息框中将“几何方法”设为“拉伸”，“构造方法”设为“简单”，“结构”设为“基本”“瓦-屋面”，“轴线到始位楼层”设为“1200mm”，“厚度”设为“150mm”。使用追踪功能捕捉到歇山表面与外墙表面的交点，垂直向上绘制轴线到屋面转折处，再向右侧绘制2000mm，如图 8-23 所示。

在“2. 楼层”平面视图中，选择“拉伸轴线（突出矢量）”的端点，在弹出式小面板中使用“编辑拉伸长度”工具，将壳体屋顶拉伸到大屋顶之内。切换到南立面视图，首先经圆心绘制“30°”与“150°”的辅助线，然后单击“形状线”，在弹出式小面板中使用“插入新节点”工具，在辅助线与轴线的交点处添加节点，将原节点移动到新节点处，从而改变壳体（形状线）弧形的角度为“120°”，如图 8-24 所示。

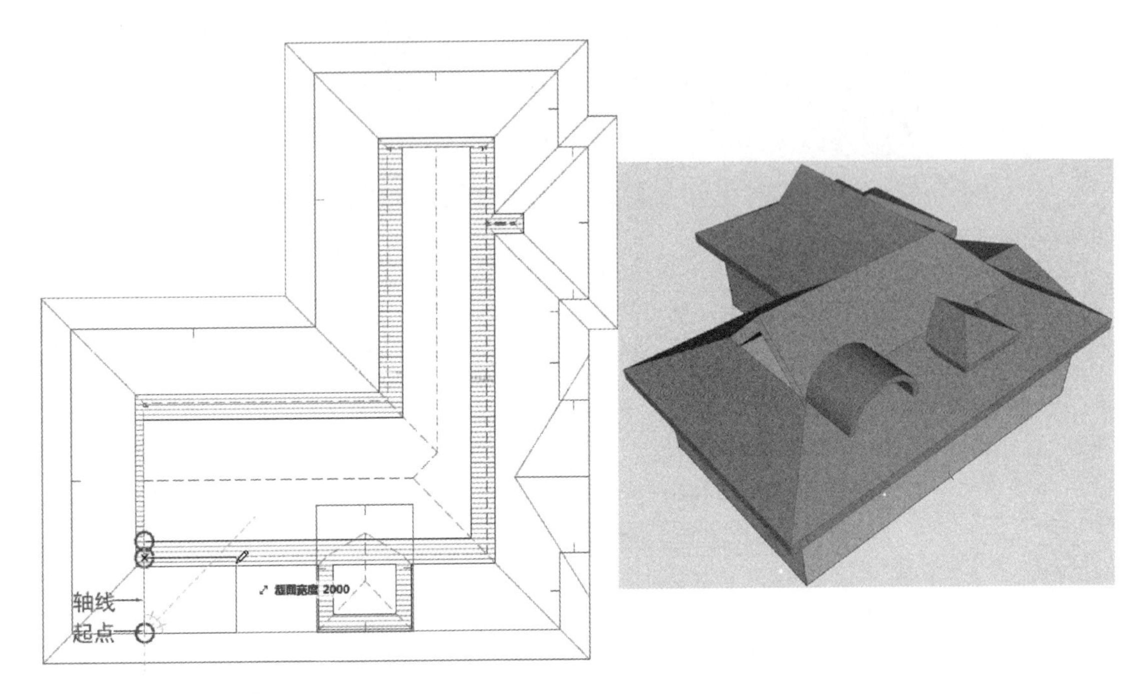

图 8-23　创建“壳体屋顶”

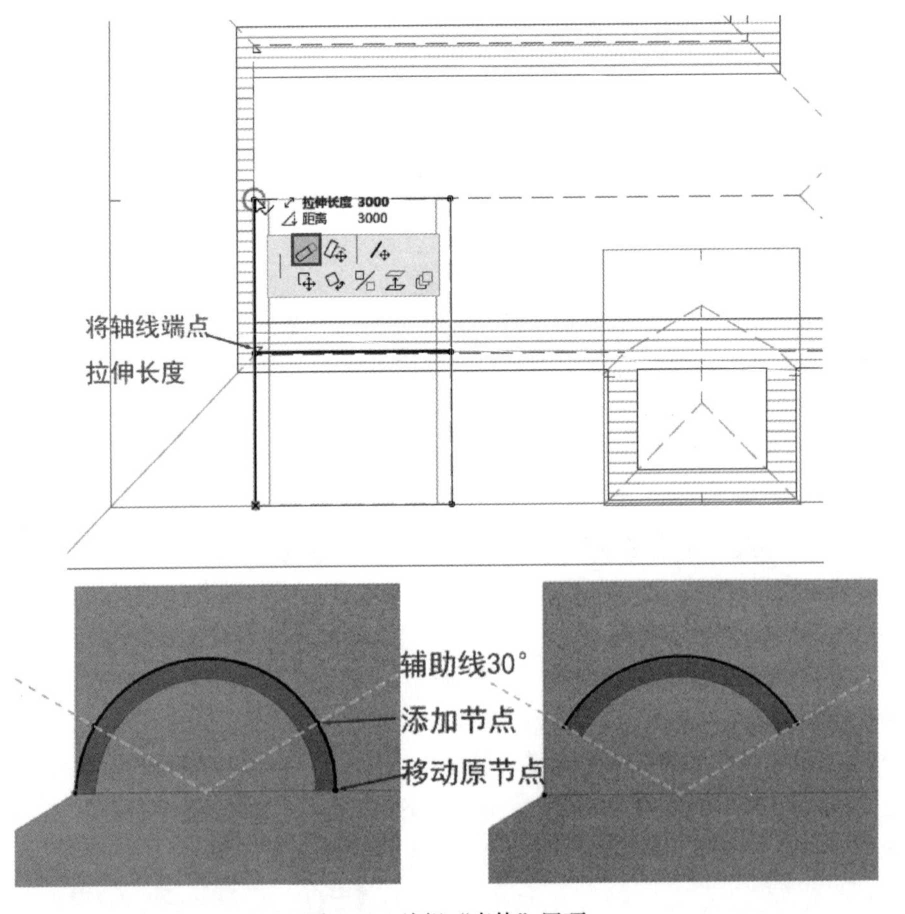

图 8-24　编辑“壳体”屋顶

选择“壳体”屋顶，右击，在上下文菜单中选择“连接>将元素剪切到屋顶/壳体”，再单击大屋顶，此时状态栏提示“选择保留部分”，然后单击壳体屋顶的外侧，其深入大屋顶的部分被修剪，如图 8-25 所示。

选择墙体，将其“顶部链接”设为“3. 楼层”，右击，在上下文菜单中选择“连接>将元素剪切到屋顶/壳体”，再单击大屋顶，此时状态栏提示“选择保留部分”，然后单击下部墙体，则其在大屋顶之上的部分被修剪，如图 8-26 所示。

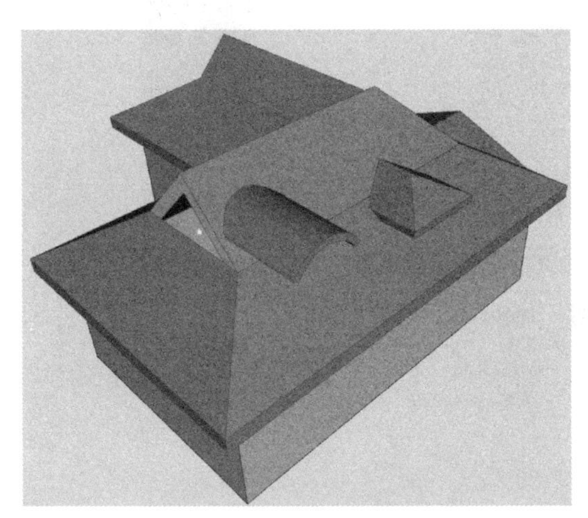

图 8-25　修剪“壳体”屋顶

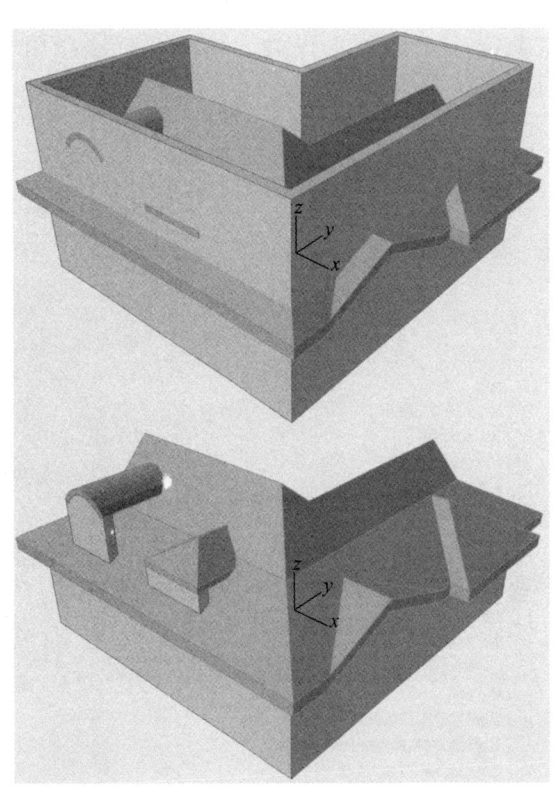

图 8-26　修剪墙体

提示：要清除一个连接体，可以选择属于“修剪关系”的一个元素，出现连接体图标后，将光标悬停在其上，连接的元素都会以蓝色高亮显示。单击该图标可在列表中查看每个连接关系，再单击列表中该连接旁边的“X”图标，可以清除该连接体。

8.2　别墅屋顶

8.2.1　创建别墅屋顶

创建屋顶主要考虑四方面因素：定位、基本尺寸、坡度和构造。根据图纸所示，吕桥四层别墅屋顶边缘与轴线对齐，其西边与 1 号轴对齐，北边与 E 号轴对齐，东边与6号轴对齐，“L”形挑出部分为3.6m，屋顶的坡度为进深与高度之比，可以在屋顶倾斜度参数中直接输入屋顶高度“1870mm”与进深“2800mm”之比“66.79%”来表示。

打开“7-3 吕桥四层别墅-装饰带.pln”项目文件，切换到4F平面视图。选择“选项>元素属性>复合结构”，打开“复合结构”对话框，单击“新建”按钮，在弹出对话框中，复制“别墅-楼板”，并命名为“别墅-屋顶”。将外表面建筑材料设为“瓦-屋面”，厚度为“10mm”；中间“钢筋混凝土-别墅结构”厚度设为“100mm”；内表面“灰泥-石膏”厚度设为“10mm”。选择用于“屋顶”，单击“确定”，如图8-27所示。

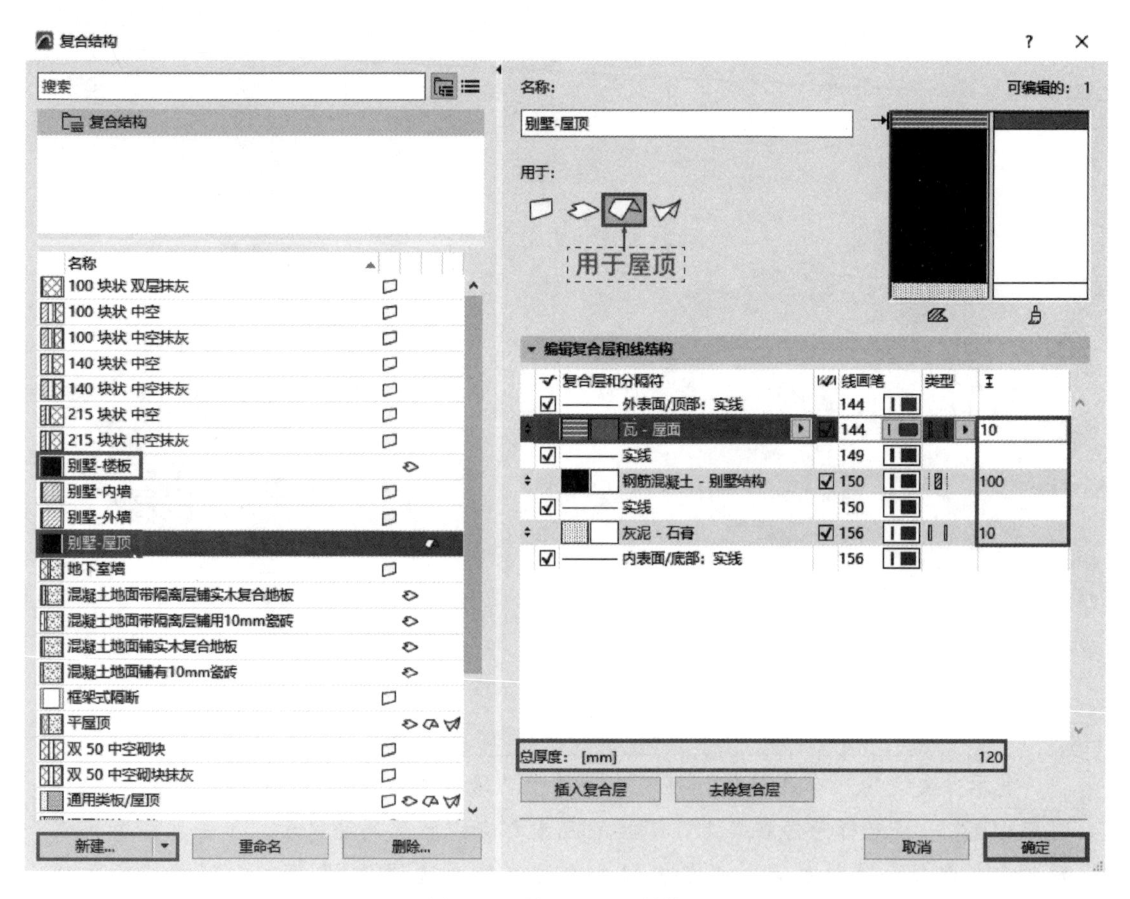

图8-27　设置屋顶“结构”

单击工具箱中的“屋顶工具”图标，在信息框中将“几何方法”设为“多平面”，“构造方式”设为“复杂屋面”，“复合结构”设为“别墅-屋顶”，“屋顶倾斜度”设为“66.79%”，“屋檐悬挑偏移”设为“0”，“覆盖填充”设为“瓦屋面01”，“屋顶边角度”设为“竖直”。沿轴线绘制“L”形屋顶轴线，切换到5F平面视图，如图8-28所示，再切换到3D窗口进行观察（图8-29）。

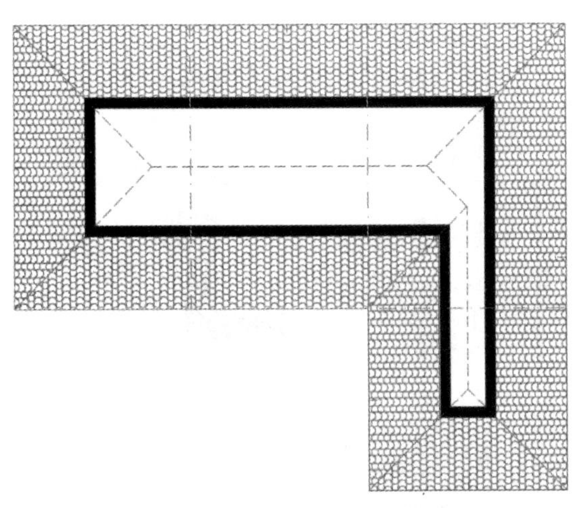

图 8-28　创建“L”形屋顶

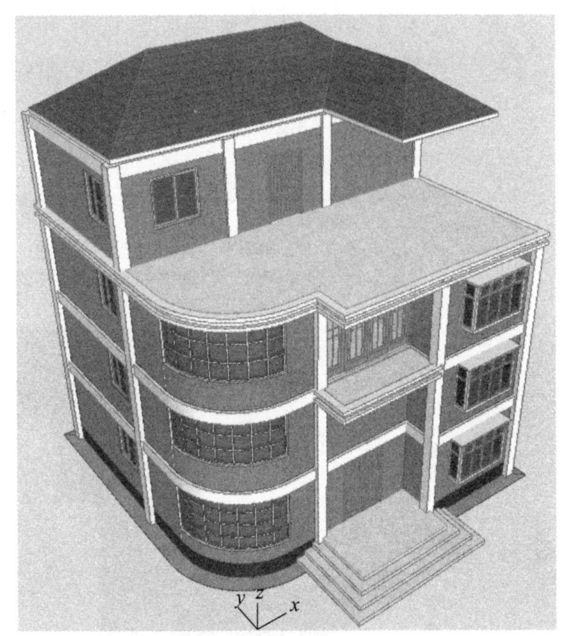

图 8-29　别墅屋顶

切换到南立面视图，屋顶竖直厚度为“144mm”，此时需要将屋顶向下移动“144mm”，这样屋脊到屋顶层的净高为 1870mm。选中屋顶，在信息框中将“屋顶轴线标高”设为“2856mm”（图 8-30）。

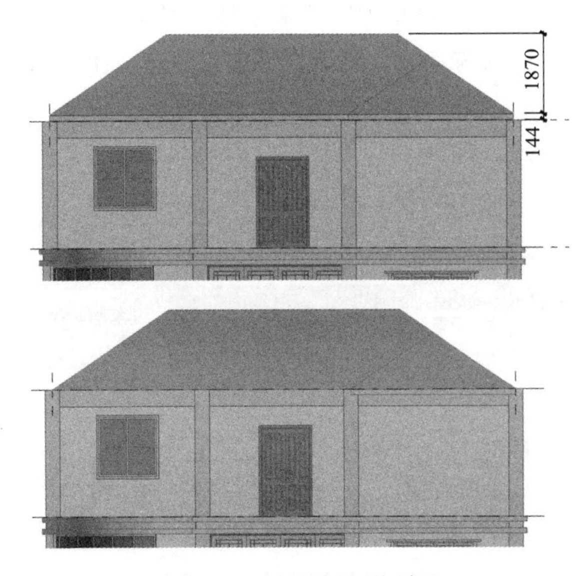

图 8-30　调整屋顶“标高”

8.2.2　创建屋顶檐沟

打开“8-2 吕桥四层别墅-屋顶.pln”项目文件。使用“复杂截面梁”创建檐沟，首先需要创建檐沟截面。选择“选项>复杂截面>截面管理器”，打开“截面管理器”面板。单击“新建”按钮⊕，弹出“新建截面”对话框，在“截面>建筑”文件夹中，新建“檐沟”，单击“确认”，将默认轮廓删除。选择和“梁”一起使用，单击工具箱的“填充工具”，设置填充类型为“钢筋混凝土-别墅结构”，绘制檐沟截面如图 8-31 所示，单击“保存”按钮。

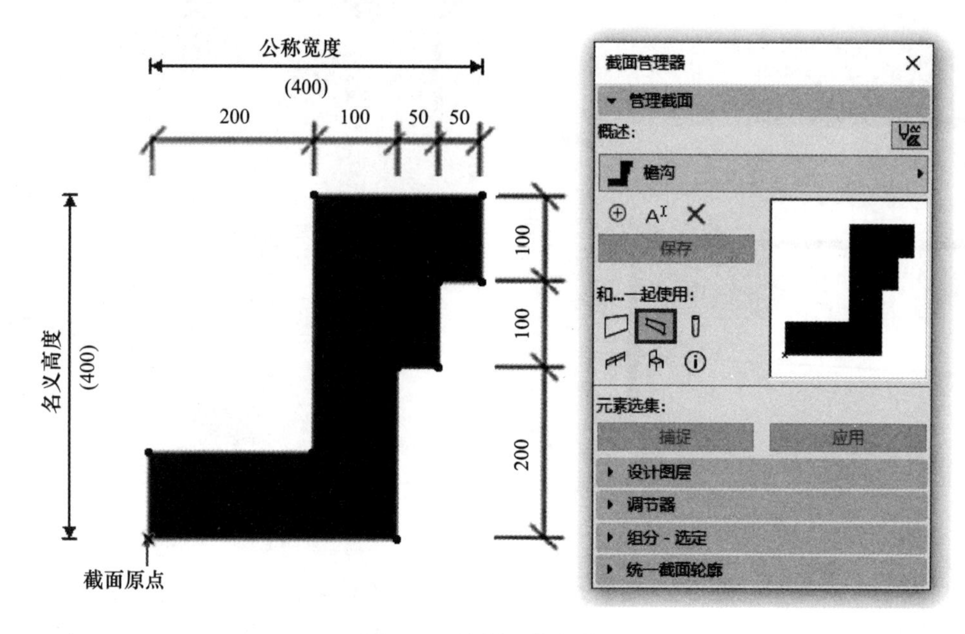

图 8-31　绘制“檐沟截面”

切换到 5F 平面视图，单击工具箱中的“梁工具”图标，在信息框中，将“几何方式”设为“链式”，使用“复杂截面”并选择“檐沟”，平面图显示如图 8-32 所示，“底部偏移到始位楼层”设为“−400mm”。按住〈空格〉键，将光标置于屋顶下边缘，此时会自动沿屋顶生成“L”形檐沟轮廓，单击完成创建（图 8-33）。

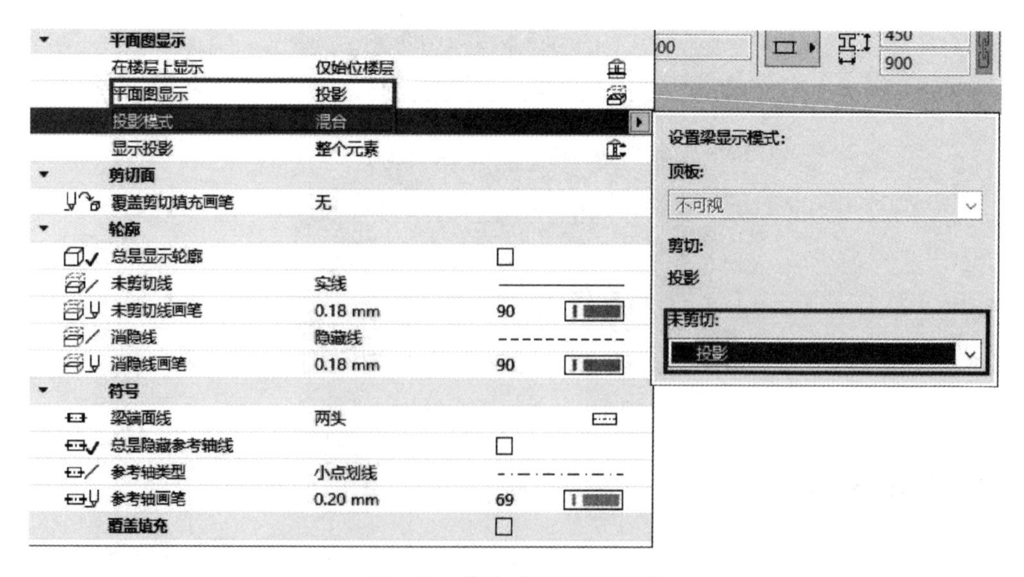

图 8-32　檐沟“平面图显示”

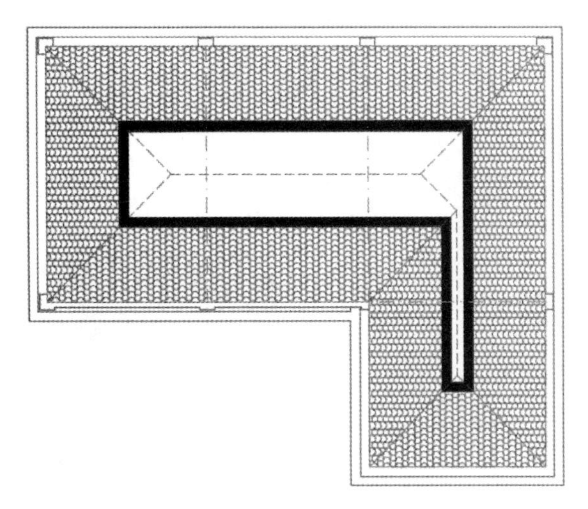

图 8-33　屋顶檐沟

8.2.3　调整屋顶细节

在 3D 窗口中打开 3D 剖切，对屋顶的“悬挑”部分进行剖切显示（图 8-34），可以发现“L”形屋顶缺少楼板，其“悬挑”部分缺少结构梁，并且檐沟排水部位与柱重叠，需要对这些构造的细节问题进行调整。

1. 调整檐沟水平位置

返回“截面编辑”窗口，选中檐沟截面，将其向右平移“100mm”，单击“保存”（图 8-35），在 3D 窗口中进行观察，如图 8-36 所示。

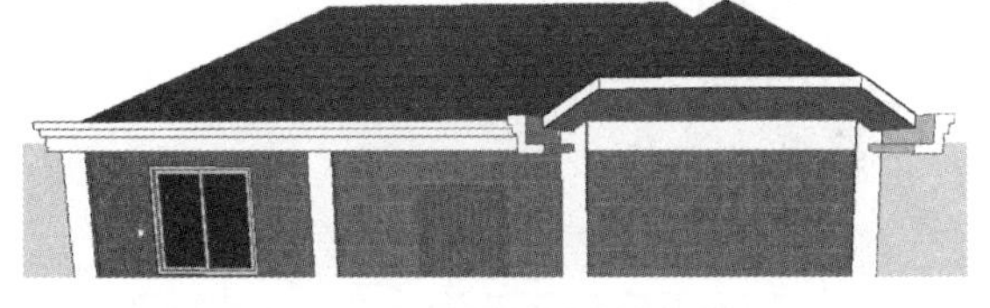

图 8-34　屋顶存在的细节问题

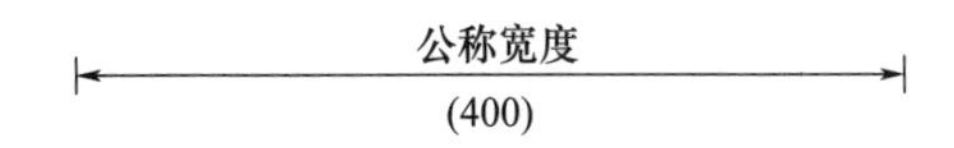

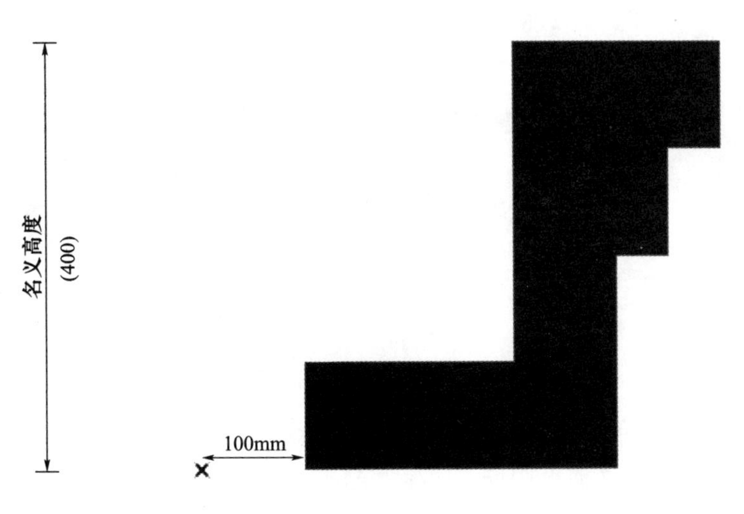

图 8-35　平移檐沟截面

2. 创建屋顶层楼板

切换到5F平面视图，单击工具箱中的“板工具”图标，在信息框中将“几何方式”设为“多边形”，“复合结构”设为“别墅-楼板”，参考面为“顶部”，在楼层上显示为“仅始位楼层”，“表面”设为“由建筑材料”，其余按照默认设置。沿屋顶边缘顺时针绘制楼板边界，创建屋顶层楼板。切换到3D窗口进行观察，如图8-37所示。

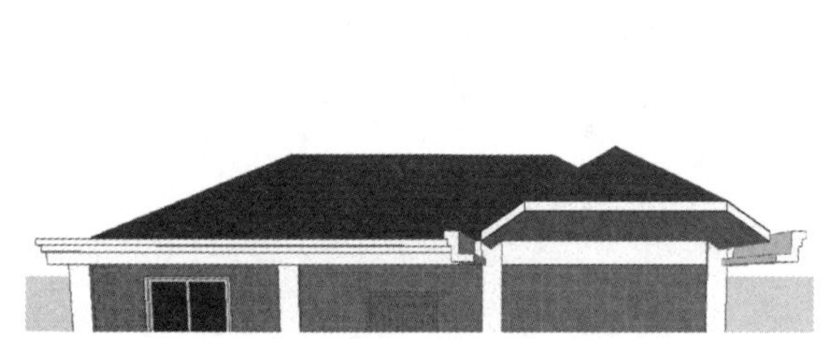

图8-36　将檐沟在水平方向偏移“100mm”

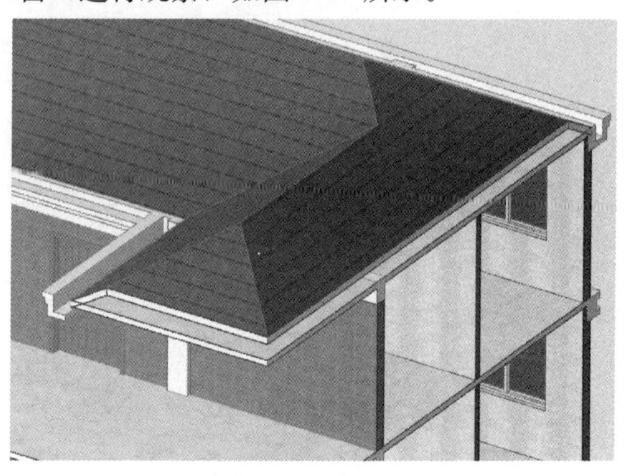

图8-37　创建屋顶层“楼板”

3. 调整屋顶结构梁

在5F平面视图，选中屋顶，右击，在弹出的上下文菜单中，选择“图层>隐藏图层”，将屋顶隐藏（图8-38）。

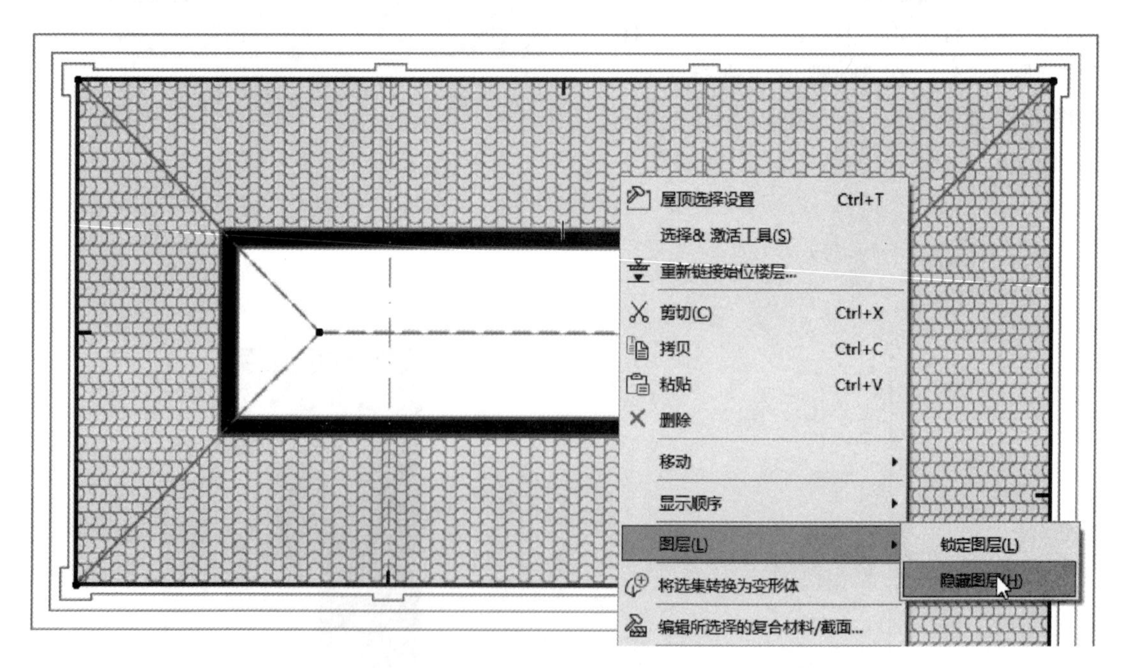

图8-38　隐藏“屋顶”

分别选中需出挑的两根结构梁，拖拽其夹点延长到下部檐沟，如图8-39所示。

单击工具箱中的“梁工具”图标，按住〈Alt〉键，使用“吸管工具”吸取任一屋面梁的属性，再沿下部檐沟绘制一段“横向”结构梁（图8-40），切换到3D窗口进行观察，如

图 8-41 所示。

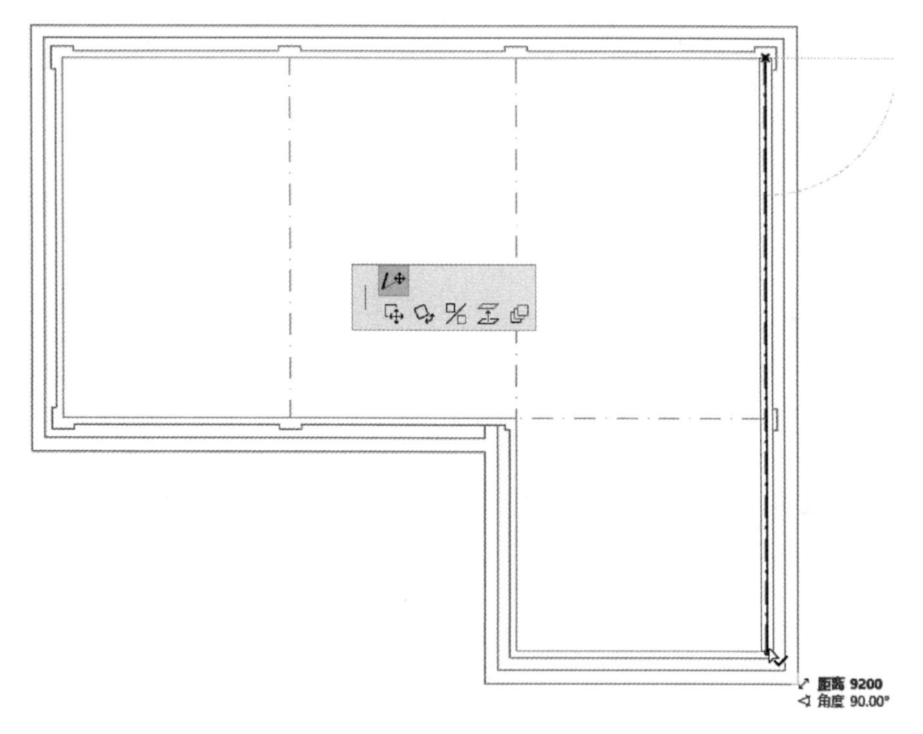

图 8-39 延长“结构梁”

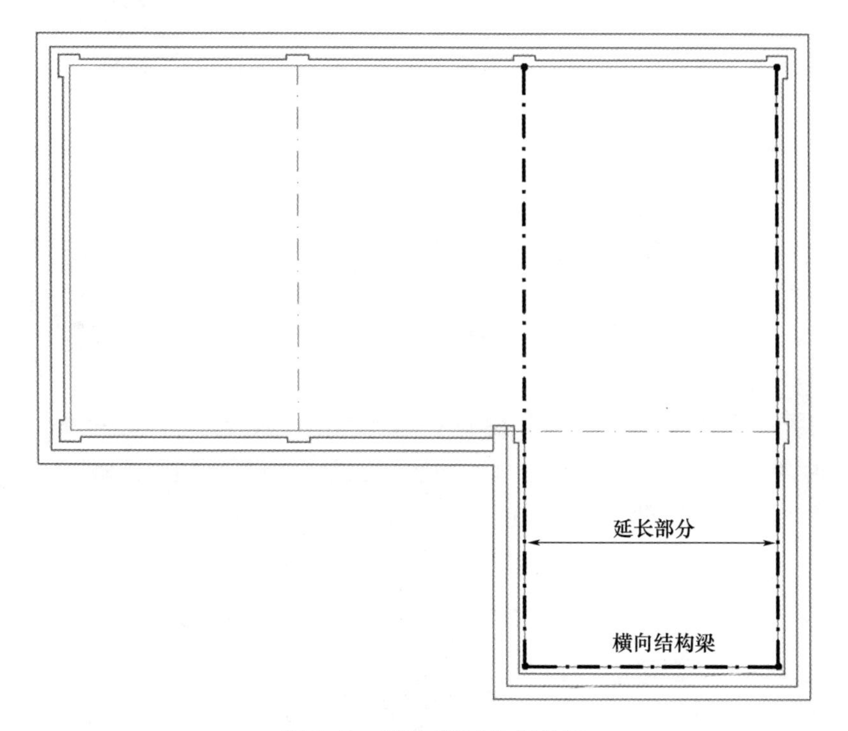

图 8-40 创建“横向”结构梁

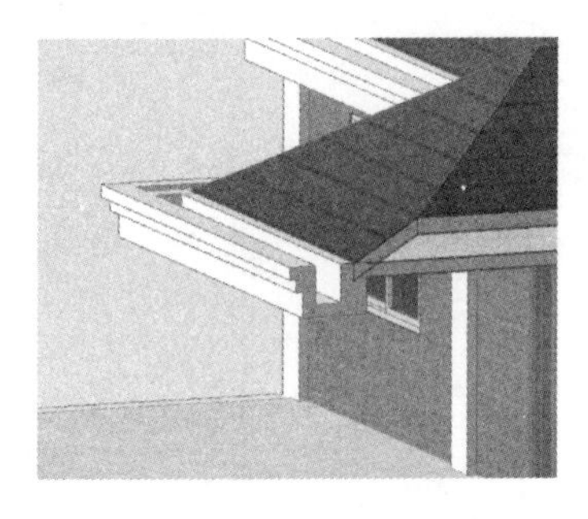

提示：切换到5F平面视图，按快捷键〈Ctrl+L〉，打开“图层”对话框，可以将关闭的“壳体-屋顶”层重新打开。

图 8-41　完成屋顶细节调整

4. 插入屋顶立柱

切换到4F平面视图，双击工具箱中的“对象工具”图标 或单击图标后按快捷键〈Ctrl+T〉，可以打开“对象默认设置”对话框。在搜索栏中输入“柱”，找到“多利安式圆柱02 26”，将柱的长和宽都设为“350mm”，“圆柱填充类型”设为“背景”，“圆柱填充背景画笔”设为“1”号，“建筑材料”设为“钢筋混凝土-别墅结构”，其他按照默认设置，单击“确定”（图8-42）。在“3600mm”辅助线与5号轴、6号轴的交点处，依次单击插入柱（图8-43）。

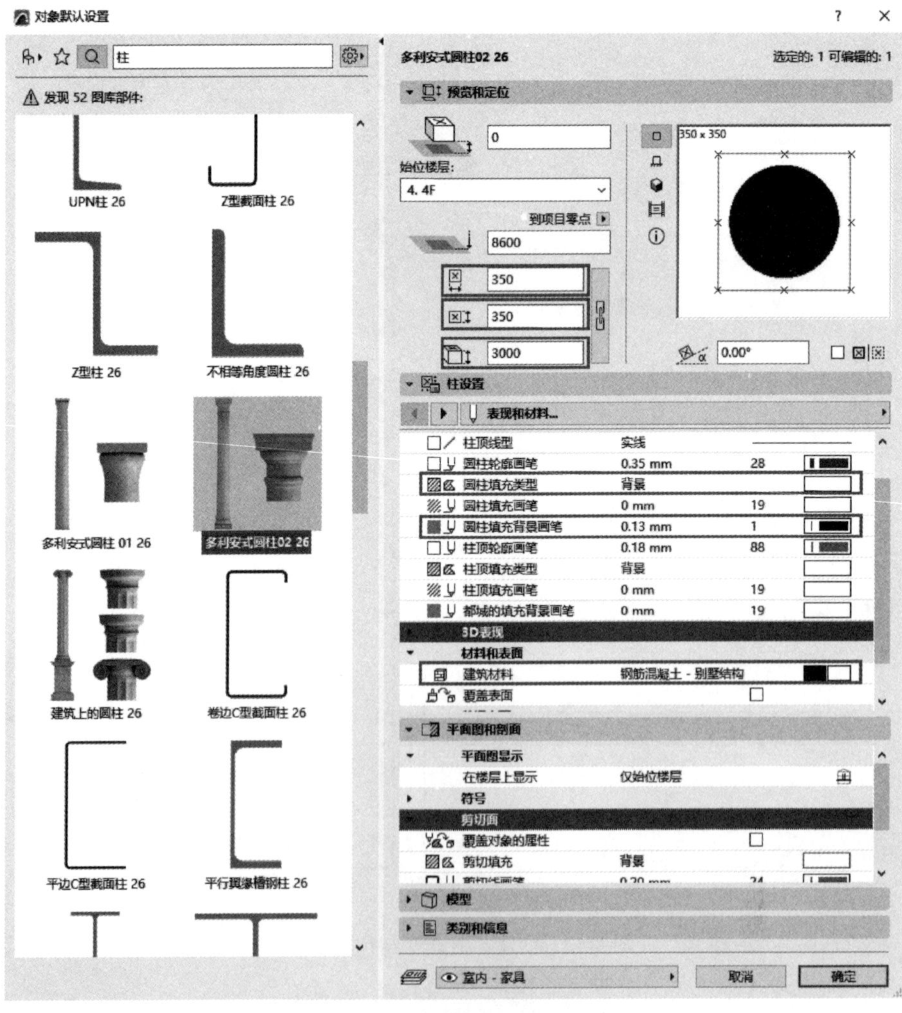

图 8-42　“对象默认设置”对话框

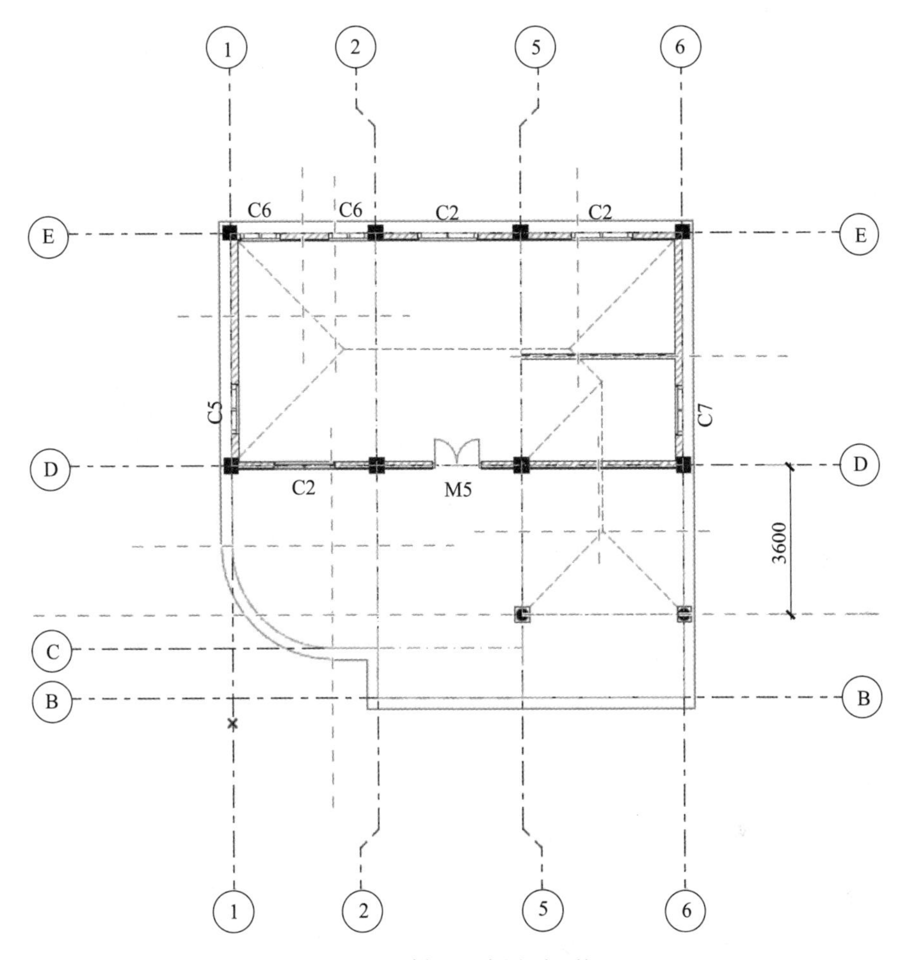

图 8-43　插入两个屋顶立柱

切换到 3D 窗口，可以发现屋顶立柱深入檐沟，需进行调整。按住〈Shift〉键，选中两根屋顶立柱，在信息框中，将“对象高度”值设为“2600mm”，如图 8-44 所示。

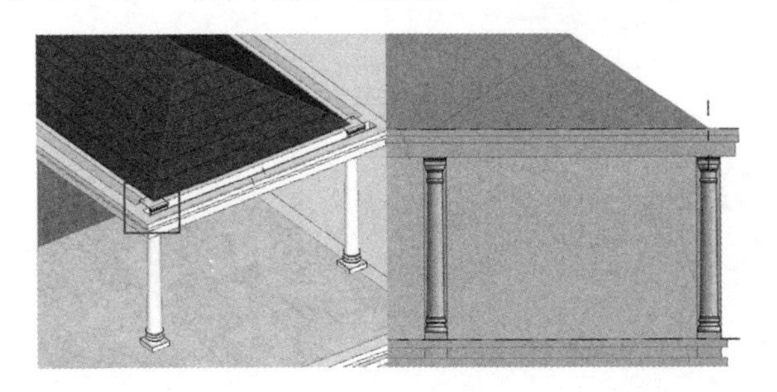

图 8-44　调整屋顶立柱的高度

8.3　主入口门廊

8.3.1　创建门廊顶

打开“8-4 吕桥四层别墅-屋顶立柱 . pln”项目文件，切换到 3D 窗口。选择“选项>元素属性>复合结构”，打开“复合结构”对话框，单击“新建”按钮，在弹出对话框中，复制“别墅-屋顶”，并命名为“别墅-门廊”。将外表面建筑材料设为“瓦-屋面”，厚度为“10mm”；中间“钢筋混凝土-别墅结构”厚度设为“130mm”；内表面“灰泥-石膏”厚度设为“10mm”，“总厚度”为“150mm”。选择用于“屋顶” 和“壳体” ，单击“确定”，如图 8-45 所示。

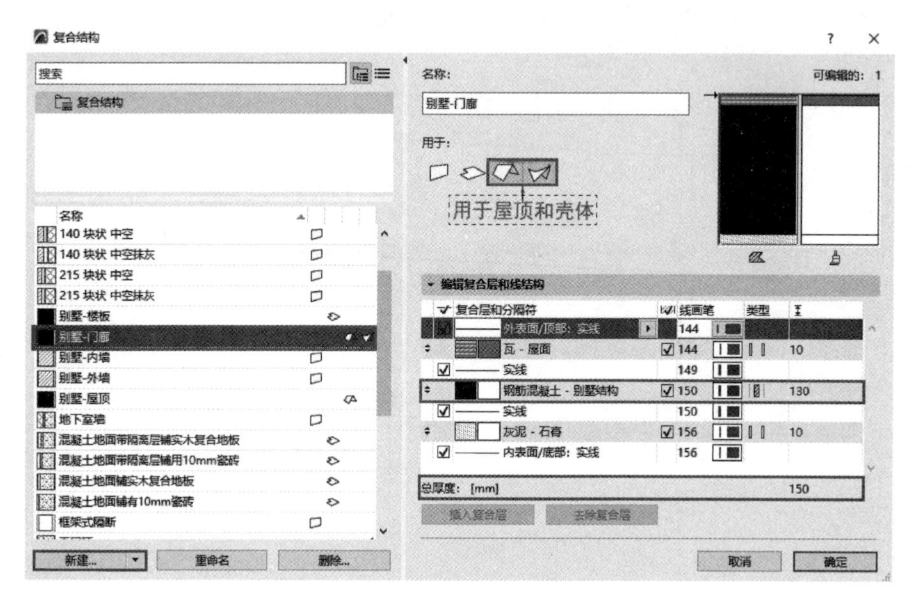

图 8-45　设置门廊“结构”

单击工具箱中的“壳体工具”图标 壳体，在信息框中将“几何方法”设为“拉伸” ，“构造方法”设为“详细” ，“结构”设为“复合”“别墅-门廊”，不使用“覆盖填充”。首先单击主入口的墙面作为基准面，然后根据图纸，使用直线工具绘制门廊的轮廓（图 8-46），双击结束绘制后，再输入拉伸长度“2200mm”，单击〈Enter〉键，如图 8-47 所示。

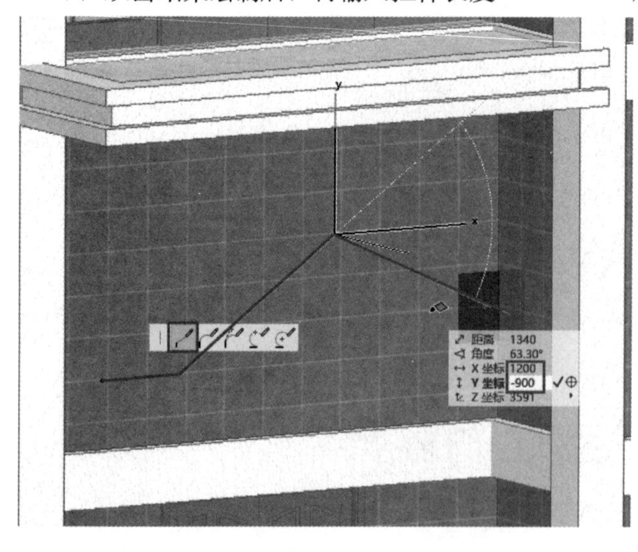

图 8-46　绘制门廊的“轮廓”

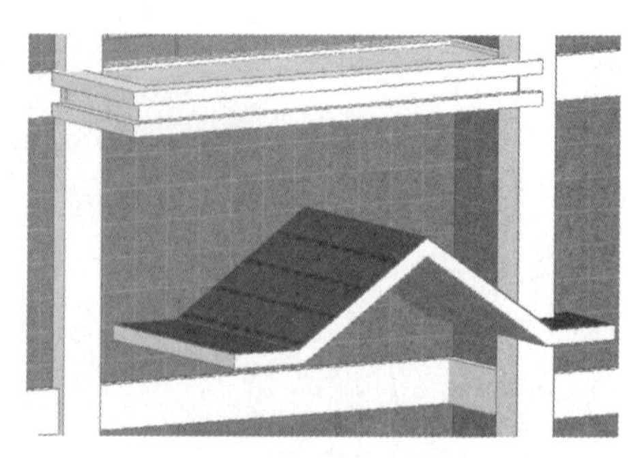

图 8-47　创建门廊

切换到南立面视图，选中门廊后，进行移动，轮廓线距 2F 楼层“400mm”，垂直方向与门中轴线对齐，如图 8-48 所示。

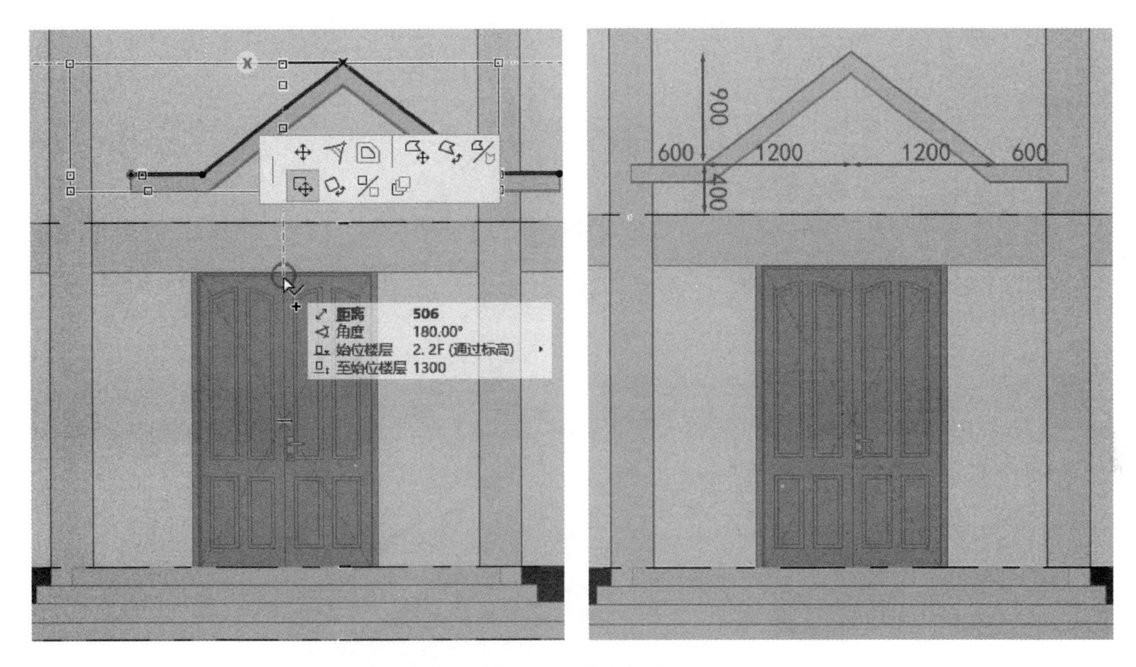

图 8-48　移动门廊

8.3.2　创建门廊装饰带

选择“选项＞复杂截面＞截面管理器”，打开“截面管理器”面板。单击“新建”按钮 ⊕，弹出“新建截面”对话框，在“截面＞建筑”文件夹中，新建“门廊装饰带”，单击“确认”，将默认轮廓删除。选择和“梁”一起使用，单击工具箱的“填充工具”，设置填充类型为“钢筋混凝土-别墅结构”，绘制门廊装饰带截面，如图 8-49 所示，单击“保存”按钮。

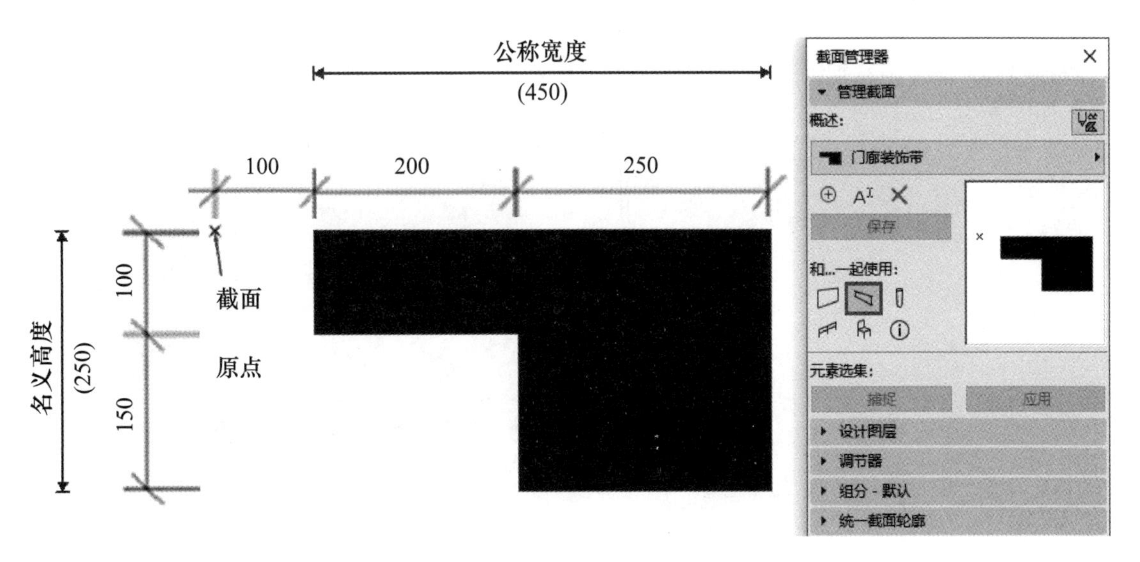

图 8-49　绘制“门廊装饰带”截面

切换到3D窗口，选中门廊后按〈F5〉键，将其单独显示。单击工具箱中的“梁工具”图标，在信息框中，将“几何方式”设为“链式”，使用“复杂截面”并选择“门廊装饰带”，沿门廊底部从右后点开始，逆时针绘制装饰带，如图8-50所示。

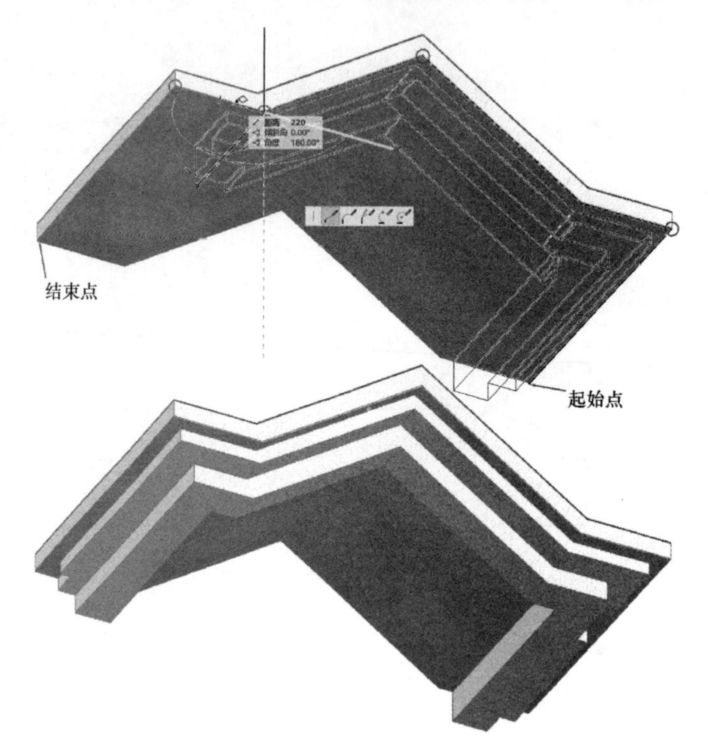

图8-50　创建“门廊装饰带”

8.3.3　插入门廊立柱

切换到1F平面视图，单击工具箱中的“对象工具”图标，此时信息框中默认对象为“多利安式圆柱 02 26”，将柱的高度设为“2800mm”，长和宽都设为“350mm”。在A号轴与3号轴、4号轴的交点处，依次单击插入柱（图8-51）。切换到南立面视图进行观察，如图8-52所示。

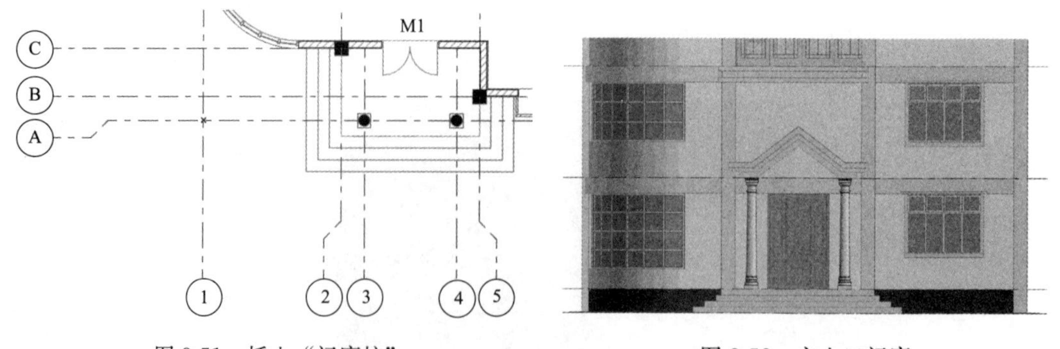

图8-51　插入“门廊柱”

图8-52　主入口门廊

9　洞口与老虎窗

建筑洞口一般包括门窗洞、楼梯间、电梯间和管道井等开洞区域，在 Archicad 中可以使用“洞口工具”将洞口元素放置于墙、板、网面或梁上，也可以将“门窗洞口”置于墙体或将“天窗洞口”置于屋顶，也可以通过编辑楼板、屋顶、壳体内边界的方法来创建洞口，还可以通过专门的“洞口”操作，如实体元素操作的“差集运算”“从选集中创建洞口”等命令来创建洞口。这些“洞口”都可以作为“元素”进行参数化编辑，可以创建有限深度的洞口作为墙龛，可以设置洞口 ID、类别等信息。

本章首先讲解针对不同元素的开洞方法，其次讲解“连接”操作中的“实体元素操作”与“从选集中创建洞口”的使用方法与参数设置，最后通过别墅老虎窗的创建讲解元素定位、墙体与屋顶关系、老虎窗开洞等内容。

本章学习目的：

(1) 掌握各类洞口的创建方法；

(2) 掌握“连接”操作；

(3) 老虎窗的定位方法；

(4) 掌握老虎窗开洞的方法。

手机扫码
观看教程

9.1　创建各类洞口

打开“8-1 吕桥四层别墅-屋顶概述 . pln”项目文件，在合适位置分别创建楼板和梁。

9.1.1　墙体开洞

切换到 3D 窗口，双击工具箱中的“门工具”图标，打开“门默认设置”对话框，可以选择“空门洞 26”文件夹中的各门洞，也可以单击下方“空洞口”使用“简单门洞口”，设置参数后单击“确定”(图 9-1)。可以直接在墙体上放置。使用相同的操作可以放置门窗洞口，如图 9-2 所示。

双击工具箱中的“洞口工具”图标 洞口 ，打开“洞口默认设置”对话框，可以设置洞口的基本尺寸、形状、定位点、开洞方式、贯穿或留边等，如图 9-3 与图 9-4 所示。

9.1.2　楼板开洞

在 3D 窗口中，单击工具箱中的“板工具”图标，按快捷键〈Ctrl＋A〉选中楼板后，按〈F5〉键，隔离显示楼板。选择其中一块板，再单击“板工具”图标，可以在板边界内绘制一个新轮廓，该新轮廓被作为板上的洞口。或者选择其中一块板，单击任一节点，在弹出式小面板中选择“从多边形减少” ，可以在板边界内绘制一个洞口，如图 9-5 所示。

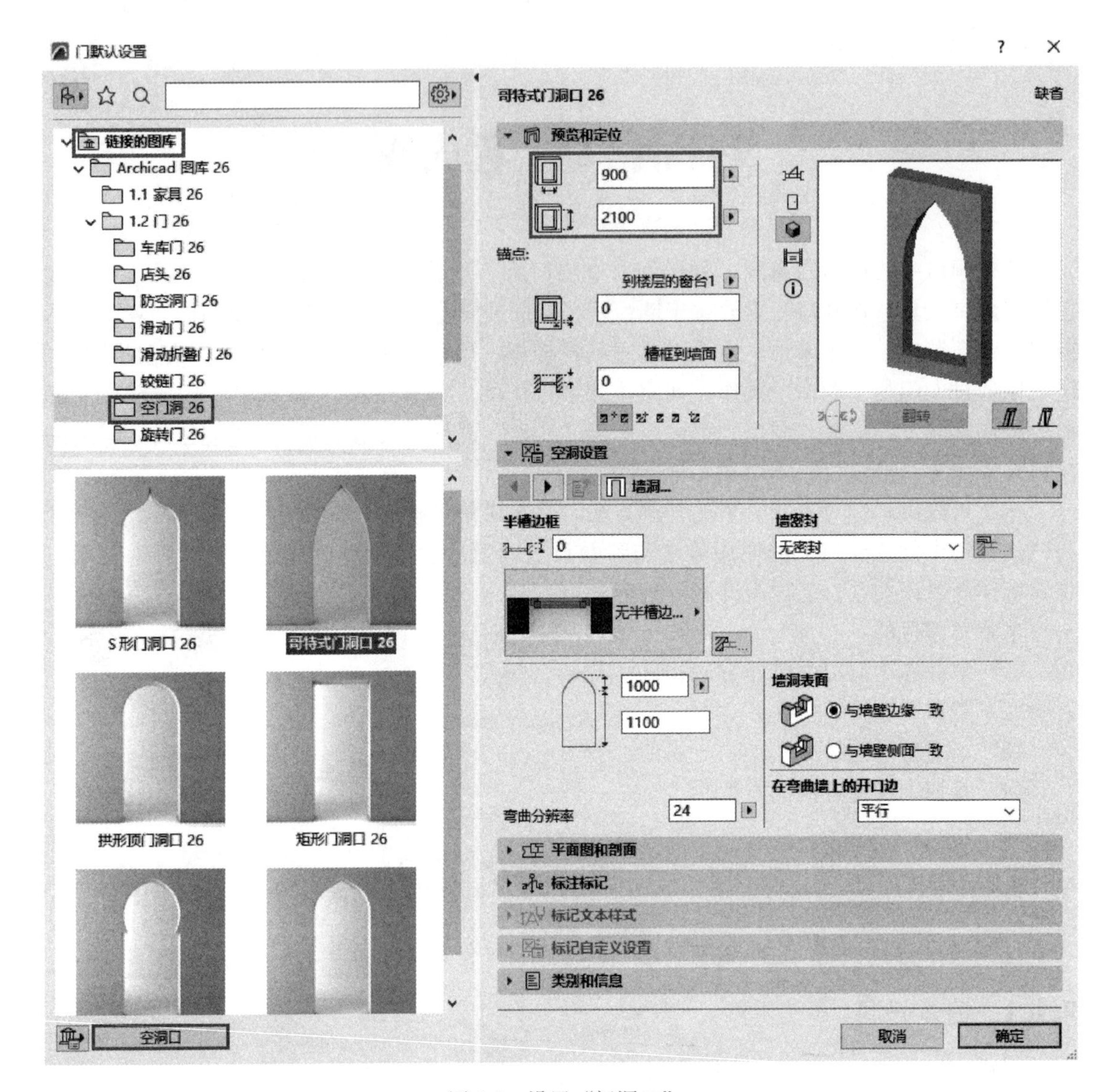

图 9-1　设置“门洞口”

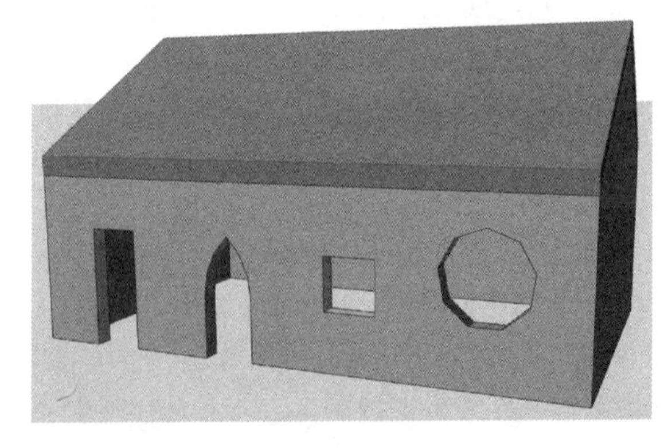

图 9-2　门窗洞口

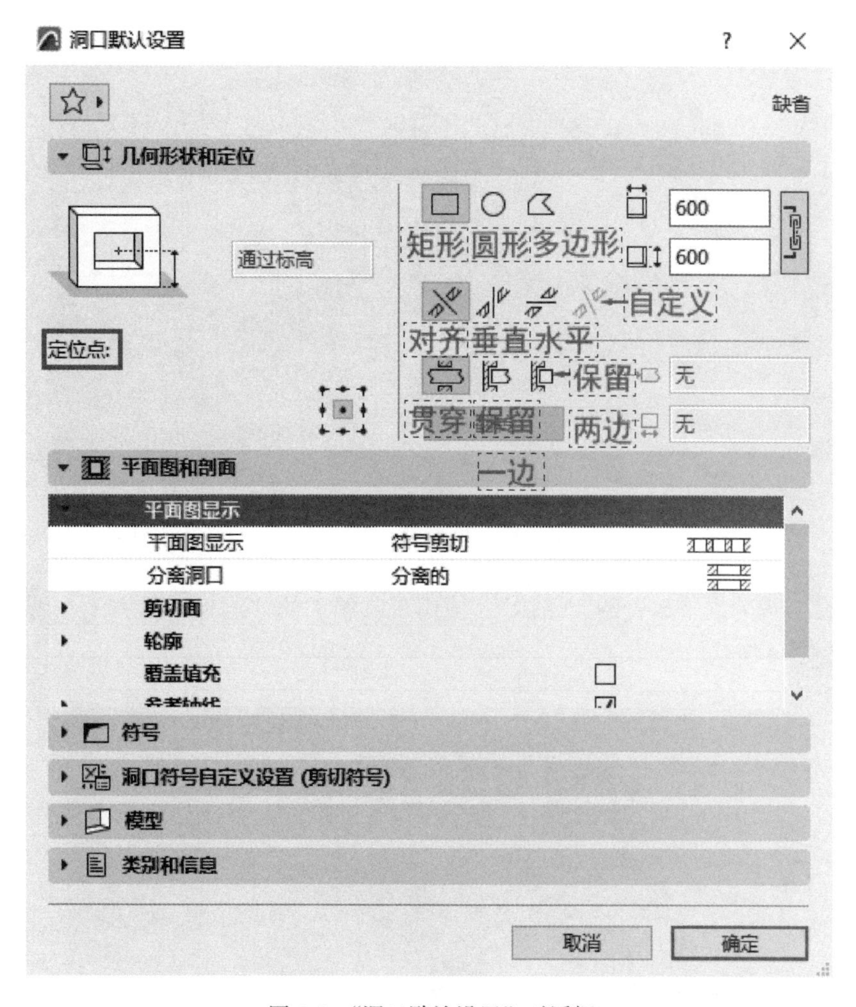

图 9-3 “洞口默认设置”对话框

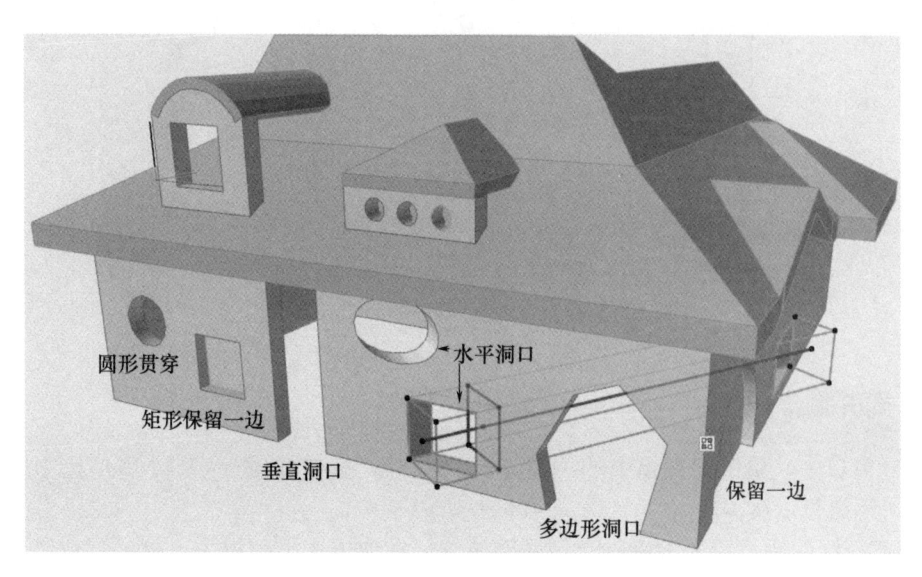

图 9-4 墙面各种开洞方式

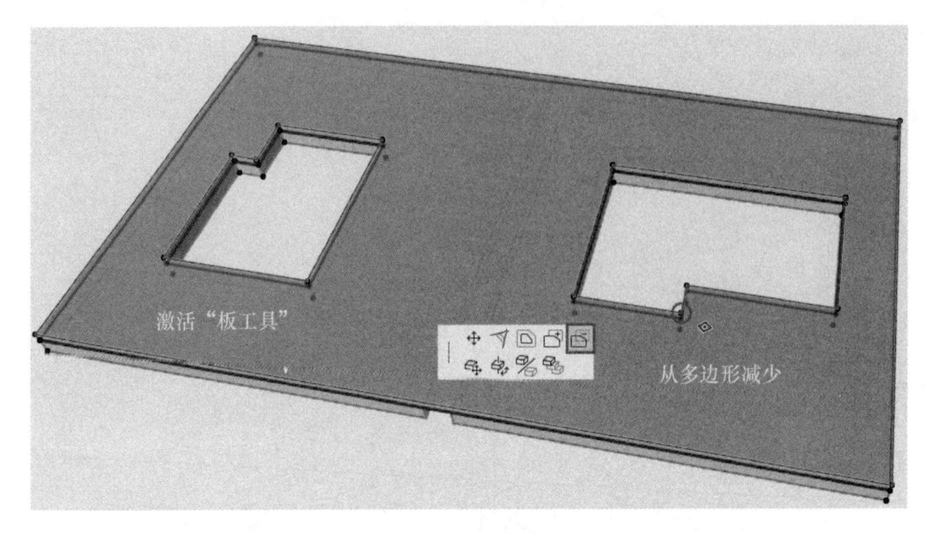

图 9-5　楼板开洞

可以把楼板视为水平放置的“墙体”，使用工具箱中的“洞口工具” 洞口 对楼板进行开洞，如图 9-6 所示。

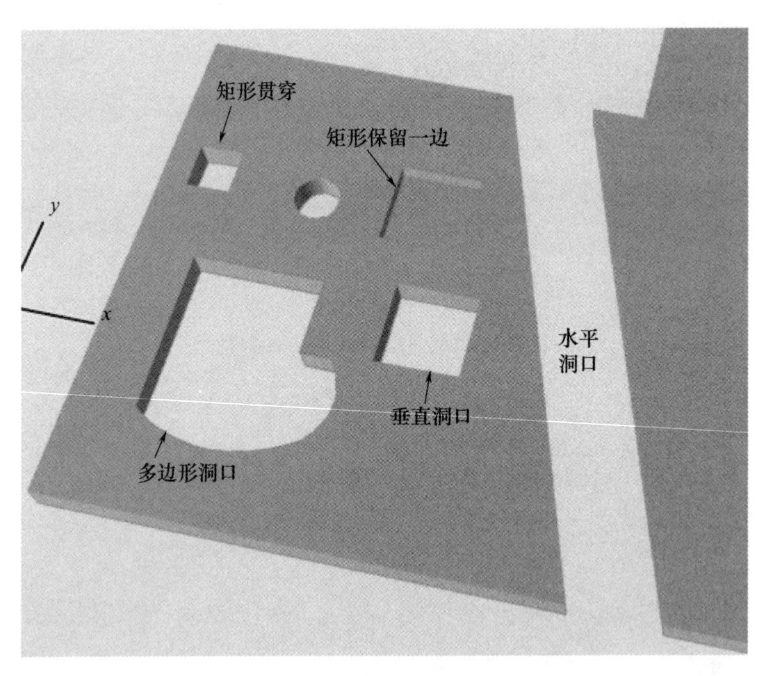

图 9-6　板各种开洞方式

9.1.3　梁开洞

在 3D 窗口中，单击工具箱中的“梁工具”图标，按快捷键〈Ctrl＋A〉选中梁后，按〈F5〉键，隔离显示梁。

选择要开洞的梁，单击参考轴上拟开洞位置，在弹出式小面板中，单击“在梁上插入洞口”图标 ，弹出“梁洞口设置”对话框，可以选择矩形或圆形洞口，设置其大小和竖向位置后单击“确定”，如图 9-7 所示。

提示：如果要单独编辑一个梁洞口，可以将其选中，按快捷键〈Ctrl＋T〉，打开“梁选择设置”对话框，然后单独设置该洞口参数。如果选中整根梁后，按快捷键〈Ctrl＋T〉，打开“梁选择设置”对话框，则可以同时修改该梁上所有的洞口参数，并使它们保持一致。

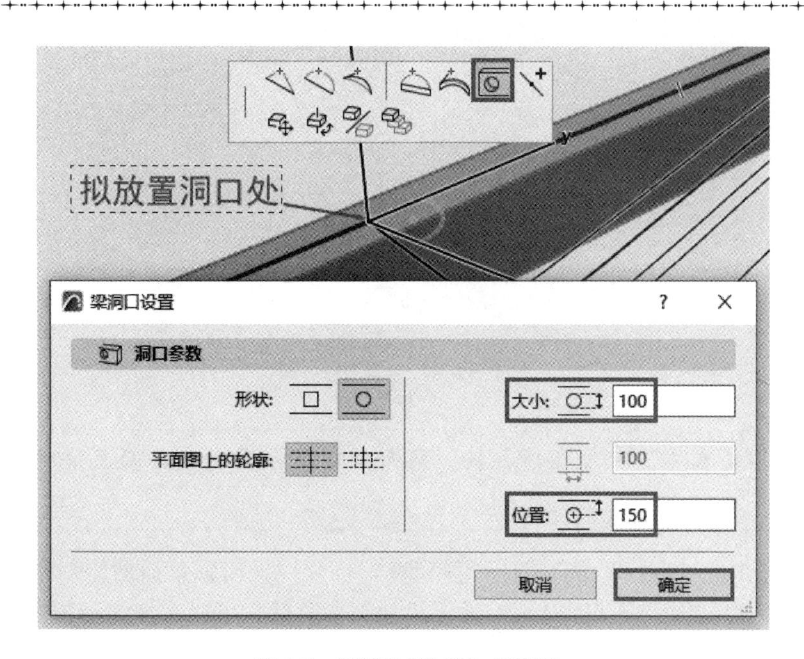

图 9-7 “梁洞口设置”对话框

使用工具箱中的“洞口工具” 洞口 同样可以对梁进行开洞，如图 9-8 所示。

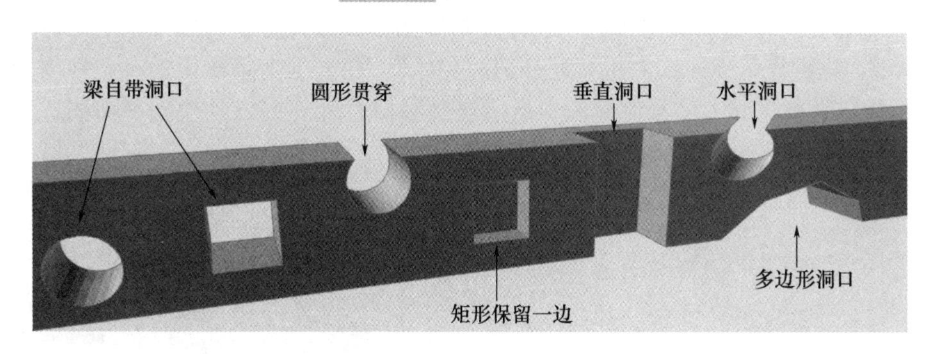

图 9-8 梁各种开洞方式

9.1.4 屋顶开洞

在 3D 窗口中，单击工具箱中的“屋顶工具”图标，按快捷键〈Ctrl＋A〉选中屋顶后，按〈F5〉键，隔离显示屋顶。选择要开洞的屋顶后，再单击“屋顶工具”图标，可以在边界内绘制新轮廓，该新轮廓可以作为屋顶内的一个洞口。或者选择要开洞的屋顶，单击其轮廓多边形，在弹出式小面板中选择“从多边形减少” ，然后可以在屋顶边界内绘制一个洞口，如图 9-9 所示。

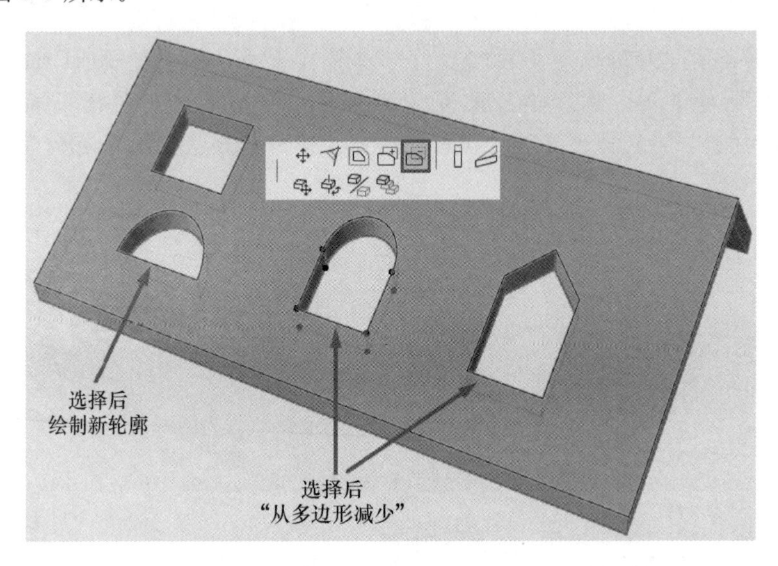

图 9-9 屋顶开洞

> **提示**：“洞口工具”可以在墙、板、网面或梁上放置洞口，而无法对屋顶和壳体开洞。

双击工具箱中的“天窗工具”图标 天窗，打开“天窗默认设置”对话框，单击下方的“空洞口”，使用“简单天窗洞口”，设置尺寸等参数后，可以直接在屋顶上放置，如图 9-10 所示。

9.1.5 壳体开洞

在 3D 窗口中，单击工具箱中的“壳体工具”图标，按快捷键〈Ctrl＋A〉选中壳体后，按〈F5〉键，隔离显示壳体。右击“要开洞的壳体”，在上下文菜单中选择“在壳体中创建洞口”，首先定位在壳体上的绘制平面，然后绘制洞口轮廓（可以切换到平面图进行绘制），如图 9-11 所示。

图 9-10 屋顶“天窗开洞”

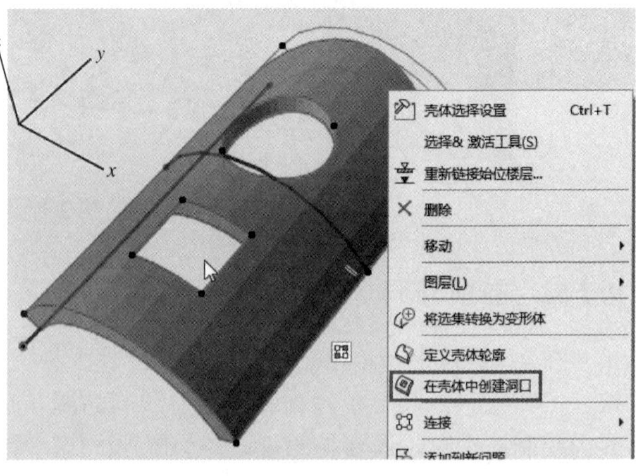

图 9-11 壳体开洞

> **提示：**右击“壳体”，在上下文菜单中选择“定义壳体轮廓”，可以将壳体进行剪切，仅保留绘制轮廓，此操作与“开洞”操作的结果相反。

9.1.6 连接操作

1. 实体元素操作

使用工具箱中的“变形体工具” 变形体 ，拉伸一个长方体，其与墙、板、梁、屋顶都相交，如图 9-12 所示。

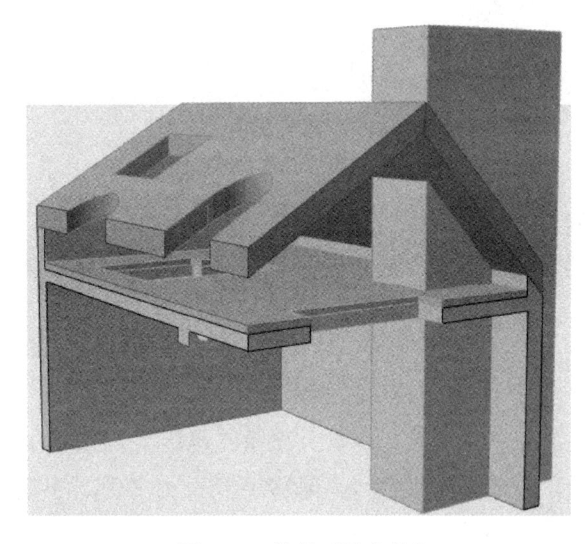

图 9-12 拉伸“长方体”

实体元素操作的“目标”是指要修改几何图形的元素，“算子”是影响与其相链接的几何图形的元素。实体元素操作包括：①“差集运算”从目标中剪切掉算子的形状；②“带向上拉伸的差集运算”从目标中剪切掉算子形状的同时，也从算子形状的底部剪切它的垂直投影到目标的顶部；③“带向下拉伸的差集运算”从目标中剪切掉算子形状的同时，也从算子形状的顶部剪切它的垂直投影到目标的底部；④“交集运算”只保留目标和算子的公共部分；⑤“并集运算”将目标的形状添加到算子的形状上。

按住〈Shift〉键，选择后部墙体、屋顶和楼板，右击，在上下文菜单中选择“连接＞实体元素操作”，打开“实体元素操作”对话框，此时墙体、屋顶和楼板添加为“目标”，然后选择变形体，将其添加为“算子”，选择“差集运算”，单击“执行”，然后选择变形体，将其放到“隐藏”图层或选择“图层＞隐藏图层”，将变形体隐藏，如图 9-13所示。

> **提示：**“实体元素操作”不会修改或删除算子元素，可通过隐藏算子元素的图层或将算子的图层显示为线框，来查看操作结果。一个算子可以在多个目标上工作，而一个目标也可以受多个算子的影响。当删除算子或目标时，操作就被取消，如果要永久保留操作结果，需要在 3D 窗口中将它另存为一个 GDL 对象。

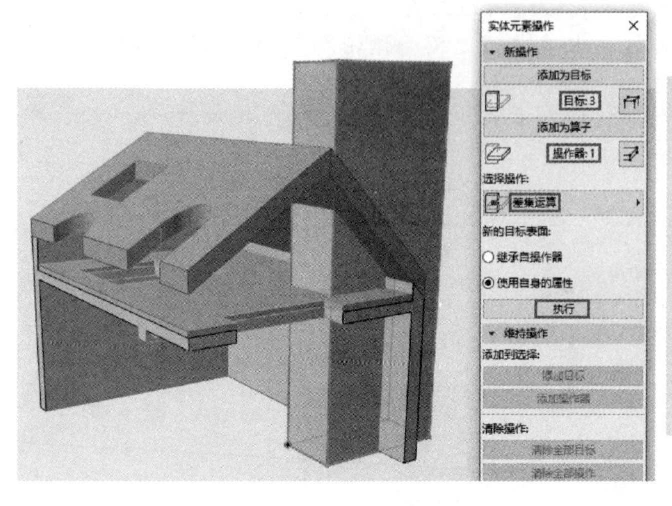

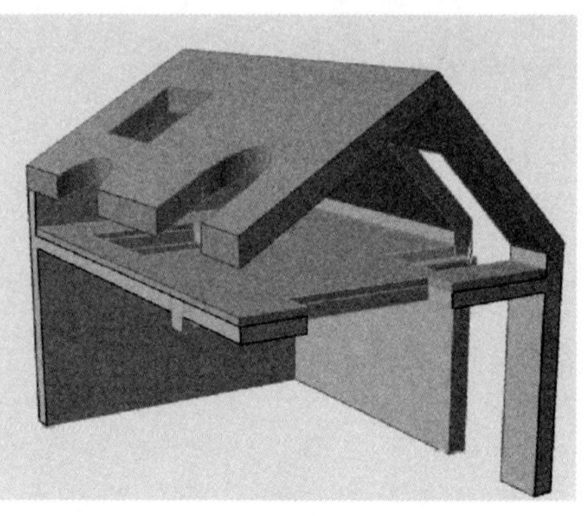

图 9-13 “实体元素操作”开洞

2. 从选集中创建洞口

当选中的元素（变形体、MEP 元素以及净空开启的楼梯元素）与符合条件的建筑元素（墙、板、网面、梁）发生碰撞时，使用“从选集中创建洞口”命令可以将它们转变为洞口。

使用工具箱中的“变形体工具” 变形体 ，拉伸一个长方体，其与墙、板、梁、屋顶都相交。选中变形体，右击，在上下文菜单中选择“连接>从选集中创建洞口”，打开“创建洞口”对话框，选择“原形体” ，“偏移值”设为“0”，不勾选“保持初始元素”，单击“创建洞口”，如图 9-14 所示。

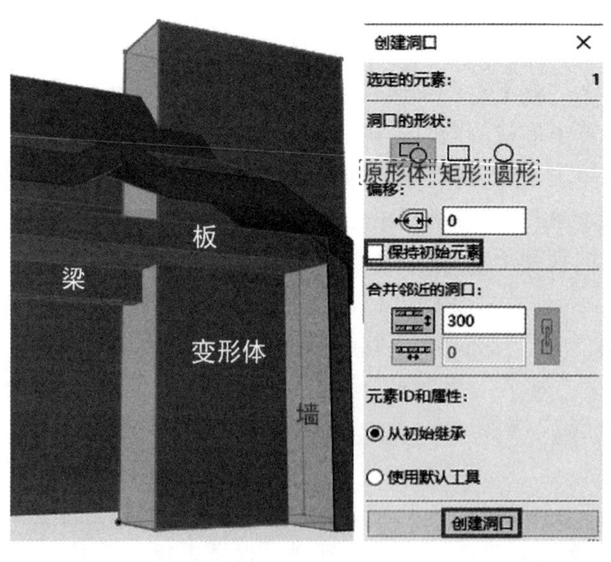

图 9-14 从选集中创建洞口

提示：“从选集中创建洞口”命令不能对屋顶和壳体形成剪切。

9.2　创建别墅老虎窗

9.2.1　老虎窗屋顶

1. 设置屋顶显示样式

打开“8-5 吕桥四层别墅-入口门廊 . pln”项目文件。切换到“1F”楼层平面中，选择轴网进行复制（快捷键〈Ctrl+C〉），然后切换到“屋顶层”楼层平面窗口，进行粘贴（快捷键〈Ctrl+V〉），轴网会基于原点复制，在虚线框之外点击放置。此时轴网是组合状态，单击工具条中的“暂停组合”图标 （快捷键〈Alt+G〉），可以对单根轴线进行编辑。分别选择 3 号轴、4 号轴、A 号轴和 B 号轴，将它们删除。再次单击工具条中的“暂停组合” 图标 ，恢复组合状态。完成轴网在“屋顶层”平面的显示。

选中屋顶，在信息框中将“平面图显示”设为“只显示轮廓”，不勾选“覆盖填充”，如图 9-15 和图 9-16 所示。

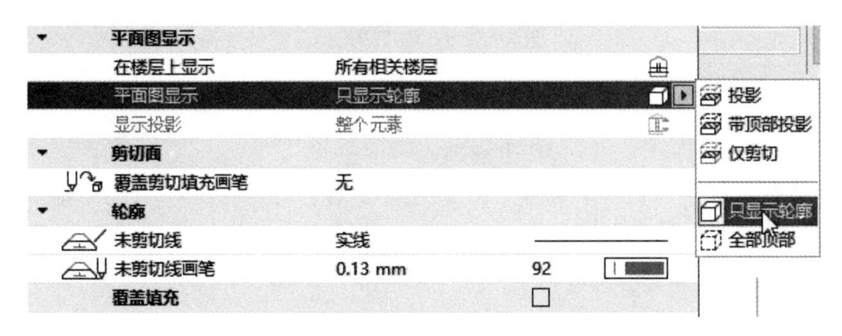

图 9-15　设置屋顶“平面图显示”

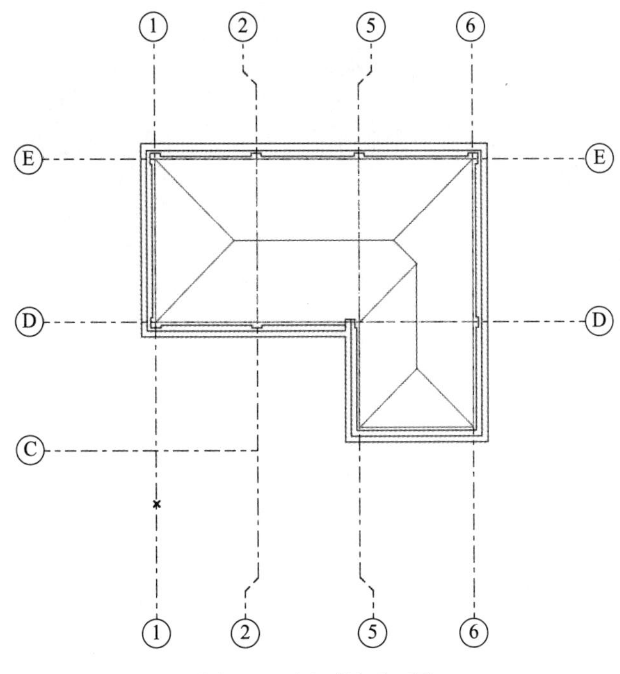

图 9-16　屋顶层平面图

2. 绘制辅助线

单击工具条中的“创建辅助线段”（快捷键〈Alt+L〉），距离2号轴“600mm”绘制垂直方向的辅助线，然后按一下〈Ctrl〉键，将辅助线向右分别复制两个“600mm”定位老虎窗的开间尺寸。距离D号轴“350mm”继续绘制水平辅助线来定位老虎窗进深的起始位置，如图9-17所示。

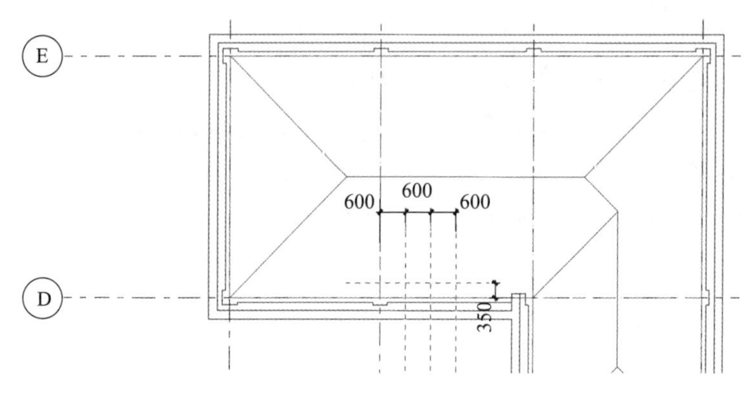

图9-17　绘制“辅助线”

3. 创建老虎窗屋顶

单击工具箱中的“屋顶工具”图标，在信息框中将“几何方法”设为“多平面”，“构造方式”设为“矩形”，“复合结构”设为“别墅-屋顶”，“屋顶倾斜度”设为“39°”，“枢轴高度”设为“1000mm”，“屋檐悬挑偏移”设为“0”，不使用“覆盖填充”，“屋顶边角度”设为“竖直”。在辅助线处绘制1.2m×1.5m的矩形屋顶，切换到3D窗口，如图9-18所示。

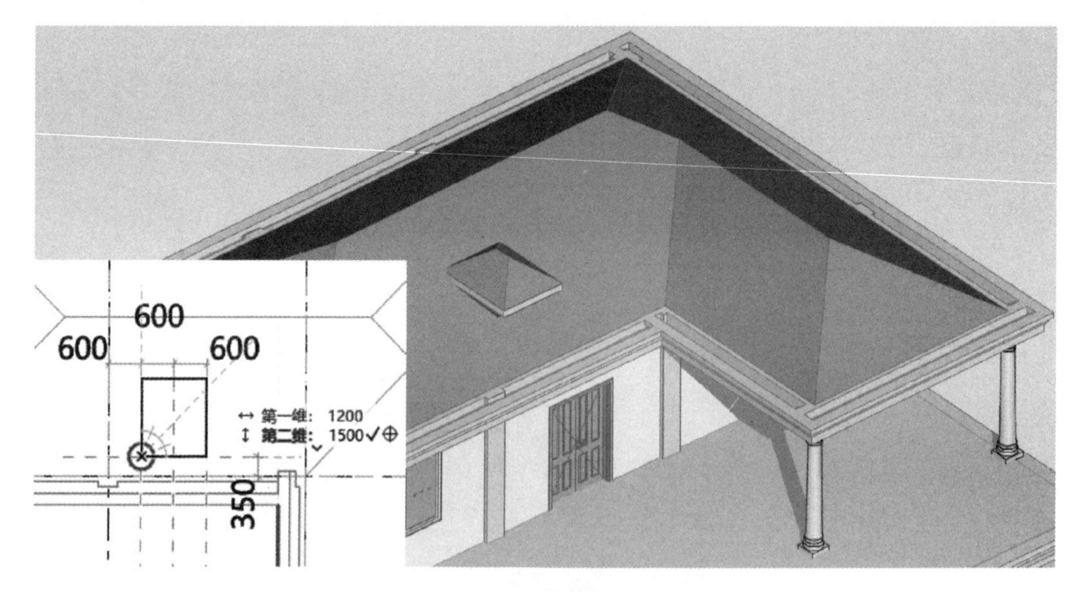

图9-18　创建老虎窗屋顶

选中老虎窗屋顶，单击屋面前方边线，在弹出式小面板中选择“自定义平面设置”工具，打开对话框，将“平面类型”设为“山墙”“90°”，单击“确定”。继续单击屋面后方边线，在弹出式小面板中选择“偏移边”工具 ，将轮廓线移动到大屋顶之内。

右击老虎窗屋顶，在上下文菜单中选择“连接>将元素剪切到屋顶/壳体”，再单击大屋顶，此时状态栏提示“选择保留部分”，然后单击老虎窗屋顶的外侧，其伸入大屋顶的部分被剪切，如图 9-19 所示。

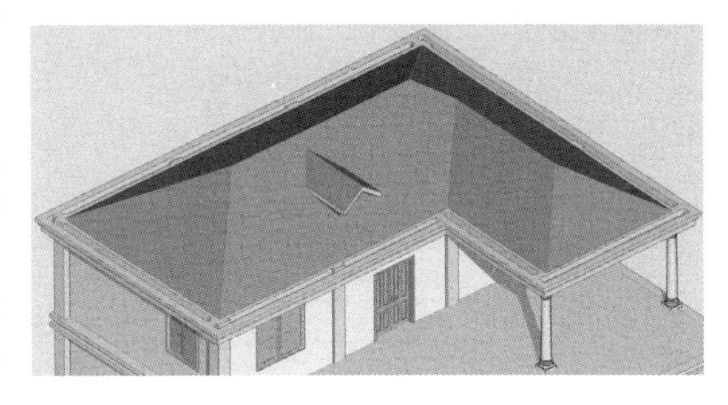

图 9-19　老虎窗屋顶

9.2.2　老虎窗侧墙

切换到“屋顶层”平面视图，选择“选项>元素属性>复合结构”，打开“复合结构”对话框，单击“新建”按钮，在出现的对话框中，复制“别墅-外墙”，并命名为“别墅-老虎窗外墙”。外表面建筑材料设为“瓷砖-别墅外墙”，厚度为“10mm”；中间“砖-结构”厚度为“80mm”；内表面“灰泥-石膏”厚度为“10mm”，单击“确定”(图 9-20)。

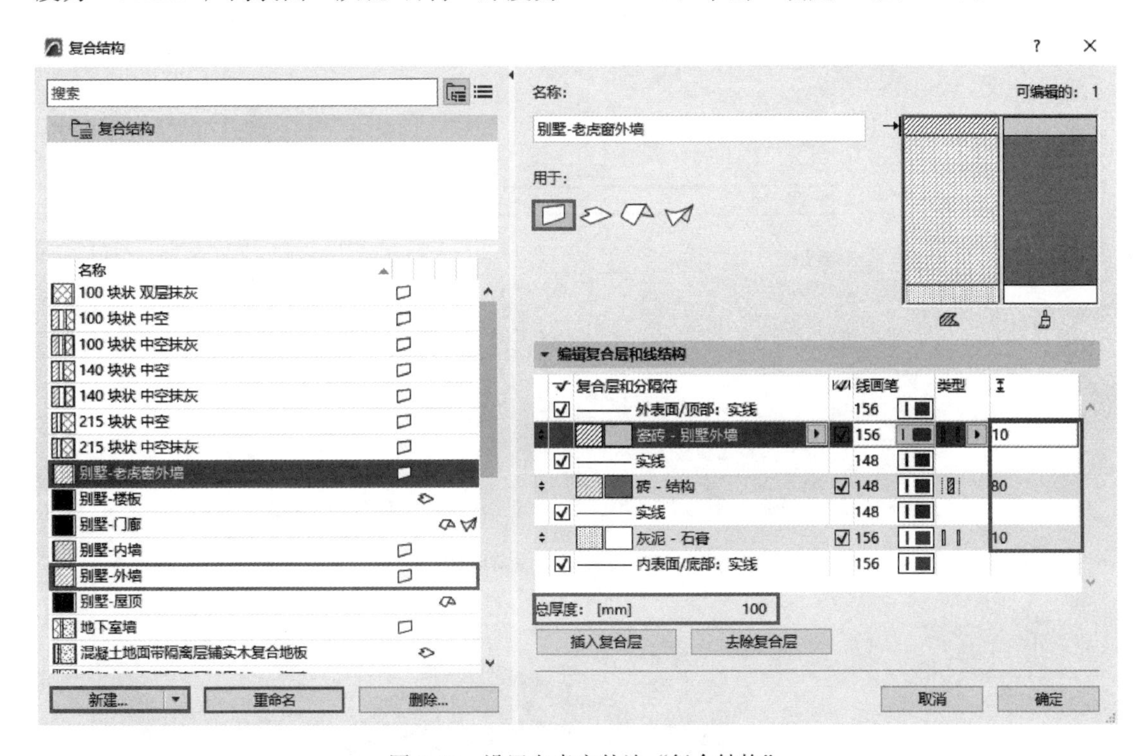

图 9-20　设置老虎窗外墙“复合结构”

双击工具箱中的“墙工具”图标 墙 ，打开“墙默认设置”对话框，设置始位楼层为“屋顶层”，顶部链接为“未链接”，墙高度为“2000mm”，复合结构为“别墅-老虎窗外墙”，参考线为“外表面”，偏移值为“－50mm”，在楼层上显示为“仅始位楼层”，平面图显示为“只显示轮廓”，边缘表面覆盖设为“瓷砖-米色磨砂 15×15”，其余按照默认设置，单击“确定”(图 9-21)。

使用“直线” 方式，沿老虎窗屋顶边线，首先由下向上绘制左侧墙体，再由上向下绘制右侧墙体，如图 9-22 所示。

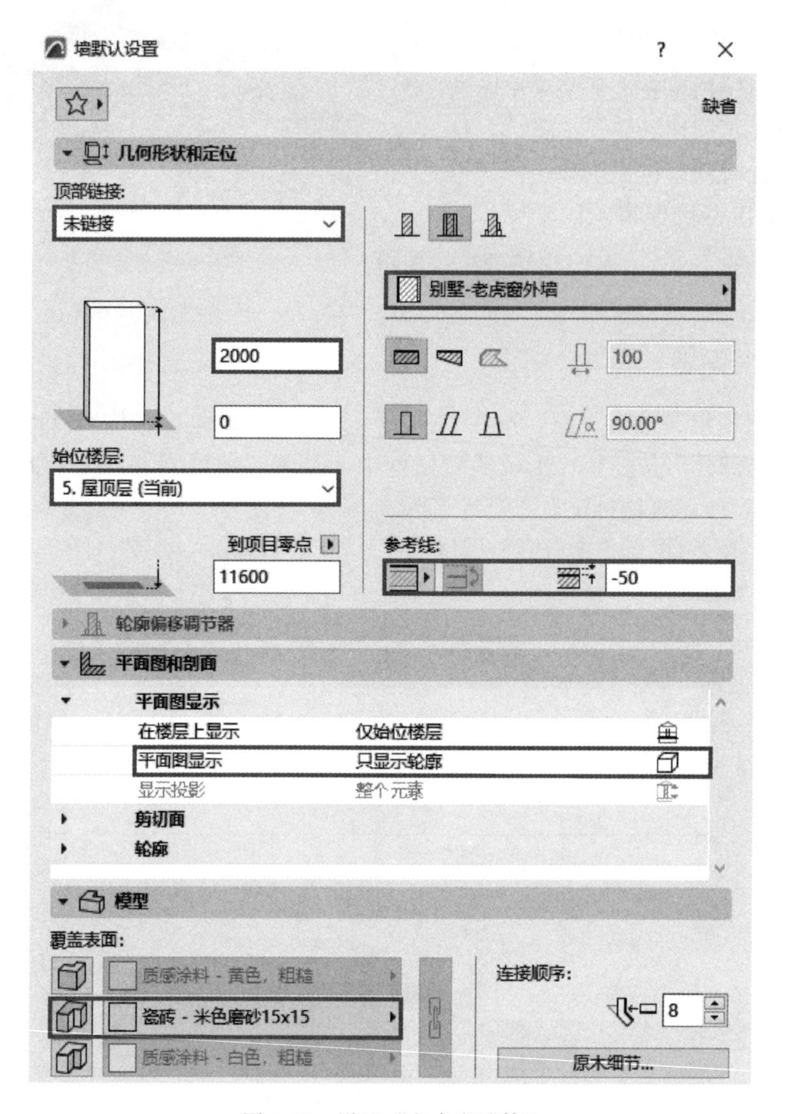

图 9-21　设置“老虎窗墙体”

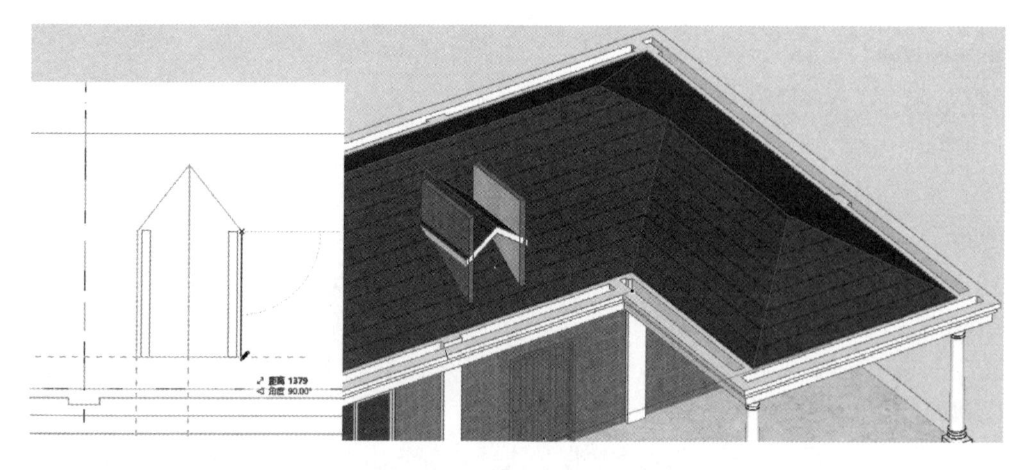

图 9-22　绘制老虎窗“侧墙”

选中老虎窗两侧墙体，右击，在上下文菜单中选择“连接＞将元素剪切到屋顶/壳体”，再单击老虎窗屋顶，此时状态栏提示“选择保留部分”，然后单击老虎窗屋顶下方的墙体，则侧墙伸出屋顶部分被剪切，如图 9-23 所示。

再选中老虎窗两侧墙体，右击，在上下文菜单中选择“连接＞实体元素操作”，打开“实体元素操作”对话框，此时两侧墙体添加为“目标”，然后选择大屋顶，将其添加为“算子”，选择“带向下拉伸的差集运算”，单击“执行”，将墙体伸入大屋顶部分剪切掉，如图 9-24所示。

图 9-23　剪切墙体伸出老虎窗屋顶部分

图 9-24　墙体“底部”被“大屋顶”剪切

9.2.3　老虎窗窗口

老虎窗窗口可以使用“窗工具”进行创建，也可以使用“幕墙工具”进行创建。

切换到“屋顶层”平面视图，双击工具箱中的“墙工具”图标 墙 ，打开“墙默认设置”对话框，将墙高度设为“500mm”，参考线设为“外表面”，偏移值设为“0”，单击“确定”。捕捉老虎窗屋顶的投影边线，沿老虎窗下边缘绘制一段墙体，如图 9-25 所示。

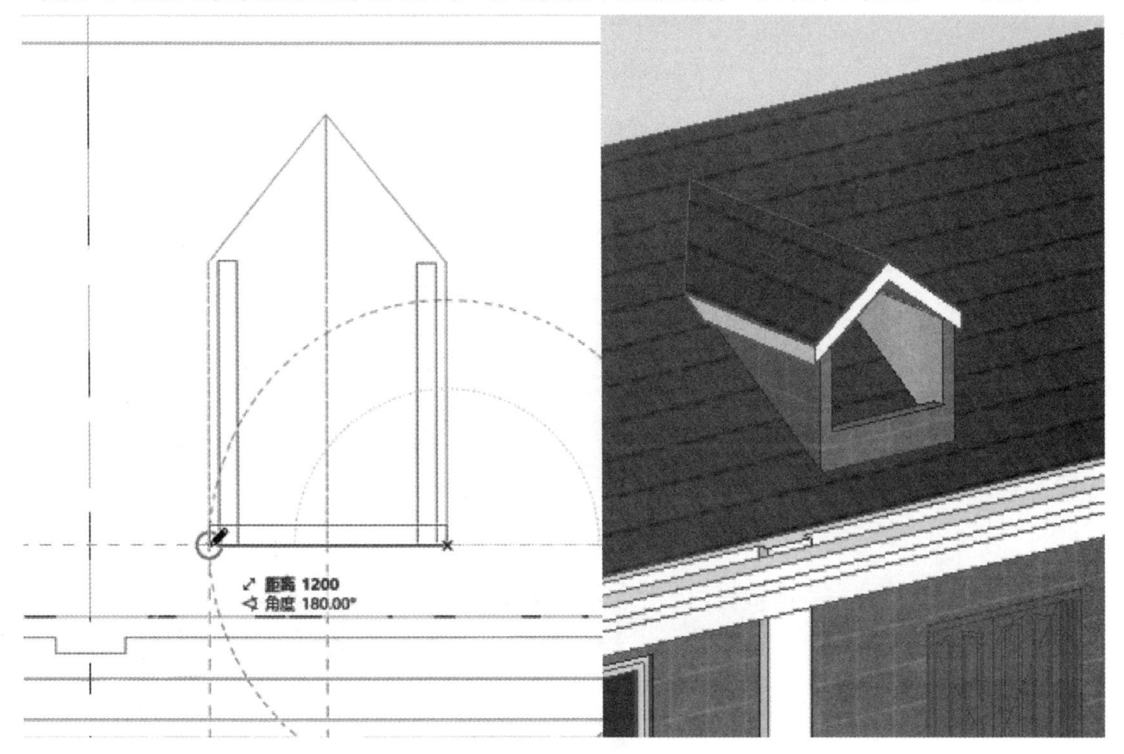

图 9-25　绘制“窗下墙”

在3D窗口中，按住〈Alt〉键，出现吸管工具后点击弧形幕墙，在其参数的基础上创建老虎窗。切换到“屋顶层”平面视图，双击工具箱中的“幕墙工具”图标，打开“幕墙默认设置”对话框。始位楼层为“屋顶层”，偏移距离为“500mm”，幕墙高为“2000mm”，名义厚度为“100mm”，参考线至面板中心距离为“50mm”。在楼层上显示“仅始位楼层”，平面图显示为“只显示轮廓”，其他按照默认设置，单击“确定”（图9-26）。沿窗下墙的上边缘由左往右绘制一段幕墙，如图9-27所示。

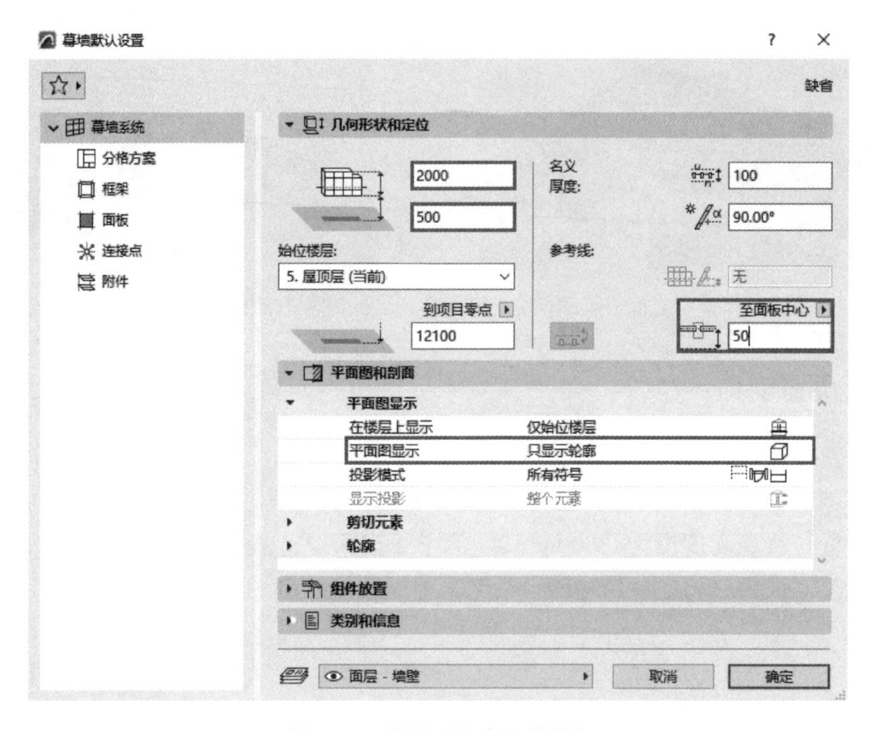

图9-26　设置“老虎窗幕墙”

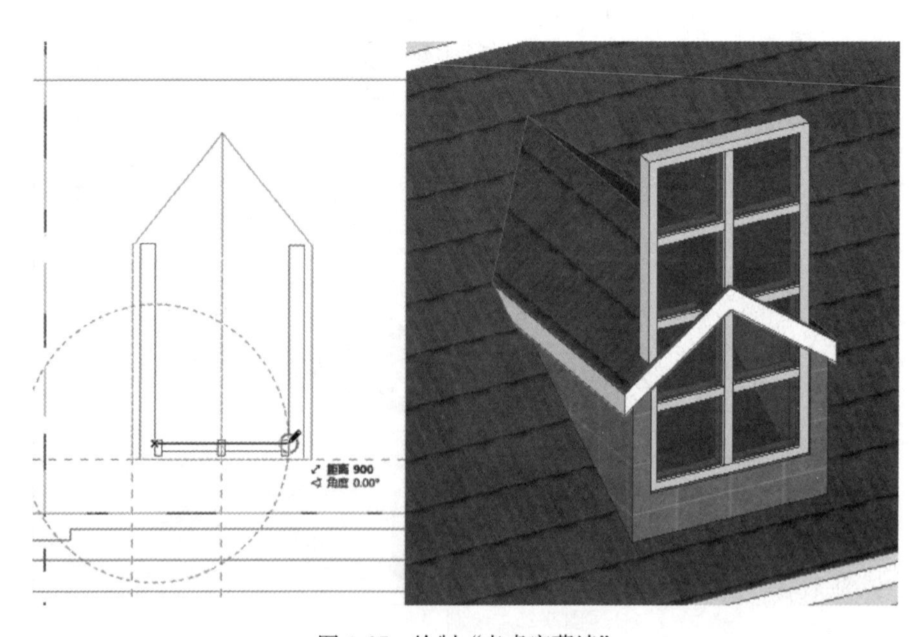

图9-27　绘制“老虎窗幕墙”

在3D窗口中，选中老虎窗幕墙，右击，在上下文菜单中选择“连接>将元素剪切到屋顶/壳体”，再单击老虎窗屋顶，此时状态栏提示“选择保留部分”，然后单击老虎窗屋顶下方的幕墙，则幕墙伸出屋顶部分被剪切，再按〈F5〉键，将幕墙窗单独显示，并单击“编辑”按钮 编辑 ，进入幕墙编辑状态，如图9-28所示。

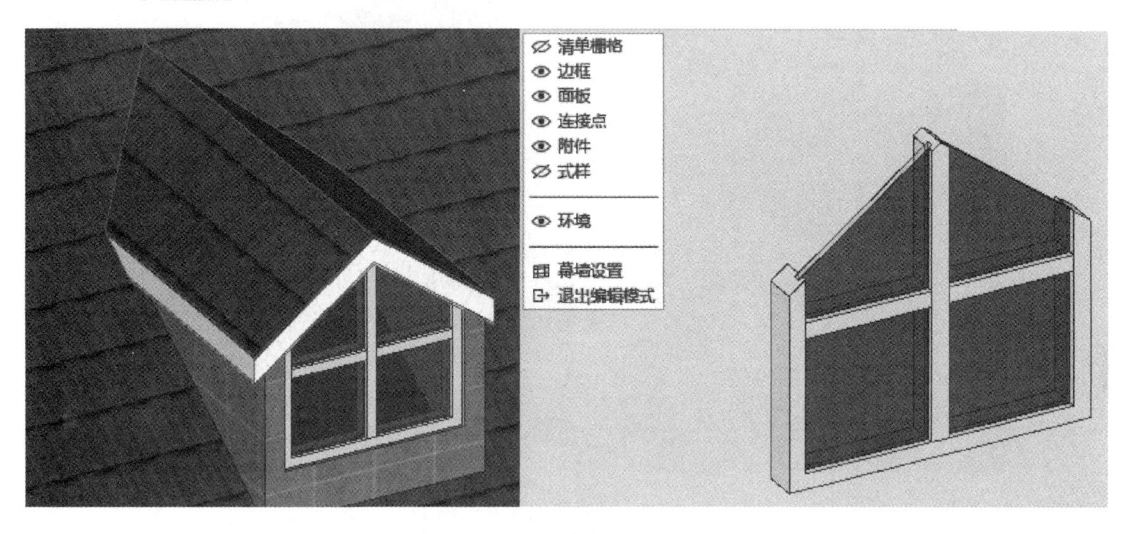

图9-28　剪切幕墙并隔离显示

单击工具箱中的“边框”工具图标 边框，然后按快捷键〈Ctrl＋A〉选中幕墙窗的所有边框，再按快捷键〈Ctrl＋T〉，打开“幕墙-框架选择设置”对话框，将边框的尺寸设为“30mm×30mm”，开槽为“5mm×5mm”，如图9-29所示，单击“确定”。

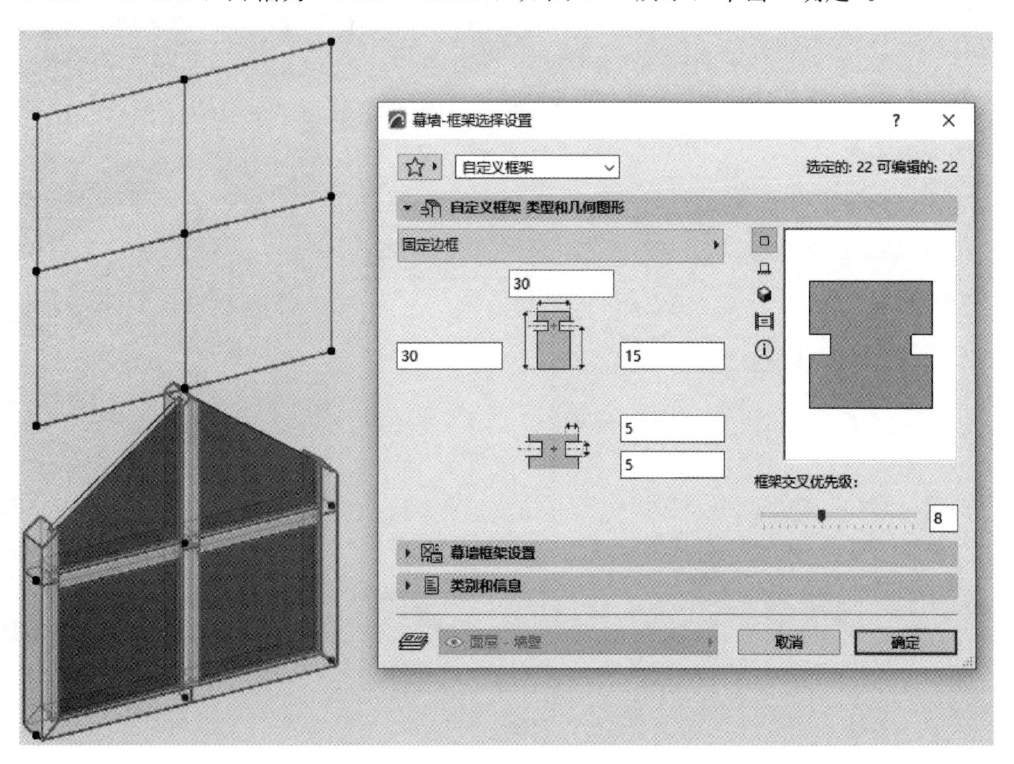

图9-29　选中“边框”并设置参数

切换到南立面视图，将中间竖向边框的上部删除，按〈Alt〉键，使用吸管工具单击任一边框后，沿屋顶下缘绘制两段斜向边框，如图 9-30 所示。

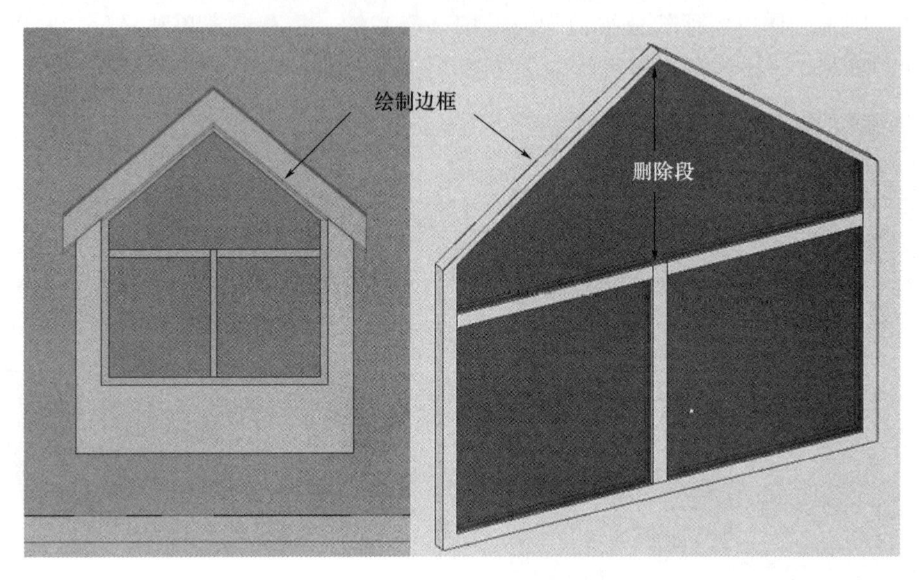

图 9-30　绘制幕墙窗“边框”

单击工具箱中的“面板”工具图标 面板，然后按快捷键〈Ctrl＋A〉选中幕墙窗的所有面板，再按快捷键〈Ctrl＋T〉，打开“幕墙-面板选择设置”对话框，将面板厚度设为“5mm”，单击“确定”，如图 9-31 所示。

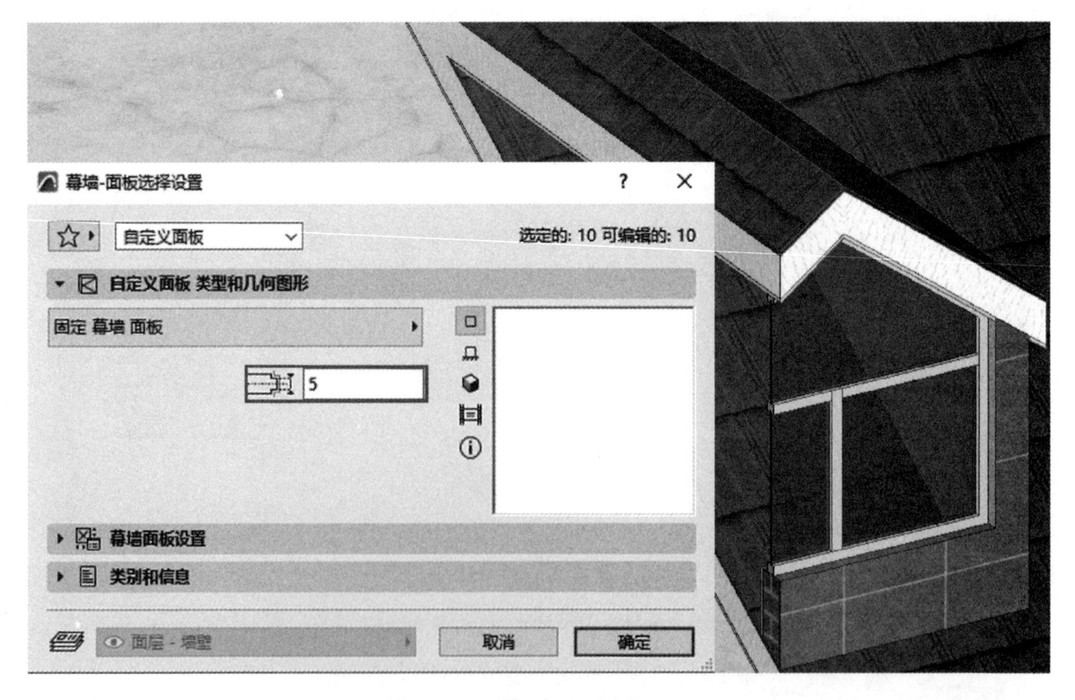

图 9-31　调整幕墙窗“面板”厚度

9.2.4 老虎窗洞口

在 3D 窗口中，右击空白处，在上下文菜单中选择“3D 样式>线框”，再选中大屋顶，单击其轮廓线，在弹出式小面板中选择“从多边形减少”，然后在大屋顶边界内沿老虎窗墙体和屋顶的内边缘绘制一个洞口。再右击空白处，在上下文菜单中选择“3D 样式>简单底纹”，打开 3D 剖切，进行观察，如图 9-32 所示。

图 9-32 创建老虎窗“洞口”

在 3D 窗口中，单击老虎窗屋顶前方参考线，在弹出式小面板中选择“偏移边”，将其向外移动“100mm”，如图 9-33 所示。

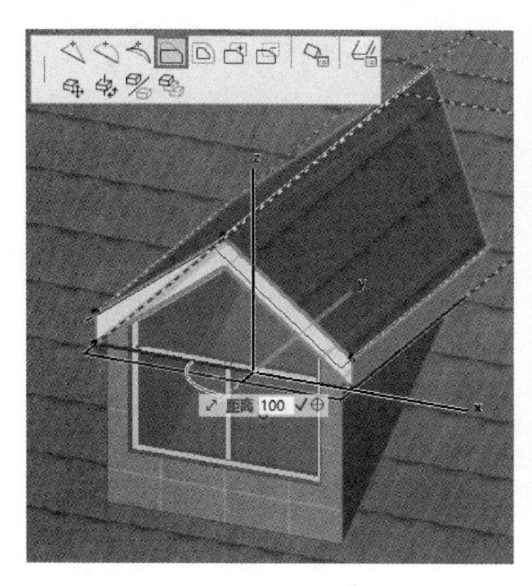

图 9-33 完成老虎窗的创建

提示：可以使用天窗工具插入已有的老虎窗。双击工具箱中的“天窗工具”图标 天窗 或单击图标后使用快捷键〈Ctrl+T〉，可以打开“天窗默认设置”对话框。选择“斜顶老虎窗 26”，根据图纸，设置参数如图 9-34 所示。在“屋顶层”平面视图，绘制好辅助线后将老虎窗放置在相应位置，如图 9-35 所示。

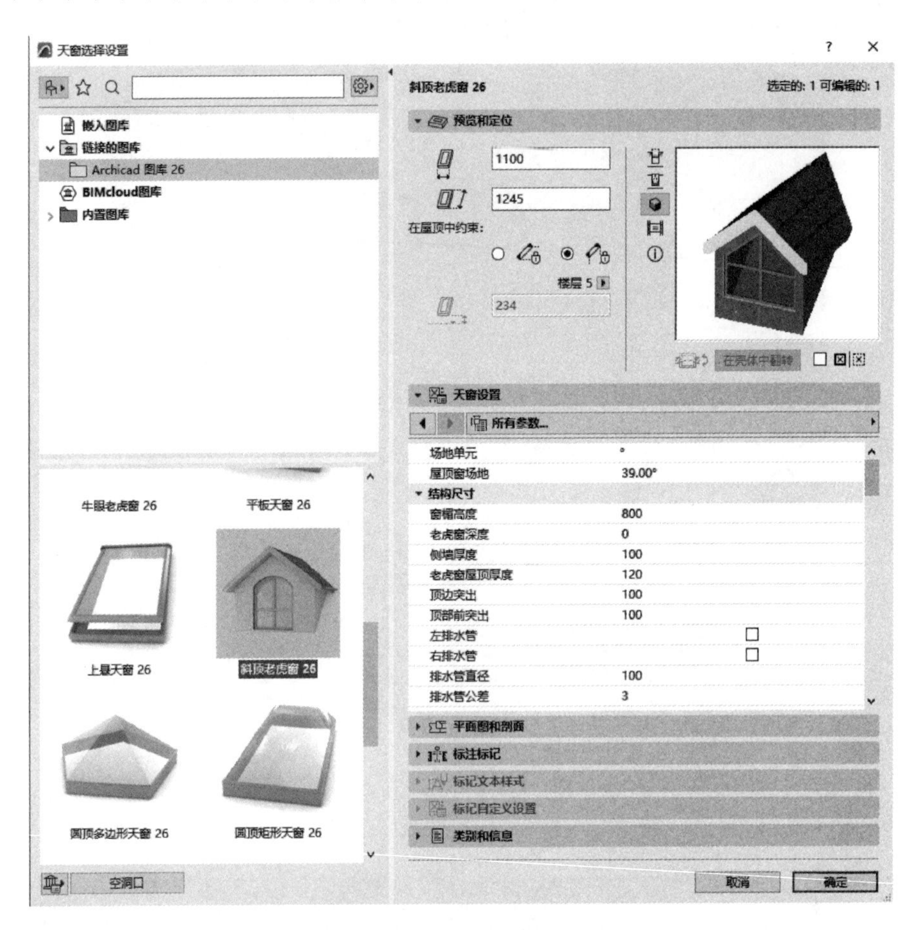

图 9-34　设置“老虎天窗”

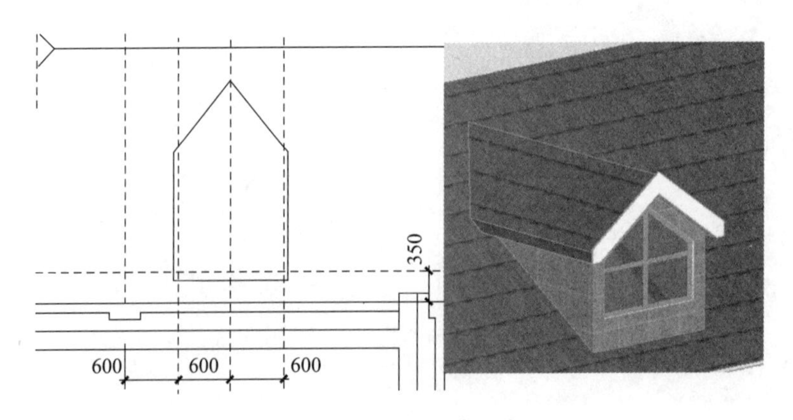

图 9-35　放置“老虎天窗”

10 楼 梯

楼梯是组织建筑竖向交通联系的主要构件。楼梯设计首先要充分考虑到人员疏散的顺畅性与安全性，其次要考虑到结构与防火等功能要求，第三楼梯作为重要的室内造型构件，要考虑到其美观性与装饰性，第四楼梯设计还应满足施工、经济和材料等方面的要求。由于楼梯设计的复杂性与综合性，楼梯详图成为了建筑施工图设计必不可少的组成部分。

与幕墙的组成类似，Archicad 楼梯也是层级元素，其组件包括梯段、平台、踏面、踢面及附件等。各楼梯组件是具有材料属性的 GDL 元素，在“编辑”模式下可以对楼梯的单个组件进行自定义。与墙的参考线类似，Archicad 通过基准线（底线）绘制楼梯路径，再通过轮廓线（边界）控制楼梯形状，基准线和轮廓线可在平面图和 3D 窗口中进行绘制与编辑。楼梯基准线可以分成多段，分段之间通过节点进行控制。楼梯可被链接到楼层，可跟随楼层高度的变化而自动调整。

本章学习目的：

（1）熟悉楼梯的构造知识；

（2）掌握各种楼梯的创建与编辑方法；

（3）创建别墅的两种楼梯；

（4）掌握楼梯与其他构件协调的方法。

手机扫码
观看教程

10.1 楼梯概述

10.1.1 楼梯参数

启动 Archicad 软件，单击“新建”，弹出“新建项目”对话框，选择默认的“模板文件”和“工作环境配置文件”。在“首层”平面视图，双击工具箱中的“楼梯工具”图标 楼梯 或单击图标后按快捷键〈Ctrl+T〉，可以打开“楼梯默认设置”对话框（图 10-1）。

1. “楼梯”页面

“顶部链接”：将楼梯顶部链接到一个楼层，当楼层高度变化时，在规则设置的范围内，楼梯高度会随层高自动修改。“未链接”：可以创建固定高度的楼梯。“可变的”：基于输入参数，可以创建任意高度的楼梯。“始位楼层”：楼梯底部链接到此位置（一般为当前楼层）。“偏移”：设置楼梯顶部、底部与链接楼层之间的偏移量，可以是“正数、负数或 0”。

“楼梯几何参数控制项”包括：宽度、踢面数、踢面高度、踏面宽度（可变或固定）、踢面角度（垂直或倾斜）、楼梯以踢面/踏面来开始/结束、转折类型（平台、角度相同的斜踏步、踏面相同的斜踏步）。“底线”用来定义楼梯基准线（参考线）位置，可以设置偏移量。

“规则和标准”：设置楼梯几何参数的取值范围值，以满足当地楼梯设计规范。Archicad 将自动创建满足此规则和标准的楼梯，例如输入的踢面板高度不得小于所定义的踢面高度最小值。“规则和标准”属于 Archicad 模板文件的一部分，可应用于多个项目中。

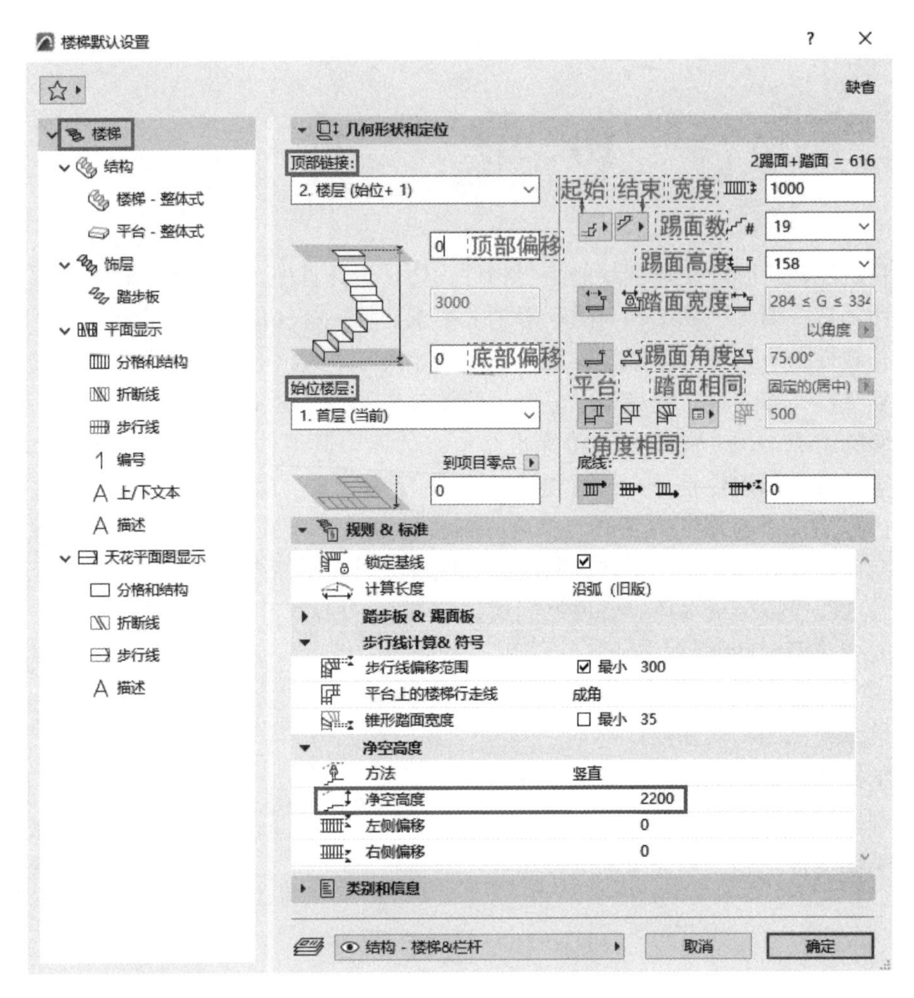

图 10-1 “楼梯默认设置”对话框

2. “结构”页面

梯段及平台结构都包括四种类型：整体式、梁式、悬臂式与纵梁式。一般情况下梯段及平台宜选择相同的结构类型。

“整体式”梯段形状包括：平面、梯级、变量厚度与填充（图 10-2）。勾选“统一梯段和平台属性”可以应用整体式构造相同的梯段和平台，但厚度可以不同。

“梁式”梯段和平台的梁形状分为：直线与踏步。梁为 GDL 元素，可以从弹出式对话框中选择一个组件作为支撑梁。

“悬臂式”梯段和平台包括：支架与面板，它们也是 GDL 元素，可以从弹出式对话框中进行选择。

“纵梁式”梯段和平台的梁形状分为：直线与踏步。两侧纵梁为 GDL 元素，可以从弹出式对话框中进行选择，还可以选择纵梁的截面形状。

3. “饰层”页面

可以给梯段和平台添加踏面/踢面饰面组件。如果勾选“统一梯步段和平台的饰面做法”，则在梯段和平台上的所有踏面和踢面使用相同的饰面设置。饰面组件也是 GDL 元素，可以从弹出式对话框中进行选择。进入楼梯“编辑”模式后，可以详细编辑踏面/踢面的样式。

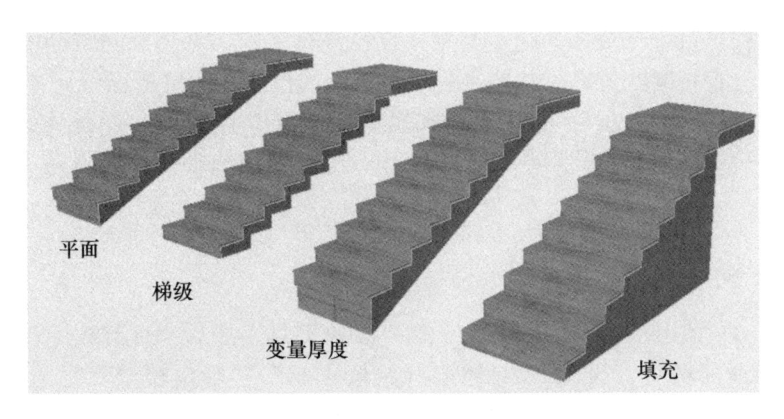

图 10-2 “整体式”梯段形状

4. “平面/天花平面图显示”页面

可以对楼梯符号（及其组件）进行个性化显示设置（图 10-3）。“显示布图”设置楼梯的 2D 符号显示在哪些楼层。“布图打开”设置相关楼层楼梯的符号显示样式。“符号组分”可以显示或隐藏楼梯的每个符号组件（可以在模型视图选项中进行覆盖）。“符号覆盖”可将覆盖应用于楼梯的 2D 符号显示（线、画笔、填充）。

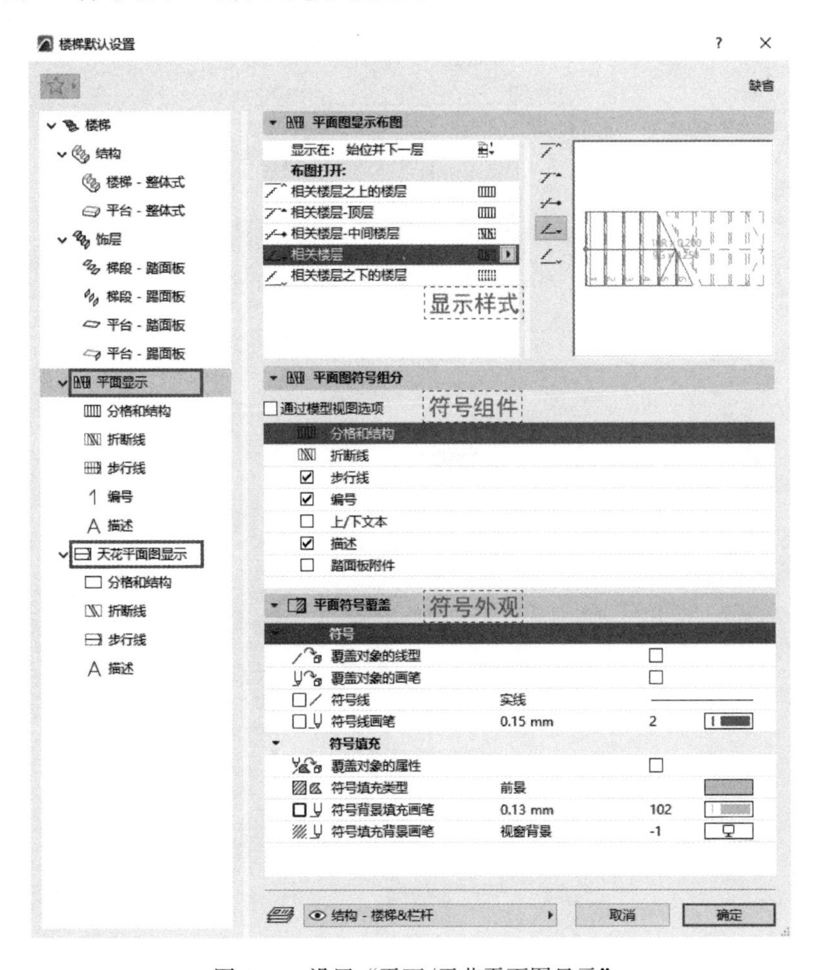

图 10-3 设置“平面/天花平面图显示”

“分格和结构”可根据楼梯的构造类型，设置楼梯结构（可见及隐藏部件）的2D显示。“折断线”可以设置折断线符号，按照高度设置折断线位置，设置折断线距离和角度等。“步行线”可以设置符号的位置、外观、起始和结束样式等。“编号”可对楼梯的踢面或踏面设置编号，还可以设置编号位置与样式等。“描述”可对楼梯的特性参数进行表达，也可以自定义内容。

10.1.2 直跑楼梯

在“首层”平面视图，双击工具箱中的“楼梯工具”图标 楼梯 打开“楼梯默认设置”对话框。“顶部链接”设为“2. 楼层（始位+1）”，“始位楼层”设为“1. 首层（当前）”，“偏移”都设为“0mm”，设为“踢面起点”与“踏面终点”，“楼梯宽度”设为“1200mm”，“踢面板数”设为“20”，“踢面板高度”为“150mm”，“踏面宽度”设为固定“300mm”，“转折类型”设为“平台”，“底线”位于梯段中间。“梯段及平台结构”设为“整体式”，“结构形状”设为“平面”。“饰层”勾选“统一梯步段和平台的饰面做法”。平面图显示在“始位并上一层”，其他按照默认值，单击“确定”（图10-4）。

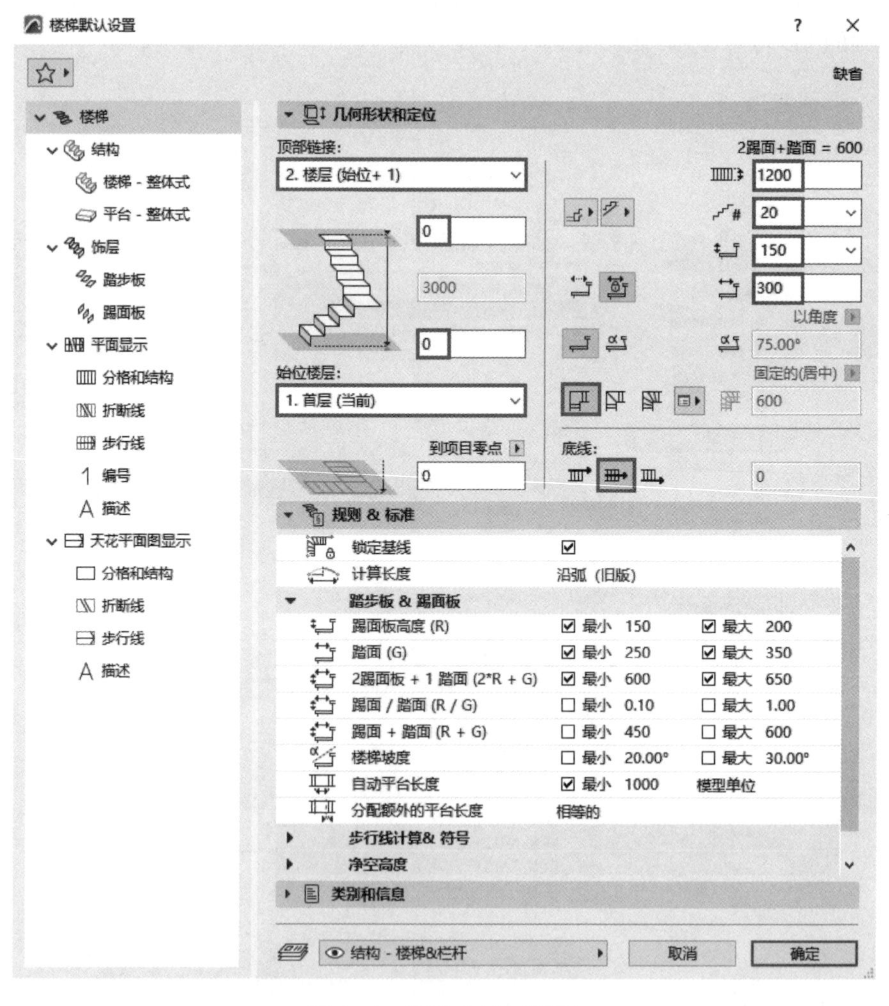

图10-4 设置“直跑楼梯”

绘制直跑楼梯，单击适当位置，垂直向上移动光标，梯段会以淡显的方式随光标生成，当创建踢面数为10个时，单击生成第一个梯段，然后在弹出式小面板中点击“平台”按钮，继续垂直向上移动光标，并输入距离为“1200mm”，按〈Enter〉键生成中间平台，在弹出式小面板中单击“楼梯”按钮，继续垂直向上移动光标的距离为“3000mm”，生成所有踢面后，单击完成第二个梯段（图10-5），切换到三维视图进行观察，如图10-6所示。

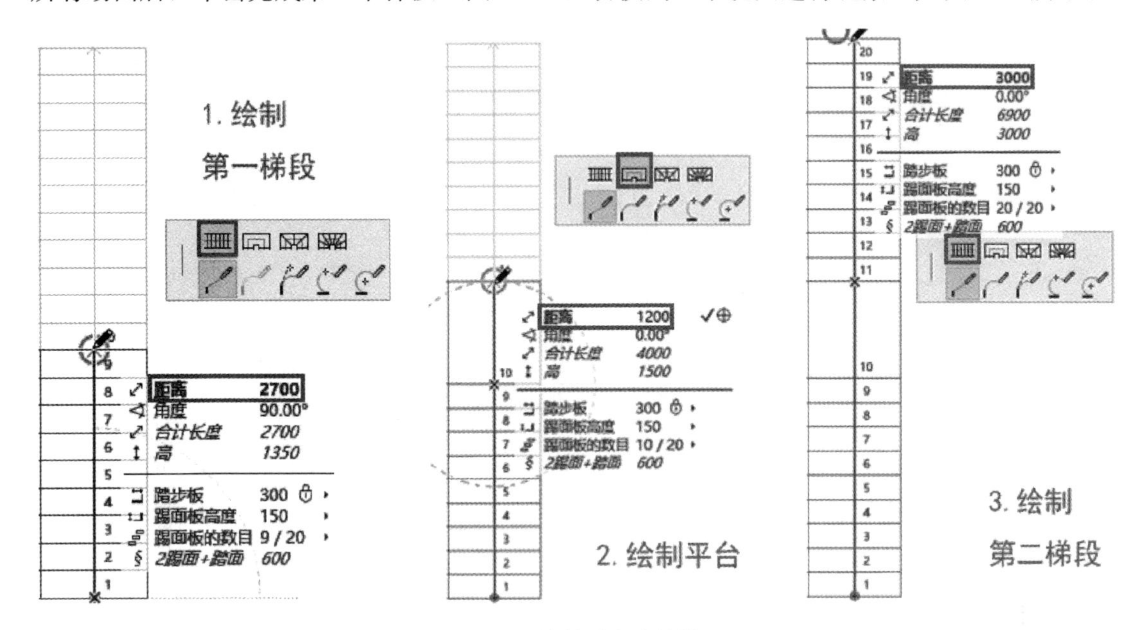

图10-5　绘制“直跑楼梯”

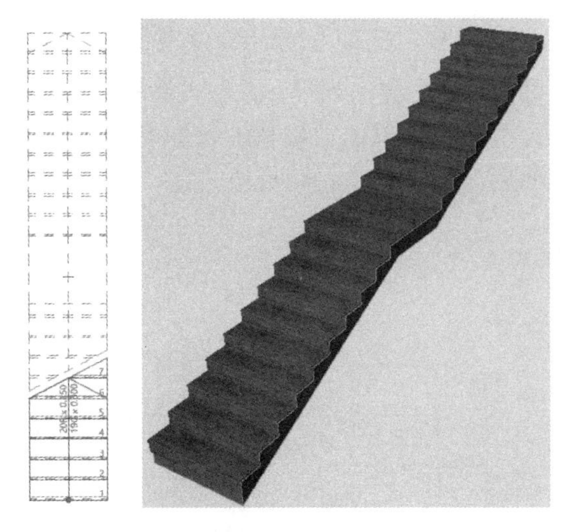

图10-6　直跑楼梯

提示： 切换到东立面视图，如图10-7所示，可以发现第二个梯段的终止位置正好到“2楼层”，这是设置“踏面终点”的效果。图10-8为设置“踢面终点”的效果，这种情况需要通过楼板或梯段梁进行衔接过渡。

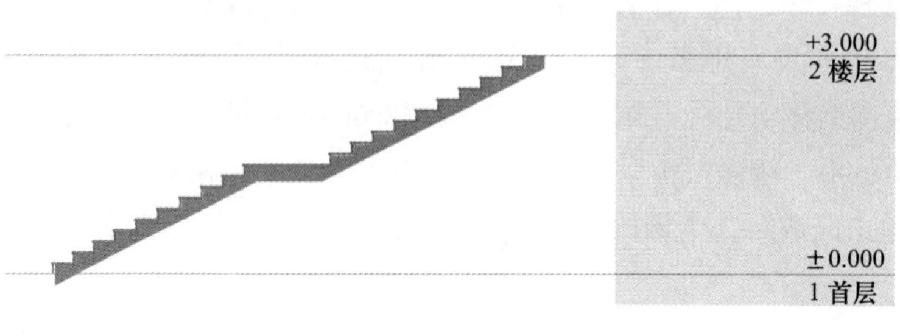

图 10-7 “踏面终点”

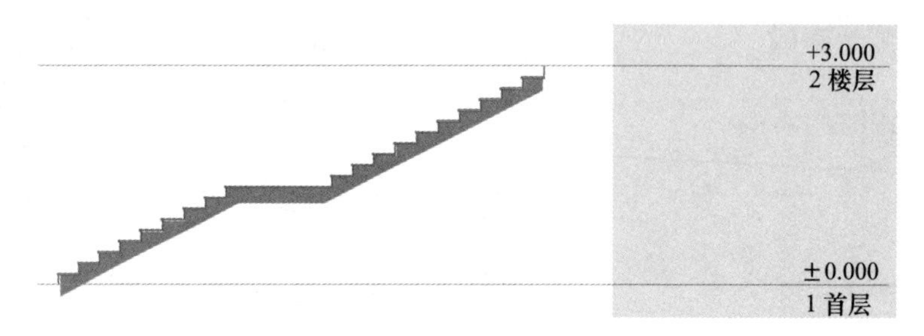

图 10-8 “踢面终点”

10.1.3 两跑楼梯

单击工具箱中的“楼梯工具”图标 楼梯，在信息框中单击“放置左/右侧栏杆”图标 。

单击适当位置，垂直向上移动光标，当创建踢面数为 10 个时，单击生成左侧梯段，然后在弹出式小面板中单击“平台”按钮 ，继续垂直向上移动光标，并输入距离为“600mm”，按〈Enter〉键，再向右移动光标，并输入距离为“1300mm”，按〈Enter〉键，生成中间平台，在弹出式小面板中单击“楼梯”按钮 ，垂直向下移动光标的距离为“3600mm”，生成所有踢面后，单击完成右侧梯段（图 10-9），切换到三维视图进行观察，如图 10-10 所示。

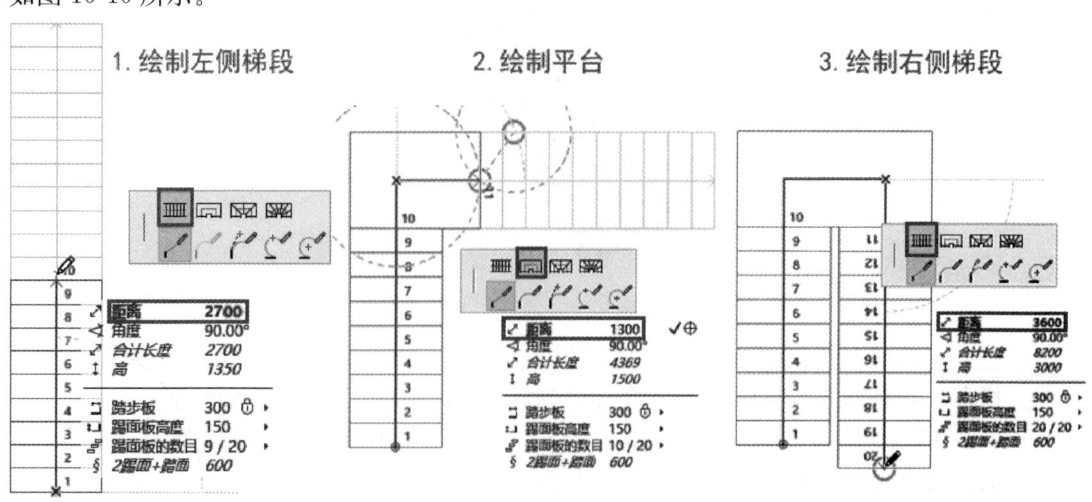

图 10-9 绘制“两跑楼梯”

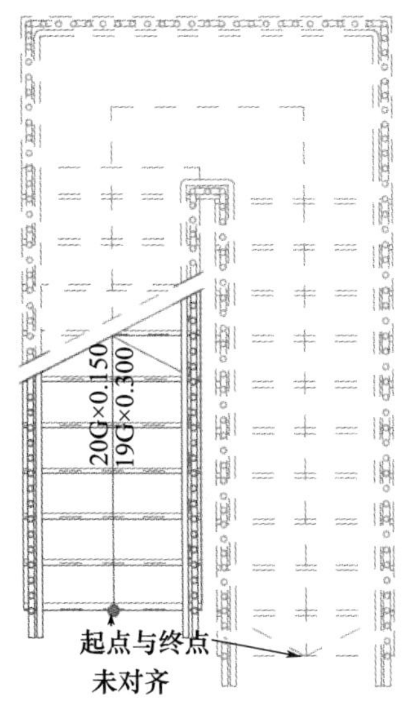

图 10-10 两跑楼梯

提示：切换到东立面视图，如图 10-11 所示，可以发现两个梯段的起始位置与终止位置没有对齐，这是设置“踢面起点”的效果。切换到“首层”平面视图，选中楼梯，在信息框中单击“踏面起点”按钮，此时终止位置会延长一个踏步，再单击基准线的终点，在弹出式小面板中单击“重新排列台阶”按钮，向上拖动终点，使之与起点对齐，如图 10-12 和图 10-13 所示。

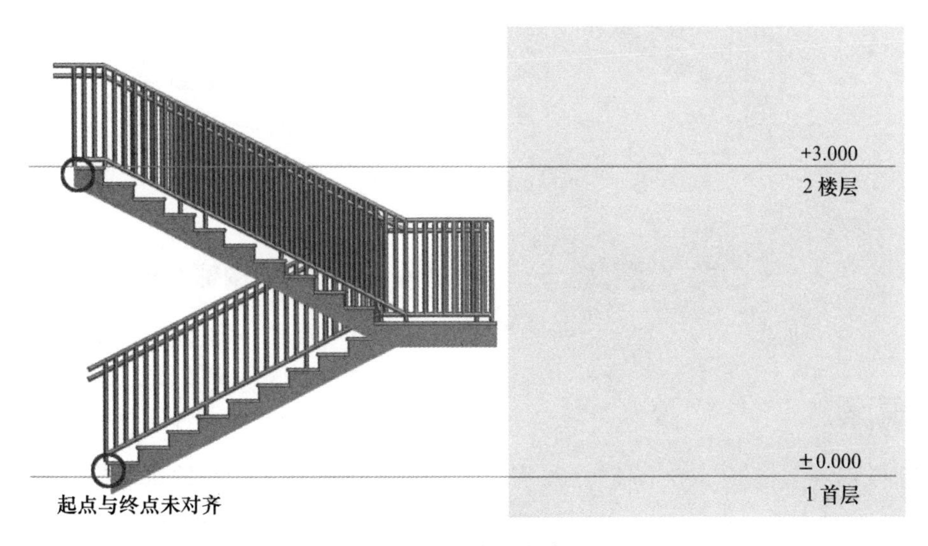

图 10-11 “踢面起点”

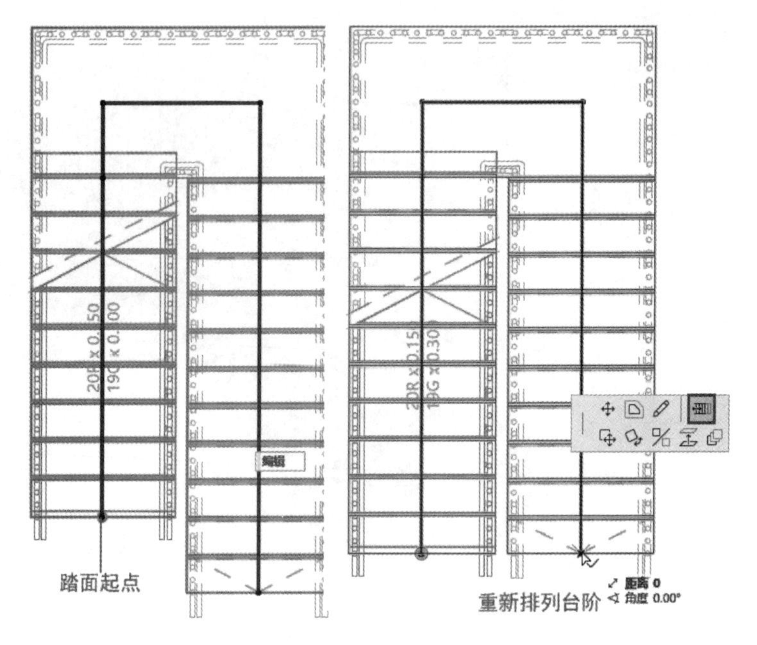

图 10-12　重新排列台阶

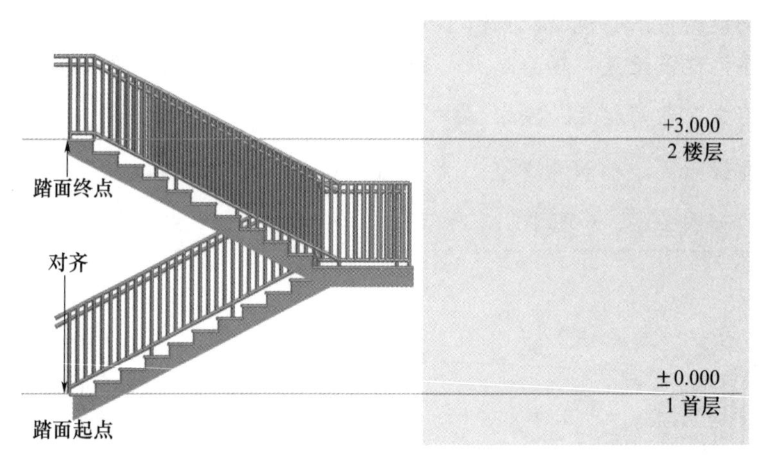

图 10-13　“踏面起点”

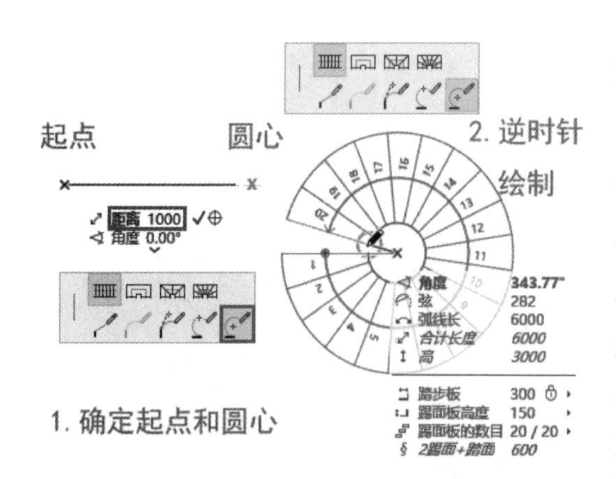

图 10-14　绘制“螺旋楼梯”

10.1.4　螺旋楼梯和弧形楼梯

在“首层”平面视图，单击工具箱中的“楼梯工具”图标 楼梯，按照默认设置。单击合适位置作为起点，在弹出式小面板中单击“通过中点定义的弧”按钮 ，水平移动光标，并输入距离为“1000mm”，按〈Enter〉键，定位圆心后，逆时针移动光标至最后一个踢面，再单击作为终止位置（图 10-14），切换到三维视图进行观察，如

图 10-15所示。

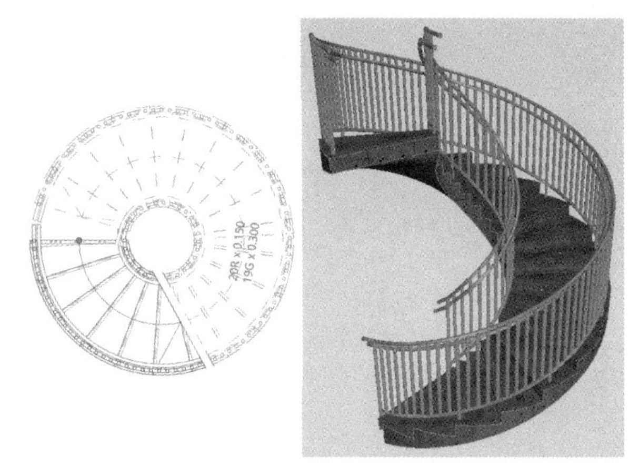

图 10-15　螺旋楼梯

在“首层”平面视图，单击工具箱中的“楼梯工具”图标 楼梯，按照默认设置。单击合适位置作为起点，在弹出式小面板中单击“通过中点定义的弧”按钮，水平移动光标，并输入距离为“1500mm”，按〈Enter〉键，定位圆心后，顺时针移动光标至第 10 个踢面单击，完成第一个梯段，然后在弹出式小面板中单击“平台”按钮，再捕捉到圆心单击，输入平台角度“－60°”，按〈Enter〉键，生成中间平台，在弹出式小面板中单击“楼梯”按钮，捕捉到圆心继续沿顺时针移动光标至最后一个踢面，再单击作为终止位置（图 10-16），切换到 3D 窗口进行观察，如图 10-17所示。

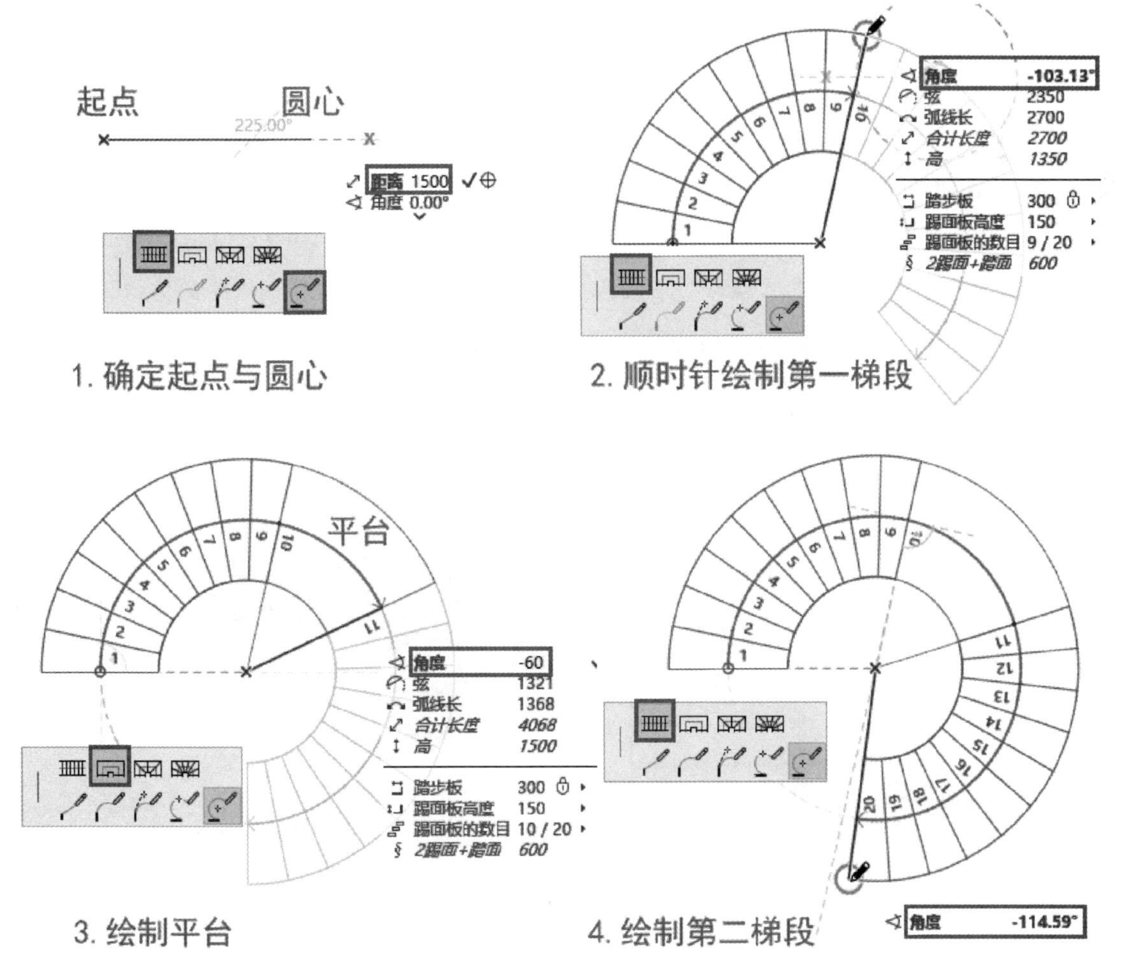

图 10-16　绘制“弧形楼梯”

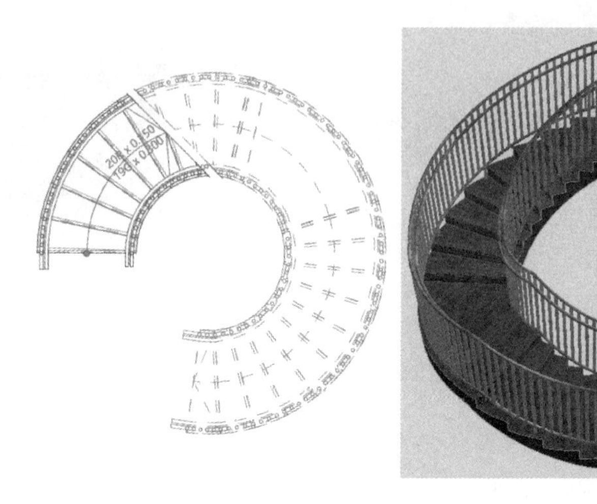

图 10-17　弧形楼梯

提示： 实际项目中，绘制弧形楼梯需要借助参考线，对圆心、起始位置、踏面数、平台位置等进行计算定位。

10.1.5　编辑楼梯

楼梯是由梯段、平台、饰层等组件组成的层级元素。与 Archicad 幕墙相类似，在“编辑”模式中，针对每个组件都可以进行单独编辑。

1. 修改楼梯轮廓

在“首层”平面视图中，将光标置于楼梯平台左边界处，按〈Tab〉键选中左边界，单击，在弹出式小面板中单击“偏移边”按钮 ，水平移动光标，并输入距离为“500mm”，按〈Enter〉键。同样的操作可以修改平台上边界的宽度为“1500mm”，如图 10-18 所示。

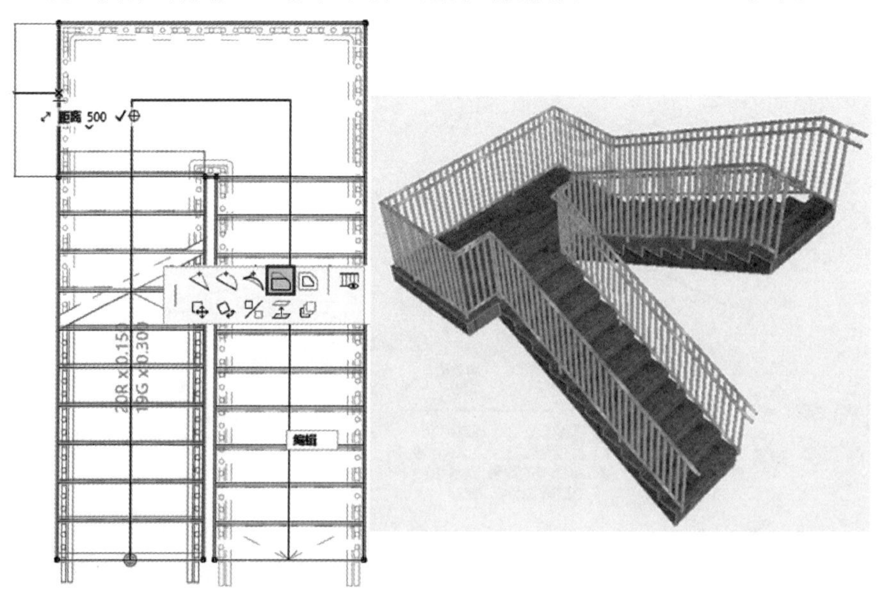

图 10-18　修改平台“宽度”

在“首层”平面视图中，将光标置于楼梯平台上边界处，按〈Tab〉键选中上边界，单击，在弹出式小面板中单击“曲边”按钮，向上移动光标，并输入距离为“2600mm”，按〈Enter〉键。同样的操作“使用切线编辑线段”可以修改平台左边界，使之与上边界相切，再修改梯段的左边界，使之与平台左边界相切，如图 10-19 和图 10-20 所示。

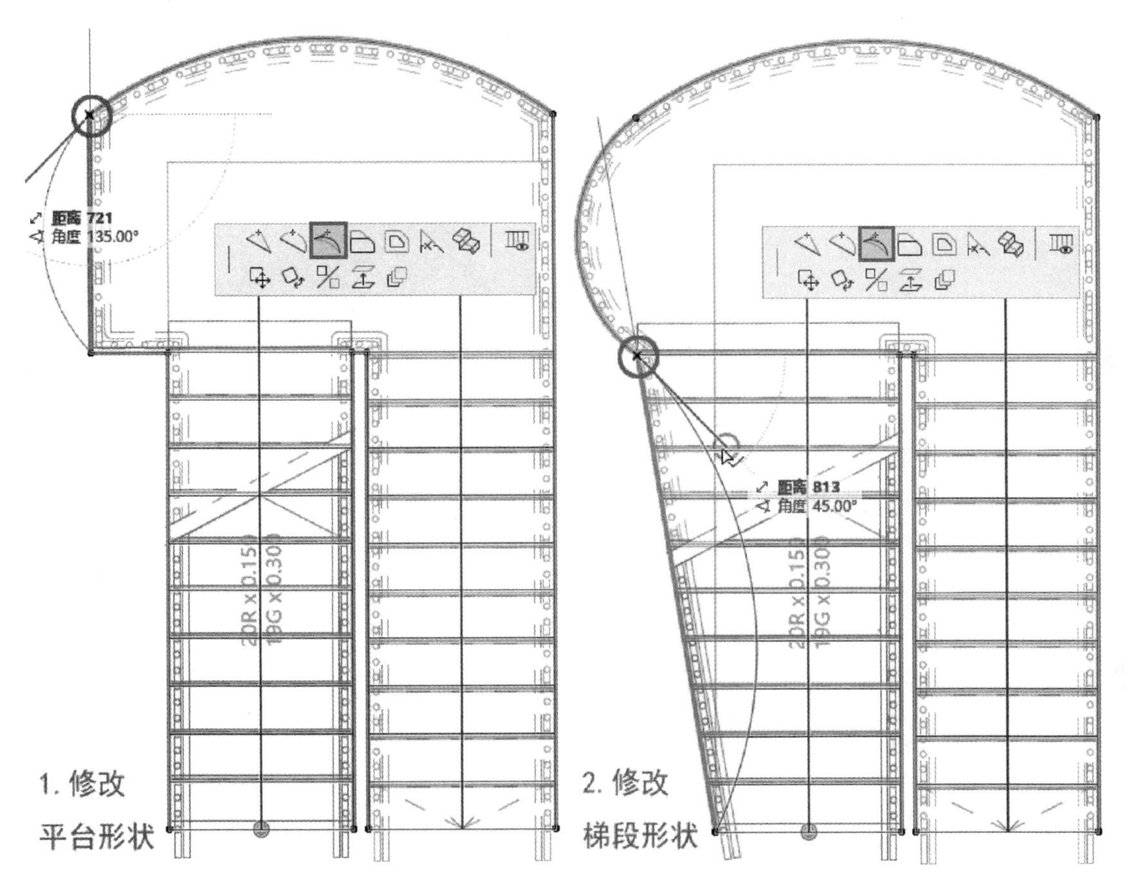

图 10-19　修改“平台”与“梯段”的形状

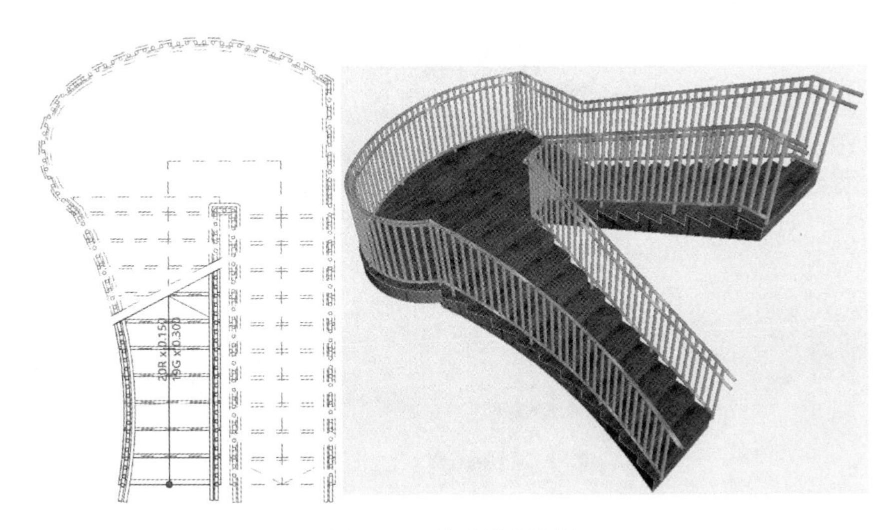

图 10-20　特殊形状楼梯

在3D窗口中，选中外侧栏杆，单击信息框的栏杆收藏夹下拉框，并选择“玻璃嵌板栏杆”，按〈P〉键可以翻转栏杆，并可以设置栏杆与参考线的偏移距离，如图10-21所示。

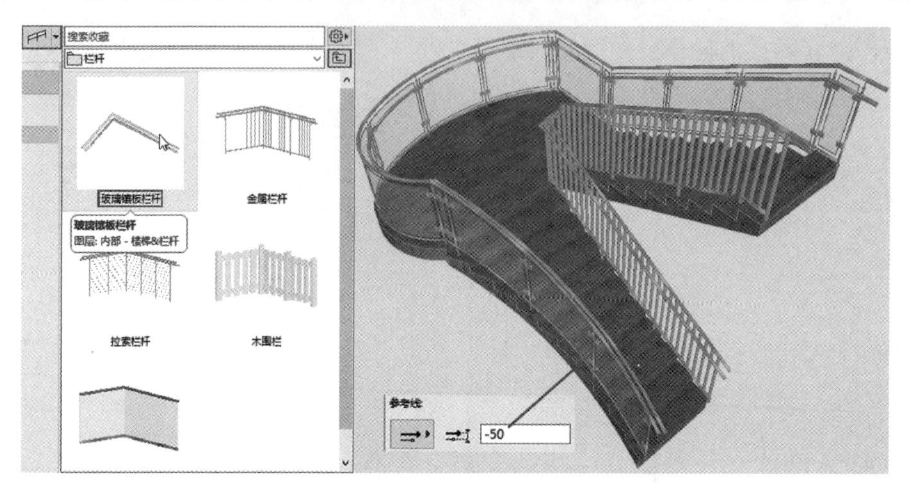

图10-21　修改栏杆“样式”

2. 修改楼梯细部

选中楼梯，按快捷键〈Ctrl+T〉，打开“楼梯选择设置”对话框，在“踏步板”面板中，勾选“防滑附件”，可以设置防滑带的数量、厚度与材质等，如图10-22所示。

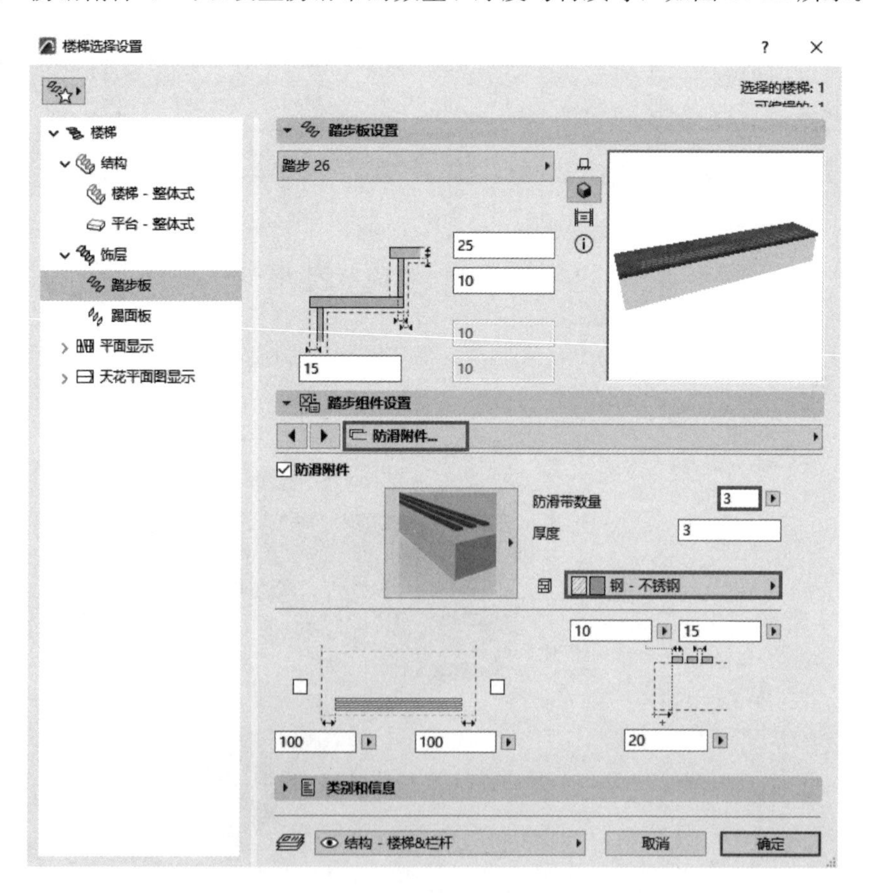

图10-22　添加“防滑条”

选中楼梯，单击出现的“编辑”按钮或选择“设计＞进入楼梯编辑模式”，可以打开“编辑”模式。单击平台饰面的轮廓线，可以编辑饰面形状，而不影响楼梯结构，如图 10-23 所示。相同的操作，可以编辑踏面板的轮廓形状。

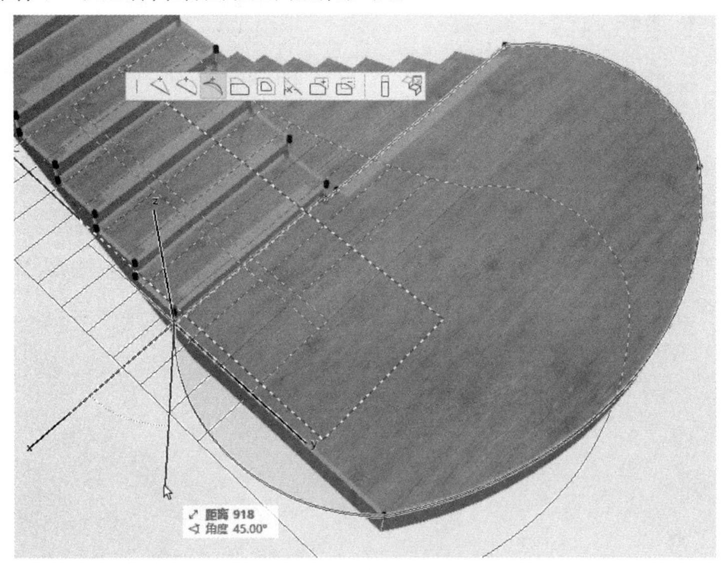

图 10-23 编辑平台的“饰面形状”

单击编辑菜单的“楼梯设置”，可以打开“楼梯选择设置”对话框，不勾选“统一梯步段和平台的饰面做法”，将平台踏面板的材质设为“瓷砖-墙面”，单击“确定”，如图 10-24 所示。

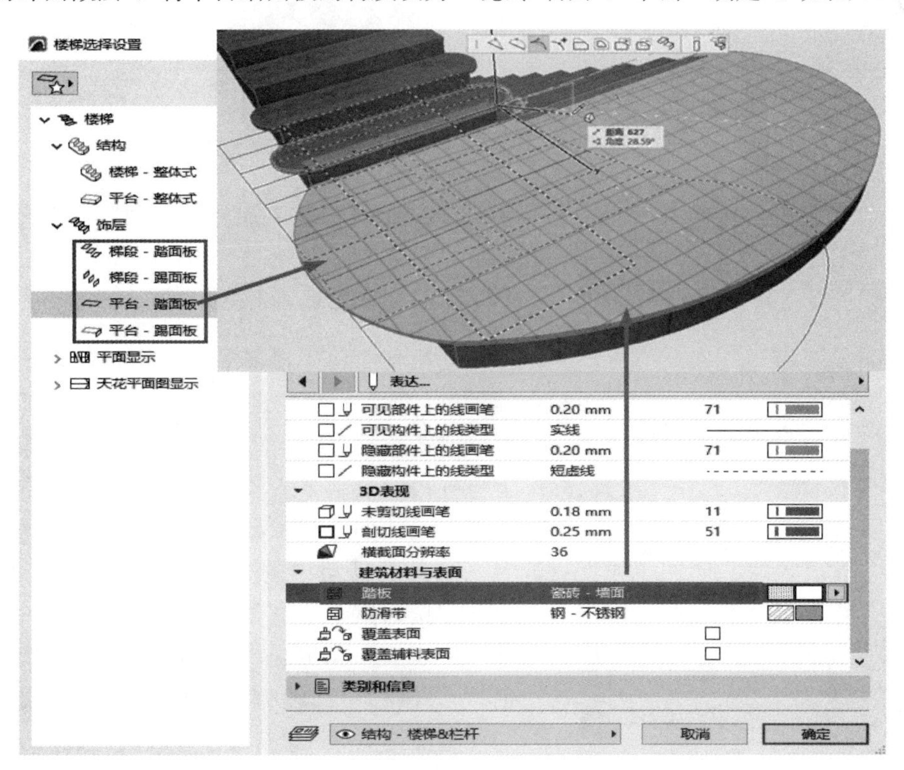

图 10-24 编辑平台的“饰面材质”

10.2 别墅 1F 弧形楼梯

10.2.1 创建 2F 楼板洞口

打开“9-2 吕桥四层别墅-老虎窗 .pln”项目文件，切换到“2F”楼层平面视图。由于别墅门厅为两层“通高”，所以需在 2F 楼板上开洞口作为 1F 门厅的上空。按住〈空格〉键，单击楼板内部，选中 2F 楼板，单击楼板的任一边界，在弹出式小面板中单击“从多边形减少”按钮，使用“多边形”几何方式，沿墙体内表面和柱的内侧绘制闭合轮廓，如图 10-25 所示。切换到三维视图，并打开 3D 剖切进行观察。如图 10 26 所示，可以发现门厅上空有多余的一段梁，该段梁需要结合弧形楼梯平台进行调整。

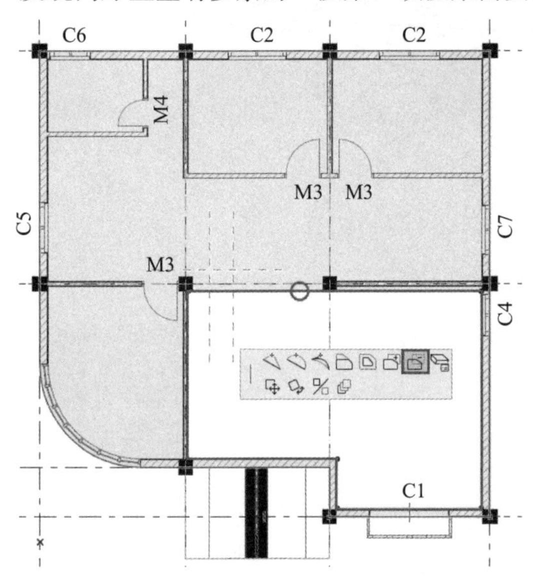

图 10-25 绘制闭合轮廓形成“门厅上空”

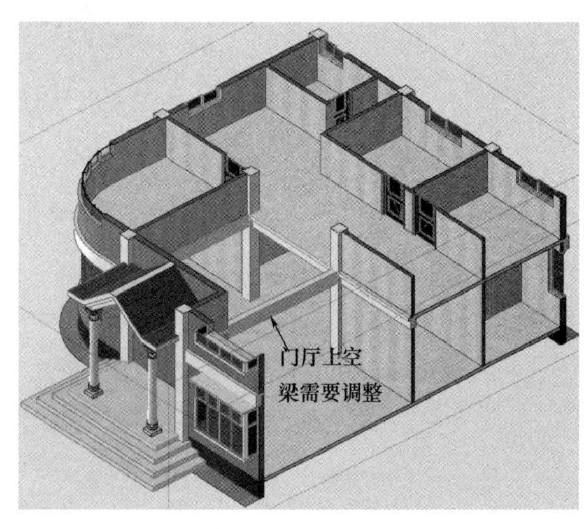

图 10-26 门厅上空的“梁”需进行调整

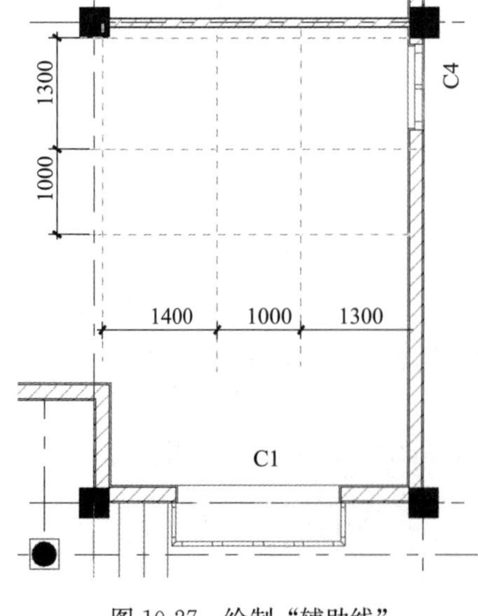

图 10-27 绘制“辅助线”

10.2.2 创建弧形楼梯

切换到“1F”楼层平面，单击工具条中的“创建辅助线段”（快捷键〈Alt+L〉），沿右侧墙内表面绘制 1 条垂直线，然后向左复制 3 条辅助线，沿上方柱内侧绘制 1 条水平线，然后向下复制 2 条辅助线，尺寸如图 10-27 所示。

双击工具箱中的“楼梯工具”图标 楼梯，打开“楼梯默认设置”对话框。“顶部链接”设为“2. 2F（始位+1）”，“始位楼层”设为“1. 1F（当前）”，“偏移”都设为“0mm”，选择“踢面起点”与“踢面终点”，“楼梯宽度”设为“1300mm”，“踢面板数”设为“17”，“踢面板高度”为“165mm”，“踏面宽度”设为固定“280mm”，“转折类型”设为“角度相同的斜踏步”，“底线”位于梯段左侧。“梯段及平台结构”设为“整体式”，“结构形状”设为“平面”（图 10-28）。在“楼梯-整体式”页面中，将“平滑梯板厚度”设为“150mm”，“建筑材料”设为“钢筋混凝土-别墅结构”，“梯段起点”设为“水平剪切”（图 10-29）。在“饰层”页面中，仅选择“踏步板”，将“踏步板间隙”设为“0”，勾选“防滑附件”，设置“防滑带数量”为“3”，“材料”为“钢-不锈钢”（图 10-30），其他按照默认值，单击“确定”。

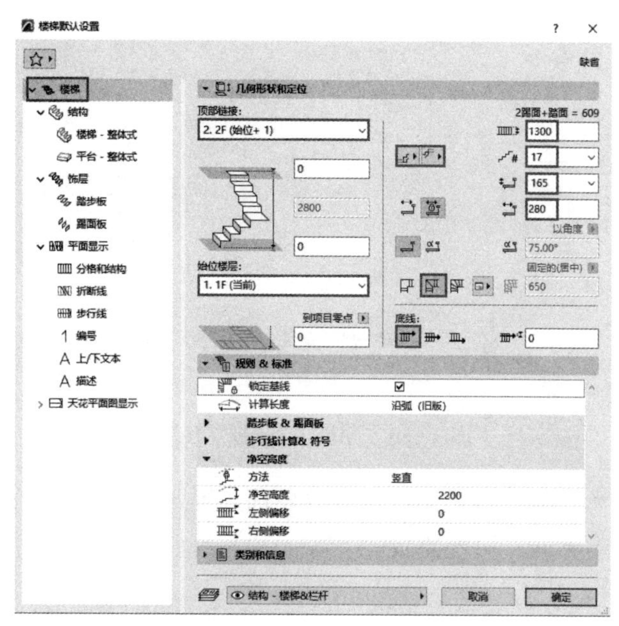

图 10-28　设置“弧形楼梯”

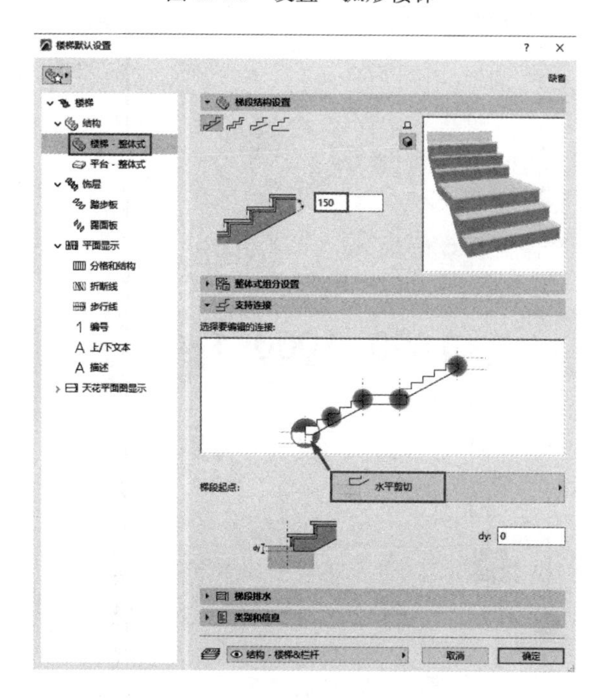

图 10-29　设置“梯段”参数

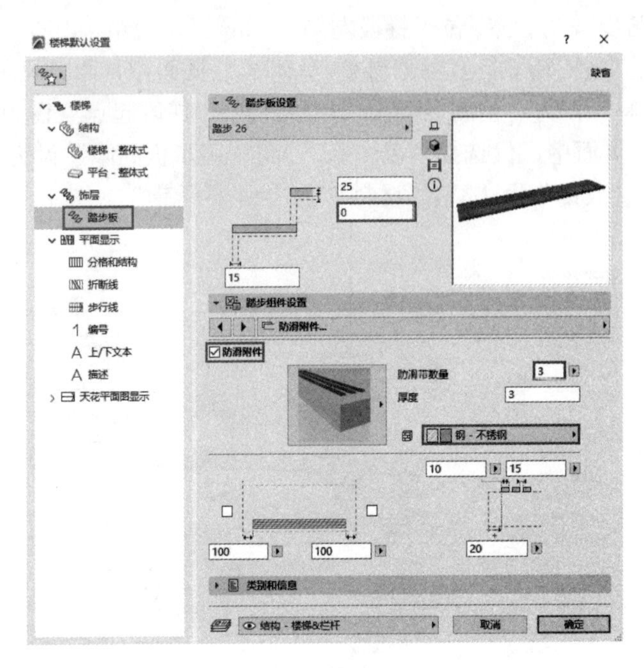

图 10-30　设置“踏步板”参数

在信息框中，选择“向下”绘制，并勾选放置“左侧”与“右侧”栏杆。捕捉到辅助线的交点，由“踢面 17”依次绘制到“踢面 1”，如图 10-31 所示。切换到 3D 窗口进行观察，如图 10-32 所示。

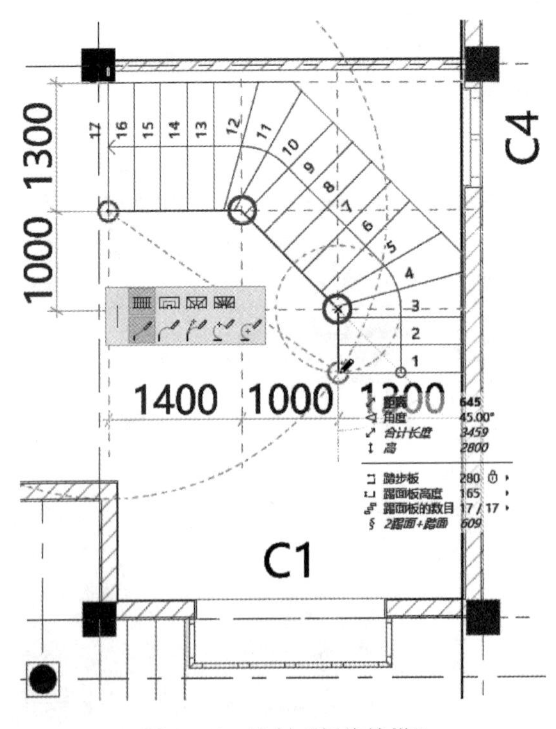

图 10-31　绘制“折线楼梯”

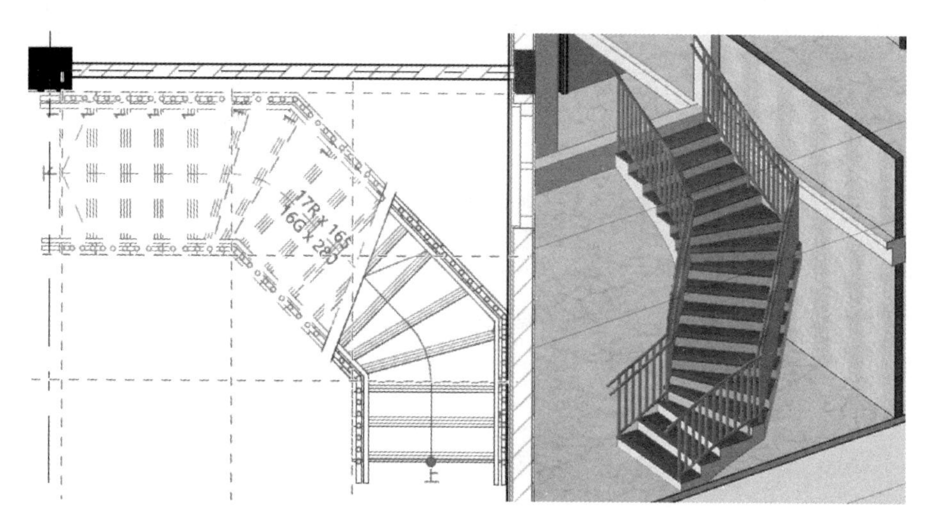

图 10-32　折线楼梯

切换到“1F”平面视图，单击楼梯转折的基准线，在弹出式小面板中选择“曲边”工具，输入弧半径为“1000mm”，单击〈Enter〉键（图 10-33）。切换到 3D 窗口进行观察，如图 10-34 所示。

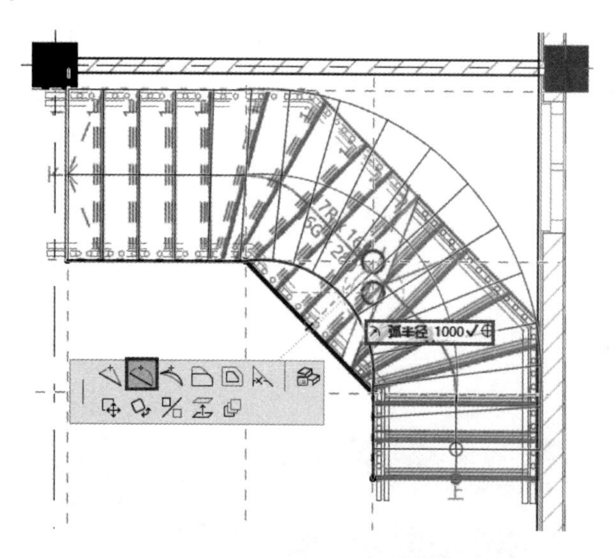

图 10-33　创建“弧形楼梯”

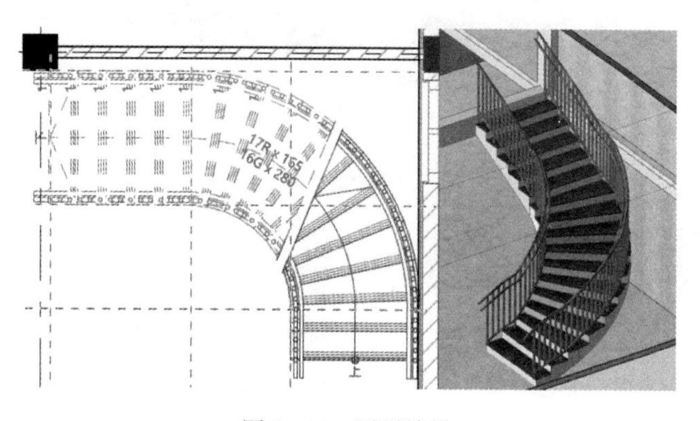

图 10-34　弧形楼梯

10.2.3 编辑弧形楼梯

1. 调整第一个踏步形状

切换到“1F”楼层平面，选中楼梯，单击出现的“编辑”按钮，打开“编辑”模式。单击第一个踏步饰面的下方轮廓线，在弹出式小面板中单击“曲边”按钮，向下移动光标，并输入距离为“1800mm”，按〈Enter〉键。同样的操作“使用切线编辑线段”可以修改第一个踏步饰面左边轮廓线，使之与下边轮廓线相切，如图 10-35 所示。切换到3D窗口进行观察，如图 10-36 所示。

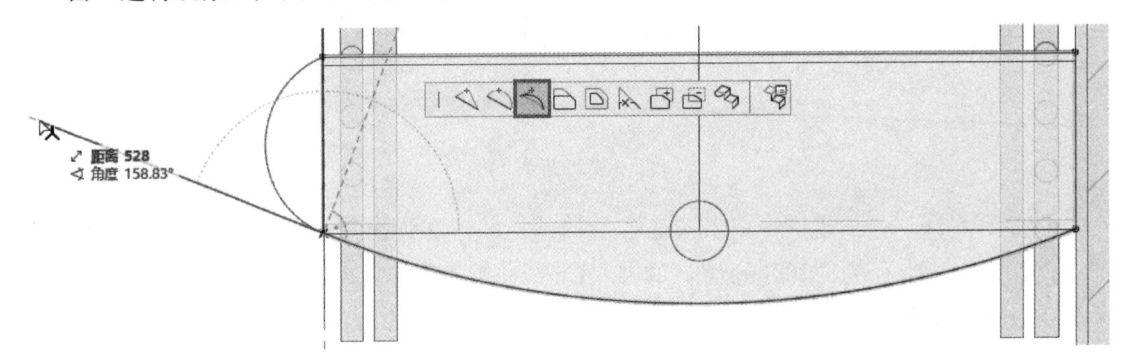

图 10-35　修改第一个踏步的饰面“轮廓线”

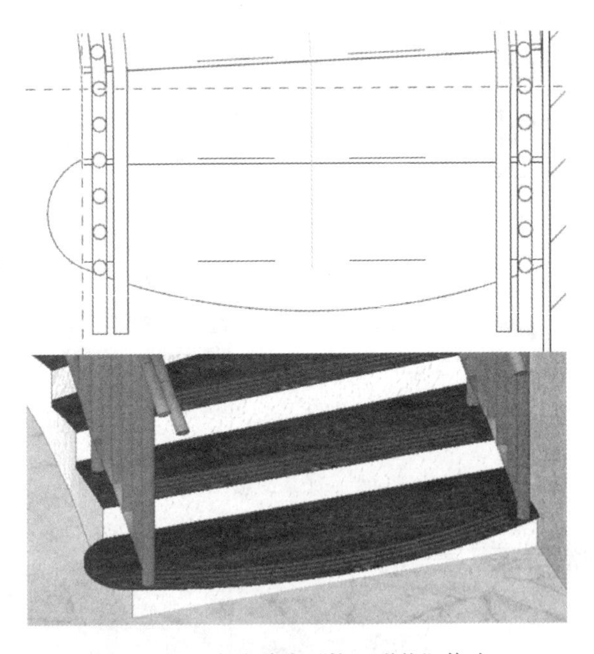

图 10-36　完成踏步“饰面形状”修改

2. 调整门厅上空“梁”

切换到“2F”楼层平面，将光标置于门厅梁处，按〈Tab〉键，当梁高亮显示时单击，选中门厅梁，再单击其端部节点，在弹出式小面板中单击“拉伸”按钮，将节点拖动到弧形楼梯踏步下边缘位置（图 10-37），切换到三维视图进行观察（图 10-38）。

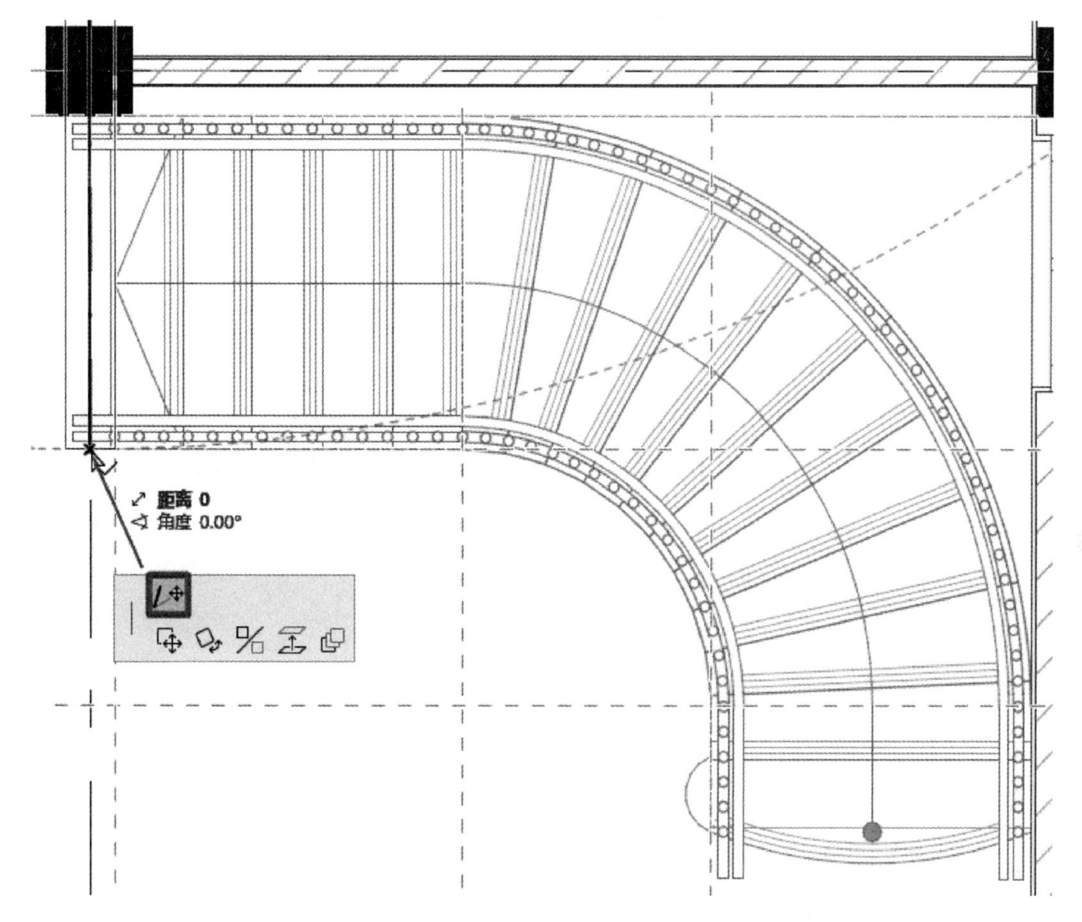

图 10-37　调整“梁”

图 10-38　调整后的门厅上空“梁”

3. 添加弧形楼梯平台

切换到“2F”楼层平面，按住〈空格〉键，单击楼板，将其选中，再单击楼板的轮廓线，在弹出式小面板中单击“添加到多边形”按钮，捕捉梯段内侧边端点作为圆心，顺时针绘制半径“1300mm”的 1/4 弧线，再绘制水平段与垂直段，使之形成闭合轮廓，如图 10-39 所示。切换到 3D 窗口进行观察（图 10-40）。

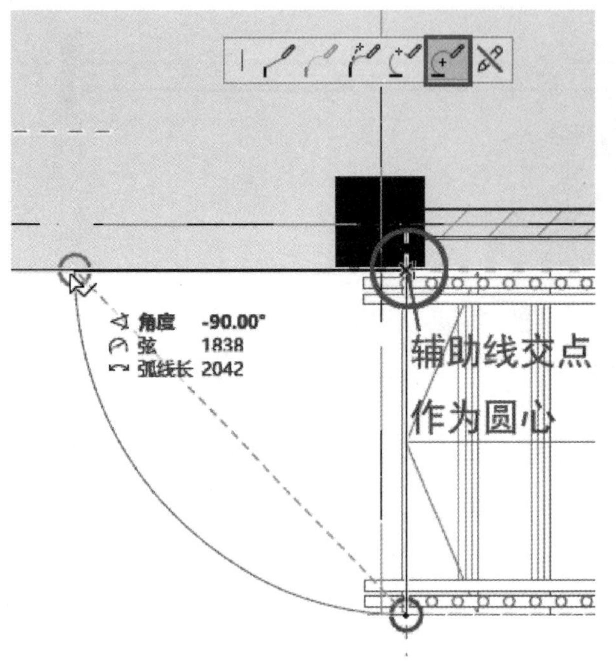

图 10-39 添加“1/4 圆形”作为楼梯平台

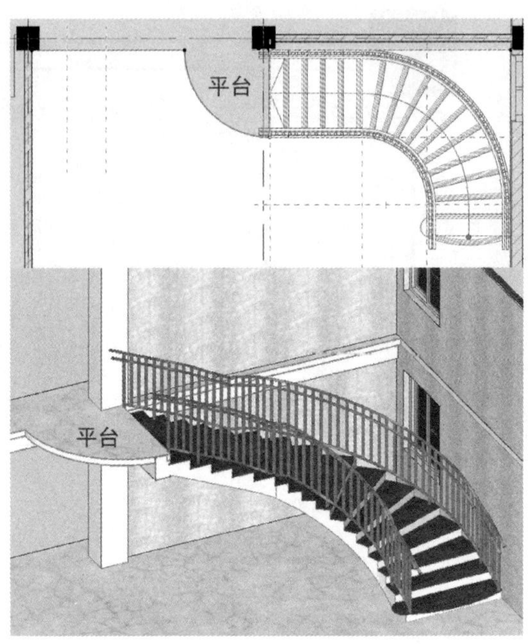

图 10-40 “弧形楼梯”的平台

4. 为弧形平台添加栏杆

切换到“2F”楼层平面，选中左侧栏杆，再单击其参考线的节点，在弹出式小面板中单击“继续栏杆”按钮 ，依次沿弧形平台边缘和临空处边缘绘制栏杆，如图 10-41 所示。切换到 3D 窗口进行观察，如图 10-42 所示。

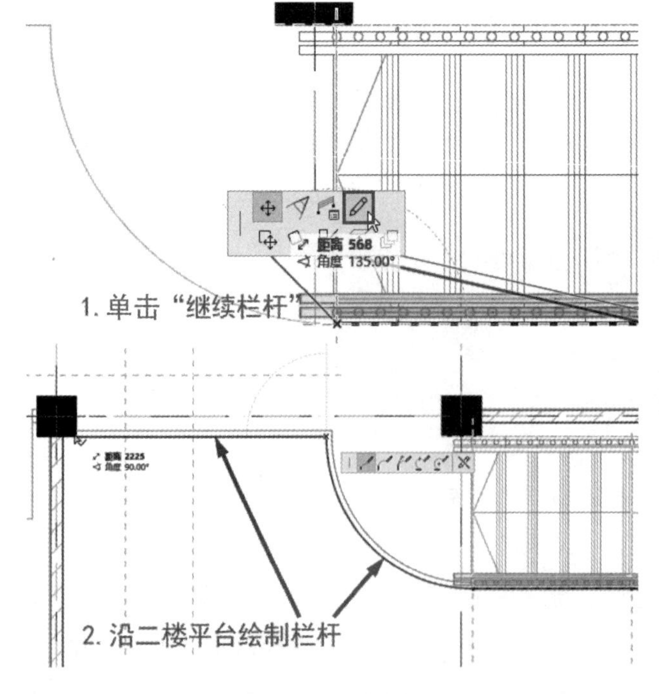

图 10-41 绘制栏杆

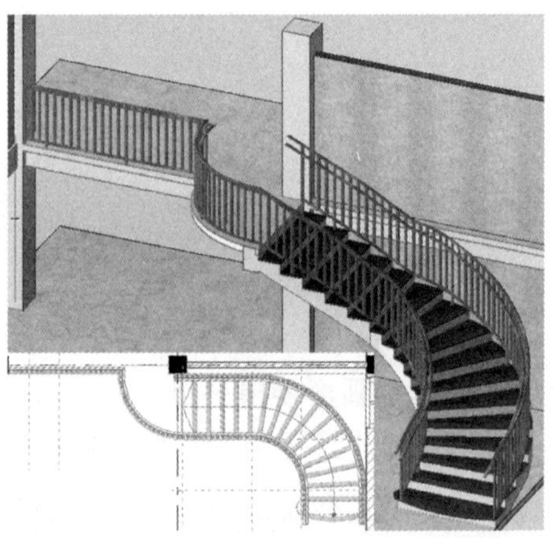

图 10-42 弧形平台“栏杆”

5. 设置楼梯的平面显示

切换到“1F”楼层平面，在工具条中单击“辅助线”按钮 ，关闭辅助线。选中楼梯，按快捷键〈Ctrl+T〉，打开“楼梯选择设置”对话框，在“平面显示”页面中，将“显示在”设为“始位并上一层”，“相关楼层之上的楼层”设为“不带破折号：显示”，“相关楼层”设为“破折号以下：显示”，不勾选“通过模型视图选项”，并且勾选“步行线”和“上/下文本”（图 10-43）。在“分格和结构”页面中，将“踏步设置”为“内置楼梯结构线。”在“折断线”页面中，使用“Z 字形剖断线 26”，将其“高度”设为“300mm”。在“步行线”页面中，使用“步行线 26”，“外观>反转可视部分”仅勾选“在相关楼层上”，“起始符号尺寸”设为“1mm”，“结束符号”使用“实心箭头”，其“高度”设为“200mm”（图 10-44）。在“上/下文本”页面中，使用“上-下文字 26”，“字体大小”设为“3mm”，“方向”设为“水平”，“文字位置”与“内容”设置如图 10-45 所示。其他按照默认设置，然后新建收藏夹，将设置保存为“别墅楼梯”，单击“确定”。

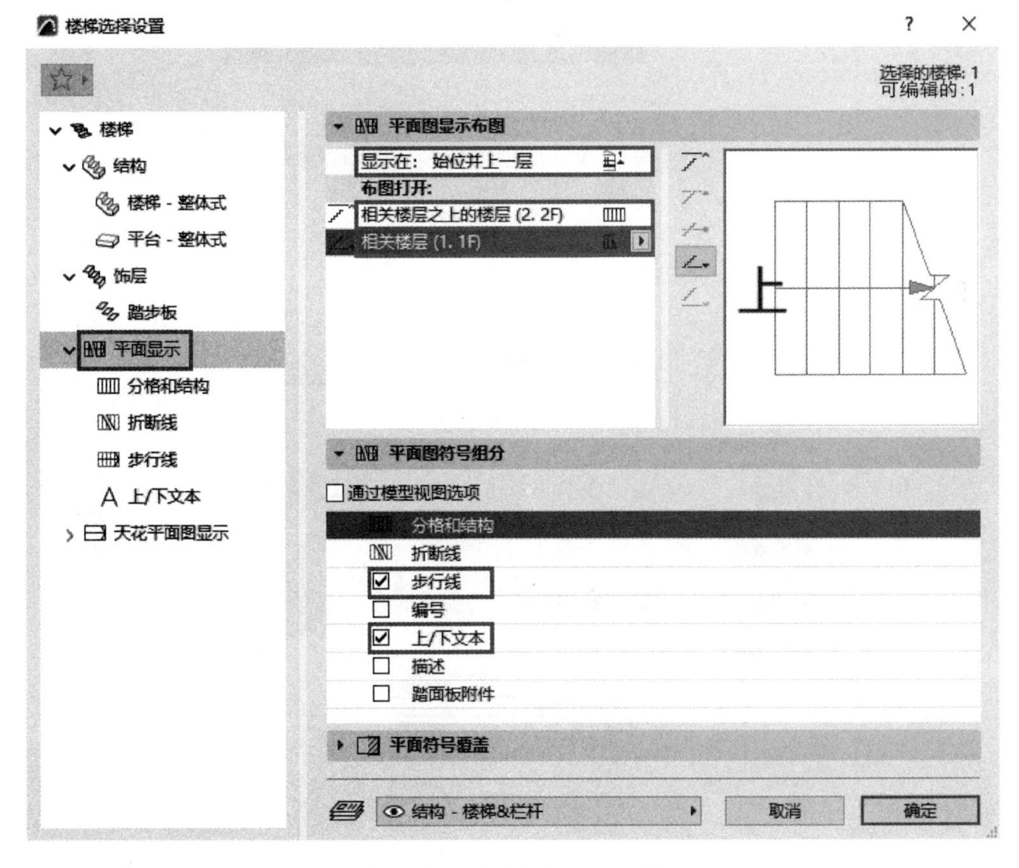

图 10-43　设置“平面显示”

楼梯栏杆的平面显示也需要进行调整。选择“文档>模型视图>模型视图选项”，打开“模型视图选项”对话框，在“栏杆选项”面板中，仅勾选“顶部横杆”，单击“确定”（图 10-46）。另外，选中楼梯两侧的栏杆，按快捷键〈Ctrl+T〉，打开“楼梯选择设置”对话框，在“平面显示方式”中，“显示在”设为“始位并上一层”，“相关楼层-底层”设为“破折号以下：显示”，单击“确定”（图 10-47）。弧形楼梯的平面显示如图 10-48 所示。

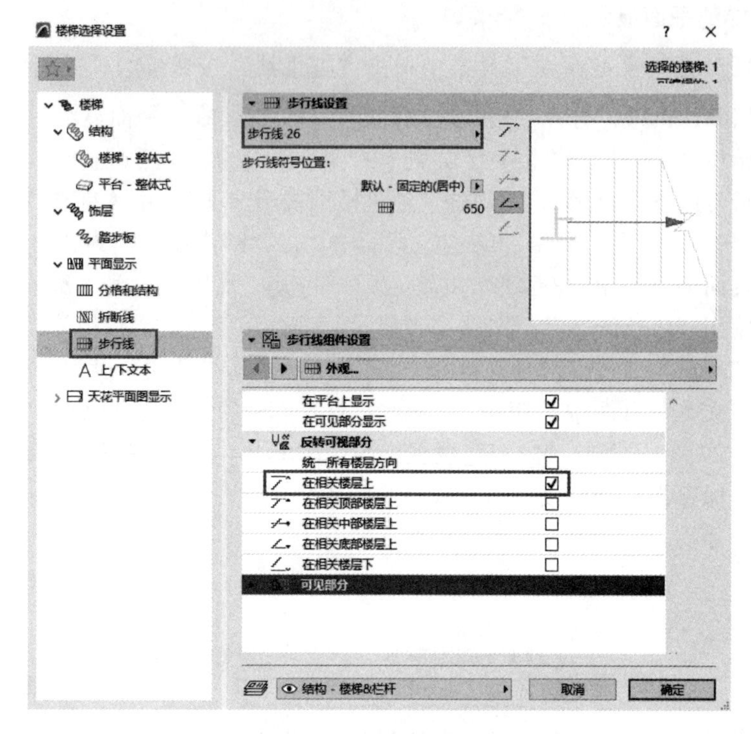

图 10-44 设置“步行线”

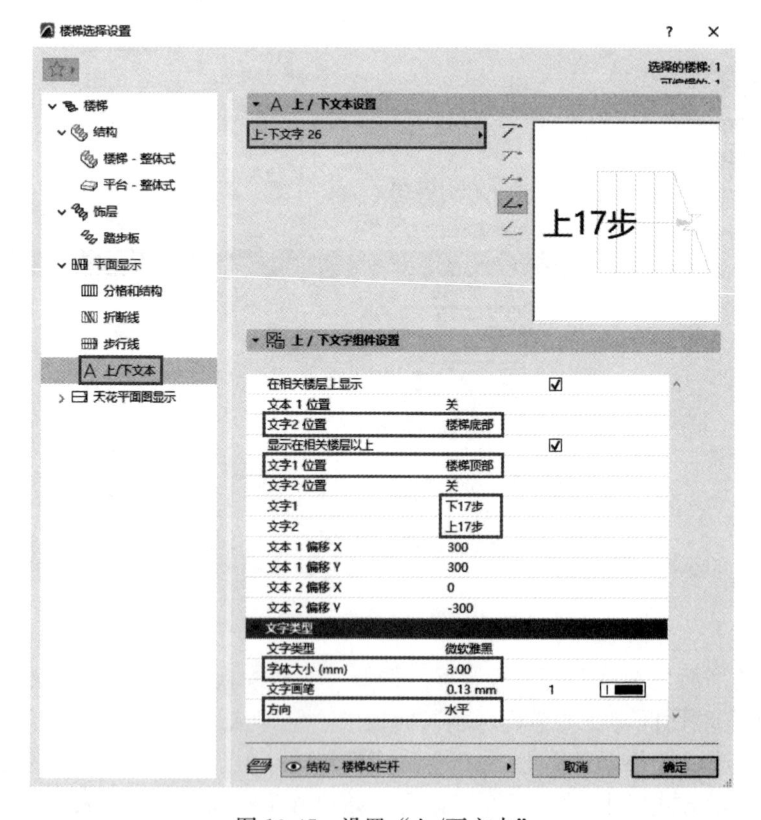

图 10-45 设置“上/下文本”

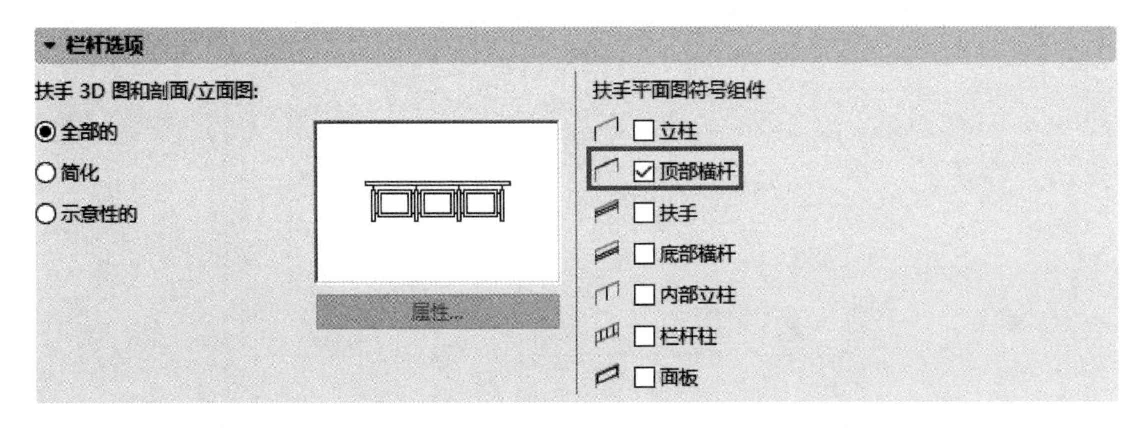

图 10-46　设置“楼梯栏杆显示”

图 10-47　设置“栏杆平面显示”

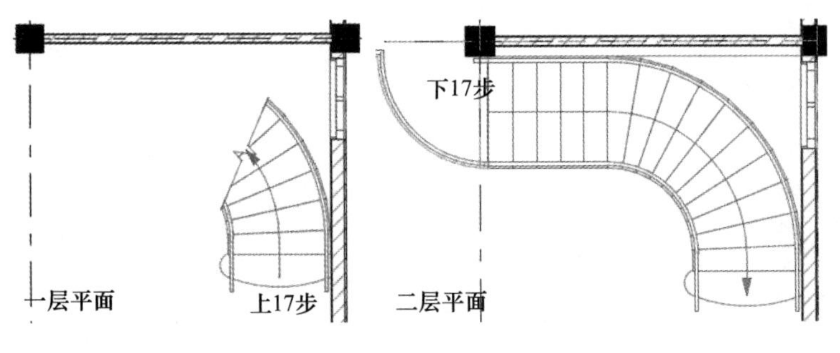

图 10-48　弧形楼梯的平面显示

10.3　别墅两跑楼梯

10.3.1　“2F 层”楼梯

打开“10-2 吕桥四层别墅-弧形楼梯.pln”项目文件，切换到“2F”楼层平面视图，首先要绘制辅助线作为创建楼梯的定位线，在工具条中单击“辅助线”按钮，打开辅助线。

单击工具条中的“创建辅助线段”（快捷键〈Alt+L〉），距 5 号轴左侧“100mm”绘制梯段的起始位置，距内墙面“1150mm”绘制梯段的终止位置。再分别距柱的上边缘和上部墙体内边缘“575mm”绘制水平辅助线，作为梯段的中心定位线，如图 10-49 所示。

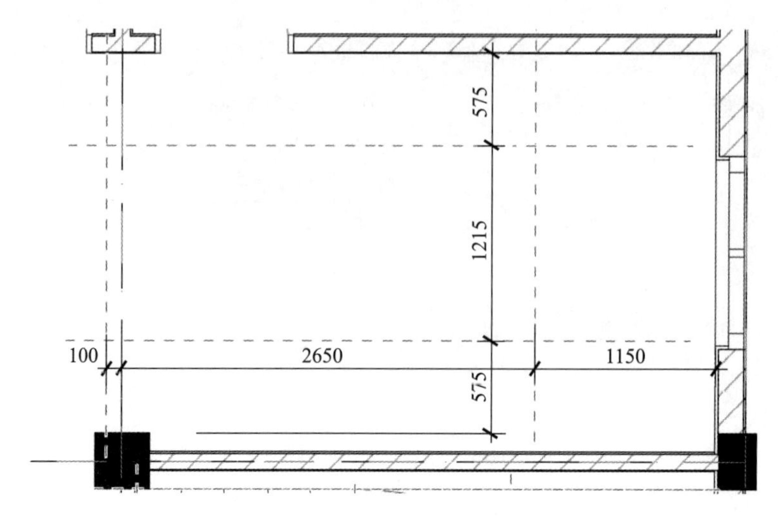

图 10-49 “辅助线”定位梯段

双击工具箱中的“楼梯工具”图标，打开“楼梯默认设置”对话框。在收藏夹中，选择“别墅楼梯”。“楼梯宽度”设为“1150mm”，“踢面板数”设为“17”，“踢面板高度”为“165mm”，“踏面宽度”设为固定“275mm”，“转折类型”设为“平台”，“底线”位于梯段中间，其他按照默认值，单击“确定”(图 10-50)。

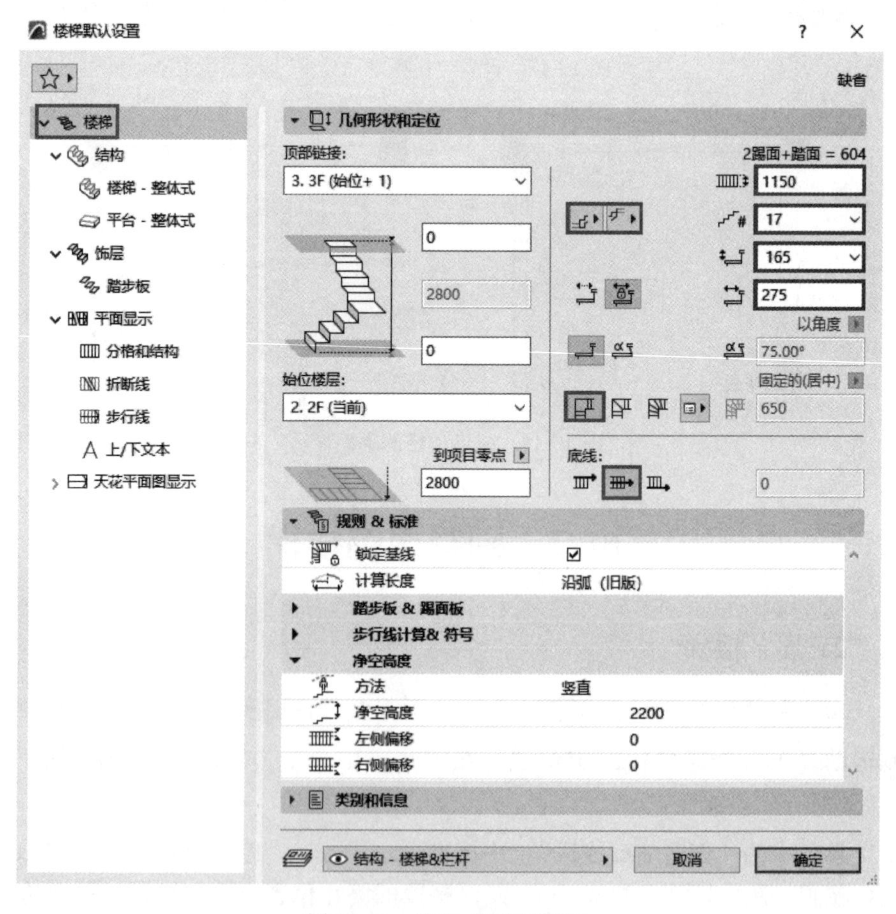

图 10-50 设置“两跑楼梯”

在信息框中，选择“向上”绘制，并勾选放置左侧栏杆。捕捉到左下方辅助线的交点，由“踢面 1”依次绘制到“踢面 11”，在弹出式小面板中选择“平台”工具，向右移动光标，输入“575mm”，按〈Enter〉键，再向上移动光标，输入“1215mm”，按〈Enter〉键，然后向左移动光标，输入“575mm”，按〈Enter〉键，在弹出式小面板中选择“楼梯”工具，在最后一个踢面处（1375mm）单击，完成第二梯段，如图 10-51 所示。切换到 3D 窗口进行观察，如图 10-52 所示。

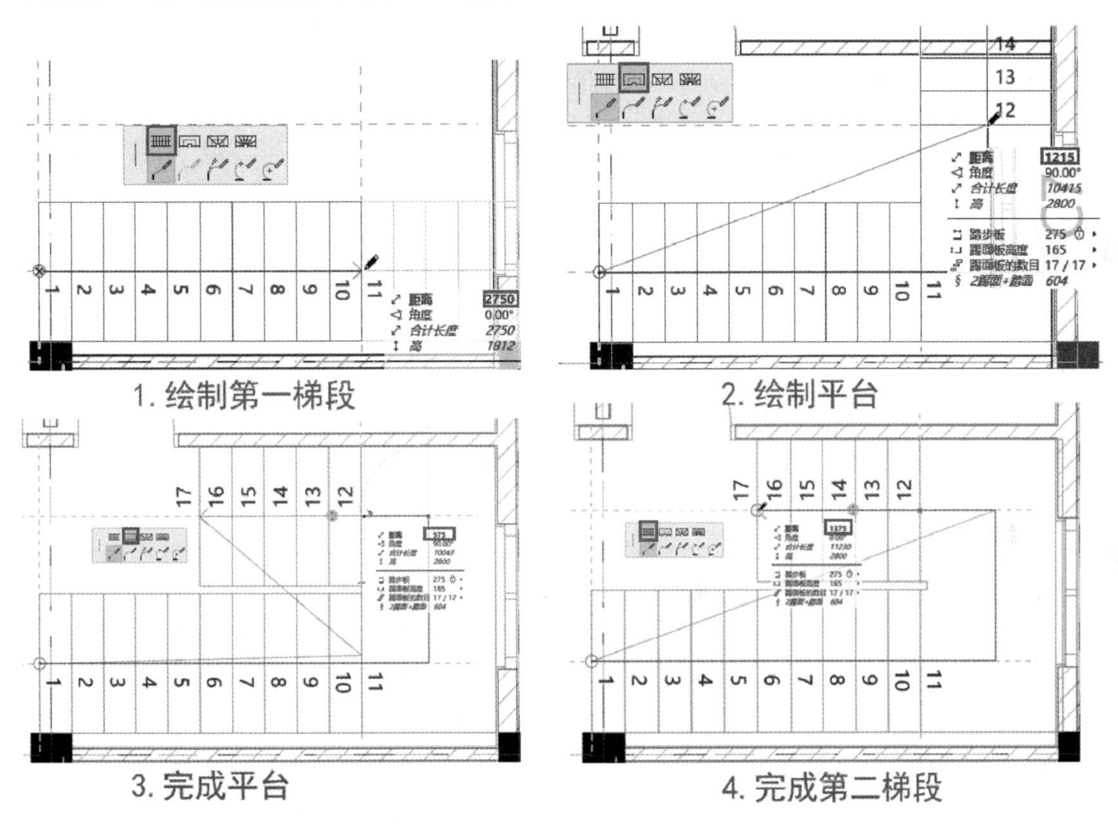

图 10-51　绘制“2F 两跑楼梯”

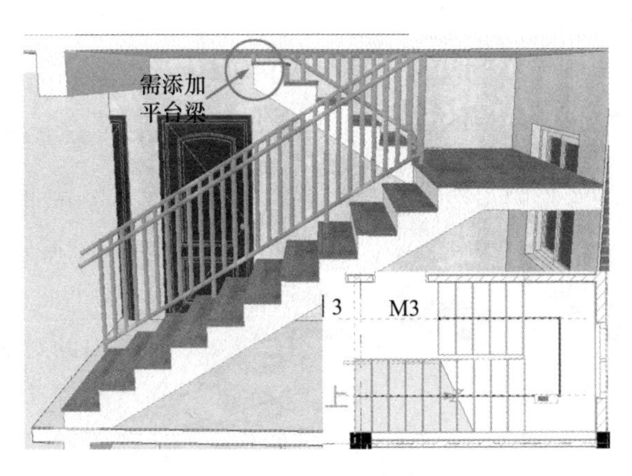

图 10-52　“2F 楼梯”

10.3.2 “3F层”楼梯

切换到“3F”楼层平面视图，3F楼梯的定位线与2F相同，只是层高不同，踢面数多1个。单击工具箱中的“楼梯工具”图标，在信息框中，将“踢面板数”设为“18”，“踢面板高度”为“167mm”。

捕捉到左下方辅助线的交点，由“踢面1”依次绘制到“踢面11”，在弹出式小面板中选择“角度相同的斜踏步”工具，向上移动光标，输入“1215mm”，按〈Enter〉键，然后在弹出式小面板中选择“楼梯”工具，在最后一个踢面处（3050mm）单击，完成第二梯段，再选中楼梯的参考线，下一步调整其位置，如图10 53所示。

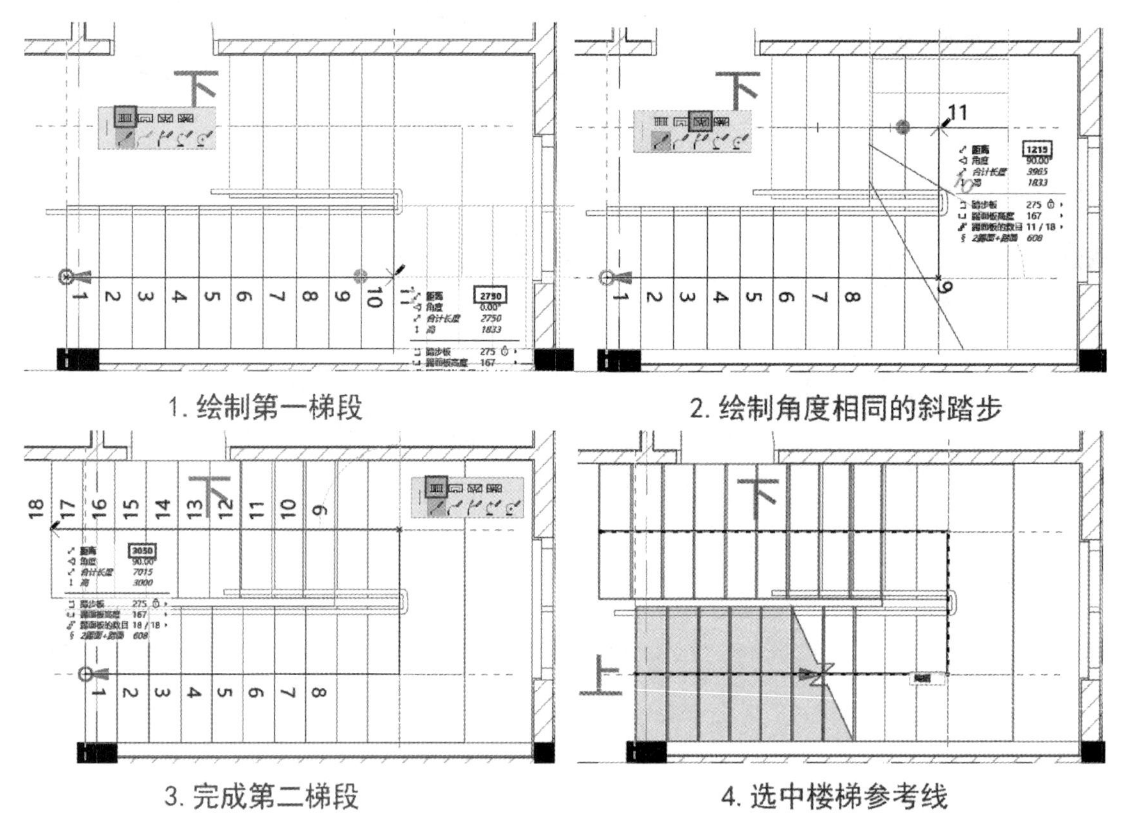

图10-53　绘制“3F两跑楼梯”

图10-54　偏移“参考线”调整梯段位置

单击楼梯右侧的参考线，在弹出式小面板中选择“偏移边”工具，将其向右移动“575mm”，如图10-54所示。继续单击楼梯右侧的参考线，在弹出式小面板中选择“选择分段类型”工具，在弹出的对话框中，点选“平台”，单击“确定”，则“斜踏步”变为“平台”，如图10-55所示。切换到3D窗口进行观察，如图10-56所示。

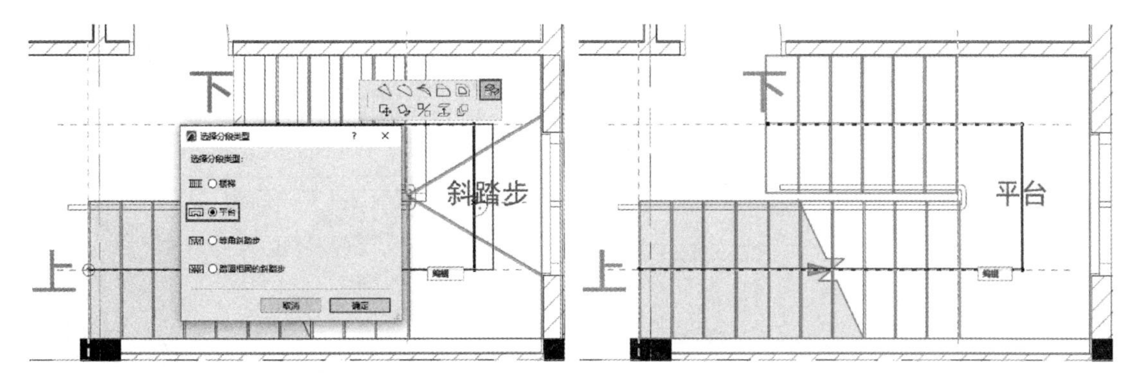

图 10-55 “斜踏步”变为“平台”

10.3.3 “4F层”楼梯

切换到“4F”楼层平面视图，将起始位置的辅助线向右移动“550mm”，其他定位线与3F相同，楼梯踢面数也是“18”，为两个等跑梯段。单击工具箱中的“楼梯工具”图标，在信息框中，将“踢面板数”设为“18”，“踢面板高度”为“167mm”。

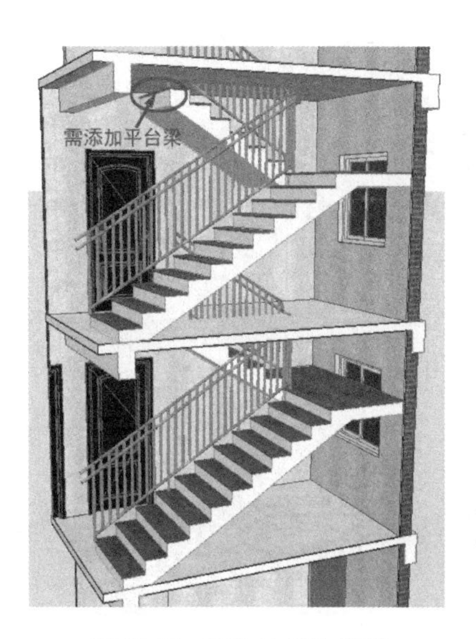

图 10-56 “2F与3F”楼梯

捕捉到左下方辅助线的交点，由“踢面1”依次绘制到“踢面9”，在弹出式小面板中选择“角度相同的斜踏步”工具，向上移动光标，输入“1215mm”，按〈Enter〉键，然后在弹出式小面板中选择“楼梯”工具，在最后一个踢面处单击，完成第二梯段。再选中楼梯的参考线，在弹出式小面板中选择“偏移边”工具，将其向右移动“575mm”，如图10-57所示。

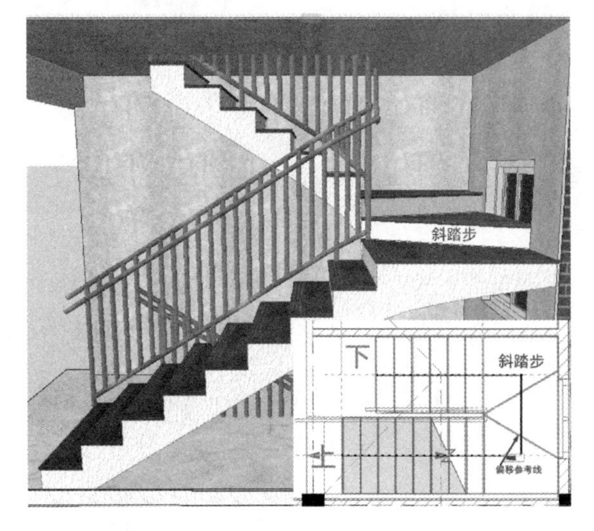

图 10-57 偏移参考线调整梯段位置

继续单击楼梯右侧的参考线，在弹出式小面板中选择“选择分段类型”工具，在弹出的对话框中，选择“平台”，单击“确定”，则“斜踏步”变为“平台”。切换到3D窗口进行观察，如图10-58所示。

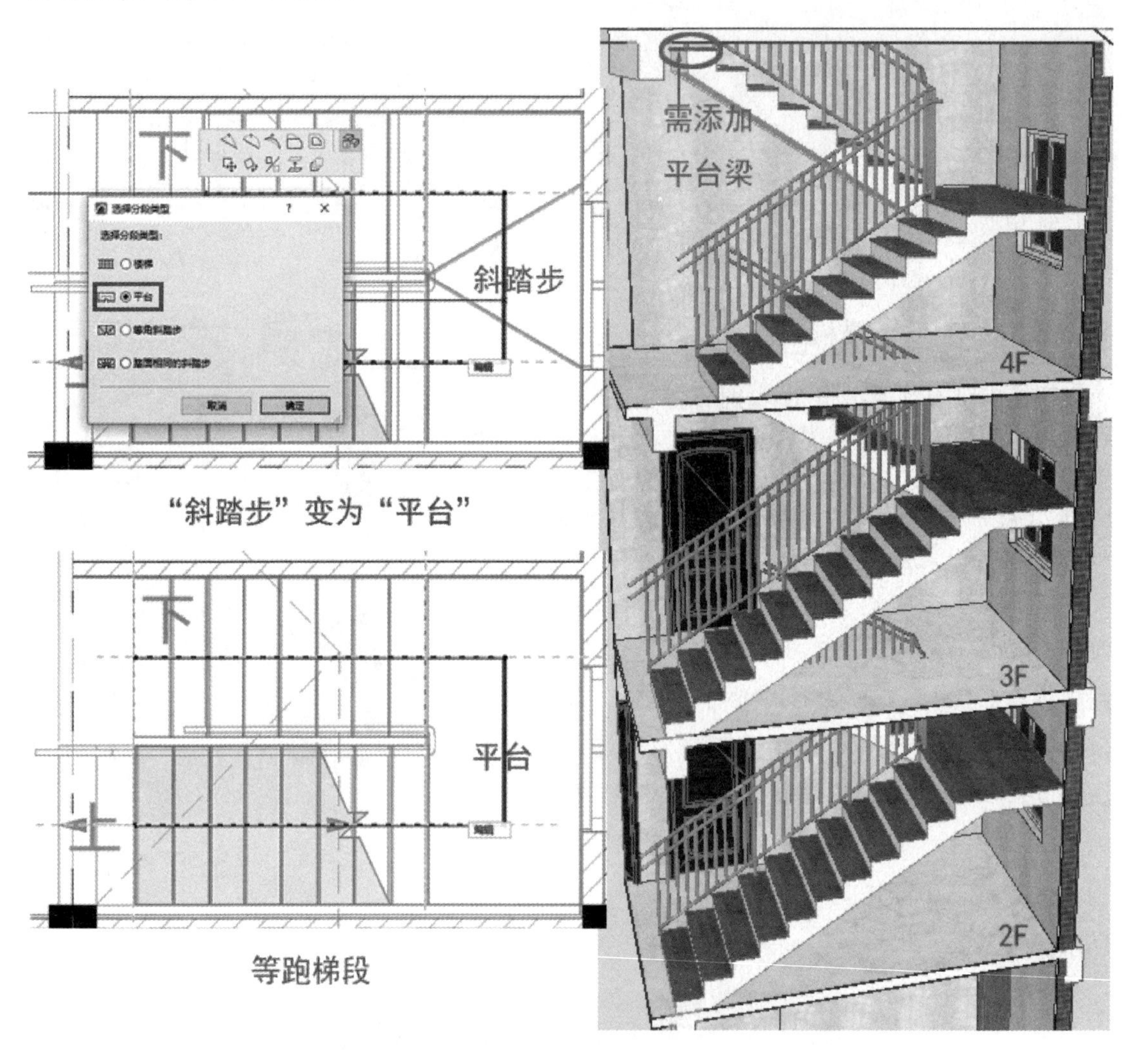

图10-58 “2F～4F”楼梯

10.3.4 创建各层楼板洞口

1. 3F楼板开洞

切换到“3F”楼层平面视图，按住〈空格〉键，单击楼板内部，选中3F楼板，单击楼板的任一边界，在弹出式小面板中单击“从多边形减少”按钮，使用“多边形”几何方式，沿楼梯绘制边界线，使其形成闭合轮廓。切换到3D窗口进行观察，可以发现梯段与楼板间有缝隙，需要创建平台梁进行过渡（图10-59）。

2. 4F楼板开洞

切换到“4F”楼层平面视图，按住〈空格〉键，单击楼板内部，选中4F楼板，单击楼

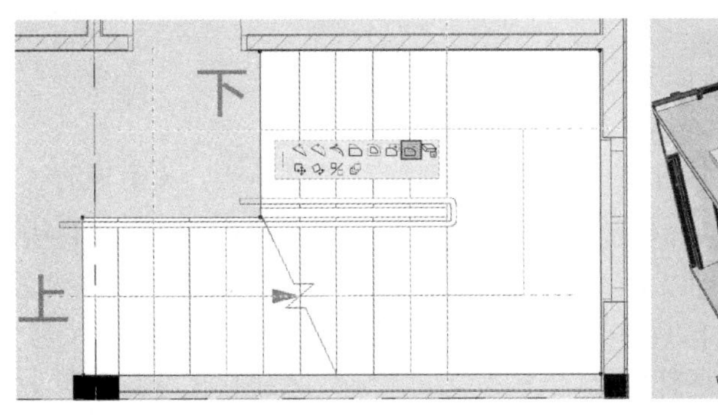

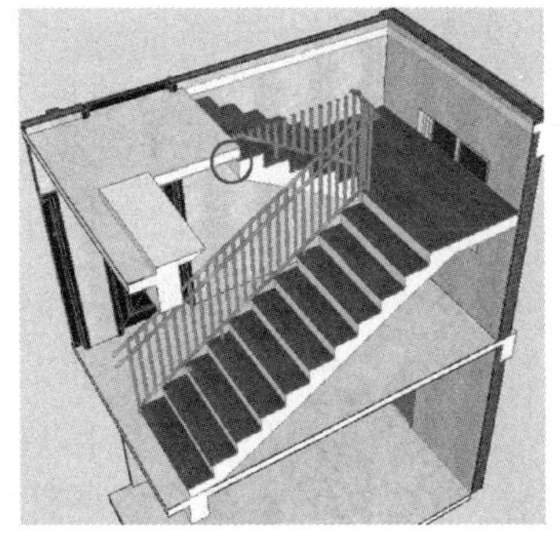

图 10-59 “3F 楼板”开洞

板的任一边界，在弹出式小面板中单击“从多边形减少”按钮，使用“多边形”几何方式，沿楼梯绘制边界线，使其形成闭合轮廓，切换到 3D 窗口进行观察，可以发现梯段与楼板间有缝隙，也需要创建平台梁进行过渡（图 10-60）。

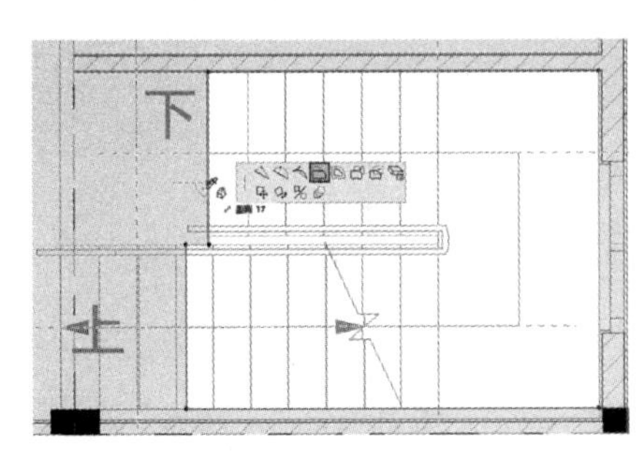

图 10-60 “4F 楼板”开洞

3. 屋顶层楼板开洞

切换到“屋顶层”楼层平面视图，按住〈空格〉键，单击楼板内部，选中屋顶层楼板，单击楼板的任一边界，在弹出式小面板中单击“从多边形减少”按钮，使用“矩形”几何方式，沿楼梯绘制矩形边界线，切换到 3D 窗口进行观察，可以发现梯段与楼板间有缝隙，也需要创建平台梁进行过渡（图 10-61）。

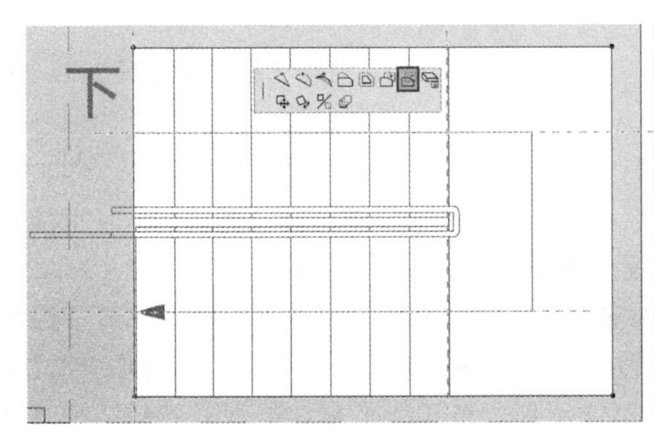

图 10-61 “屋顶层楼板”开洞

10.3.5 设置楼梯的平面显示

1. 设置“2F 楼梯”的平面显示

切换到“2F”楼层平面，在工具条中单击“辅助线”按钮，关闭辅助线。选中楼梯，按快捷键〈Ctrl+T〉，打开“楼梯选择设置”对话框，在“平面显示”面板中，将“相关楼层之上的楼层”设为“破折号以上：显示”。在“上/下文本”面板中，将“文字 1”设为“下 17 步”，“文字 2”设为“上 17 步”。其他按照默认设置，单击“确定”（图 10-62）。

2. 设置“3F 与 4F 楼梯”的平面显示

切换到“3F”楼层平面，选中楼梯，按快捷键〈Ctrl+T〉，打开“楼梯选择设置”对话框，在“平面显示”面板中，将“相关楼层之上的楼层”设为“破折号以上：显示”。在“上/下文本”面板中，将“文字 1”设为“下 18 步”，“文字 2”设为“上 18 步”。其他按照默认设置，单击“确定”（图 10-63）。

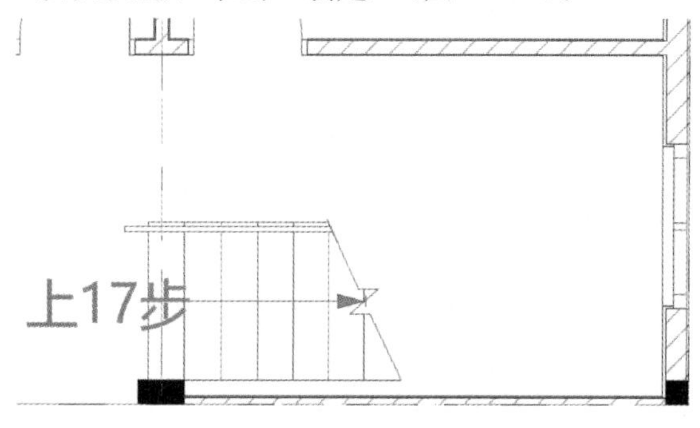

图 10-62 “2F 楼梯”平面

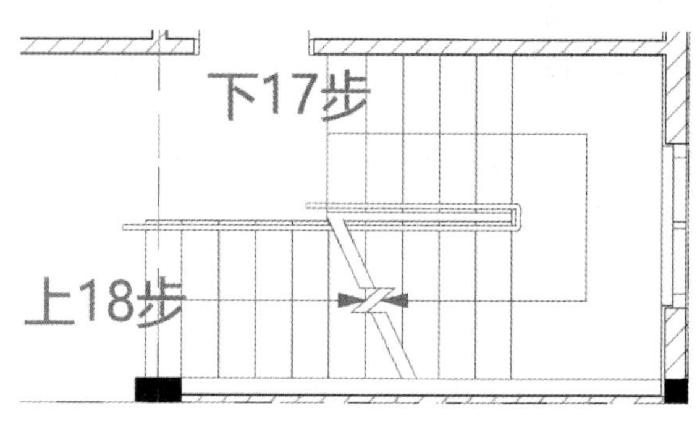

图 10-63 “3F 楼梯”平面

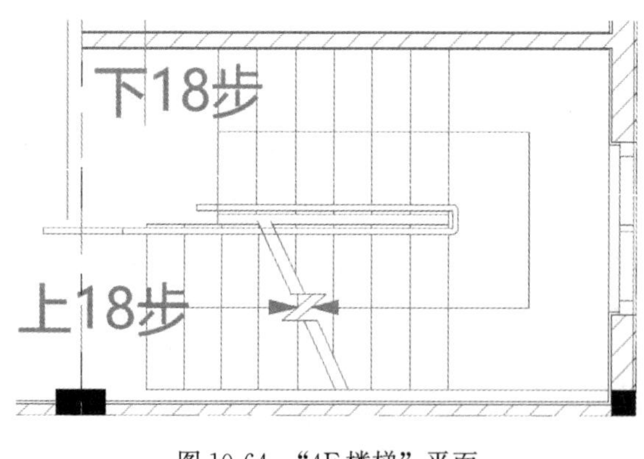

图 10-64 “4F 楼梯”平面

切换到“4F”楼层平面，选中楼梯，按快捷键〈Ctrl+T〉，打开“楼梯选择设置”对话框，在“折断线”面板中，“折断线位置”使用“自定义高度”，设为“800mm”。在“上/下文本”面板中，将“文字 1”设为“下 18 步”，“文字 2”设为“上 18 步”。其他按照默认设置，单击“确定”（图 10-64）。

3. 设置“屋顶层楼梯”的平面显示

切换到“屋顶层”平面视图，选择栏杆，在信息框中，设置“平面显示”为“始位并上一层”。单击栏杆参考线节点，在弹出式小面板中选择“继续栏杆”工具，绘制垂直段护栏。然后单击“栏杆工具”图标，为梯段添加一个水平段护栏，如图 10-65 所示。

切换到 3D 窗口，可以发现屋顶楼梯的栏杆伸出了屋面（图 10-66），此时可选中两段栏杆并右击，在上下文菜单中选择“连接>实体元素操作”，打开“实体元素操作”对话框，此时两段栏杆添加为“目标”，然后选择大屋顶，将其添加为“算子”，选择“带向上拉伸的差集运算”，单击“执行”，则伸出屋面部分的栏杆可以被修剪掉。打开 3D 剖切，观察所创建的楼梯（图 10-67）。

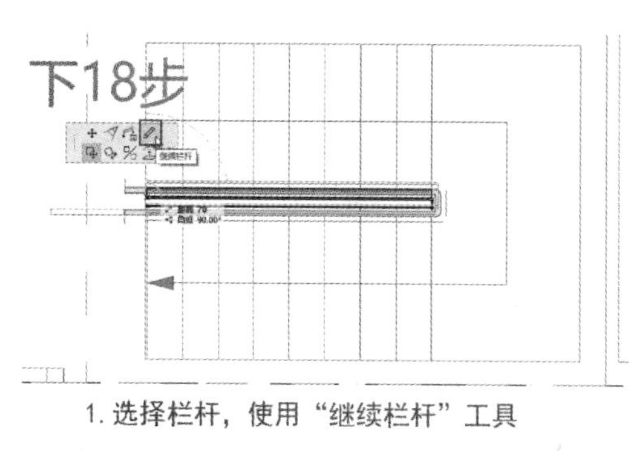

下18步
垂直段
2. 绘制栏杆垂直段

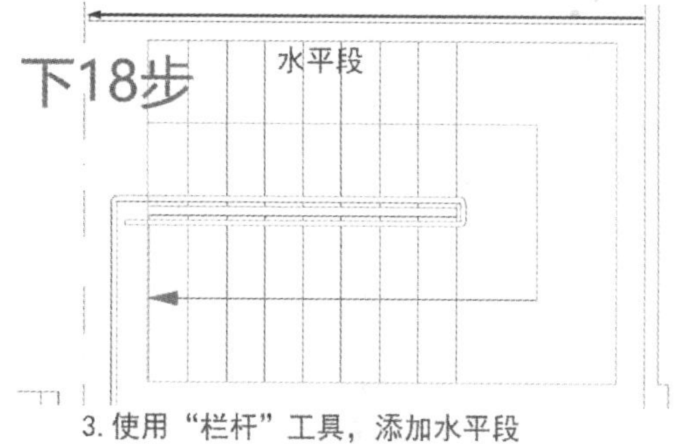

垂直段
水平段

图 10-65　屋顶层楼梯栏杆

图 10-66　楼梯栏杆伸出屋面

图 10-67　完成楼梯创建

11　栏　　杆

栏杆是设置在楼梯、阳台、平台等建筑临空部位的防护分隔构件，一方面起到安全围护的作用，另一方面起到分隔空间和引导人流的作用。另外，栏杆的造型和材质对于室内外环境具有重要的装饰作用。扶手是设置在栏杆或栏板上沿供人行走时手扶的构件，通常也兼具装饰作用。

Archicad栏杆也是一种“层级化”的建筑元素，与“楼梯和幕墙”相同，栏杆工具由主要单元布置方案和相关组件构成。组件主要包括：顶部横杆、扶手、底部横杆、内部立柱、栏杆柱、面板、边立柱和连接件等，各组件是具有材料属性的GDL元素，在“编辑”模式下可以自定义单个组件。栏杆的平面形状通过其参考线进行控制，创建方法与多义线相类似，参考线主要包括“节点”和“单元”。Archicad栏杆可与楼梯、板、墙、屋顶和网面等3D元素相关联，修改或删除相关联元素的几何元素后，所关联的栏杆也将随之修改或删除，另外也可以创建具有独立组件的静态栏杆。栏杆可以通过模型视图选项，以“全部、简化和示意性”方式设置其在立/剖面图、3D和3D文档窗口中的显示与输出。

Revit栏杆与Archicad栏杆参数设置与创建的思路基本一致，例如Revit栏杆的顶部扶栏、扶手、扶栏、栏杆、嵌板、支柱等组构件与Archicad栏杆的组件相对应，Revit栏杆路径与Archicad栏杆参考线基本相同。Archicad栏杆在“编辑”状态下，具有更加灵活和多样的处理方式，比Revit栏杆的适应性更好，但创建参数化的GDL栏杆组件比较困难。而Revit可以通过“族编辑器”创建各种参数化的栏杆构件，也可以弥补其灵活性的不足。

本章学习目的：

（1）熟悉栏杆扶手的构造知识；

（2）掌握栏杆的参数设置；

（3）使用Archicad创建准确的栏杆造型；

（4）理解栏杆与其他构件的协调关系。

手机扫码
观看教程

11.1　栏杆概述

11.1.1　栏杆参数

打开“10-3 吕桥四层别墅-两跑楼梯.pln”项目文件，切换到“4F”楼层平面视图。双击工具箱中的“栏杆工具”图标 栏杆 或单击图标后使用快捷键〈Ctrl＋T〉，可以打开“栏杆默认设置”对话框（图11-1）。

1. **“栏杆”页面**

“始位楼层”是栏杆放置的楼层，可以单击“选择楼层”，使栏杆底部链接到该楼层。“底部偏移到始位楼层”可以定义栏杆底部到其始位楼层的偏移距离。另外，可以设置节点或单元的状态是“关联”还是“静态”。

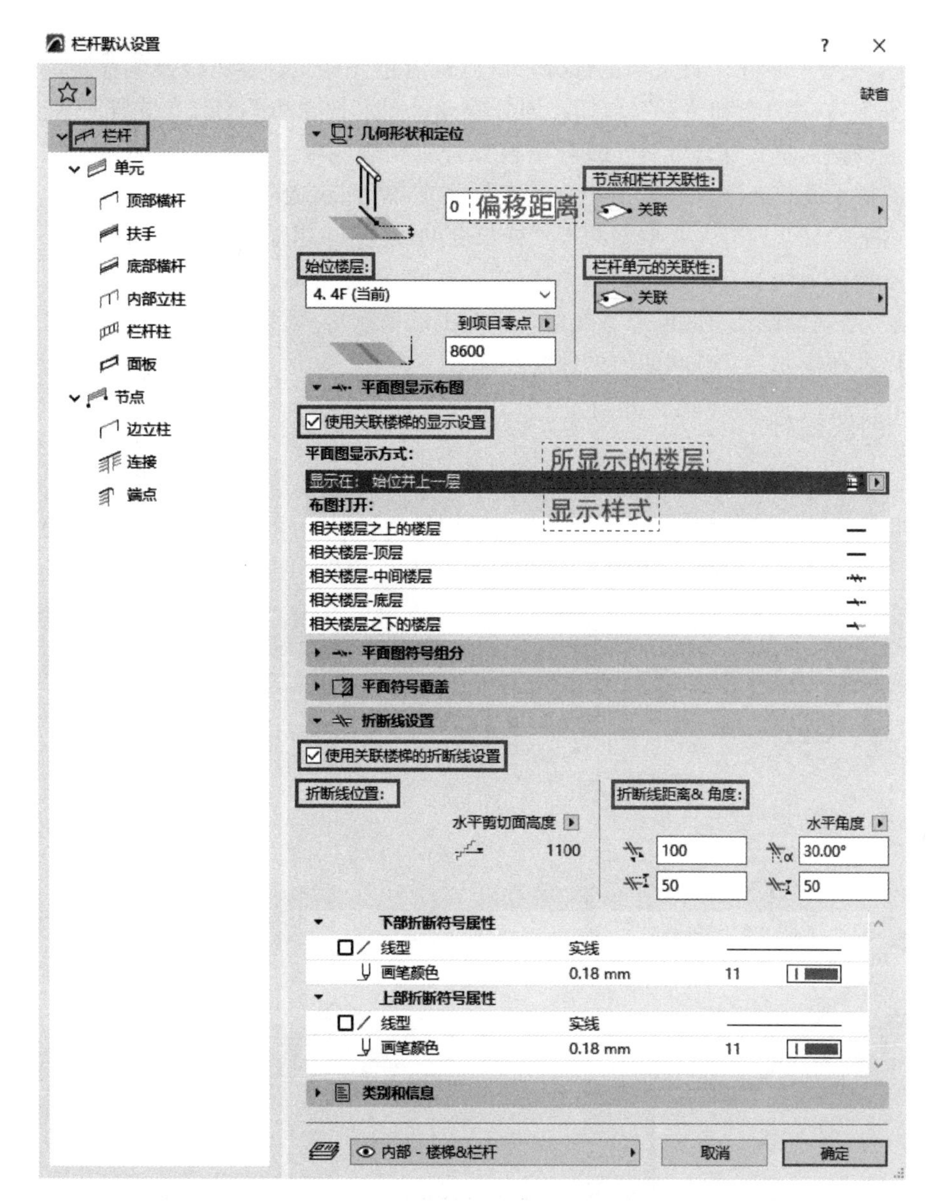

图 11-1 “栏杆默认设置”对话框

“平面图显示布图”可以定义如何显示每一楼层中栏杆符号的“可视/隐藏”部件。勾选“使用关联楼梯的显示设置”复选框，则栏杆与相关联的楼梯显示在同楼层上，并应用相同的图层选项及折断线设置。“显示在”可以设置栏杆的 2D 符号在哪些楼层显示。“布图打开”可以设置相关楼层栏杆的符号显示样式。“符号组分”可以设置显示或隐藏栏杆的每个符号组件（可以在模型视图选项中进行覆盖）。“符号覆盖”可以将覆盖应用于栏杆的 2D 符号显示（线、画笔、填充）。

“折断线设置”页面中，勾选“使用关联楼梯的折断线设置”复选框，则栏杆使用与其相关联楼梯的折断线。“折断线位置”可以在水平剪切平面放置折断线或“自定义高度”放置折断线。另外，还可以设置两个折断线单元之间的距离、角度、出头、上线或下线的属性（线型和画笔）。

2. “单元和节点”页面

“单元”是栏杆两个节点之间的部分，可以设置单元样式、参考线及偏移距离、单元高度和角度等。“单元分布和位置”包括：划分单元、固定长度和平均分布式样三种类型。“划分单元”可以输入单元等分数量，式样将被拉伸以精确匹配等分长度。“固定长度”可以固定不变的式样长度排布于单元长度内，其式样将在单元末端被剪切。“平均分布式样”可在单元长度内平均分布式样，并根据输入式样长度的最大值，按需要调整式样长度，在单元尾段的式样不会被剪切。

“节点”是划分栏杆单元的点（类似多义线上的节点），每个节点处可以定义立柱的数量和位置，以及在单元与立柱间如何处理连接件。

11.1.2 创建栏杆

在“4F”楼层平面视图中，单击工具箱中的“栏杆工具”图标，在信息框中，将“参考线偏移量”设为“0”，“平面显示在”设为“仅始位楼层”。沿露台楼板的临空处外缘绘制栏杆，如图 11-2 所示。选择“栏杆、楼板和装饰带”，按〈F5〉键，进行隔离显示，如图 11-3 所示。

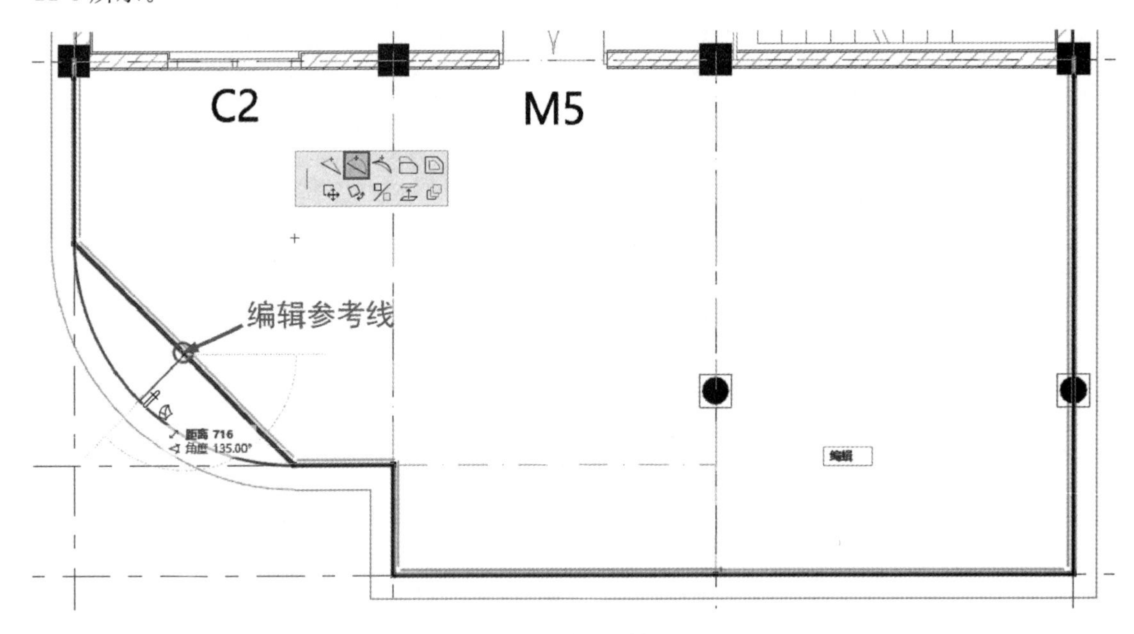

图 11-2 绘制“栏杆”

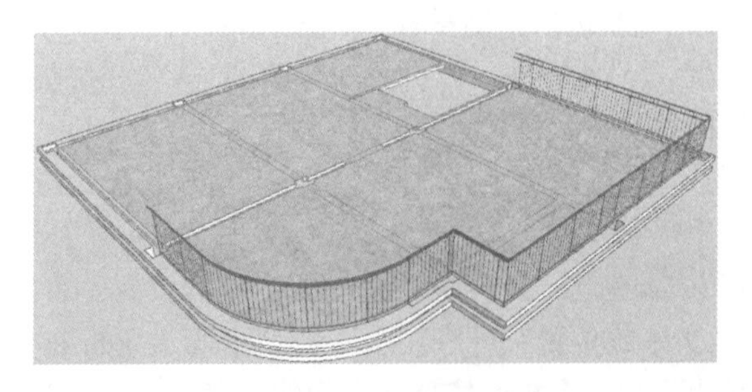

图 11-3 将“栏杆、楼板和装饰带”隔离显示

11.1.3 设置横杆

选中栏杆，按快捷键〈Ctrl＋T〉，打开“栏杆选择设置”对话框，在“单元”页面中将“栏杆单元高度”设为“1200mm”。在“顶部横杆”页面中将“横杆形状”设为 ，“建筑材料”设为“木-结构”。在“扶手”页面中，单击右上角的“移除扶手” ，将扶手删除。在“底部横杆”页面中，单击“选择GDL组件”，在列表中选择“内置横杆”类型，单击右上角的“添加底部横杆” ，并在预览窗口中进行放置，添加3个新横杆，选中添加的横杆将“高度”分别设为“300mm”“600mm”“900mm”，“内外偏移”设为“0”，“形状”设为“矩形”，“尺寸”为“25mm×25mm”，“建筑材料”设为“钢-不锈钢”，单击“确定”，如图11-4和图11-5所示。

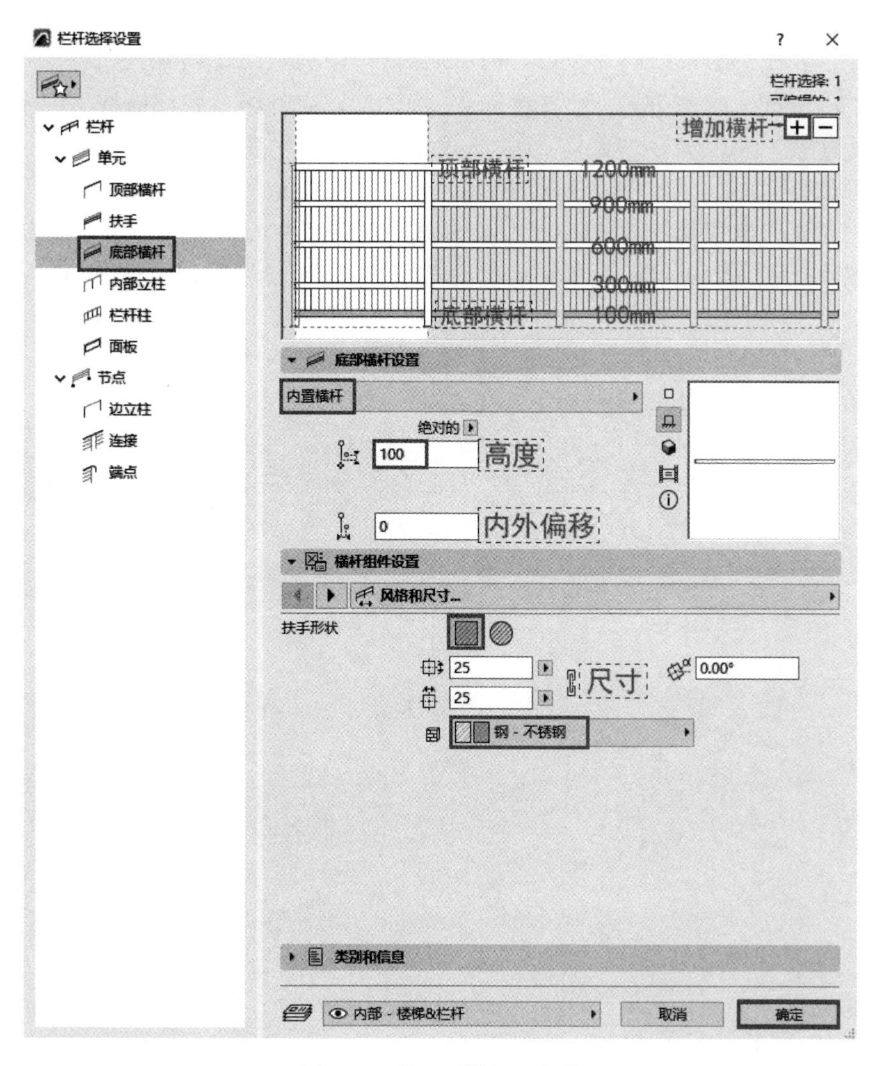

图11-4　设置“横杆”参数

选中栏杆，按快捷键〈Ctrl＋T〉，打开“栏杆选择设置”对话框，在“底部横杆”页面中，选择“900mm”高的横杆，“形状”设为“圆形”，“尺寸”为“50mm×50mm”“建筑材料”设为“木-结构”，单击“确定”，如图 11-6 所示。

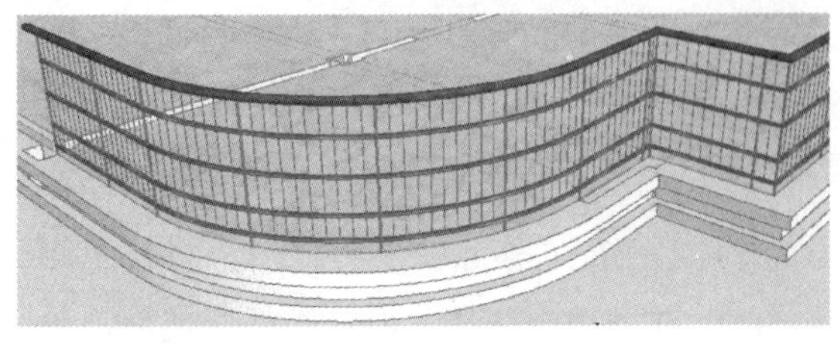

图 11-5　横杆外观

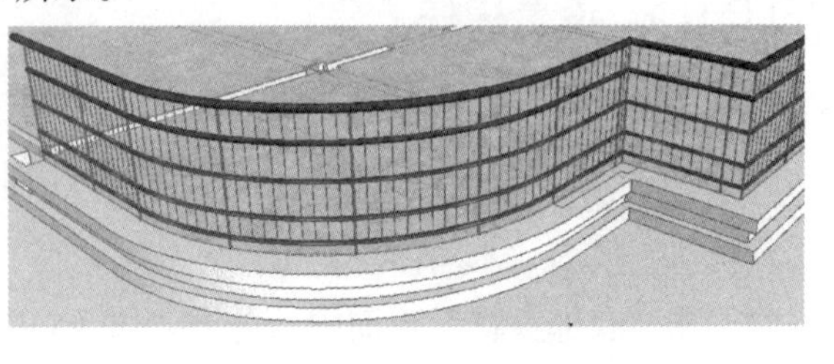

图 11-6　修改“横杆”的形状与材质

11.1.4　设置立柱与面板

1. 内部立柱

选中栏杆，按快捷键〈Ctrl+T〉，打开“栏杆选择设置”对话框，在“内部立柱”页面中，单击右上角的“增加立柱” **+** ，并在预览窗口中放置 1 个新立柱，将“到上一个距离”设为“500mm”，其顶部距“底部横杆 4”为“0”，底部距“底部横杆 1”为“0”，“立柱形状”设为“空心矩形”，“尺寸”为“30mm×30mm”，“建筑材料”设为“钢-不锈钢”。然后点选第二根立柱，将“到上一个距离”设为“500mm”，其顶部距“段顶部”设为“50mm”，底部距“段底部”为“0”，“立柱形状”设为“空心圆形”，“尺寸”为“50mm×50mm”，“建筑材料”设为“钢-不锈钢”，单击“确定”，如图 11-7 和图 11-8 所示。

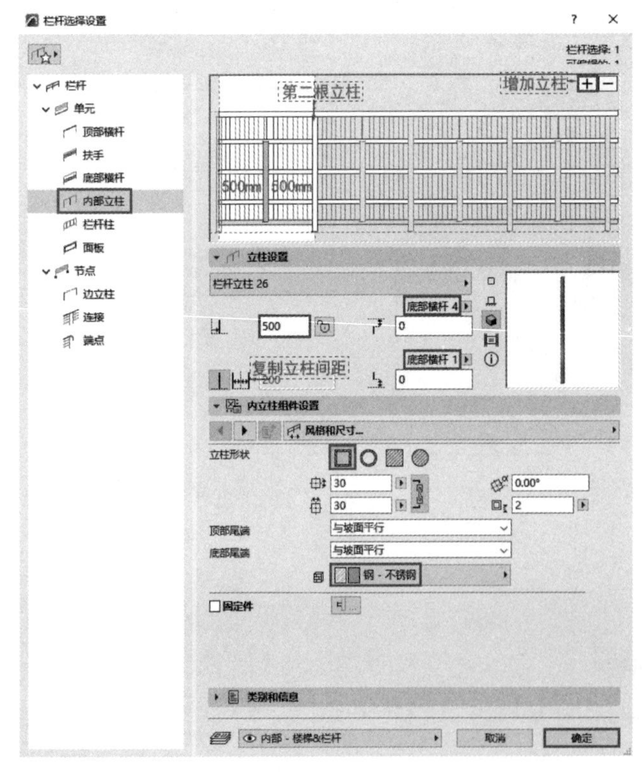

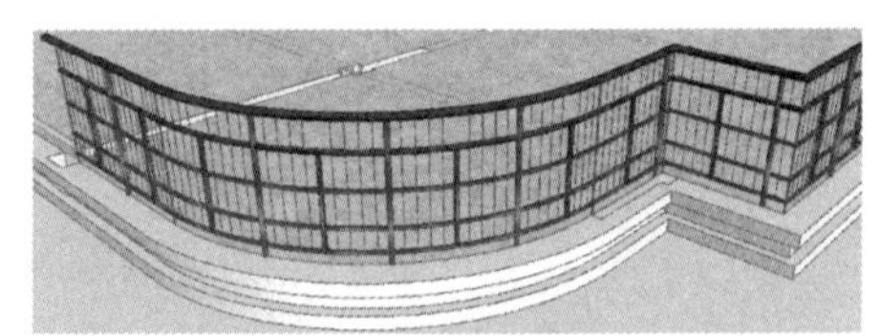

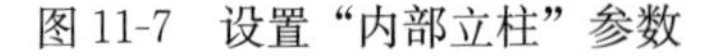

图 11-7　设置“内部立柱”参数

图 11-8　立柱外观

> **提示：** 内部立柱位于单元节点之间，而边立柱位于参考线节点处。

2. 栏杆柱

选中栏杆，按快捷键〈Ctrl＋T〉，打开“栏杆选择设置”对话框，在“栏杆柱”页面中，分别选择最下排和最上排的栏杆柱，使用“移除竖杆” ⊟ 将它们删除。

① 选择左上方栏杆柱，将“内外偏移”“左侧偏移”和“右侧偏移”都设为“0”，其顶部距“底部横杆 4”为“0”，底部距“底部横杆 3”为“0”，“单元分布”方式为“划分单元”，“等分数量”为“4”，“对齐方式”设为“从单元开始”，“形状”设为“圆形”，“尺寸”为“10mm×10mm”，“建筑材料”设为“钢-不锈钢”。

② 选择左下方栏杆柱，将“内外偏移”“左侧偏移”和“右侧偏移”都设为“0”，其顶部距“底部横杆 3”为“0”，底部距“底部横杆 2”为“0”，“单元分布”方式为“固定长度”，“到上一个距离”为“125mm”，“对齐方式”设为“从中央开始”，“形状”设为“矩形”，“尺寸”为“20mm×20mm”，“建筑材料”设为“木-结构”。

③ 选择右上方栏杆柱，将“内外偏移”设为“0”，“左侧偏移”和“右侧偏移”都设为“50mm”，其顶部距“底部横杆 4”为“0”，底部距“底部横杆 3”为“0”，“单元分布”方式为“平均分布样式”，“样式长度的最大值”为“100mm”，“对齐方式”设为“从单元开始”，“形状”设为“圆形”，“尺寸”为“10mm×10mm”，“建筑材料”设为“钢-不锈钢”。

④ 选择右下方栏杆柱，将“内外偏移”设为“0”，“左侧偏移”和“右侧偏移”都设为“50mm”，其顶部距“底部横杆 3”为“0”，底部距“底部横杆 2”为“0”，“单元分布”方式为“划分单元”，“等分数量”为“4”，“对齐方式”设为“从单元开始”，“形状”设为“矩形”，“尺寸”为“20mm×20mm”，“建筑材料”设为“木-结构”。单击“确定”，如图 11-9 和图 11-10 所示。

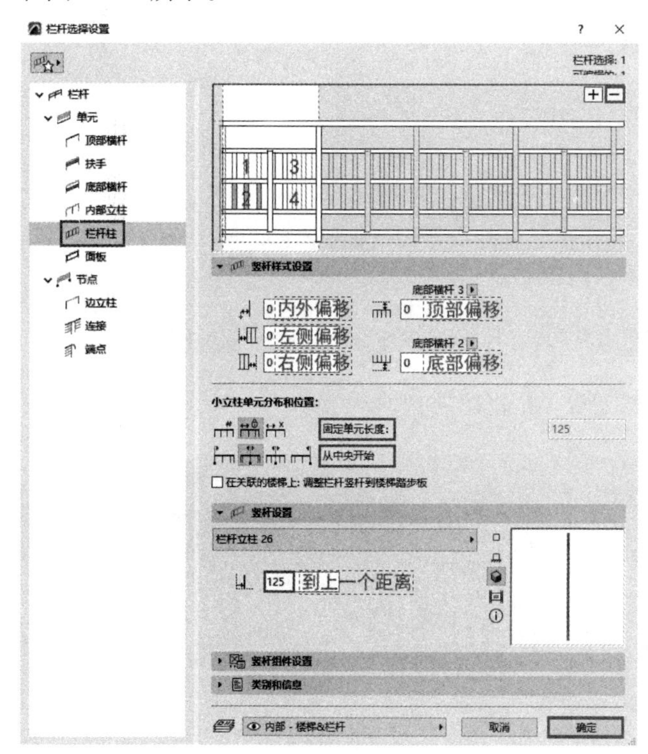

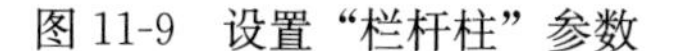
图 11-9　设置“栏杆柱”参数

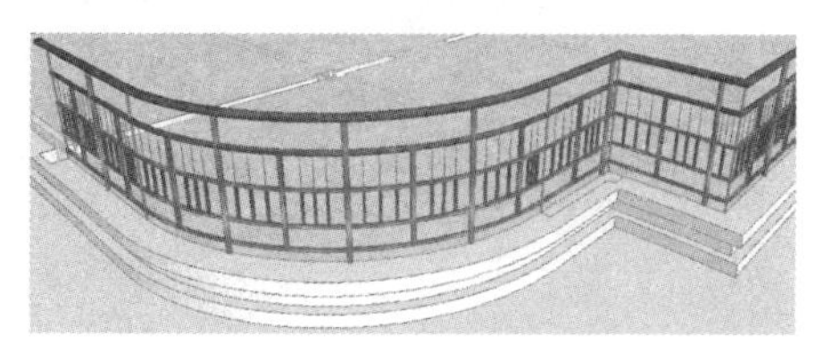
图 11-10　栏杆柱外观

提示：横杆与栏杆柱相交后，将栏杆柱分割为可编辑的几段组件，需通过顶部和底部偏移来定义栏杆柱高度。

3. 边立柱

选中栏杆，按快捷键〈Ctrl+T〉，打开“栏杆选择设置”对话框，在“边立柱”页面中，单击“选择GDL组件”，在列表中选择“旋转放样立柱26”，将“顶部偏移”设为“−100mm”，立柱各部分的样式和尺寸按默认值，单击“确定”，如图11-11和图11-12所示。

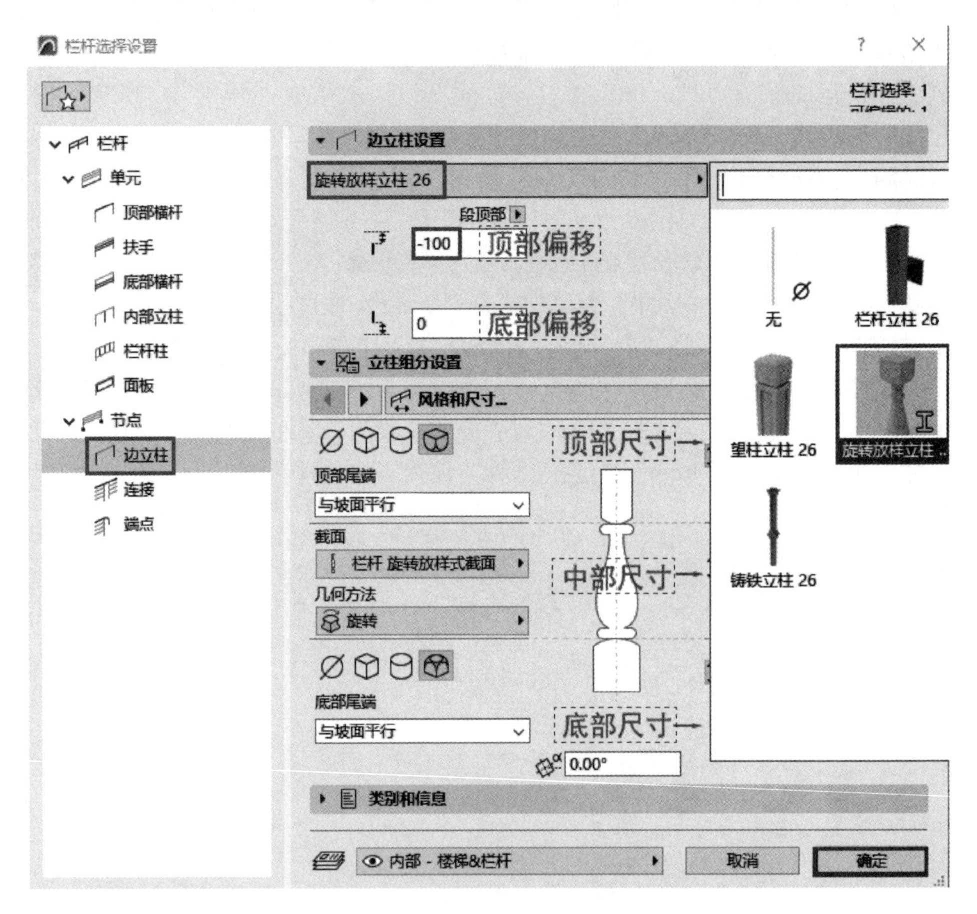

图11-11　设置“边立柱”参数

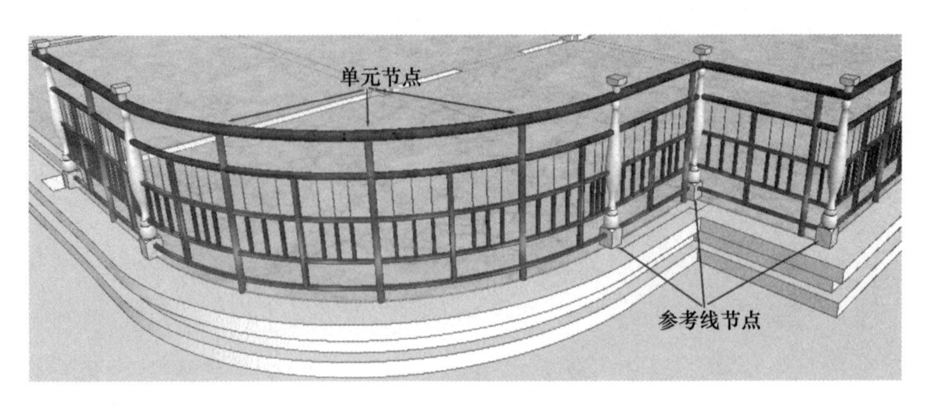

图11-12　边立柱外观

4. 面板

选中栏杆，按快捷键〈Ctrl＋T〉，打开“栏杆选择设置”对话框，首先将“600mm”处的底部横杆、第一根内部立柱与所有的栏杆柱删除掉。在“面板”页面中，将“内外偏移”设为“0”，“左侧偏移”和“右侧偏移”都设为“50mm”，其顶部距“底部横杆 3”为“50mm”，底部距“底部横杆 2”为“50mm”，勾选“边框”，不勾选“固定件”，单击右上角的“增加面板”[+]，并在预览窗口中进行放置，单击“确定”，如图 11-13 和图 11-14 所示。

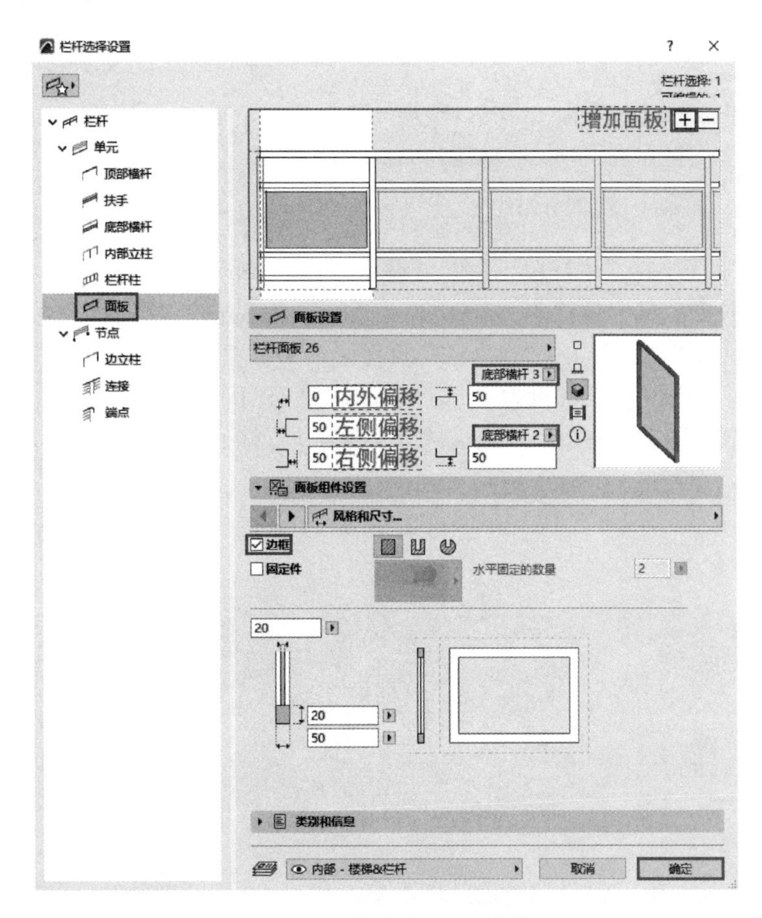

图 11-13　设置“面板”参数

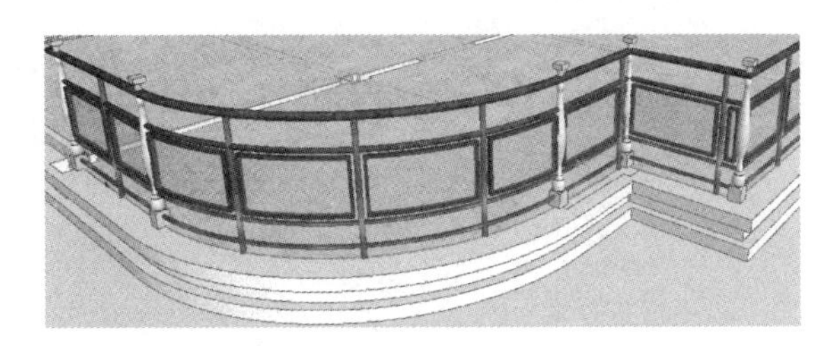

图 11-14　面板外观

提示： 面板可以添加在两个内部立柱与底部横杆之间，但如果该区域已有栏杆柱，将无法添加。

11.2 创建别墅平台栏杆

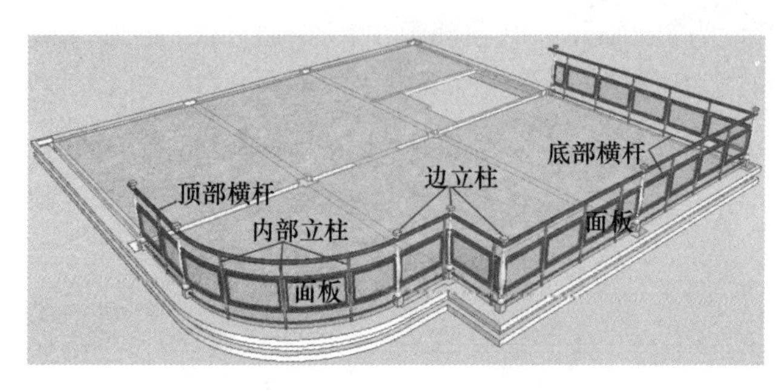

图 11-15 栏杆组件

打开“11-1 吕桥四层别墅-栏杆概述 .pln”项目文件，切换到“4F”楼层平面视图。选择栏杆、楼板及装饰带，按〈F5〉键，进行隔离显示，如图 11-15 所示。

11.2.1 设置立柱

选中栏杆，按快捷键〈Ctrl+T〉，打开“栏杆选择设置”对话框，在“单元”页面中将“栏杆单元高度”设为“1100mm”，“单元分布”方式为“平均分布样式”，“样式长度的最大值”为“1200mm”。在“内部立柱”页面中，单击“选择 GDL 组件”，在列表中选择“无”。在“边立柱”页面中，单击“选择 GDL 组件”，在列表中选择“望柱立柱 26”，将“顶部偏移”设为“−100mm”，“底部偏移”设为“−10mm”，立柱各部分的样式和尺寸设置如图 11-16 所示，“建筑材料”设为“石材-面层”，单击“确定”（图 11-17）。

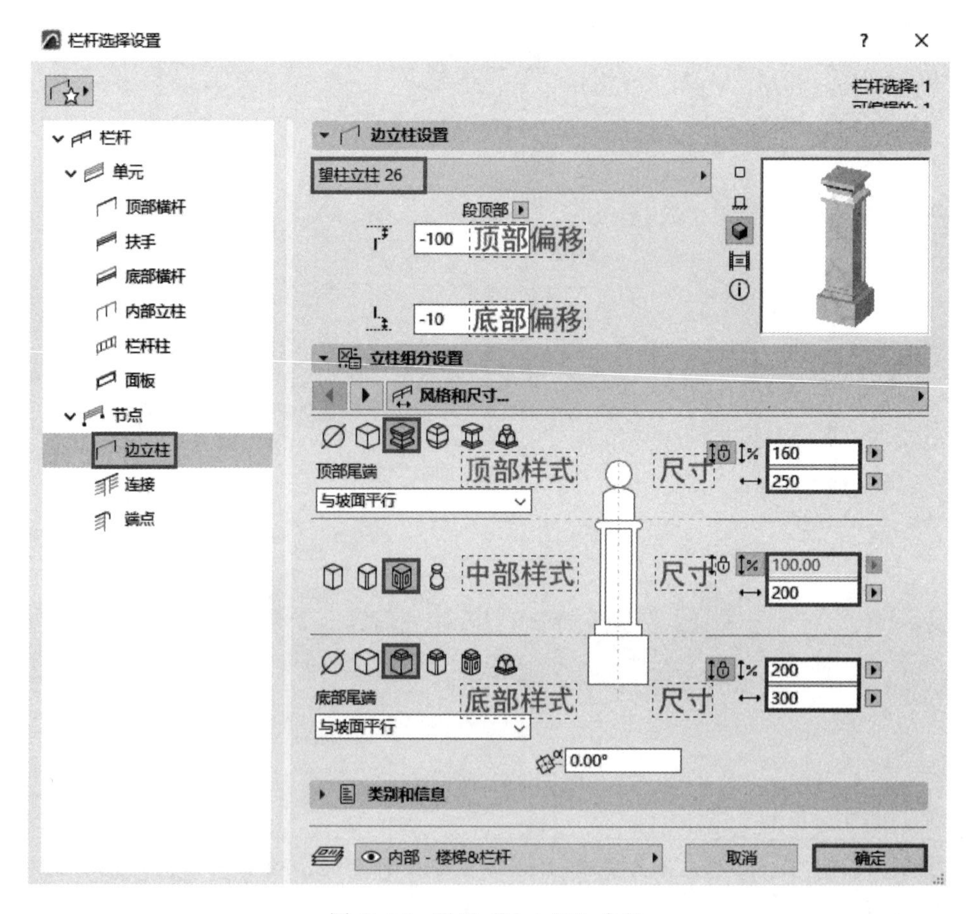

图 11-16 设置“边立柱”参数

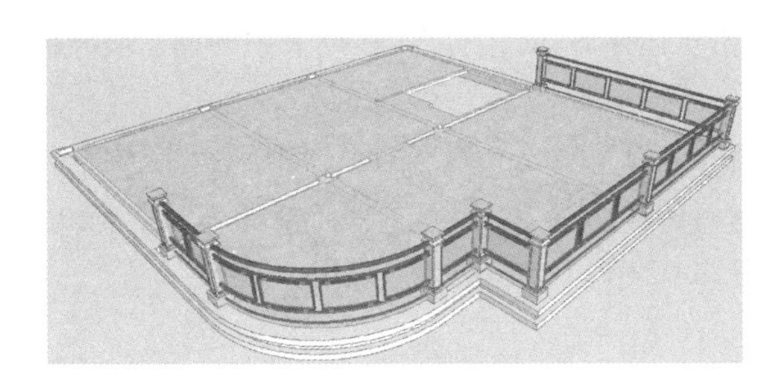

图 11-17 边立柱外观

11.2.2 设置横杆

选中栏杆，按快捷键〈Ctrl＋T〉，打开“栏杆选择设置”对话框，在“顶部横杆”页面中将“横杆形状”设为“矩形”,“高度”设为“60mm”,“宽度”设为“150mm”“建筑材料”设为“石材-面层”。在“底部横杆”页面中，选中“底部横杆 2”和“底部横杆 3”将“高度”分别设为“300mm”“700mm”,“内外偏移”设为“0”,“形状”设为“圆形”,“尺寸”为“30mm×30mm”,“建筑材料”设为“钢-不锈钢”，再单击右上角的“添加底部横杆”［+］，并在预览窗口中进行放置，将其“高度”设为“500mm”，单击“确定”，如图 11-18 所示。

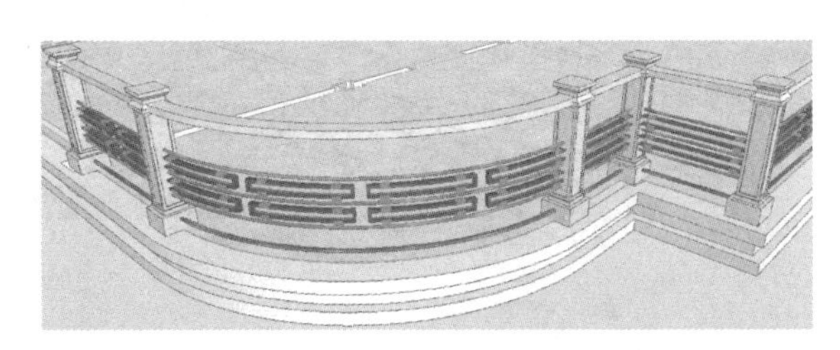

图 11-18 “顶部横杆”与“中部横杆”

选中栏杆，按快捷键〈Ctrl＋T〉，打开“栏杆选择设置”对话框，在“底部横杆”页面中，选中“底部横杆 1”，将“高度”设为“30mm”,“内外偏移”设为“0”,“形状”设为“矩形”,“尺寸”为“80mm×200mm”,“建筑材料”设为“石材-面层”，单击“确定”，如图 11-19 所示。

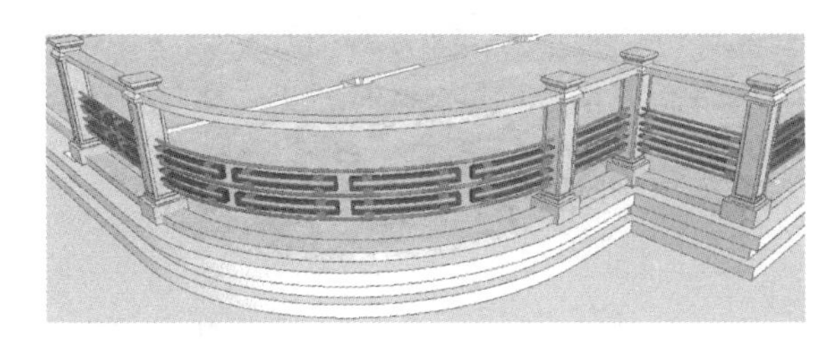

图 11-19 “底部横杆”外观

11.2.3 设置面板

选中栏杆，按快捷键〈Ctrl＋T〉，打开“栏杆选择设置”对话框，首先将下方面板删除掉，选择上方面板，单击“选择 GDL 组件”，在列表中选择“墙面板 26”。将“内外偏移”设为“0”，“左侧偏移”和“右侧偏移”都设为“50mm”，将其顶部设为距“段顶部”“60mm”，底部距“底部横杆 1”“40mm”，勾选“铸模”，“定位”为“双侧”，勾选“覆盖面板表面”和“覆盖铸模表面”，将表面材质都设为“质感涂料-白色，粗糙”，单击“确定”，如图 11-20 和图 11-21 所示。

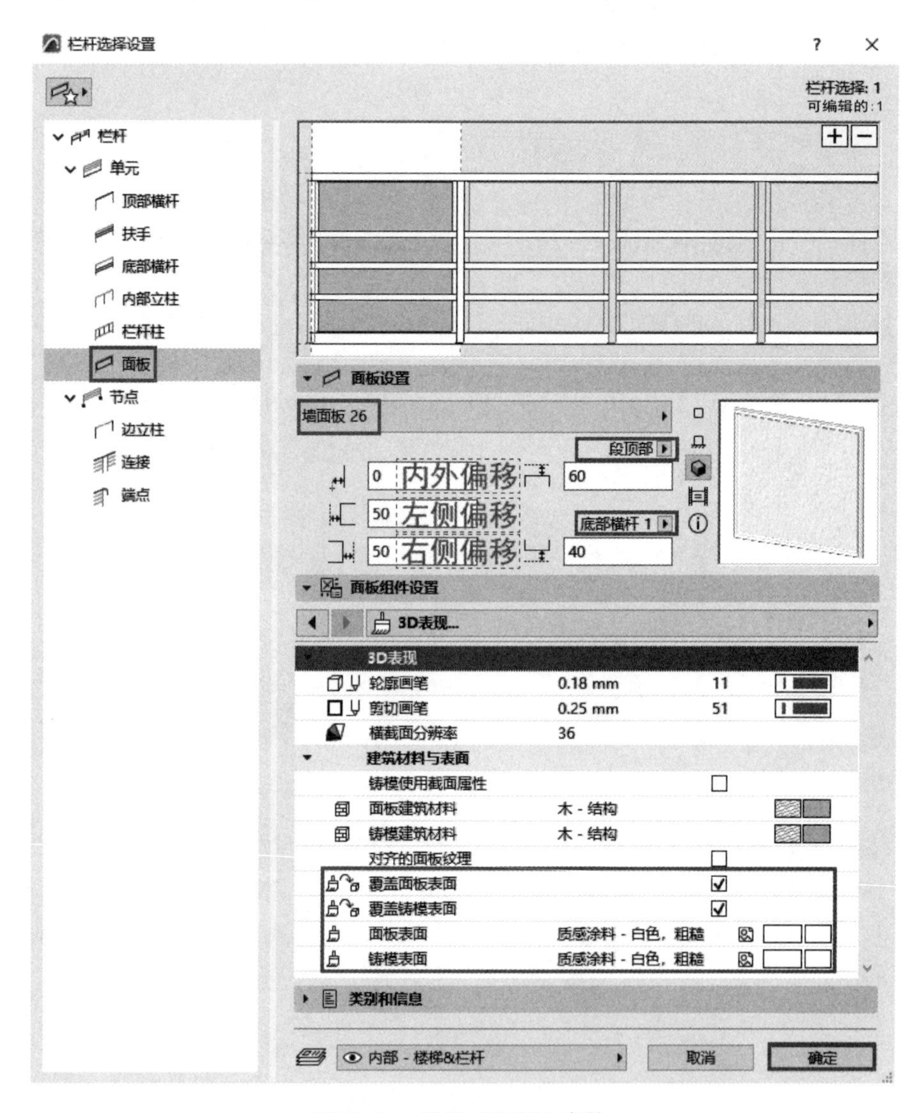

图 11-20　设置“面板”参数

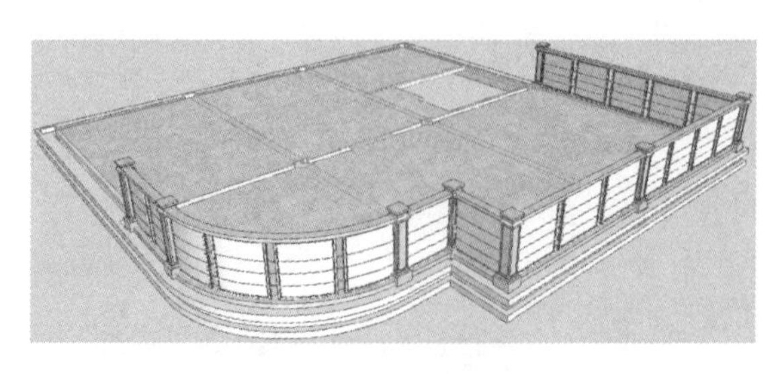

图 11-21　面板外观

11.2.4　调整栏杆

在3D窗口中，按快捷键〈Ctrl+F5〉，显示全部元素，需要对栏杆进行调整（图11-22）。

图11-22　“面板”位置需调整

切换到“4F”楼层平面视图，单击栏杆的参考线，在弹出式小面板中选择“插入新节点”工具，在柱的圆心插入节点，此处生成一个边立柱，如图11-23所示。

图11-23　添加参考线“节点”

根据图纸，每个主要单元内应设置一个面板。选中栏杆，按快捷键〈Ctrl+T〉，打开“栏杆选择设置”对话框，在“单元”页面中将“单元分布”方式设为“划分单元”，将“单元等分数量”设为“1”，单击“确定”，如图 11-24。

选中栏杆，单击“编辑”菜单，进入编辑模式，按住〈空格〉键，分别选中 3 块次要面板和新添加的边立柱，将它们删除（图 11-25）。

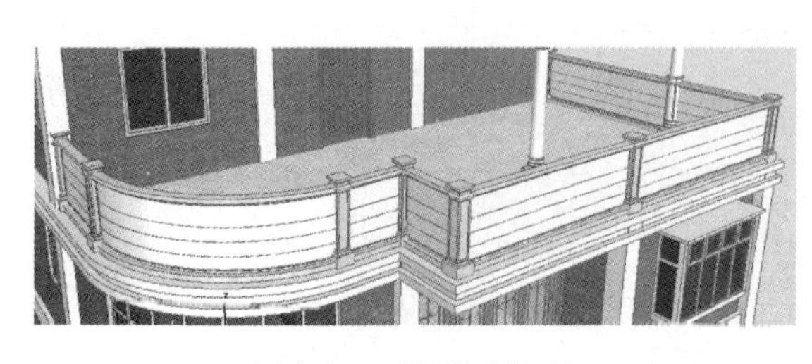

图 11-24　设置“单元”

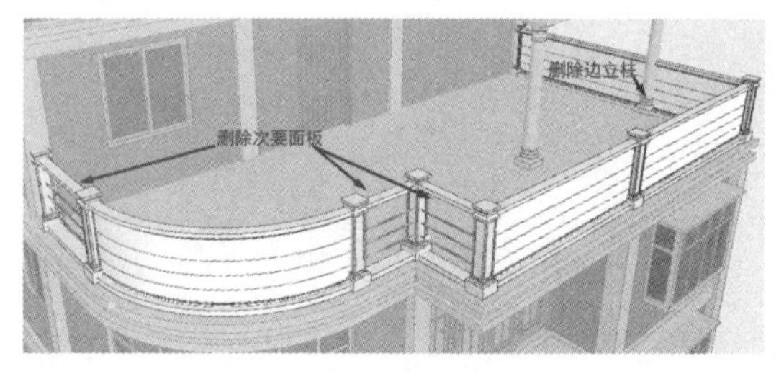

图 11-25　删除“面板与边立柱”

单击“编辑”菜单的“栏杆设置”按钮，打开“栏杆选择设置”对话框，在“面板”页面中，将“内外偏移”设为“30mm”。在“端点”页面中，分别将“顶部横杆”与“底部横杆”的“伸出距离”设为“0”，单击“确定”，如图 11-26 所示。

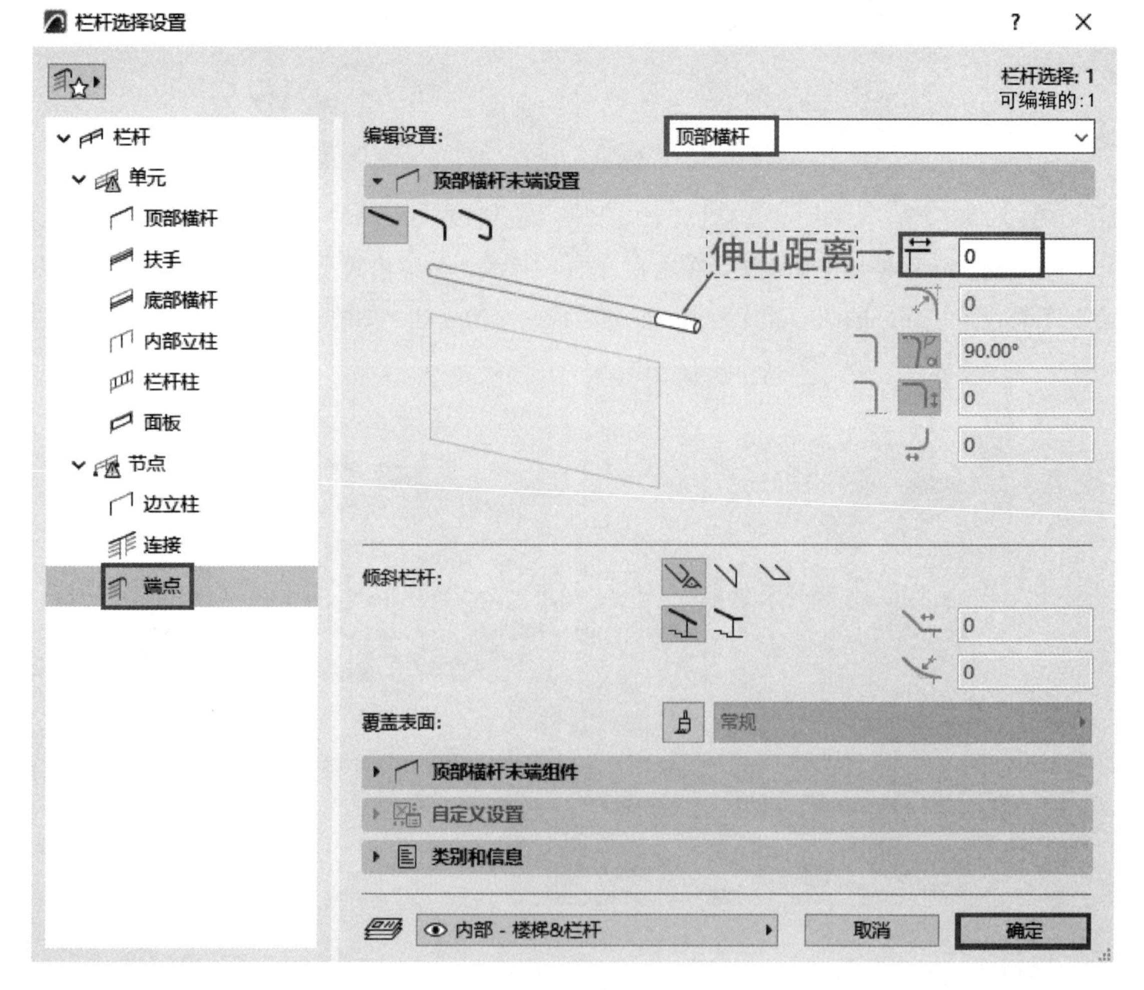

图 11-26　设置“端点”参数

单击“编辑”菜单“顶部横杆”左侧的👁按钮，将其隐藏。分别单击弧形面板的角部节点，在弹出式小面板中选择“拉伸长度”工具 ，将弧形面板两边分别缩短“1000mm”（图 11-27）。使用相同的操作将其他 3 块大面板两边都缩短“1000mm”，将 1 块小面板两边缩短“500mm”，单击“编辑”菜单“环境”左侧的 按钮，可以将栏杆隔离显示（图 11-28）。

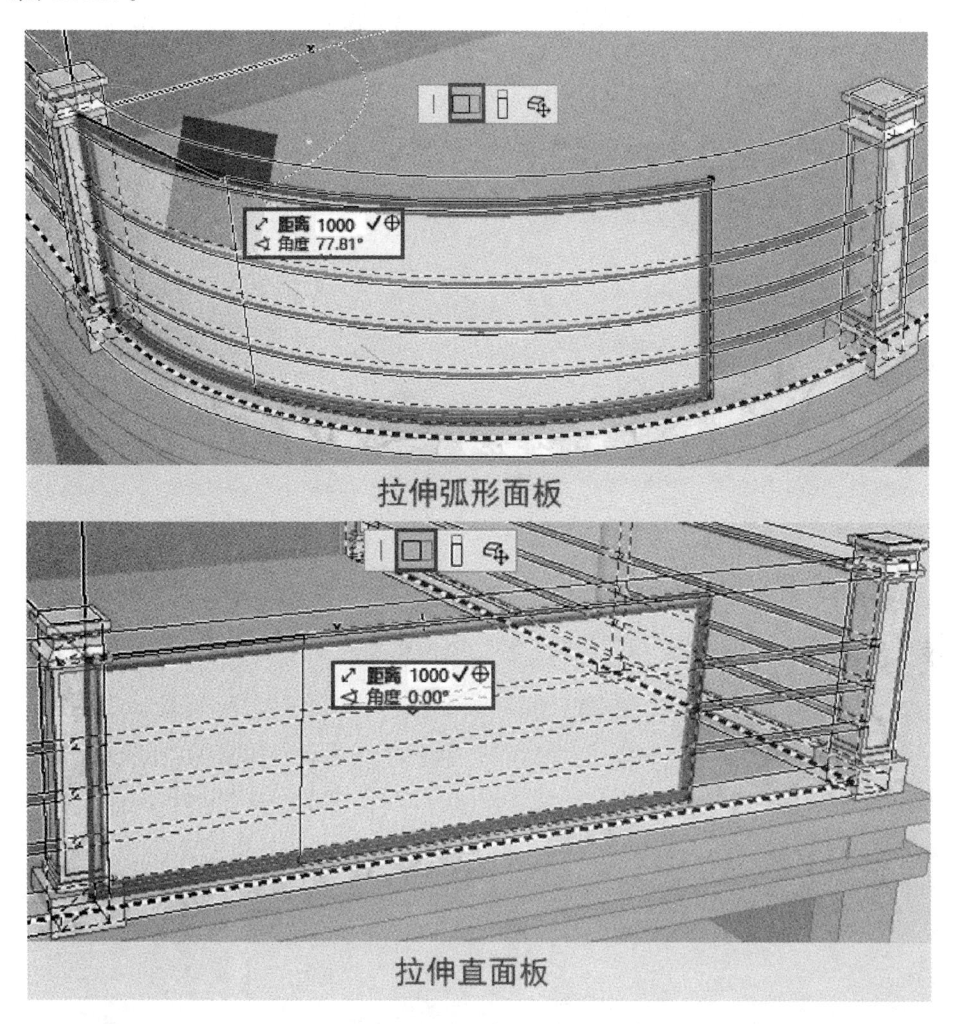

图 11-27　拉伸“面板”

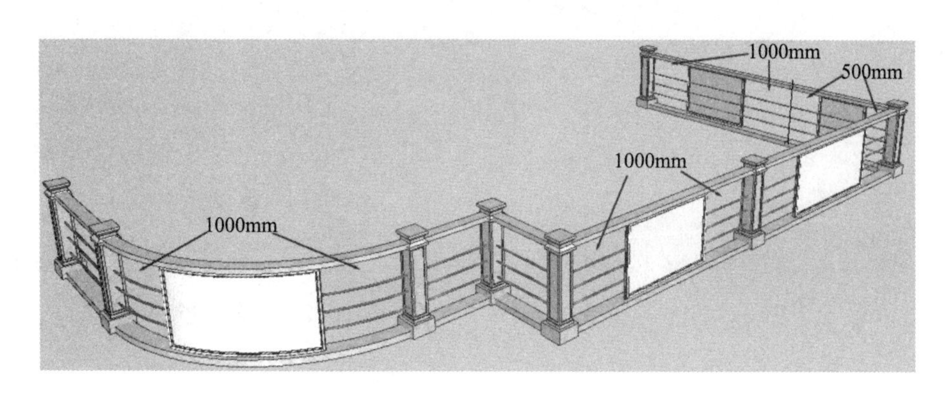

图 11-28　栏杆面板

11.2.5 创建3F阳台栏杆

在3D窗口中，按住〈Alt〉键，使用吸管工具吸取平台栏杆的参数设置，切换到“3F”楼层平面视图，在信息框中，将“底部偏移”设为“10mm”，然后沿3F阳台板外缘绘制L形的栏杆，如图11-29所示。

选中栏杆，单击“编辑”按钮，进入编辑模式，按住〈空格〉键，分别选中左侧次要面板和两个端头的边立柱，将它们删除（图11-30）。

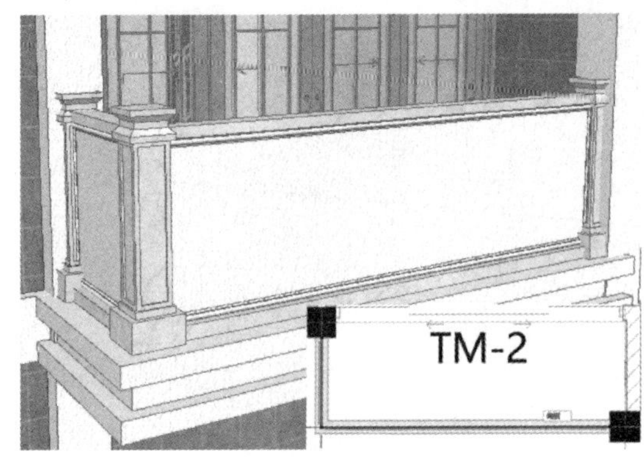

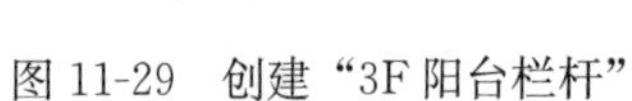
图11-29 创建“3F阳台栏杆”

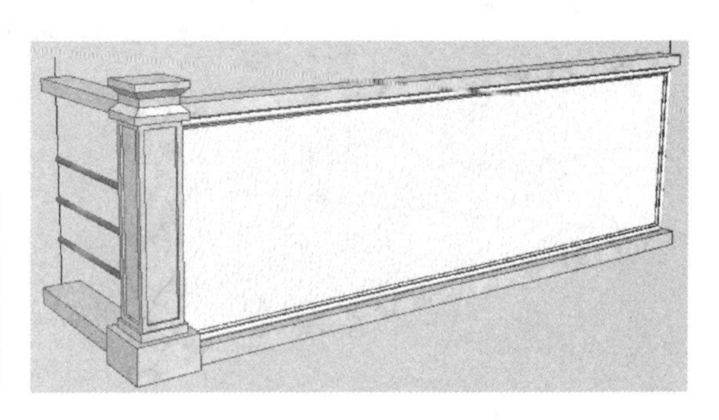
图11-30 删除“面板与边立柱”

单击“编辑”菜单“顶部横杆”左侧的 按钮，将其隐藏。单击面板的左侧角部节点，在弹出式小面板中选择“拉伸长度”工具，将面板缩短“1000mm”，再单击面板的右侧角部节点，在弹出式小面板中选择“拉伸长度”工具，将面板缩短“825mm”，按〈Esc〉键或单击“退出编辑模式”，然后切换到“南立面”视图进行观察，如图11-31所示。

使用相同的操作，可以对楼梯栏杆进行相应的调整，如图11-32所示。

图11-31 上下层“面板”尺寸一致

图11-32 调整“楼梯栏杆”

12　场地与对象

当 Archicad 基本工具不能够完全满足建模的细节要求时，可以使用“变形体”工具进行完善补充，“变形体”工具的用法类似于 Sketchup 的建模操作，与 Revit 的“内建模型”命令也相类似，共通的操作思路为“进行平面定位后选用合理的建模方式完成模型”。使用“变形体”工具创建元素时，可以设置该元素的类别，实现分类管理。

Archicad 的“网面”工具用来创建地形表面，可以是表面或实体，类似于 Revit 的“地形表面”命令。Archicad 的“对象”工具类似于 Revit 的“构件”或 AutoCAD 的“图块”，可以通过参数进行设计驱动。

本章通过完善别墅模型的细节问题，讲解“变形体”工具的使用方法和建模技巧，介绍场地设计中使用“网面”工具创建和编辑地形的方法以及创建“建筑地坪”的方法等。

本章学习目的：

（1）掌握“变形体”工具的用法；

（2）理解地形与建筑地坪的概念；

（3）掌握“网面”工具创建和编辑地形的方法；

（4）掌握“对象”工具的参数设置。

手机扫码
观看教程

12.1　调整模型

12.1.1　创建主入口门廊山花

打开“11-2 吕桥四层别墅-别墅栏杆 . pln”项目文件，切换到 3D 窗口。双击工具箱中的“变形体工具”图标 变形体 或单击图标后使用快捷键〈Ctrl＋T〉，可以打开“变形体默认设置”对话框。将“建筑材料”设为“钢筋混凝土-别墅结构”，“在楼层上显示”设为“仅始位楼层”，“平面图显示”设为“仅剪切”，单击“确定”（图 12-1）。

在信息框中，“几何方式”选择“多边形”。调整三维模型的观察角度，以门廊装饰带外表面作为工作面，单击三角形的顶点，捕捉绘制三角形山花，生成闭合面（图 12-2）。按住〈空格〉键，单击该面，在弹出式小面板中选择“推/拉”工具，向内拉伸“250mm”，生成山花体块（图 12-3）。再选中山花体块，右击，在上下文菜单中选择“连接 >实体元素操作”，打开“实体元素操作”对话框，此时山花体块添加为“目标”，然后选择其上方的两段门廊装饰带，将其添加为“算子”，选择“并集运算”，单击“执行”，如图 12-4所示。

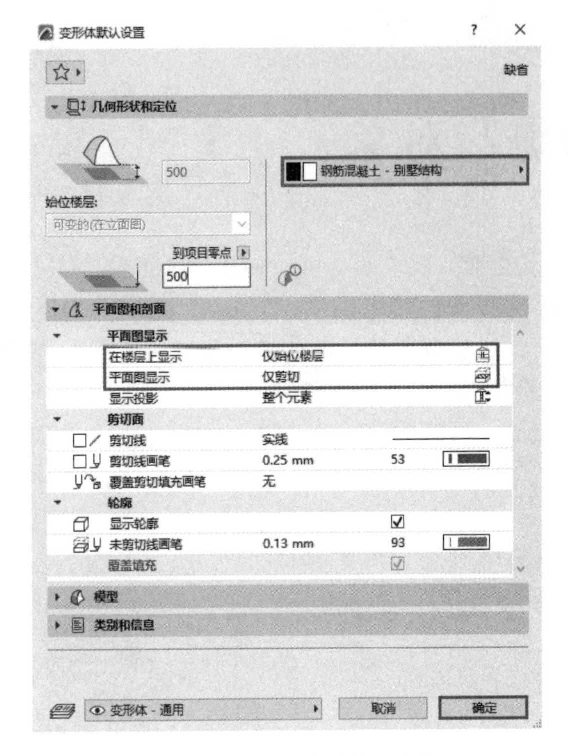

图 12-1　设置“变形体”参数

图 12-2　绘制三角形“山花面”

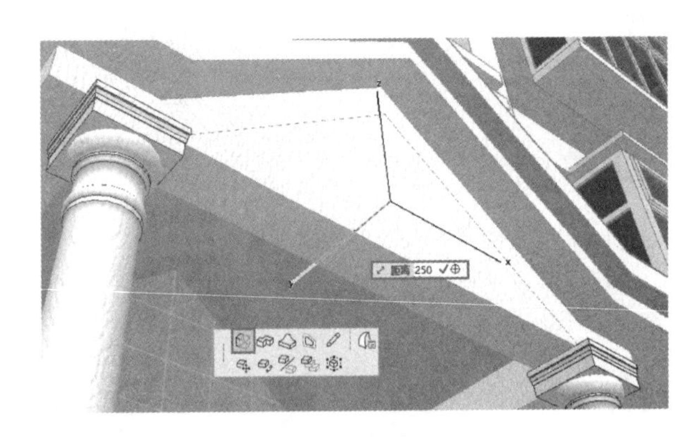

图 12-3　拉伸“山花面”

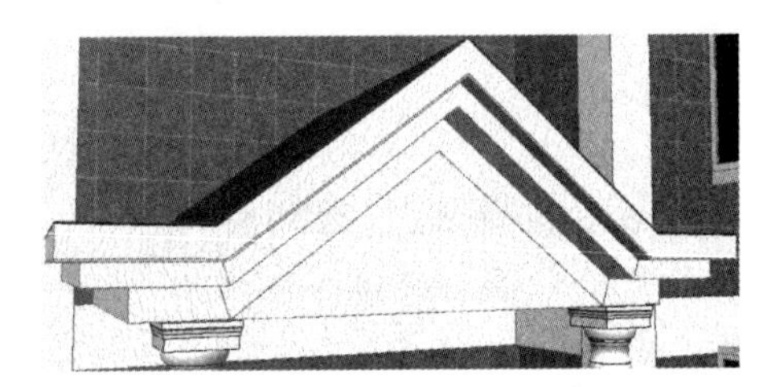

12-4　连接“三角形山花”与“门廊装饰带”

12.1.2　弧形楼梯踏步

切换到“1F”楼层平面视图，使用“变形体”工具，创建弧形楼梯第一个踏步的细节造型。单击工具箱中的“变形体工具”图标，在信息框中，“几何方式”选择“多边形” 。沿踏步面绘制两个闭合面，切换到 3D 窗口，选择楼板按快捷键〈Alt＋F5〉将其隐藏，再选择轮廓，使用弹出式小面板“偏移”工具将轮廓向内偏移“15mm”。按住〈空格〉键，分别单击两个闭合面，在弹出式小面板中选择“推/拉”工具 ，向上拉伸“140mm”，生成踏步体块（图 12-5）。

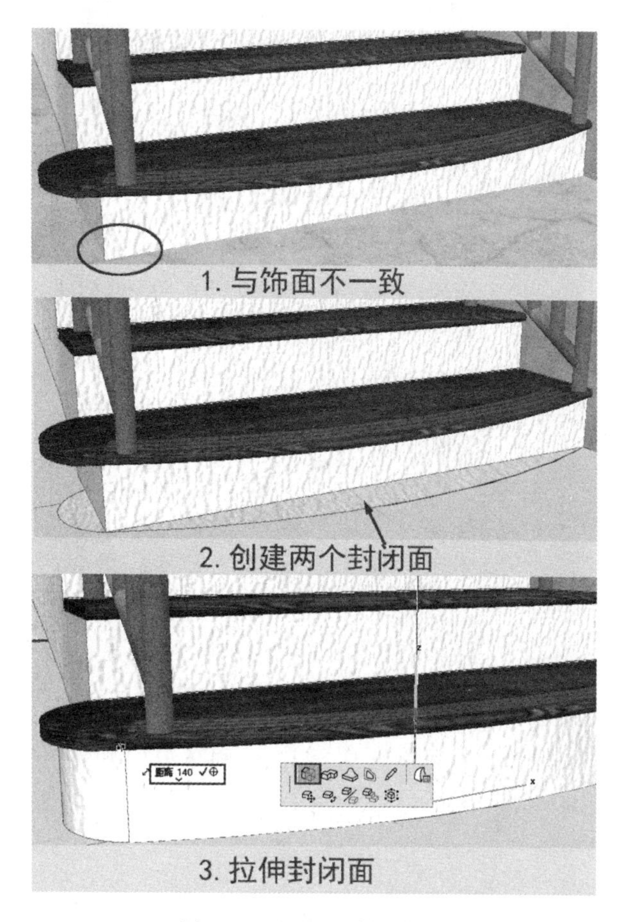

图 12-5 调整“楼梯踏步”

12.1.3 创建楼梯梁

调整 3D 剖切位置，使用“变形体”工具，创建两跑楼梯的平台梁。单击工具箱中的“变形体工具”图标，在信息框中，“几何方式”选择“方格”。捕捉到梯段的外表面，绘制矩形轮廓为宽“200mm”，高“300mm”，拉伸距离为“1150mm”。使用弹出式小面板“拖移”工具，将平台梁移动到交接处，然后使用快捷键〈Ctrl＋Alt〉，将平台梁复制到其他楼梯的对应位置，如图 12-6 与图 12-7 所示。

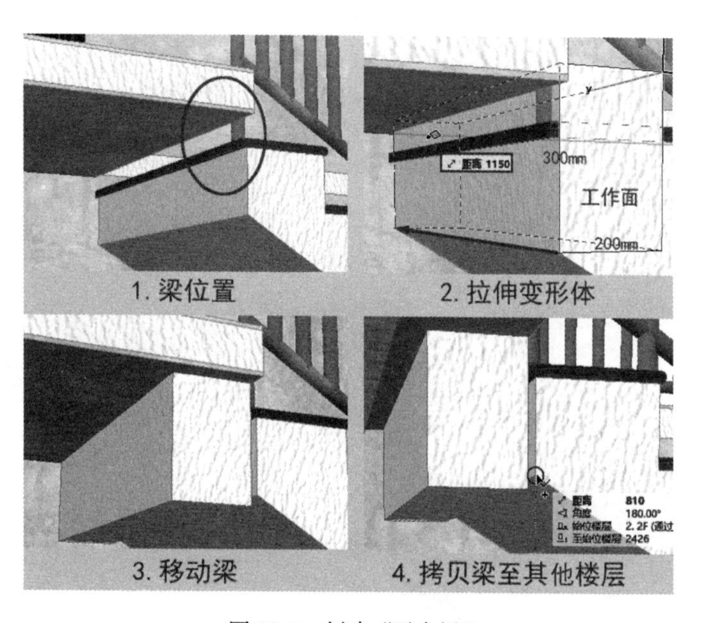

图 12-6 创建“平台梁”

图 12-7　复制“平台梁”

12.1.4　创建次入口台阶

切换到“1F”楼层平面视图，在此入口处绘制辅助线（图 12-8）。单击工具箱中的“变形体工具”图标，在信息框中，“几何方式”选择“方格”，“在楼层上显示”设为“始位并上一层”，“平面图显示”设为“投影”，不勾选“覆盖填充”，将“表面”设为“石材-大理石-白色”。沿最外层辅助线绘制矩形轮廓，在弹出对话框中，输入“拉伸长度”为“150mm”，单击“确定”，如图 12-9 所示。

在 3D 窗口中，将选择工具切换为“子元素”。按住〈空格〉键，选中“上表面”，在弹出式小面板中使用“偏移所有边”工具，需要按一次〈Ctrl〉键，将上表面轮廓向内偏移“300mm”，然后选中内侧边线，将其再“偏移”到墙面位置，再使用“推/拉”工具，将新面向上拉伸“150mm”，生成第二个台阶。使用相同的操作，完成第三和第四个台阶，如图 12-10 所示。

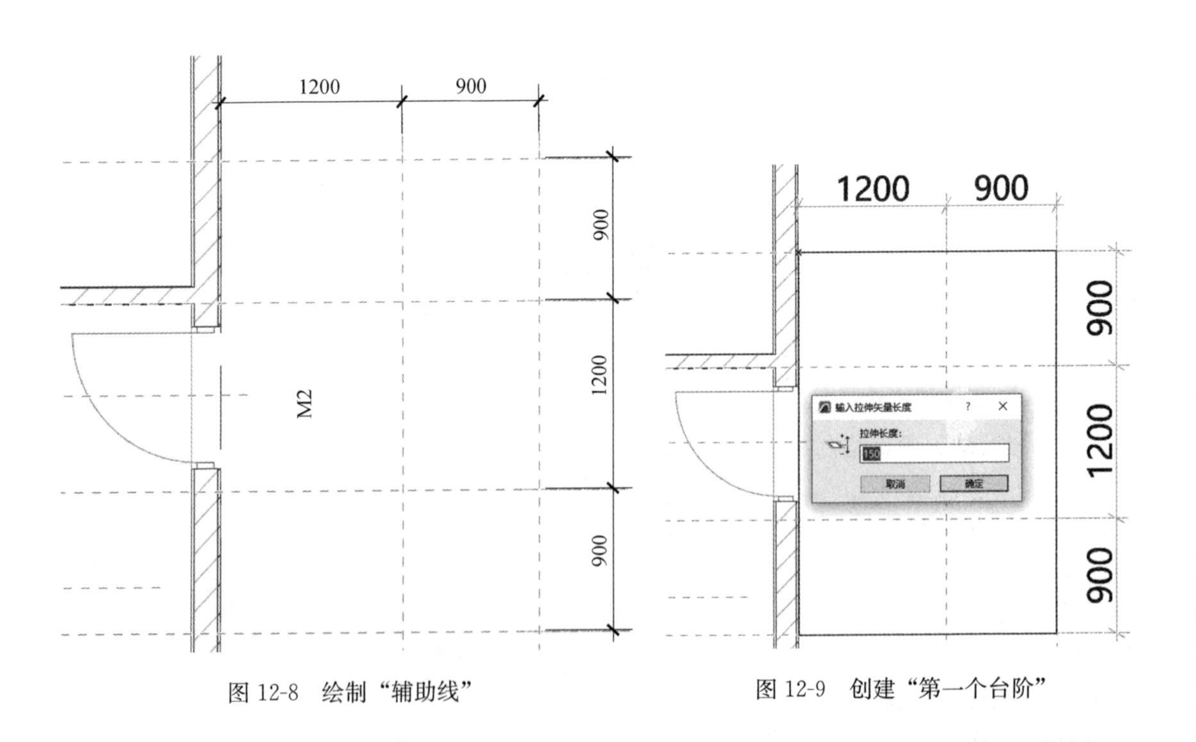

图 12-8　绘制“辅助线”　　图 12-9　创建“第一个台阶”

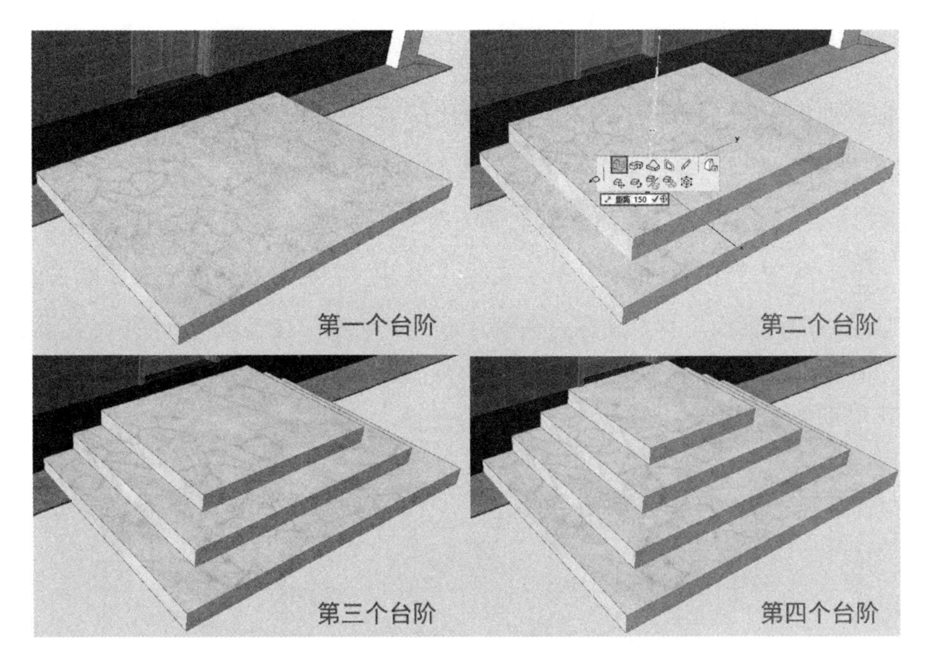

图 12-10 次入口台阶

12.2 创建场地

12.2.1 创建地形表面

打开“12-1 吕桥四层别墅-调整模型.pln”项目文件，切换到“室外地坪”平面视图。双击工具箱中的“网面工具”图标 网面 或单击图标后使用快捷键〈Ctrl+T〉，可以打开“网面默认设置”对话框。将“偏移到始位楼层”设为“0”，将“结构”设为“仅顶部表面”，“建筑材料”设为“通用类-环境”，“在楼层上显示”设为“仅始位楼层”，不勾选“覆盖填充”，“覆盖表面”设为“草-绿色”，单击“确定”（图 12-11）。在信息框中，“几何方法”选择“矩形” 。在别墅周边适当位置绘制矩形轮廓，然后切换至 3D 窗口进行观察，如图 12-12所示。

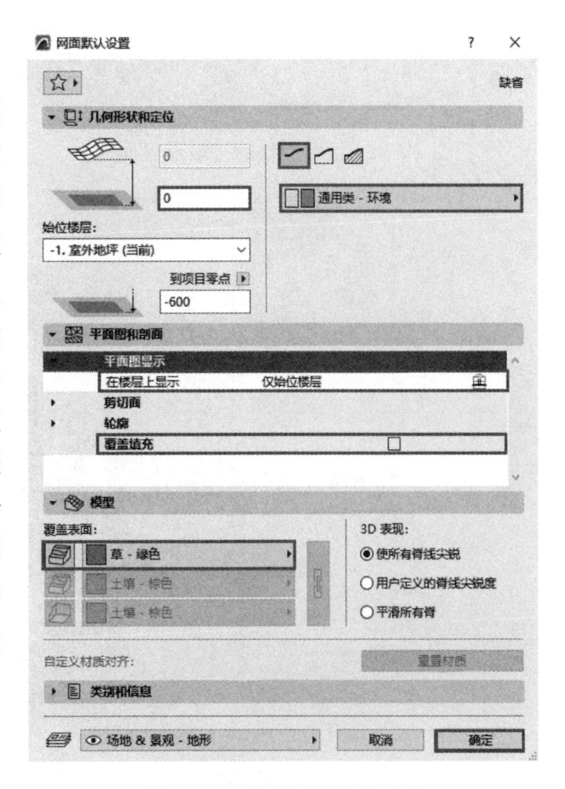

图 12-11 设置“网面”参数

12.2.2 创建硬质铺地与小路

在“室外地坪”平面视图中，单击工具箱中的“多义线工具”图标 多义线，在信息框中，“几何方法”选择“多边形”。绘制场地的硬质铺地与小路的边界，并形成闭合区域（图 12-13）。选中地形表面，单击任一节点，在弹出式小面板中选择“从多边形减少”工具，按住〈空格〉键，单击多义线“边界”内部，则从地形表面减去闭合区域。再单击工具箱中的“网面工具”图标，在信息框中，勾选“覆盖填充”，并将其设为“栅格 60×60”，将“覆盖表面”设为“加工石材-12”，按住〈空格〉键，再单击多义线“边界”内部，则生成铺地，如图 12-14 所示。

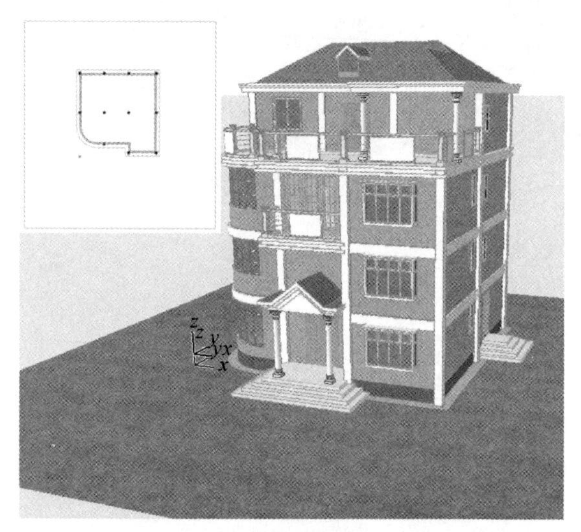

图 12-12 创建别墅的“地形表面”

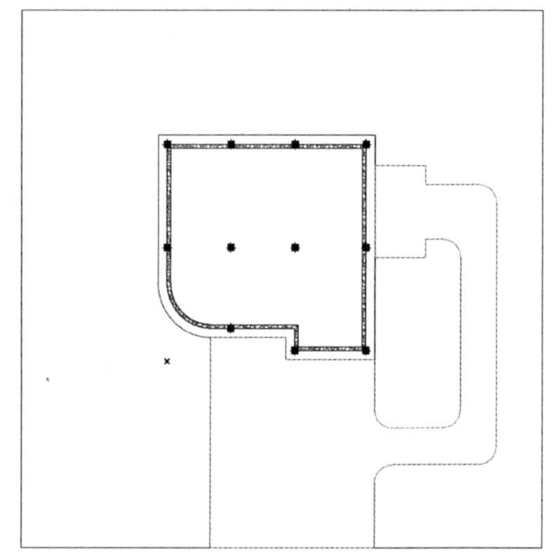

图 12-13 多义线绘制“边界”

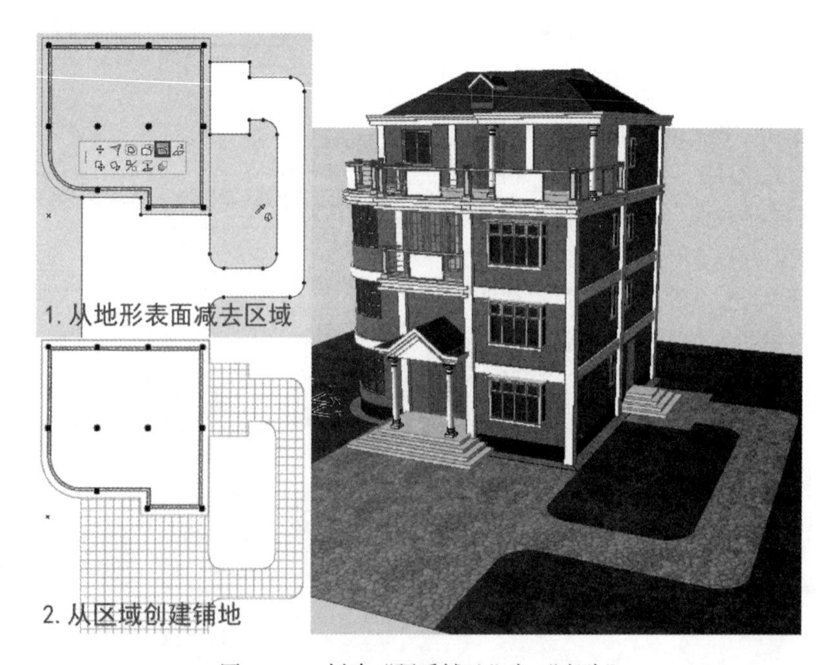

图 12-14 创建“硬质铺地”与“小路”

12.2.3 创建建筑地坪

打开3D剖切并调整到合适位置，可以观察到建筑楼板与地形表面之间有一架空区域（图12-16），在建筑构造上称该区域为垫层，可以使用“碎石”或“三合土”等材料进行填充，在Revit中该区域称为“建筑地坪”，可以使用Archicad网面工具进行创建。

切换到“室外地坪”平面视图，选中地形表面，单击任一节点，在弹出式小面板中选择“从多边形减少”工具，按住〈空格〉键，单击墙体边界内部，则从地形表面减去建筑地坪区域（图12-15）。再单击工具箱中的“网面工具”图标，在信息框中，不勾选“覆盖填充”，将“底部到始位楼层偏移”设为“480mm”，将“网面高度”设为“480mm”，将“覆盖表面”全部设为“土壤-棕色”，按住〈空格〉键，再单击墙体边界内部，则生成建筑地坪，如图12-16所示。

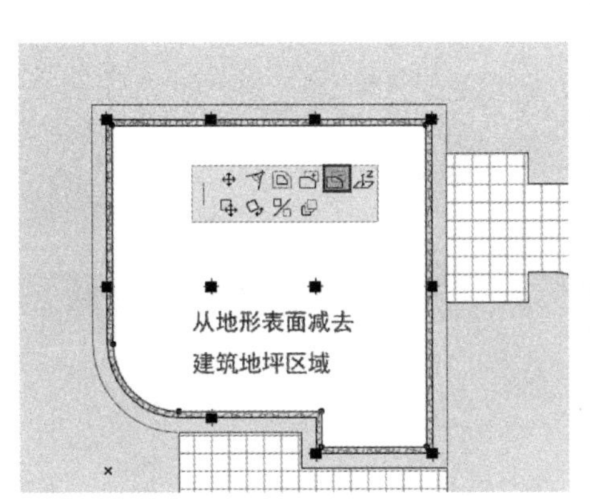

图12-15　从地形表面减去区域

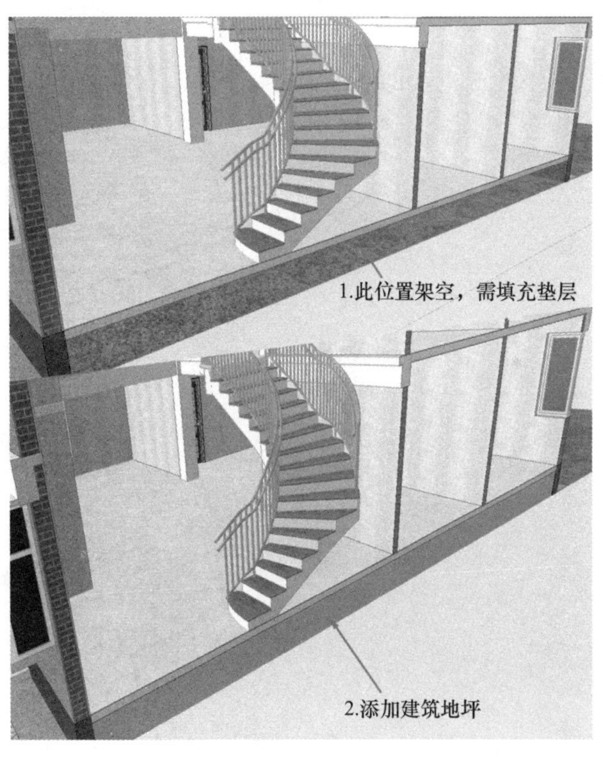

图12-16　创建“建筑地坪”

12.3 放置对象

12.3.1 放置次入口雨棚

打开“12-2吕桥四层别墅-创建场地.pln”项目文件，切换到“2F”楼层平面视图。双击工具箱中的“对象工具”图标 或单击图标后使用快捷键〈Ctrl+T〉，可以打开“对象默认设置”对话框。在搜索栏中输入“雨棚”，选择“遮阳篷26”，将“底部偏移到始位楼层”设为“－200mm”，“宽度”设为“3000mm”，“在楼层上显示”设为“仅始位楼层”，单击“确定”（图 12-17）。放置雨棚后，将其旋转 90°，再切换到“东立面”视图，绘制位于门中线的辅助线，移动雨棚中心与辅助线对齐，如图 12-18 所示。

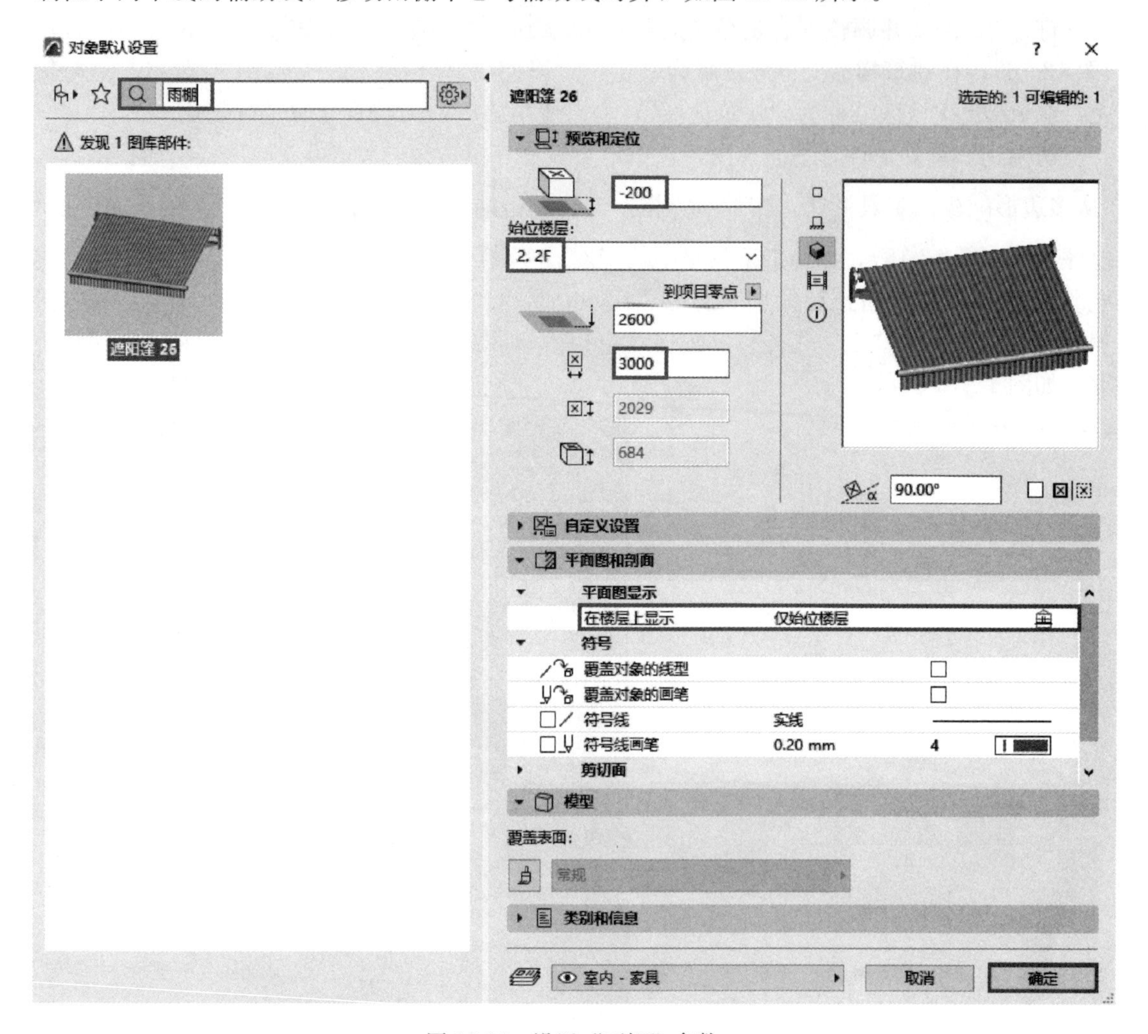

图 12-17　设置“雨棚”参数

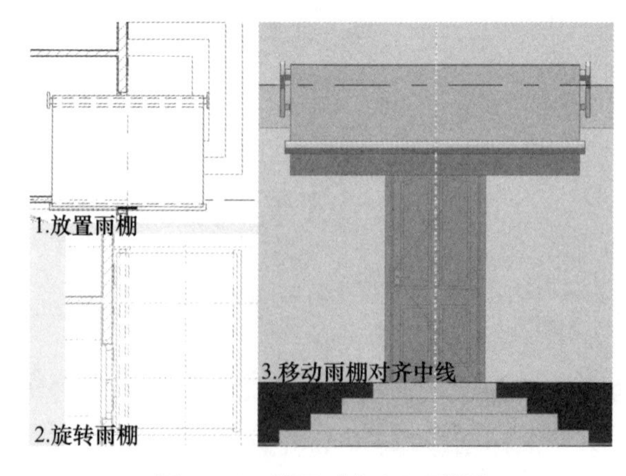

图 12-18　放置“次入口雨棚”

12.3.2 放置场地对象

切换到“室外地坪”平面视图，选中地形表面，单击任一节点，在弹出式小面板中选择“从多边形减少”工具 ，在硬质铺地旁绘制“5000mm×2500mm”的矩形，从地形表面减去停车位。再单击工具箱中的“网面工具”图标，在信息框中，“几何方法”选择“矩形”，将“结构”设为“仅顶部表面”，“建筑材料”设为“混凝土”，“在楼层上显示”设为“仅始位楼层”，将“偏移到始位楼层”设为“0”，不勾选“覆盖填充”，“覆盖表面”设为“铺地-浅色沥青”，沿减去位置绘制矩形停车位，如图 12-19 所示。

图 12-19 创建“停车位”

双击工具箱中的“对象工具”图标，打开“对象默认设置”对话框。在搜索栏中分别搜索“车辆、人和植物”，设置参数后，放置到合适位置，如图 12-20 和图 12-21 所示。

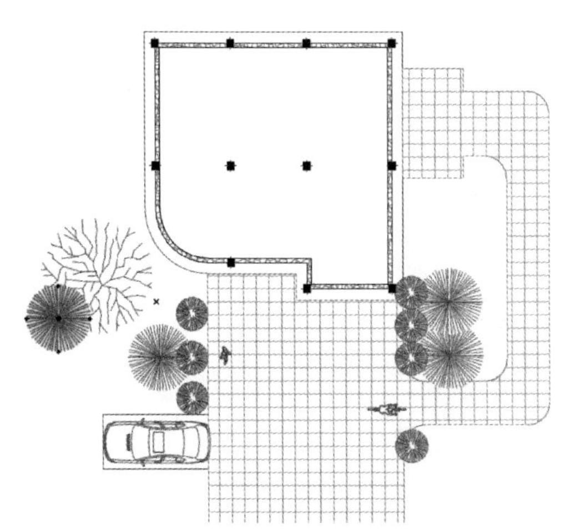

图 12-20 放置“场地对象”

图 12-21 完成场地布置

13 渲染与漫游

Archicad 渲染功能可以表现建筑物的明暗、色彩、光照、材质、外观和环境氛围等，用来烘托建筑场景的艺术效果和真实感。Archicad 图片的渲染质量主要取决于表面材质、光效果和渲染引擎。Archicad 渲染引擎包括“基本渲染器”“草图渲染器”和“Cineware”引擎。Cineware 引擎是一个 Archicad 内置插件，它不支持多通道或网络渲染功能，用户可以在渲染面板中将模型和渲染设置导出到 Cinema 4D 中进行更高质量的渲染。

漫游是通过 Archicad 相机的透视视图和飞过路径组成的连续观察。路径上的每个 3D 视图都被视作一个关键帧，同时在关键帧之间还可以插入帧，创建介于两关键帧之间的视图，以产生更平顺的动画效果，同时可以将飞过动画保存为外部视频文件。

本章学习目的：

（1）掌握相机的参数设置与创建方法；

（2）掌握日光参数设置；

（3）掌握渲染设置；

（4）掌握漫游创建与动画保存。

手机扫码
观看教程

13.1 相机设置

打开“12-3 吕桥四层别墅-放置对象 . pln”项目文件，切换到“室外地坪”平面视图，双击工具箱中的“相机工具”图标 相机 或单击图标后按快捷键〈Ctrl＋T〉，可以打开“相机设置”对话框。在平面视图中首先单击观察位置，移动光标至目标位置后，再次单击，确定目标点，生成“相机 1”。单击“重命名相机路径”，设为“别墅漫游”，将“相机高度”设为“2000mm”，“目标高度”设为“4000mm”，“距离”设为“30000mm”，“方位角”设为“256°”，选择“日期和时间”，并设为“冬至日 13：30”，单击“阳光”，可以设置阳光与环境光的颜色与贡献率（图 13-1），单击“应用”，在“项目树状图”中双击“相机 1”，可以打开透视图（图 13-2）。

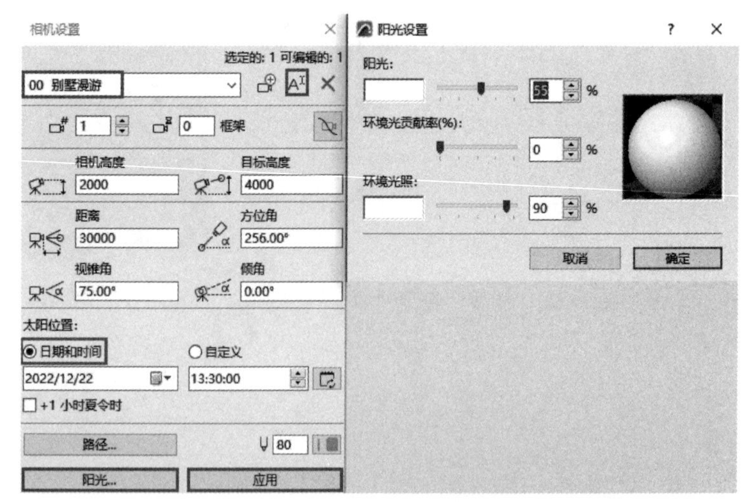

图 13-1　设置“相机与阳光”

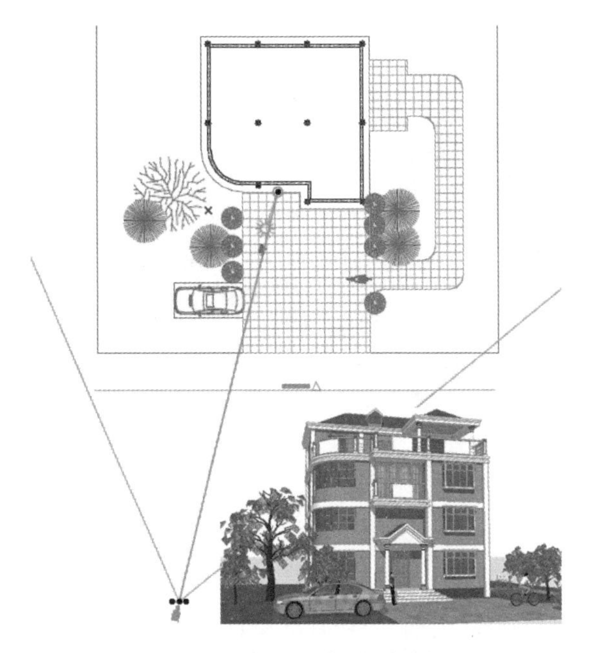

图 13-2　相机生成“透视图”

13.2　表面涂色器

在 3D 窗口中，选择“视窗＞面板＞表面涂色器”或“文档＞创建的图像＞表面涂色器”，打开“表面涂色器”面板（图 13-3）。按住〈空格〉键，选中凸窗，则凸窗的材质显示在面板右侧，双击“玻璃-蓝色”，可以打开“表面设置”对话框，进行参数调整。单击“涂色”按钮，将光标置于 3F 阳台门后，单击，则门玻璃的材质发生变化，如图 13-4 所示。

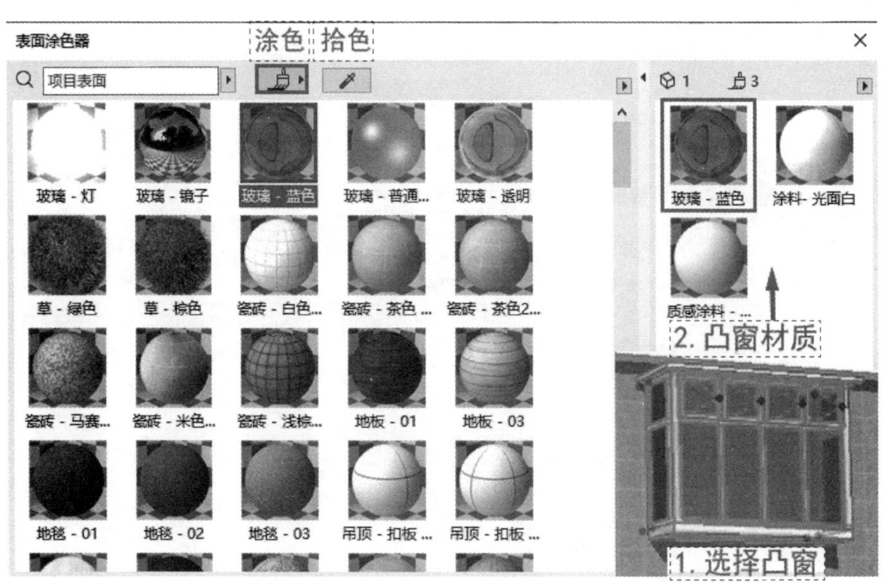

图 13-3　“表面涂色器”面板

图 13-4　更改“阳台门玻璃”材质

13.3　渲　　染

在 3D 窗口中，选择“视窗>面板>照片渲染设置”或“文档>创建的图像>照片渲染设置”，打开“照片渲染设置”面板。面板的顶部有两个主要视图，左侧为参数“设置”按钮，右侧为尺寸“大小”按钮。渲染场景的参数变化取决于选择的引擎。将“场景”设为“室外日光，最终”,“引擎”设为“Cineware”，尺寸“大小”设为“1024×768”，单击下方的“照片渲染”按钮，如图 13-5 和图 13-6 所示。可以将渲染图保存为单独的图片文件。

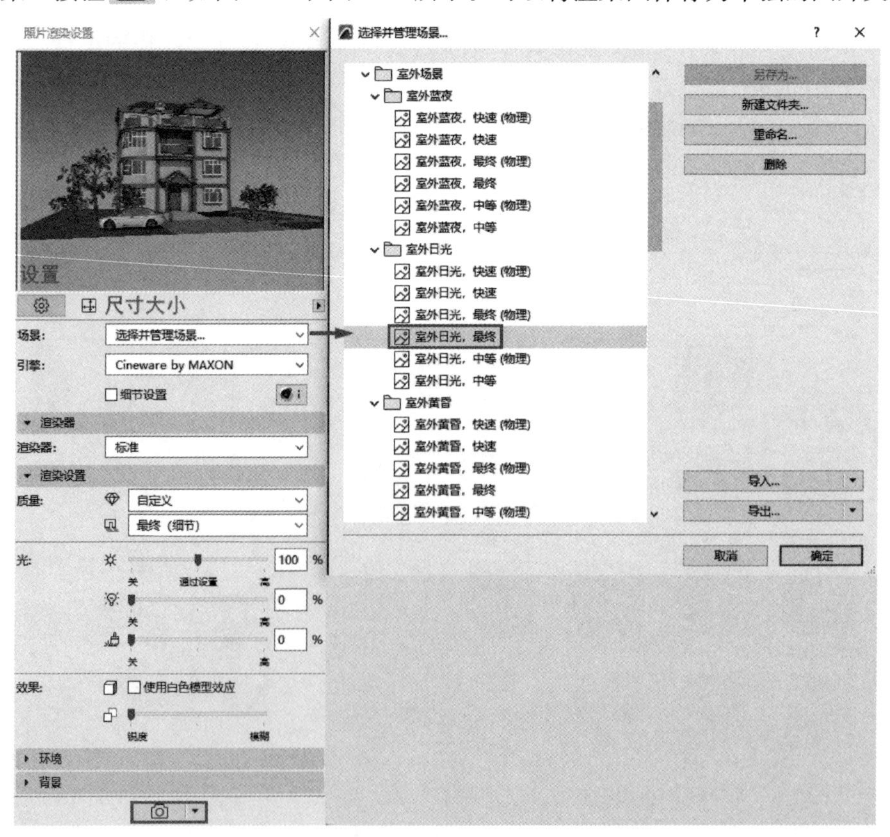

图 13-5　“渲染”设置

图 13-6　效果图

13.4 漫　　游

切换到“室外地坪”平面视图，双击工具箱中的“相机工具”图标，打开“相机设置”对话框，在平面视图中分别创建“相机 2-6”，则生成相机路径（图 13-7），沿此路径放置的相机被定义为关键帧，相机之间的图片数量可通过“中间帧”的功能进行设置。切换“相机号码”，可以分别设置其参数（图 13-8）。也可以切换到 3D 透视图，在项目树状图中，双击“相机”，在调整其视角后，右击，在上下文菜单中使用“修改用于当前视图的相机”，将视图保存。

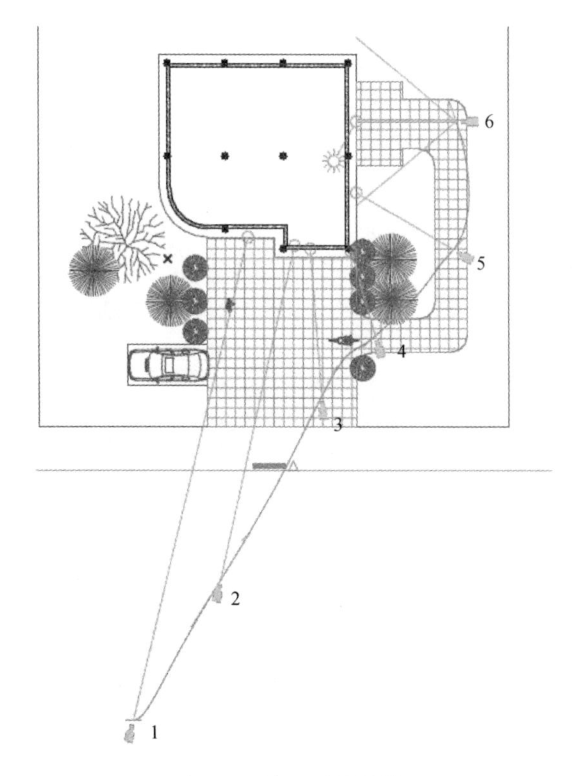

图 13-7　放置“关键帧”

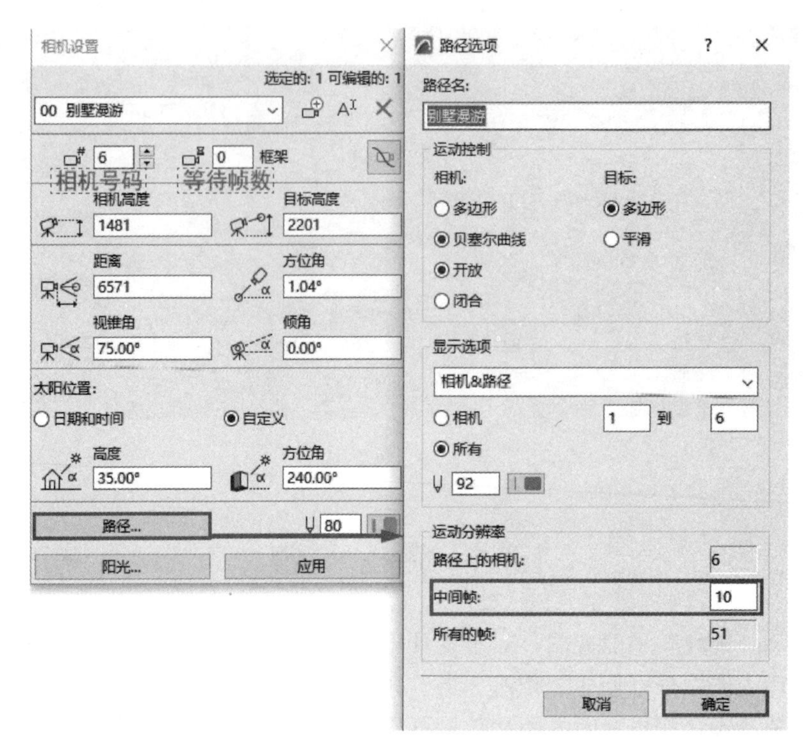

图 13-8 设置“路径选项”

选择“文档>创建的图形>创建飞过”，打开“创建飞过动画”对话框，可以设置动画的窗口、路径、帧、视频格式和质量、每秒播放帧数、时长等参数，单击“保存”，可以将动画保存为视频文件（图 13-9、图 13-10）。

提示：每秒帧数越多，动画越流畅。

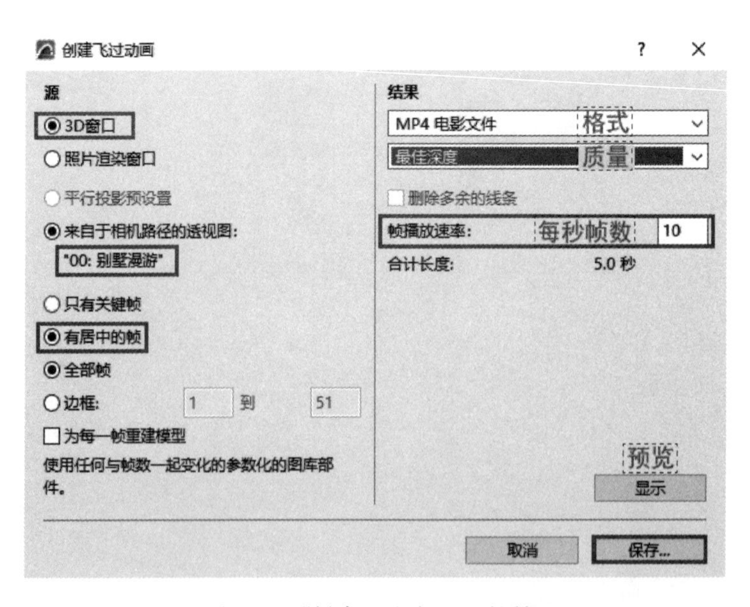

图 13-9 “创建飞过动画”对话框

图像另存为电影文件
保存在(I):
渲染
快速访问
桌面
库
此电脑
网络
13-1 吕桥四层别墅-动画.mp4
文件名(N):
13-1 吕桥四层别墅-渲染.mp4
保存(S)
保存类型(T):
MP4 电影文件 (*.mp4)
取消

图 13-10　保存动画

14　注释与清单

Archicad 的“注释工具”与“清单工具”可以显示和统计 2D 视图中元素的属性或文本数据。“注释工具”包括：标注、标高、半径、角度、文本和标签等。与 Revit 标注工具基本类似，注释是建筑构件真实信息的反映，其数值是根据模型信息自动生成的，也可以根据需要进行手动输入。“标注”可放在平、立、剖面图、室内立面图、3D 文档、详图和工作图窗口。如果标注与元素是关联的，则修改关联的元素后，标注值会自动更新。

Archicad“清单”等同于 Revit 的“明细表”，可以对元素构件、建筑材料以及元素表面的属性信息进行统计，并按照一定的样式生成清单。在“交互式清单”中作出的任何修改，都会自动并即时反映到平面图及其他视图中。反之，在平面图或其他视图中对元素所做出的全部修改，都会在“清单”中进行更新。

Archicad 的立面图和剖面图是通过三维模型自动生成的，立面通常是指建筑的外部投影，剖面则是穿过建筑后向某一方向进行的剖切投影。Archicad 的“区域”是项目中的空间单位，通常用来表示房间、建筑的分块或功能区。区域可以用于简单的体块建模，也可以在能量评估中用于计算。与 Revit 的“房间”相类似，“区域”可以描述墙体等围护构件所围合的空间特性，如名称、面积、高度、使用功能、填色以及导出文件的性能分析等。

本章学习目的：

（1）掌握房间的创建与布置；

（2）熟悉平面的各种标注方法；

（3）熟悉立面和剖面的各种标注方法；

（4）掌握门窗清单的创建与编辑。

手机扫码
观看教程

14.1 “1F 平面”布置

14.1.1　创建房间

打开“12-3 吕桥四层别墅-放置对象 . pln”项目文件，切换到“1F”楼层平面视图。选择“文档>模型视图>模型视图选项”，打开“模型视图选项”对话框，勾选“显示区域标记”，单击“确定”，可以使用区域工具自带标记。双击工具箱中的“区域工具”图标 区域 或单击图标后使用快捷键〈Ctrl＋T〉，可以打开“区域默认设置”对话框。将“名称”设为“厨房”，“类别”为“通用类”，“区域多边形”设为“内边”。由于结构板厚“120mm”且参考线对齐结构层，所以将“上部偏移”设为“－110mm”，“底层地板厚度”设为“10mm”。将“标志文本大小”设为“3mm”。“设置>基本数据 1：100”面板中，仅勾选“区域名称”，在“设置>面积、体积 1：100”面板中，勾选“标准区域”且不添加标题，其他按照默认设置，单击“确定”（图 14-1）。在信息框中，不使用“注释”，单击厨房空间，出现锤子时再次单击，放置区域标记。

单击工具箱中的“区域工具”图标，在信息框中，将“名称”分别设为“卫生间”“客房”，然后分别进行放置。由于客厅和餐厅直接相连，可以使用“手动”方式绘制边界，也可以绘制直线，并且将直线设为“区域边框”，将两个空间分开，再分别放置区域，如图 14-2 所示。

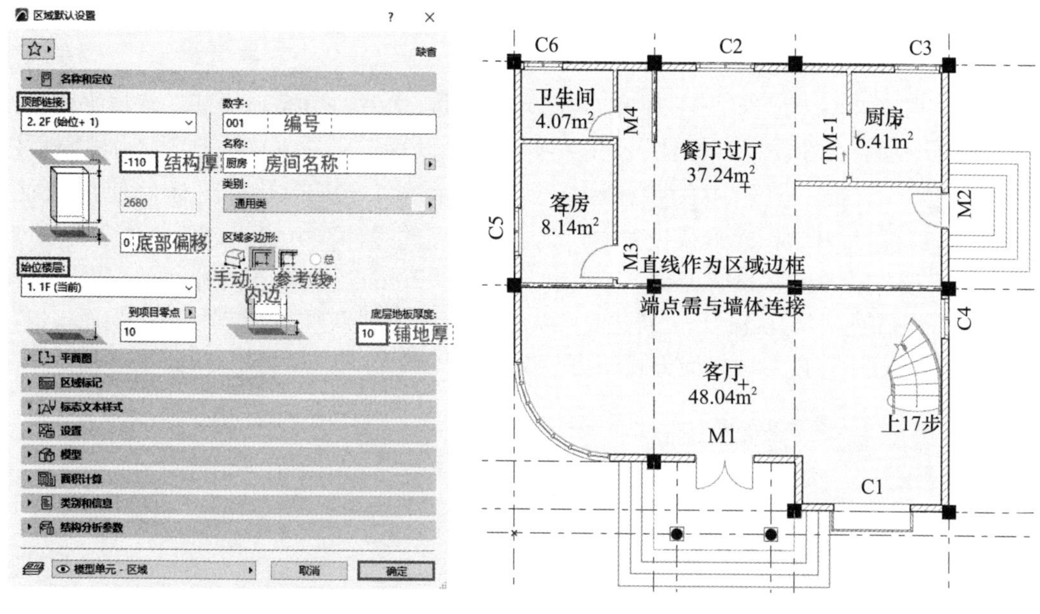

图 14-1 “区域默认设置”对话框

图 14-2 放置“1F 房间”

14.1.2 布置家具

双击工具箱中的“对象工具”图标 对象 ，打开“对象默认设置”对话框。在搜索栏中输入“餐桌”，选择“圆餐桌 26”，将“底部偏移到始位楼层”设为“0”，“宽度”和“长度”分别设为“1800mm”，“座位数目”设为“4”，“在楼层上显示”设为“仅始位楼层”，单击“确定”，在餐厅内进行放置，如图 14-3 所示。使用相同的操作，布置“1F”家具，如图 14-4 所示。

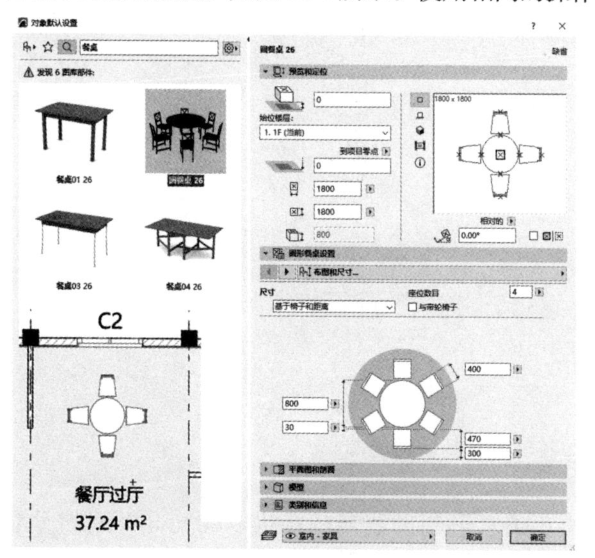

图 14-3 设置并放置“餐桌”

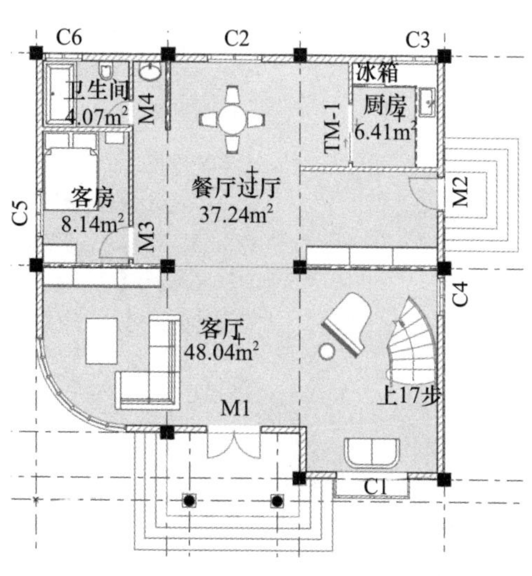

图 14-4 布置“家具”

14.2 “1F 平面”标注

14.2.1 尺寸标注

打开“14-1 吕桥四层别墅-1F 平面布置 . pln”项目文件，切换到“1F”楼层平面视图。选择“选项>项目个性设置>标注”，在“项目个性设置”对话框中，选择“别墅-标注”，单击“确定”。双击工具箱中的“标注工具”图标 标注 或单击图标后使用快捷键〈Ctrl+T〉，可以打开“标注默认设置”对话框。使用“线性”方式，选择“自定义高度”，将文本“高度”设为“3mm”，“标记大小”设为“2mm”，“自定义标注线长度”设为“1200mm”，其他按照默认设置，“新建收藏夹”并命名为“别墅-尺寸”，单击“确定”（图 14-5）。在信息框中，设置“几何方式”为“仅 X-Y”。

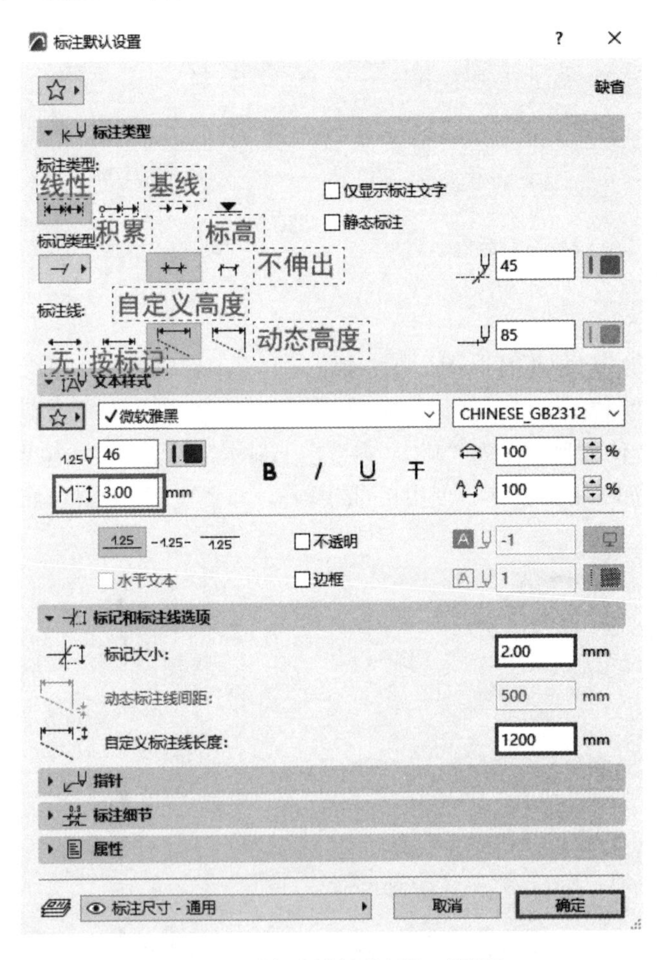

图 14-5 “标注默认设置”对话框

首先打开“辅助线”工具，从上方拖动 3 条水平辅助线，间距为“800mm”对尺寸线进行定位。将光标置于 1 号轴柱外侧边单击，然后再将光标置于 6 号轴柱外侧边单击，右击选择“确定”或按〈Backspace〉键，出现锤子符合后，将其移动到第一条辅助线处单击放置。如果当尺寸线与轴网标头距离过近时，可以拖动轴网标头的节点进行调整。继续标注第二道尺寸线，然后选中墙体，选择“文档>注释>自动标注>外部标注”，打开“自动标注”面板，仅勾选“标注洞口”，单击“确定”（图 14-6），绘制一条水平的标注方向线，再单击第三条辅助线，放置第三道尺寸。选中标注链与节点，可以在弹出式小面板中使用对应的编辑工具对标注进行修改，按住〈Ctrl〉键可以对标注链进行剪切，可以增加或删除标注节点。另外可以选中尺寸文本的节点，调整文本之间的位置，完成尺寸标注，如图 14-7 所示。

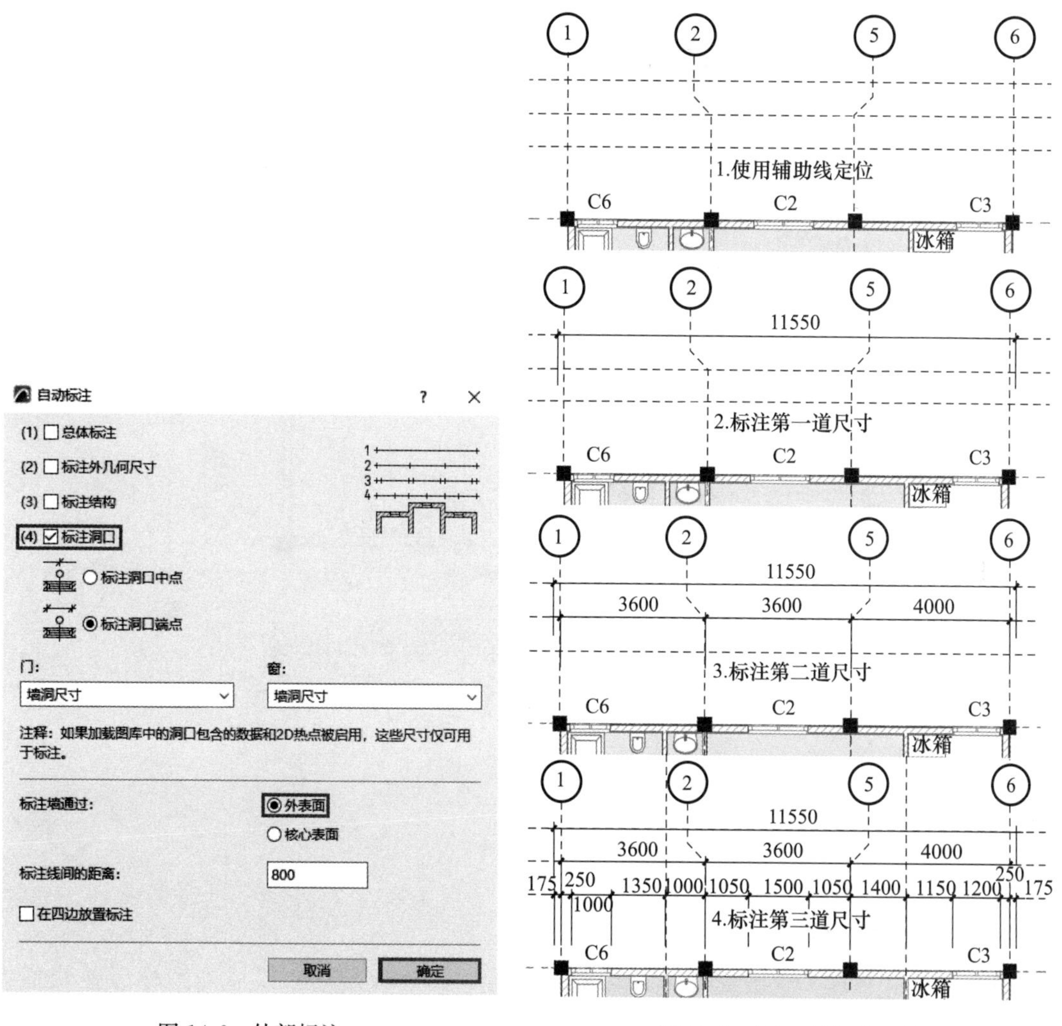

图 14-6　外部标注

图 14-7　标注“轴网尺寸”

提示： 标注过程中会出现参考点，圆形参考点表示“关联”，矩形参考点表示“静态”，放置标注后参考点消失。当有多个元素时，可以使用〈Tab〉键在它们之间进行选择标注。“线性”方式可以测量两个相邻参考点之间的距离，并将它们显示出来。“累积”方式的第一个参考点作为标注零点，标注值都将显示其他参考点和零点之间的距离。“基线”方式类似于“累积”方式，但其零点不被标记。“标高”标注剖面图/立面图/室内立面图及 3D 文档视图中的高度值。“自定义高度”可以设置标注线长度，“动态高度”可以设置标注线与相关联元素的间距。

继续标注另外三面尺寸，并对轴网标头和标注文本的位置进行调整，如图 14-8 所示。

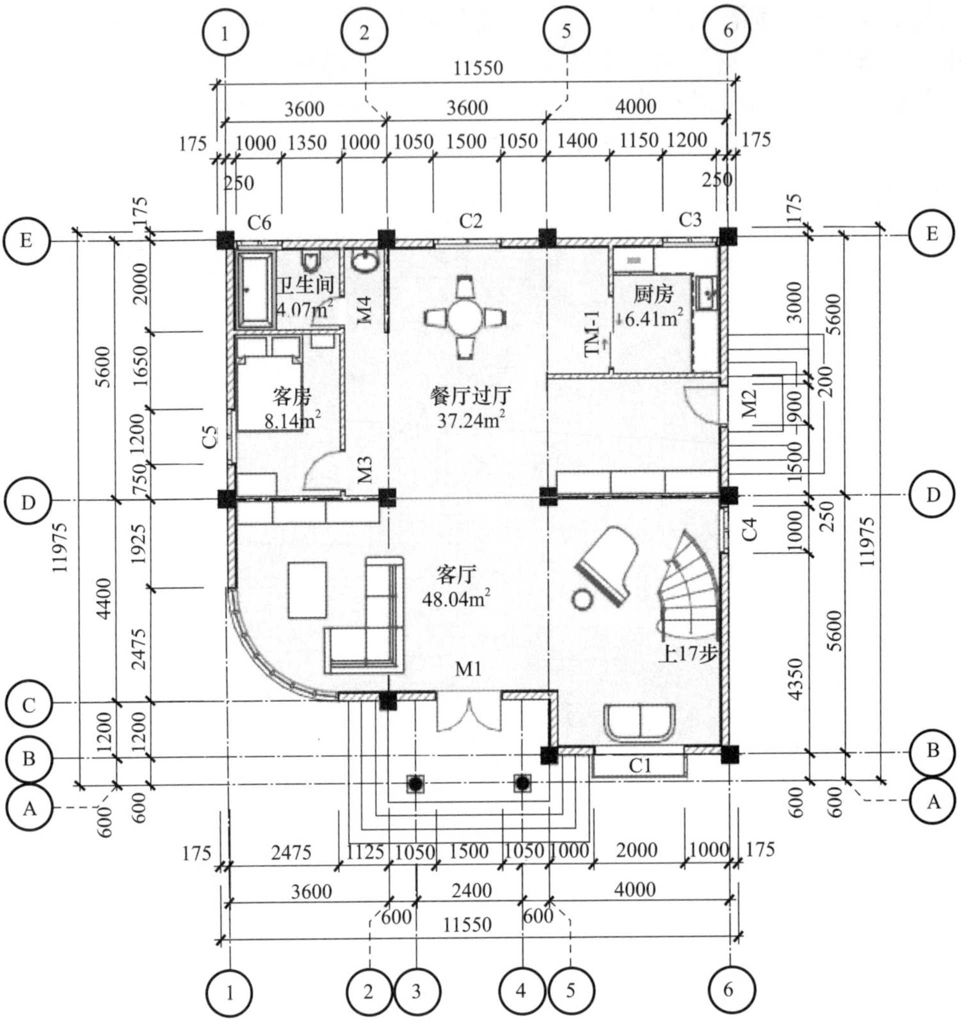

图 14-8 完成“1F 平面”的尺寸标注

14.2.2 层高标注

双击工具箱中的“楼层标高标注工具”图标 楼层标高标注 或单击图标后按快捷键〈Ctrl+T〉，可以打开“楼层标高标注默认设置”对话框。“标记类型”设为“空心三角形”，“标记大小”和“文本高度”都设为“3mm”，“文本内容”设为“单一值”，选择“有指示符”，“新建收藏夹”并命名为“别墅-层高”，单击“确定”（图 14-9）。分别单击室内、主入口平台和室外，放置楼层标高，如图 14-10 所示。

提示：“楼层标高标注工具”仅标注平面图上的高度值，而“标注工具”的“标高”仅标注剖面图/立面图/室内立面图及 3D 文档视图中的高度值。

室内与室外的层高标注样式需进行调整，选中室外标高，在信息框中，选择“无指示符”，“文本内容”设为“多行”，并输入“−0.600”。再选中室内标高，在信息框中，选择

“无指示符”，“文本内容”设为“多行”，并输入“0.010”，如图 14-11 所示。

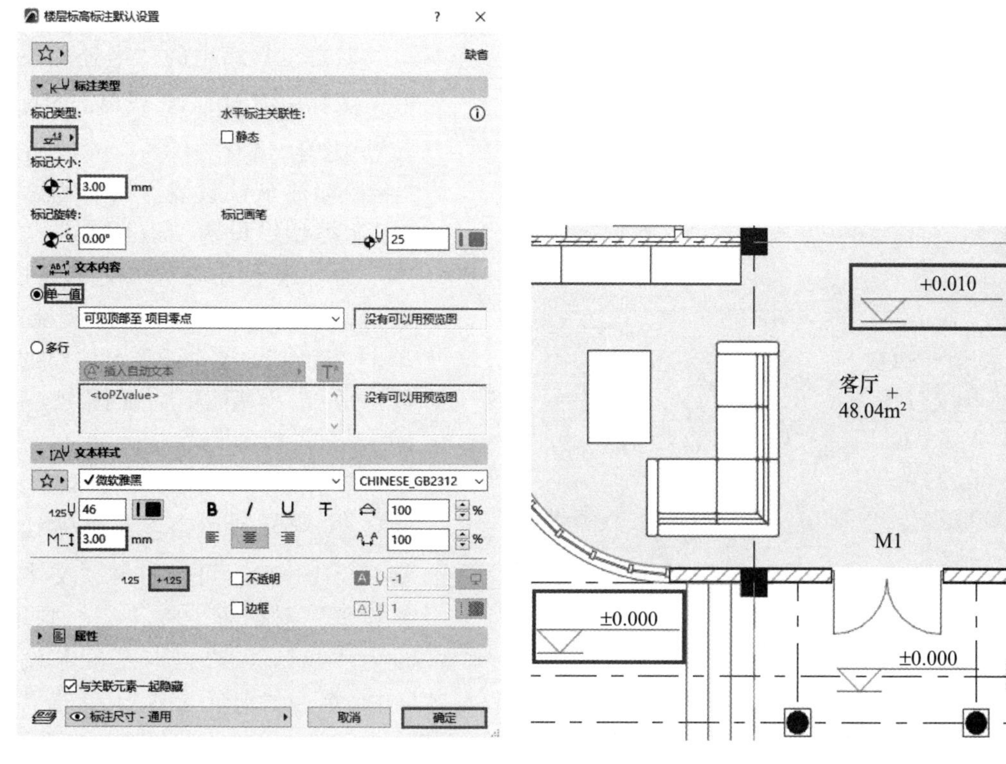

图 14-9 “楼层标高标注默认设置”对话框　　　　图 14-10 放置“楼层标高”

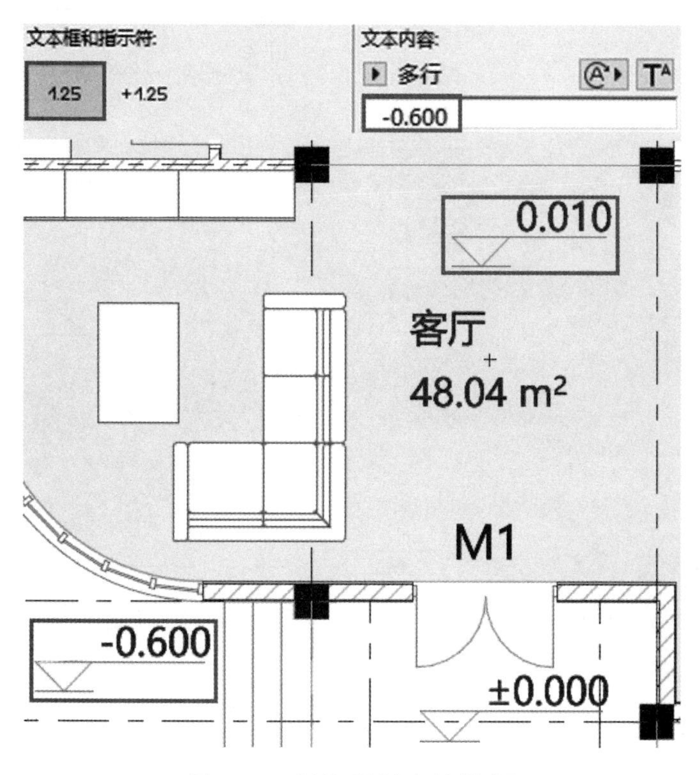

图 14-11 调整“层高标注样式”

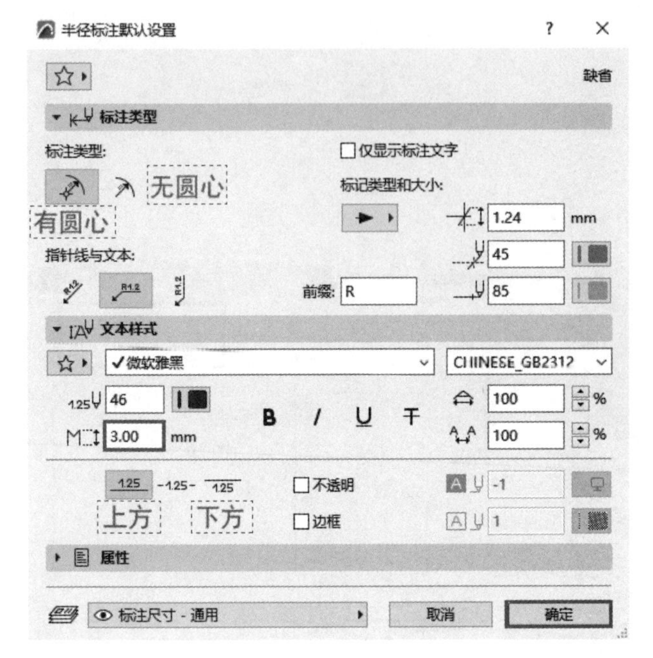

图 14-12 “半径标注默认设置”对话框

14.2.3 其他标注

双击工具箱中的“半径标注工具”图标 半径标注 或单击图标后按快捷键〈Ctrl + T〉，可以打开“半径标注默认设置”对话框。将“标注类型”设为“有圆心”，“文本”为“水平方向”，“文本高度”设为“3mm”，其他按照默认设置，单击“确定”。单击弧形幕墙窗的外缘，放置半径标注（图 14-12、图 14-14）。

双击工具箱中的“文本工具”图标 文本 或单击图标后按快捷键〈Ctrl＋T〉，可以打开“文本默认设置”对话框。将“文本画笔”设为“46”，“文本高度”设为“3mm”，不“加粗”，其他按照默认设置，“新建收藏夹”并命名为“别墅-文本”，单击“确定”，在弧形幕墙窗附近拖拽一个矩形框，输入“C8”，然后单击空白处，完成文字标注（图 14-13、图 14-14）。

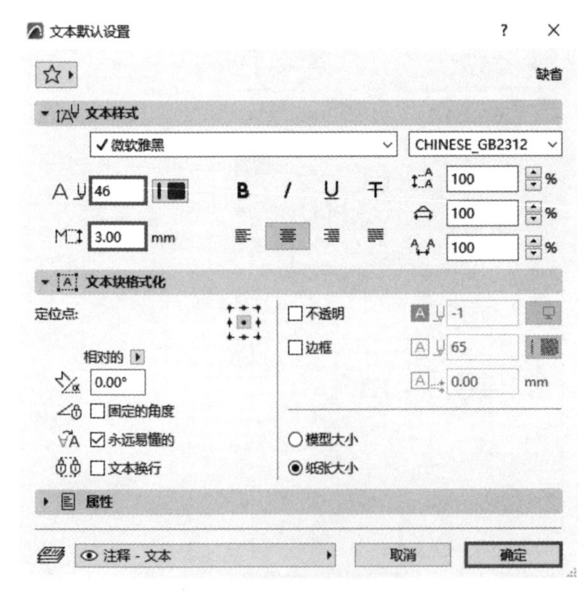

图 14-13 “文本默认设置”对话框

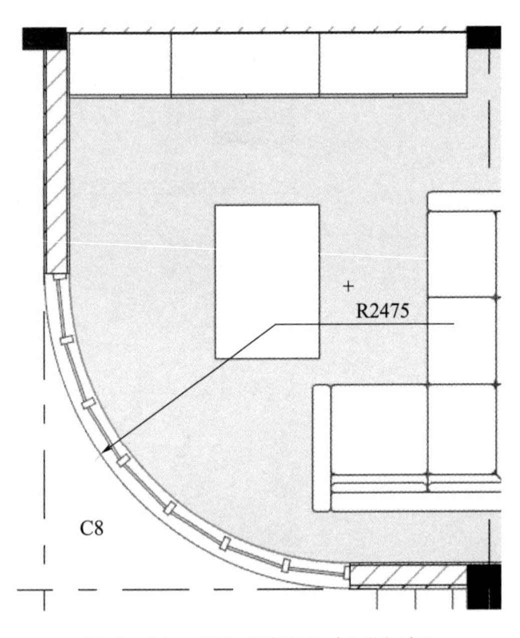

图 14-14 标注“半径”与“文本”

门窗标记文本也可以统一调整为“别墅-文本”。单击工具箱中的“窗工具”图标，按快捷键〈Ctrl＋A〉，选中全部窗，按快捷键〈Ctrl＋T〉，打开“窗选择设置”对话框，将“文本标记样式”设为“别墅-文本”，单击“确定”。使用相同的操作可以调整门的“文本标记样式”，完成1F平面标注（图14-15）。

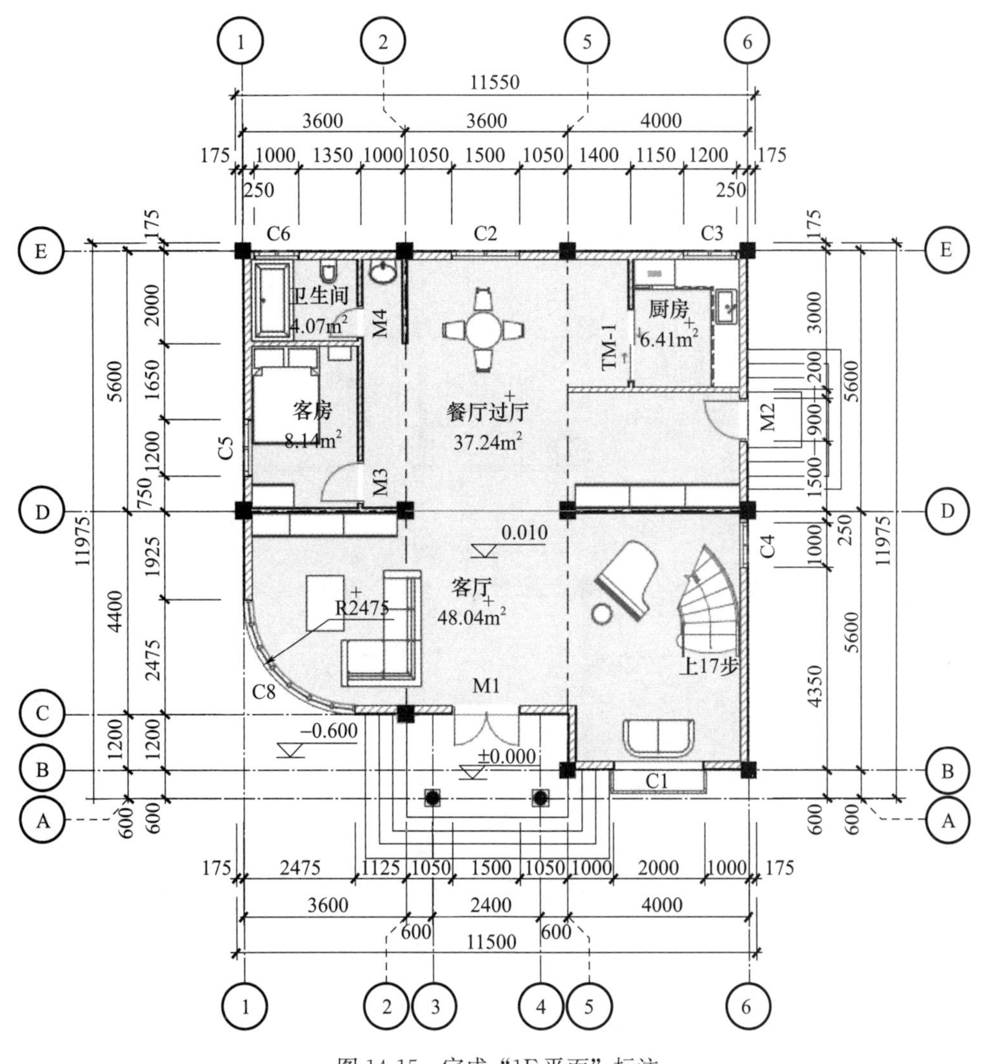

图14-15　完成“1F平面”标注

14.3　各层平面标注

14.3.1　“2F平面”标注

打开“14-2吕桥四层别墅-1F平面标注.pln”项目文件，切换到“2F”楼层平面视图。将门窗和楼梯的标记“文本画笔”设为“46”，“文本高度”设为“3mm”然后按上节步骤创建房间、布置家具并进行平面标注。

将“直线”设为“区域边框”，绘制直线将“客厅上空”与“起居室”空间分开。单击工具箱中的“区域工具”图标，在信息框中，选择“覆盖填充”为“背景”，并将“背景画笔”设为“背景视窗”。创建房间后，选择“客厅上空”区域，按快捷键〈Ctrl+T〉，打开“区域选择设置”对话框，不勾选“标准区域”面积。

使用“直线工具”可以为客厅上空区域添加符号，使用“半径标注”可以标注弧形楼梯的梯段和平台半径（图 14-16）。

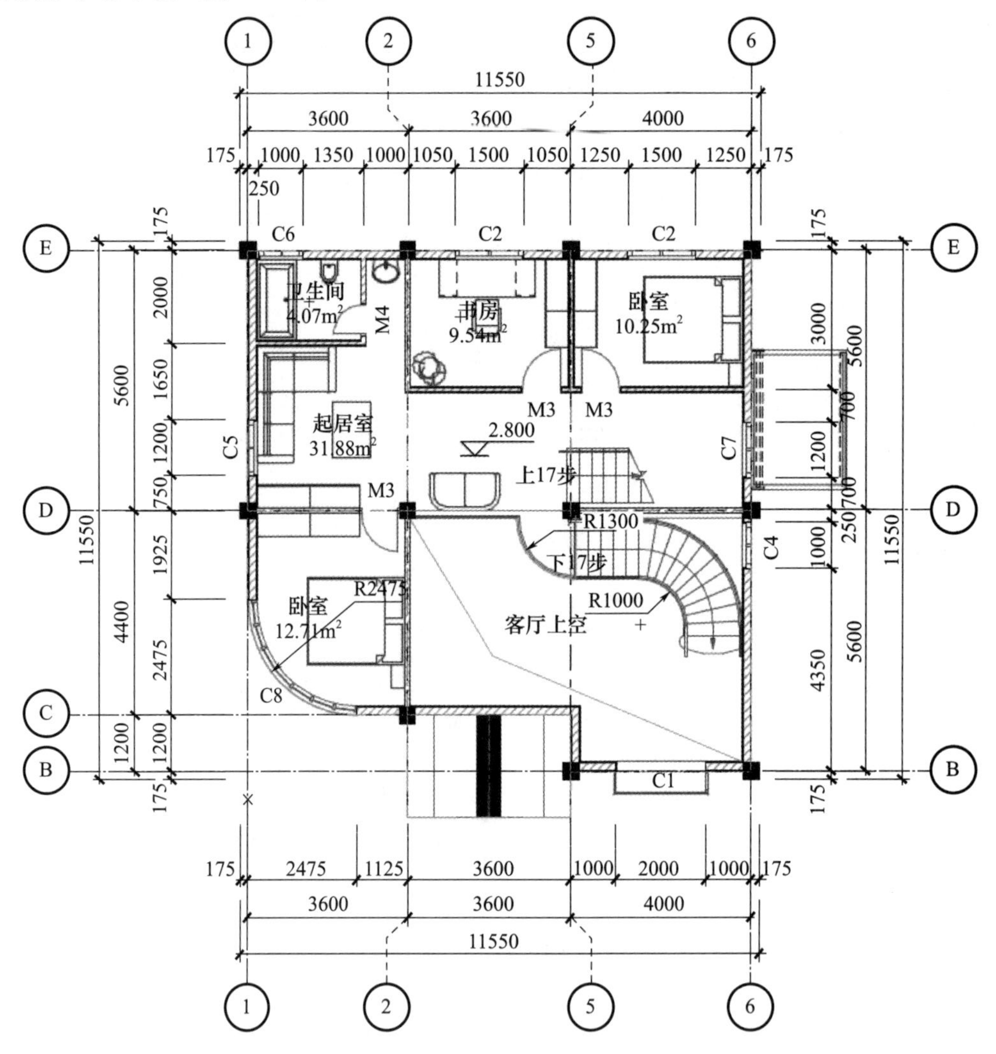

图 14-16 “2F 平面”标注

14.3.2 门廊与雨棚标高

选中主入口的门廊，在信息框中，将“平面图显示”设为“只显示轮廓”。选中次入口的雨棚，按快捷键〈Ctrl+T〉，打开“对象选择设置”对话框，在“2D 表现”面板中，将“2D 详细级别”设为“低”，单击“确定”。然后使用“楼层标高标注工具”标注门廊和雨棚的标高，如图 14-17 所示。

14.3.3　标注其他平面

对3F平面进行标注，阳台排水坡度可以使用带箭头的“直线工具”创建，如图14-18所示。

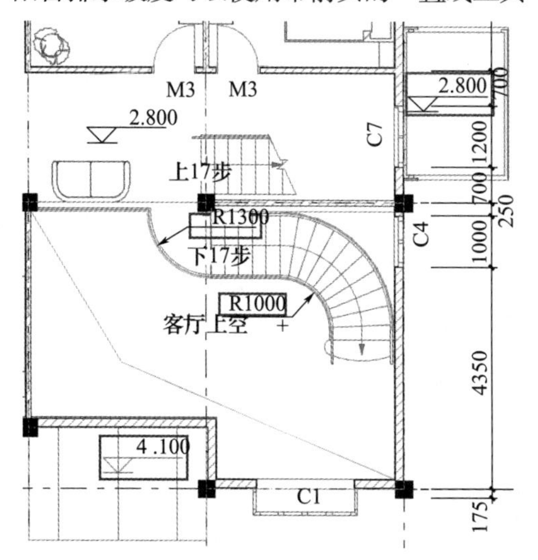

图14-17　标注“门廊和雨棚的标高”

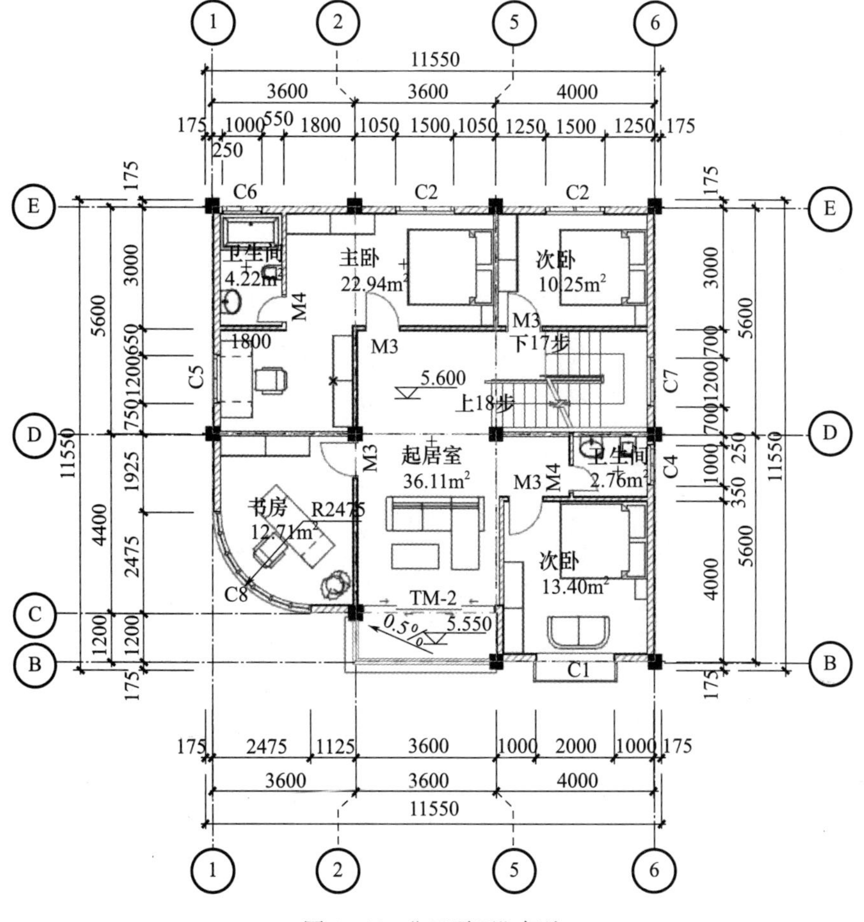

图14-18　“3F平面”标注

切换到“4F”楼层平面视图，选中屋顶，在信息框中，将“平面图显示”设为“投影”，然后进行标注，如图 14-19 所示。

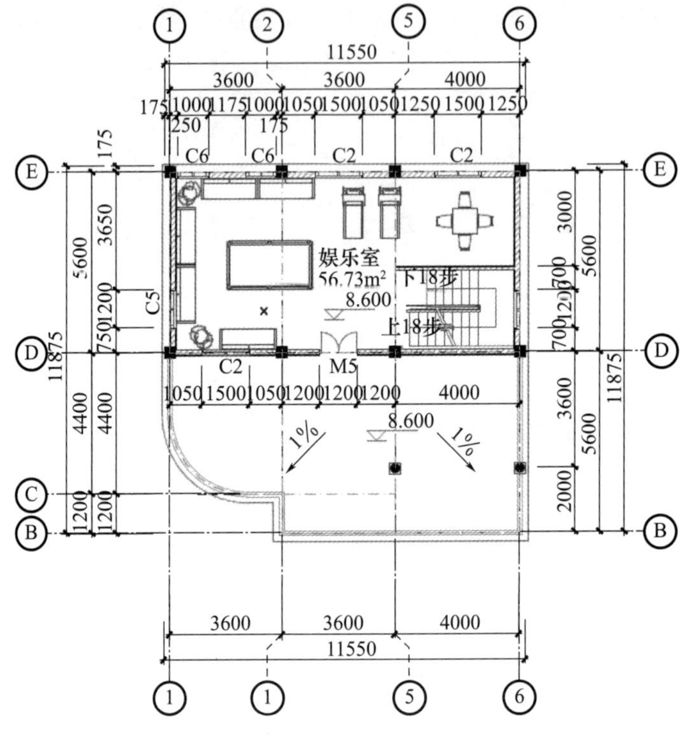

图 14-19 “4F 平面”标注

切换到“屋顶层”平面视图，选择“文档>水平剪切平面”，打开“水平剪切平面设置”对话框，将“剪切平面高度”设为“1900mm”，单击“确定”。分别选中大屋顶和老虎窗屋顶，在信息框中，将“覆盖填充”设为“背景”。选中大屋顶，右击，在上下文菜单中选择“显示顺序>置于顶层”，然后进行标注，如图 14-20 所示。

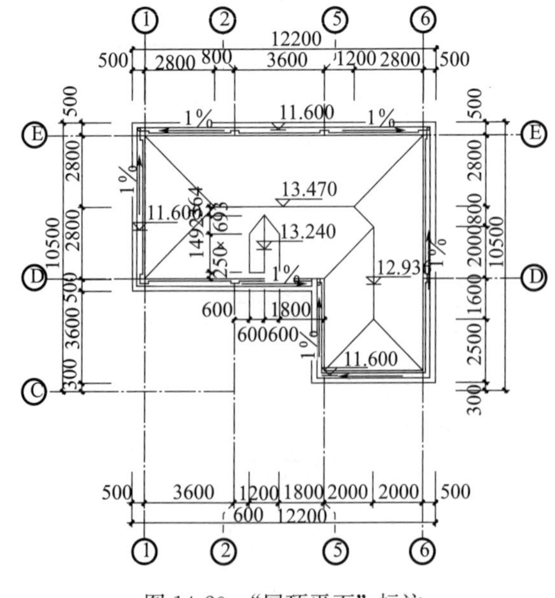

图 14-20 “屋顶平面”标注

14.4　立面标注

14.4.1　南立面标注

打开“14-3 吕桥四层别墅-各层平面标注.pln”项目文件，切换到“南立面”视图。选择“文档＞图层＞图层”（快捷键〈Ctrl＋L〉），打开“图层”面板，“新建”图层并命名为“室外-配景”，“新建”图层组合并命名为“11 立面-方案”，在该组合中将“室外-配景”图层设为关闭状态，单击“确定”（图 14-21）。选中室外的植物、车和人，将它们置于“室外-配景”图层，进行隐藏（图 14-22）。

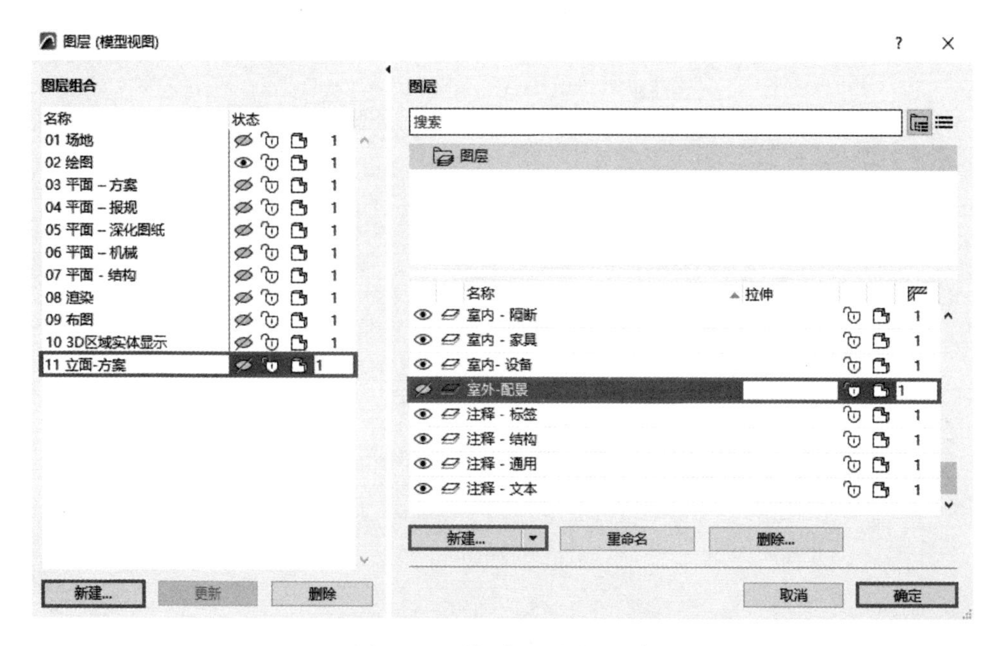

图 14-21　“新建”图层及组合

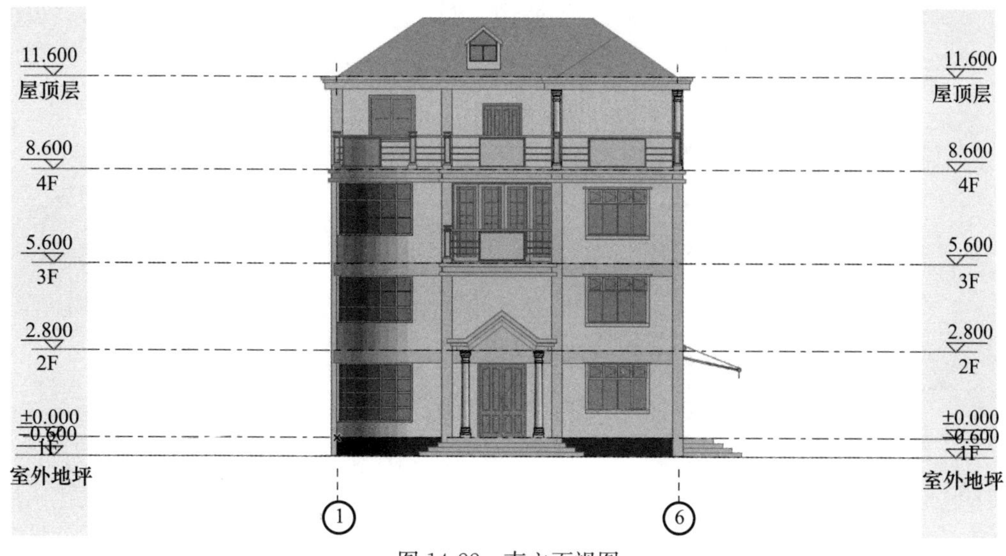

图 14-22　南立面视图

在项目树状图中，单击“属性”面板下方的“设置”，打开“立面图选择设置”对话框，将“未剪切填充”设为“无”，勾选“统一未剪切画笔”，将“未剪切线画笔”设为“1号”，单击“确定”（图 14-23、图 14-24）。

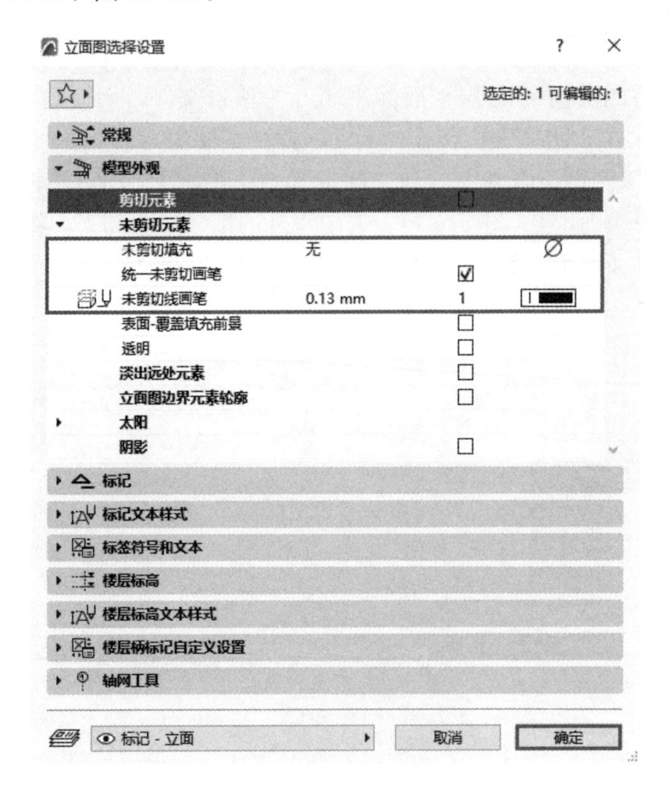

图 14-23 “立面图选择设置”对话框

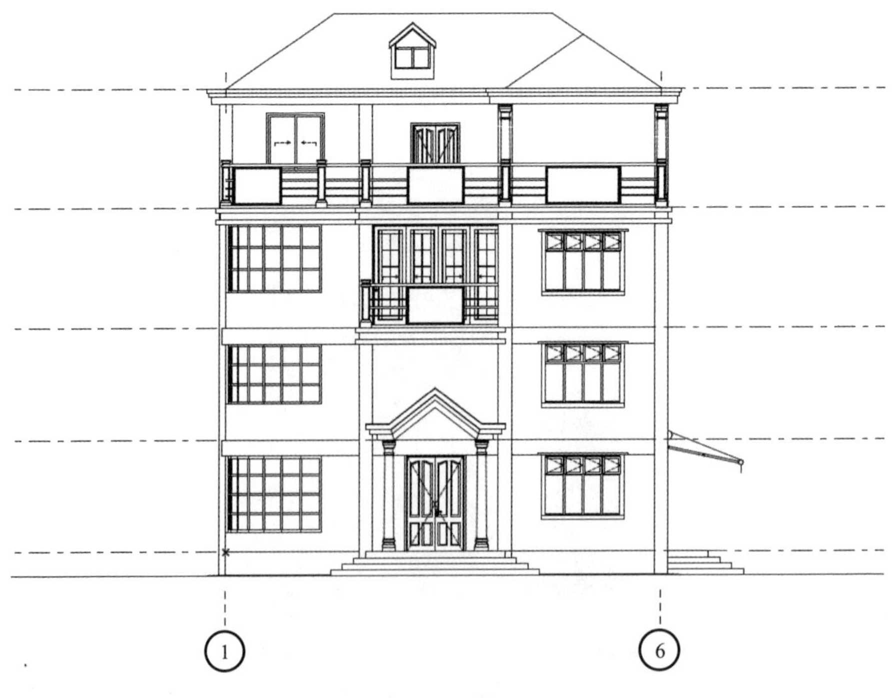

图 14-24 调整“南立面视图”的显示样式

双击工具箱中的“标注工具”图标，打开“标注默认设置”对话框。使用“线性”方式，在立面两侧分别标注两道尺寸线。使用“标高”方式，标注立面层高并对关键元素的标高进行标注，“新建收藏夹”并命名为“别墅-标高”，如图 14-25 和图 14-26 所示。

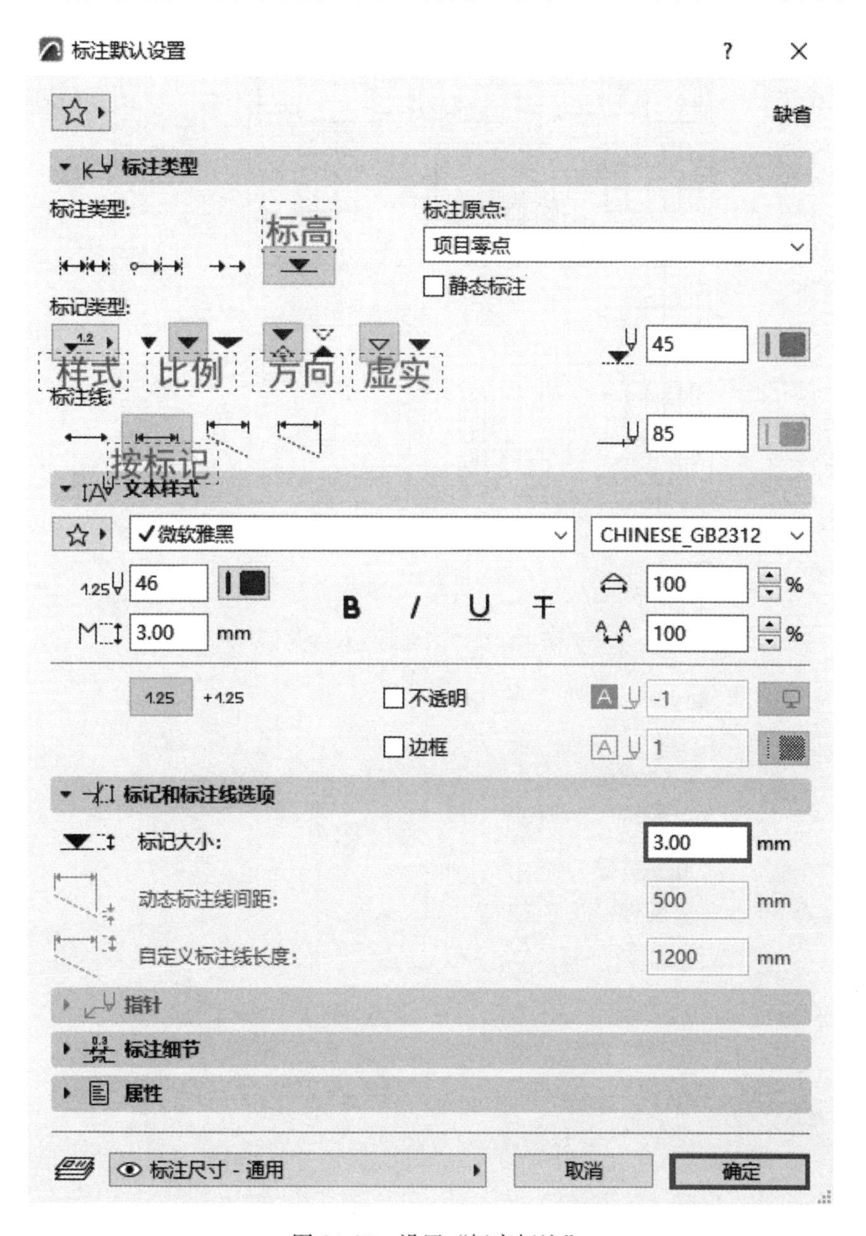

图 14-25 设置“标高标注”

双击工具箱中的“标签工具”图标 A1 标签 或单击图标后使用快捷键〈Ctrl+T〉，可以打开“标签默认设置”对话框。使用“文本/自动文本”类型，文本样式使用“别墅-文本”，使用“指针”，设为“实心圆形箭头”，“大小”为“1mm”，“线画笔”和“箭头画笔”都设为“1 号”，在“文本标签”面板中，单击“清除文字”，“新建收藏夹”并命名为“别墅-标签”，单击“确定”（图 14-27）。对屋顶材质进行标注“砖红色琉璃瓦”，使用弹出式小面板适当调整文字位置，如图 14-28 所示。

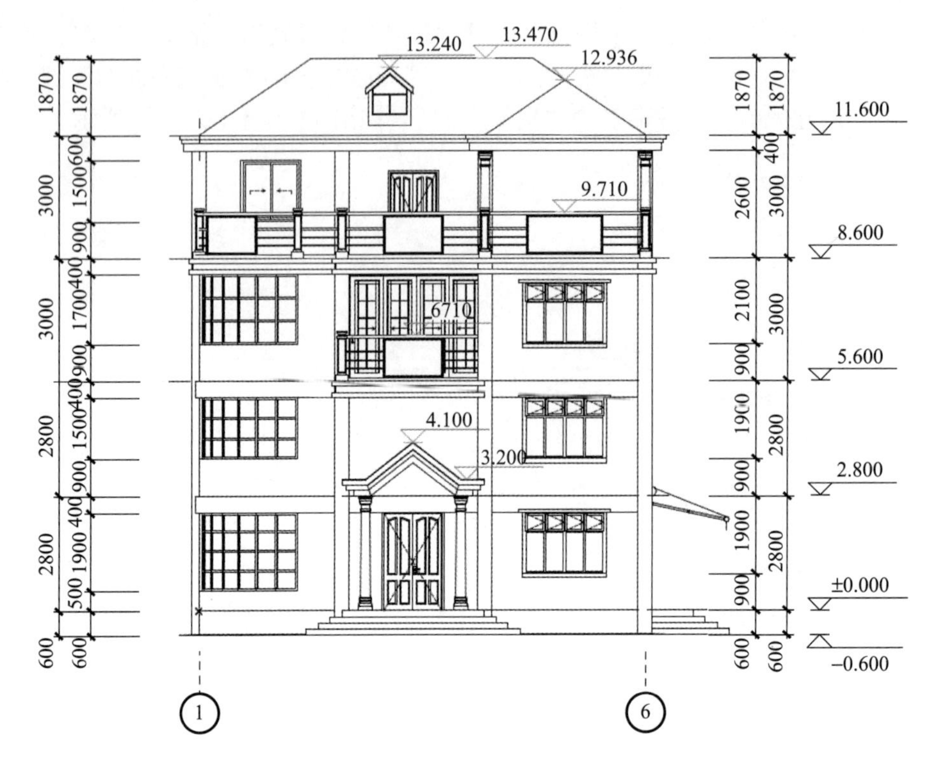

图 14-26　标注“南立面”尺寸与标高

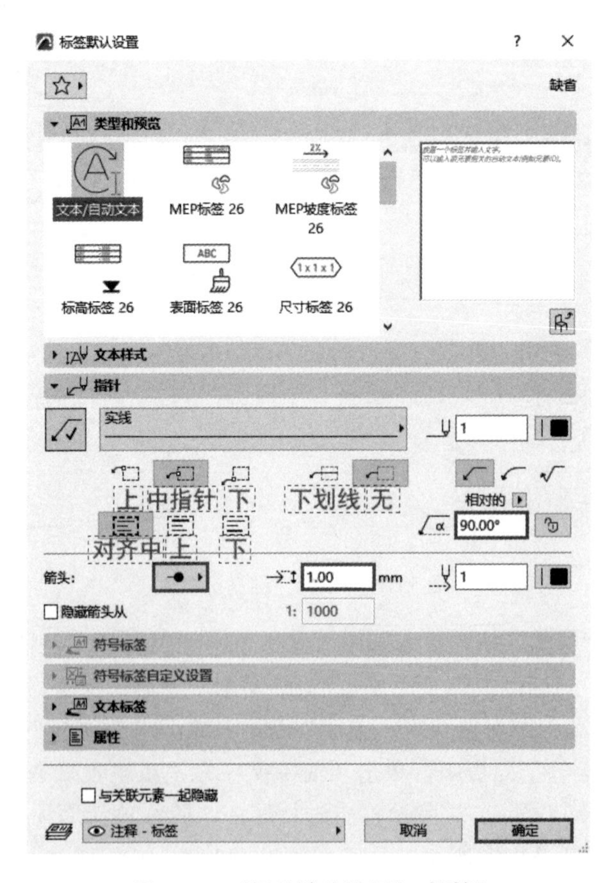

图 14-27　“标签默认设置”对话框

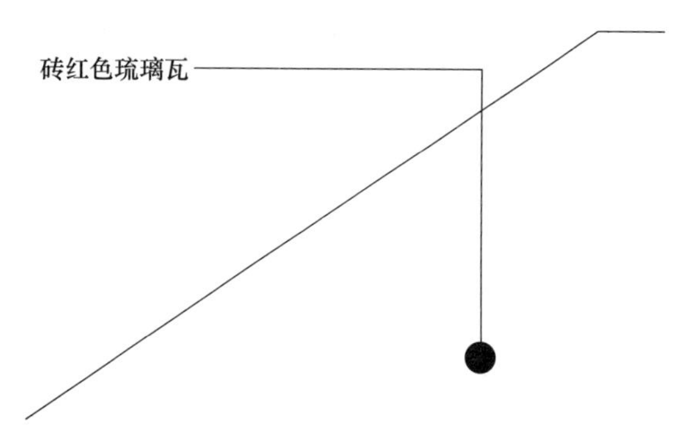

图 14-28　标签标注

单击工具箱中的“标签工具”图标，在信息框中，将“几何方法”设为“详细”，分别标注墙体外表面材质为“米色磨砂瓷砖”、檐口线脚和梁外表面材质为“白色防水涂料”、勒脚外表面材质为“红色花岗岩”，并适当调整文字位置。单击工具箱中的“填充工具”图标 填充，在信息框中，将“几何方法”设为“多边形”，“填充类别”设为“绘制填充”，“填充类型”设为“前景”，“填充画笔”与“轮廓画笔”都设为“1 号”，在引线适当位置绘制半径为“50mm”的实心圆形，再将其复制到其他相关位置，如图 14-29 所示。

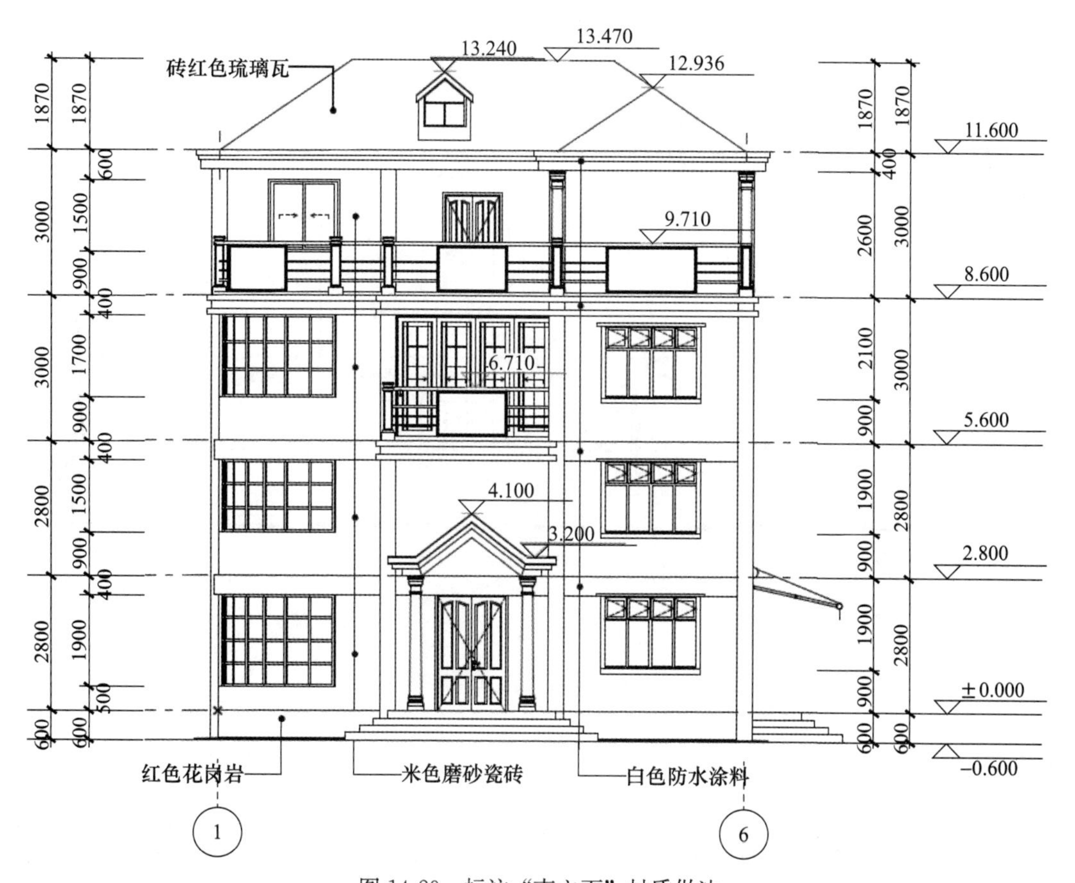

图 14-29　标注“南立面”材质做法

单击工具箱中的“填充工具”图标，在信息框中，将“几何方法”设为“矩形”，“填充画笔”与“轮廓画笔”都设为“1 号”，在室外地坪线下方处，绘制厚度为“100mm”的

“立面基线”，如图 14-30 和图 14-31 所示。

图 14-30 填充工具创建“立面基线”

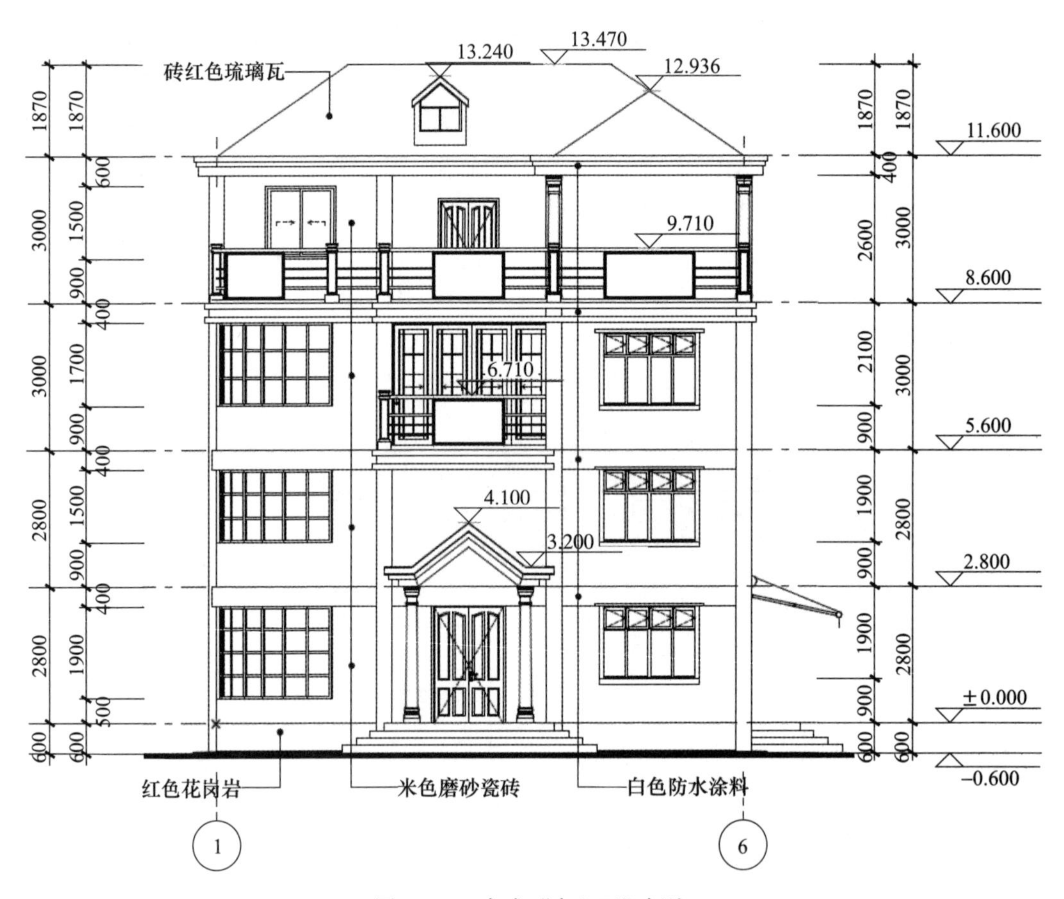

图 14-31 完成“南立面”标注

14.4.2 标注其他立面

设置“北立面”的“未剪切填充”为“统一画笔-颜色填充-无阴影”，勾选“统一未剪切画笔”，将“未剪切线画笔”设为“1 号”，勾选“表面-覆盖填充前景”。设置“东立面”的“未剪切填充”为“表面-颜色填充-无阴影”，勾选“统一未剪切画笔”，将“未剪切线画笔”设为“1 号”，勾选“表面-覆盖填充前景”。设置“西立面”的“未剪切填充”为“表面-纹理填充-无阴影”，勾选“统一未剪切画笔”，将“未剪切线画笔”设为“1 号”，勾选

“表面-覆盖填充前景”。再分别调整立面轴号的显示，然后对北立面、东立面与西立面进行标注与注释，如图 14-32～图 14-34 所示。

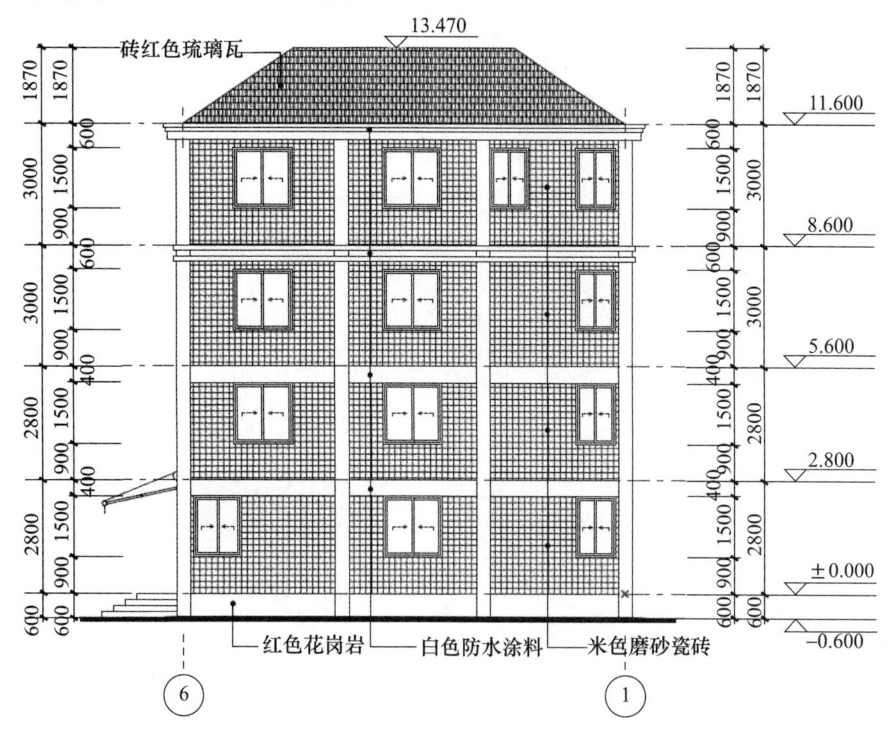

图 14-32　标注“北立面”

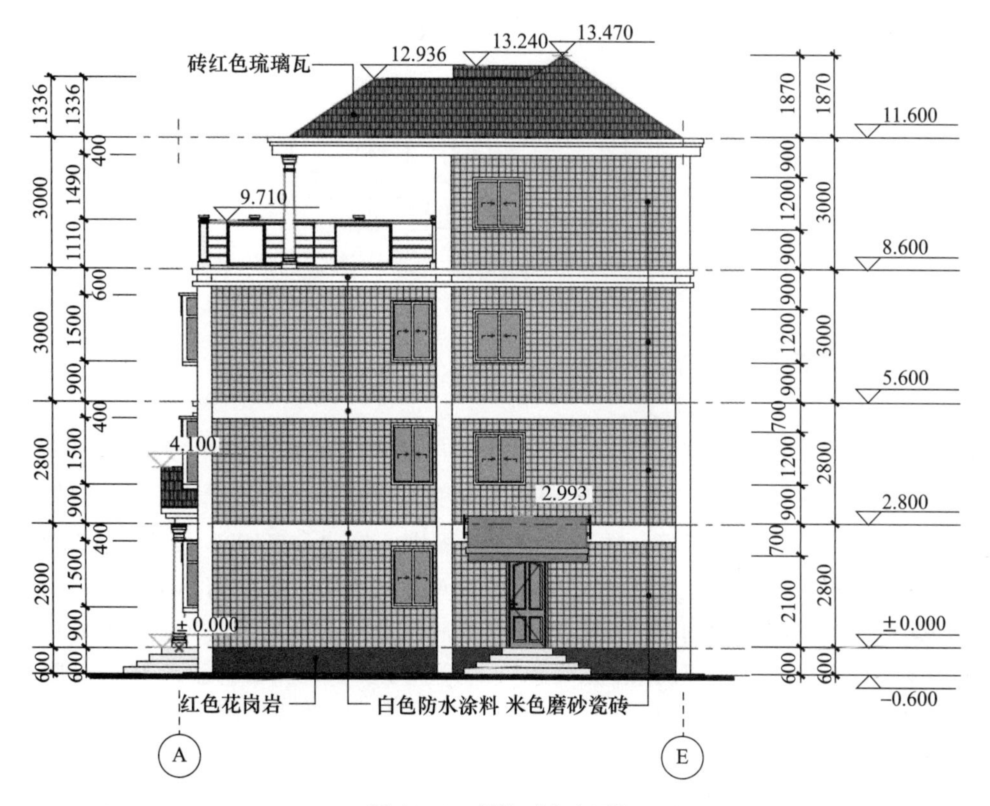

图 14-33　标注“东立面”

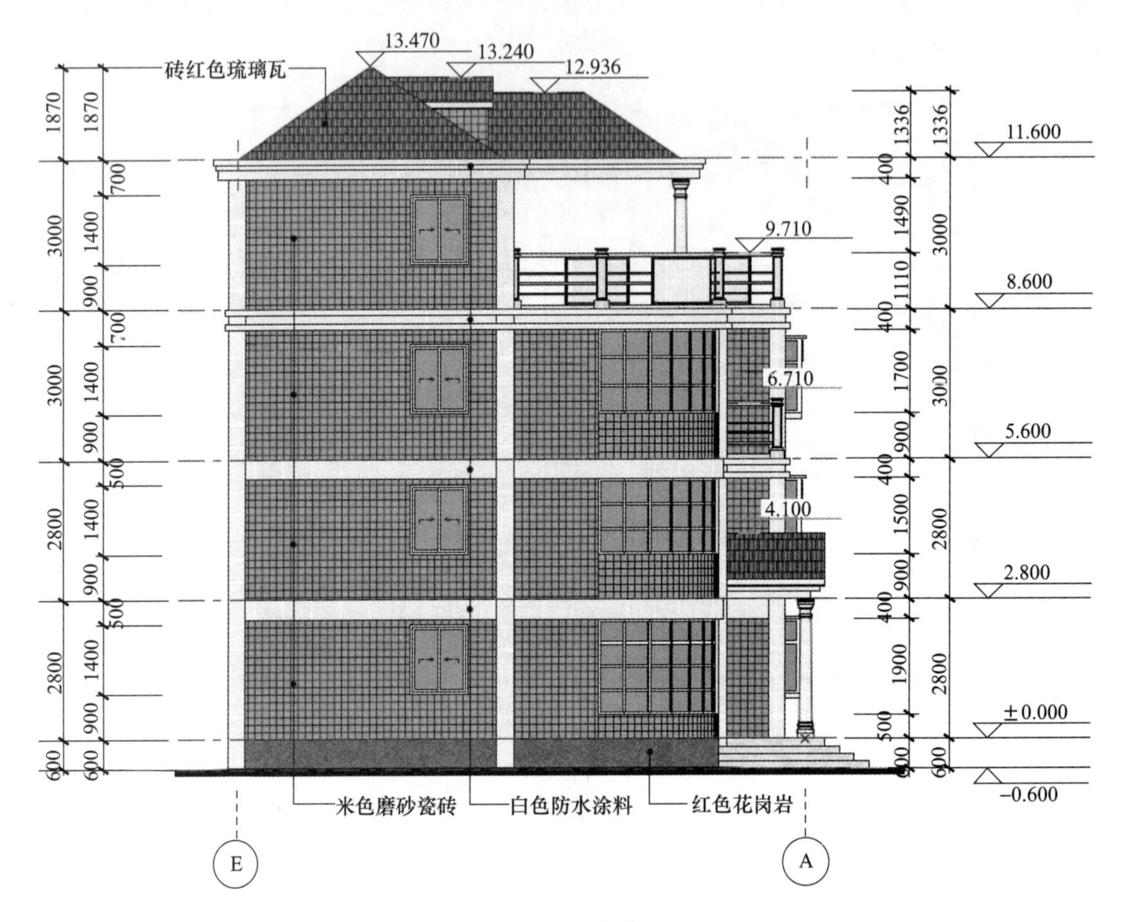

图 14-34 标注“西立面”

14.5 剖面标注

14.5.1 创建剖面

打开“14-4 吕桥四层别墅-立面标注.pln”项目文件，切换到“1F”楼层平面视图。双击工具箱中的“剖面图工具”图标 剖面图 或单击图标后使用快捷键〈Ctrl+T〉，可以打开“剖面图默认设置”对话框。在“常规”面板中，将“参考 ID”设为“A”，“水平范围”和“垂直范围”都设为“无限”。在“模型外观”面板中，将“剪切填充”设为“统一表面-颜色填充-无阴影”，勾选“统一剪切画笔”，将“剪切线画笔”设为“1 号”；将“未剪切填充”设为“统一画笔-颜色填充-无阴影”，勾选“统一未剪切画笔”，将“未剪切线画笔”设为“1 号”。在“标记”面板中，设置“分段的”长度为“0”，加载“向日葵剖切号”，并将“标记大小”设为“8mm”，勾选“统一标记画笔”，将“画笔”设为“1 号”。在“轴网工具”面板中，选择“1F”楼层的轴网显示，不勾选“标注线”。其他按照默认参数设置，单击“确定”（图 14-35）。

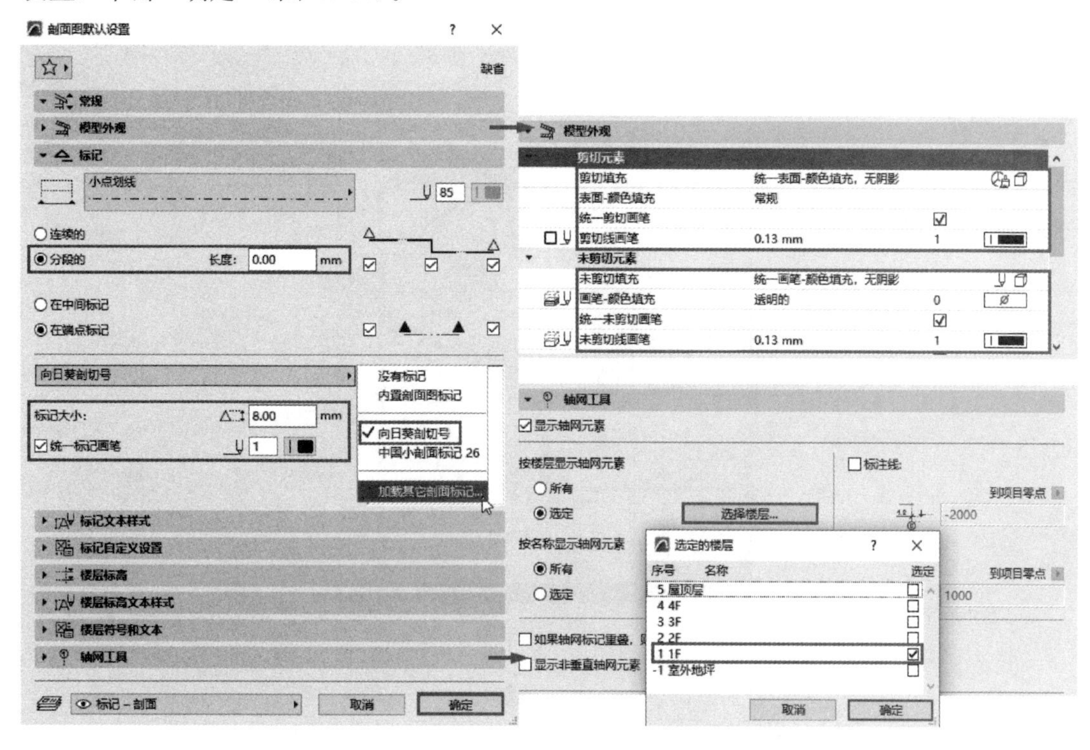

图 14-35　“剖面默认设置”对话框

绘制水平方向的剖切线，使其经过两跑楼梯，出现眼睛图标后单击剖切线上方，由南向北观察，如图 14-36 所示。

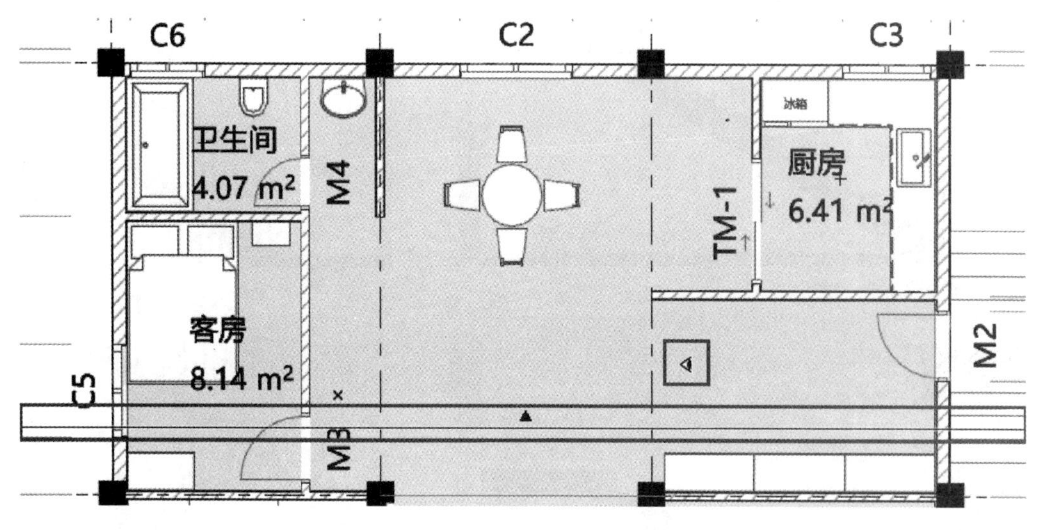

图 14-36　绘制“剖切线”

在“项目树状图”中，双击打开 A 剖面视图，适当调整轴网标头的位置，如图 14-37 所示。

14.5.2　剖面标注

使用“标注工具”对剖面进行标注。按住〈空格〉键，选中楼梯的尺寸标注，在信息框中，将“字高”设为“2mm”，将“文本内容”设为“多行”并输入“165×11=1815”（图14-38），将楼梯的尺寸标注全部改为“踏步高×踏步数=梯段高”（取整数值）的样式，如图14-39所示。

图14-37 “A—A”剖面图

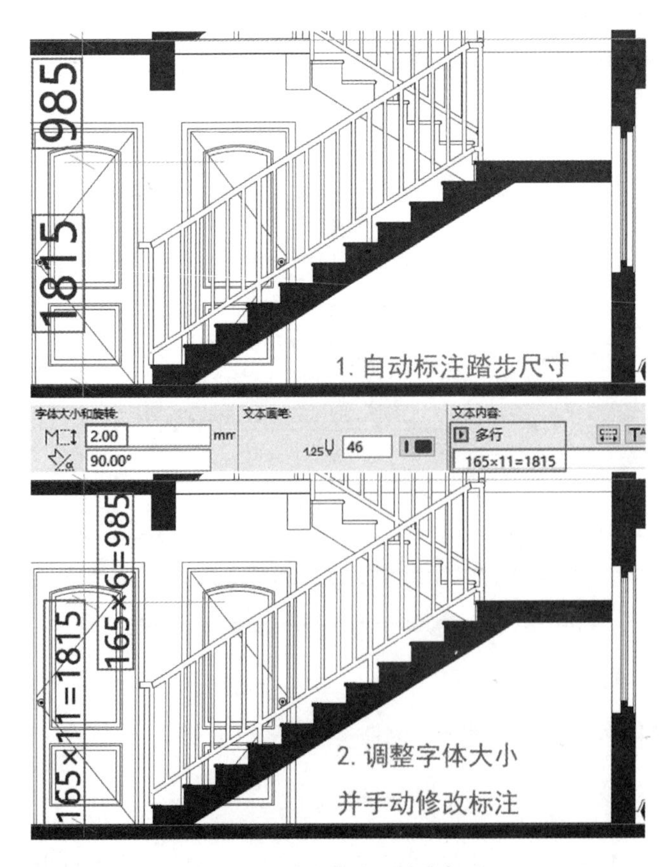

图14-38 手动修改“踏步标注”

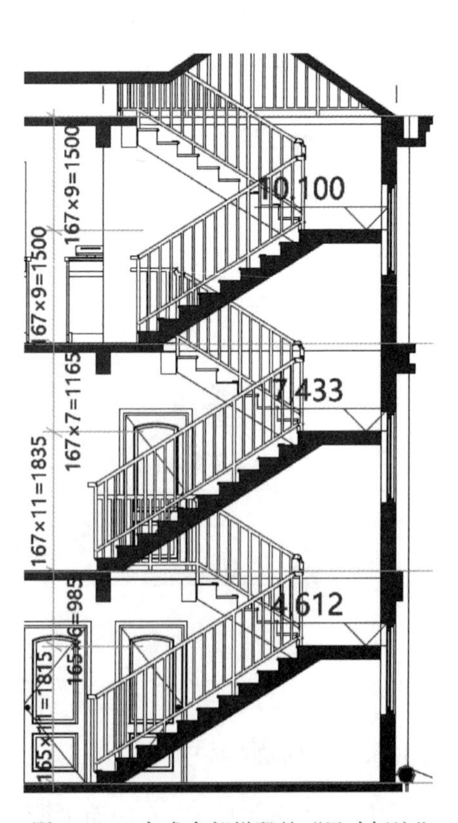

图14-39 完成全部梯段的“尺寸标注”

提示：双击工具箱中的“对象工具”图标，打开“对象默认设置”对话框，可以加载“向日葵标高符号”，勾选“引线”，设置“字高”为“3mm”，“笔号”为“46 号”，单击“确定”（图 14-40），可以像使用“标注工具”一样对标高进行标注。另外，“向日葵标高符号”可以标注平面图和立面图的标高。

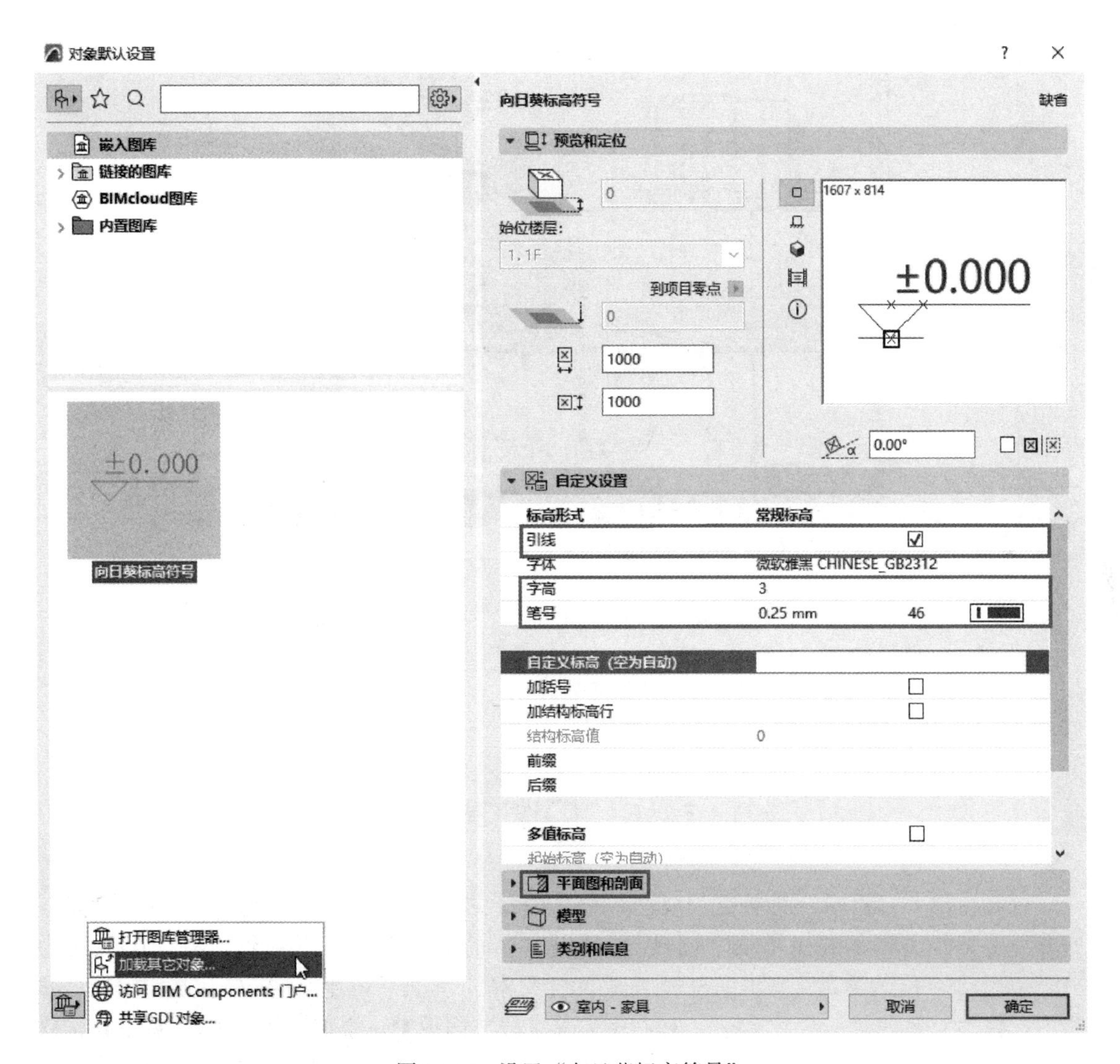

图 14-40 设置“向日葵标高符号”

单击工具箱中的“填充工具”图标，在信息框中，将“几何方法”设为“矩形”，“填充画笔”与“轮廓画笔”都设为“1 号”，在室外地平线下方处，绘制厚度为“100mm”的“剖面基线”，如图 14-41 所示。

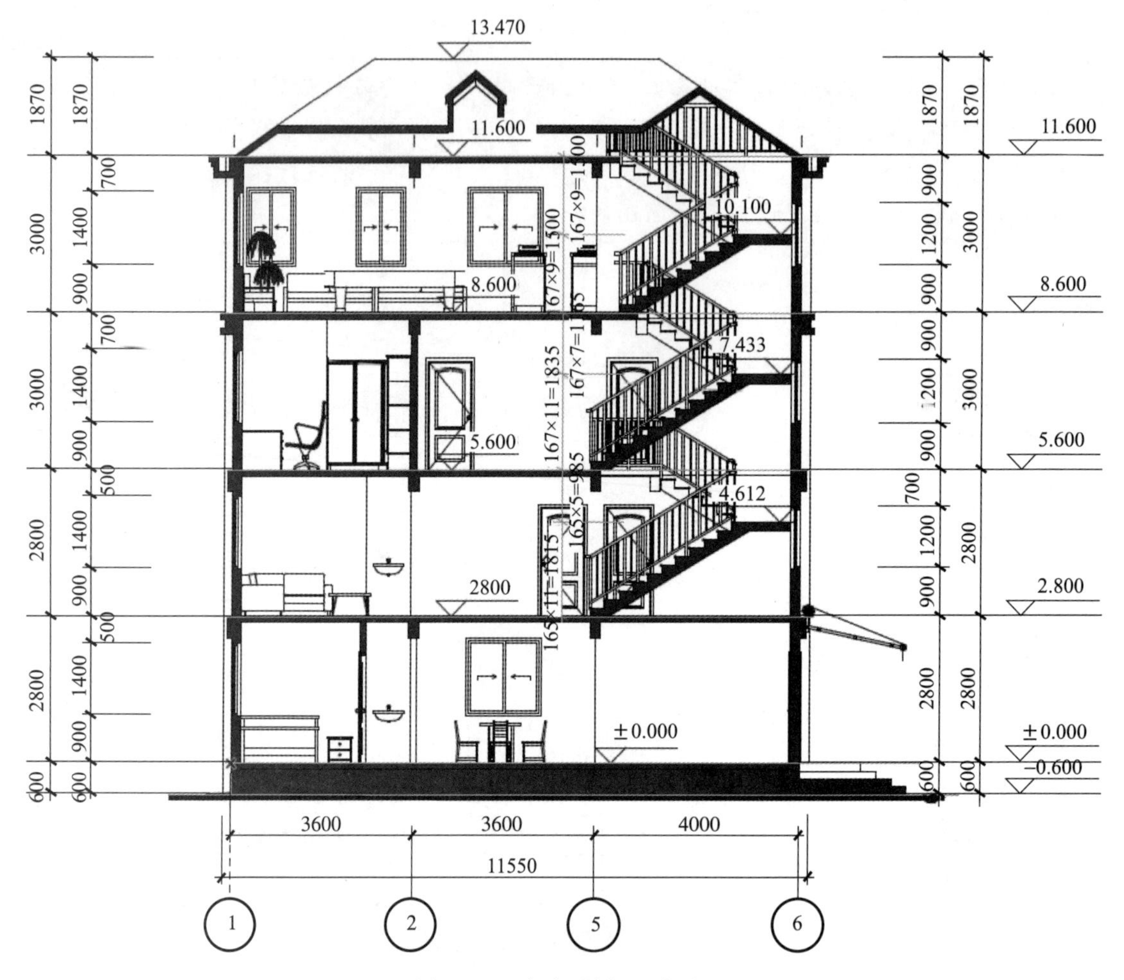

图 14-41　完成“剖面”标注

14.6　门窗清单

打开“14-5 吕桥四层别墅-剖面标注 . pln”项目文件，选择“文档＞清单＞方案设置”，打开“方案设置”面板。单击“新建”，打开“新的清单方案”对话框，将“ID”设为“IES-06”，“名称”设为“门明细表”，类型为“元素”，单击“确定”。在右上方“标准”面板中，将“元素类型”设为“门”。在右下方“字段”面板中，添加“元素 ID、宽、高、数量、3D 前视图、自定义文本 1 和自定义文本 2”字段，拖动其左侧箭头⇕可以调整前后位置，单击“数量”自段的“总计”图标 Σ ，不使用“自定义文本 1”的排序，单击“确定”(图 14-42)。

在“项目树状图”中，双击“清单＞元素＞门明细表”，打开“门明细表”视图，单击其左上方的“单元尺寸设定”按钮 ... ，打开“清单单元大小”对话框，单击“调整行距以符合内容”，单击“确定”，也可以手动调整单元的大小，如图 14-43 所示。

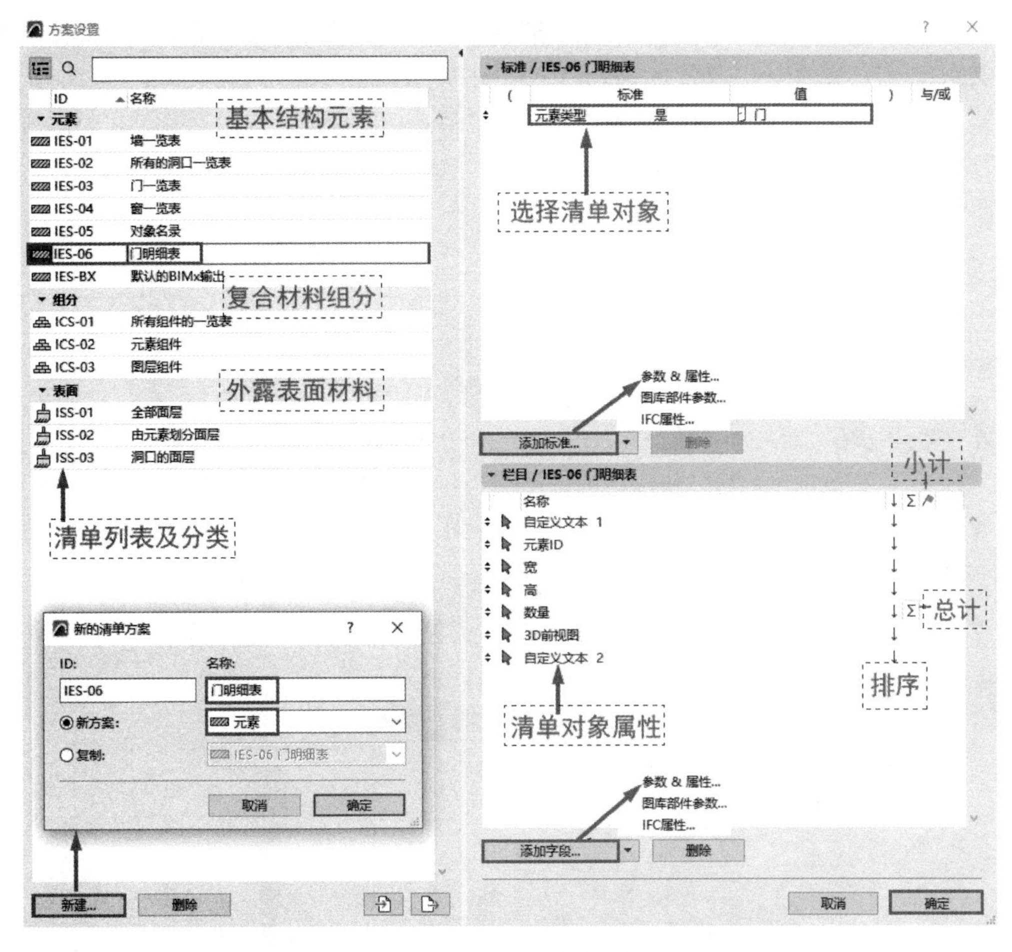

图 14-42 设置“清单方案”

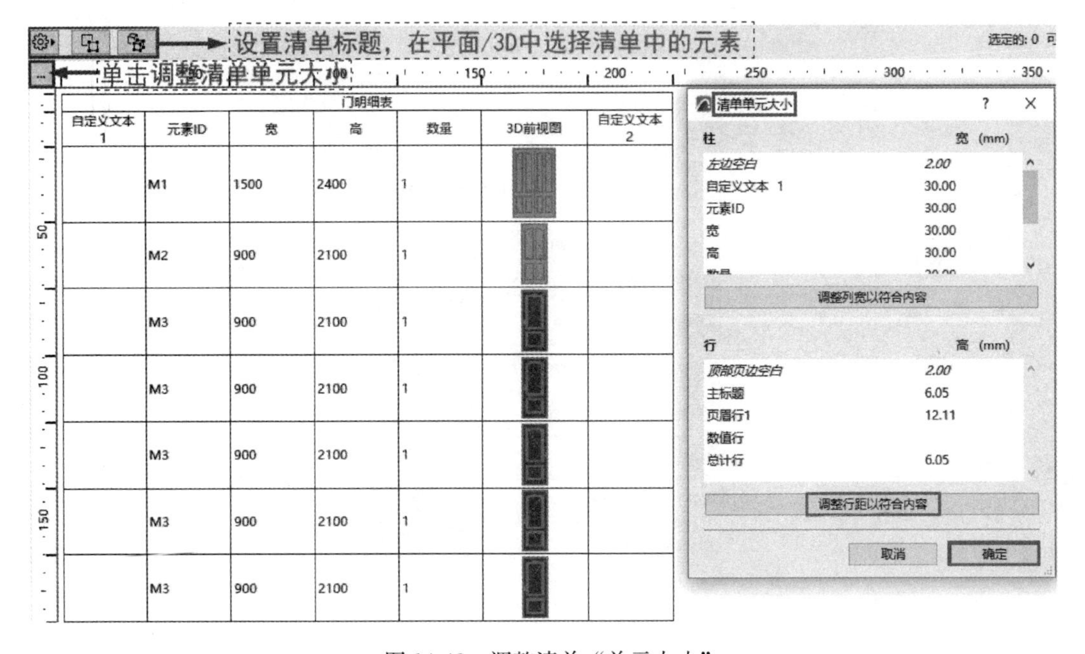

图 14-43 调整清单“单元大小”

在“格式选项”面板中，勾选“合并项目”。在门明细表中，将“自定义文本 1”改名为“类别”，将“元素 ID”改名为“设计编号”，将“自定义文本 2”改名为“备注”。按住〈Shift〉键，选择“宽”与“高”字段后，单击“清单标题选项”按钮，在弹出列表中单击“在上面插入合并标题单元格”，并命名为“门洞口”，如图 14-44 所示。

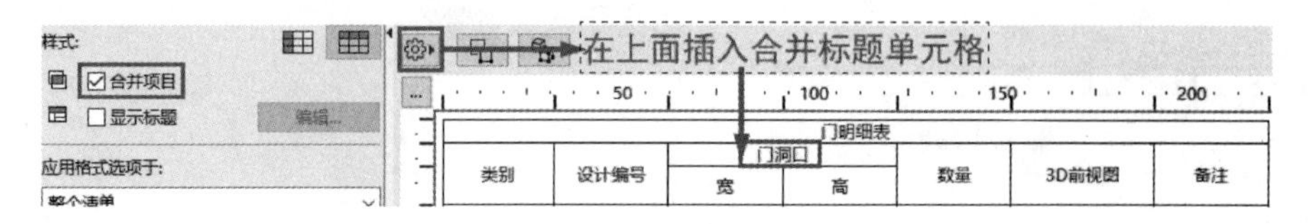

图 14-44　修改门明细表的“字段”名称

在“格式选项”面板中，将“整个清单”的“文本样式”设为“别墅-文本”，“字高”设为“4mm”。根据图纸内容，修改门的“类别”和“备注”内容，如图 14-45 所示。

复制门明细表的方案，将“元素类型”设为“窗”，可以创建窗明细表，如图 14-46 所示。

提示： C8 窗是通过幕墙创建，所以窗明细表无法统计，需要另外处理。

样式:
合并项目
显示标题
编辑...
应用格式选项于:
整个清单
行高: 29.00 mm
文本样式
✓微软雅黑　CHIN...312
4.00 mm　46
100 %
100 %
100 %
文本换行
预览
边界
单元格边框:
实线　1
打印页脚& 修改格式
启动打印页脚　编辑
撤销/重复
格式修改:

门明细表						
类别	设计编号	门洞口		数量	3D前视图	备注
		宽	高			
金属防盗门	M1	1500	2400	1		成品
金属防盗门	M2	900	2100	1		成品
胶合板门	M3	900	2100	8		详浙 86SJ-0921
胶合板门	M4	700	2100	4		详浙 86SJ-0921
金属防盗门	M5	1200	2100	1		成品
塑钢推拉门	TM-1	1600	2400	1		甲方订制
塑钢推拉门	TM-2	3400	2600	1		
				17		

图 14-45　完成“门明细表”的创建

窗明细表						
类别	设计编号	门洞口		数量	3D前视图	备注
		宽	高			
塑钢推拉窗	C1	2000	1500	3		窗台高度900mm
塑钢推拉窗	C2	1500	1500	8		窗台高度900mm
塑钢推拉窗	C3	1200	1500	1		窗台高度900mm
塑钢推拉窗	C4	1000	1400	3		窗台高度900mm
塑钢推拉窗	C5	1200	1400	4		窗台高度900mm
塑钢推拉窗	C6	1000	1500	5		窗台高度900mm
塑钢推拉窗	C7	1200	1200	3		窗台高度900mm
				27		

图 14-46　窗明细表

15 详图设计

详图是对建筑局部的详细表达，由于一般建筑平立剖面图的比例尺不能够清楚准确地表示建筑物细部构造，必须绘制较大比例尺的细部详图作为建筑平立剖面图的补充。建筑详图通常包括：①表示局部构造的详图，如墙身大样和楼梯详图等；②表示房屋设备的详图，如卫生间和厨房的布置及构造等；③表示房屋特殊装修部位的详图，如吊顶详图和铺地详图等。

Archicad 详图也是三维模型的“映射”或者“衍生物”。Archicad“详图工具”可以在平/立/剖面图、室内立面图、3D 文档、工作图和详图中进行详图标记，以从模型中生成详图视点或者放置链接的详图标记，再与其他详图进行链接。Archicad 详图一般为二维图形，同时具有三维属性，它也可以从模型中进行更新，这样可以提高显示效率并便于编辑。用户使用“详图工具”可以对 BIM 模型的构件或局部进行表达，并按照制图规范的要求完善绘制细节，以满足施工图设计的要求。

本章通过创建别墅项目的楼梯详图、门廊详图与老虎窗详图，讲解 Archicad 详图设计的基本流程与详图工具的使用方法。

本章学习目的：

（1）熟悉建筑详图的制图规范；

（2）理解详图索引视图与主视图的关系；

（3）掌握详图索引的创建与编辑方法；

（4）掌握详图视图的标注方法。

手机扫码
观看教程

15.1 “2F 楼梯”详图

15.1.1 创建详图

打开“14-6 吕桥四层别墅-门窗清单 . pln”项目文件，切换到 2F 楼层平面视图，双击工具箱中的“详图工具”图标 详图 或单击图标后按快捷键〈Ctrl+T〉，可以打开“详图默认设置”对话框。将“名称”设为“2F 楼梯详图”，选择“创建新的详图视点”，将“以标记参考”设为“该视点”，勾选“仅复制结构元素”，在“标记”面板中，选择“内置详图标记”，“标记大小”设为“10mm”，“字高”设为“2mm”，其余按照默认设置，单击“确定”（图 15-1）。

在信息框中，将“几何方式”设为“矩形”。在 2F 楼梯位置由左上角向右下角拖拽光标，绘制矩形索引框，出现锤子图标后，单击矩形索引框右上方适当位置放置索引标头（图 15-2），此时在“项目树状图”中生成“D-01 2F 楼梯详图”，可以双击将其打开（图 15-3）。

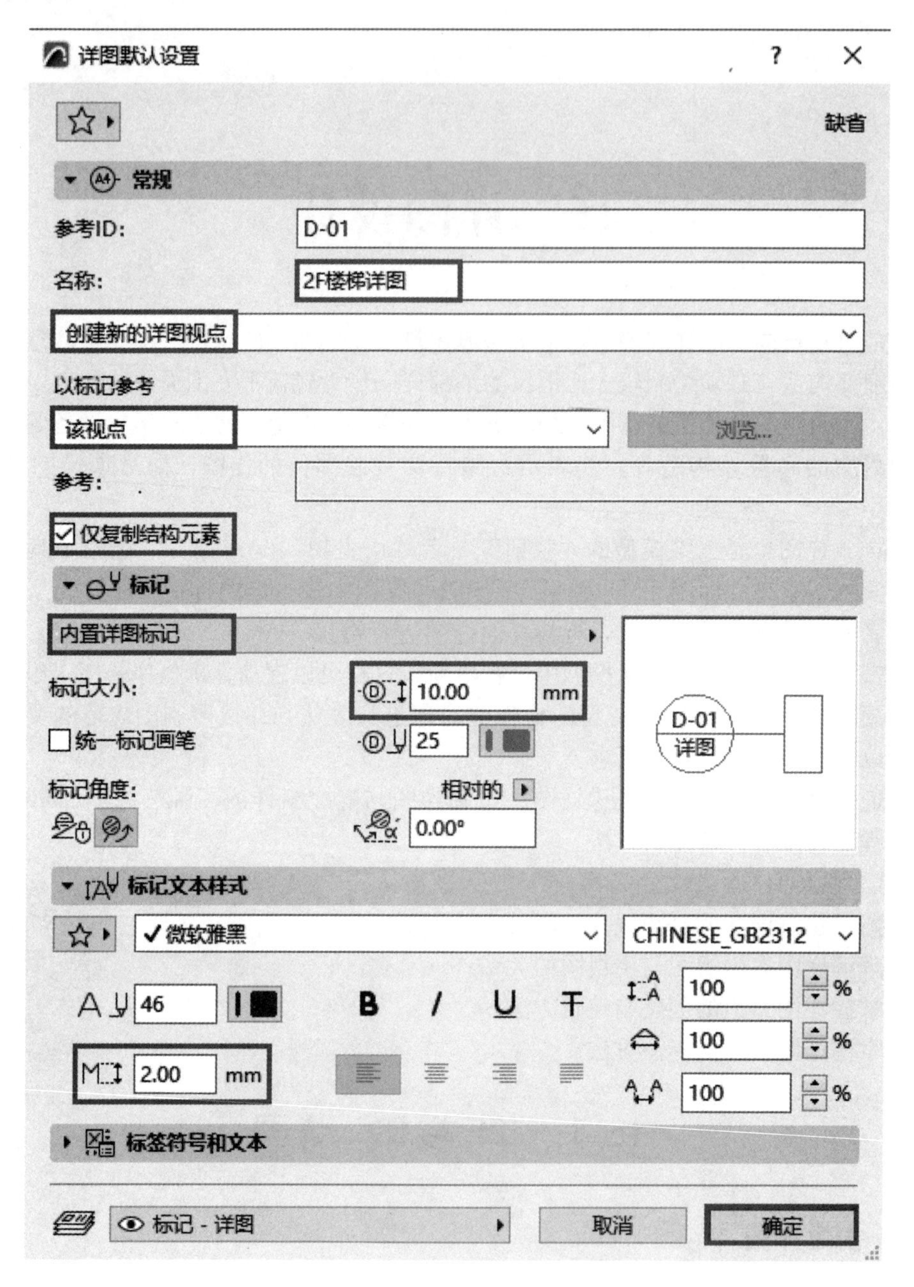

图 15-1 “详图默认设置”对话框

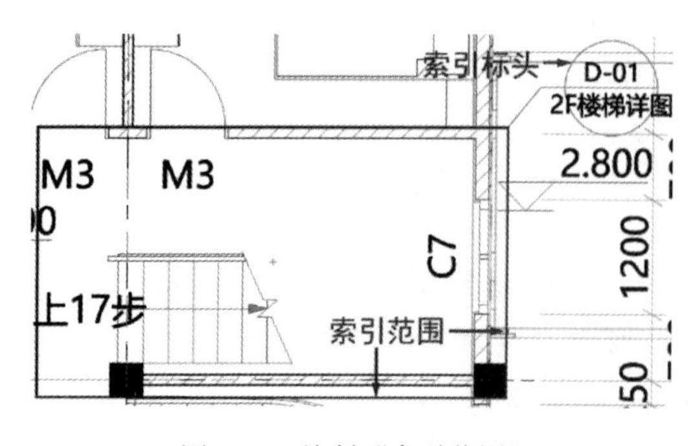

图 15-2 绘制“索引范围”

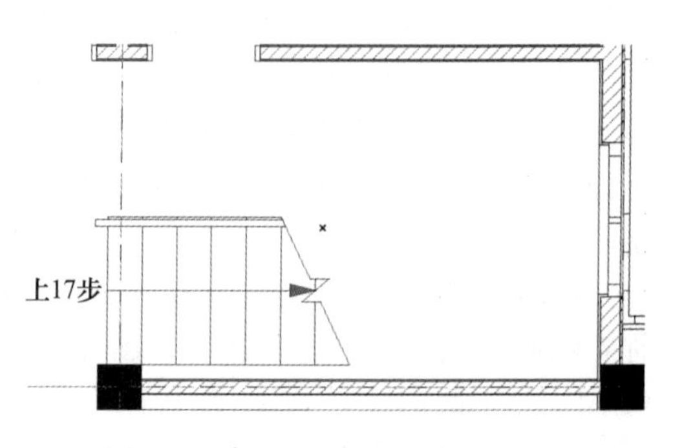

图 15-3 打开“2F 楼梯详图”视图

15.1.2 注释符号

双击工具箱中的“对象工具”图标，打开“对象默认设置”对话框。加载“向日葵轴号”，将“直径”设为“10mm”，“引线长度”设为“2000mm”，“字体”设为“微软雅黑”，“字高”设为“4mm”，“在楼层上显示”设为“仅始位楼层”，“符号线画笔”设为“1 号”，将“ID”设为“5”，放置到“注释-通用”图层，单击“确定”（图 15-4）。

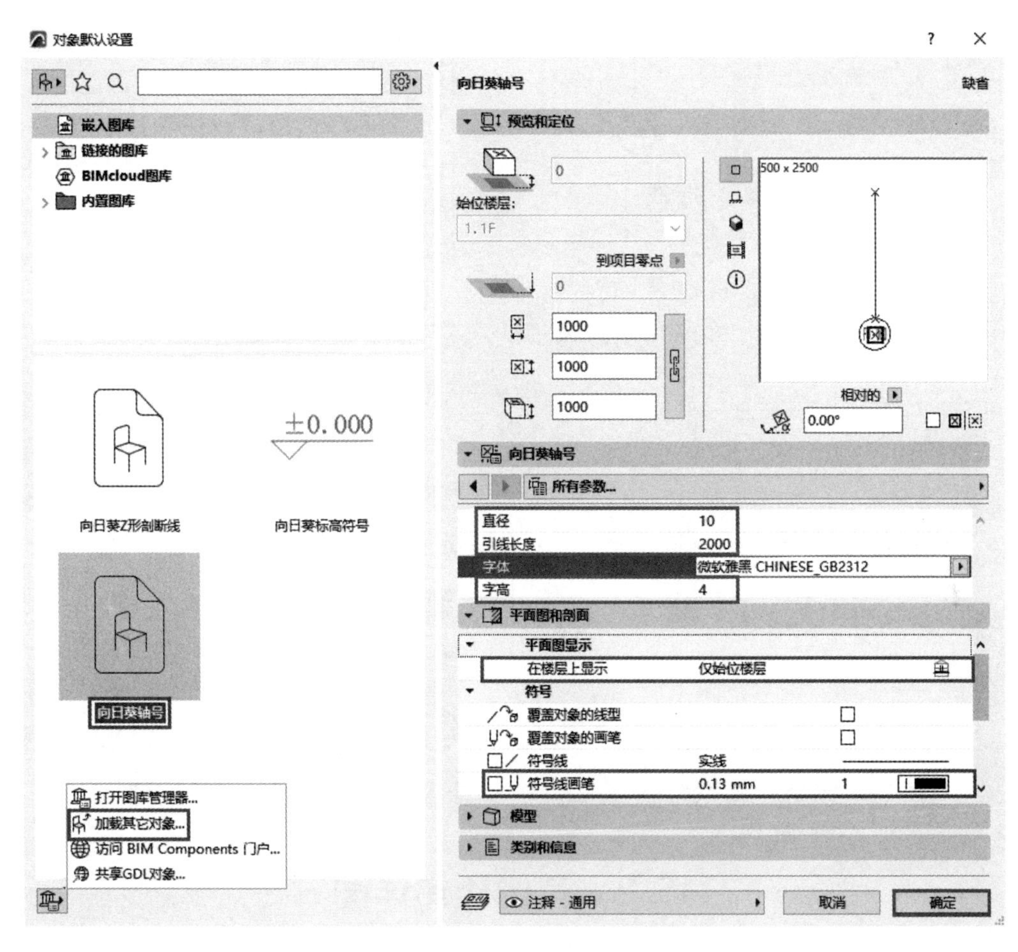

图 15-4 “对象默认设置”对话框

将轴号放置到 5 号轴处并适当调整位置，再单击该轴号，使用弹出式小面板的移动和旋转工具，按〈Ctrl〉键出现“+”，分别复制另外两根轴线，在信息框中，将“ID”分别设为“6”和“D”，并放置到对应位置，如图 15-5 所示。

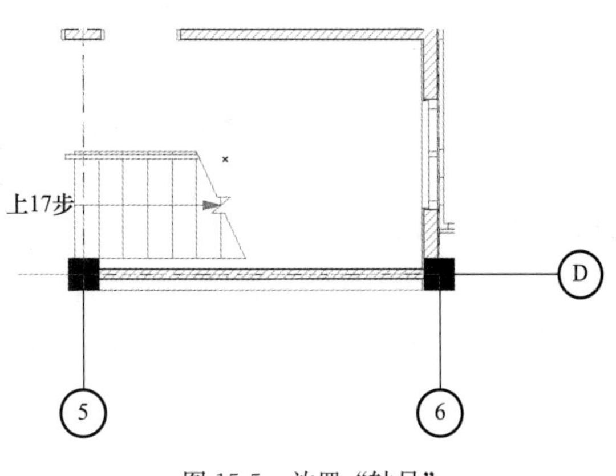

图 15-5 放置“轴号”

双击工具箱中的“对象工具”图标，打开“对象默认设置”对话框。加载“向日葵 Z 形剖断线”，将“旋转角度”设为“90°”，放置到“注释-通用”图层，单击

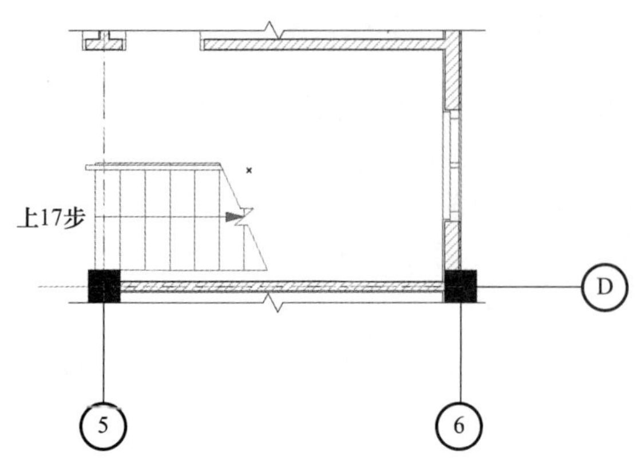

图 15-6　放置“剖断线”

“确定”。放置两条水平方向的剖断线，适当调整剖断线的长度和位置。由于详图是二维线条，可以在“暂停组合”状态下，将雨棚的线条直接删除，如图 15-6 所示。

15.1.3　标注楼梯

根据图纸，使用“辅助线工具”对楼梯的关键位置和标注位置进行定位，如图 15-7 所示。使用“标注工具”，对梯段进行尺寸标注和层高标注，然后按住〈空格〉键，选中梯段“2750mm”的尺寸值，在信息框中，将“文本内容”设为“多行”，并输入“275×10=2750”。再按住〈空格〉键，选中层高标注“0.000”，在信息框中，将“文本内容”设为“多行”，并输入“2.800”，如图 15-8 所示。

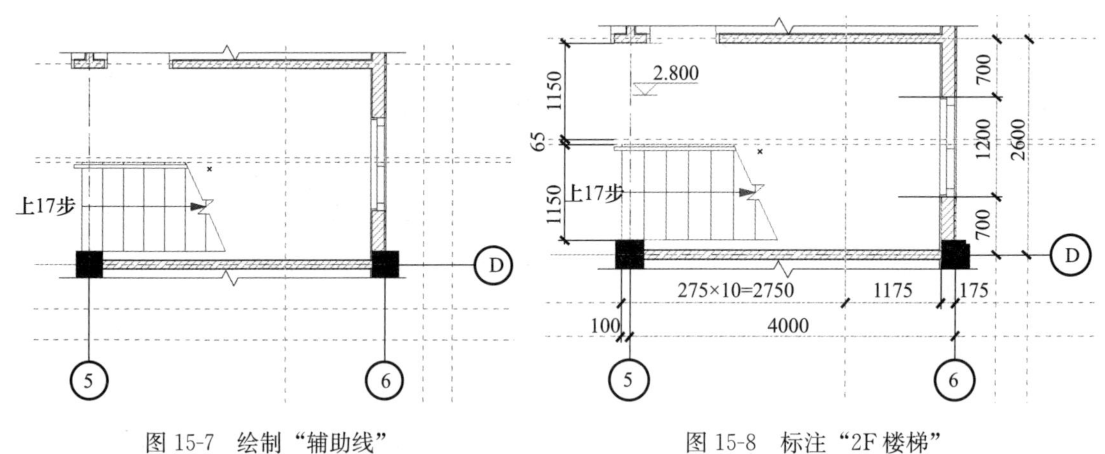

图 15-7　绘制“辅助线”　　　　图 15-8　标注“2F 楼梯”

15.2　其他楼梯详图

15.2.1　“3F 与 4F 楼梯”详图

打开“15-1 吕桥四层别墅-2F 楼梯详图 . pln”项目文件，切换到 3F 楼层平面视图，单击工具箱中的“详图工具”图标，在信息框中，将“名称”设为“3F 楼梯详图”，在 3F 楼梯位置由左上角向右下角拖拽光标，绘制矩形索引框，出现锤子图标后，单击矩形索引框右上方适当位置放置索引标头（图 15-9），

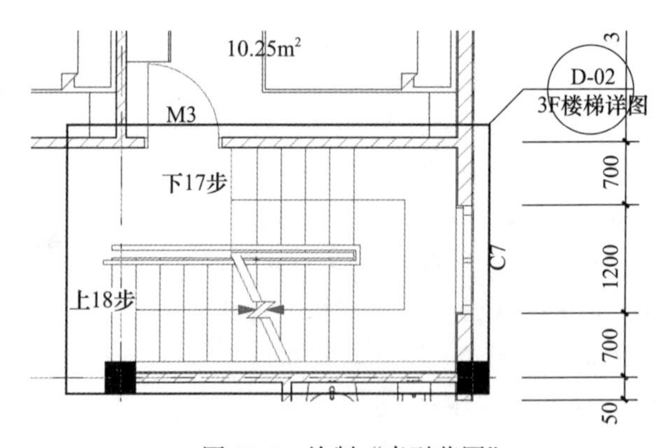

图 15-9　绘制“索引范围”

此时在“项目树状图”中生成“D-02 3F 楼梯详图”，可以双击将其打开（图 15-10）。

根据图纸，按照上节注释与标注的步骤，分别放置轴号、剖断线、辅助线，标注楼梯尺寸与标高，如图 15-11 所示。

相同的操作，创建“4F 楼梯”详图如图 15-12 所示。

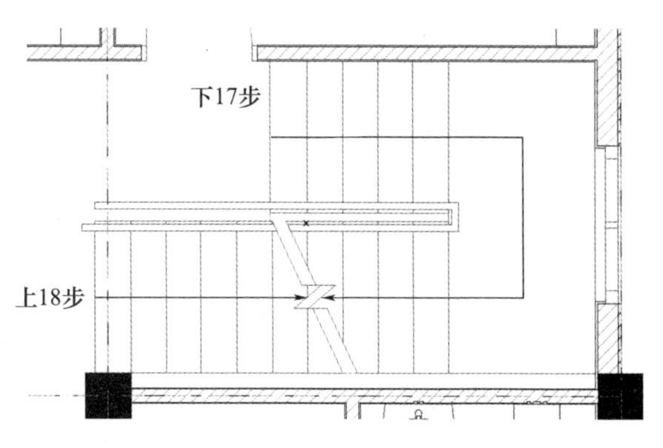

图 15-10 打开“3F 楼梯详图”视图

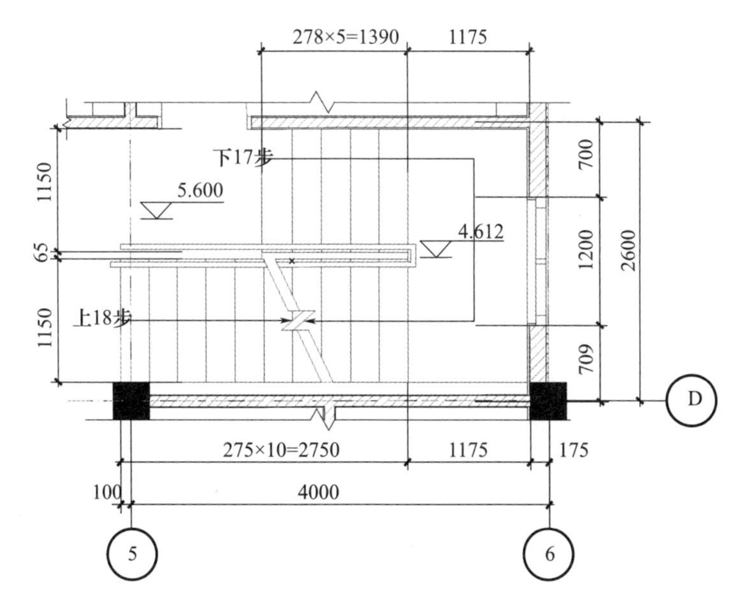

图 15-11 标注“3F 楼梯”

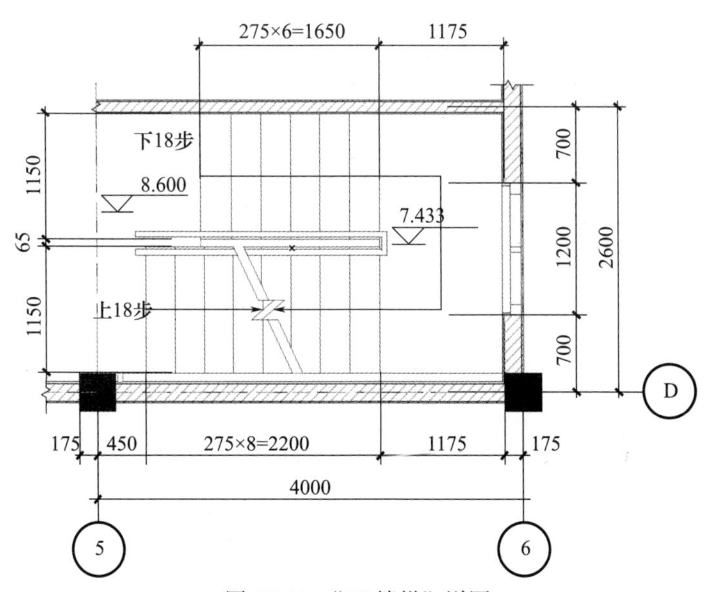

图 15-12 “4F 楼梯”详图

15.2.2 屋顶层楼梯详图

切换到屋顶层平面视图，选择“文档＞图层＞图层”（快捷键〈Ctrl＋L〉），打开“图层”面板，新建“图层组合”并命名为“详图-屋顶”，在该图层组合中将“壳体-屋顶”图层关闭，单击“确定”（图 15-13）。然后使用相同的操作，创建屋顶层楼梯详图，如图 15-14 所示。

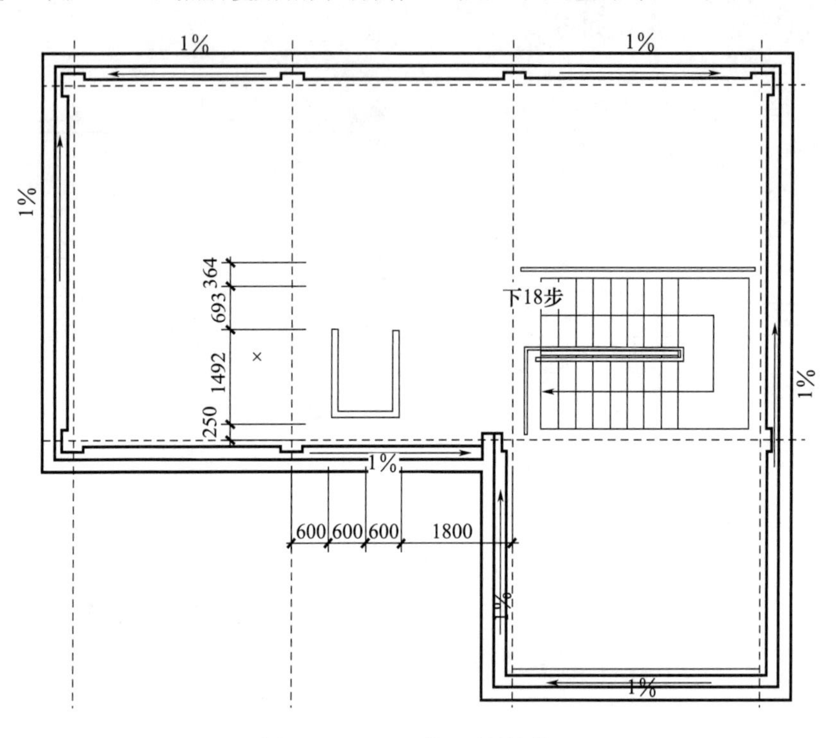

图 15-13　显示“屋顶层楼梯”

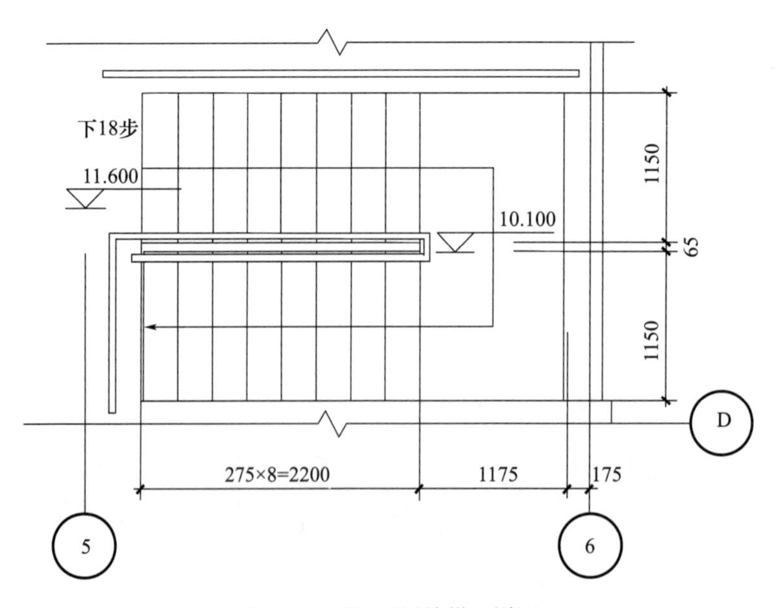

图 15-14　“屋顶层楼梯”详图

15.2.3 “1F 楼梯”详图

切换到 2F 楼层平面视图，在快捷选项栏中，将当前图层设为“02 绘图”。单击工具箱中的“详图工具”图标，在信息框中，将“名称”设为“1F 楼梯详图”将“几何方式”设为“多边形”，沿 1F 客厅上空位置绘制“L”形索引框，出现锤子图标后，单击索引框右侧适当位置放置索引标头（图 15-15），此时在项目浏览器中生成“D-05 1F 楼梯详图”，可以双击将其打开（图 15-16）。

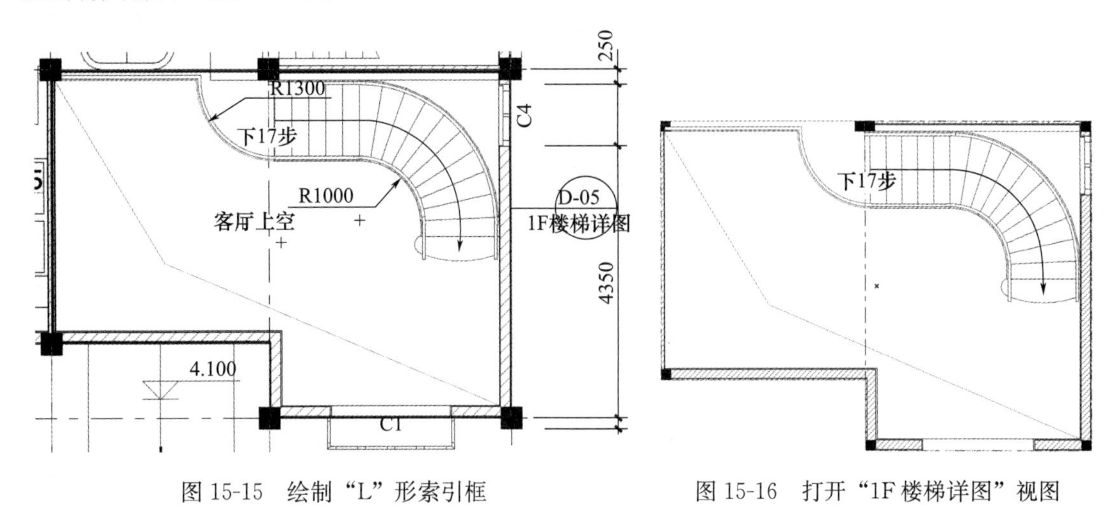

图 15-15 绘制“L”形索引框　　图 15-16 打开“1F 楼梯详图”视图

根据图纸，分别放置轴号、剖断线、辅助线，标注楼梯尺寸与标高，如图 15-17 所示。

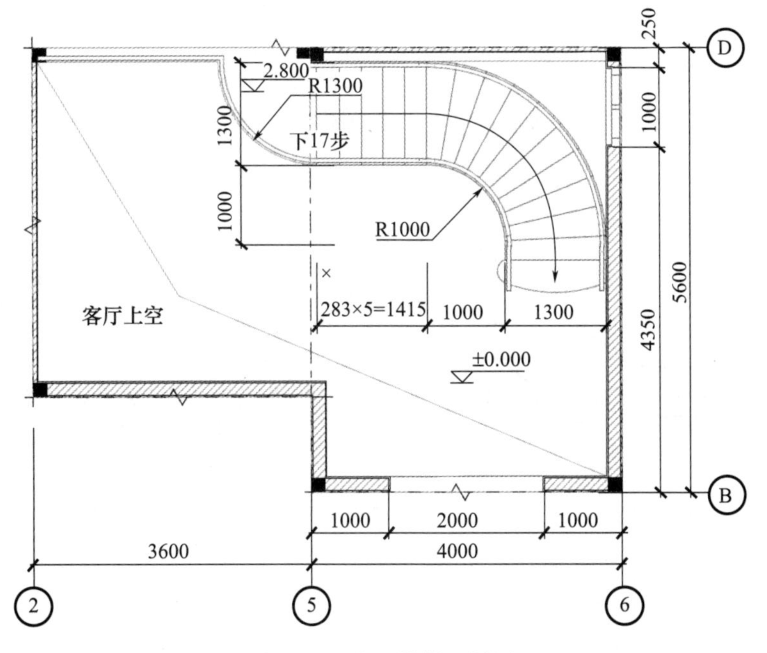

图 15-17 “1F 楼梯”详图

15.3 主入口门廊详图

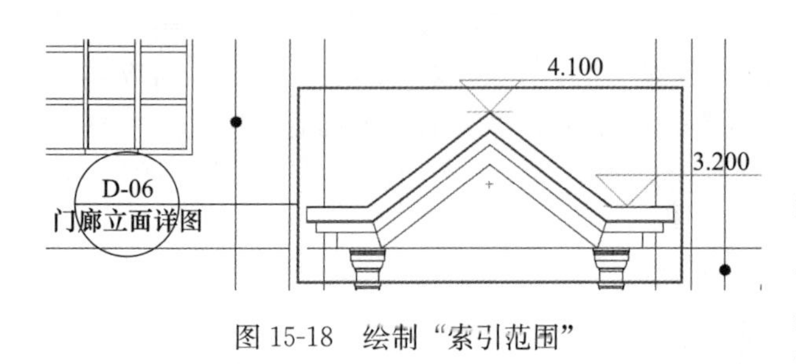

图 15-18 绘制“索引范围”

15.3.1 立面详图

打开“15-2 吕桥四层别墅-其他楼梯详图 .pln”项目文件，切换到南立面视图，单击工具箱中的“详图工具”图标，在信息框中，将“名称”设为“门廊立面详图”，将“几何方式”设为“矩形”。在主入口门廊的三角形山花位置由左上角向右下角拖拽光标，绘制矩形索引框，出现锤子图标后，单击矩形索引框左侧适当位置放置索引标头（图 15-18），此时在“项目浏览器”中生成“D06 门廊立面详图”，可以双击将其打开（图 15-19）。

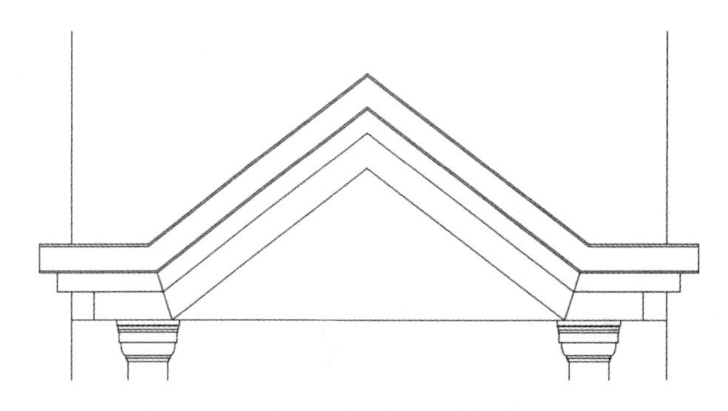

图 15-19 打开“门廊立面详图”视图

将门廊左右两侧的柱边线以及多余的投影线删除，在快捷选项栏中，将“比例”设为“1∶20”。根据图纸，分别放置轴号、剖断线、辅助线，标注尺寸与标高，如图 15-20 所示。

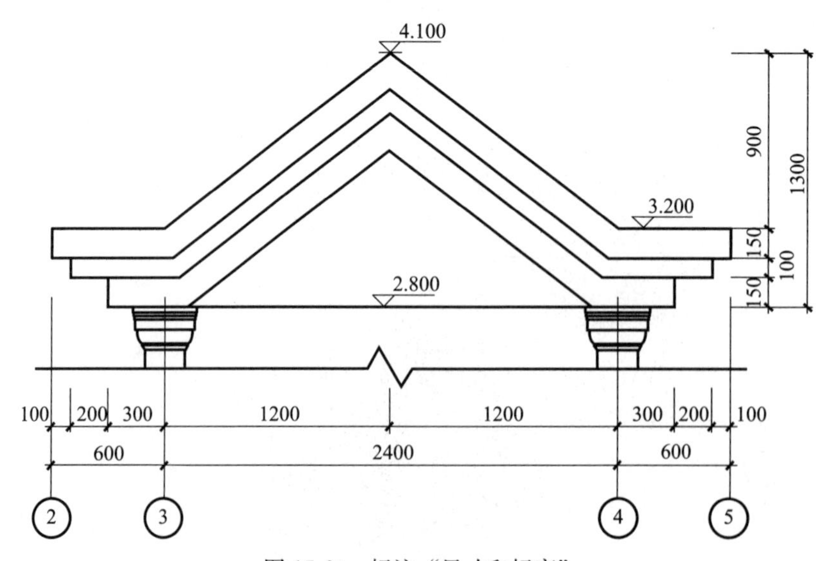

图 15-20 标注“尺寸和标高”

15.3.2　门廊剖面 A

切换到 2F 楼层平面视图，双击工具箱中的“剖面图工具”图标 剖面图 或单击图标后使用快捷键〈Ctrl＋T〉，可以打开“剖面图默认设置”对话框。在“常规”面板中，将“名称”设为“门廊剖面 A”，“在楼层上显示”设为“2F”，“水平范围”设为“无限”，“垂直范围”设为“有限”（2500～4500mm）。在“模型外观”面板中，将“剪切填充”设为“剪切填充，无阴影”，不勾选“统一剪切画笔”；将“未剪切填充”设为“无”，勾选“统一未剪切画笔”，将“未剪切线画笔”设为“1 号”。在“标记”面板中，设置“分段的”长度为“0”，选择“在中间标记”，加载“向日葵小剖切号”，并将“标记大小”设为“10mm”，勾选“统一标记画笔”，将“画笔”设为“1 号”。在“楼层标高”面板中，将“显示楼层标高”设为“无”。在“轴网工具”面板中，不勾选“显示轴网元素”。“图层”设为“标记-剖面”。其他按照默认参数设置，单击“确定”（图 15-21、图 15-22）。

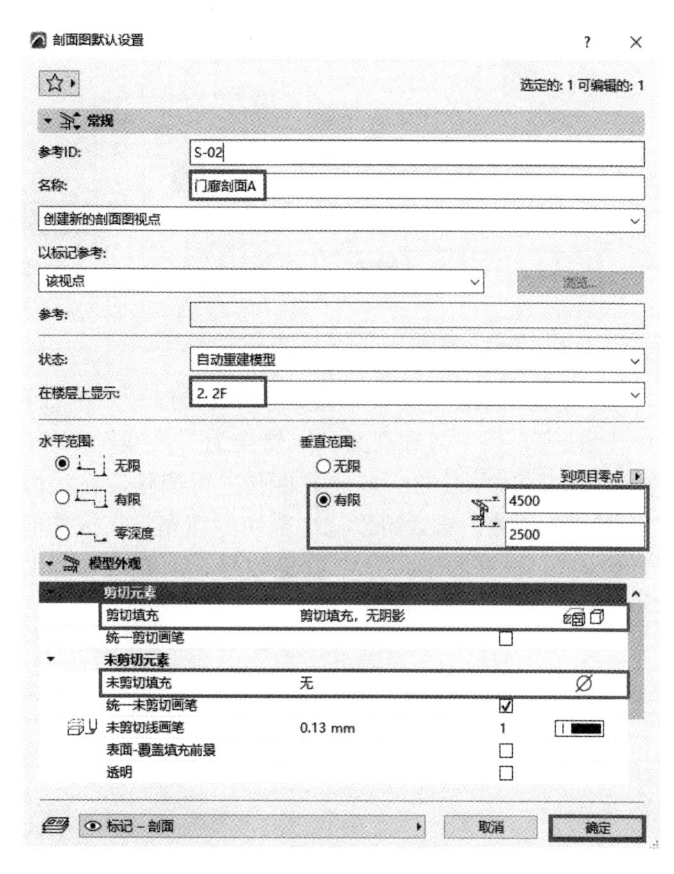

图 15-21　设置“门廊剖面 A”

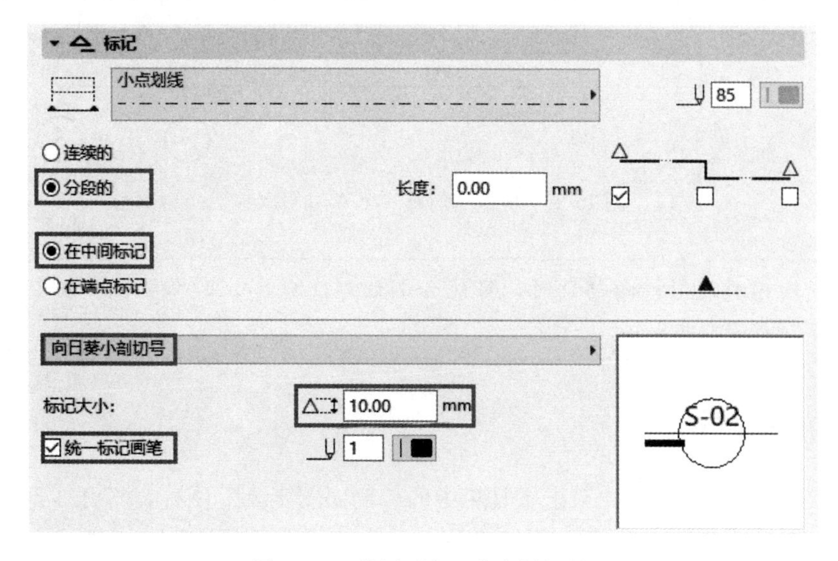

图 15-22　使用“向日葵小剖切号”

在门廊屋顶处绘制剖面符号并适当调整位置，对门廊进行横向剖切（图 15-23），此时在“项目树状图”中生成“S-02 门廊剖面 A”，可以双击将其打开（图 15-24）。

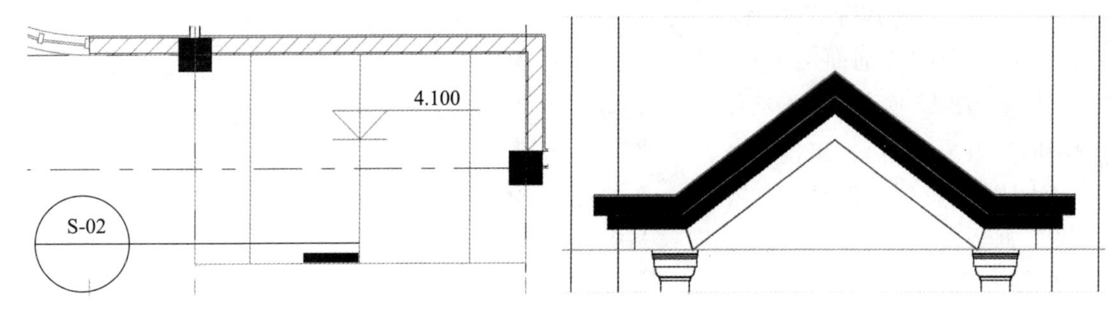

图 15-23　绘制“剖面符号”

图 15-24　打开“门廊剖面 A”视图

在“项目树状图”中，单击“设置”，打开“剖面图选择设置”对话框，将“状态”设为“图形”，则“门廊剖面 A”转换为二维线图。将门廊左右两侧的柱边线以及多余的投影线删除，还可以选中多余的热点进行删除。在快捷选项栏中，将“比例”设为“1∶20”。按住〈空格〉键，可以选中剖切的填充，在信息框中，将“填充类型”设为“钢筋混凝土-结构”。根据图纸，分别放置轴号、剖断线、辅助线，标注尺寸与标高，如图 15-25 所示。

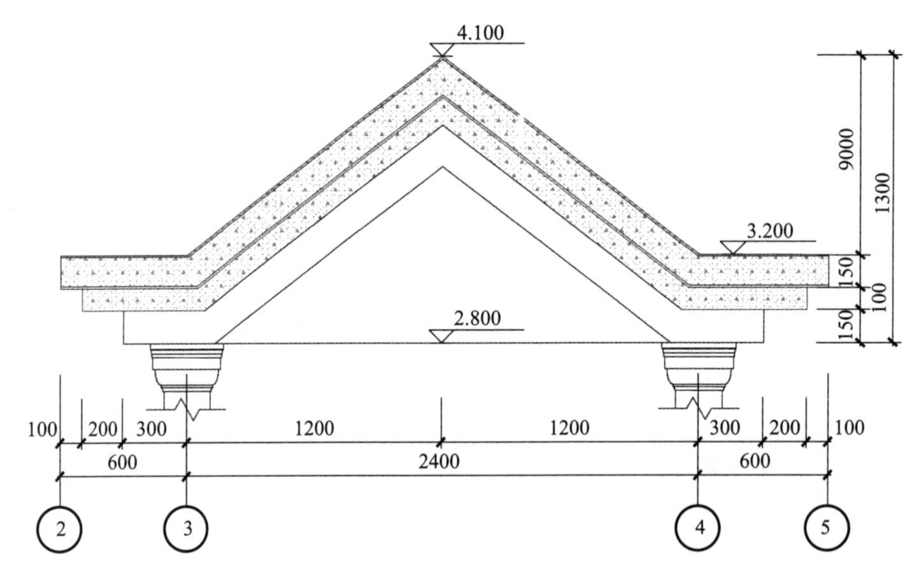

图 15-25　完成“门廊剖面 A”详图创建

提示：对门廊进行横向剖切时，可能会剖切到立柱，此时需要调整剖切符号的位置，使之不对柱产生剖切。

15.3.3　门廊剖面 B

切换到 2F 楼层平面视图，双击工具箱中的“剖面图工具”图标，打开“剖面图默认设置”对话框。在“常规”面板中，将“名称”设为“门廊剖面 B”，“在楼层上显示”设为

“2F”，“水平范围”设为“有限”，“垂直范围”设为“有限”（2500～4500mm）。在“模型外观”面板中，将“剪切填充”设为“剪切填充，无阴影”，不勾选“统一剪切画笔”；将“未剪切填充”设为“无”，勾选“统一未剪切画笔”，将“未剪切线画笔”设为“1 号”。在“标记”面板中，设置“分段的”长度为“0”，选择“在中间标记”，加载“向日葵小剖切号”，并将“标记大小”设为“10mm”，勾选“统一标记画笔”，将“画笔”设为“1 号”。在“楼层标高”面板中，将“显示楼层标高”设为“无”。在“轴网工具”面板中，不勾选“显示轴网元素”。“图层”设为“标记-变更”。其他按照默认参数设置，单击“确定”（图 15-26）。

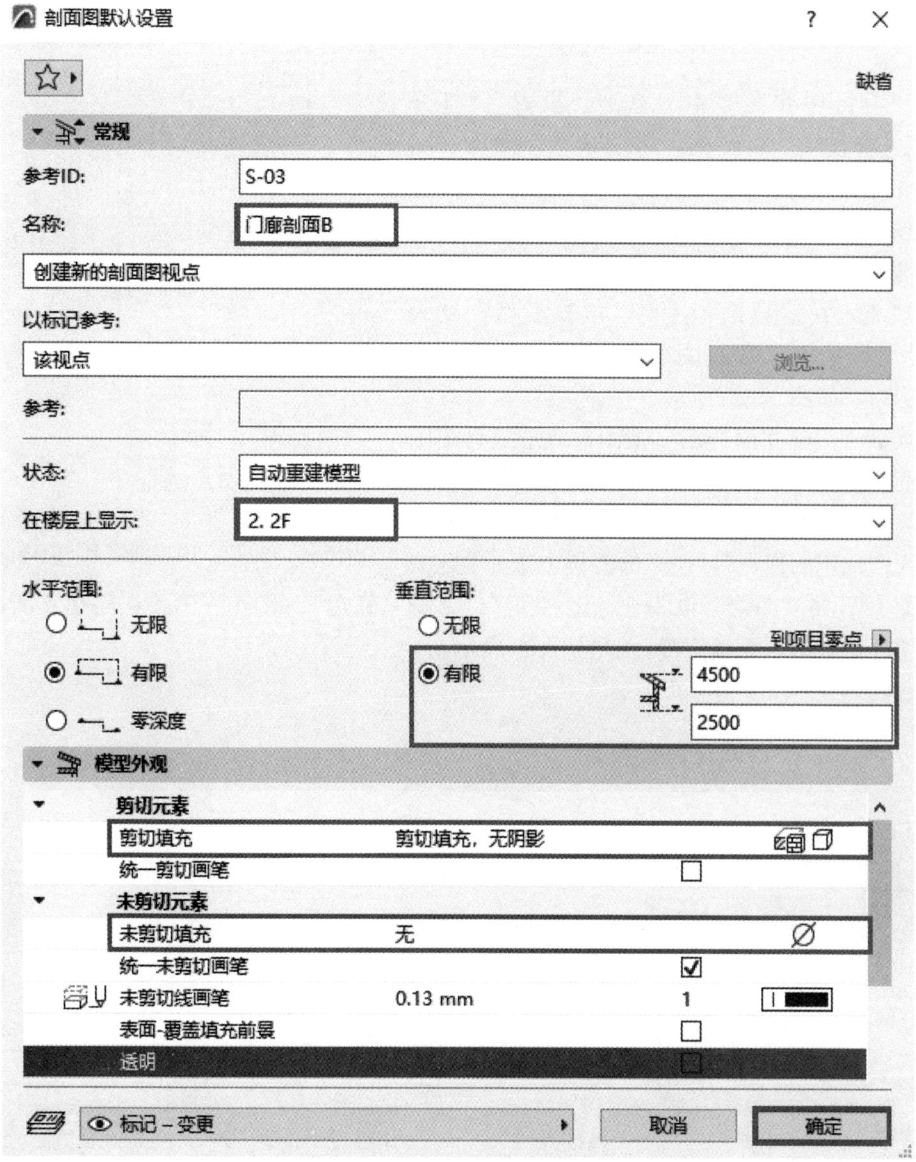

剖面图默认设置 ? ×

缺省

常规

参考ID: S-03

名称: 门廊剖面B

创建新的剖面图视点

以标记参考:

该视点 浏览...

参考:

状态: 自动重建模型

在楼层上显示: 2. 2F

水平范围: 无限 有限 零深度

垂直范围: 无限 有限 到项目零点 4500 2500

模型外观

剪切元素

剪切填充 剪切填充，无阴影

统一剪切画笔

未剪切元素

未剪切填充 无

统一未剪切画笔

未剪切线画笔 0.13 mm 1

表面-覆盖填充前景

透明

标记－变更 取消 确定

图 15-26 设置“门廊剖面 B”

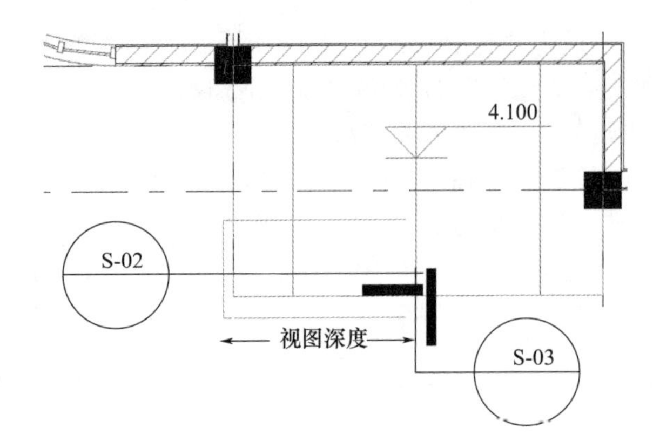

图 15-27 绘制“剖面符号”

在门廊屋顶中心位置绘制剖面符号并适当调整位置与深度范围，对门廊进行纵向剖切（图 15-27），此时在“项目树状图”中生成“S-03 门廊剖面 B”，可以双击将其打开。

在“项目树状图”中，单击“设置”，打开“剖面图选择设置”对话框，将“状态”设为“图形”，则“门廊剖面 B”转换为二维线图。将门廊多余的投影线与热点删除。在快捷选项栏中，将“比例”设为“1∶20”。按住〈空格〉键，可以选中剖切的填充，在信息框中，将“填充类型”设为“钢筋混凝土-结构”。根据图纸，放置剖断线，标注尺寸与标高，如图 15-28 所示。

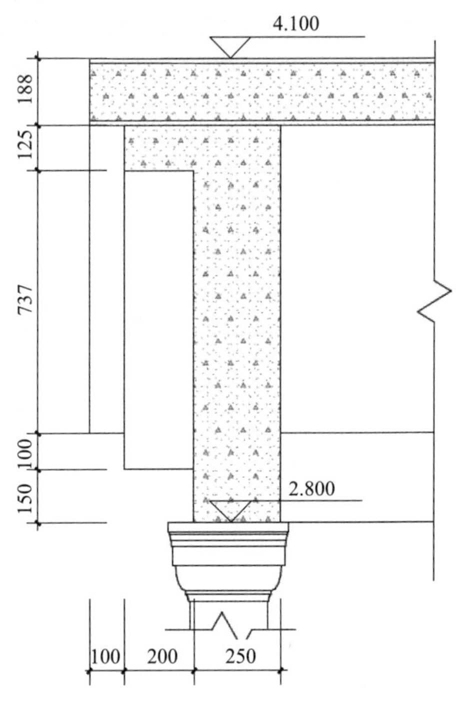

图 15-28 完成“门廊剖面 B”的详图创建

切换到“门廊立面详图”视图，双击工具箱中的“剖面图工具”图标，打开“剖面图默认设置”对话框。选择“放置链接的标记”，将“以标记参考”设为“选定的视点”，在弹出面板中选择“S-03 门廊剖面 B”，将“图层”设为“标记-剖面”，单击“确定”（图 15-29）。在门廊立面详图中，放置剖切标记并适当调整位置，如图 15-30 所示。

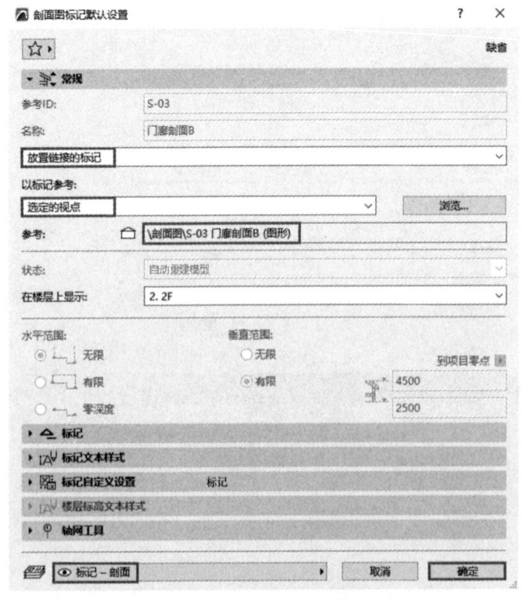

图 15-29 设置“链接标记”

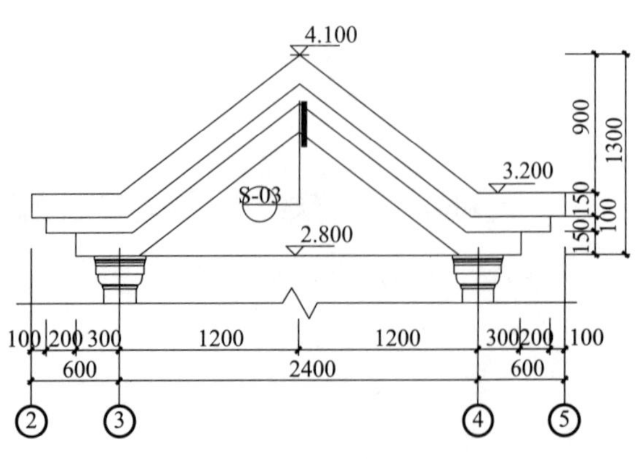

图 15-30 放置“链接标记”

15.4 其他详图

15.4.1 老虎窗详图

打开“15-3 吕桥四层别墅-主入口门廊详图.pln”项目文件，切换到南立面视图，单击工具箱中的“详图工具”图标，在信息框中，将“名称”设为“老虎窗立面详图”，将“几何方式”设为“矩形”。在老虎窗位置由左上角向右下角拖拽光标，绘制矩形索引框，出现锤子图标后，单击矩形索引框右侧适当位置放置索引标头（图 15-31），此时在“项目浏览器”中生成“D07 老虎窗立面详图”，可以双击将其打开（图 15-32）。

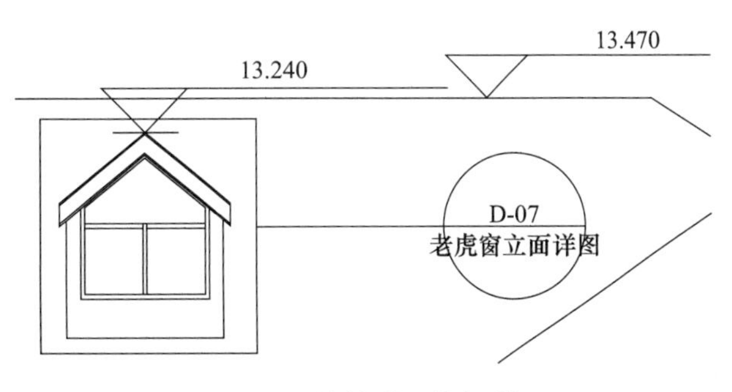

图 15-31 绘制“矩形索引框”

将多余的投影线删除，在快捷选项栏中，将“比例”设为“1：20”。根据图纸，进行标注与注释，如图 15-33 所示。

图 15-32 打开“老虎窗立面详图”视图

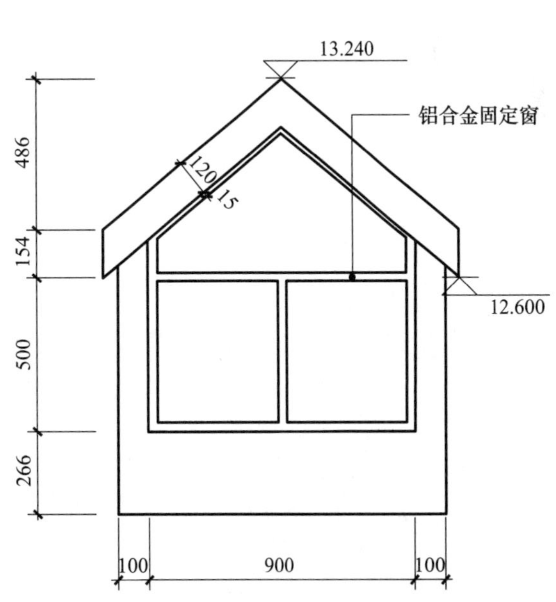

图 15-33 完成“老虎窗立面”详图创建

切换到“屋顶层”平面视图，双击工具箱中的“剖面图工具”图标，打开“剖面图默认设置”对话框。在“常规”面板中，将“名称”设为“老虎窗剖面”，选择“创建新的剖面视点”，“在楼层上显示”设为“屋顶层”，“水平范围”设为“有限”，“垂直范围”设为“有限”（11700～13500mm）。在“模型外观”面板中，将“剪切填充”设为“剪切填充，无阴影”，不勾选“统一剪切画笔”；将“未剪切填充”设为“统一画笔-颜色填充，无阴影”，勾选“统一未剪切画笔”，将“未剪切线画笔”设为“1号”，勾选“表面-覆盖填充前景”。在“标记”面板中，设置“分段的”长度为“0”，选择“在中间标记”，加载“向日葵小剖切号”，并将“标记大小”设为“10mm”，勾选“统一标记画笔”，将“画笔”设为“1号”。在“楼层标高”面板中，将“显示楼层标高”设为“无”。在“轴网工具”面板中，不勾选“显示轴网元素”。“图层”设为“标记-变更”。其他按照默认参数设置，单击“确定”（图15-34）。

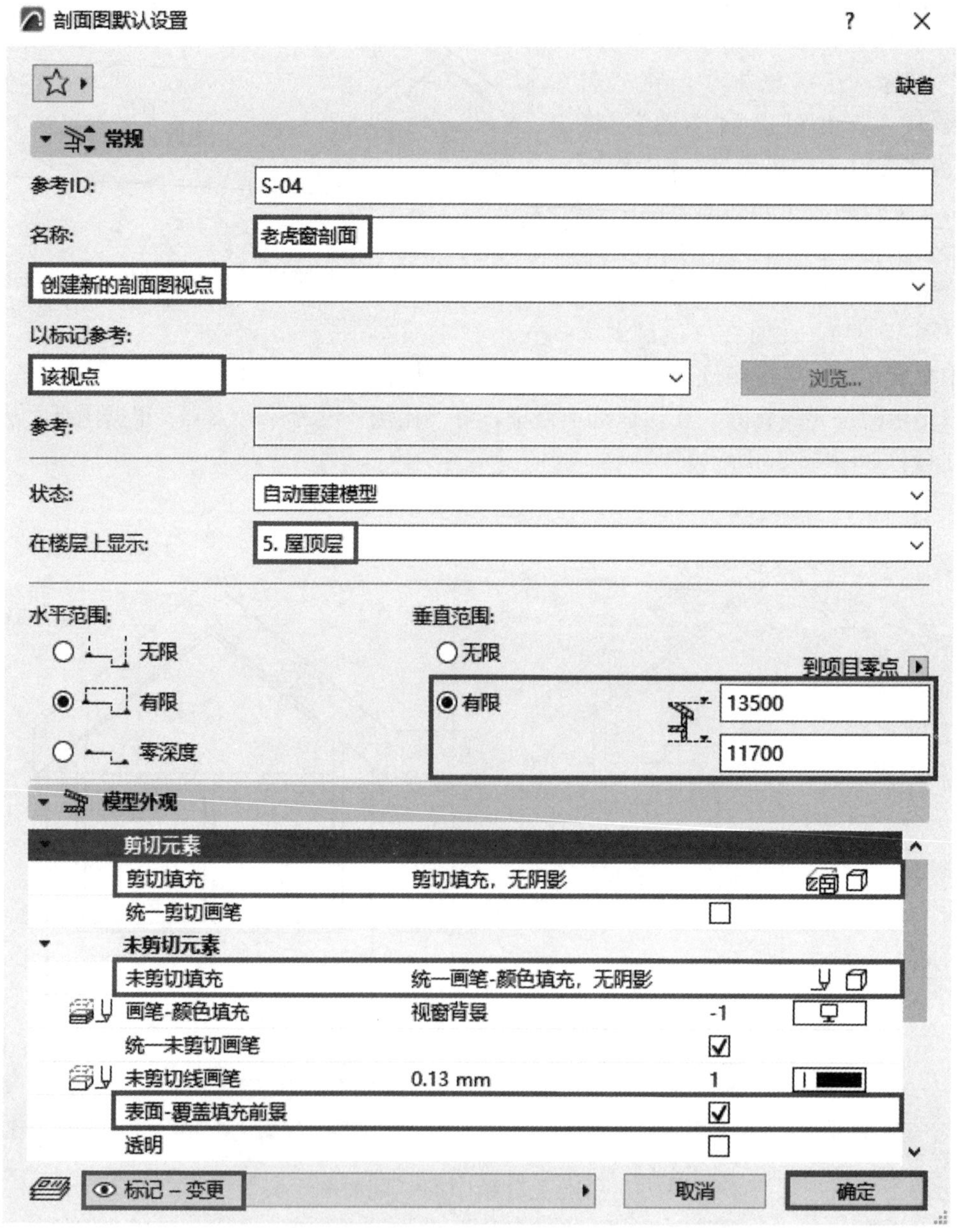

剖面图默认设置

缺省

常规

参考ID: S-04

名称: 老虎窗剖面

创建新的剖面图视点

以标记参考:

该视点

浏览...

参考:

状态: 自动重建模型

在楼层上显示: 5. 屋顶层

水平范围: 无限 / 有限 / 零深度

垂直范围: 无限 / 有限

到项目零点

13500

11700

模型外观

剪切元素			
剪切填充	剪切填充，无阴影		
统一剪切画笔		☐	
未剪切元素			
未剪切填充	统一画笔-颜色填充，无阴影		
画笔-颜色填充	视窗背景	-1	
统一未剪切画笔		☑	
未剪切线画笔	0.13 mm	1	
表面-覆盖填充前景		☑	
透明		☐	

标记－变更　取消　确定

图15-34　设置“老虎窗剖面”

在老虎窗右侧绘制剖面符号并适当调整位置与深度范围，对老虎窗进行纵向剖切（图15-35），此时在“项目树状图”中生成“S-04 老虎窗剖面”，可以双击将其打开（图 15-36）。

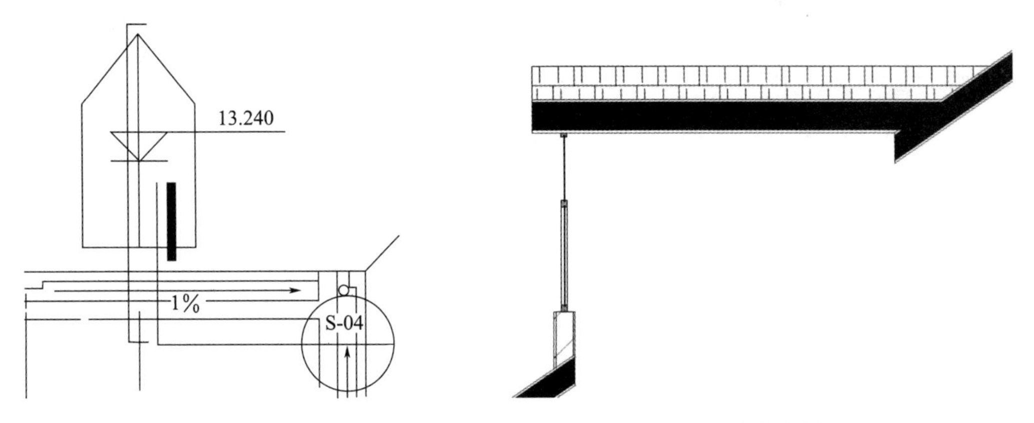

图 15-35　绘制“剖面符号”　　图 15-36　“老虎窗剖面”视图

在“项目树状图”中，单击“设置”，打开“剖面图选择设置”对话框，将“状态”设为“图形”，则“老虎窗剖面”转换为二维线图。将多余的投影线与热点删除。在快捷选项栏中，将“比例”设为“1∶20”。按住〈空格〉键，可以选中剖切的填充，在信息框中，将“填充类型”设为“钢筋混凝土-结构”。根据图纸，放置剖断线，标注尺寸与标高，如图15-37所示。

切换到“老虎窗立面详图”视图，双击工具箱中的“剖面图工具”图标，打开“剖面图默认设置”对话框。选择“放置链接的标记”，将“以标记参考”设为“选定的视点”，在弹出面板中选择“S-04 老虎窗剖面”，将“图层”设为“标记-剖面”，单击“确定”。在老虎窗立面详图中，放置剖切标记并适当调整位置，如图 15-38 所示。

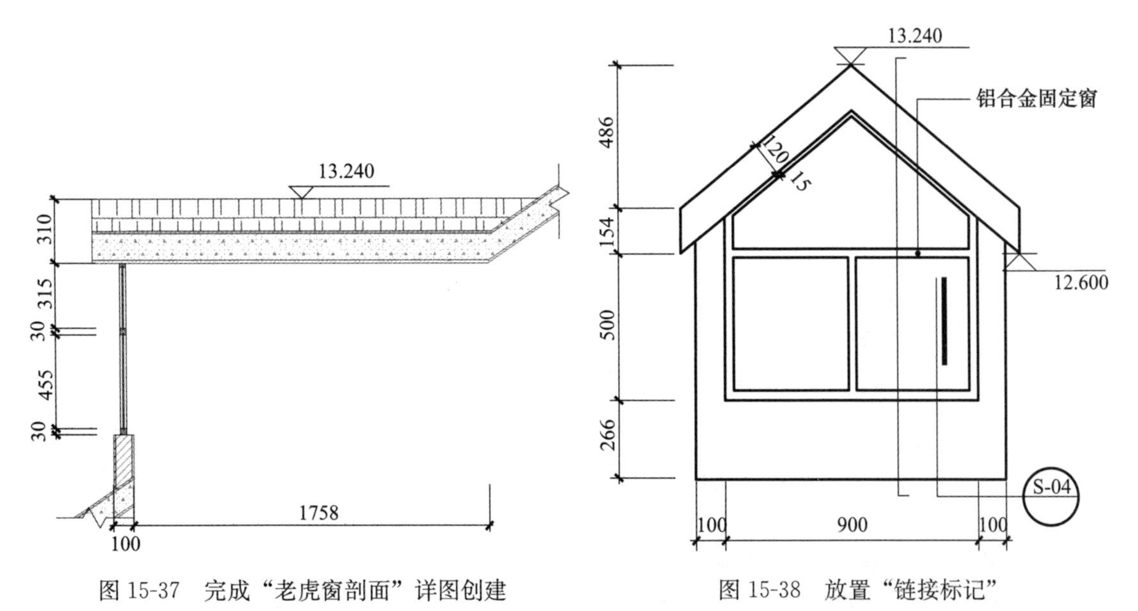

图 15-37　完成“老虎窗剖面”详图创建　　图 15-38　放置“链接标记”

15.4.2　阳台栏板详图

切换到南立面视图，单击工具箱中的“详图工具”图标，在信息框中，将“名称”设为

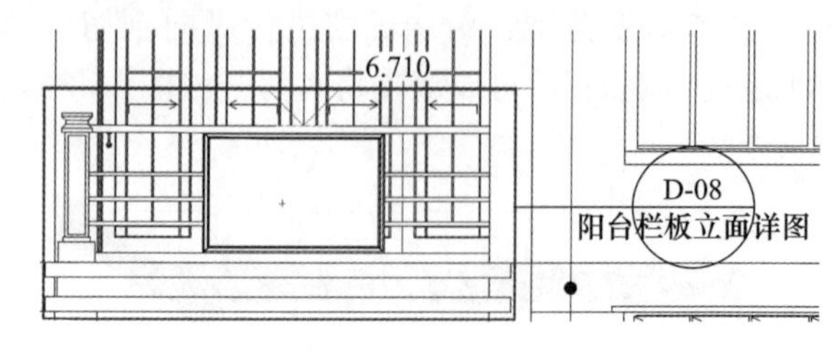

图 15-39　绘制“矩形索引框”

“阳台栏板立面详图”，将“几何方式”设为“矩形”。在3F阳台栏板位置由左上角向右下角拖拽光标，绘制矩形索引框，出现锤子图标后，单击矩形索引框右侧适当位置放置索引标头（图 15-39），此时在“项目浏览器”中生成“D-08 阳台栏板立面详图”，可以双击将其打开（图 15-40）。

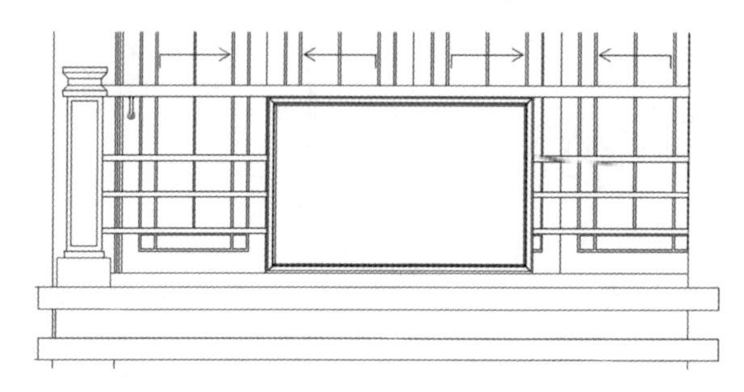

图 15-40　打开“阳台栏板立面详图”视图

将多余的投影线删除，在快捷选项栏中，将“比例”设为“1：20”。根据图纸，进行标注与注释，如图 15-41 所示。

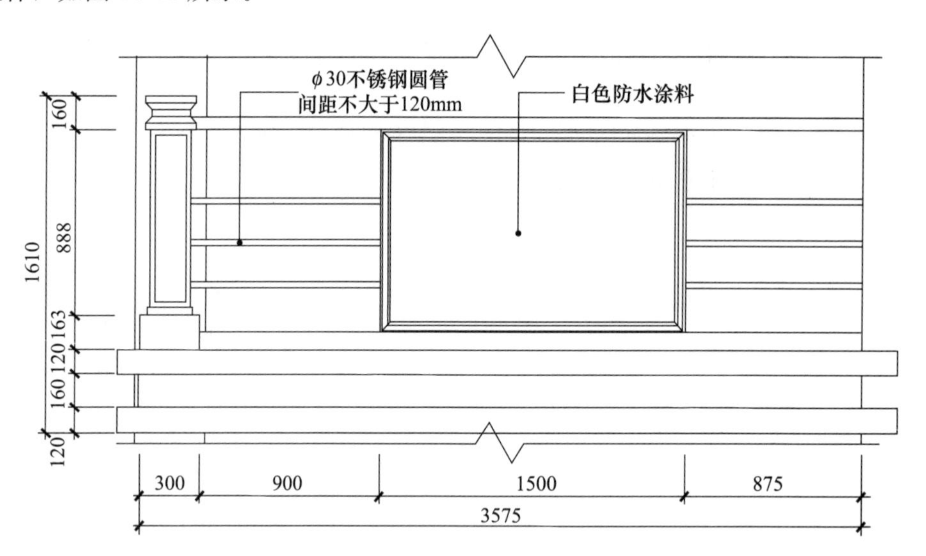

图 15-41　完成“阳台栏板立面”详图创建

切换到3F楼层平面视图，双击工具箱中的“剖面图工具”图标，打开“剖面图默认设置”对话框。在“常规”面板中，将“名称”设为“阳台栏板剖面”，选择“创建新的剖面视点”，“在楼层上显示”设为“3F”，“水平范围”设为“有限”，“垂直范围”设为“有限”（5000～7000mm）。在“模型外观”面板中，将“剪切填充”设为“剪切填充，无阴影”，不勾选“统一剪切画笔”；将“未剪切填充”设为“统一画笔-颜色填充，无阴影”，勾选“统一未剪切画笔”，将“未剪切线画笔”设为“1号”，不勾选“表面-覆盖填充前景”。在“标记”面板中，设置“分段的”长度为“0”，选择“在中间标记”，加载“向日葵小剖切号”，并将“标记大小”设为“10mm”，勾选“统一标记画笔”，将“画笔”设为“1号”。

在“楼层标高”面板中，将“显示楼层标高”设为“无”。在“轴网工具”面板中，不勾选“显示轴网元素”。“图层”设为“标记-变更”。其他按照默认参数设置，单击“确定”。

在阳台栏板处绘制剖面符号并适当调整位置与深度范围，对阳台栏板进行纵向剖切（图15-42），此时在“项目树状图”中生成“S-05 阳台栏板剖面”，可以双击将其打开，如图 15-43 所示，由于 3F 阳台有 50mm 的降板，栏板出现悬空，需进行调整。

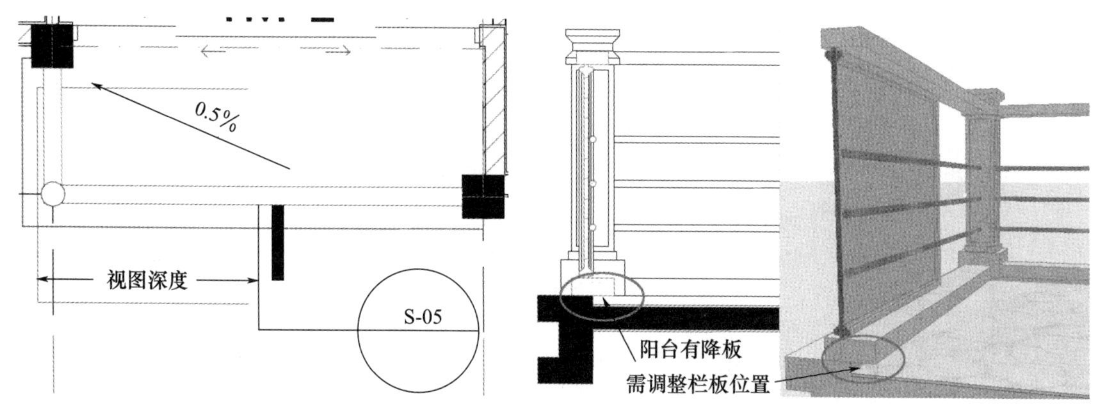

图 15-42 绘制“剖面符号”

图 15-43 阳台栏板有悬空

在 3F 楼层平面视图中，选择阳台栏板，单击参考线，在弹出式小面板中使用“所有参考边缘偏移”工具，将参考线向外偏移“100mm”，如图 15-44 和图 15-45 所示。

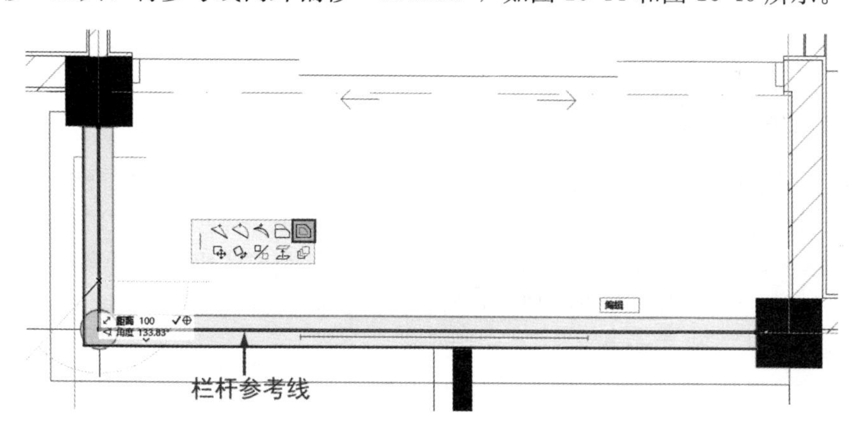

图 15-44 偏移“栏杆参考线”

在“项目树状图”中，单击“设置”，打开“剖面图选择设置”对话框，将“状态”设为“图形”，则“阳台栏板剖面”转换为二维线图。将多余的投影线与热点删除。在快捷选项栏中，将“比例”设为“1∶20”。按住〈空格〉键，可以选中剖切的填充，在信息框中，将“填充类型”设为“钢筋混凝土-结构”。根据图纸，放置剖断线，标注尺寸与标高，如图 15-46所示。

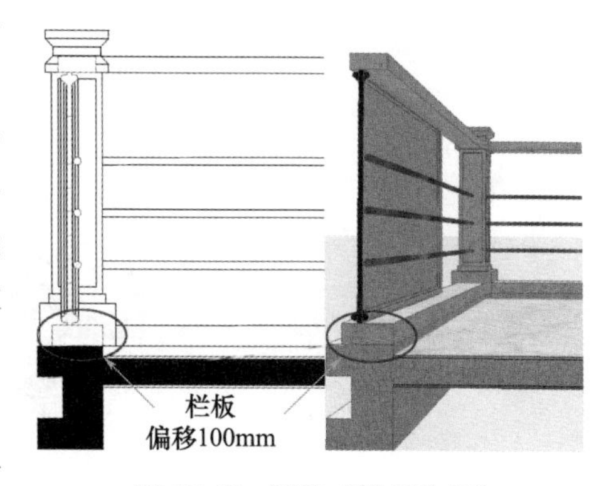

图 15-45 调整“栏板位置”

切换到“阳台栏板立面详图”视图，双击工具箱中的“剖面图工具”图标，打开“剖面图默认设置”对话框。选择“放置链接的标记”，将“以标记参考”设为“选定的视点”，在弹出面板中选择“S-05 阳台栏板剖面”，将“图层”设为“标记-剖面”，单击“确定”。在阳台栏板立面详图中，放置剖切标记并适当调整位置，如图 15-47 所示。

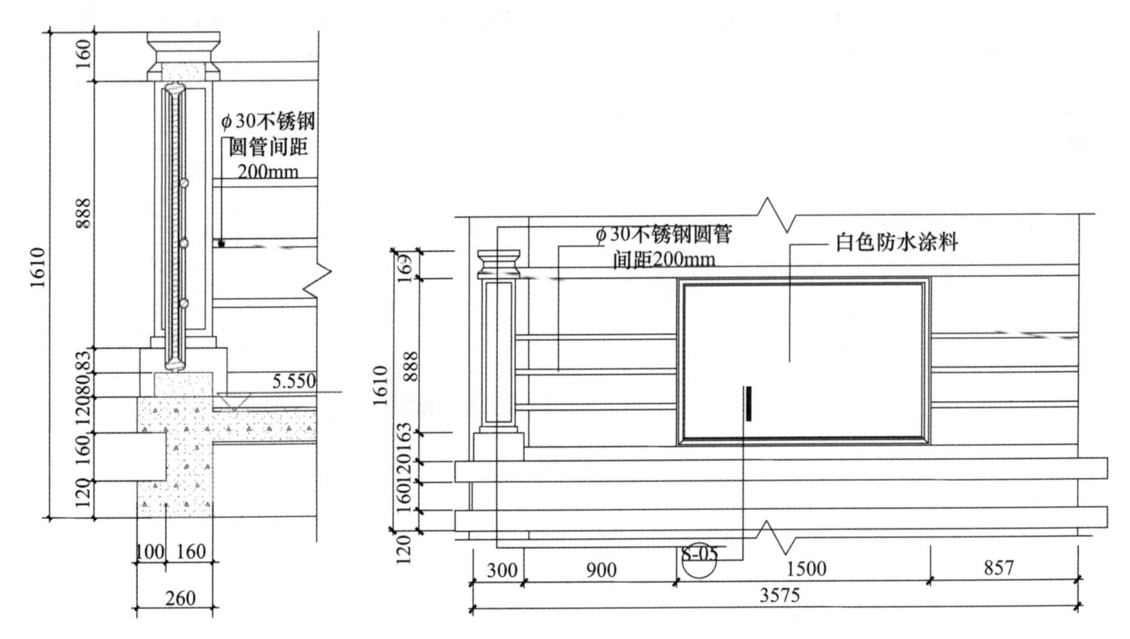

图 15-46　完成“阳台栏板剖面”详图创建

图 15-47　放置“链接标记”

15.4.3　檐沟剖面详图

切换到“A 剖面”视图，单击工具箱中的“详图工具”图标，在信息框中，将“名称”设为“檐沟剖面详图”，将“几何方式”设为“矩形”。在左侧屋顶檐沟位置由左上角向右下角拖拽光标，绘制矩形索引框，出现锤子图标后，单击矩形索引框左侧适当位置放置索引标头（图 15-48），此时在“项目浏览器”中生成“D-09 檐沟剖面详图”，可以双击将其打开（图 15-49）。

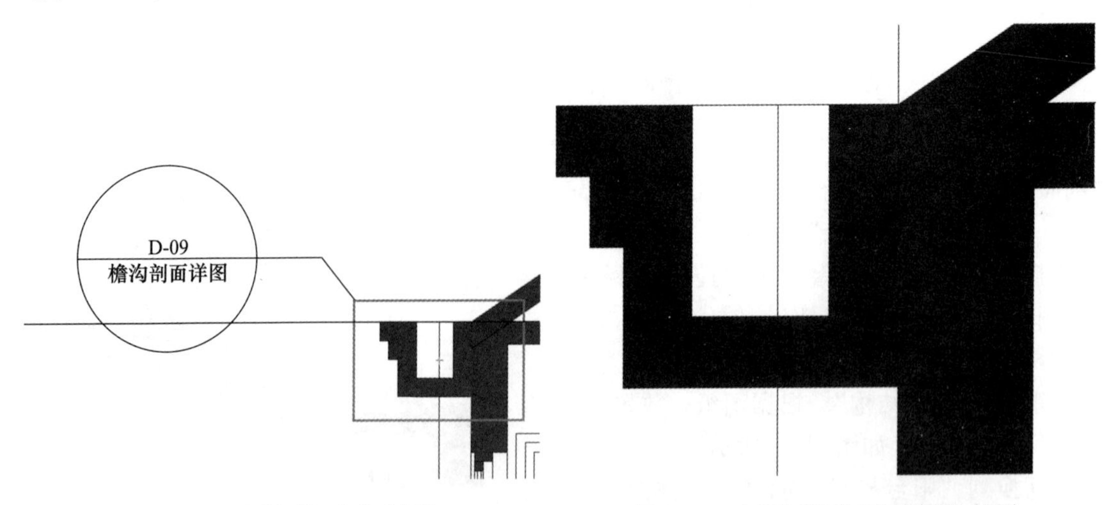

图 15-48　绘制“矩形索引框”

图 15-49　打开“檐沟剖面详图”视图

在快捷选项栏中，将“比例”设为“1：10”。按住〈空格〉键，可以选中剖切的填充，在信息框中，将“填充类型”设为“结构混凝土”，将“填充画笔”的“背景”设为“透明”，将多余的投影线删除。根据图纸，放置剖断线，标注尺寸与标高，如图 15-50 所示。

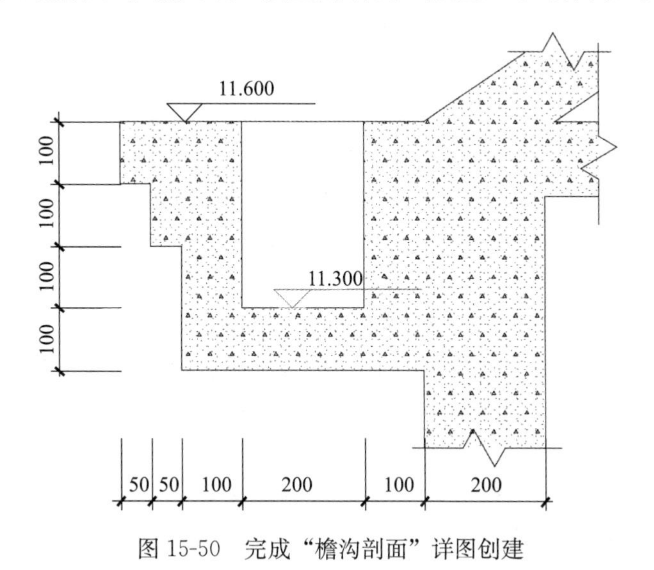

图 15-50 完成“檐沟剖面”详图创建

16 布图与发布

相较于 Revit，Archicad 增加了“视图映射”功能，可以简单将“视图映射”理解为对视点进行“拍照”，其比例、图层、画笔、模型视图、图形覆盖和标注样式的不同组合可以理解为相机的光圈、快门和感光度的参数组合，根据设计表达的不同要求可以使用各种组合，以准确传递图纸信息。

Revit 的平立剖面、详图、明细表和效果图等视图创建完成后，可以将它们以视口的方式布置到图纸中，各视口可以设置显示比例、详细程度、范围以及视图标题等内容。Archicad 的“图册”组织更系统，其样板布图相当于 Revit 的图纸，Archicad 在文档组织和编辑方面具有更高的效率。

Archicad 的“发布器集”可以建立不同发布类型的集合，可任意添加所需的视图映射和图册，可以将文件发布为 DWG、PDF、图片、Revit 和 BIMx 等格式。BIMx 文件可以使用 Archicad 的“桌面浏览器”进行动态观察，真正实现建筑三维、二维和信息的关联互动与表达。Revit 可借助 Navisworks、Bexel 等软件实现此功能。

本章主要讲解创建视图映射与样板布图的方法，介绍“图册”中子集、布图与图形的参数设置，讲解详图布图中详图标记索引的调整方法，介绍项目信息设置、图纸发布和打印 PDF 文件等内容。

本章学习目的：

（1）掌握视图映射的创建与参数设置；

（2）掌握样板布图的创建与项目信息设置；

（3）掌握发布 PDF 文件的方法；

（4）掌握导出 DWG 和 BIMx 文件的方法。

手机扫码
观看教程

16.1 视图映射

16.1.1 平面图

打开“15-4 吕桥四层别墅-其他详图 . pln”项目文件，在“视图映射”中双击打开 1F 楼层平面视图。选择“文档>模型视图>模型视图选项”或从快捷选项中打开“模型视图选项”对话框，在“03 建筑平面”的“门、窗和天窗符号细节等级”页面中，将门符号设为“低-用中等侧门”，将窗符号设为“低-双线”，在“栏杆选项”页面中，“平面图符号组件”仅勾选“顶部横杆”，单击“确定”（图 16-1）。

选择“文档>图形覆盖>图形覆盖组合”或从快捷选项中可以打开“图形覆盖组合”对话框，单击“新建”按钮，将“新组合”命名为“别墅平面覆盖”，单击“现有规则”添加“所有区域填充-透明的”可以将平面图中的区域设为透明显示。再单击“添加新规则”，打开“图形覆盖规则”对话框，新建“别墅墙体-透明”规则（图 16-2），“元素类型”是“墙”，勾选“填充类型”并设为“空气间层”，勾选“覆盖剪切”（图 16-3），单击“确定”。

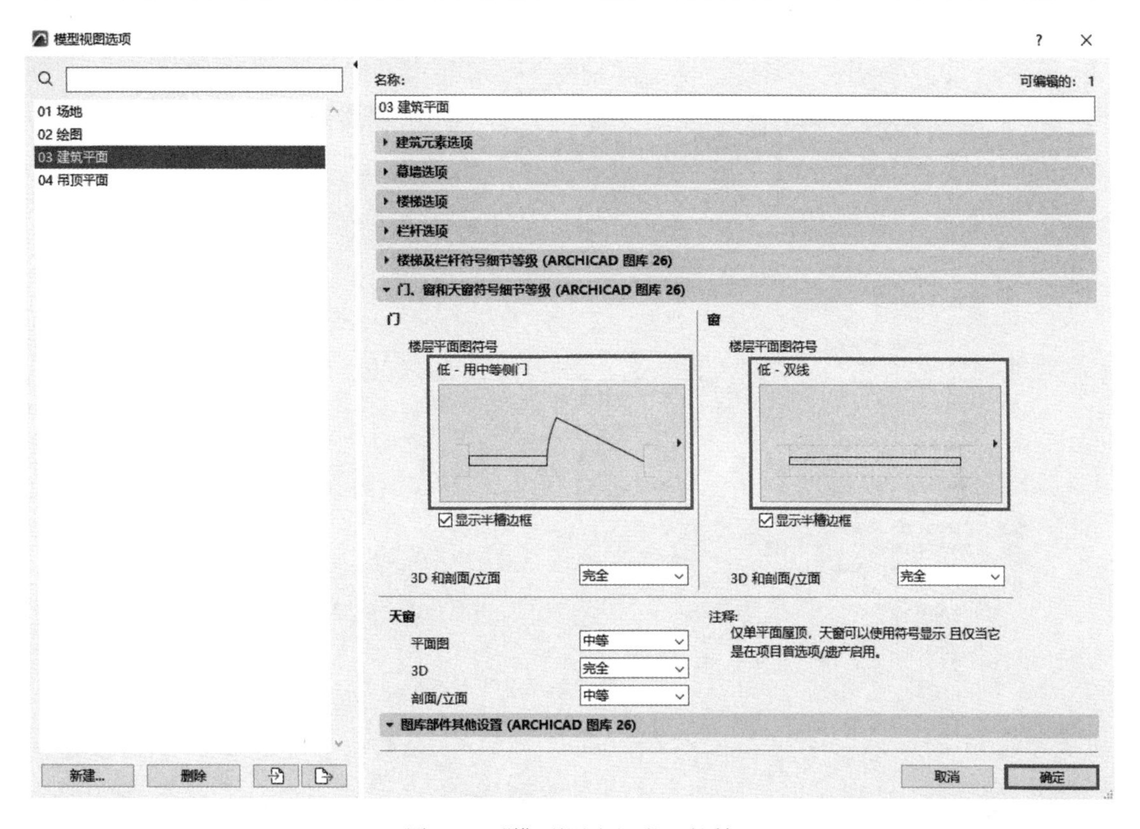

图 16-1 “模型视图选项”对话框

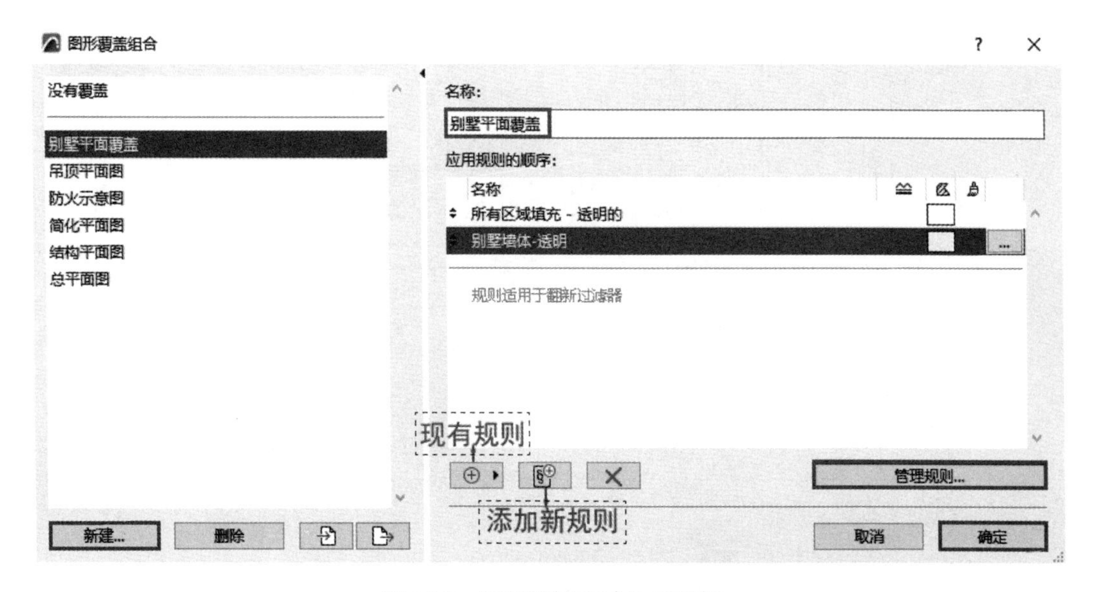

图 16-2 “图形覆盖组合”对话框

单击“A 剖面标记”，在信息框中，将“在楼层上显示”设为“1F”，既在其他平面中不显示“A 剖面标记”。在“视图映射”中，右击“1F”楼层平面视图，在上下文菜单中，单击“重新定义当前窗口设置”（图 16-4）。

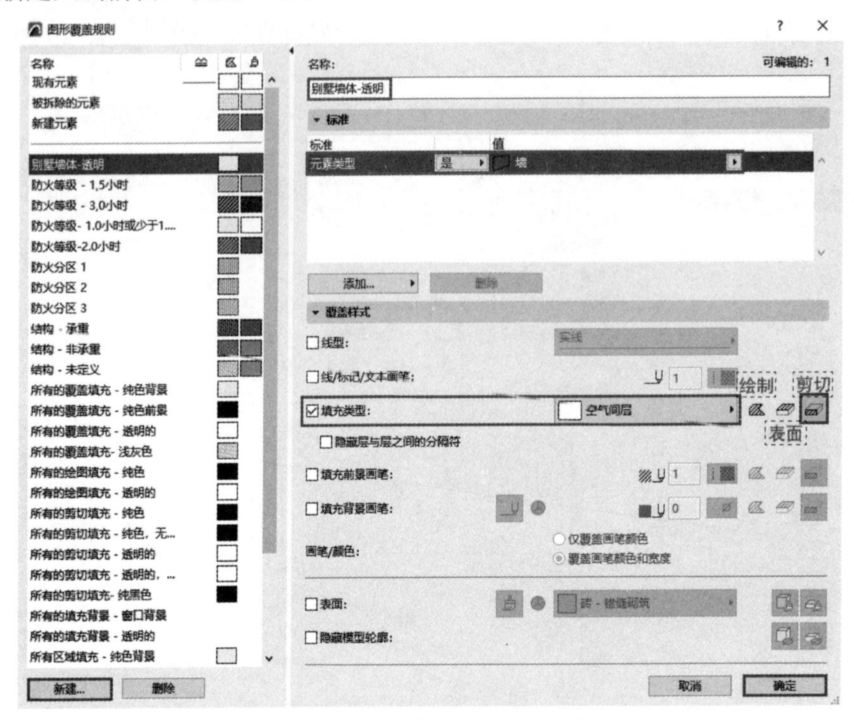

图 16-3 “图形覆盖规则”对话框

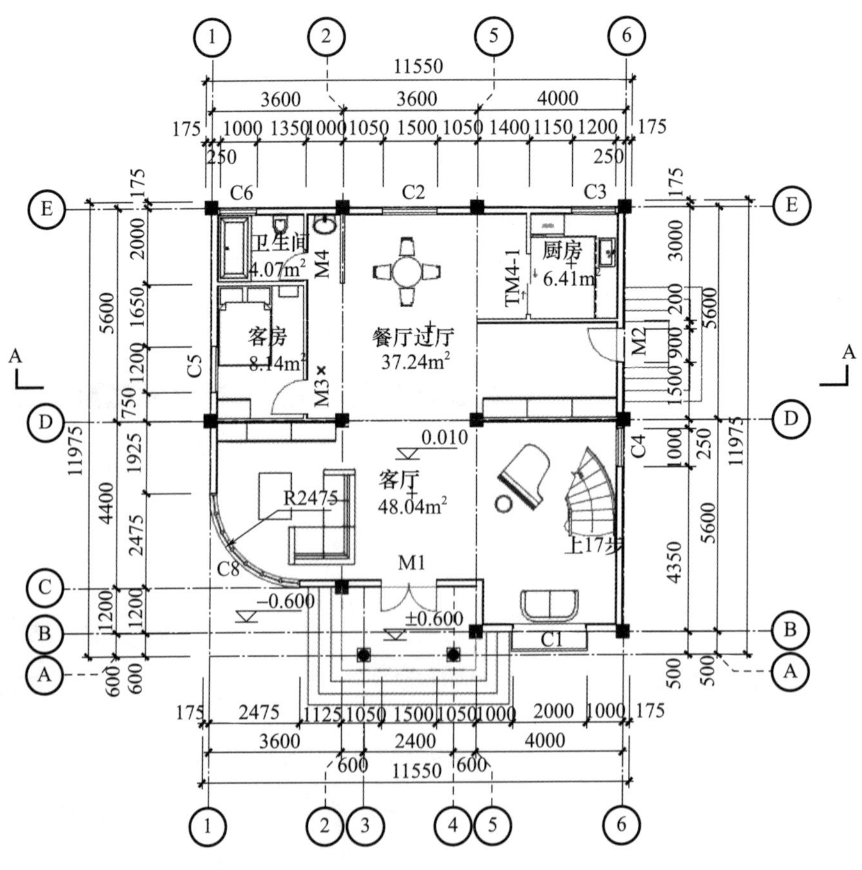

图 16-4 “1F”视图映射

在“视图映射”中双击打开“2F”楼层平面视图。选择“文档＞图层＞图层（模型视图）”（快捷键〈Ctrl＋L〉），打开“图层（模型视图）”对话框，新建“13 绘图-调整”图层组合，将“标记-变更”图层关闭后单击“更新”，单击“确定”（图 16-5）。则“13 绘图-调整”图层组合不显示“标记-变更”图层中的“S-03”标记（图 16-6）。

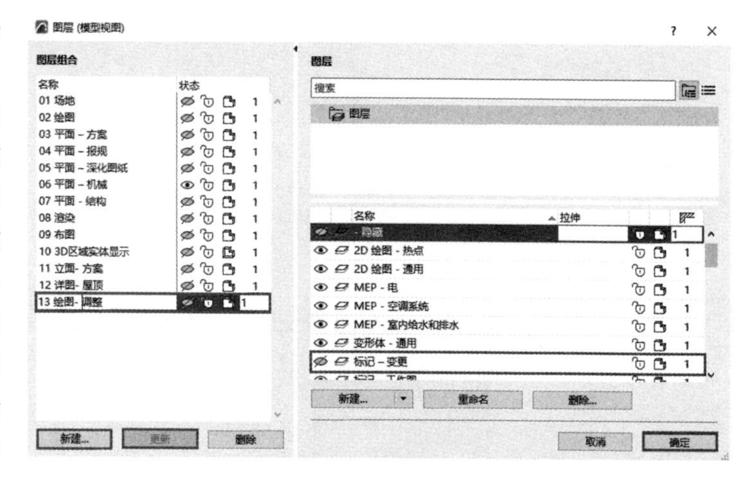

图 16-5　“图层（模型视图）”对话框

在“视图映射”中，右击“2F”楼层平面视图，在上下文菜单中，单击“视图设置”，打开“视图设置”对话框，将“图层组合”设为“13 绘图-调整”，“图形覆盖”设为“别墅平面覆盖”，单击“水平剪切平面设置”，将剪切平面高度设为“1200mm”，单击“确定”（图 16-7、图 16-8）。

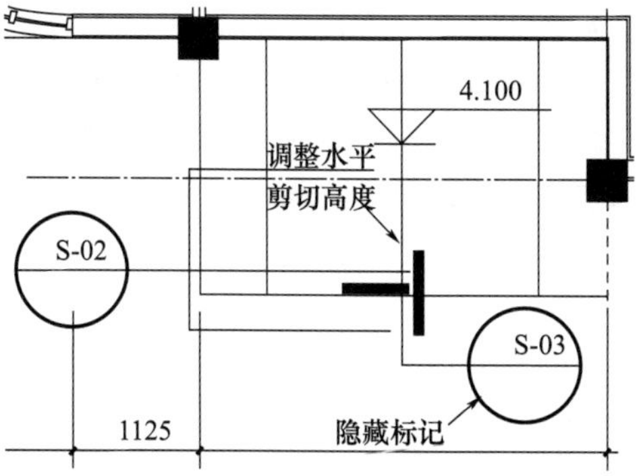

图 16-6　调整“元素显示”

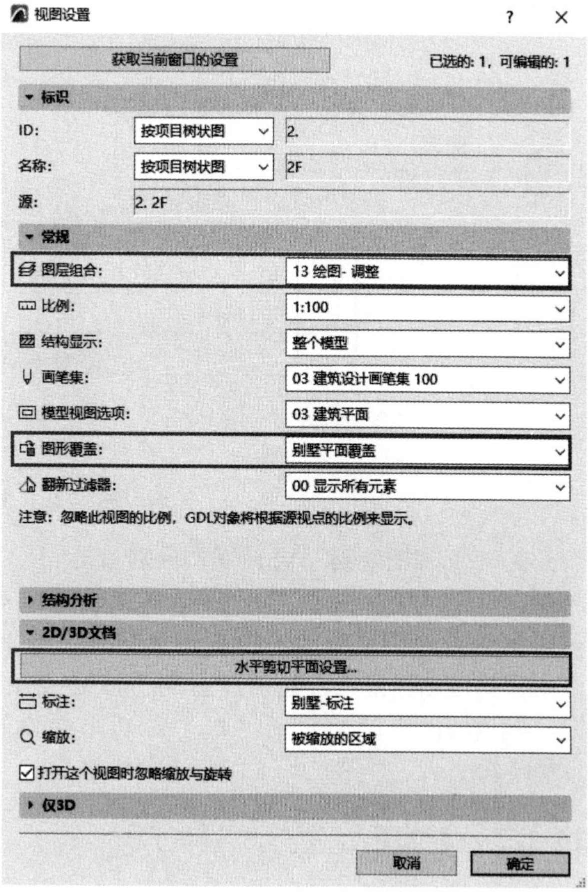

图 16-7　“视图设置”对话框

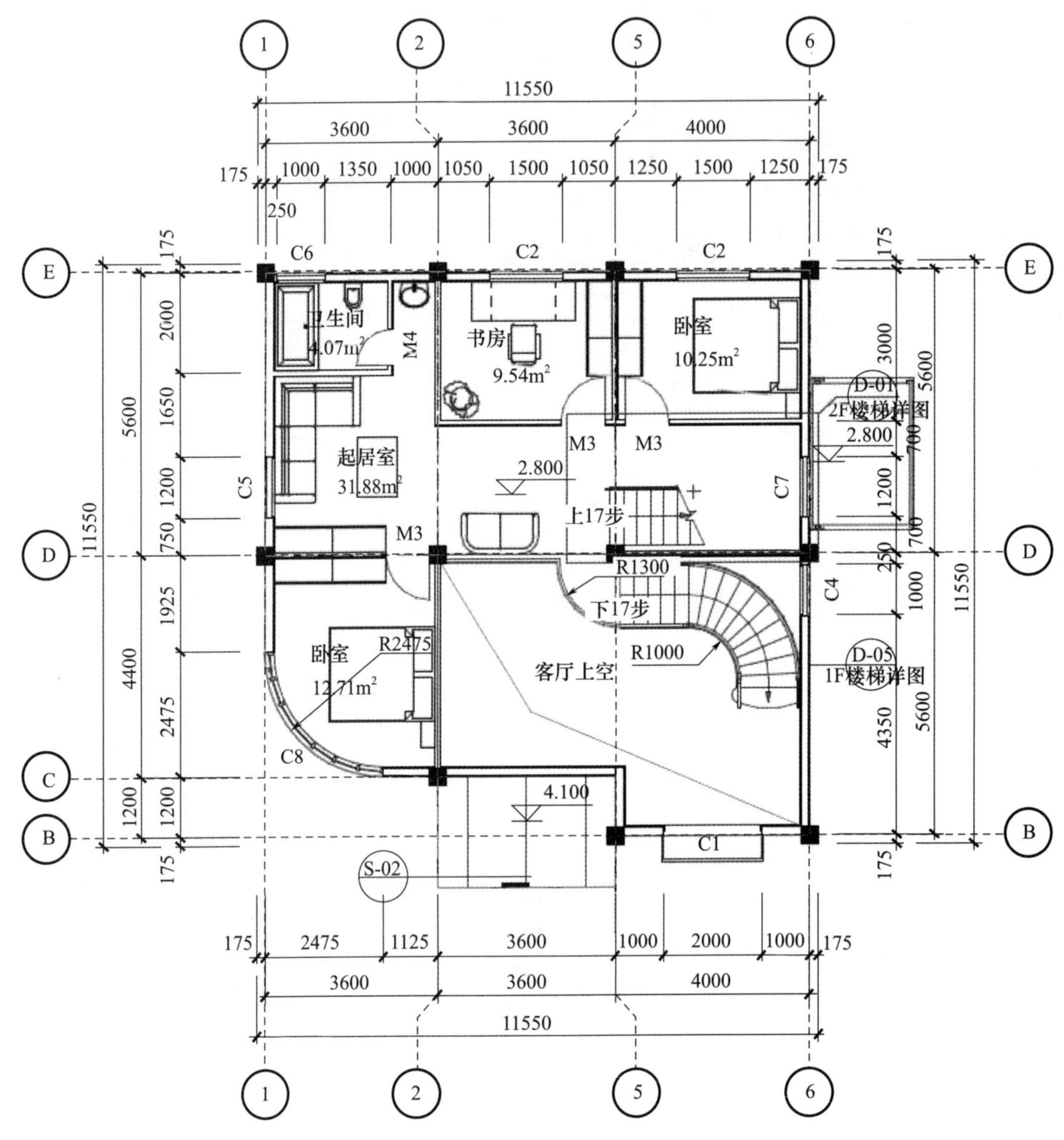

图 16-8 “2F”视图映射

在“2F 视图映射”窗口下，分别右击 3F、4F 和屋顶层楼层视图映射，在上下文菜单中，单击“视图设置”，打开“视图设置”对话框，单击“获取当前窗口的设置”，可以将“2F 视图映射”的设置进行传递。分别双击打开 3F、4F 和屋顶层视图映射，选中楼梯详图标记，将它们放置到“标记-变更”图层，可以进行隐藏。另外，需要修改“屋顶层视图映射”的“水平剪切平面设置”，将剪切平面高度设为“1900mm”（图 16-9）。

16.1.2 立面图

在“视图映射”中双击南立面视图，单击最下方的“设置”按钮，打开“视图设置”

对话框，将“图层组合”设为“11 立面-方案”，“标注”设为“别墅-标注”，单击“确定”（图 16-10）。

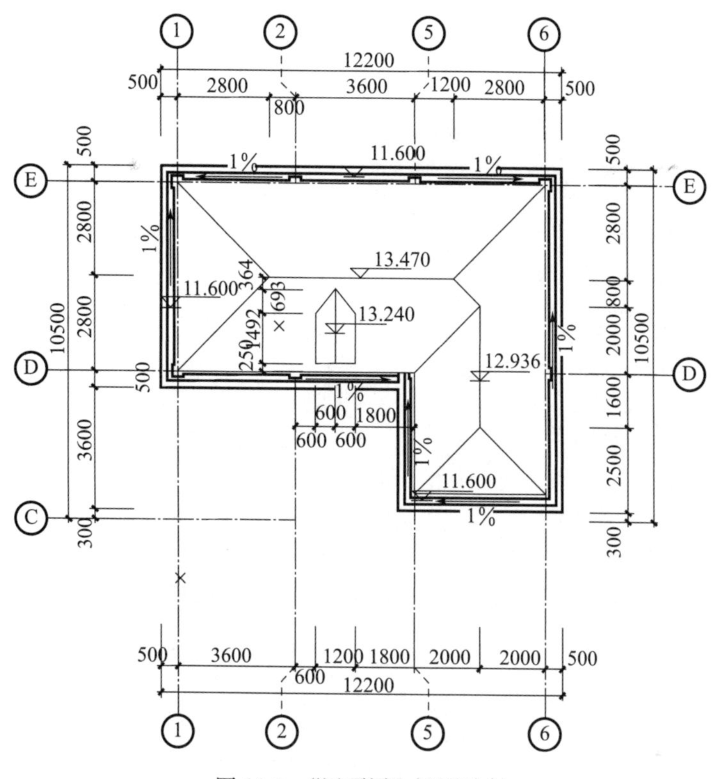

图 16-9 “屋顶层”视图映射

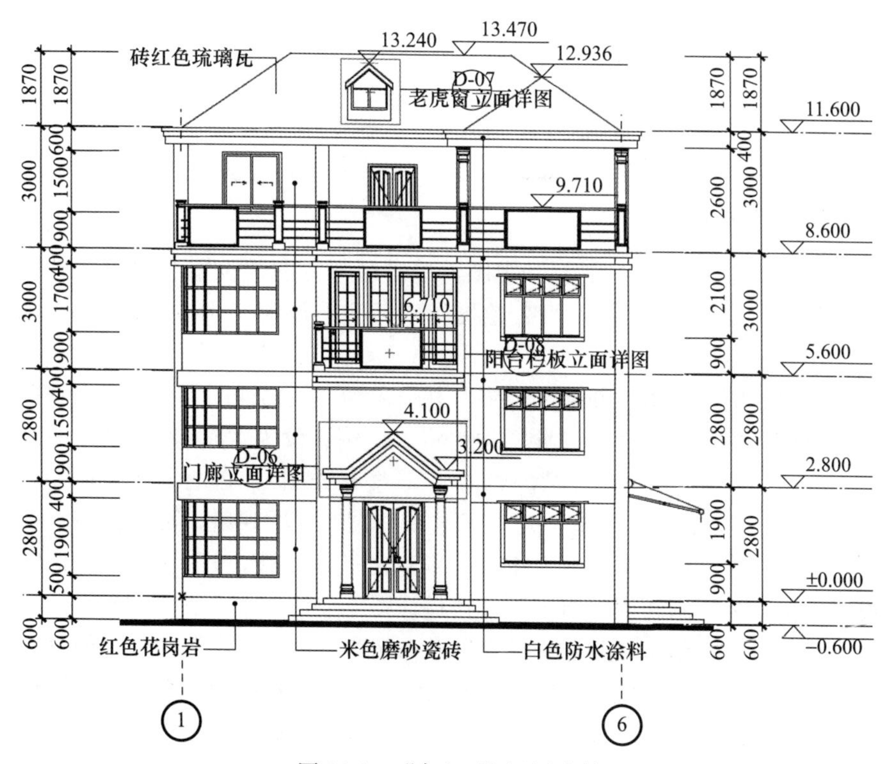

图 16-10 “南立面”视图映射

在“南立面视图映射”窗口下，分别右击北、东和西立面“视图映射”，在上下文菜单中，单击“视图设置”，打开“视图设置”对话框，单击“获取当前窗口的设置”，可以将“南立面视图映射”的设置进行传递（图 16-11）。

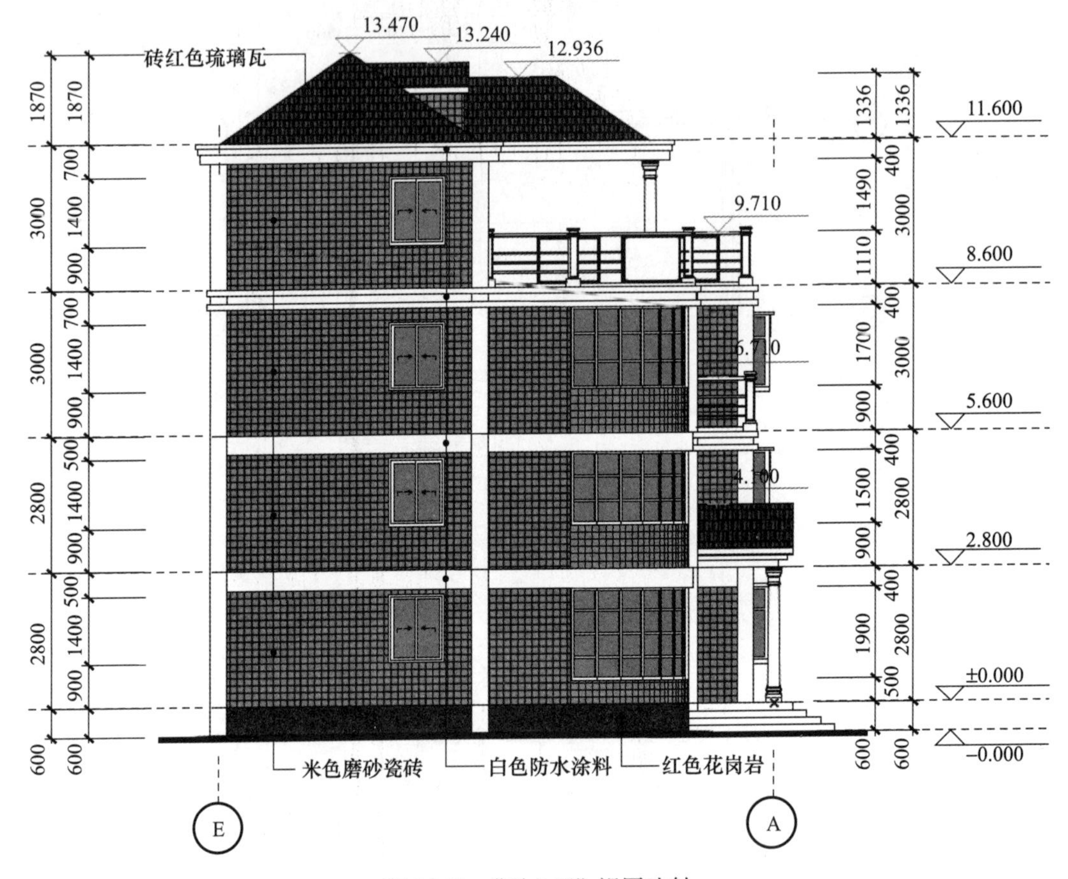

图 16-11 “西立面”视图映射

16.1.3 剖面图与详图

在“视图映射”中双击“A 剖面”视图，单击最下方的“设置”按钮，打开“视图设置”对话框，将“图层组合”设为“02 绘图”，“标注”设为“别墅-标注”，单击“确定”（图 16-12）。

在“视图映射”中，单击“新建文件夹”并命名为“楼梯详图”。在“项目树状图”中，双击打开“2F 楼梯详图”，在快捷选项栏中，将“比例”设为“1：50”，“图层组合”设为“02 绘图”，“标注”设为“别墅-标注”。右击“2F 楼梯详图”，在上下文菜单中，单击“保存当前视图”，则在“视图映射”中生成“2F 楼梯详图”视图映射，可以将该映射拖到“楼梯详图”文件夹中。在“项目树状图”中，分别双击打开“3F、4F、屋顶层和 1F”楼梯详图，进行设置并保存为视图映射，再拖到“楼梯详图”文件夹中（图 16-13）。

在“视图映射”中，单击“新建文件夹”并命名为“门廊详图”。在“项目树状图”中，双击打开“门廊立面详图”，在快捷选项栏中，将“比例”设为“1：20”，“图层组合”设为“02 绘图”，“标注”设为“别墅-标注”。右击“门廊立面详图”，在上下文菜单中，单击“保存当前视图”，则在“视图映射”中生成“门廊立面详图”视图映射（图 16-14），可以将该映射拖到“门廊详图”文件夹中。在“项目树状图”中，分别双击打开“门廊剖面 A”和“门廊剖面 B”，进行设置并保存为视图映射，再拖到“门廊详图”文件夹中。

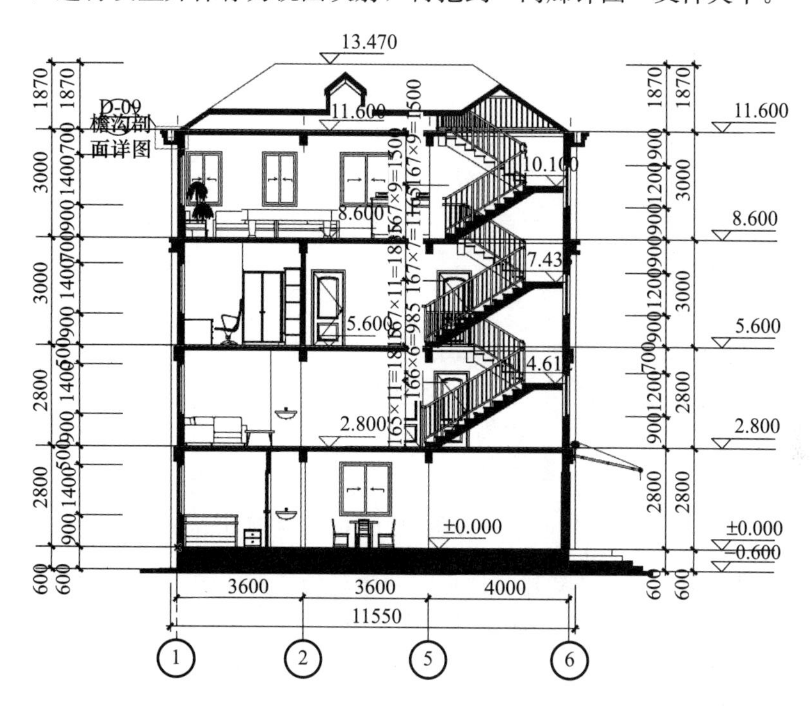

图 16-12 “A 剖面”视图映射

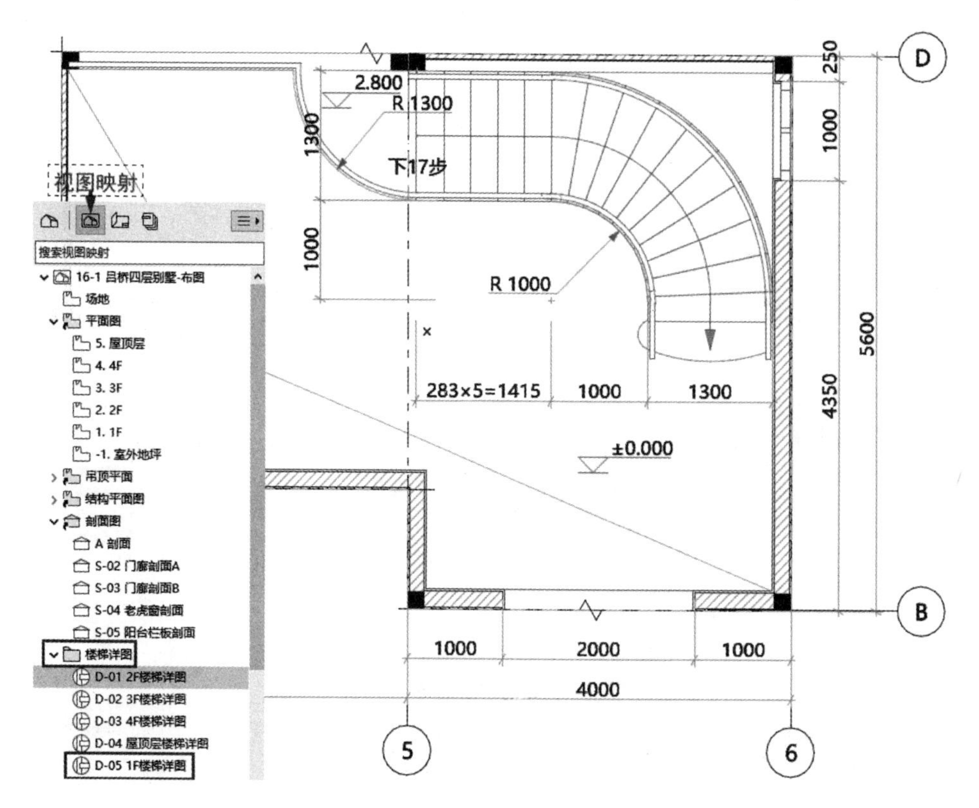

图 16-13 “1F 楼梯详图”视图映射

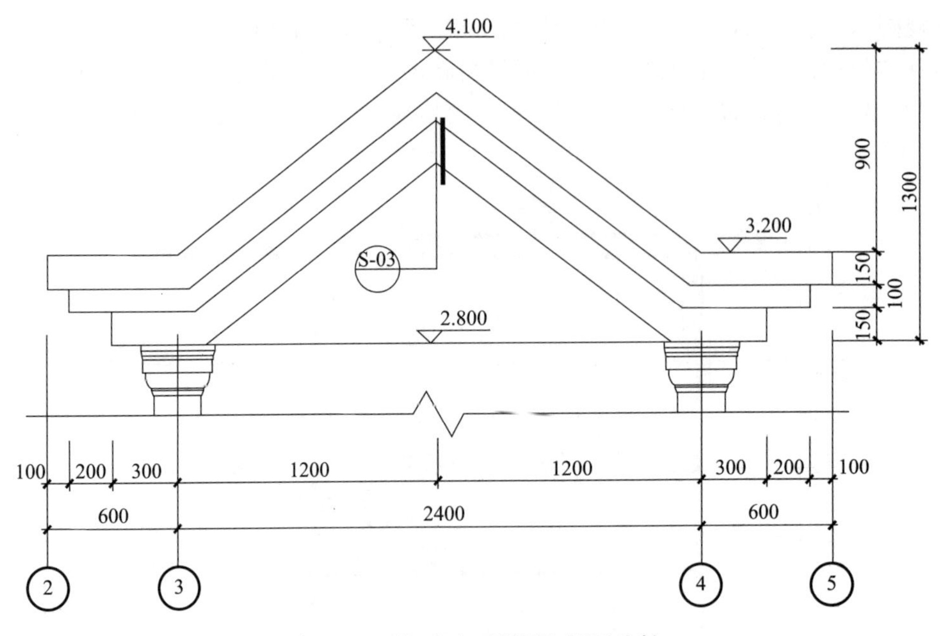

图 16-14 “门廊立面详图”视图映射

在“视图映射”中，单击“新建文件夹”并命名为“其他详图”。在“项目树状图”中，双击打开“老虎窗立面详图”，在快捷选项栏中，将“比例”设为“1∶20”，“图层组合”设为“02 绘图”，“标注”设为“别墅-标注”。右击“老虎窗立面详图”，在上下文菜单中，单击“保存当前视图”，则在“视图映射”中生成“老虎窗立面详图”视图映射，可以将该映射拖到“其他详图”文件夹中。使用相同的操作创建“老虎窗剖面”“阳台栏板立面”“阳台栏板剖面”和“檐沟剖面”的视图映射，其中“檐沟剖面”的比例为“1∶10”（图 16-15）。

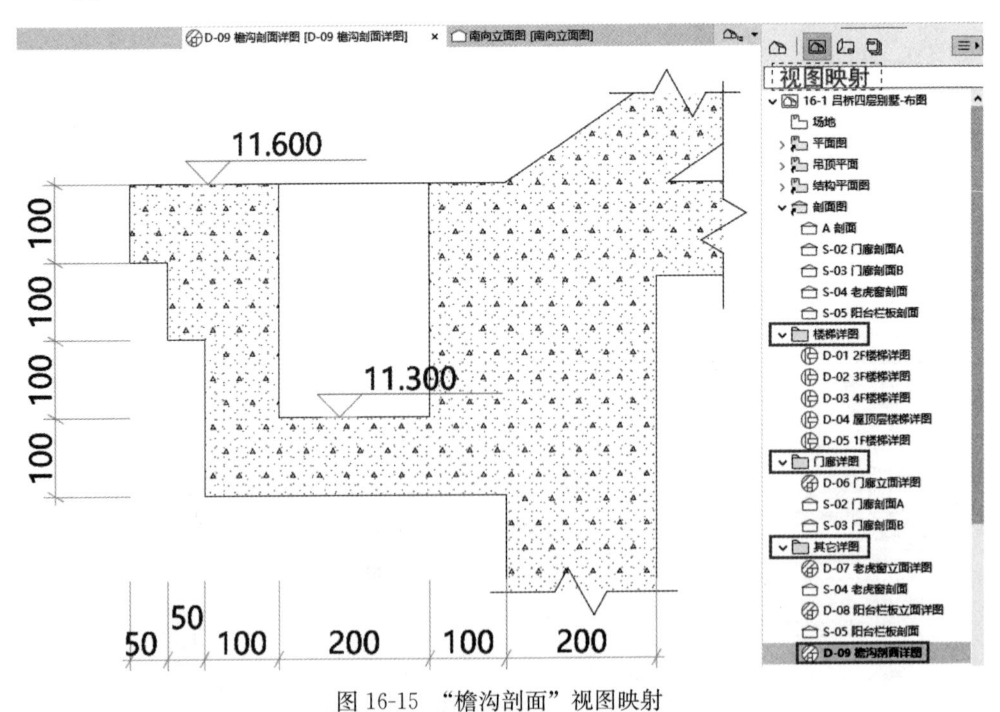

图 16-15 “檐沟剖面”视图映射

16.2 样板布图

打开“16-1 吕桥四层别墅-视图映射 . pln”项目文件，在“图册”浏览器的“样板布图”中，双击打开“A2 横向打印”，对标题栏进行调整。选中“修订历史”的表格，按快捷键〈Ctrl+T〉，打开“对象选择设置”对话框，在“样式”面板中，勾选“外边界”；在“内容”面板中，选择“居中”样式；在“自定义标题”面板中，更改标题内容（图16-16）；在“2D 表现和文本”面板中，将“标题文本垂直对齐”设为“对齐到顶部”，单击“确定”，再拖动表格的间距到合适大小（图 16-17）。

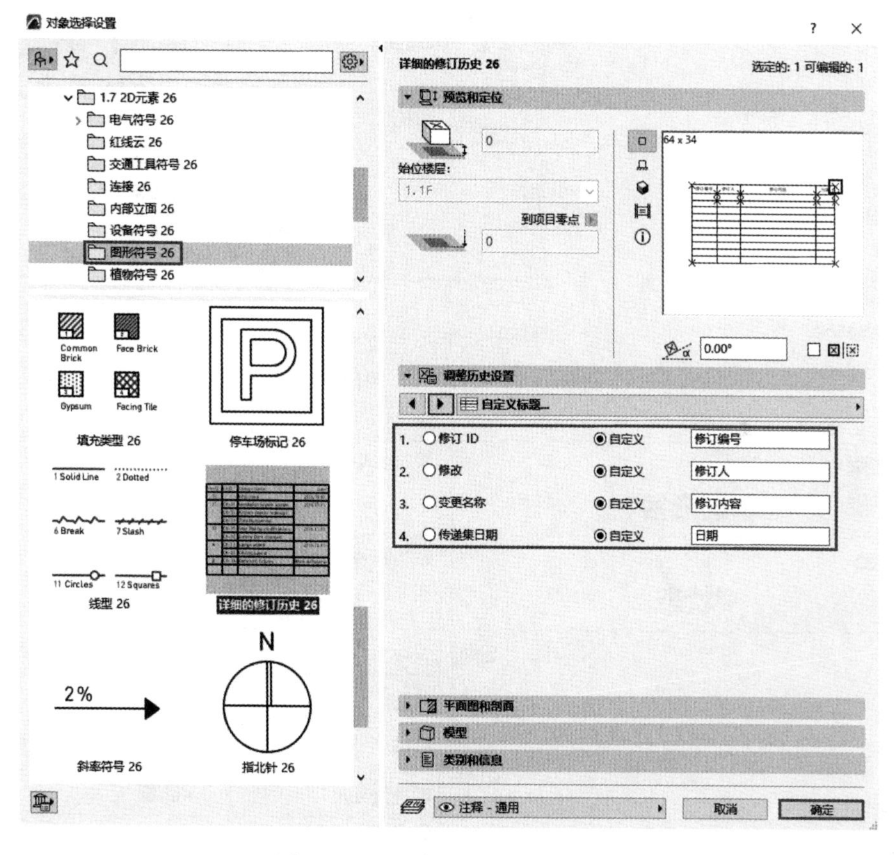

图 16-16 “对象选择设置”对话框

修订历史　表格修改前

修改	变更	变更名称	日期

修订历史　表格修改后

修订编号	修订人	修订内容	日期

图 16-17 调整“表格样式”

双击“图纸名称”下的“＃图形名”，进入编辑状态，单击“插入自动文本”，在弹出的列表中，选择“布图名称”进行替换，将行间距设为“100％”，适当调整自动文本的位置，然后单击边框外的空白处完成编辑（图 16-18）。在原标题内容与表格的基础上，根据图纸内容，调整表格线、文本与自动文本，创建新的标题栏样式，如图 16-19 所示。

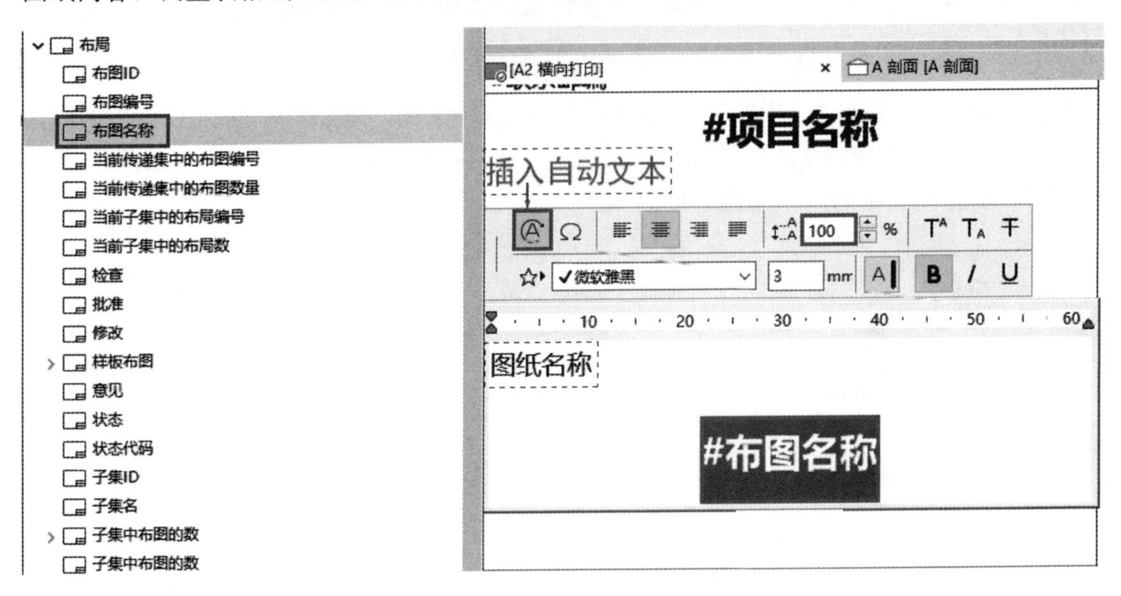

图 16-18　替换“标题内容”

图纸名称	
#图形名	
图纸状态	
#状态	
修改	日期
#修改	
核对	日期
#检查	
图纸比例	
1:###	
布局 ID	版本
#布图ID	#修订ID

(a) 标题栏调整前

图纸名称	
#布图名称	
项目编号	
#项目编号	
设计	#CAD技术员全名
绘图	#修改
校核	#检查
项目负责人	#批准
图纸编号	
#布图ID	
图幅	A2
出图日期	2023年2月16日

(b) 标题栏调整后

图 16-19　调整“标题栏”

框选标题栏，按快捷键〈Ctrl＋C〉进行复制，分别双击打开“A1 横向打印”与“A3 横向打印”，将原标题栏删除后，按快捷键〈Ctrl＋V〉进行粘贴并移动到右下角，然后双击“图幅 A2”标题进入编辑状态，将文本分别改为“图幅 A1”与“图幅 A3”，完成样板布图的调整（图 16-20）。

图 16-20 “A3”样板布图

选择“文件>信息>项目信息”，打开“项目信息”对话框，将“项目名称”设为“吕桥四层别墅”，“项目编号”设为“LQ-2023216”，再分别设置“场地地址”“公司名称”“公司地址”和“CAD 技术员全名”等信息，单击“确定”（图 16-21）。

图 16-21 设置“项目信息”

16.3 建筑设计说明

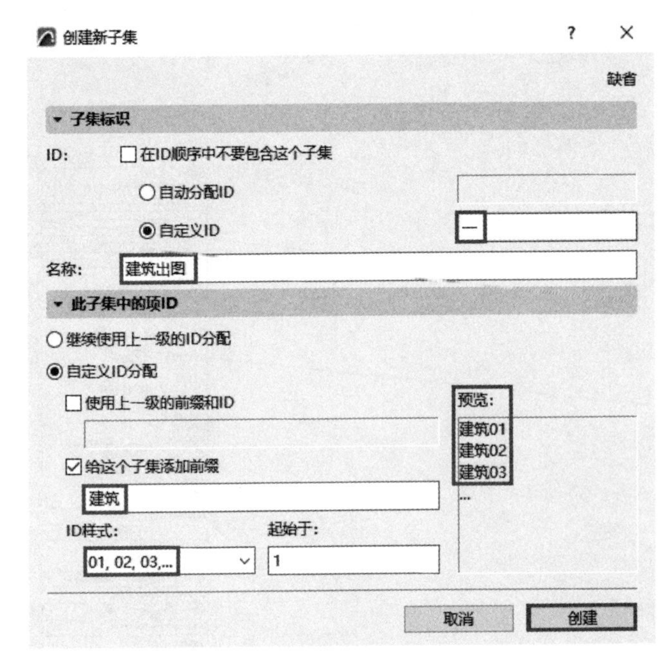

图 16-22 “创建新子集”对话框

打开“16-2 吕桥四层别墅-布图样板 .pln”项目文件，在“图册”浏览器中，将原有的子集全部删除，单击下方的“新建子集”按钮 ，打开“创建新子集”对话框，将“自定义 ID”设为“一”，“名称”设为“建筑出图”，勾选“给这个子集添加前缀”并设为“建筑”，“ID 样式”设为“01，02”，单击“创建”（图 16-22）。

在“一建筑出图”子集下，单击“新建布图”，打开“创建新布图”对话框，将“布图名称”设为“建筑设计说明”，“样板布图”设为“A1 横向打印”，“图形 ID 样式”设为“1，2，3，…”，单击“创建”（图 16-23）。右击“建筑设计说明”布图，在弹出的上下文菜单中，单击“布图设置”，打开“布图设置”对话框，在“布图信息”面板中，输入相关信息，如图 16-24 所示。

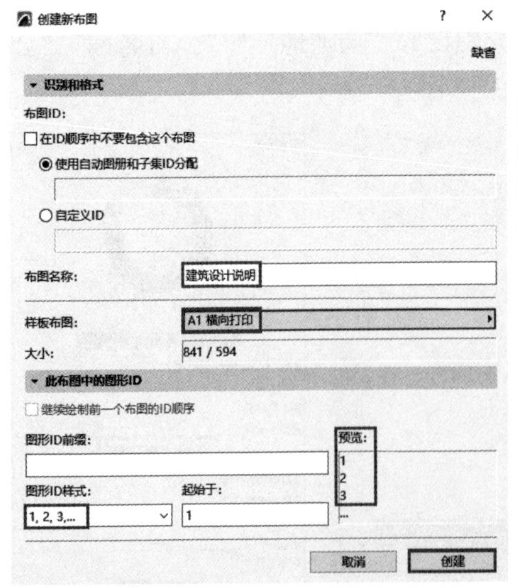

图 16-23 “创建新布图”对话框

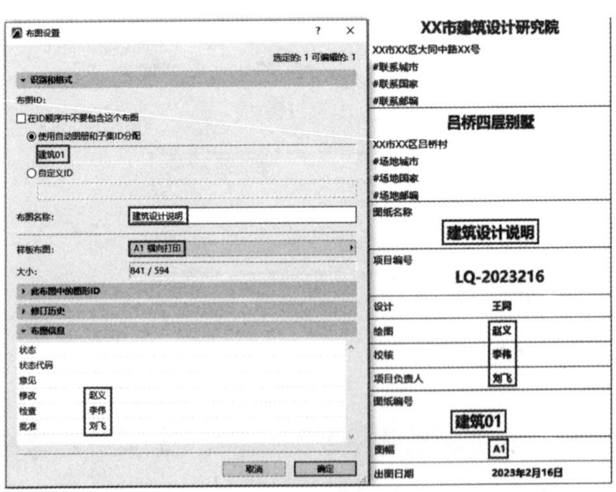

图 16-24 布图设置

选择“文件>外部内容>放置外部图形”，打开“放置图形”对话框，选择“建筑设计说明.dwg”文件，单击“打开”，设置“自定义”比例为“1∶100”，单击放置（图 16-25），将图形放置在图纸中，如图 16-26 所示。选中该图形，按快捷键〈Ctrl+T〉，打开“图形选择设置”对话框，在“大小与外观”面板中，将“放大”设为“150.00%”，“颜色”设为“黑白”，在“标题”面板中，选择“无标题”，单击“确定”（图 16-27），将图形移动到合适位置，如图 16-28 所示。

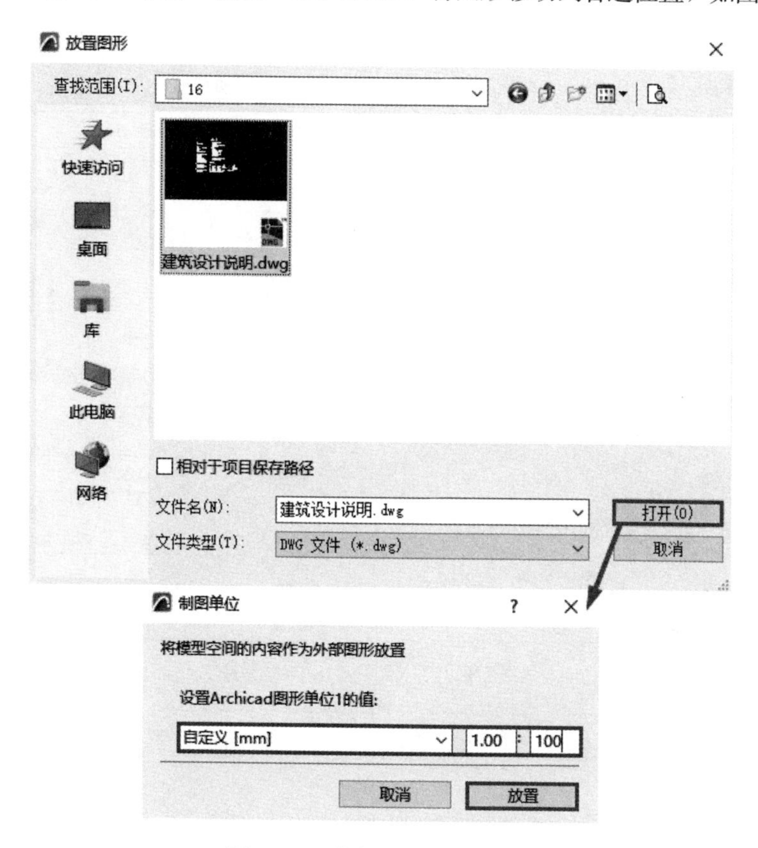

图 16-25 “放置图形”对话框

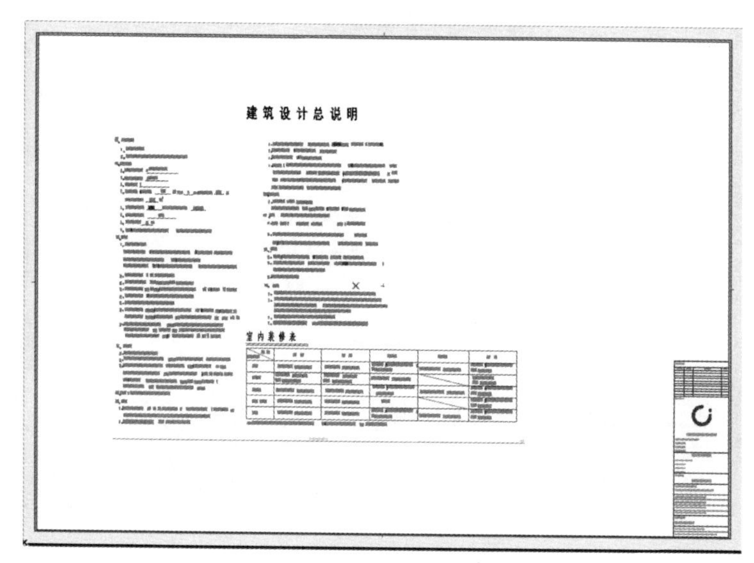

图 16-26 放置“建筑设计说明”

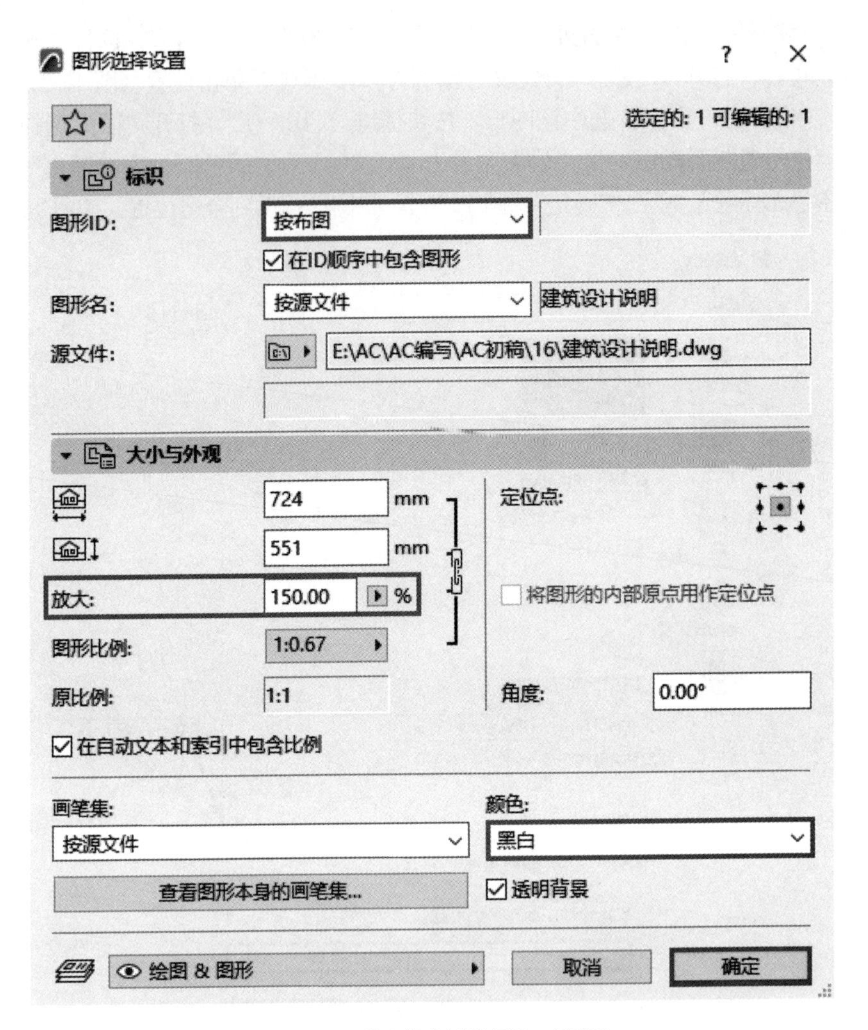

图 16-27 “图形选择设置”对话框

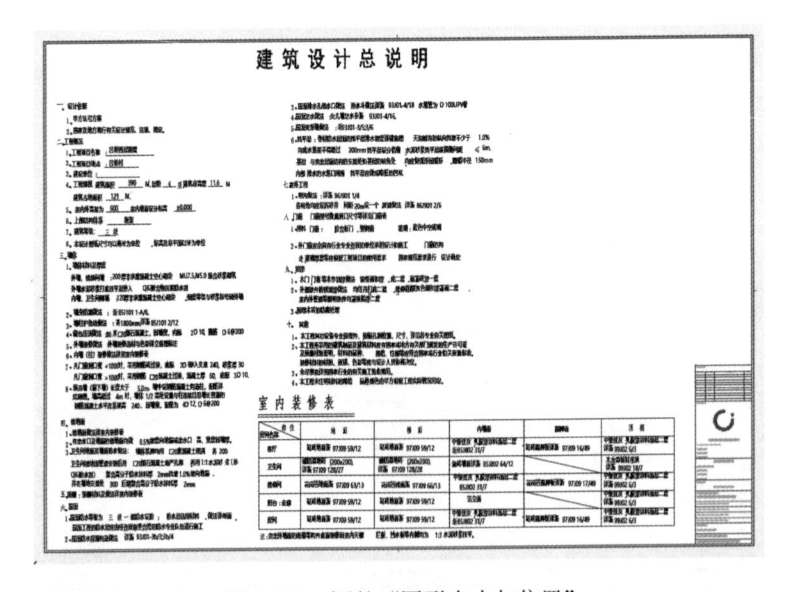

图 16-28 调整“图形大小与位置”

在“项目树状图”中，将“IES-06 门明细表”与“IES-07 窗明细表”拖进图纸并放到合适位置，分别选中这两个图形，按快捷键〈Ctrl+T〉，打开“图形选择设置”对话框，在“大小与外观”面板中，将“颜色”设为“黑白”，在“标题”面板中，选择“无标题”，单击“确定”（图 16-29）。

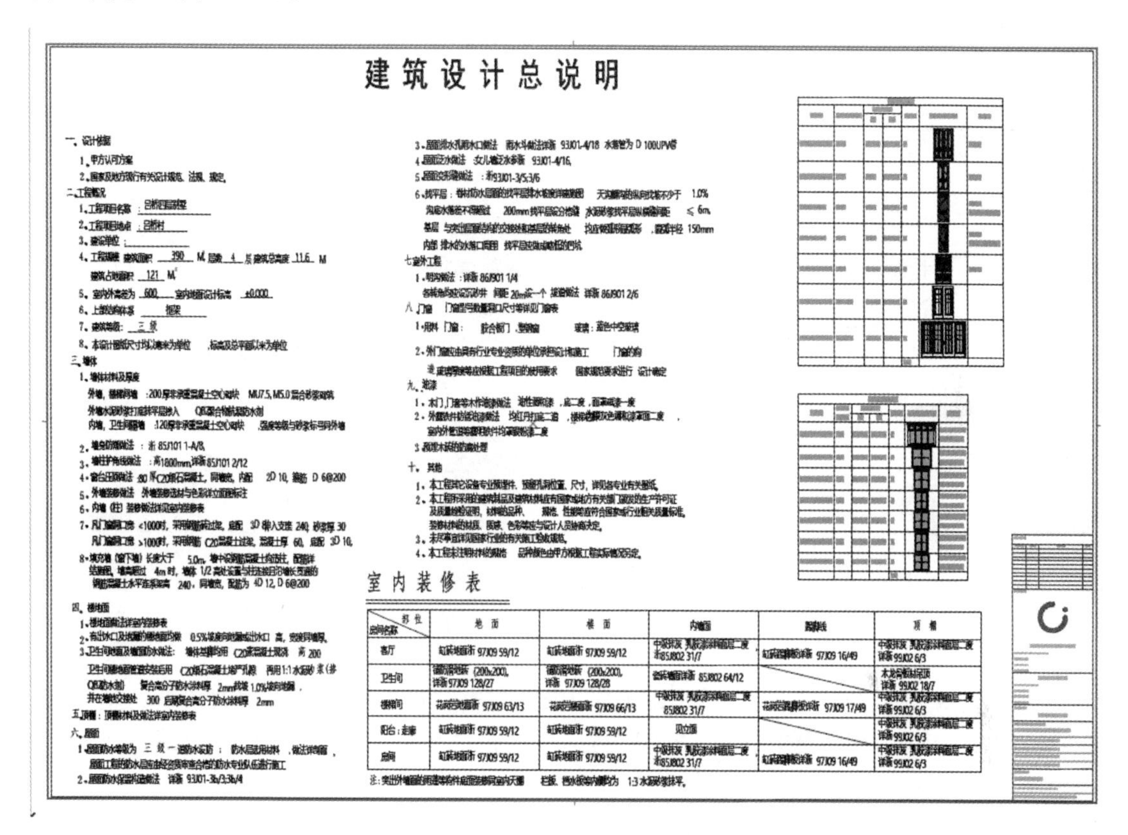

图 16-29 放置“门窗明细表”

16.4 平立剖面布图

16.4.1 平面图布图

在“一建筑出图”子集下，单击“新建布图”，打开“创建新布图”对话框，将“布图名称”设为“平面图”，“样板布图”设为“A1 横向打印”，“图形 ID 样式”设为“1，2，3，…”，单击“创建”（图 16-30）。选中“平面图”布图，单击下方的“设置”按钮，打开“布图设置”对话框，在“布图信息”面板中，输入相关信息，如图 16-24 所示。

双击工具箱中的“图形工具”图标 图形 或单击图标后使用快捷键〈Ctrl+T〉，可以打开“图形默认设置”对话框。在“标识”面板中，将“图形 ID”设为“按布图”，在“大小与外观”面板中，将“颜色”设为“黑白”，在“标题”面板中，加载“向日葵大图名”，不勾选“统一标题画笔”，在“自定义设置”面板中，将“字体类型”设为“微软雅黑”，“字体画笔”设为“1 号”，单击“确定”（图 16-31）。

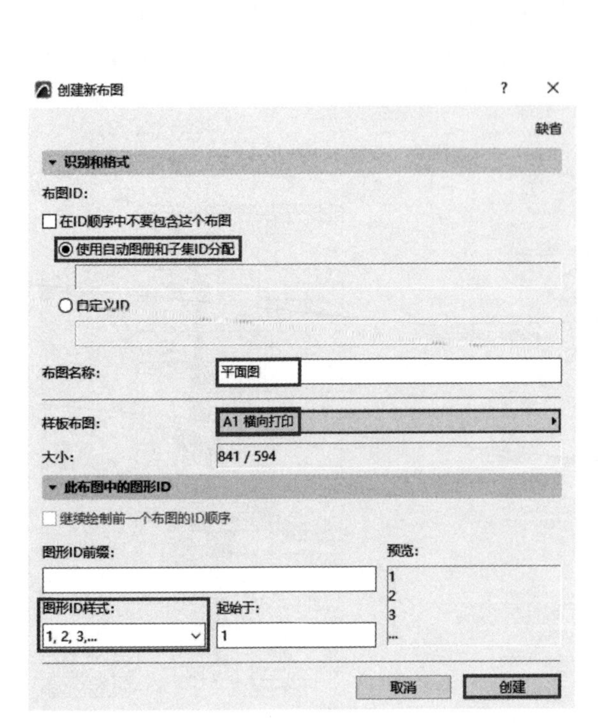

图 16-30 “创建新布图”对话框

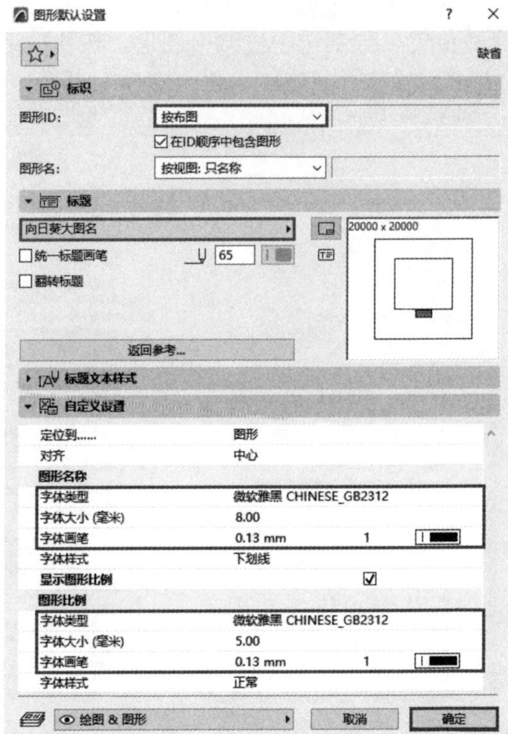

图 16-31 “图形默认设置”对话框

将“视图映射”中的“1F”平面图拖进图纸，调整其边框范围并移动到图纸的左上部，按〈Ctrl+T〉键，打开“图形选择设置”对话框，将“图形名”设为“自定义”并命名为“一层平面图”，单击“确定”，如图 16-32 所示。

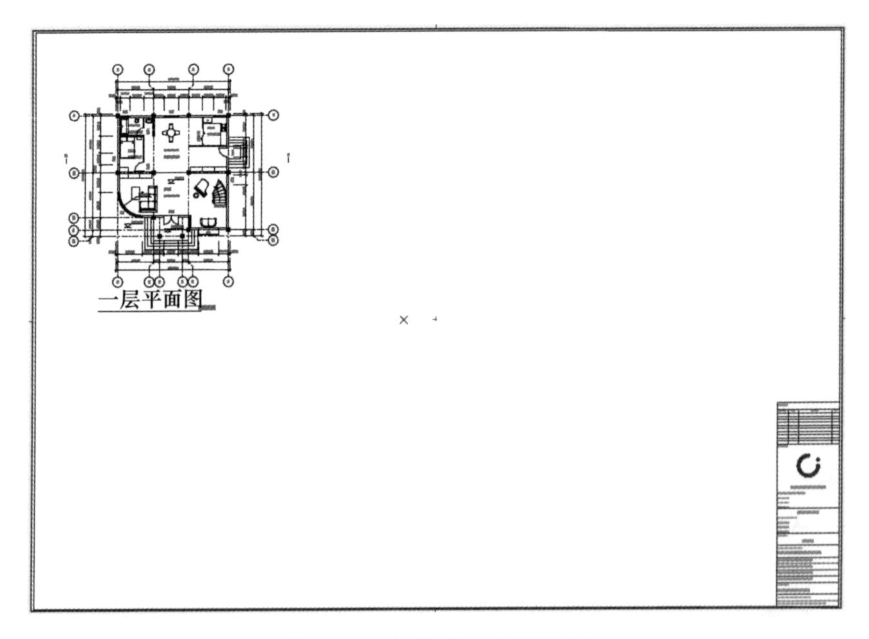

图 16-32 布置“一层平面图”

使用相同的方法设置其他各层平面图并布置到图纸的合适位置（图16-33）。

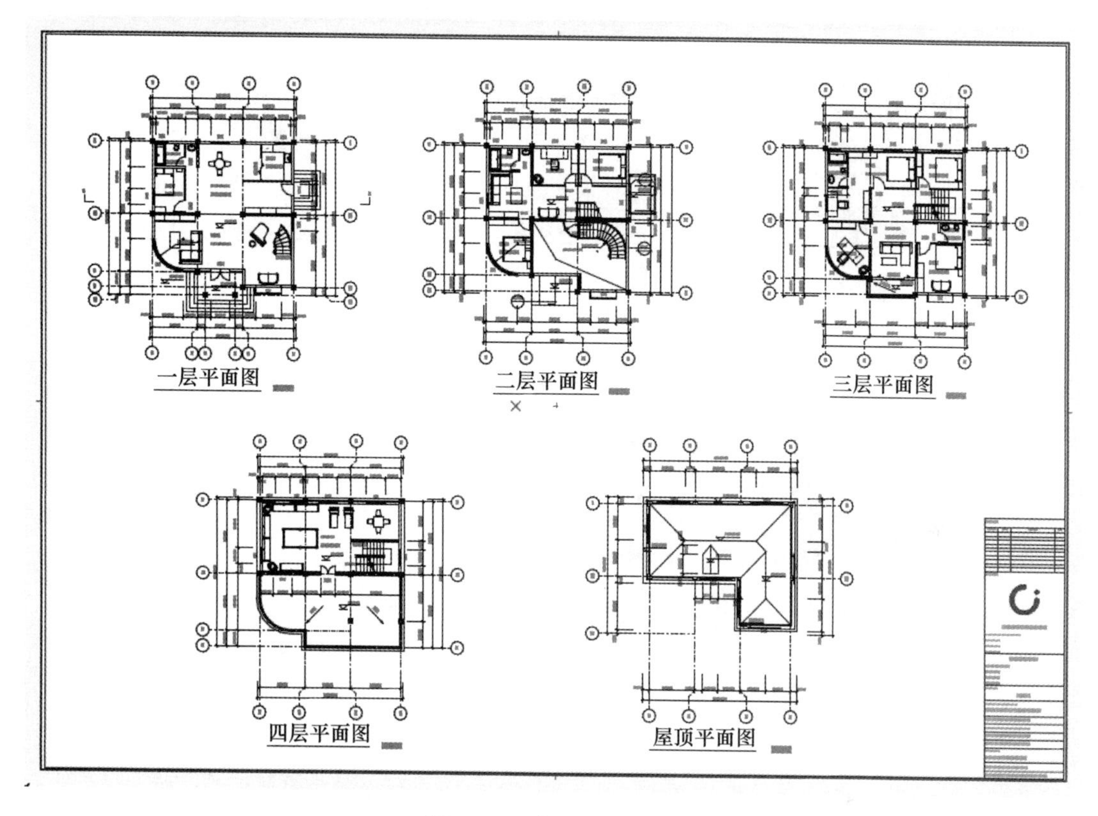

图16-33　布置“平面图”

16.4.2　立/剖面图布图

在“一建筑出图”子集下，单击“新建布图”，打开“创建新布图”对话框，将“布图名称”设为“立面图剖面图”，“样板布图”设为“A1横向打印”，“图形ID样式”设为“1，2”，单击“创建”。选中该布图，单击下方的“设置”按钮，打开“布图设置”对话框，在“布图信息”面板中，输入相关信息。

将“视图映射”中的“立面图”文件夹拖进图纸，则四个立面图可以同时拖进，再分别调整其边框范围并移动到图纸的合适位置，分别按快捷键〈Ctrl＋T〉，打开“图形选择设置”对话框，将“图形名”设为“自定义”并分别进行命名。相同操作将剖面图布置到图纸，如图16-34所示。

选择“文件＞外部内容＞放置外部图形”，打开“放置图形”对话框，选择“透视图.jpg”文件，单击“打开”，将图形放置在图纸中。选中该图形，按快捷键〈Ctrl＋T〉，打开“图形选择设置”对话框，将“图形名”设为“自定义”并命名为“透视图”，在“大小与外观”面板中，将“颜色”设为“原色”，单击“确定”，将图形移动到合适位置，如图16-35所示。

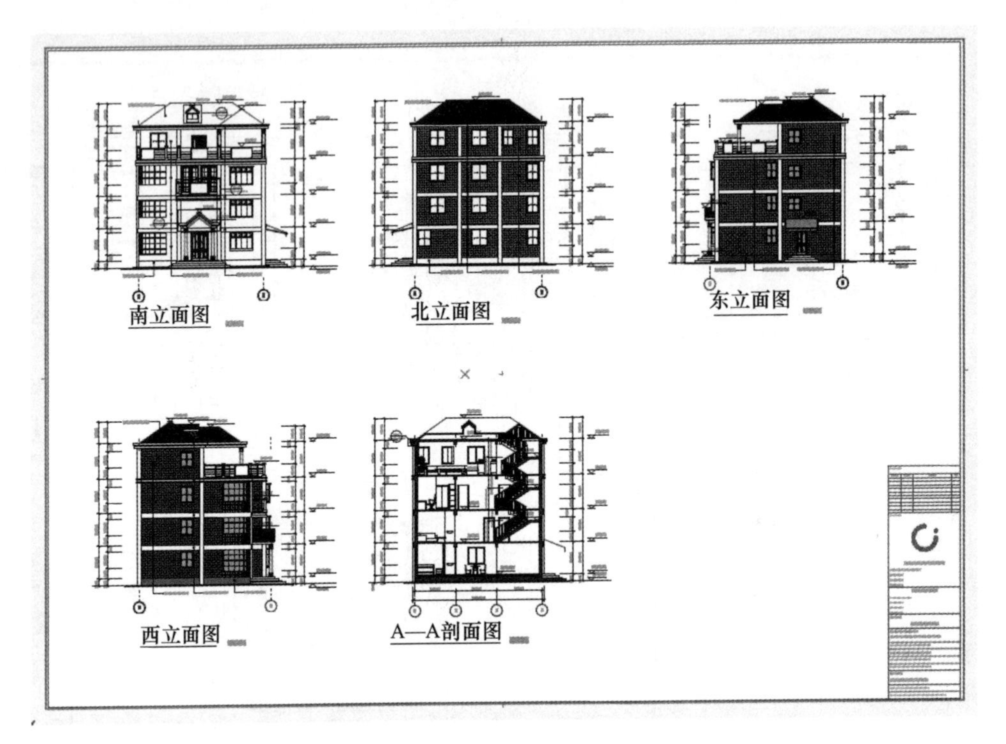

图 16-34　布置“立剖面图”

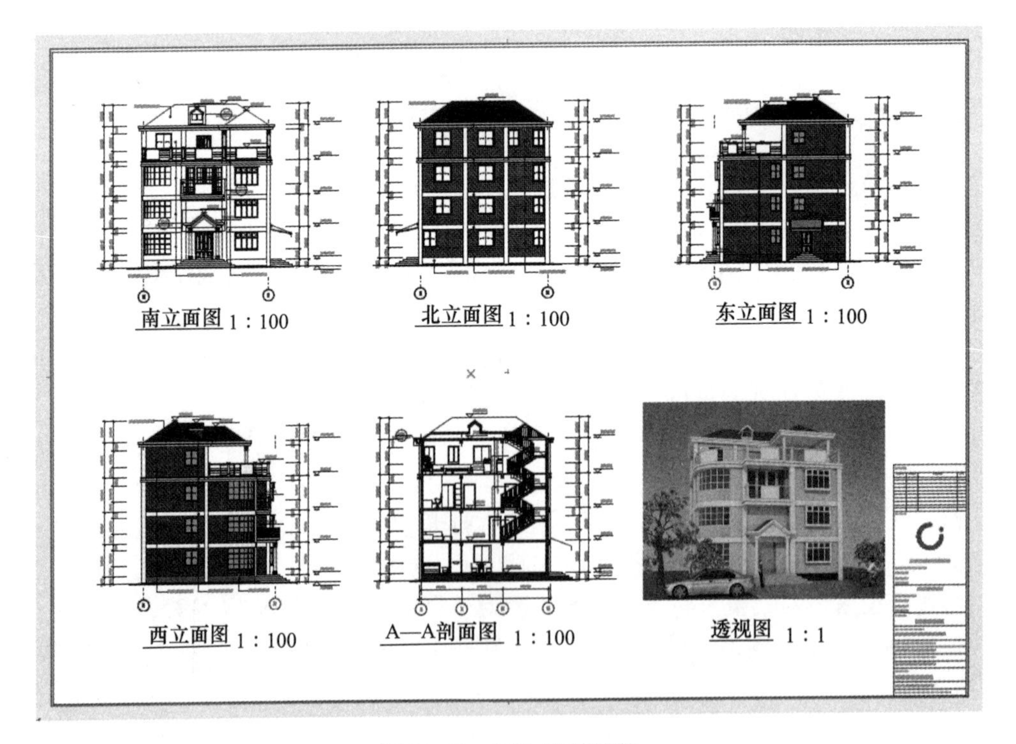

图 16-35　布置“透视图”

16.5　详图布图

16.5.1　“详图 1”布图

打开“16-3 吕桥四层别墅-布图 . pln”项目文件，在“图册”浏览器的“一建筑出图”子集下，单击“新建布图”，打开“创建新布图”对话框，将“布图名称”设为“详图 1”，“样板布图”设为“A2 横向打印”，“图形 ID 样式”设为“1，2”，单击“创建”（图 16-36）。选中“详图 1”布图，单击最下方的“设置”按钮，打开“布图设置”对话框，在“布图信息”面板中，输入相关信息。

双击工具箱中的“图形工具”图标，打开“图形默认设置”对话框。在“标识”面板中，将“图形 ID”设为“按布图”，“图形名”设为“按视图：只名称”，在“大小与外观”面板中，将“颜色”设为“黑白”，在“标题”面板中，加载“向日葵小图名”，勾选“统一标题画笔”并将“画笔”设为“1 号”，在“自定义设置”面板中，将“字体类型”设为“微软雅黑”，“字体画笔”设为“1 号”，将“图形 ID”字体大小设为“5mm”，其余按照默认值，单击“确定”（图 16-37）。

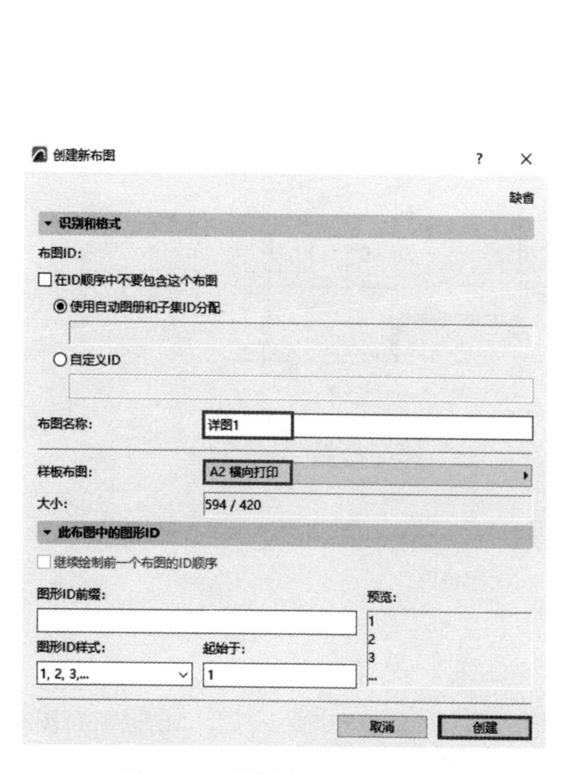

图 16-36　“创建新布图”对话框

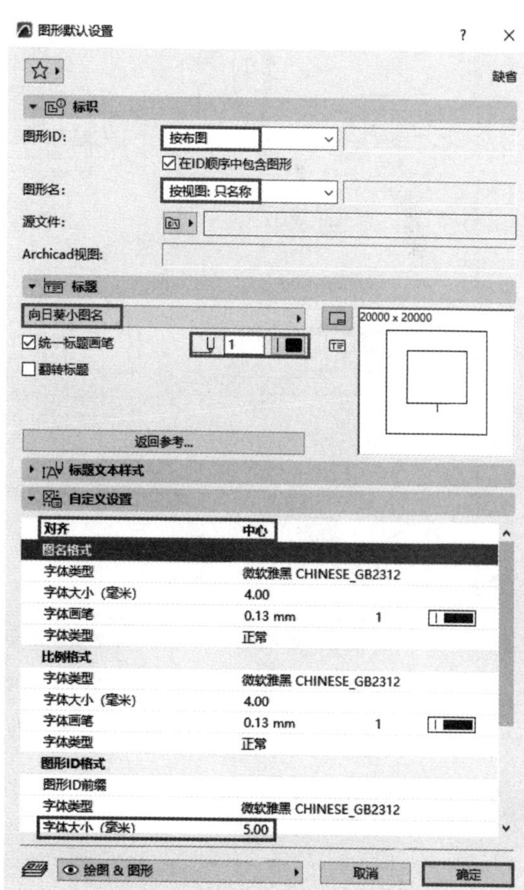

图 16-37　“图形默认设置”对话框

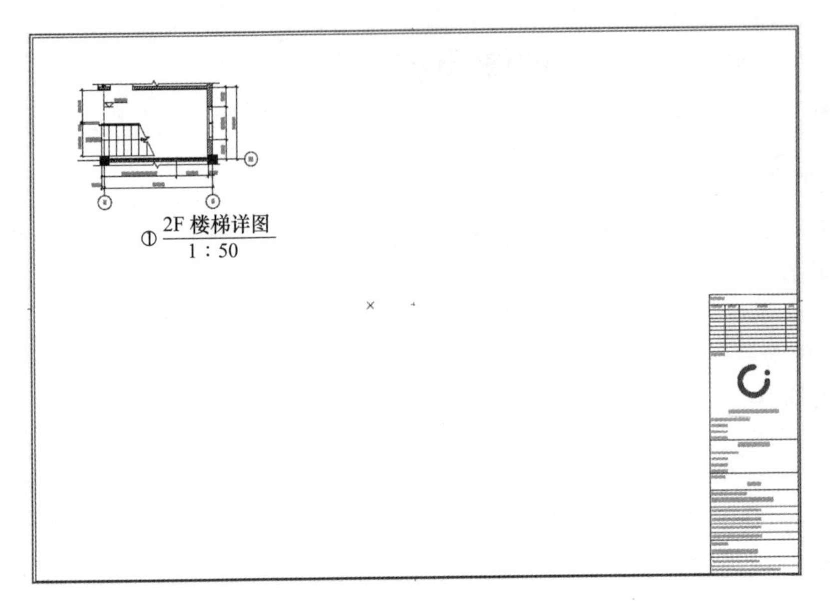

图 16-38　布置“2F 楼梯详图”

将“视图映射”中的“2F 楼梯详图”拖进图纸，调整其边框范围并移动到图纸的左上部，如图 16-38 所示。相同的操作可以添加 3F 楼梯详图、4F 楼梯详图、屋顶层楼梯详图、檐沟剖面详图、老虎窗立面和剖面详图、1F 楼梯详图到图纸的合适位置，如图 16-39 所示。

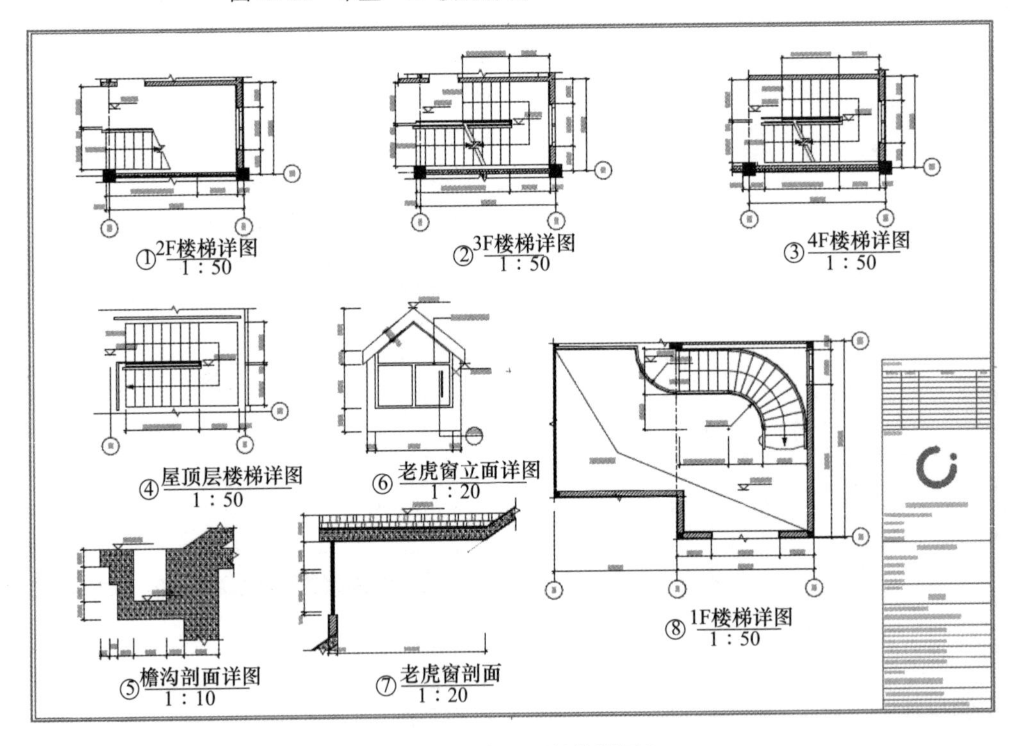

图 16-39　布置“其他详图”

16.5.2 “详图 2”布图

在“图册”浏览器的“一建筑出图”子集下，单击“新建布图”，打开“创建新布图”对话框，将“布图名称”设为“详图 2”，“样板布图”设为“A2 横向打印”，“图形 ID 样式”设为“1，2”，单击“创建”。选中“详图 2”布图，单击最下方的“设置”按钮，打开“布图设置”对话框，在“布图信息”面板中，输入相关信息。

在“视图映射”浏览器中，将“门廊立面详图、门廊剖面 A、门廊剖面 B、阳台栏板立面详图和栏板剖面”拖进图纸，按上节相同操作进行统一调整，如图 16-40 所示。

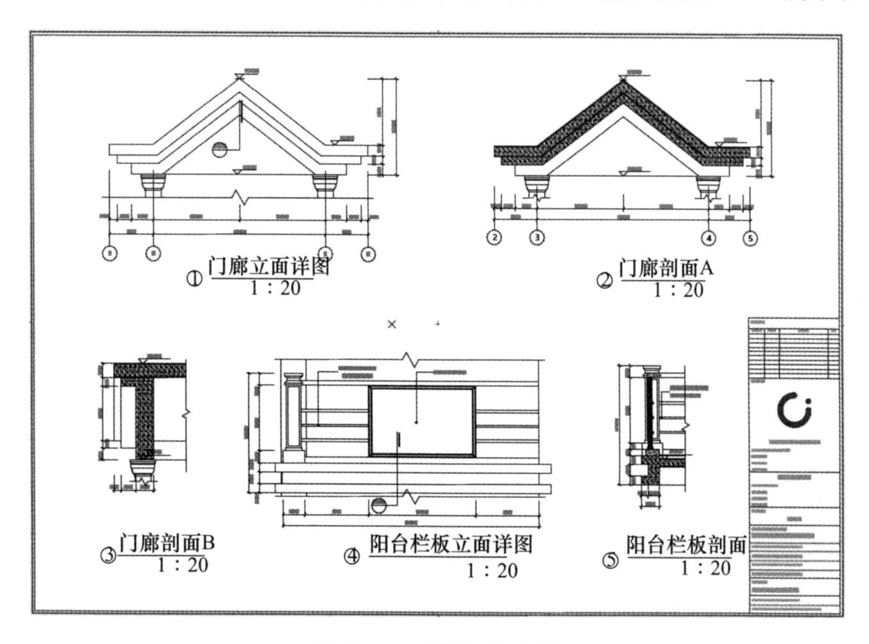

图 16-40　“详图 2”布图

16.5.3　调整详图索引

在“视图映射”浏览器中，双击打开“2F”楼层平面，选中两跑楼梯的详图标记，按快捷键〈Ctrl+T〉，打开“详图选择设置”对话框，将“以标记参考”设为“选定的图形”，在弹出列表中选择“1 2F 楼梯详图”，单击“确定”(图 16-41)。在“标签符号和文本”面板中，“第一行文本”勾选“显示图形 ID”（图纸中“1”号图形)，“第二行文本”勾选“显示布图 ID”(图纸“建筑 04”)，单击“确定”(图 16-42)。相同的操作，可以修改弧形楼梯的详图索引为 8/建筑04 。

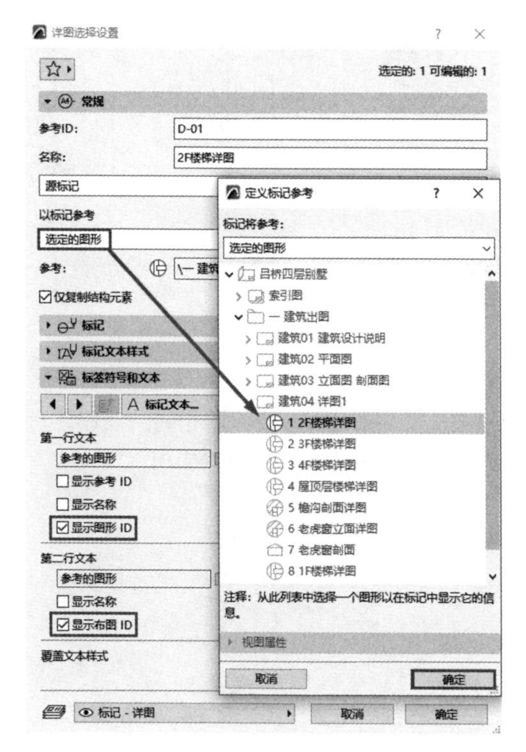

图 16-41　“详图选择设置”对话框

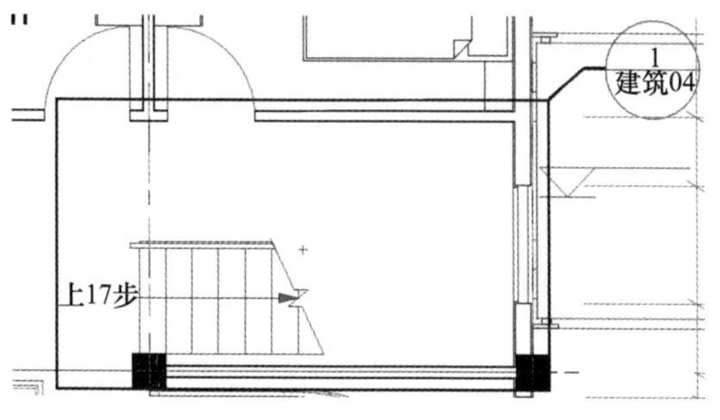

图 16-42　调整“详图索引”

剖面图选择设置
选定的：1 可编辑的：1
常规
参考ID： S-02
名称： 门廊剖面A
源标记
以标记参考：
选定的图形 浏览...
标记自定义设置
所有参数...
剖面图参考ID S-02
剖面图名 门廊剖面A
标记圆圈直径 10
剖切线长度 15
引线上方文字 自定义
引线下方文字 自定义
圆圈上方文字 参考的图形
显示参考ID
显示名称
显示图形ID
圆圈下方文字 参考的图形
显示名称
显示布图ID
标记－剖面 取消 确定

图 16-43 “剖面图选择设置”对话框

选中入口门廊的剖面标记，按快捷键〈Ctrl＋T〉，打开“剖面图选择设置”对话框，将“以标记参考”设为“选定的图形”，在弹出列表中选择“2 门廊剖面 A”，单击“确定”。在“标记文本样式”面板中，将“字体高度”设为“2mm”，在“标记自定义设置”面板中，“圆圈上方文字”勾选“显示图形 ID”（图纸中“2”号图形），“圆圈下方文字”勾选“显示布图 ID”（图纸“建筑 05”），单击“确定”（图 16-43、图 16-44）。

在“视图映射”浏览器中，双击打开“南向立面图”，使用相同的操作，可以修改“老虎窗立面”“阳台栏板立面”和“门廊立面”的详图索引。双击打开“A 剖面图”，可以修改“檐沟剖面”的详图索引。

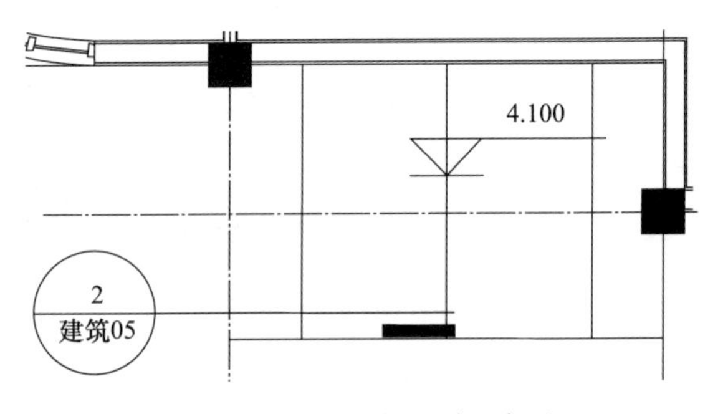

图 16-44 调整“剖面详图索引”

在“视图映射”浏览器中，双击打开“门廊立面详图”，选中门廊的剖面图标记，按快捷键〈Ctrl＋T〉，打开“剖面图选择设置”对话框，此标记是“链接的标记”，将“以标记参考”设为“选定的图形”，在弹出列表中选择“3 门廊剖面 B”，单击“确定”。在“标记文本样式”面板中，将“字体高度”设为“2mm”，在“标记自定义设置”面板中，“圆圈上方文字”勾选“显示图形 ID”（图纸中“3”号图形），“圆圈下方文字”勾选“显示布图 ID”（图纸“建筑 05”），单击“确定”（图 16-45）。使用相同的操作，可以打开“老虎窗立面”“阳台栏板立面”和“门廊立面”详图，修改其中的剖面图索引。

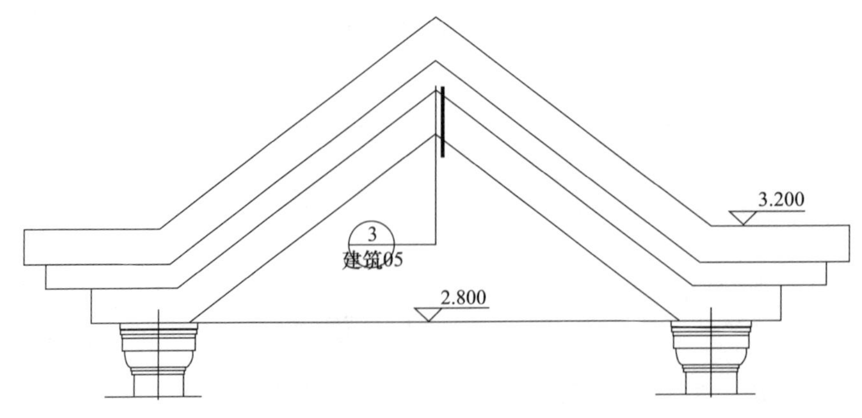

图 16-45 调整“剖面详图索引”

16.6　图纸发布

16.6.1　发布为 PDF 文件

打开“16-4 吕桥四层别墅-详图布图.pln”项目文件，检查图纸无误后，可以将“建筑 01 到建筑 05”图纸发布为 PDF 文件。在“发布器集”中，单击“提升”按钮 ，右击“布图”发布器，在上下文菜单中选择“发布器属性”，打开“发布器集属性”对话框，将“发布方法”设为“保存文件”，选择“创建单个文件”，“格式”设为“PDF”，然后设置文件名和保存路径，单击“确定”（图 16-46）。

双击打开“布图”发布器，单击“一建筑出图”文件夹，可以单击“文档选项”设置 PDF 文件参数（颜色、分辨率、密码等），然后单击“发布”按钮，将图纸发布到一个 PDF 文件中（图 16-47、图 16-48）。

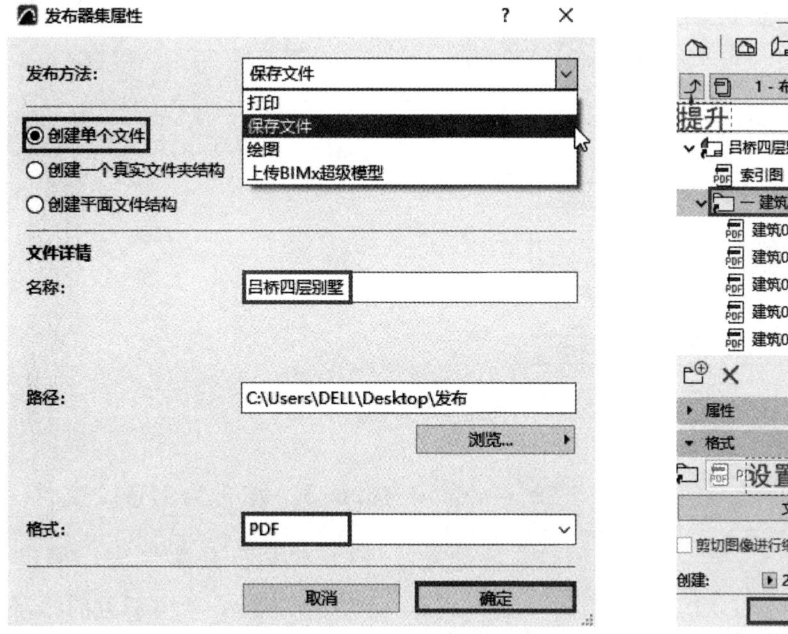

图 16-46　“发布器集属性”对话框

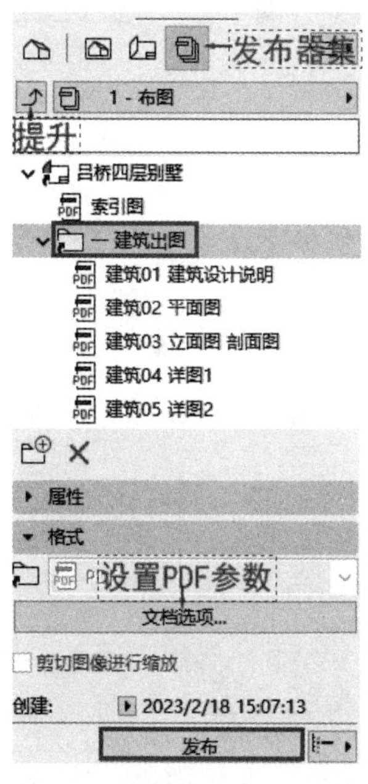

图 16-47　发布器参数

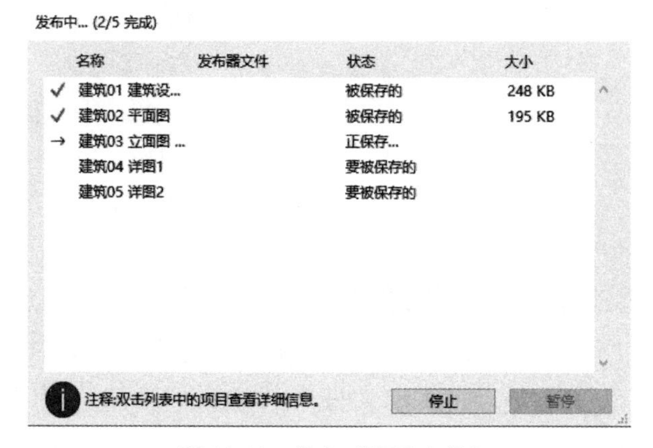

图 16-48　发布“PDF 文件”

16.6.2 打印为 PDF 文件

双击打开“图册”中的“建筑 02 平面图”图纸，选择“文件>打印”，可以打开“打印布图”对话框，单击“页面设置”，选择“Adobe PDF”打印机，将“大小”设为“A1”，“打印质量”设为“1200 分辨率”，单击“打印”，可以将该图纸打印为 PDF 文件（图 16-49、图 16-50）。

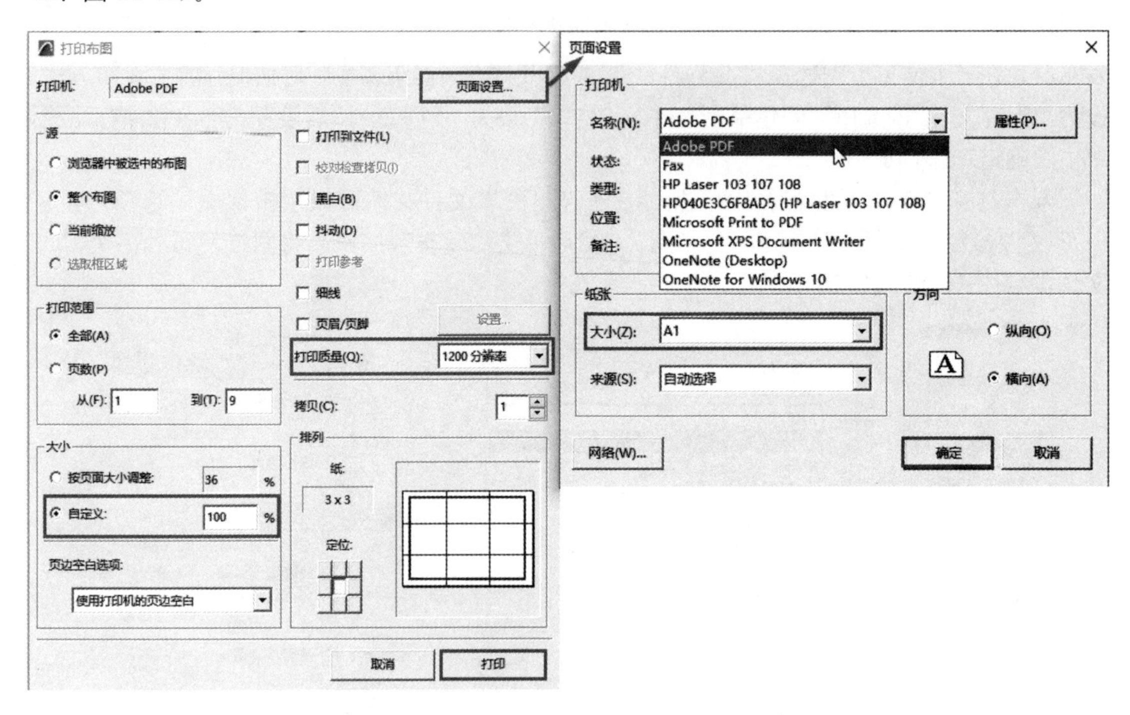

图 16-49 “打印布图”对话框

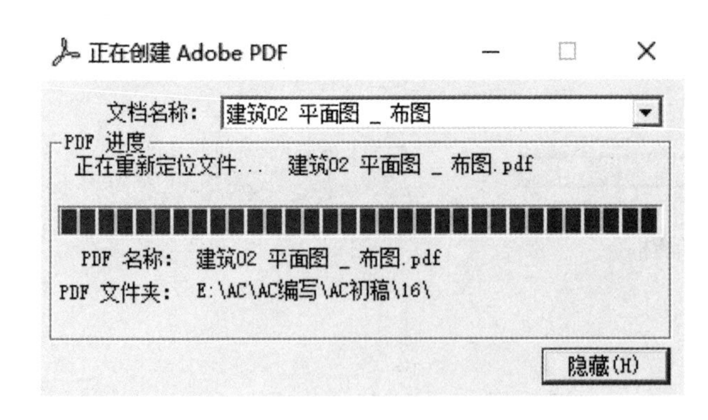

图 16-50 打印为“PDF 文件”

16.6.3 发布为 DWG 文件

在“发布器集”中，单击“提升”按钮，单击下方的“新建发布器集”按钮，命名为“3-导出 CAD”，选中该发布器，单击下方的“发布器属性”按钮，打开“发布器集属性”对话框，将“发布方法”设为“保存文件”，选择“创建一个真实文件夹结构”，然后设置保存路径，单击“确定”。

单击右上角的“项目选择器”按钮，在列表中单击“显示管理器”或选择“视窗>面板>管理器”，打开“管理器”面板，将左侧“图册”中的“一建筑出图”文件夹拖到右侧“3-导出 CAD”发布器集中（或选中文件夹后单击“添加快捷方式”），将格式设为“DWG”文件，“转换器”选择“05 中文版”，单击“发布”，可以将图纸发布为 DWG 文件

(图 16-51、图 16-52)。

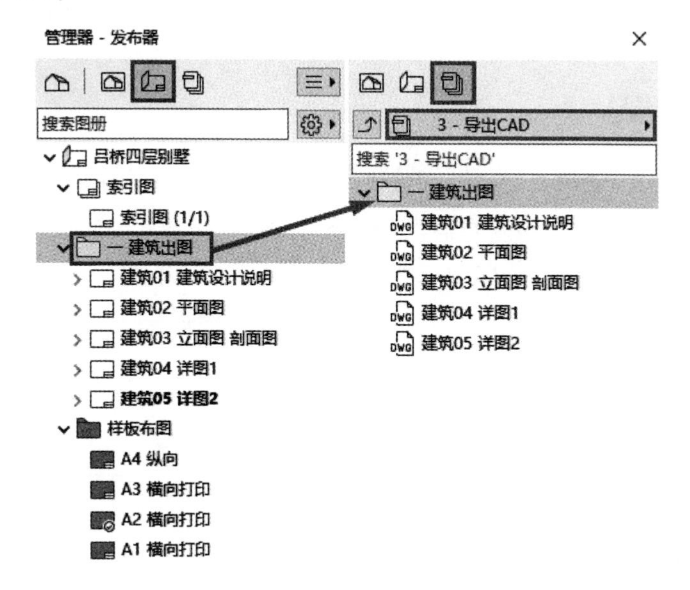

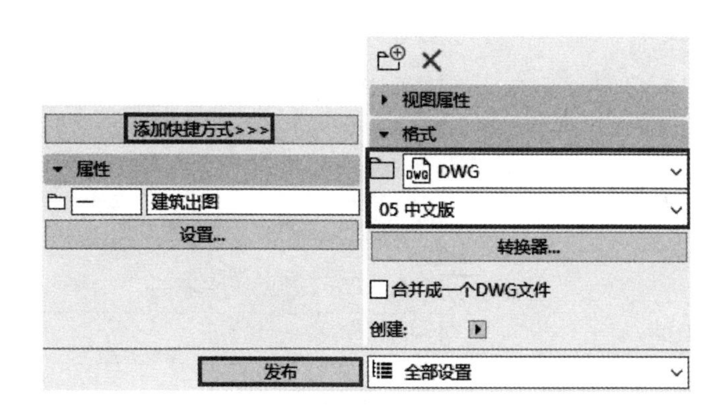

图 16-51 “管理器”面板

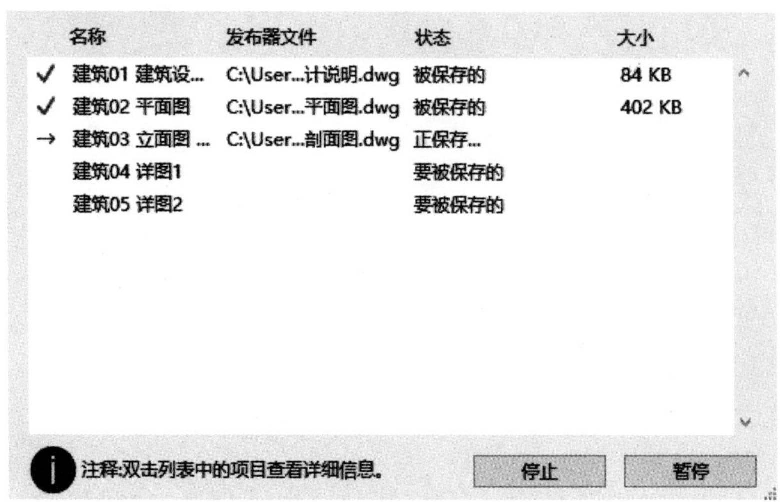

图 16-52 发布为“DWG 文件”

> **提示**：图纸中的图片会单独导出，作为“DWG 文件”的外部参照。

16.6.4 发布为 BIMx

在“发布器集”中，单击“提升”按钮，单击下方的“新建发布器集”按钮，命名为“4-导出 BIMx”，选中该发布器，单击下方的“发布器属性”按钮，打开“发布器集属性”对话框，将“发布方法”设为“保存文件”，选择“创建单个文件”，“格式”设为“BIMx 超级模型”，然后设置文件名和保存路径，单击“确定”(图 16-53)。

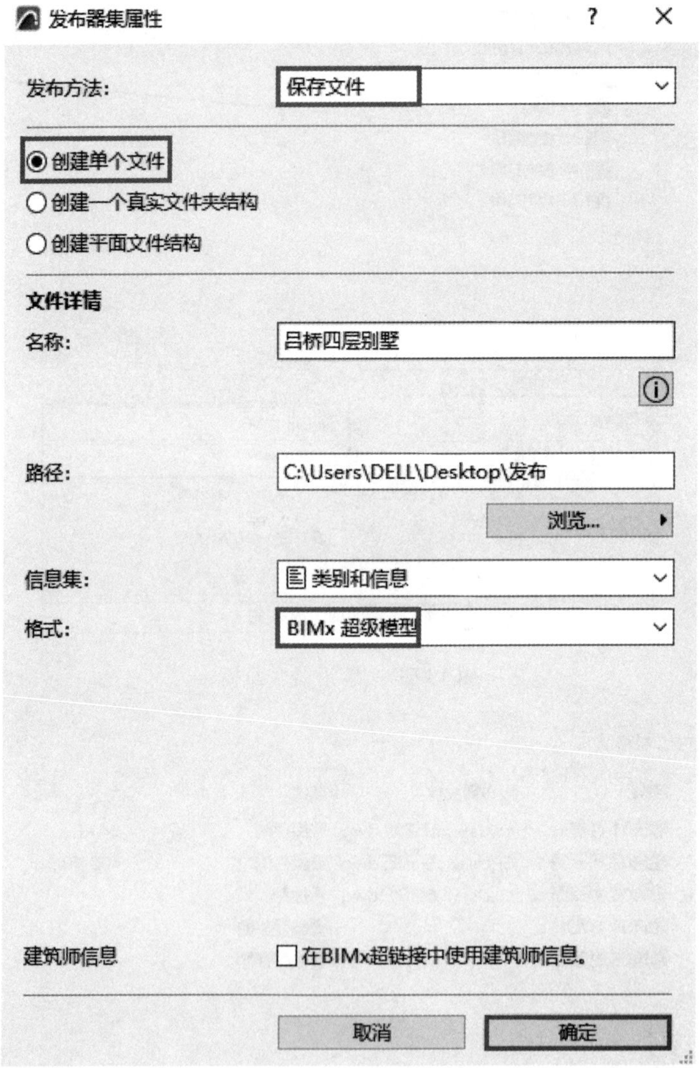

图 16-53 “发布器集属性”对话框

单击右上角的“项目选择器”按钮，在列表中单击“显示管理器”或选择“视窗＞面板＞管理器”，打开“管理器”面板，将左侧“图册”中的“一建筑出图”文件夹和“视图映射”中的“3D”文件夹拖到右侧“4-导出 BIMx”发布器集中，则默认格式为

“BIMx超级模型”文件，单击“发布”，可以将图纸发布为BIMx文件（图16-54、图16-55）。然后可以使用“桌面浏览器”（BIMx Desktop Viewer）进行查看（图16-56）。

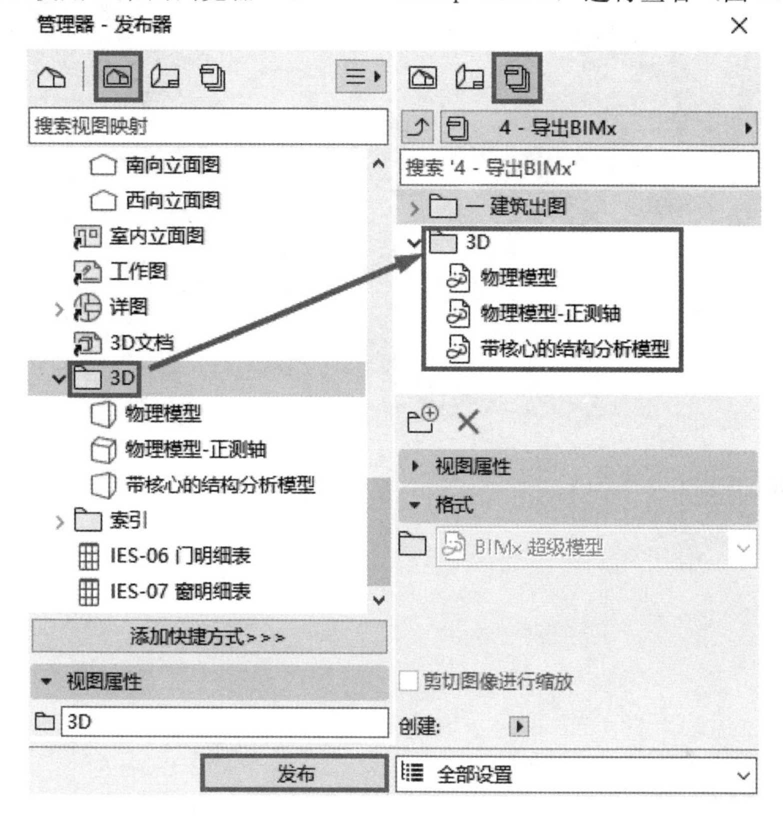

图16-54 “管理器”面板

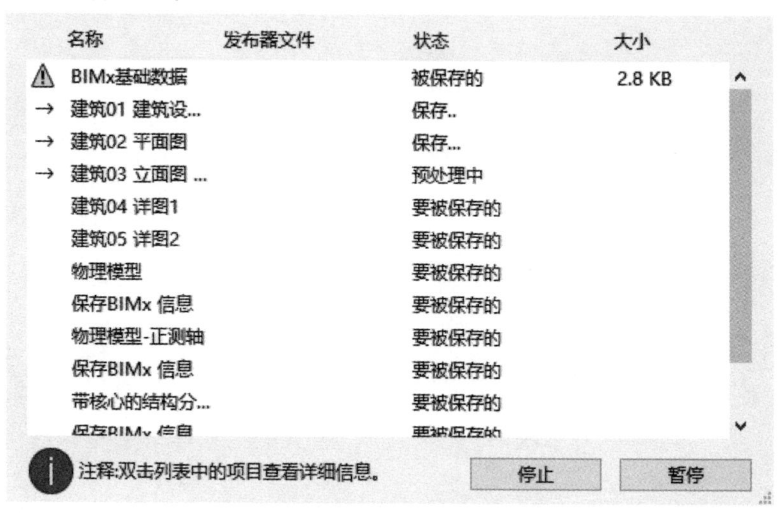

图16-55 发布为“BIMx文件”

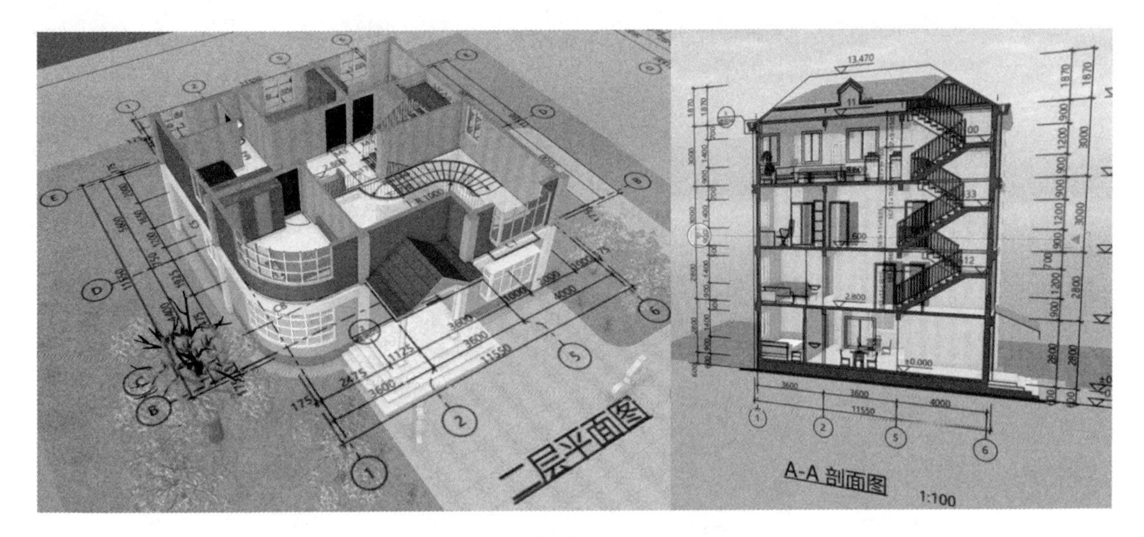

图 16-56　浏览“BIMx 文件”

参考文献

[1] GRAPHISOFT 中国区 .GRAPHISOFT ArchiCAD 基础应用指南 [M]. 上海：同济大学出版社，2013.
[2] GRAPHISOFT 中国区 .GRAPHISOFT ArchiCAD 高级应用指南 [M]. 上海：同济大学出版社，2013.
[3] 杨远丰 . ArchiCAD 施工图技术 [M]. 北京：中国建筑工业出版社，2012.
[4] 曾旭东，陈利立，王景阳 . ArchiCAD 虚拟建筑设计教程 [M]. 北京：中国建筑工业出版社，2007.
[5] 颜晓强，曾旭东，陈利立，等 . ARCHICAD 建筑师三维设计指南 [M]. 北京：中国建筑工业出版社，2021.
[6] 何关培 . BIM 总论 [M]. 北京：中国建筑工业出版社，2011.
[7] 李建成 . 数字化建筑设计概论 [M]. 北京：中国建筑工业出版社，2012.
[8] 王跃强 . Revit 建筑设计基础教程 [M]. 北京：中国建材工业出版社，2021.

后　　记

回想起大约在2002年，我做毕业设计时，AutoCAD与3D Max软件已被普遍使用于方案设计。由于二维设计与三维模型是互相独立的，若想在三维模型中实现曲面特殊造型并准确地反映到图纸的二维表达上，要么做得不准确，要么修改起来很费劲，因此当时便希望有一款软件能在建立三维模型后，自动准确生成平立剖面图。因眼界和知识的局限，我不知道当时已有了BIM软件，只能将这个想法束之高阁了。

2012年，我偶然参加了一次BIM培训，了解到Autodesk公司的Revit软件可以实现由三维模型生成二维图纸，还可以实现通过建立体量模型再自动生成墙体、楼板、屋顶等构件的“建筑师思维”的设计流程。这唤起了我十年前的想法，同时也为我打开了一扇窗户。当时我正准备博士论文开题工作，主要研究方向为建筑防火设计，如何创新成了我那段时间苦思冥想的事情。于是很快确定了自己的研究方向——将BIM技术与建筑防火性能评估相结合，从基本建筑空间的火灾特性着手，建立基于BIM的建筑防火性能评价体系。

2021年，我出版了《Revit建筑设计基础教程》一书，算是对自己近几年从事BIM教学与科研工作的一个阶段性总结。我对Archicad也有耳闻，知道它最初是由匈牙利的一群建筑师开发的，是一款非常适合建筑师的BIM软件，在欧洲和日本已经很普及。因此，我也一直在积累学习Archicad的相关知识并关注它的动态。周健老师是我博士同门师兄，从同济本科毕业留校开始就一直从事建筑技术的教学与科研工作，具有丰富的建筑设计经验。近几年他对Archicad也有了一定的实践积累，在与周老师交流后，我们一拍即合，决定合著一本Archicad教程。经过两年多的准备与辛勤写作，这本《Archicad建筑设计基础教程》也即将出版，我感到非常充实与欣慰。

我的BIM软件学习渠道基本都来自网络，从火星时代、一米网校、腿腿教学网、犀流堂等，到B站的图软中国、李佳燊JasonLi、阿颜坊等国内AC大咖，再到国外的Balkan、Eric Bobrow、David Tomic、Robert Mann等。他们的教学视频使我受益匪浅，在此对他们无私的分享表示深深的敬意，同时向杨远丰、曾旭东、张益勋、陆永乐、陈利立等诸位先生表示敬意。既然我的所学来自网络，我也应回馈网络，因此我在B站也开设了BIM学习空间（网址：https：//space. bilibili. com/591924661），定期将学习心得与操作技巧与大家分享。

在此，谨向曾给予我帮助的师长和朋友们表示衷心的感谢。

王跃强

2023年5月于奉贤南桥